"十二五"普通高等教育本科国家级规划教材

可编程器件技术原理与开发应用

赵曙光　主编

西安电子科技大学出版社

内 容 简 介

本书内容包括：可编程器件的地位与作用、分类与特点、技术基础以及基于电子设计自动化 (EDA)的可编程器件的开发流程和方法；可编程模拟(混合)器件的价值与作用、基本原理、支撑技术和主流系列，包括 Lattice 公司 ispPAC 系列、Anadigm 公司 dpASP 系列、Cypress 公司 PSoC 系列和 Actel 公司 Fusion 系列等。Altera 公司新型可编程逻辑器件的架构、特点和原理；Altera 可编程逻辑器件开发软件 Quartus Ⅱ 及开发实例；Lattice 公司新型可编程逻辑器件的架构、特点和原理；Lattice 可编程逻辑器件开发软件 ispLEVER 的使用详解；硬件描述语言 VHDL 的语法要点、设计方法与实例。

本书内容全、取材新、注重基础、面向应用、深入浅出、循序渐进，既可作为相关专业本科生、研究生的教材和参考书，又可作为工程技术人员的自学参考书和技术手册。

图书在版编目(CIP)数据

可编程器件技术原理与开发应用 / 赵曙光主编.

—西安：西安电子科技大学出版社，2011.2 (2013.8 重印)

"十二五"普通高等教育本科国家级规划教材

ISBN 978–7–5606–2541–6

Ⅰ. ① 可… Ⅱ. ① 赵… Ⅲ. ① 可编程序控制器—高等学校—教材 Ⅳ. ① TM571.6

中国版本图书馆 CIP 数据核字(2011)第 005284 号

策　　划	云立实
责任编辑	阎　彬　云立实
出版发行	西安电子科技大学出版社(西安市太白南路 2 号)
电　　话	(029)88242885　88201467　　邮　　编　710071
网　　址	www.xduph.com　　　　电子邮箱　xdupfxb001@163.com
经　　销	新华书店
印刷单位	陕西天意印务有限责任公司
版　　次	2011 年 2 月第 1 版　2013 年 8 月第 2 次印刷
开　　本	787 毫米×1092 毫米　1/16　印张 24.5
字　　数	583 千字
印　　数	3001～6000 册
定　　价	42.00 元

ISBN 978 – 7 – 5606 – 2541 – 6 / TM · 0072

XDUP 2833001–2

＊＊＊ 如有印装问题可调换 ＊＊＊

本社图书封面为激光防伪覆膜，谨防盗版。

前　　言

可编程器件是由集成电路厂家设计和生产，出厂后可由用户按需决定其内部连接及功能和特性的集成电路芯片，其综合成本、易用性和适用性都介于成品集成电路(Off the Shelf IC)和专用集成电路(ASIC)之间。对于电子产品的样机研制和中、小批量生产，可编程器件通常都是最佳选择。可编程器件又分为可编程逻辑器件和可编程模拟器件两大类。其中，可编程逻辑器件现已得到广泛应用和普及，已成为了设计和实现数字系统的基本要素；可编程模拟器件尽管由于品种、性能等的限制，应用尚不够广泛和普及，但近年来的发展速度有所加快。同时，二者融合、互补的趋势日益明显，集二者为一体的可编程混合器件(如可编程片上系统)被视为设计和实现高性价比的中、小规模电子系统的最佳选择，代表了可编程器件未来的发展方向。因此，现在的或未来的电子行业从业者，特别是相关专业的本科生、研究生，均须学习并掌握可编程器件的技术原理与开发应用方法。

本书以作者所编写的《可编程逻辑器件原理、开发与应用(第二版)》(西安电子科技大学出版社 2006 年出版)和《可编程模拟器件原理、开发及应用》(西安电子科技大学出版社 2002 年出版)为基础，在结构和内容上进行了融合、优化和增强，力求全面、深入地介绍有关的基础知识、技术原理和开发方法。书中首先较系统地介绍了可编程器件和电子设计自动化(EDA)的基础知识，特别是可编程器件的分类与特点、技术基础及其基于 EDA 的开发流程和方法；接着简要介绍了可编程模拟(混合)器件的价值与作用、基本原理、支撑技术和主流系列，包括 Lattic 公司 ispPAC 系列、Anadigm 公司 dpASP 系列、Cypress 公司 PSoC 系列、Actel 公司 Fusion 系列等；随后，针对两个业界领先且各具特色的可编程逻辑器件供应商——Altera 公司和 Lattice 公司，较全面地介绍了它们的主流可编程逻辑器件的架构、特点和原理，并较详细地介绍了其常用的开发工具软件的使用方法和开发技巧；最后，结合大量实例，介绍了标准化硬件描述语言 VHDL 的语法要点和设计方法。

本书由赵曙光主编。第 1 章由赵曙光、杨颂华编写，第 2 章由赵曙光、陈丽萍编写，第 3 章由赵曙光、唐旻、陈丽萍编写，第 4 章由郭万有、陈丽萍、唐旻编写，第 5、6、7 章由赵曙光编写。全书由赵曙光统稿。

本书内容全面、叙述清楚、深度适中，注重基础并兼顾先进性、实用性；各部分之间既相互联系又相对独立，便于教师和读者根据需要加以组合和取舍。本书可作为 EDA 类课程的教材和参考书，也可作为工程技术人员的自学读物和技术手册。

本书作为普通高等教育"十一五"和"十二五"国家级规划教材，在编写、出版过程中得到了西安电子科技大学出版社云立实副编审等有关人士的大力帮助，作者的同事和家人也给予了充分的理解和支持，在此对他(她)们一并表示衷心的感谢。书中参考和引用了许多专家、学者的著作和研究成果以及有关公司的网站资料，特此说明并表示感谢。

尽管作者试图较全面、深入地介绍可编程器件的技术原理与开发应用方法，但受篇幅和作者的水平、能力等的限制，书中难免存在疏漏和不足之处，欢迎广大读者和同行批评、指正。

作　者

2010 年 10 月

目　录

第1章　可编程器件原理与应用概述 1

　1.1　可编程器件的地位与作用 1

　　1.1.1　电路的分类与特点 1

　　1.1.2　集成电路的发展与分类 2

　　1.1.3　可编程器件的作用与优势 3

　1.2　可编程器件的分类与特点 5

　　1.2.1　可编程器件的分类 5

　　1.2.2　可编程逻辑器件的发展与分类 6

　　1.2.3　主要可编程器件厂商扫描 9

　1.3　可编程器件的技术基础 16

　　1.3.1　现场可编程技术 16

　　1.3.2　边界扫描测试与在系统可配置技术 19

　　1.3.3　嵌入式逻辑分析技术 24

　1.4　可编程器件的开发方法 28

　　1.4.1　电子设计自动化的产生与发展 28

　　1.4.2　现代电子设计的流程和方法 32

　　1.4.3　可编程器件的开发流程 34

第2章　可编程模拟(混合)器件概述 37

　2.1　可编程模拟(混合)器件的价值与作用 37

　2.2　可编程模拟器件的基本原理 39

　　2.2.1　可编程模拟器件的组成 39

　　2.2.2　可编程模拟器件的分类 40

　　2.2.3　可编程模拟器件的设计流程 41

　2.3　可编程模拟器件的支撑技术 44

　2.4　主要可编程模拟器件系列简介 52

　　2.4.1　IMP 公司 EPAC 系列器件 52

　　2.4.2　Motorola 公司 MPAA 系列器件 53

　　2.4.3　FAS 公司 TRAC 系列器件 56

　　2.4.4　Lattice 公司 ispPAC 系列器件 57

　　2.4.5　Anadigm 公司 dpASP 系列器件 60

　2.5　主要可编程混合器件系列简介 65

　　2.5.1　SIDSA 公司 FIPSOC 系列器件 65

　　2.5.2　Cypress 公司 PSoC 系列器件 68

　　2.5.3　Actel 公司 Fusion 系列器件 72

第3章　Altera 可编程逻辑系列器件 79

　3.1　概述 79

　3.2　MAX 架构及器件系列 81

　　3.2.1　概述 81

　　3.2.2　MAX 7000 系列器件概述 82

　　3.2.3　MAX 7000 系列器件结构 84

　　3.2.4　MAX 7000 系列器件配置要点 88

　3.3　MAX Ⅱ系列器件简介 89

　3.4　FLEX 架构及器件系列 94

　　3.4.1　概述 94

　　3.4.2　FLEX 10K 系列器件概述 95

　　3.4.3　FLEX 10K 系列器件结构 97

　　3.4.4　FLEX 10K 系列器件特性与设定 103

　3.5　APEX 架构及器件系列 104

　　3.5.1　概述 104

　　3.5.2　APEX 20K 系列器件概述 106

　　3.5.3　APEX 20K 系列器件结构 108

　3.6　Cyclone 架构及器件系列简介 114

　　3.6.1　Cyclone 器件系列简介 114

　　3.6.2　Cyclone Ⅱ器件系列简介 120

　3.7　Stratix 架构及器件系列简介 122

　　3.7.1　Stratix 器件系列简介 122

　　3.7.2　Stratix Ⅱ器件系列简介 127

　3.8　Stratix GX 架构及器件系列简介 131

　　3.8.1　Stratix GX 器件系列简介 132

　　3.8.2　Stratix Ⅱ GX 器件系列简介 136

第4章　Altera 可编程逻辑器件开发软件及开发实例 139

　4.1　概述 139

　4.2　Quartus Ⅱ软件及其使用 140

　　4.2.1　概述 140

　　4.2.2　安装 141

　　4.2.3　设计流程 143

　　4.2.4　设计项目的输入 150

　　4.2.5　设计项目的编译 166

　　4.2.6　设计项目的仿真验证 172

　　4.2.7　时序分析 176

　　4.2.8　器件编程 179

　　4.2.9　基于 SignalTap Ⅱ的硬件测试和调试 182

　　4.3　开发应用综合实例 187

　　　　4.3.1　简易频率计 187

　　　　4.3.2　八音电子琴 190

　　　　4.3.3　简易乐曲自动演奏器 192

第 5 章　Lattice 新型可编程逻辑器件 194

　　5.1　概述 194

　　5.2　CPLD 器件系列简介 194

　　5.3　FPGA 器件系列简介 202

　　5.4　FPSC 器件系列简介 205

　　5.5　关键技术及其原理简介 207

　　　　5.5.1　sysIO 缓冲器 207

　　　　5.5.2　sysCLOCK 电路 208

　　　　5.5.3　ispXP 技术 209

　　　　5.5.4　sysDDR 接口电路 210

　　　　5.5.5　sysDSP 块 211

　　　　5.5.6　sysHSI SERDES 技术 212

　　　　5.5.7　ispLeverCORE IP 核 213

第 6 章　Lattice 可编程逻辑器件开发软件 214

　　6.1　ispLEVER 简介 214

　　　　6.1.1　概述 214

　　　　6.1.2　配置选项 215

　　　　6.1.3　安装 216

　　6.2　项目管理器 219

　　　　6.2.1　基本界面 219

　　　　6.2.2　基本操作 222

　　6.3　设计流程 227

　　6.4　原理图设计描述与输入 230

　　　　6.4.1　概述 230

　　　　6.4.2　使用原理图编辑器 231

　　　　6.4.3　使用层次化导引器 239

　　　　6.4.4　使用符号编辑器 241

　　　　6.4.5　使用库管理器 244

　　　　6.4.6　导入 EDIF 网表 246

　　6.5　HDL 设计描述与输入 246

　　　　6.5.1　ABEL-HDL 设计基础 247

　　　　6.5.2　HDL 测试向量的编制方法 255

　　　　6.5.3　HDL 设计文件输入方法 263

　　6.6　原理图与 HDL 混合描述与输入 265

　　　　6.6.1　原理图与 HDL 混合描述方法 265

　　　6.6.2　混合描述设计实例 266

　6.7　设计编译/综合与仿真 272

　　　6.7.1　设计编译/综合 272

　　　6.7.2　设计仿真概述 274

　　　6.7.3　LLS 仿真方法 275

　　　6.7.4　ModelSim 仿真 280

　　　6.7.5　测试向量的图形化描述方法 282

　6.8　设计实现 284

　　　6.8.1　基于 CPLD/ispXPLD 器件的设计实现 286

　　　6.8.2　基于 ispXPGA 器件的设计实现 289

　　　6.8.3　基于 FPGA 器件的设计实现 292

　　　6.8.4　设计优化方法 300

　6.9　设计验证 308

　　　6.9.1　静态时序分析概述 308

　　　6.9.2　Performance Analyst 使用要点 310

　6.10　在系统器件编程 315

　　　6.10.1　ISP 编程的硬件连接 315

　　　6.10.2　ispVM System 简介 317

　　　6.10.3　ispVM System 使用要点 317

第 7 章　硬件描述语言 VHDL 初步 326

　7.1　概述 326

　7.2　VHDL 设计文件的基本结构 328

　　　7.2.1　初识 VHDL 328

　　　7.2.2　实体和结构体 331

　　　7.2.3　配置 332

　　　7.2.4　程序包和库 334

　7.3　对象、类型和属性 337

　　　7.3.1　对象 337

　　　7.3.2　数据类型 337

　　　7.3.3　VHDL 的属性 340

　7.4　VHDL 的功能描述方法 343

　　　7.4.1　并行描述语句 343

　　　7.4.2　顺序描述语句 350

　7.5　VHDL 的结构描述方法 354

　7.6　过程和函数 358

　7.7　常用单元电路的设计实例 363

　　　7.7.1　组合电路 363

　　　7.7.2　时序电路 366

参考文献 382

第1章

可编程器件原理与应用概述

1.1 可编程器件的地位与作用

1.1.1 电路的分类与特点

科技发展与社会进步从需求(动力)与条件(能力)两方面同时推动着电子线路与系统的研究、开发与应用，使其在短短数十年间便从无到有、从小到大、从简单到复杂，迅速地蓬勃发展起来。如今，电子线路与系统及其所支撑的信息技术，其应用已经遍及世界的每个角落，深刻地影响着社会生活的各个方面，人类社会因此进入了信息化时代。

电子线路与系统的一般功能是处理以电压、电流等电信号表达的信息。电信号可分为模拟信号和数字信号两大类，二者在时域特性(信号波形)上有着直观的、明显的差别：模拟信号在时间上和数值(幅度)上均连续变化，可以表示为定义域和值域均为实数域(有无限多个取值)的连续函数；数字信号则在时间上和数值上均离散(非连续)变化，可以表示为定义域为整数域而值域为离散元素集合(如{0, 1})的突变函数。人们从自然界中感知的大多数物理量都属于模拟量，其本身就是模拟信号或者可经传感器直接转换为模拟信号；天然的数字信号则相对较少，更多的是由人工产生或由模拟信号转换而来的(如利用 A/D 转换器)。用于产生/拾取、加工、处理和传送模拟信号的电路称为模拟电路，主要通过各种线性变换(包括算术运算)和非线性变换来实现其功能。由于模拟信号的天然性和普遍存在，模拟电路一般具有简单、直接、经济(低成本、低功耗)的特点。用于产生、加工、处理和传送数字信号的电路称为数字电路，它主要针对输出和输入之间的逻辑关系，通过逻辑运算实现预期的功能(包括基于二进制数的数值运算)，因此又称为数字逻辑电路。与模拟电路相比，数字电路主要具有以下特点：① 结构简单、规范，设计较容易，便于集成化；② 抗干扰能力强，工作较可靠；③ 同时胜任数值运算和逻辑判断，便于实现大规模、复杂处理；④ 数字集成电路器件品种全，通用性强，成本低。因此，尽管数字电路的出现比模拟电路要晚得多，但其研发和应用的发展速度均远远超过了模拟电路，目前已在应用范围和数量上取代模拟电路而占据了统治地位，成为了主要的电路系统实现形式。但是，由于自然界中的信息大多属于模拟量，离开了模拟电路，数字电路将无法获取这些信息更谈不上处理了，其应用范围将严重受限，因此，从系统的角度上讲，由数字电路与模拟电路共同组成的数模混合电路系统才是现代电子系统的一般实现形式，同时也是最佳实现形式，因为它可以充分发挥数字电路和模拟电路各自的优势，实现优势互补和全面优化。所以，严格地说，现代电路系统共包括数字、模拟、数模混合三种既相互区别又相互联系的实现形式。

1.1.2 集成电路的发展与分类

电子元器件是构成各种电路系统的基本要素。与信号和电路的分类相对应，电子元器件也可分为模拟、数字、数模混合(集成电路)三大类。它们既有区别又有联系和交叉，例如，它们都包括电阻、电容、电感、二极管、三极管等基本元件，至今都经历了以电子管、晶体管、集成电路(Integrated Circuit，IC)为标志的三个发展阶段。在集成电路出现之前，无论是模拟电路还是数字电路，都主要由分立元件特别是上述基本元件(包括晶体管和更早期的电子管)构成。分立元件较大的体积、重量、功耗和参数离散性(性能指标偏差)制约了这些电路的规模、功能、复杂程度和各种性能指标(包括体积、重量、可靠性等综合指标和速度、功耗等电气指标)，严重限制着电路系统和电子技术的应用范围。1958年集成电路的问世及其后续发展彻底改变了这种局面。利用集成电路可以实现功能更强、性能更好的大规模、复杂电路系统，从而大大拓展其应用范围。集成电路因此受到了普遍重视和广泛采用，目前已取代了大多数分立元件电路；而且这又反过来有力地推动了集成电路设计和制造的飞速发展。

集成电路的种类繁多，分类方法也多种多样。常用集成度(即芯片中包含基本元器件的数目)来衡量集成电路的规模并加以分类，可大致地反映集成电路技术的发展历程和不同阶段。相应地，集成电路可分为小规模集成电路(SSI)、中规模集成电路(MSI)、大规模集成电路(LSI)、超大规模集成电路(VLSI)、特大规模集成电路(Ultra Large Scale Integration，ULSI)和巨大规模集成电路(Great Large Scale Integration，GLSI)等，参见表1.1。

表 1.1 集成电路分类(按集成度)

分 类 名 称	集成度等级
小规模集成电路(SSI)	<100
中规模集成电路(MSI)	$10^2 \sim 10^3$
大规模集成电路(LSI)	$10^3 \sim 10^5$
超大规模集成电路(VLSI)	$10^5 \sim 10^7$
特大规模集成电路(ULSI)	$10^7 \sim 10^9$
巨大规模集成电路(GLSI)	$>10^9$

根据电路功能，集成电路可分为数字集成电路、模拟集成电路和数模混合集成电路。数字集成电路是对数字信号进行运算和处理的集成电路，例如逻辑门、触发器、CPU(微处理器)、存储器等，其发展速度最快、应用最广，目前大多数集成电路都是数字集成电路。模拟集成电路处理的是连续变化的模拟信号，例如运算放大器、有源滤波器等。数模混合

集成电路既包含数字电路又包含模拟电路，例如单片数据采集系统(DAS)芯片、可编程混合器件等。

根据芯片中晶体管的类型，集成电路可分为双极型集成电路和单极型集成电路。双极型集成电路中晶体管有两种载流子(电子和空穴)参与导电。最常用的双极型晶体管集成电路是 TTL(晶体管－晶体管逻辑)集成电路。双极型集成电路具有速度快、负载驱动能力强等特点，在模拟集成电路以及高速集成电路中有着广泛应用。单极型集成电路中晶体管只有一种载流子(电子或空穴)参与导电。最常用的单极型集成电路是 CMOS 集成电路，由于它具有功耗低、集成度高、成本低等优良特性，目前已成为应用最为广泛的集成电路；用于制造该类集成电路的 CMOS 工艺也是目前应用最多的主流半导体工艺。

此外，还可以按照制作工艺，将集成电路分为半导体集成电路、厚膜集成电路和薄膜集成电路等类型；按照制造材料或者应用领域，将集成电路分为砷化镓微波单片集成电路、磷化铟光电集成电路、碳化硅集成电路等类型。

1.1.3 可编程器件的作用与优势

从开发、应用的角度进行集成电路分类，可能更为重要和实用。根据用户在 IC 芯片设计、开发过程中的参与、影响程度，可将集成电路分为非定制(Off-the-Shelf IC)、半定制(Semi-custom IC)、全定制(Custom IC)三类。其中，非定制 IC 属于通用型集成电路，是由 IC 厂商在调研大量用户需求的基础上自行设计、定型、制造的，具有适用面宽、上市量大、价格较低等特点，标准数字集成电路(包括 74 系列和 4000 系列)便是其典型代表；半定制 IC 和全定制 IC 都属于专用集成电路(Application Specific Integrated Circuits，ASIC)，是专门为某一应用领域或特定用户需要而设计、制造的高集成度 IC。

全定制 ASIC 芯片的各层(掩膜)都是按照特定用户的需要专门设计、制造的。需要从晶体管的版图尺寸、位置和互连线开始设计，以获得(芯片)高面积利用率、高工作速度、低功耗等最优性能，但其设计、制造的周期长、费用高，因而只适用于批量较大的芯片。

半定制 ASIC 的大部分设计、制造工作已由 IC 厂商预先完成，用户仅需完成余下的少量设计工作，便可较为方便地(利用 IC 厂商提供的片内资源)获得具备预期功能和特性的 IC 芯片，从而达到简化设计、缩短周期和提高(芯片)成品率的目的。在现有的三类半定制 ASIC 中，门阵列(Gate Array)提供了预先制造好的包含逻辑门、触发器等的硅阵列(称为母片)和留待用户设计的连线区，用户根据需要选用逻辑门、触发器并确定它们之间的连线后，再交由 IC 厂商完成布线和芯片制造；标准单元(Standard Cell)是厂家将预先经过测试、验证的逻辑功能块作为标准模块存入数据库，用户在完成原理设计后利用该数据库和工具软件，即可获得与其设计完全对应的 IC 版图，再交由 IC 厂商制成芯片。与门阵列相比，标准单元的设计灵活、功能强，但设计和制造周期较长，开发费用也较高。与上述二者不同，可编程器件(Programmable Devices，PD)是由 IC 厂商作为通用型器件生产的成品芯片，用户无需设计或修改其 IC 版图，即可通过设计适当的"结构位串"并注入 PD(配置有关的电子开关)，方便地改变 PD 的内部电路连接和获得预期的功能电路。因此，PD 是一种可由用户多次配置的通用型器件(门阵列和标准单元都只能由用户配置一次)，其综合成本较低，使用灵活，设计、上市周期短，而且可靠性高、开发风险小，因而特别适用于电子产品的样机研发和中、小批量生产，且已得到广泛应用。

与可编程器件形成对照的是，大多数的集成电路包括前面提到的非定制IC、全定制IC以及门阵列、标准单元等半定制ASIC均属于固定功能器件，其功能和电路是固定不变的，一旦制成便无法改变。固定功能器件和可编程器件各有其优缺点。由于固定功能器件通常是大批量生产的，其片均成本和售价一般较低，故较适合于大批量应用；由于经过了优化设计和完备测试，该类器件的速度、功耗等性能指标一般较高，对于某些高性能应用可能是最佳选择。该类器件的主要缺点是从设计、验证到定型、生产的周期较长(一般需数月至数年)，由此产生的"一次性工程费用"(Non-Recurring Engineering，NRE，即正式定型和生产之前产生的所有费用)较大，风险较高(因为可能需要多次重新返工，导致成本剧增和上市延误)，难以及时适应客户需求的变化，故不适用于电子产品的样机研发和中、小批量生产。与之相比，可编程器件的主要缺点是片均成本和售价一般稍高(原因之一是需要提供额外的配置电路)，故不太适用于电子产品的大批量生产；但其优点更多也更突出，主要包括：

(1) 综合成本较低。首先，因为可编程器件是从内部资源到外形封装均已由IC厂商完成设计、制造的成品芯片，用户无需支付高昂的NRE成本和购买昂贵的掩膜组；其次，用户可利用该类器件的多次可编程特性和免费或廉价的设计工具，以极低成本方便、快速地完成其设计以及仿真、测试和下载实现；再次，用户可按需少量采购，从而节省流片和贮存费用，减少浪费；最后，对已售相关产品可通过对可编程器件的(现场或远程)重配置，以极低成本方便、快速地完成设计的修改和升级，除此之外无需做任何其他改动，故产品的维护成本也较低。

(2) 使用灵活。首先，主流可编程器件一般具有较丰富的产品系列，包括各种类型、规模和封装，封装相同但规模不同的器件也有不少，故可满足不同需要和便于升级；其次，在开发过程中和产品销售后，均可利用其多次可编程特性，方便、快速地修改设计，适应用户需求的变化；最后，因可编程器件具有一定的通用性，其采购和库存管理也较为灵活。

(3) 设计周期和上市时间短。用户可直接从市场上购得可编程器件，通过简单开发既可获得用户定制的电路功能，又省去开发其他ASIC所必需的IC前期设计周期；配套开发工具的性能高、用户界面友好(无须其掌握高深的硬件知识和具备丰富的设计经验)，结合可编程器件的多次、快速可编程特性，可迅速、直观地验证设计的正确性；利用基于IP核(Intellectual Property Cores，是经过验证的关于常用功能模块的成熟设计)的设计重用等手段，可进一步加速设计过程，提高开发效率，使产品上市周期大大缩短。

(4) 可靠性高，承担风险小。首先，可编程器件都是经过了充分验证的高集成度成品芯片，由其构成的电路、系统的外围电路较少，印制电路板较简单，故可靠性较高；其次，基于可编程器件的电路、系统，其定型产品与原型样机中所用的器件完全一样，消除了基于其他ASIC芯片的产品批量生产时可能遭遇的(原型芯片与量产芯片)"非一致性"问题和风险；最后，用户无须进行IC版图设计等难度较高的工作，也就无需承担相应的较大风险。

总之，可编程器件的主要价值在于它能够帮助开发者和制造商大大缩短电子产品的开发和生产周期，同时显著提高其性能、降低其成本，从而更快地将其产品推向市场并赢得竞争。随着可编程器件的规模不断增加、功能不断增强、种类不断丰富、成本不断降低，以及相关设计工具的不断发展和成熟，可编程器件必将得到日益广泛的应用。及早学习和掌握可编程器件的开发、应用技术，是每一位现职或未来的IT行业从业者的必然选择。

1.2　可编程器件的分类与特点

1.2.1　可编程器件的分类

　　与信号和电路的分类相对应，可编程器件同样可分为可编程模拟器件(Programmable Analog Devices，PAD)、可编程逻辑器件(Programmable Logic Devices，PLD)和可编程数模混合器件(Mixed-Signal Programmable Devices，MSPD)三大类。

　　可编程模拟器件既属于模拟集成电路，其输入、输出信号甚至内部状态均为随时间连续变化且幅值未经过量化的模拟信号，又与可编程逻辑器件一样，可由用户通过现场编程和配置来改变其内部连接和元件参数，从而获得所需要的电路功能。利用与之配套的开发工具，其设计和使用均可与可编程逻辑器件一样的方便、灵活和快捷。与数字器件相比，它具有简洁、经济、高速度、低功耗等优势；而与普通模拟电路(包括分立元件电路和非可编程的模拟集成电路)相比，它又具有全集成化、适用性强、便于开发和维护(升级)等显著优点，并可作为模拟 ASIC 开发的中间媒介和低风险过渡途径。因此，它特别适用于小型化、低成本、中低精度电子系统的设计和实现。可以预期，随着可编程模拟器件相关技术的不断进步和器件品种的逐步丰富，其应用将会日益广泛，成为开发和实现模拟电路的首选器件和最佳选择。

　　可编程逻辑器件是诞生于 20 世纪 70 年代的新型逻辑器件。在厂商的积极研发、推广和用户的旺盛需求的共同激励下，其结构、工艺、集成度和各项性能均不断地改进和提高，应用也日益普及，现已取代传统的 SSI、MSI 数字集成电路，成为了设计、制造数字电路系统的基本器件。目前主流的可编程逻辑器件的规模已高达千万门，仅需单片即可实现复杂的大规模数字系统；同时仍有许多规模较小的品种可供选用，故可满足不同的需要。其结构主要包括四部分：① 由大量逻辑门、触发器等组成的可编程逻辑阵列，是实现逻辑功能的主要资源；② 可编程互连网络，用于逻辑阵列内部各单元之间及其与可编程 I/O 单元之间的互连等，是控制电路实际结构的主要手段；③ 可编程 I/O 单元，用于连接芯片的外部引脚与内部资源，并可按需调整输入、输出信号的部分特性(如摆速)；④ 配置电路，由有关控制、接口电路和配置数据存储器等组成，用于结构位串的输入、存储和分配。具体器件的可编程结构和原理随其集成度和类型等而变，甚至可能差别很大。因此，要真正掌握可编程逻辑器件的开发、应用技术，就必须较全面、深入地理解其结构特点、工作原理和编程方法。

　　可编程数模混合器件是近年来崭露头角的一类新型集成电路。该类器件一般由可编程逻辑阵列、可编程模拟阵列、A/D 以及 D/A 转换器、可编程数字和模拟 I/O 接口等共同组成；有些该类器件还内含微控制器(MCU)。这些模块相互联系和配合，可完成从模拟信号调理、A/D 转换到数字信号处理等混合信号处理的各个环节。因此，利用一片可编程数模混合器件即可实现中、小规模的混合信号处理系统，这种片上系统(System On a Chip，SOC)的体积、功耗较小，性价比和可靠性较高，将是未来电子系统的主要实现形式。

　　在上述三类可编程器件中，可编程逻辑器件的技术最成熟、品种最齐全、上市量最大、应用最广泛，在各方面均远远超过其他二者。因此，本书的大部分章节将重点介绍可编程逻辑器件(特别是 FPGA 和 CPLD)的结构、原理和开发方法，同时将在第 2 章集中地介绍可编程模拟器件和可编程数模混合器件。

1.2.2　可编程逻辑器件的发展与分类

可编程逻辑器件从 20 世纪 70 年代诞生至今，已经过了多个以集成度、结构和工艺为区分标志的发展阶段，形成了种类、品种均较为丰富的产品线。

因为利用"与—或式"("积之和"逻辑表达式)可以实现任意的逻辑函数，所以许多可编程逻辑器件都采用了以与阵列—或阵列为核心的结构。最早出现的可编程逻辑器件 PROM(可编程只读存储器)便是如此。它由不可编程的与阵列(实现输入的全译码)和(一次性熔丝)可编程的或阵列组成，参见图 1.1。其中，每个与门均有多个输入端，但图示有所简化，其输入(总)线与每条信号线相交的交叉处便是它的 1 个输入端；或门也是这样。若某个交叉处标有"●"，便表示有关的两线之间被固定连接；若标有"×"，则表示是可编程连接；若交叉处无标记，则表示未连接(被擦除)。由于 PROM 的规模较小，存储单元的利用率较低，因而仅适用于实现简单的(组合)逻辑，更多地仍是用作存储器。

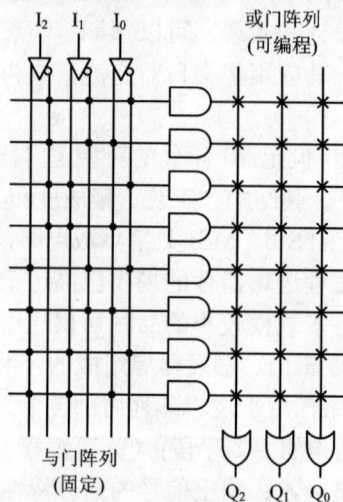

图 1.1　PROM 的阵列结构

20 世纪 70 年代中期上市的可编程逻辑阵列器件(Programmable Logic Array, PLA)，由(一次性掩膜或熔丝)可编程的与阵列和或阵列组成，参见图 1.2。其存储单元的利用率及可编程性均显著提高，但器件的规模仍偏小，且运行速度较慢，编程较复杂，因而也未能得到广泛应用。

20 世纪 70 年代末上市的可编程阵列逻辑器件(Programmable Array Logic, PAL)，由可编程的与阵列和不可编程的或阵列组成，它利用熔丝或 EPROM(及后期的 E^2PROM)编程技术实现了现场可编程，其工作速度也较高。更重要的是，该类器件有寄存器输出等多种输出结构供选用，便于实现时序逻辑且设计较灵活，因而成为了第一种得到普遍应用的可编程逻辑器件。但其过多的型号和(固定输出)结构也给用户带来了使用和修改上的不便，故目前也已被淘汰。

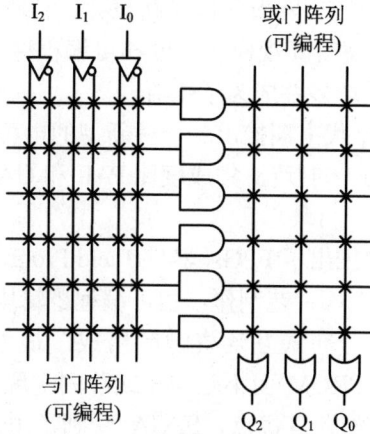

图 1.2　PLA 的阵列结构

　　20 世纪 80 年代初 Lattice 公司推出了其发明的通用阵列逻辑器件(Generic Array Logic，GAL)。虽然它的阵列结构与 PAL 相似，仍采用了可编程的与阵列和不可编程的或阵列，但利用可编程的输出逻辑宏单元(Output Logic Macro Cell，OLMC，参见图 1.3)取代了 PAL 的固定输出结构，利用 E^2CMOS 工艺实现了多次电可擦除、电可编程，使其通用性和灵活性大大增加。每种 GAL 器件均可代替多种 PAL 器件，GAL 因而曾长期地被广泛采用。

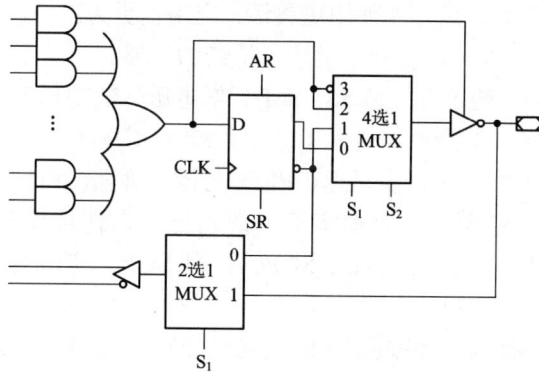

图 1.3　GAL22V10 的 OLMC 内部逻辑图

　　PROM、PLA、PAL 和 GAL 都属于简单 PLD，又称为低密度 PLD。如图 1.4 所示，简单 PLD 的核心是"与阵列"和"或阵列"，主要用来实现组合逻辑函数；输入电路由缓冲器组成，用来对输入信号进行驱动并产生互补输入信号；输出电路用来提供不同的输出方式，如直接输出(组合方式)或通过寄存器输出(时序方式)。此外，输出端口上可能带有三态门，可选择将输出信号直接送往片外或经内部反馈给输入电路。简单 PLD 的共同缺点是器件规模较小，结构较简单，可编程性较差(仅有部分电路可以编程)，故不适用于实现较复杂的逻辑。

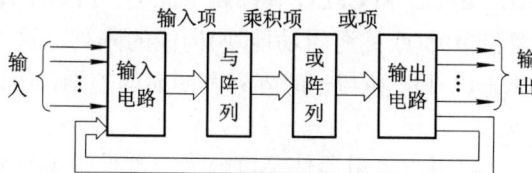

图 1.4　简单 PLD 的一般结构

20 世纪 80 年代中、后期以来，随着集成电路设计、制造技术的不断进步，可编程逻辑器件的结构和工艺不断革新，使得其规模、速度和可编程性不断提高，功耗不断降低，品种日益丰富，高密度 PLD 逐渐增多并成为了主流。

Altera 公司于 20 世纪 80 年代中期推出了一种新型的电可擦除可编程逻辑器件(EPLD)，它采用 CMOS 和 UVEPROM 工艺制造，集成度比 PAL 和 GAL 高得多，设计也更加灵活，但内部互连能力较弱。

Xilinx 公司于 1985 年首次推出了 FPGA 器件(Field Programmable Gate Array，现场可编程门阵列)。它采用 CMOS-SRAM 工艺制作，由可编程逻辑块(Configurable Logic Block)、输入/输出模块(I/O Block)和分布式互连资源等组成，最大特点是利用 SRAM 查找表(Look-Up Table，原理类似于 PROM)而不是与—或阵列实现组合逻辑。由于具有密度高、编程速度快、设计灵活和可重配置等优点，FPGA 受到了用户的广泛欢迎和应用。更多的 PLD 厂家也因此高度重视和积极研发 FPGA 技术和器件，使之得到了迅速、持续的发展。

Lattice 公司于 20 世纪 80 年代末创立了在系统可编程技术(In System Programming，ISP)——可通过简单的接口对已焊装在电路板上的该类器件进行编程、校验等，并相继推出了一系列具备 ISP 特性的复杂可编程逻辑器件(Complex PLD，CPLD)。CPLD 可以说是 EPLD 的改进和升级，它采用了 E^{2}CMOS 工艺，改进了器件结构体系，加强了可编程互连网络，因而与 EPLD 相比性能更好，设计和使用更灵活，应用也更为广泛。CPLD 技术和器件也因此受到更多的 PLD 厂家的青睐，得到了迅速、持续的发展。

20 世纪 90 年代以后，随着深亚微米(DSM)、低电压、低功耗集成电路工艺的不断发展和应用，电子系统的设计和制造已经进入了片上系统(SOC)时代。可编程逻辑器件的设计、制造、开发、测试等技术同样也进步迅速，PLD 与微处理器(CPU、MCU)、数字信号处理器(DSP)相融合的趋势日益明显。目前多家厂商均已推出在规模和功能上可替代数万片 SSI/MSI 数字集成电路的可编程片上系统(SOPC)，用 SOPC 实现大规模数字系统仅需一片足矣！

综上所述，可编程逻辑器件经过多年的发展已经较为成熟，多家实力厂商长期执着于可编程逻辑器件的研发和生产，为用户提供了种类繁多、各具特色的可编程逻辑器件供选用。按照集成度(规模)来分，已有的可编程逻辑器件可分为低密度 PLD 和高密度 PLD 两类。前者包括 PROM、PLA、PAL 和 GAL，其集成度一般小于 700 门/片；后者包括 EPLD、CPLD 和 FPGA，新近出现的 SOPC 也可看做是该类中的超级成员，其集成度大于 700 门/片。

对于用户来说，根据结构特点进行 PLD 分类可能更有意义。这样可以将其分为阵列型 PLD、现场可编程门阵列 FPGA 两大类。阵列型 PLD 的基本结构由与阵列和或阵列组成，PROM、PLA、PAL、GAL、EPLD 和 CPLD 等都属于此类；FPGA 具有门阵列的结构形式，其主体是由许多可编程逻辑单元(或称逻辑功能块)构成的阵列，这些逻辑单元的结构一般基于查找表(Look-Up Table，LUT)，和与—或阵列有明显的差别，所以也将 FPGA 称为单元型 PLD。

按照可编程次数来分，可编程逻辑器件又可分为一次性可编程和多次可编程两类。前者仅能编程一次，编程后便不能修改，主要利用掩膜、熔丝或反熔丝技术来实现；后者则主要利用 EPROM(紫外线擦除、电可编程只读存储器)、E²PROM(电擦除、电可编程只读存储器)、Flash(快闪存储器)或 SRAM(静态随机存储器)作为配置数据存储器,可多次编程和修改。其中,EPROM、E²PROM、Flash 均属于非易失性存储器,其内容在器件断电后不会丢失,其宿主 PLD 可单独使用,并且大多具有保密功能(防止配置数据被非法复制);而 SRAM 属于易失性存储器,其宿主 PLD(如大多数的 FPGA)一般须在片外另配非易失性存储器,在每次上电时为 SRAM 写入配置数据,这既有些麻烦也增加了设计成果被剽窃的危险。但同时,由于 SRAM 可无限次、快速编程,其宿主 PLD 因而具有可快速、动态重构等优点,便于实现可重构电子系统。一些新近推出的系统级 FPGA,将原本外置的非易失性存储器(如 Flash)集成到了片内,通过这种方式既消除了上述麻烦和隐患,又保留了其可重构优势,值得推荐!在后续的 1.3 节中,将较详细地介绍上述各种可编程实现方式的技术原理。

由于 CPLD 和 FPGA 是两种目前产量最大、应用最广的主流可编程逻辑器件,本书将在后续章节中对它们进行详细的介绍。在此先对它们各自的结构和工艺特点以及优势加以简要概括和对比。CPLD 属于阵列型 PLD,采用与阵列—或阵列的逻辑结构和连续式(集总)布线结构,触发器占比(触发器数/器件规模)较小,大多利用内置的 E²PROM 或 Flash 存储编程信息,普遍支持在系统编程(ISP)。FPGA 属于单元型 PLD,采用查找表—触发器(寄存器)的逻辑结构和分布式布线结构,触发器占比较大,大多利用内置的 SRAM 配合外置的只读存储器加载编程信息,普遍支持 ICR(In Circuit Reconfiguration,在线重配置)而非 ISP。相应地,CPLD 和 FPGA 各有其优缺点,并有一定的互补性,具体表现为以下几点:

① FPGA 具有较高的集成度、较高的逻辑复杂度和较复杂的布线结构,比 CPLD 更适于实现高复杂度设计。

② FPGA 是逻辑门级编程(而 CPLD 是逻辑块级编程),粒度较细,编程灵活性更大,资源利用率较高。

③ CPLD 更适于实现各种(需要乘积项较多、触发器较少的)算法和组合逻辑,FPGA 更适合于实现(需要触发器较多的)时序逻辑。

④ CPLD 的速度较快,并且时序延迟可预测,FPGA 的时序延迟不可预测。

⑤ CPLD 因为无需外部存储器存储编程信息,故使用较简便,且有保密功能;但 FPGA 因采用 SRAM 存储编程信息,所以具有可无限次编程、动态重构的优势。

⑥ CPLD 的成本和价格较低,适用于低成本设计,对于低功耗应用也较适合。

总之,FPGA 提供了最高的逻辑密度、最丰富的特性和最高的性能。现有的大多数 SOPC 实际上就是 FPGA 的先进代表(称其为 SOPC 更大程度上是出于商业目的而非技术需要)。因此 FPGA 特别适用于实现复杂的时序逻辑。CPLD 的集成度较低(最高仅数万门),但因具有很好的时延可预测性,所以对于某些要求严格时序的关键性控制类应用非常理想。有些 CPLD 器件的功耗极低,并且价格低廉,因而对于要求低成本、电池供电的便携式应用特别适合。

1.2.3 主要可编程器件厂商扫描

由于可编程器件具有巨大的发展潜力,许多有实力的 IC 厂商都在积极研发、生产和供应其各具特色的可编程器件产品,竞争促进了技术进步、品种丰富、价格降低和性能提高,为电子产品的设计者和制造者提供了更大的选择空间。

1. Xilinx 公司

Xilinx 公司是 FPGA 的发明者和世界领先的可编程逻辑解决方案提供商。其 PLD 产品技术领先、品种丰富、市场占有率较高。

Xilinx 的 FPGA 分为两类,以便用户根据其需要选用。一类侧重高性能应用,以 Virtex 系列为代表,其规模大,速度等各项性能高;另一类则侧重低成本应用,以 Spartan 系列为代表,其规模中等,性能可满足一般的逻辑设计要求。

2002 年上市的 Virtex-Ⅱ系列是 Xilinx 比较成功的产品,采用 0.15 μm 工艺,1.5 V 内核,针对低功耗和高速度做了优化,可广泛应用于各种逻辑规模的高端产品。Virtex-Ⅱpro 以 Virtex-Ⅱ的结构为基础,内部集成了微处理器和高速接口,是首款集成了 Power-PC 处理器和高速收发模块的 FPGA。

在此基础上改进并推出的 Virtex-4 系列,采用 90 nm 铜工艺,使用 12 英寸晶片技术生产,以最低的成本实现了性能突破。该系列共有 17 款器件,其系统时钟高达 500 MHz,逻辑单元多达 200 000 个,并且在同等性能下使功耗比之前的系列降低了 50%以上。为了提供多种功能选择和组合以满足各种复杂应用,该系列又细分为三个子系列:Virtex-4 LX,针对高性能逻辑进行了优化;Virtex-4 SX,针对 DSP 和存储器密集型应用进行了优化;Virtex-4 FX,针对嵌入式处理和数据通信进行了优化。Virtex-4 硬 IP 核块的庞大阵列包括 PowerPC™ 处理器(带有新型 APU 接口)、三态以太网 MAC、622 Mb/s~6.5 Gb/s 串行收发器、专用 DSP Slice、高速时钟管理电路和源同步接口块。此外,由于基本的 Virtex-4 构建模块是原有构建模块(为 Virtex、Virtex-E、Virtex-Ⅱ、Virtex-Ⅱ Pro 等系列所采用)的增强版本,因而便于已有设计的移植。

在 Virtex-4 系列的基础上派生的 Virtex-4 QV 系列和 Virtex-4 Q 系列,都属于面向航天和军用产品的性能加固 FPGA。Virtex-4 QV 系列抗辐射 FPGA 满足 V 类(抗辐射)要求。它包括三个经过定向优化的子系列:面向高性能逻辑的 LX 子系列、面向超高性能信号处理和 DSP 应用的 SX 子系列以及面向嵌入式/以太网 MAC 应用的 FX 子系列,可提供高性能(400 MHz 数字时钟,双 350 MHz PowerPC 405 核)、大容量(逻辑单元超过 20 万个)的 FPGA,是少有的针对高性能应用、可替代 ASIC 的可重编程 FPGA。Virtex-4Q 系列军用温度级 FPGA 在同类器件中性能最高、容量最大,是公认的、满足军用产品快速生产化需要的芯片解决方案。它也包括两个子系列:用于实现高性能逻辑的 LX 子系列和用于实现超高性能信号处理的 SX 子系列。

在 Xilinx 的低成本 FPGA 产品中,Spartan-Ⅱ系列 FPGA(2.5 V 工作电压,基于 Virtex 平台)以低价格提供了高性能、出众特色和丰富的逻辑资源。该系列的六种型号的密度为 15 000~200 000 个等效门,速度高达 200 MHz。其特色包括区块 RAM(容量达到 56 kb),分布 RAM(容量达到 75 264 b),支持 16 种不同的 I/O 接口标准和 4 个 DLL(延迟锁定回路)。它所提供的快速、可预测的互连,意味着可以通过连续的设计迭代来达到要求的时序。此后相继推出的 Spartan-ⅡE 系列(1.8 V 工作电压,基于 Virtex-E 平台)、Spartan-3/3L 系列(1.2 V 工作电压,基于 Virtex Ⅱ平台,首次采用 90 nm 工艺)和 Spartan-3E 系列(Spartan-3 的改进版)等,在成本不断降低的同时,其性能和特色也在不断增强。

针对低成本应用,Xilinx 重点推荐 Spartan-3A 扩展系列 FPGA。它面向大批量、成本敏感的电子产品(如消费类电子)的设计,提供了系统总成本最小化的解决方案。该系列共有

12 种器件，其规模为 50 000～3 400 000 个等效门，密度、封装的选择范围较宽，部分器件还支持密度迁移(即不同密度的器件具有相同的封装，可方便地替换)和反克隆安全。它分为三个子系列：① 面向主流应用的 Spartan-3A，成本最低，针对 I/O 进行了优化(支持业内领先的 26 个常见的和新兴的 I/O 标准)，特性齐全；② Spartan-3AN 子系列，针对非易失性应用进行了优化，可以实现最高的系统集成度，基于 SRAM 的 FPGA 的先进特性和高性能，以及非易失性 FPGA 的安全性、板空间节省和易于配置性；③ Spartan-3A DSP 子系列，针对 DSP 应用的最高系统集成度进行了优化，具有 3500 亿次乘累加的运算能力和低功耗，特别适用于成本敏感型 DSP 算法和协处理应用。

Virtex-5 系列是 Xilinx 新一代的高端 FPGA 产品。它是世界上首个 65 nm FPGA 系列，采用 1.0 V、三栅极氧化层工艺技术制造而成，可提供多达 330 000 个逻辑单元、1200 个 I/O 引脚、48 个高速低功耗收发器以及内置式 PowerPC 440 高性能微处理器、兼容 PCI Express™ 的集成端点模块(PCIe 端点)和以太网 MAC(媒体访问控制器)模块。它采用第二代 ASMBL(高级硅片组合模块)列式架构，包含五种针对特定领域进行了优化的子平台(器件系列)。这五种子平台是：① LX，用于实现高性能逻辑；② LXT，用于实现具有低功耗串行连接功能的高性能逻辑；③ SXT，用于实现具有低功耗串行连接功能的 DSP 和存储器密集型应用；④ FXT，用于实现具有速率最高的串行连接功能的嵌入式处理；⑤ TXT，用于实现超高带宽应用，如有线通信与数据通信系统内的桥接、开关和集聚。除了包含最先进的高性能逻辑架构外，Virtex-5 FPGA 还包含多种硬 IP 系统级模块，包括强大的 36 kb Block RAM/FIFO、第二代 25×18 DSP Slice、带有内置数控阻抗的 SelectIO™ 技术、ChipSync™ 源同步接口模块、系统监视器功能、带有集成 DCM(数字时钟管理器)和锁相环(PLL)时钟发生器的增强型时钟管理模块以及高级配置选项。因此，它以前所未有的选择灵活性和丰富资源(包括逻辑、DSP、软/硬微处理器和连接功能)，为逻辑、DSP 和嵌入式系统的设计者提供了同时获得高性能和低成本的最佳解决方案，因而被称为"终极系统集成平台"。Virtex-5 系列、Virtex-4 系列和 Spartan-3A 扩展系列的特性对比参见表 1.2。

表 1.2　Xilinx 主流 FPGA 系列的特性对比

特　　性	Virtex-5	Virtex-4	Spartan-3A 扩展系列
逻辑单元	多达 330 000 个	多达 200 000 个	多达 53 000 个
用户 I/O	多达 1200 个	多达 960 个	多达 519 个
支持的 I/O 标准	超过 40 个	超过 20 个	超过 20 个
时钟管理–DCM	有	有	有
时钟管理–PLL	有	无	无
嵌入式 Block RAM	高达 18 Mb	高达 11 Mb	高达 1.8 Mb
用于 DSP 的嵌入式乘法器	有(25×18 MAC)	有(18×18 MAC)	有(18×18 MAC)
千兆位级高速串行	有	有	无
软处理器支持	有	有	有
嵌入式 PowerPC® 处理器	有(PowerPC 440 处理器)	有(PowerPC 405 处理器)	无

XC9500 和 CoolRunner-Ⅱ是 Xilinx 最有代表性的两个 CPLD 器件系列。

XC9500 系列针对高性能、通用逻辑集成的应用，提供了先进的在系统编程(ISP)和测试能力，支持无忧重配置和在现场系统升级。该系列的 6 种器件均可在系统编程 1 万个(编程/擦除)周期以上，并且全面支持 IEEE 1149.1(JTAG)边界扫描，可实现编程模式的版本控制和在系统调试。器件的逻辑密度为 800～6400 个等效门，36～288 个寄存器/触发器。有多种封装和 I/O 可选，但系列中所有器件之间的引脚完全兼容，从而全面支持设计移植。增强的引脚锁定功能避免了昂贵的印制板重排。提供了输出摆速控制和用户可编程的"地"引脚，以帮助减小系统噪声。I/O 可被配置为 3.3 V 或 5 V 工作。所有输出均提供 24 mA 驱动电流。该系列的工作电压为 5 V，但它有两个低电压的子集(均只有 4 种器件)，即 3.3 V 的 XC9500XL 和 2.5 V 的 XC9500XV。这三个系列中型号(宏单元数)相同的器件的结构相同，但低电压版本的性能(特别是系统频率)有了明显的提高。

CoolRunner-Ⅱ系列是 Xilinx 目前重点推荐的 CPLD 产品。该系列采用 1.8 V 工作电压，结合了 XC9500/XL/XV 系列 CPLD 的高速度、易用性、在系统可编程和 XPLA3 系列的极低功耗特性，因而使用方便且成本低廉，同时适用于高速数据通信/计算系统和先进的便携式产品。其原因是：首先，它继承了 XC9500/XL/XV 系列的优点，包含有较多的密度、封装选择和较丰富的 I/O，可防克隆，便于移植设计等；其次，它利用全数字核、FZP(高速零功耗)、DataGATE 等技术极大地降低了功耗(静态功耗低至 28.8 μW，典型待机电流仅 16 μA)，进而有助于降低板级电路的总功耗(因其无需使用掉电模式和相应的电路)；第三，它所具有的 I/O 分组、I/O 和时钟管理等先进特性进一步降低了其成本。

为了提供简便易用的高性能编程解决方案，Xilinx 还提供了大量与其 FPGA 器件配套使用的配置存储器。它们又分为两个平台：Platform Flash，针对 Xilinx 基于 FPGA 系统的最大灵活性进行了优化；Platform Flash XL，针对高性能 Virtex-5 FPGA 配置进行了优化。其共同特点包括：支持 ISP；接口标准化，配套通用化(覆盖低密度到高密度)；具有内置式扩展控制；具有串行和并行配置灵活性；配置、下载速度较高(Platform Flash 系列为 40 MHz 配置、320 Mb/s 下载，Platform Flash XL 系列为 50 MHz 配置、800 Mb/s 下载)。

为配合其 PLD 产品的开发和应用，Xilinx 提供了多种开发套件和用户界面友好、功能强大的设计工具(开发环境)。目前提供的主流设计工具包括高性能的 ISE Design Suite(Logic Edition)、免费的 ISE WebPACK 设计软件等。

综上所述，Xilinx 长期致力于提供先进、全面的 PLD 解决方案，其 PLD 产品系列全、品种多、应用广，其设计工具功能强、易使用，非常值得推介。但受篇幅所限，本书无法对其作更详细的介绍。有兴趣的读者，可登录该公司的网站获取更多的信息、资源和帮助。该公司的网址为：http://www.xilinx.com/, http://china.xilinx.com/index.shtml。

2. Altera 公司和 Lattice 公司

Altera 公司和 Lattice 公司同样也是世界领先的可编程逻辑解决方案提供商。Lattice 公司同时还是世界领先的可编程模拟器件研发、生产者。关于 Altera 公司的 PLD 产品系列及其开发软件，详见本书的第 3 章和第 4 章；关于 Lattice 公司的 PLD 产品系列及其开发软件，详见第 5 章和第 6 章；关于 Lattice 公司的可编程模拟器件及其开发，参见第 2 章。

3. Actel 公司

Actel(爱特)公司是单芯片 FPGA 解决方案的领导性厂商。其产品分为低功耗、反熔丝、耐辐射和混合信号 FPGA 等类型，尤其以高可靠性、高温度等级(普遍达到了军用级)、耐辐射等著称，在军用、宇航等高端产品中应用较多。

Actel 公司低功耗 FPGA 的主流产品是 ProASIC3 系列和 IGLOO 系列，均采用了非易失性 Flash 技术，具有源于该技术的各种优点，如可重编程、非易失性存储，AES 加密、解密，单芯片、上电即用等。ProASIC3 系列又分为 ProASIC3/E、ProASIC3 nano 和 ProASIC3L 等子系列(参见表 1.3)，在功耗、价格(低至 0.49 美元)、性能、密度和特性方面均实现了突破，适用于当今最严苛的大批量应用并可获得很高的整体性价比。该系列器件支持 1.2 V 或 1.5 V 的内核电压，1～300 万个系统门，多达 620 个高性能 I/O，以及(专为 FPGA 实现而设计和优化)32 位 ARM Cortex-M1 和 ARM7 IP 软核嵌入；对由大气中子引发的配置数据损失(硬件错误)具有免疫能力。IGLOO 系列包括 IGLOO/e、IGLOO nano 和 IGLOO PLUS 等子系列(参见表 1.4)，专为满足当今便携式和功率敏感的电子产品严苛的功耗、占位面积和成本要求而设计，是功能齐全的可重编程 Flash FPGA。该系列基于 ProASIC3/E 架构，继承了其在工作电压、密度、I/O、价格、ARM 核嵌入等方面的优势，并进一步增强了部分结构和性能，例如，配有真双端口 SRAM(容量高达 504 kb)、时钟调整电路(CCC)和多达 6 个的 PLL 等。

表 1.3　ProASIC3 系列概览

ProASIC3 系列	ProASIC3/E	ProASIC3 nano	ProASIC3L
具有 ARM 功能	M1 ProASIC3/E		M1 ProASIC3L
	M7 ProASIC3		
概述	低功耗、低成本 FPGA 解决方案	具有增强 I/O 功能的最低成本解决方案	实现低功耗、高性能和低成本平衡的 FPGA 产品
系统门数量	15 000～3 000 000	10 000～250 000	250 000～3 000 000
最大用户 I/O 数	620	71	620
功耗	3 mW	3 mW	330 μW

表 1.4　IGLOO 系列概览

IGLOO 系列	IGLOO/e	IGLOO nano	IGLOO PLUS
具有 ARM 功能	M1 IGLOO/e		
概述	功耗超低的可编程解决方案	业界功耗最低、尺寸最小的解决方案	具有增强 I/O 功能的低功耗 FPGA
系统门数量	15 000～3 000 000	10 000～250 000	30 000～125 000
最大用户 I/O 数	620	71	212
功耗	5 μW	2 μW	5 μW

Actel 的反熔丝 FPGA 均采用了其拥有专利的(金属—金属)反熔丝技术。其 MX 系列器件采用了 0.4 μm 三层金属 CMOS 工艺，密度为 3000～54 000 等效门，I/O 引脚数可多达 202，工作电压为 5 V，内嵌了双口 RAM，系统性能可达 250 MHz 以上，有多种封装和速度选项。

其 SX-A 系列(已停产的 SX 系列与之类似)器件的密度为 12～108 000 个等效门，系统性能可达 270 MHz 以上，支持 66 MHz、64 位、3.3 V/5 V 的 PCI 接口和 2.5 V、3.3 V 和 5 V 混合电压，在 100%引脚锁定的同时，资源利用率仍可达到 100%，为中小规模 ASIC 应用提供了低价位、低能耗、高性能的单片替代方案。其第三代的 eX 系列基于 SX-A 架构，采用了 0.22 μm CMOS 反熔丝工艺，器件密度为 3～12 000 个等效门，系统性能可达 350 MHz 以上，其他的主要指标和特性与 SX-A 系统相同。最新一代的 Axcelerator 系列器件基于其 AX 架构，采用 0.15 μm、7 层金属反熔丝工艺制造，器件密度高达 200 万个等效门，系统性能可达 350 MHz(内部为 500 MHz)以上，具有嵌入式 RAM(带有嵌入式 FIFO 控制逻辑)、PLL(每片多达 8 个，输出带宽高达 1 GHz)、可分段时钟(每片 8 个时钟)、全片范围内高速布线和进位逻辑等系统级特性，可以 1.5 V、1.8 V、2.5 V 和 3.3 V 混合电压工作，智能化低功耗运行，并且兼顾了高性能和设计安全性，是可以全面替代 ASIC 的系统级器件。

RTSX-SU 系列和 RTAX-S/SL 系列是 Actel 目前主流的耐辐射 FPGA 产品。RTSX-SU 系列是 SX-A 商用系列("模块海"结构)的耐辐射增强版本，主要改进是采用了更宽的时钟线、更强的时钟驱动器和针对 SEU(Logic Single-Event Upset，单事件翻转，是一种因辐射导致的逻辑错误)加固的 D 触发器，以增强器件在辐射环境中的抗翻转和总辐射耐受量等性能。这种 SEU 加固触发器使用内建的 TMR(三模块冗余)，无需用户干预，也不必为硬件实现花费额外的可编程逻辑门或为软件实现花费 CPU 机器周期；它还对布局、布线不敏感，从而保持其 SEU 免疫力。结合 UMC 公司(台湾)的 0.25 μm 制造工艺，RTSX-SU 系列具有远超典型 CMOS 器件的辐射可存活能力水平。该系列的其他主要特性包括：32 000～72 000 个 ASIC 门(48 000～108 000 个系统门)，多达 360 个用户可编程 I/O，230 MHz 以上的系统性能(内部 310 MHz)，超低功耗(待机功耗低至 68 mW)，3.3 V 和 5.0 V 混合电压及 5 V 输入容许和 5 V 驱动强度，针对 3 V/5 V PCI、LVTTL、TTL 和 CMOS 的可配置 I/O 支持，100%引脚锁定下的 100%电路资源利用率，阻止逆向工程和设计偷窃的安全编程技术，兼容 IEEE 1149.1 标准的 JTAG 边界扫描测试和专用的 JTAG 复位引脚(TRST)，以及面向空间应用的密封式封装(CQFP、CCGA / LGA、CCLG)。因此，RTSX-SU 系列是设计、制造宇航电子设备原型和成品的理想选择。

RTAX-S 系列基于商用的 Axcelerator 结构，引入了 SEU 加固触发器和无额外成本的用户可组态三模块冗余(TMR)，耐受辐射总剂量达到了(功能性损坏)300 krad 和(参数性损坏)200 krad，而密度高达 250 000～4 000 000 个等效门(30 000～500 000 个 ASIC 门)，用户 I/O 多达 840 个，并有多达 540 kb 的具有 EDAC 保护选项的嵌入式存储器，以及针对空间应用的先进封装(CQFP 和 CCGA/LGA)，从而为太空应用提供了高性能、低功耗、高可靠性、可编程、替代辐射加固 ASIC(RH-ASIC)的配载设计平台。RTAX-SL 系列是其低功耗版本，专门针对需要低待机电流的空间飞行应用，其最坏条件下的待机电流只有标准版器件的一半。

Actel 的 Fusion 系列可编程混合器件，将可配置模拟部件、大容量 Flash 内存构件、全面的时钟生成和管理电路，以及基于 Flash 的高性能可编程逻辑集成在单片器件中。Actel 创新的 Fusion 架构可与 Actel 软 MCU 内核及高性能的 32 位 ARM® Cortex™-M1 和 CoreMP7 内核同用，因而被称为"终极的混合信号 FPGA 平台"。本书将在第 2 章中对其进行更详细的介绍。

Actel 为其全系列 FPGA 的设计提供了统一的 Libero 集成设计环境(IDE)，即一套完备的软件工具套件。Libero IDE 能快速有效地管理整个设计流程，从设计、综合和仿真，到基础规划、布局布线、时序约束和分析、功率分析以及编程文件生成。Libero IDE 针对 Actel 的低功耗 Flash FPGA 系列产品 (包括 IGLOO、ProASIC3L 及最新的 IGLOO PLUS 系列)，提供了全面的功率优化和分析工具。Libero 的第二代智能设计工具 SmartDesign 为轻松创建完整的、基于简单和复杂处理器的系统级芯片(SoC)设计提供了有效的方法。

要了解更多的有关信息，可访问 Actel 公司的网站：www.actel.com。

4. Atmel 公司

Atmel(爱特梅尔)公司的业务重点并非可编程器件。其 PLD 产品大多属于中、小规模，但性价比较高，且普遍覆盖了商用、工业、军用三个温度等级。其 SPLD 产品包括 16V8、20V8、22V10 等型号，均具有多种电压、节能和封装选项，电可擦除，电可编程。其中，采用专利技术的 ATF22LV10CQZ 具有"电池友好"特性。此外还有与 22V10 引脚兼容但逻辑资源加倍的 ATF750C/CL 系列，可替代 ATV2500B/BQ/BQL/BL 的 ATF2500C 系列(2500门，44 引脚)等。

Atmel 的 CPLD 产品均支持 ISP，并具有特别有利于新设计的"逻辑资源加倍"特性。其 ATF15xxAS/ASL/ASV/ASVL 系列与 Altera 的 7000 和 3000 系列的引脚兼容，但器件种类更多。其密度为 32～128 个宏单元；5 V 版本的传输延迟为 7.5～15 ns，3.3 V 版本的则为 15 ns；适用于 I/O 扩展、存储器控制及与不同存储器(如 compact Flash 和 mobile SDRAM)的接口。采用专利技术的 ATF15xxBE 系列，具有超低功耗、高速度(5 ns)和 1.8 V 工作电压，与 Xilinx 的 CPLD 器件的引脚兼容，故便于替代，可用于多电压系统以及电源管理和复位控制。为便于器件替代和设计转化，Atmel 免费提供了使用简便的 POF2JED 软件；对购买量大的客户，Atmel 还可为其进行预编程或掩膜定制(客户仅需支付少量费用)。

AT40KAL 系列协处理器 FPGA 的密度为 5000～50 000 门，是为高密度、计算密集的 DSP 和其他高速逻辑而设计的；通过提供快速、灵活、分布式的 10 ns FreeRAM 却不使用宝贵的逻辑资源，解决了逻辑–SRAM 之间的矛盾；由于可以部分重编程而不损失寄存的数据，也不干扰其他部分的运行，因而可用于实现 Cache 逻辑设计；特别适用于构建自适应滤波器、可变系数乘法器等可通过修改数据通路来提高系统性能的设计。此外，FPSLIC(现场可编程系统级集成电路)系列首次采用了嵌入式核，其密度为 5000～50 000 门，具有多达 36 kb 的 SRAM 和 1 个 25 MHz AVR MCU；AT6000 系列及 AT40K(5 V 版本)系列 FPGA 是为提高基于处理器的系统的速度并减少其功耗、器件个数和成本而设计的，其丰富的寄存器资源(1024～6400 个)使之特别适于实现可重构协处理器。

Atmel 还提供性价比较高的用于 FPGA 配置的串行 EEPROM 系列器件，均可使用标准编程器或 ISP 方式编程。其中，AT18F 低成本配置系列的容量为 1～8 Mb，可用于配置 Xilinx 的低成本 SRAM FPGA 和高密度高性能 FPGA，包括 Spartan 子系列和 Virtex 子系列。该系列可提供符合 ROHS 的 SFF(Small Form Factor)封装。AT17LV 系列的容量为 65 kb～32 Mb，编程电压为 5 V 或 3.3 V，采用业界标准的 2 线串行总线，适用于 FPSLIC 器件和各个厂商(包括 Xilinx、Altera 和 Lattice 以及 Atmel 自己)各种基于 SRAM 的 FPGA 的配置。

要了解更多的有关信息，可访问 Atmel 公司的网站：www. Atmel.com。

5. Cypress 公司

Cypress(赛普拉斯)公司也不是专业生产可编程器件的厂商,但它近年来陆续推出的多种 PSoC(可编程片上系统)器件系列得到了较广泛的关注和应用。由于这些 PSoC 器件大多同时包含了可编程逻辑单元和可编程模拟单元,应归类为可编程数模混合器件,因此本书将在第 2 章中对其加以介绍。

6. Anadigm 公司

Anadigm 公司(www.anadigm.com)是少数几个专注于可编程模拟器件研发和推广的厂商之一,推出了多个较具代表性和实用性的可编程模拟器件产品系列和配套的开发软件。本书将在第 2 章中对其加以介绍。

1.3 可编程器件的技术基础

本节介绍具有共性的可编程器件关键实现技术,以便读者更好地理解其工作原理和开发、应用方法。这些技术大多同时适用于可编程逻辑、模拟和数模混合器件,但为了便于介绍,通常以可编程逻辑器件为例。

1.3.1 现场可编程技术

虽然可以像门阵列那样,在 IC 生产过程中利用掩膜(Mask)等实现对可编程器件的结构、功能的编程,但这种可编程方式是由 IC 制造商主导的一次性编程,用户参与度较低,对于样机试制和中、小批量生产来说,风险和成本均较大。现场可编程技术则支持用户自主地对已出厂的可编程器件进行结构和功能的编程(配置),因而使用更方便、灵活,也更受欢迎。该类技术可分为一次性可编程(OTP)和多次可编程两大类。OTP 器件仅允许编程一次,编程后便不能修改,但具有可靠性、集成度和工作频率均较高、抗干扰(辐射)能力较强等优点,适用于航天、军事等特殊领域电子系统的研发、生产以及大批量、定型产品的生产。现场多次可编程技术的产品种类较多,发展较快,应用也较广泛。因为它支持用户方便、快捷地多次修改其设计,有利于加快研发、生产的速度和便于进行产品维护和升级,故特别适用于样机研发和中、小批量生产。部分多次可编程器件(如 SRAM FPGA)还具有在线可重配置特性,即可在工作过程中快速地改变其全部或部分结构和功能,故可用于实现更为灵活、经济的可重构系统。

目前主流的现场单次可编程技术主要有熔丝(Fuse)和反熔丝(Antifuse)两种。熔丝编程技术采用熔丝型开关,如图 1.5 所示,其编程原理非常简单和直接:在器件出厂(尚未编程)时所有的熔丝均完好,相当于各阵列交叉点处的开关均闭合,对应的单元均存储了信息"1";在编程时,向需要存入信息"0"的单元(地址)提供足够强度的脉冲电流,即可将对应的熔丝永久性熔断,使对应的开关断开(存储的信息变为"0");未熔断的熔丝则保持了开关闭合和信息"1"。许多 PROM、PAL、EPLD 和部分 FPGA 产品均采用了熔丝编程技术(工艺)。该类器件的速度较高,但功耗较大,更重要的是,因为需要为熔丝元件留出较大的保护空间,所以会占用较大的芯片面积,使该类器件的集成度受到了很大限制。

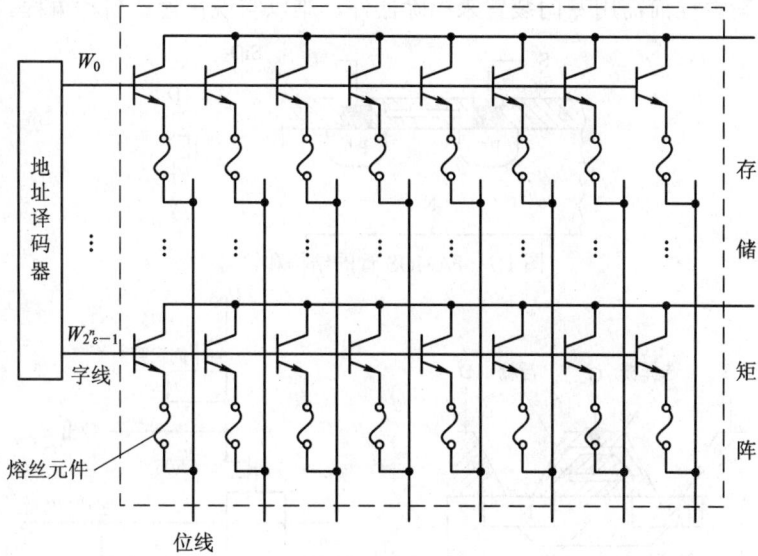

图 1.5 熔丝编程原理

　　反熔丝技术克服了熔丝技术的部分缺点。它通过击穿介质达到连通线路(开关)从而改变所存储信息的目的。例如,如图 1.6 所示,PLICE 反熔丝生长在 N+扩散层和多晶硅之间的介质上,其生产工艺和 CMOS 工艺、双极型工艺均兼容。PLICE 介质在未编程时呈现高阻抗,相当于对应的阵列交叉点处的开关断开;利用高编程电压(18 V)可将 PLICE 介质击穿,使其两旁的导电材料连通(电阻小于 1 kΩ),相当于对应的阵列交叉点处的开关闭合。反熔丝元件占用的硅片面积较小(仅占一个通孔的面积),在一个 2000 门的器件中便可设置 186 000 个(以上)反熔丝,故采用该技术的可编程器件的集成度和性价比均有所提高。

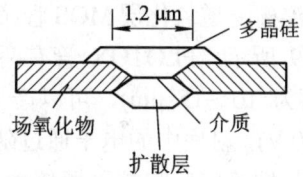

图 1.6　反熔丝编程原理

　　浮栅编程技术是目前最常用的一种现场多次编程技术。紫外线擦除、电编程的 EPROM,电擦除、电编程的 E^2PROM 和 Flash(闪存)都采用了该技术。EPROM 采用浮栅雪崩注入 MOS 管(简称 FAMOS 管)或叠栅注入 MOS 管(简称 SIMOS 管)作为存储单元,分别如图 1.7、图 1.8 所示。FAMOS 管是一个 P 沟道增强型 MOS 管,但栅极完全被 SiO_2 隔离,处于浮置状态,因此称"浮栅"。浮栅上原本不带电,因此漏、源之间没有导电沟道,浮栅管完全呈截止状态,对应于存储了信息"1"。在漏、源之间加上较高的负电压(如-25 V),可使漏极与衬底之间的 PN 结发生雪崩击穿,耗尽区内的电子在强电场作用下高速地从漏极的 P+区向外射出,使部分电子穿过 SiO_2 层到达浮栅,从而形成浮栅存储电荷。漏源间负高压去掉后,浮栅上的电荷由于没有放电通路,能够长期保存下来,并在漏、源之间建立导电沟道,使 FAMOS 管导通,对应于存储了信息"0"。因此,通过给需要写入"0"的 FAMOS 管的漏、源之间加上较高的负电压,即可达到编程的目的。擦除 EPROM 的方法是利用紫外光照射其玻璃窗口足够长的时间(如 30 分钟),使各 FAMOS 管的浮栅中的电子获得足够的能量穿过 SiO_2 层回到衬底中,令 FAMOS 管又恢复到截止状态,从而将编程信息全部擦去。该技术的缺点是重新编程前需用专门装置来擦除器件，难以实现快速、自动编程。

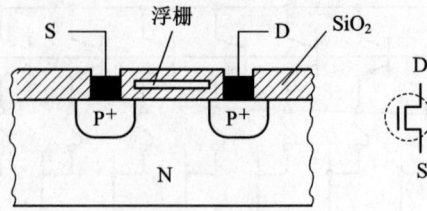

图 1.7　FAMOS 管的结构和符号

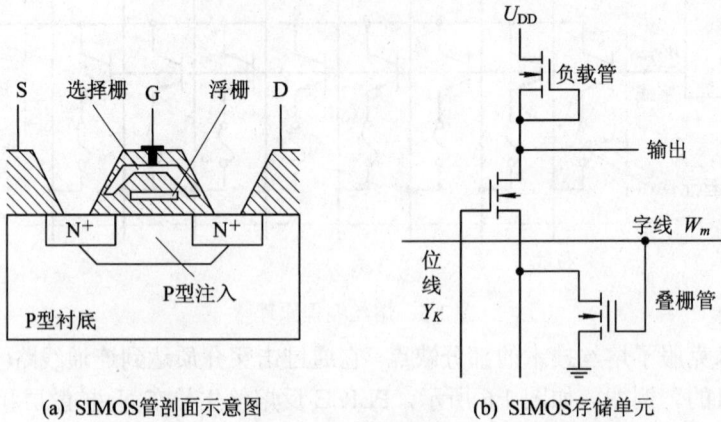

(a) SIMOS管剖面示意图　　　　　　(b) SIMOS存储单元

图 1.8　SIMOS 管的结构和存储单元示意图

以浮栅隧道氧化层 MOS 管(简称 FLOTOX 管)作为存储单元，E^2PROM 克服了上述缺点。如图 1.9 所示，FLOTOX 管有两个栅极：控制栅和浮栅，浮栅与漏极间有一层极薄的氧化层(厚度为 $10\sim15\ \mu m$)，可以产生"隧道效应"。编程时，源、漏极接地，控制栅加高压电压(如 20 V)，衬底中的电子通过隧道效应注入到浮栅，脉冲电压撤除后浮栅上的电子可以长期保留；擦除时，将控制栅接地，源极浮起，在漏极上加高压脉冲，浮栅上的电子便通过隧道返回衬底。可见，E^2PROM 的编程和擦除都是通过在漏极和控制栅上施加一定幅度和极性的电脉冲来实现的，具有擦除方便、速度快的优点，故应用较广泛。

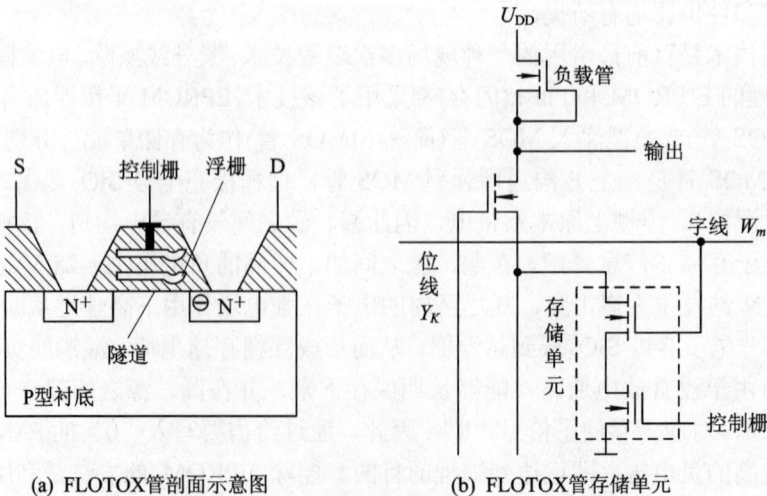

(a) FLOTOX管剖面示意图　　　　　　(b) FLOTOX管存储单元

图 1.9　FLOTOX 管的结构和存储单元示意图

Flash 即闪速型存储器，又称为快擦写存储器，其特点是可用电子方式快速地分区或整片擦除。如图 1.10 所示，Flash 采用了类似于叠栅型存储单元(FLOTOX 管)的存储单元，但与其有两点不同：① Flash 存储单元的源极区域 SN^+ 大于漏极区域 DN^+，两个区域不是对称的，这使浮栅上的电子进行分级双扩散，电子扩散的速度远远大于叠栅型存储单元；② 叠栅存储单元的浮栅到 P 型衬底间的氧化物层约厚 200×10^{-10} m 左右，而 Flash 存储单元的氧化物层更薄，约为 100×10^{-10} m。更重要的是，Flash 存储单元取消了隧道型存储单元的选择管，使片内所有叠栅 MOS 管的源极

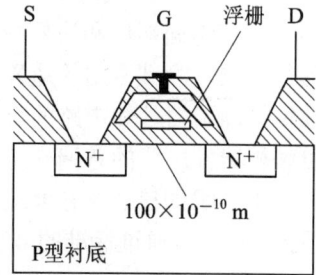

图 1.10　Flash 存储单元结构示意图

连在了一起，故可将一个分区内的所有存储单元同时擦除(仅需几个毫秒)。因此，Flash 的结构比 E^2PROM 更简单和有效，可再编程次数较多(约为 10 万次)，基于 Flash 技术的可编程器件具有更高的密度和性价比。

随机存储器 SRAM 从理论上讲具有无限次可编程能力，编程的速度和灵活性也较高 (Flash 一般不能随机访问/编程)。采用 SRAM 可编程技术的可编程器件(如 FPGA)具有无限次可编程特性，并且可以在运行中进行整体或部分的重构。图 1.11 是 SRAM 六管存储单元的原理电路，它由两个具有有源下拉 N 沟道晶体管和有源上拉 P 沟道晶体管交互耦合的反相器组成。高、低电平分别用两个有源器件来定义，它们分别提供了到电源 U_{CC} 和地 GND 的低阻抗通道。V_1、V_2 为两个传输 NMOS 管，其栅极接到字线，源极分别接到两条互补的位线上，起传输作用。具体原理不再详述。SRAM 可编程技术的主要缺点是具有易失性，即所存储的信息在器件掉电后便会丢失；而上述其他几种可编程技术都具有非易失性。因此，近年来有些可编程器件厂商已将 E^2PROM 或 Flash 嵌入到器件中与 SRAM 配合使用，从而同时获得了无限制的再编程能力和非易失性存储。

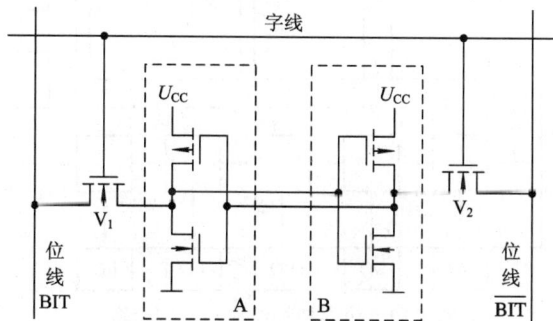

图 1.11　SRAM 六管存储单元的原理图

1.3.2　边界扫描测试与在系统可配置技术

以往对 IC 器件和电子产品的测试、调试，主要利用仪器和自动测试设备，通过经测试点(如器件引脚)注入激励信号并捕获响应信号来完成。但近年来，随着 IC 器件的集成度和引脚数的急剧增加，以及表面安装技术(SMT)和电路板组装技术的广泛采用，IC 封装和电路板日趋紧凑和复杂，传统测试技术面临着巨大挑战。针对上述问题，联合测试活动组织

(JTAG)于 1987 年提出了一种新的电路板测试方法——边界扫描测试(Boundary Scan Testing, BST),又称为 JTAG 标准,并于 1990 年被 IEEE 和 ANSI 接纳为国际标准——IEEE/ANSI Std 1149.1(测试访问端口和边界扫描架构标准),此后又经过了多次扩展和更新。BST 技术通过在器件中嵌入测试专用的边界扫描电路,以全新的"虚拟探针"代替传统的"物理探针",有效地提高了器件和电路的可测性。因具有通用性和经济性,该技术现已得到主流 IC 特别是可编程器件厂商的普遍支持,应用日益广泛。

BST 技术的核心是在 IC 芯片的输入/输出引脚与内核逻辑(电路)之间设置边界扫描结构(参见图 1.12),通过标准的 4 线串行接口(总线)访问各边界扫描单元(Boundary Scan Cell, BSC),可以达到测试芯片内核与外围电路的目的。其中,测试访问端口(Test Access Port, 简称 TAP)由 5 个(常用前 4 个)信号和虚拟引脚组成,分别是:① 时钟信号 TCK,用于 BST 电路的定时和同步(上升沿有效);② 模式选择信号 TMS,用来控制 BST 电路的工作模式;③ 测试数据输入引脚 TDI;④ 测试数据输出引脚 TDO;⑤ 可选的异步复位引脚 TRST(低电平有效,通常不用,而代之以 JTAG 标准已明确定义的指令复位机制)。

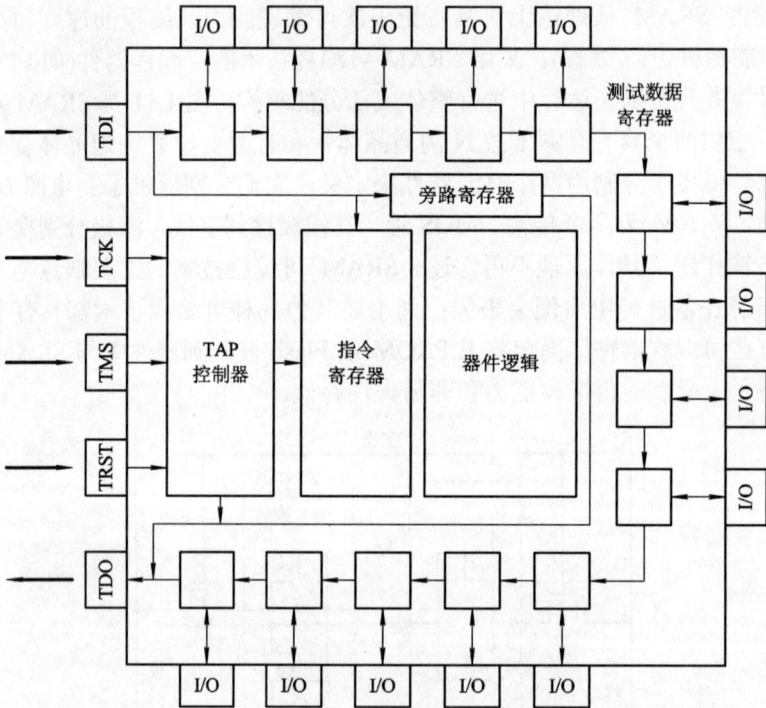

图 1.12 边界扫描结构与原理示意

每个边界扫描单元(BSC)均是由触发器、多路选择开关等组成的特殊移位寄存单元,与 1 个输入/输出引脚相连接;全体边界扫描单元又首尾相连,构成形如移位寄存器的边界扫描链。其首端、末端分别与 TDI 引脚、TDO 引脚连接。在测试、调试状态下,利用边界扫描链可以将芯片与外围的输入/输出隔离开来,并实现芯片输入/输出信号的观测和控制:对于输入引脚,可以通过与之相连的边界扫描单元为其加载测试激励(数据);对于输出引脚,可以通过与之相连的边界扫描单元"捕获"对应的输出信号。在正常运行(非测试)状态下,边界扫描链对芯片来说是透明的,丝毫不会影响其正常运行。

TAP 控制器是边界扫描测试的核心控制器,具有一个 16 状态的有限状态机(见图 1.13)。它受 TCK 信号同步,并响应 TMS 信号,按照 JTAG 标准所定义的工作模式和指令集来运行。该类器件有两种工作模式:SYSTEM(系统)模式,即正常工作模式或非测试模式;TEST(测试)模式,又细分为 EXTEST(外测试)、INTEST(内测试)、RUNTEST(运行测试)等,测试指令则包括 SAMPLE(采样)、PRELOAD(预加载)、BYPASS(旁路)、EXTEST(外测试)以及 IDCODE 和 USERCODE 等。芯片上电,TRST 信号有效,或为 TMS 引脚加上正脉冲(宽度需 5 个 TCK 周期以上),都会让 TAP 控制器经 Test_Logic_Reset(复位)状态进入 Run_test/idle 状态,在该状态下 BST 电路大部分暂停运行并对芯片内核呈现"透明"效果,因而丝毫不会影响其正常工作。需要测试时,将 TMS 信号变为高电平,即可令 TAP 控制器受激跳出该状态,选择指令通道(指令寄存器 IR)操作(图中右边的一列状态序列)或数据通道(数据寄存器 DR)操作(图中左边的一列状态序列)。一个标准的测试过程如下:TAP 控制器在 Capture_IR 状态捕获指令信息,经过 Shift_IR 状态移入新指令,新指令经过 Update_IR 状态成为当前指令;紧接着,当前指令在 Select_DR_Scan 状态选择相应的测试数据寄存器,在 Capture_DR 状态捕获前一测试向量的响应向量,在 Shift_DR 状态移出该响应向量,同时移入下一测试向量,在 Update_DR 状态将新的测试向量并行加载到相应的串行数据通道,直到移入最后一个测试向量为止。其中,Pause_DR 状态和 Pause_IR 状态的作用是暂停数据移位状态;而 Exit1_DR、Exit2_DR、Exit1_IR、Exit2_IR 等状态是不稳定状态,作用是为状态转换提供灵活性。

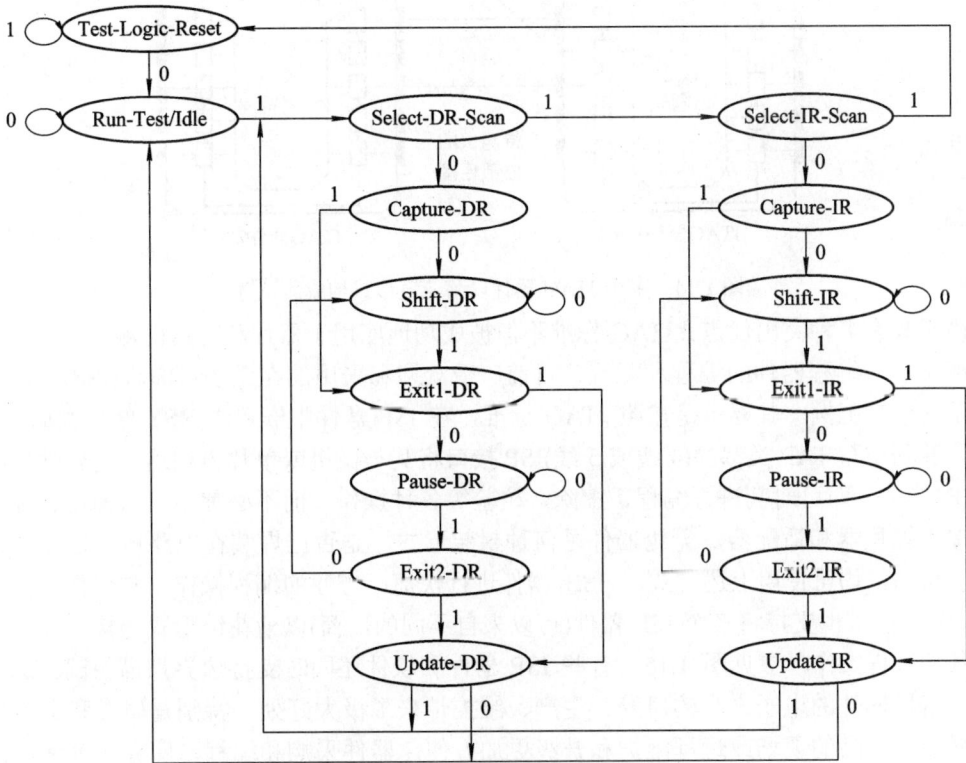

图 1.13　TAP 控制器状态图(转移条件是 TMS 在 TCK 上升沿的值)

此外，还有用于向数据寄存器发送操作码并确定其工作方式的指令寄存器；用于存储器件制造商、器件序列号和器件版本号等信息的器件标识寄存器，以便区分器件和确认其安装位置是否正确；旁路(Bypass)寄存器用于将边界扫描单元直接旁路，把扫描数据直接传递给下一个扫描器件。

边界扫描描述语言(Boundary Scan Description Language，BSDL)属于 JTAG 标准的逻辑协议部分，它是硬件描述语言 VHDL 的一个子集，用来对芯片的边界扫描特性(如前面提到的 TAP 测试模式和指令集)进行描述，沟通厂商、用户与测试工具之间的联系，为自动测试图形生成工具、检测特定的电路板提供相关信息。在 BSDL 文件的支持下可以生成标准的测试逻辑。BSDL 文件可与软件工具结合起来，用于测试生成、结果分析和故障诊断。

因此，可将同一块电路板上的多个 JTAG 器件(可以来自不同的厂商)的 TCK 引脚、TMS 引脚分别并联，而将其 TDI 引脚和 TDO 引脚依次首尾相连，构成共用一个 JTAG 接口(插座)的菊花链，参见图 1.14。这样，可以很方便地利用旁路寄存器选择菊花链中的一个芯片作为操作对象，而将其他的芯片旁路，从而减少电路板的布线和面积，简化器件的测试、调试(及编程)操作；并且可以进行板级边界扫描测试，通过检测各芯片之间的连接关系来发现和定位一部分焊接和装配故障。这对于电子产品的设计、制造和维护都很有帮助。

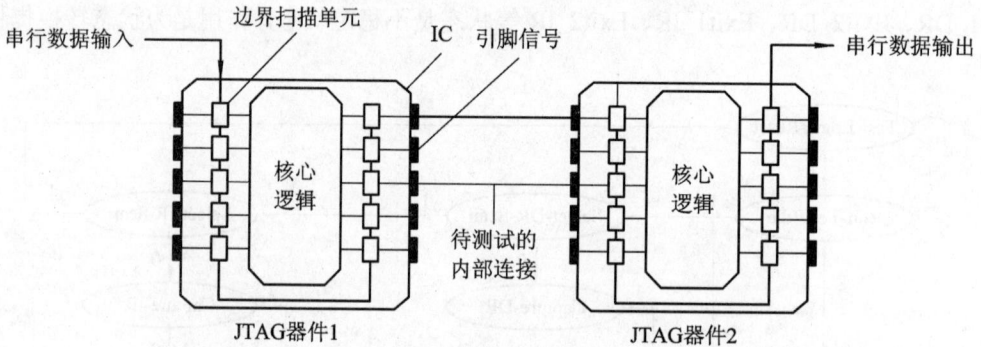

图 1.14 多个 JTAG 器件以菊花链形式构成测试链

由于具有多种突出优点，JTAG 标准不但被成功地应用于器件和电路的测试，而且被进一步应用于可编程器件的编程和配置，目前广受欢迎和采用的在系统可编程(ISP)技术与器件便是其成功范例。其要点是按照 JTAG 标准，在 ISP 器件中嵌入与 BST 结构类似的 ISP 模块，并利用与 TAP 类似的(4 线或 5 线)ISP 接口将其与微机或单片机相连，配合使用专门的 ISP 软件，即可对其进行编程、擦除、校验等各种操作，而不必使用价格昂贵、使用不便的专用编程器和适配器。无论器件是何种封装形式，是否已焊装在电路板，以及是否处于工作状态，均可使用上述方式对 ISP 器件进行快捷、方便的编程操作。与边界扫描测试一样，ISP 技术也支持将多个 ISP 器件(可以来自不同的厂商)以菊花链形式连接，逐一对其进行各种编程操作，参见图 1.15。有些 ISP 器件和软件还同时支持边界扫描测试。这就为基于可编程器件的电子产品的研发、生产、维护带来了极大好处，特别是研发和上市周期大大缩短，产品的现场或远程维护和升级更加方便，器件采购和编程，库存管理和产品服务、维护等成本均大大降低。

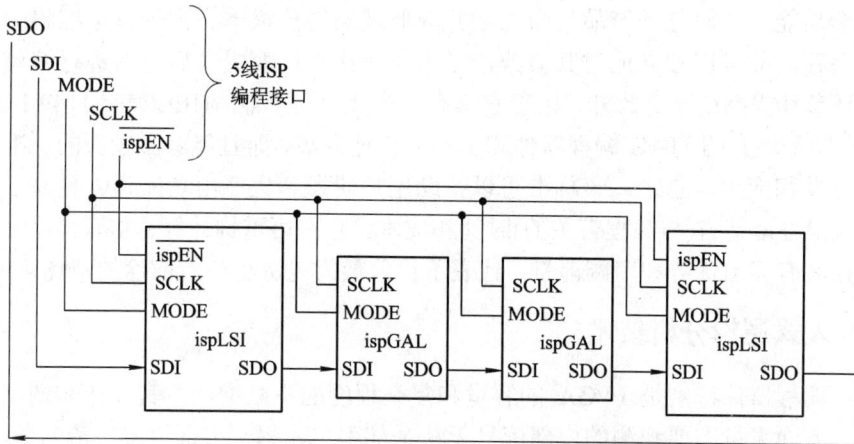

图 1.15　多个 ISP 器件以菊花链形式构成编程链

　　目前 ISP 技术已被业界普遍采用，主流的可编程器件大多属于 ISP 器件，许多非易失性存储器和以其为程序存储器的单片机也都支持 ISP 技术。针对基于 SRAM 的 FPGA 也开发了类似的 JTAG 配置技术和器件，即在线可重构(In Circuit Reconfigurable，ICR)技术和器件，对于缩短研发和上市周期帮助很大；与片内嵌入或片外配套的基于 ISP 技术的非易失性存储器相配合，也可以克服 SRAM 的易失性弱点，较方便地实现产品的现场或远程维护和升级。

　　在此基础上，IEEE 制定了可编程器件在系统配置(In-System Configuration，ISC)标准——IEEE Std 1532，以增强用户对符合 IEEE Std 1149.1-2001 的可编程器件的访问能力。该标准以 IEEE Std 1149.1-2001 为基础，对编程指令和数据寄存器等进行了扩展，定义了一种访问和配置可编程器件的标准化方法，支持对已装配在印制板上的在系统配置器件(ISC Devices)进行编程位串(配置数据)的加载、读回、擦除等操作。该标准以 IEEE Std 1149.1-2001 所定义的测试访问端口(TAP)引脚作为物理(硬件)协议，因而仅需通过 4 或 5 根信号线便可以串行地访问多种器件(包括 ISC 和传统器件)。在逻辑(软件)协议方面，则扩展了 IEEE Std 1149.1-2001 的指令集和 BSDL 文件(描述编程算法和该标准的硬件实现)，并提供了一种新的数据文件格式。IEEE Std 1532-2002 及其后续版本还增加了对自适应编程算法的支持，以进一步缩短编程时间和提高效率。

　　该标准将 ISC 器件宽泛地定义为可在装配到印制板上之后，通过物理或逻辑协议加以编程的器件。ISC 器件片内具有兼容 IEEE Std 1149.1-2001 的可测试性电路，使之在编程前、后均能接受生产中的测试，以检测和诊断脱焊、短路之类的故障。因此，ISC 器件实际上包括了但不限于兼容 IEEE Std 1149.1-2001 的 CPLD 和 FPGA，而 ISC 技术也涵盖了 ISP 和 ICR 等已有的 JTAG 编程技术。

　　该标准具有明确定义的可提供增强功能的系统级指令，简化了任何与之兼容的可编程器件在各种环境下(包括远程)的配置操作。它支持用户利用简单的指令和方式(如利用边界扫描工具和自动测试设备)，对安装在同一块电路板上或嵌入在同一系统中的多个器件(可以来自不同的供应商)进行并发(同时)编程，即在系统配置，使得编程效率最大化。由于该标准为系统初始化、稳定性和事件初始化等提供了统一的框架，几乎消除了所有的器件编程不确定性，为设计者提供了功能强大并且可靠的编程环境，故可帮助用户较容易地实现现场诊断和新功能，从而延长产品生命周期并降低现场维护成本。由于该标准将编程和算法数据分开保存，故可以独立地对其修改，无需在每次设计变更之后重新进行编译，故可显著地减少环节和提高效率。此外，由于它具有标准化、向下兼容(IEEE Std 1149.1-2001)等优点，不但有助于现有的 JTAG 编程器件和工具的快速升级，而且能够激励新的标准化自动编程工具的开发和应用。总之，该标准可以帮助用户研发和生产出功能强大且易于维护的系统，并最大限度地节省(与编程有关的)时间和成本。它在可重构计算、仿真、诊断和现场升级等方面也具有突出优势和广阔前景，代表了目前最为先进也最有前途的现场可编程技术。

1.3.3　嵌入式逻辑分析技术

随着可编程器件特别是 FPGA 的容量和复杂程度的不断增加，其设计和调试日益复杂和困难。一方面大量需要观测的内部信号无法全部引出，另一方面许多主流封装(例如倒装型和球栅阵列封装)根本就没有可供物理探针连接的外露引脚，传统的硬件逻辑分析仪因而难以适用；设计者迫切需要更加便捷、有效的测试工具。对此，众多 FPGA 厂商相继提供了与其开发工具配套的嵌入式逻辑分析仪(Embedded Logic Analyzer，ELA)IP 核或软件包，其共同特点是支持用户以可视化方式在其设计中标注感兴趣的信号，定义触发条件(可以是较复杂的多事件触发序列)，并对其设计进行较为全面、简便的测试和调试。对应的实际过程是先在设计中添加观测点和 ELA 模块(一般由软件自动完成)，在器件编程后即生成 ELA 电路，它会实时地捕获被观测信号并将数据回送给 ELA 软件，供其处理和显示。在调试完成后，可很方便地从设计中删除 ELA 模块，腾出资源。

Lattice 随其开发工具 ispLEVER 提供了 Reveal 硬件调试器套件。它采用以信号为中心的模型，需先利用 Reveal Inserter 定义感兴趣的信号，自动加入仪器模块和适当的连接，再利用 Reveal Logic Analyzer 进行在系统分析，参见图 1.16。Lattice 还提供了仅适用于 ispLEVER Classic 的 ispTRACY 逻辑分析仪。

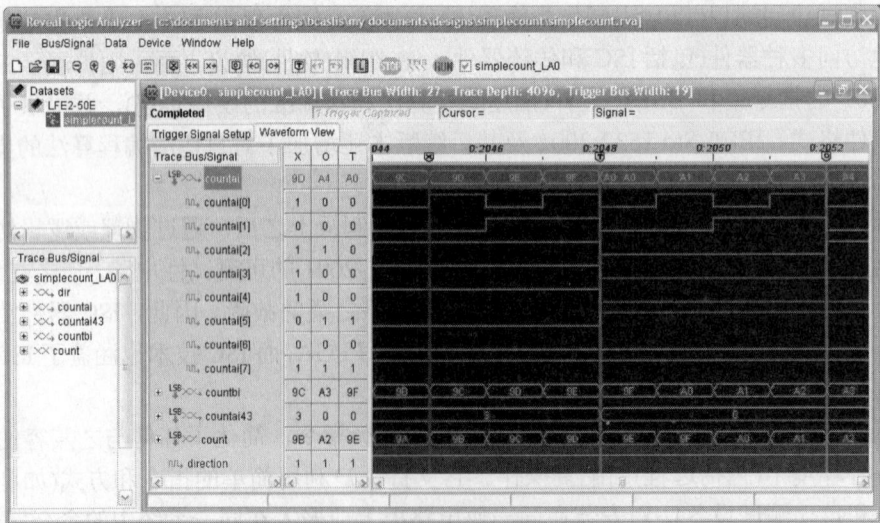

图 1.16　Reveal Logic Analyzer 界面

Xilinx 提供了可与其开发工具 ISE 的各种配置配合使用的嵌入式逻辑分析工具 ChipScope Pro(集成逻辑分析仪)，适用于所有 Xilinx FPGA 器件，其系统框图如图 1.17 所示。

其核心是资源占用率较低、可配置的软核。作为其插件，串行 IO 工具包提供了评估、测量和设置高速 FPGA 串行 IO 通道(如 PCI Express、Serial RapidIO 等)运行的快速、方便途径，而成本仅为对应硬件的几分之一。因此，ChipScope Pro 系统可在系统、实时地捕获和观察任何内部信号，包括与嵌入式处理器相关的信号，验证、调试速度高达 475 MHz；支持网上远程调试和验证，并可与安捷伦测试设备直接连接、使用。

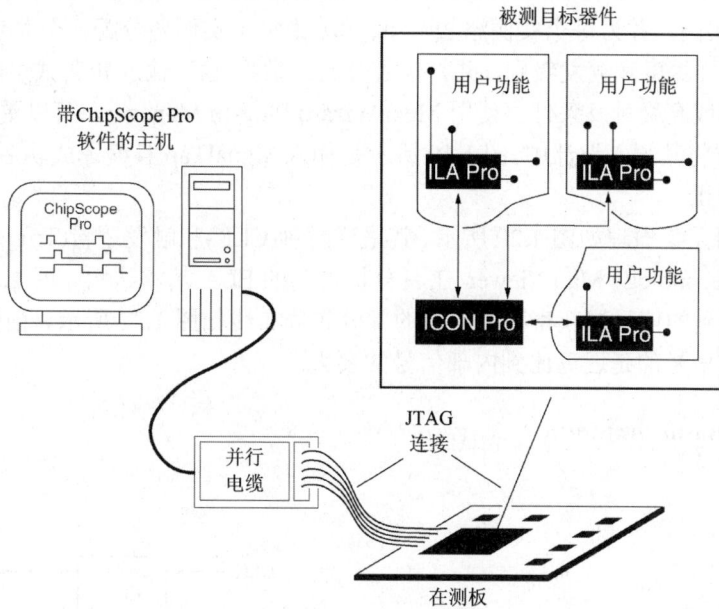

图 1.17　ChipScope Pro 系统框图

　　Altera 随 Quartus II 提供的嵌入式逻辑分析仪 Signal Tap II 的组成框图如图 1.18 所示。利用 Signal Tap II，设计者无需对设计文件进行任何的外部探测或者修改，即可获取设计中任意的内部节点或者 I/O 引脚的状态，实时地捕获和显示 FPGA 系统中的信号，从而在整个设计过程中以系统级的速度观测和调试 FPGA 系统内部的时序。Signal Tap II 支持多达 1024 个通道，采样深度高达 128 kb，每个通道均有 10 级触发输入/输出，从而增加了采样的精度。

　　Signal Tap II 在工作时，测试信号在采样时钟(CLK)的上升沿被 ELA 实时捕获后，缓存到 FPGA 内部的 RAM 中，并通过 JTAG 接口送给 Quratus 软件显示。所以，使用 Signal Tap II 无需额外的逻辑分析设备，只需用 JTAG 接口的下载电缆连接主机和待调试的 FPGA 器件即可，故可大大节省测试费用。

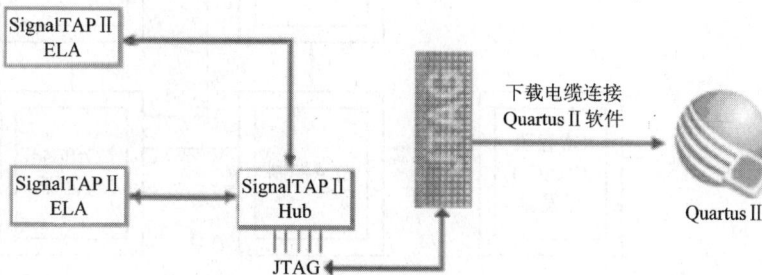

图 1.18　Signal Tap 组成框图

使用 Signal Tap Ⅱ 的一般流程是：① 设计者在完成设计并编译成功之后，建立 Signal Tap Ⅱ(.stp) 文件并将其加入当前工程中；② 根据测试需要配置该 STP 文件；③ 重新编译工程并将该设计下载到 FPGA 中；④ 利用 Quartus Ⅱ 软件观察、分析被测信号的波形；⑤ 在测试完毕后，将该逻辑分析仪从工程中删除。

设置 Signal Tap Ⅱ 文件的基本流程是：① 建立新的 Signal Tap Ⅱ 文件；② 往该 STP 文件中加入 ELA 实例，并为每个实例添加节点；③ 为每个实例各分配一个时钟；④ 设置其他选项，例如采样深度和触发级别，并将信号分配给数据/触发输入和调试端口；⑤ 可根据需要，指定基本或高级触发条件。使用 MegaWizard Plug-In Manager，可以更方便地建立和配置 STP 文件并将其加入设计中。图 1.19 所示是加入 SignalTap 且编译成功后用 Chip Editor 观察到的布局布线。

ELA 的信号采集原理如图 1.20 所示。其采样时钟(CLK)和触发逻辑(Trigger)均可根据需要设定。利用 Technology Map Viewer 工具分析得到的 ELA 基本结构如图 1.21 所示，使用 Chip Editor 观察到的信号捕获寄存器附近的部分布局布线如图 1.22 所示。由图 1.22 可以看出，ELA 到 I/O 信号的延迟远比到内部信号的要大。

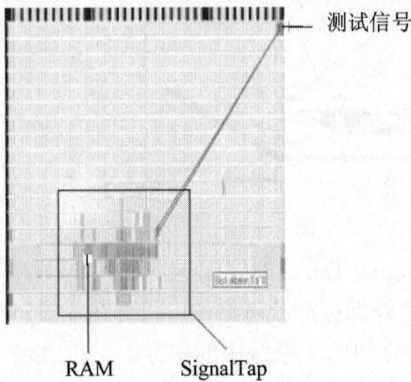

图 1.19　加入 SignalTap 后的布局布线图

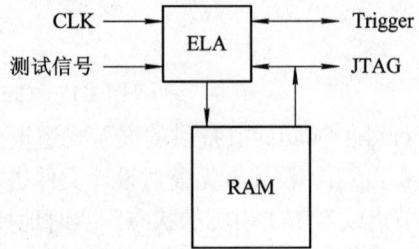

图 1.20　ELA 原理框图

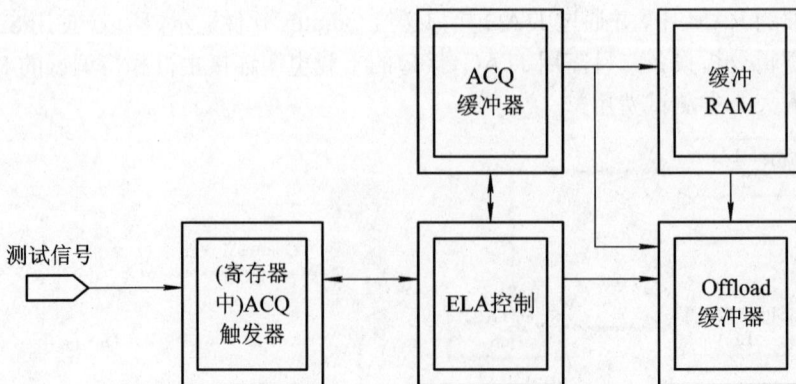

图 1.21　ELA 的基本结构

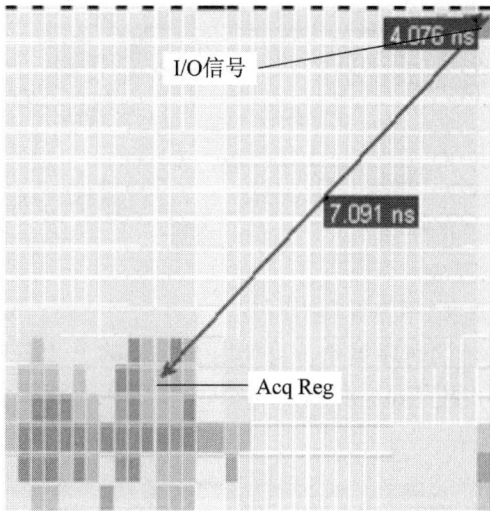

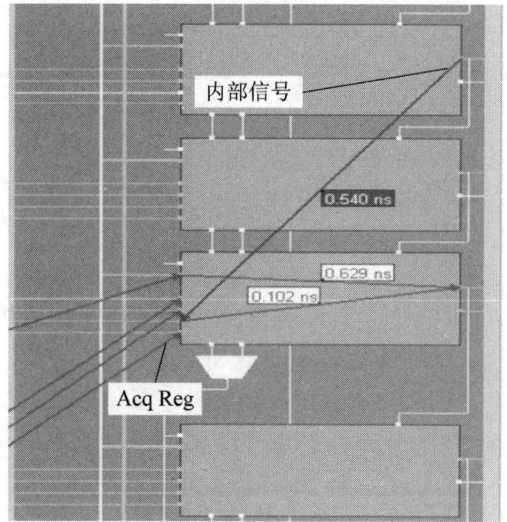

(a) I/O信号   (b) 内部信号的延迟

图 1.22　ELA 到 I/O 信号和内部信号的延迟

　　下面通过一个多通道数据采集系统的设计实例,具体说明 ELA 的作用和效果。如图 1.23 所示,FPGA 器件采用了 Altera 公司 Cyclone 系列中的 EP1C20F400C7;A/D 转换器采用了 8 通道、12 位、具有兼容于 SPI 接口的串行接口的 MCP3208。在设计中,根据 MCP3028 的工作时序,使用 Quratus Ⅱ 的 SOPC Bulider 工具定制了一个带有 SPI 主设备接口的 NIOS 内核。该端口被配置为在时钟下降沿发送数据,在时钟上升沿接收数据。为了利用 SPI 主设备控制 MCP3208,约定软件控制 SPI 主设备先向 MCP3208 写入控制字(选择通道方式、通道号),再从 MCP3208 中读出 12 位的数据。这样,只需在 NIOS Ⅱ IDE 中编制相应的应用程序,即可实现对指定通道数据的连续采集和对八个通道的循环采集。

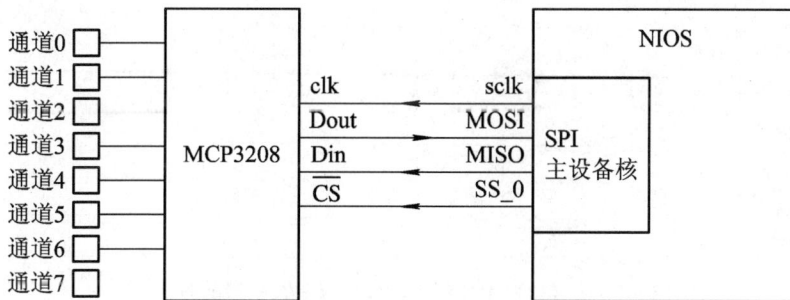

图 1.23　数据采集系统的组成框图

　　在硬件、软件的调试过程中需要验证 SPI 设备工作的情况,使用 SignalTap Ⅱ 可以很方便地观测到 SPI 总线上的时序关系,并可进行交互触发的硬/软件触发(在 CPU 执行的中断点也能触发事件)。图 1.24 是使用 SignalTap Ⅱ,以 SS_0 信号的下降沿作为触发条件得到的时序图。由于采样深度的限制,这里只能观测到最近满足触发条件的部分时序。

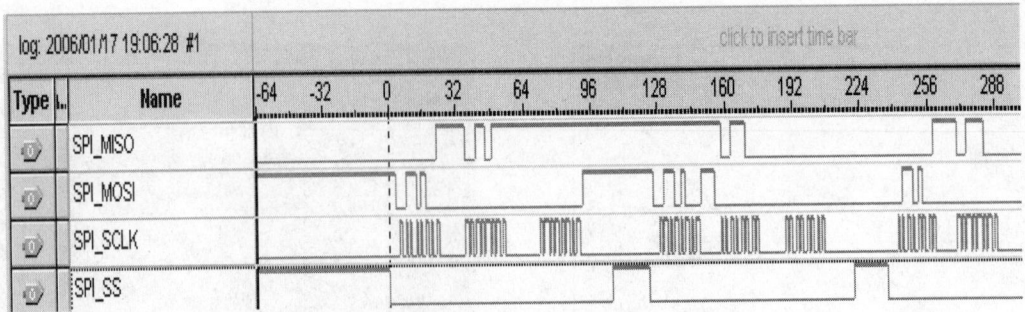

图 1.24 以 SS_0 信号的下降沿作为触发条件获得的时序图

为了更清楚地观察 SPI 总线信号在 SCLK 驱动下的时序关系，可使用 SCLK 的上升沿作为触发条件，所得到的时序图参见图 1.25。借此可更直观地观测在 MCP3208 的多个连续的工作周期内，它被配置的情况和输出的数据。

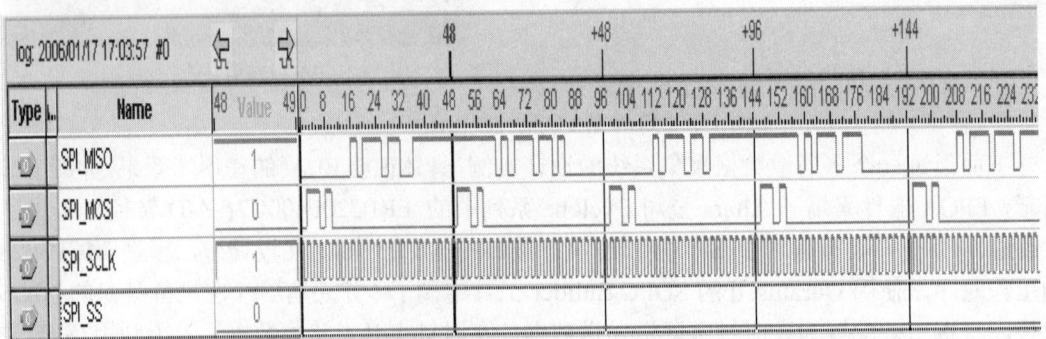

图 1.25 以 SCLK 的上升沿作为触发条件获得的时序图

若需要了解 SPI 总线在特定时刻的工作状态，可以结合软件中断和逻辑分析仪触发进行观测。图 1.26 所示的波形图，便是结合使用软件中断和触发条件所捕捉到的，SPI 主设备第二次发送出的配置数据。

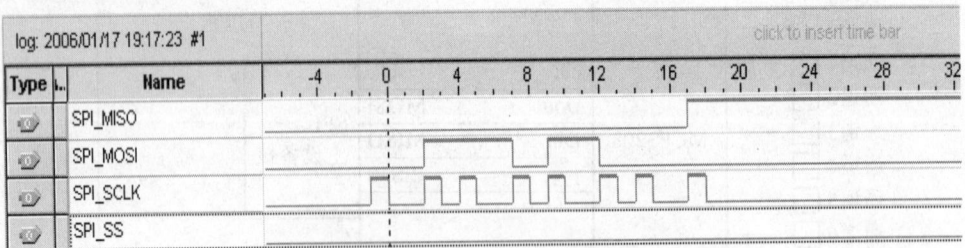

图 1.26 结合软件中断和逻辑分析仪触发获得的时序图

1.4 可编程器件的开发方法

1.4.1 电子设计自动化的产生与发展

如前所述，可编程技术和器件的发展十分迅猛，其器件规模(密度)和性能(特别是速度和功耗)等都在不断提高，种类也日益丰富，这既为先进电子产品的设计、生产创造了有利条件，也对有关的设计理论、技术和工具提出了严峻的挑战。若没有强有力的设计理论、技术和工具的支持，可编程器件在应用方面就无法充分发挥其蕴含的巨大能量，在设计、制造方面也不可能达到目前的发展速度和水平。实际上，它们分别代表着推动现代电子产品进步的两大因素——生产制造技术(如半导体技术)和电子设计技术，二者既紧密联系、互为基础，又相互促进、共同进步。因此，与可编程器件的发展历程相呼应，电子设计的理论、方法及其衍生技术和工具也在不断的变革、创新与进步中得到了蓬勃的发展。

早期的电路设计主要采用分立元件，依靠设计者的知识、经验、头脑风暴和手工操作，通过画图、焊接、组装、验证(包括调试和测试)等步骤来完成，其过程琐碎，难度大，效率低。随着集成电路的出现和应用，中、小规模的标准集成电路(如 74 系列和 4000 系列)逐步取代了分立元件，印制电路板(Printed Circuit Board，PCB)成为了主要的电路组装载体，手工绘制和焊接 PCB 因而成为了重要的电路设计步骤。随着集成电路和电子系统的规模和复杂程度的进一步提高，手工方式已无法满足对(PCB)设计精度和效率等的要求，计算机技术的发展也使之具备了代替人从事某些重复性繁琐工作的能力，于是在 20 世纪 70 年代出现了一些计算机辅助设计软件，主要用于(交互式)PCB 设计、电路模拟、逻辑模拟及 IC 版图编辑等方面，可以有效地减少设计差错，提高效率。PCB 设计软件 TANGO(即 Protel 的前身)、电路模拟软件 SPICE、IC 版图编辑与设计规则检查系统等便是其典型代表。尽管受当时条件的限制，这些软件的种类和功能有限，性能也较差，但它们仍标志着计算机辅助设计(Computer Aided Design，CAD)的新概念、新技术的出现和初步应用，也代表着电子设计自动化(Electronic Design Automation，EDA)技术的发端和第一阶段。

关于 EDA 有多种不同的定义。广义地讲，EDA 是以实现电子设计全过程的高度自动化为目标的一系列理论、方法、技术、工具的统称，它与电子学、计算机、半导体等相关的领域和技术同步地发展，并服务于电子系统诸要素(包括芯片、PCB、电路、系统)的设计和制造过程。其主要基础是面向元器件、电路、系统等各个层次的设计自动化的设计方法学理论和方法，主要表现(应用)形式则是针对电子设计全流程中各环节(步骤)的实用技术、硬件产品和软件工具。其覆盖面很宽，包括但不限于标准 IC 设计、定制/半定制 ASIC 设计、可编程器件设计、MCM(Multi-Chip Module，多芯片组件)设计、ASSP(Application Specific Standard Product，专用标准产品)设计、系统芯片(System On a Chip，SOC)设计、PCB 设计、嵌入式设计、系统设计，等等；甚至连微波电路的计算机辅助设计也属于 EDA 的范畴。但在可编程器件开发等领域，又常将 EDA 狭义地定义为有关的设计技术和软件工具(甚至于专指软件工具)，它们也是本书介绍和讨论的重点。但不管怎样，EDA 都既是现代电子设计的基础和起点，又是能够帮助设计者以最快速度获得最高性能、最低成本、最优设计的利器。

20 世纪 80 年代，随着计算机技术和集成电路技术的发展，相继出现了大规模的微处理器、随机存储器和只读存储器，以及支持定制、半定制单元电路设计的门阵列、标准单元和简单可编程逻辑器件(PAL 和 GAL)，为电子系统设计开辟了新的天地，用户因而仅需使用少数几种"通用"芯片便可实现电子系统设计。与之相呼应，EDA 技术进入到了计算机辅助工程(Computer Assist Engineering，CAE)阶段。与 CAD 相比，CAE 增加了电路功能设计和结构设计，并通过电气连接网表将两者结合在一起，以实现工程设计。该阶段的 EDA 工具主要用于原理图输入、逻辑仿真、电路分析、自动布局布线以及 PCB 后分析(包括热分析、噪声及串扰分析、电磁兼容分析、可靠性分析等项目)等方面，重点是解决电路设计过程中的功能验证等问题。这是一次了不起的革命！因为此前设计者必须待电路板焊接、装配后才能利用仪器观测电路的行为和测量其特性指标，过程琐碎、费时不说，一旦发现设计失误(未能达到要求)，还必须重新开始整个设计流程(包括印制板的绘制、焊接和装配)，难免造成时间、金钱和精力上的浪费。现在有了具备仿真能力的 EDA 工具，设计者可以通过计算机仿真(可理解为基于电路模型的数学运算)，在设计过程中(制作实物前)方便地检验电路的功能与性能，从而及早发现和消除一些设计上的问题，显著地提高效率和节省成本。同时，与 CAD 阶段的 EDA 工具只能代替设计者完成部分重复性工作不同，CAE 阶段的 EDA 工具大多具有自动综合能力(如自动布局布线)，故可替代设计者完成部分复杂工作，从而既提高了开发和制造电子产品的成功率，又使设计者能够更加专注于创造性的劳动。该阶段后期出现的 CAE 系统，采用了统一数据管理技术，将多种设计工具有效地集成，可实现电子设计全过程的自动化。但是，从整体上看，该阶段 EDA 工具的自动化、智能化、标准化(或兼容性)水平尚不够高，仍难以适用于复杂电子系统的设计和优化。

现代电子系统要满足千差万别的应用需求，最好的办法是让用户自己设计专用芯片，以实现其应用系统。可编程器件和 EDA 工具相结合，具有达成上述目标的潜力，但这要求可编程器件的资源足够丰富、配置足够灵活，并且要求 EDA 工具具备全程支持系统级设计的强大处理能力。20 世纪 90 年代以后，上述两个条件均逐渐得到了满足，EDA 技术进入到了电子系统设计自动化(Electronic System Design Automation，ESDA)阶段。该阶段的 EDA 工具是以系统级设计为核心，包括系统行为级描述与结构综合、系统仿真与测试验证、系统划分与指标分配、系统决策与文件生成等功能的 ESDA 工具套件。该类套件从功能上可以分为逻辑工具和物理工具两部分。逻辑工具基于网表、布尔逻辑、传输时序等概念，首先利用原理图或硬件描述语言(Hardware Description Language，HDL)编辑器进行设计输入，然后利用 EDA 系统经过综合、仿真、优化等步骤，最后生成物理工具可以接受的网表或 HDL 结构化描述。物理工具则用来解决设计中的实际物理问题，如芯片布局，印制电路板和可编程器件的布局、布线等。许多套件还提供了内建自测试 (BIST)、边界扫描测试(BST)等可测性设计工具(Design For Test，DFT)，支持在设计中嵌入可测性电路结构以显著提高其可测性。这些套件不仅能够支持电子系统设计的全过程，而且具有高级抽象的设计构思手段，能提供独立于 IC 工艺和厂商的系统级设计能力，从而使电子系统设计变得简便易行。必要时，设计者还可利用并行设计工程(Concurrent Engineering，CE)架构，将不同厂商的优秀 EDA 工具按需集成，所构成的集成设计环境使用统一的数据管理系统与完善的通信管理系统，能够有效地管理各个设计工具及其相互联系、并行工作，并可在多种平台(如 UNIX、Linux 和 Windows)之间实现平滑过渡，从而切实支持多人协同、并行设计。因此，凭借 ESDA 系统，设计者可以利用 IC 厂商提供的设计库，通过一些简便的标准化设计步骤，在较短时间内完成数十万门 ASIC 和集成系统的设计与验证，使得 ASIC 设计不再是微电子专家的专利。设计者因而逐步从使用器件转向设计器件(ASIC)，从电路级电子产品开发转向系统级电子产品开发。

硬件描述语言(HDL)在现代电子设计中起着日益重要的作用。HDL 可看做是用于硬件系统设计的计算机语言。它可以在行为级、寄存器传输级(RTL)和门级等多种层次上，以软件编程的方式描述电子系统的逻辑功能、电路结构和连接形式(详见第 7 章)。与传统的门级、结构描述方式(如原理图)相比，HDL 的抽象层次更高、描述能力更强，对设计者的电路知识和设计经验的要求较低，故更适用于复杂和大规模系统的设计。采用 VHDL、Veriolg HDL 等标准化 HDL 进行电子设计的额外好处是：描述规范化，便于交流、保存和修改，设计文件和结果独立于平台和工艺，故适用面较宽、可移植性较强，便于设计重用。System-C、System-Veriolg 等系统级 HDL 的出现，则是真正实现系统级设计(ESL)的漫漫征途上的重要里程碑，为 EDA 的发展增添了新的活力。由于 VHDL 语法严谨，功能强大，应用广泛，本书将在第 7 章中对其作较详细的介绍。

进入 21 世纪以后，半导体技术的快速发展又对 EDA 提出了新的要求和挑战。首先，深亚微米(现已达 45 nm 以下)工艺的成熟和应用，已可将整个系统整合在单个芯片上，这意味着芯片设计者必须考虑此前无需考虑的系统架构问题；而现有的 EDA 工具(如综合器和布局、布线工具)因不能有效地解决互连延时、串扰噪声或其他的工艺影响，已很难满足需要。其次，对于特征尺寸小于 0.13 μm 的 IC 工艺，曝光光刻胶上电路图形所用的光源波长已小于可见光，因此需使用 RET(中间掩膜增强技术)和 OPC(光学邻近效应校正)等技术来实现所需的线条锐度，这就需要有新的或增强的 DFM(Design For Manufacture，可制造性设计)工具来予以支持。再次，较小的晶体管几何图形带来的许多其他后果对设计方法产生了更大的影响，因此需要用物理综合工具来代替逻辑综合工具，通过与布局、布线工具协同工作来确定电路(版图)的拓扑结构。另外，验证千万门级 IC 设计的时序和逻辑也是巨大的挑战。这些都要求提供新的 EDA 技术以克服现存的瓶颈，ESL(Electronic System Level，电子系统级设计)和 DFM 被视为最有希望取得突破的有效途径，也代表了 EDA 当前的发展趋势。

伴随设计复杂性的提高，业界早就关注从系统级入手设计 IC 和电子系统。ESL 能够在系统层次上综合考虑和解决功耗、可编程性、成品率等多种问题，是实现大规模电子系统自动设计的有效途径之一，因而十多年前一度成为 EDA 产业的焦点，但当时由于缺少相关技术(如系统级的验证工具和标准化 HDL)的配合而逐渐被淡化。随着 SystemC 被普遍接受为用于建模和验证的标准 ESL 语言，ESL 工具已经越来越多地被用户所采用，现已在市场份额上与 RTL 类工具平分秋色。现有的 ESL 工具可分为设计和仿真、行为综合、测试和验证三大类，主要作用是帮助 IC 设计师在用 RTL 代码实现架构之前测试和验证架构。预计 ESL 设计方法和工具今后将会加速持续发展，并得到更广泛的应用。

DFM 意味着统一地描述芯片设计中的规则、工具和方法，从而更好地控制集成电路向物理晶圆的复制，通过提高成品率和降低成本以及可预测的制造过程、具有竞争力的设计等，使得从设计到晶圆的整个流程的收益最大化。随着工艺尺寸的不断减小，制造端的反馈数据已成为保证高成品率的一个关键因素，而 EDA 厂商将提供功能更强的 DFM 工具视为 EDA 发展的重要推动力和新增长点，供需双方因而协力推动了 DFM 技术的发展和应用。

基于 IP(Intellectual Property，知识产权)的设计高度复用也是当前 EDA 发展的重要趋势。IP 又称 IP 核(IP Core)，一般是关于较复杂且常用功能的设计成果，又分为软核(Soft IP Core)、硬核(Hard IP Core)、固核(Firm IP Core)等类型，依次对应于行为(Behavior)、结构(Structure)和物理(Physical)三种设计和验证层次。软核通常是经过了 RTL 级设计优化和功能验证的 HDL 文本，其优点是使用较为灵活，缺点是其物理特性和优化程度无法完全保证；硬核是基于半导体工艺的物理设计，表现为经过验证的电路物理结构掩膜版图和全套工艺文件，其性能有保证且可拿来就用，但缺乏灵活性且可移植性较差；固核则是软核和硬核的折中，除了完成软核所有的设计步骤外，还完成了门级电路综合和时序仿真等设计环节，一般以门级电路网表的形式提供给用户。目前IP设计已成为一个新兴的行业，市场上供应的IP产品已较为丰富，ASIC、ASSP和可编程器件的设计者可通过选用所需的IP并将其嵌入自己的设计中，最大限度地提高设计效率和成功率，相应地缩短产品开发、上市的周期。随着IP标准化程度的提高和基于平台的设计(即将成套的IP组合成为易用的设计平台)等新的设计方法的成熟和推广，预计未来IP必将成为最重要的电子设计要素。

此外，在网络日益发达和普及的今天，基于互联网的并行、协同设计已经成为一种趋势和潮流。人们不但可以通过网络买、卖设计工具和设计要素(如IP核)，而且可以利用互联网将世界范围内的设计者和计算资源加以有效整合，使得电子系统的设计、制造和销售等变得日益迅速、经济和高效。

1.4.2 现代电子设计的流程和方法

传统的电路设计流程主要包括以下步骤：① 分析设计要求，并据此编制技术规格书，画出系统控制流图；② 进行系统功能分解和功能模块划分，并画出系统功能框图；③ 对各功能模块进行细化，并选择(按性能、价格、体积等)适当的现成元器件，完成其电路设计；④ 利用通用电路板、面包板或印制电路板(需专门设计、加工)搭建电路，依次完成模块级和系统级的调试、验证；⑤ 正式绘制印制板图并委托加工，而后焊接、装配电路，并再次进行调试和验证；⑥ 在以上任意步骤若发现错误，均需折回进行修改和完善；⑦ 在系统通过验证后，修订电路图、印制板图等设计文件并归档。上述设计流程的主要特点是：采用市售的通用元器件，以自底向上(Bottom-Up，即先模块后系统)、串行操作(即逐个依次处理)的方式设计和实现电路；设计验证需基于实体电路进行；设计结果主要体现为电原理图和印制板图。其结果是设计约束多、周期长、效率低、成本高，因而不适用于大规模和复杂电子系统的设计，也不利于提高电子产品的竞争力。

以EDA技术和工具为基础，现代电子设计采用了自顶向下(Top-down，即从系统到模块，逐层分解，逐步细化)、并行操作(即多人协作同时设计)的设计流程。所谓"自顶向下"体现在：首先从系统设计入手，在顶层进行功能框图的划分和结构设计；接着在系统框图一级进行仿真、纠错；而后利用硬件描述语言(HDL)完成系统行为级设计，并利用仿真工具加以验证；最后利用逻辑综合、优化工具生成对应的(门级)电路网表，经物理工具(如PLD适配器)处理后，最终生成用于可编程器件配置、印制板加工或ASIC设计(及制造)的最终设计结果。由于仿真和调试过程主要在设计早期和较高层次上进行，上述方法被称为高层次的电子设计方法，既有利于及早发现结构设计上的错误，避免设计工作的浪费，又可减少功能仿真的工作量，提高设计的一次成功率。而"并行操作"则表现为：可在网络化的环境下，配备设计进程管理器(服务器)和多个设计客户终端，支持多个设计者同时在同一公用的数据库平台上开展并行的设计；软件工具能够自动地协调对设计所做的修改，解决由修改引起的冲突，从而显著提高设计速度并进一步降低大规模、复杂电子系统的设计难度。

上述设计流程和方法同时适用于系统级、电路级、芯片级(主要指IC研发和生产)和物理实现级(主要指IC版图设计)等现代电子设计的各个层次。以电子设计的全过程作为研究和服务对象，先进EDA技术对上述各设计层次均提供了全面的支持。换言之，设计者在各个设计层次上均可利用 EDA 技术和工具来提高设计性能和效率。具体地说，电路级设计在本质上是基于元件级(门级)描述的单层次设计，传统的电子设计方法便属于此类。电路级 EDA 工具使设计者在实际电路制成之前，(通过电路仿真等)就可以全面地了解系统的功能特性和物理特性，从而将开发过程中出现的缺陷消灭在设计阶段，既缩短了开发时间也降低了开发成本。具体地说，设计者在确定设计方案和元器件选型后，便可利用 EDA 工具设计和输入电路图，并进行数字电路的逻辑模拟、故障分析和模拟电路的交直流分析、瞬态分析等仿真，这属于设计的第一次仿真，主要检验设计方案的功能正确性。在仿真通过后，可利用 EDA 工具根据原理图产生的电气连接网表进行 PCB 板的自动布局布线，而后进行 PCB 后分析(仿真)，包括热分析、噪声及串扰分析、电磁兼容分析、可靠性分析等。最后还可再次进行仿真，主要评估装配后的电路(PCB 板+器件)在实际工作环境中的可行性。

与电路级设计相比，系统级设计更接近于概念级的电子产品设计，包括设计(软、硬件)划分，软、硬件协同设计，设计规范编写等新任务。利用 EDA 工具可更准确地定义设计目标，使管理者更清楚地了解项目的范围、难易程度和费用；同时，设计者不再需要利用原理图描述电路，而只需根据设计目标(利用 HDL 等)进行功能描述，把具体设计工作交给综合工具来完成，并利用仿真工具在多种层次(如系统级、RTL 级、门级)上进行充分的设计验证。由于摆脱了电路细节的束缚，设计者可以将精力集中在创造性的概念构思与方案设计上，新的概念因而有望迅速有效地转化为产品，大大缩短产品的研制周期。

在具体实现上，电子系统设计可分为系统设计、系统综合优化和系统实现三个阶段，每个阶段都包括若干个具体步骤。

1. 系统设计

在系统设计阶段，首先要进行系统功能分析。其目的：一是明确系统的设计目标，即确定系统的预期功能和性能(如时序)指标，系统的输入、输出，以及输入和输出之间的(函数)关系；二是进行系统级模块划分(包括软、硬件划分)。应根据功能的耦合程度，将系统划分为不同的功能模块，每个功能分别映射到一个模块；同时还需要确定模块之间的相互关系，这是模块化设计的基本要求。

其次，要进行体系结构设计。这是整个系统设计阶段最重要的工作，其首要任务是设计数据通路和控制通路。数据通路设计包括分析待处理数据的类型，划分处理单元，并确定各处理单元之间的关系。控制通路是数据通路上数据传输的控制单元，用于协调各处理单元之间的关系。控制通路设计主要涉及数据调度、数据处理算法和时序安排等。由于数据通路和控制通路之间存在着较密切的联系，数据通路与控制通路的设计往往要经过反复调整才能达到满意效果。

第三，要进行系统描述，即利用 HDL 对系统进行编码。在大型软件开发中，编码与此前的系统划分工作相比不太重要，但在使用 HDL 描述数字电路时情况则完全不同，因为 HDL 描述直接决定着电路的性能，不良编码将无法反映所确定的体系结构，可能导致前面所做的工作前功尽弃，故要予以充分重视。

最后，要进行系统级功能仿真，以检查此前编写的 HDL 代码能否实现预定的系统功能。几乎所有的高层次设计工具都支持系统级的 HDL 仿真，这样在系统综合前便可检验，进而保证系统设计结果的功能正确性。

2．系统综合优化

在系统综合优化阶段，首先要进行系统综合优化。综合工具会先将 HDL 描述翻译成门级逻辑，再对其进行优化，重点和难点都在优化上面。系统优化的目的是用最少的硬件资源尽可能地满足逻辑和时序要求，这需要在系统的速度和占用资源(芯片面积)之间寻找最佳的折中点。其关键在于设置适当的约束条件(用于限制综合工具的优化过程)，使之既能充分地反映设计目标又切实可行。

其次，要进行门级仿真。综合工具可以从综合优化结果中提取出对应的门级描述信息，其中既包含了实现系统功能所需的元件信息，又包含了电路元件的一些时序信息，但不包含元件之间的连线信息。仿真工具利用这些信息即可进行门级仿真，获得系统级功能仿真无法提供的系统时序特性，从而显著地提高布局布线后仿真达标和成功实现的可能性。对于 ASIC 设计来说，由于基于 IC 厂商工艺库的布局布线流程较为繁琐，在布局布线之前进行门级仿真可以最大限度地发现和消除错误，从而减少返工、节省时间。若布局布线后进行时序仿真的条件便利(使用可编程器件实现设计时即如此)，则可省去该步骤。

3．系统实现

当系统综合优化的结果符合要求后，便可进入到系统实现阶段。设计者可将综合后的电路网表文件和反映其时序要求的相关文件提交给 IC 制造商，由其代为制造 ASIC；也可进一步利用可编程器件厂商提供的适配器和开发工具，完成后续的适配和编程步骤，在可编程器件上实现所设计的系统。

1.4.3 可编程器件的开发流程

可编程器件(设计)开发是指利用开发工具(环境/平台)对可编程器件的内部电路(连接)进行编程(配置)，使之具备预期的电路(系统)功能和特性。这通常在电路级或系统级的层次上进行。下面以可编程逻辑器件为例，主要介绍电路级即单元电路或中、小规模系统的开发流程。系统级即大规模系统的开发流程与之相近，但步骤更多也更复杂(如需增加软、硬件划分及协同设计等步骤)；可编程模拟器件、可编程混合器件的开发流程也与之相似，但需增加元件参数选择/配置等与模拟电路设计有关的步骤。

如图 1.27 所示，首先需要进行设计准备，即根据任务要求或设计目标(预期的功能和特性)，初步确定和论证设计方案，包括电路(系统)的组成、结构、指标及拟采用的可编程器件等。该步骤非常重要，需要设计者充分利用已有的设计成果和经验，并综合考虑多方面的因素，包括目标电路(系统)的类型(例如，属于模拟、数字还是混合电路，偏重算法、组合逻辑还是时序逻辑)、规模(复杂程度)、结构、性能等特点，不同器件各自的资源、结构和特性，以及功耗、体积、成本等设计指标(约束)。优先推荐使用自顶而下、层次化、模块化的设计方法(类似于结构化的程序设计方法)，即首先(采用 HDL 等)在系统层次上进行设计描述(包括模块划分、结构设计等)和验证(如功能仿真)，然后逐层进行分解(将各模块分解成较低层次的子模块)和细化(确定各模块的功能描述及其相互配合关系)，直到所有的子模块均结构足够清晰、描述足够充分(或已有设计结果可用)为止。由于高层次的设计与器件及工艺无关，故便于设计移植。始于系统级的多层次仿真便于及早发现和消除错误，支持(模块级)设计重用和多设计者协同开发。上述方法的开发效率和成功率均较高。

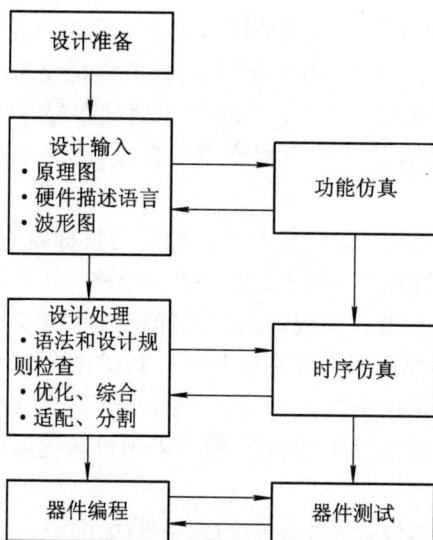

图 1.27　可编程逻辑器件(电路级)设计流程

第二步是设计输入，即利用开发工具支持的设计描述和输入方式，具体地描述和提交电路(系统)设计的初步结果。常用的设计描述和输入方式主要有原理图和硬件描述语言(HDL)两种。在原理图方式下，设计者可直接利用开发工具提供的元器件库和其他原理图要素，以画原理图的形式描述和输入设计结果。该方式的优点主要是形象直观，与手工设计方式接轨，便于仿真和调试；缺点则主要是抽象层次较低(琐碎、具体)和可移植性较差，故不太适用于规模较大、较复杂的设计。因此，原理图方式多用于可编程模拟器件、可编程混合器件和中小规模可编程逻辑器件的开发。硬件描述语言(HDL)是较新的和主流的描述、输入方式，其抽象层次较高，适于描述规模较大、较复杂的设计。VHDL 和 Verilog HDL 等标准化 HDL 还具有便于设计移植等优点；缺点是相对复杂，描述模拟电路的能力较弱，故不太适用于可编程模拟器件、可编程混合器件和小规模可编程逻辑器件的开发。此外，有些开发工具还支持波形图、状态图等逻辑描述和输入方式，即设计者可通过绘制输入—输出波形图或状态图等方式表达预期的逻辑功能，而无需进行具体设计(由开发工具代为自动完成)，但这些方式仅适用于较简单的电路和功能。多数开发工具还允许导入 EDIF 等标准格式的设计描述文件，以实现设计移植和复用。设计者可以将各种设计描述和输入方式灵活地加以组合，以构成所谓混合描述和输入方式，即对不同的层次、模块选用最与之适应的描述和输入方式，从而实现优势互补并显著提高设计效率。

第三步是功能仿真，即在设计输入完成之后和针对具体器件编译之前进行的逻辑功能验证，因而又称为前仿真。其特点是无需时序信息，简便快捷。仿真前，要先利用波形编辑器或硬件描述语言等建立波形文件或测试向量(即感兴趣的输入组合序列)。仿真结果将以波形图和报告文件的形式给出。

第四步是设计处理，即由开发工具对设计文件进行逻辑化简、综合优化和适配等处理，最终产生用于器件编程(配置)的编程文件。具体步骤包括：

(1) 语法和设计规则检查(编译)，即检查设计中是否存在原理图描述中的信号线开路、短路，HDL 描述中的各种语法错误，超出器件资源或规定等错误，并以报告形式给出检查结果。

(2) 设计优化和综合。所谓综合，就是根据设计的预期功能和约束条件(如面积、速度、功耗和成本等)，将设计描述(特别是 HDL 描述)转换成满足要求的电子线路。其目的是将多层次设计"展平"和将多模块设计合并，生成用于后续布局布线的网表文件。综合过程中会进行设计优化，即化简所有的逻辑方程或用户自建的宏，以使实现设计所需的资源最小化。

(3) 适配和分割，即先确认经过优化的设计能够与目标器件的结构和资源(如宏单元和 I/O 单元)匹配，再将设计分割为多个便于适配的"子电路"并将其映射到目标器件的相应单元中。若整个设计无法用一片器件实现，则可选择将其分割成多个子设计并各与一片器件适配。可通过自动、半自动或人工方式完成分割，其优化准则是：需要的器件个数最少，且各器件之间的通信连接(引脚)最少。与上述其他步骤可选用各种开发工具不同，该步骤因涉及器件内部结构等具体信息(商业机密)，一般须采用可编程器件厂商提供的布局布线工具(模块)。

所谓布局布线，就是根据设计者指定的约束条件(如面积、延时、时钟等)及目标器件的结构、资源和工艺特性等，以最优的方式对逻辑元件布局，并准确地实现元件间的互连，完成设计方案(网表)到器件实现的变换。该步骤通常不仅会产生器件编程文件，还会产生包含时序信息的"返标(Backnote)"文件，供后续的时序仿真使用。布局布线工具一般也是由可编程器件厂商提供的。

第五步是时序仿真，又称后仿真或延时仿真，是在选择了具体器件并完成布局布线之后进行的时序关系仿真，与功能仿真相比更接近于器件的实际工作情况。由于设计的具体实现在延时特性上受到器件和布局布线方案的影响，因此在完成上述设计处理后对整个设计及其各个模块进行时序仿真，对于分析其时序关系、评估其速度指标以及检查和消除竞争冒险等都非常必要。

第六步是器件编程和测试，就是利用编程工具(包括软件和硬件，一般由可编程器件厂商提供或认证)，将布局布线步骤所产生的器件编程文件下载到实际的可编程器件中，并利用仪器等通过实验对其功能和特性进行测试和分析，以最终验证所做的设计是否成功。目前主流的可编程器件普遍支持在系统编程(ISP)或在线配置(ICR)，有些还支持边界扫描测试(BST)，便于编程和测试，应优先选用。Altera、Xilinx、Lattice 等可编程器件厂商提供的嵌入式逻辑分析仪(ELA)或类似工具，对提高测试的效率和准确性也很有帮助。

在上述任一步骤中，若发现设计中存在错误或与预期不符的地方，均须返回此前步骤进行修改和完善。

还需要指出的是，不同开发工具的(开发)操作流程尽管大体相同，但在具体步骤上仍可能差异较大。为了尽可能地提高开发效率和设计性能，设计者必须较深入地理解和掌握所采用的开发工具的功能特点和使用方法以及可编程器件的结构、原理和特性，而这些正是本书后续章节所要介绍的内容。

第2章

可编程模拟(混合)器件概述

可编程模拟器件(Programmable Analog Device)是近年来崭露头角的一类新型集成电路。顾名思义，该类器件属于模拟集成电路，即电路的输入、输出甚至内部状态均为随时间连续变化且幅值未经过量化的模拟信号；同时，该类器件又是现场可编程的，即可在出厂后由用户改变器件的内部连接和配置以获得所需的电路功能。利用可编程模拟器件配合相应的开发工具软件，便可以像设计数字电路那样方便、快捷地完成模拟电路的设计、修改、编程和验证，从而极大地缩短产品的研制周期，增强其市场竞争力。新型的数、模混合可编程器件(简称可编程混合器件)同样以可编程模拟电路为核心。因此可以预期，可编程模拟器件将会与可编程逻辑器件一样得到迅速的发展，其应用也将会日益广泛。

2.1 可编程模拟(混合)器件的价值与作用

模拟电路曾经是实现电子系统的唯一形式和电子电路的代名词，后来，由于存在处理精度低、设计及调试难度大等严重缺陷，才逐步让位于"后起之秀"数字电路。现存的大多数电子系统，其主体部分均为数字系统。然而，我们也应当看到模拟电路具有许多独特的优势。首先，任何电子系统都必须依赖模拟电路作为与外部世界的接口，因为我们所处的世界(大自然)在本质上是模拟的——时间、空间和各种物理量均连续变化、无限可分，而数字电路则是时间离散采样、数值有限量化，这种明显的差异必须通过模拟电路加以弥合。在微弱信号放大、高速信号采集、大功率输出等应用中，模拟电路的优势地位至今仍不可动摇。其次，与数字电路相比，模拟电路通常更为经济，即实现同样功能所需的模拟电路更为简单(至少可省去用作与物理世界接口的 A/D、D/A)，因而相应的集成电路制造成本较低、功耗较小，是实现小型中、低精度电子系统的最佳选择。再次，模拟电路的工作速度较高，是高频应用中最佳甚至是唯一的选择。因此可以预期，尽管电子系统"数字化"的趋势日益明显，模拟电路的作用仍然不可或缺，并将继续在未来的电子系统中占据重要的地位。

另一方面，集成电路制造技术和计算机技术的不断进步，也为模拟电路的改进和创新提供着无尽的动力。特别是集成运算放大器的出现，在很大程度上克服了元件参数的离散性对电路性能的影响，显著降低了模拟电路的设计、调试和维护的难度。由于集成运放具有输入"虚短路"、"零"电流，输出"零"内阻等多种理想特性，以其为核心设计、制造的电路通常具有十分接近于理论值的电路性能,因而成为模拟电路设计中最常用的标准件,并使得包括自顶向下模块化设计、计算机辅助分析和设计等先进设计方法得以成功引入和应用于模拟电路设计领域。如今,可编程模拟器件的诞生和逐步普及,将引起模拟电路设计和应用方面的一场新的革命。这样说丝毫也不夸张,因为可编程模拟器件具有许多普通模拟电路无法比拟的优点,包括理想的、可预测的电路性能,灵活的可编程特性,以及较低的综合成本和较高的设计自动化程度,等等。

首先,可编程模拟器件多采用类似于集成运放的电路结构和工艺,而所需的外围元件更少,因而具有更为理想的电路特性,适于用作模拟电路设计的基本模块。

其次,可编程模拟器件的内部资源丰富,电路结构灵活多变,主要的元件参数可分多级精细调整,因而用同一种器件可实现多种不同的电路类型和设计目标,具有前所未有的灵活性和适应能力。各种可编程模拟器件均可多次编程和修改,有些还可以在加电工作的同时接受配置和编程,因此特别适合于样机制作和调试,甚至于产品的升级、换代亦可在工作现场完成,非常方便。

再者,与可编程逻辑器件类似,可编程模拟器件的内部连接和元件参数的改变均借助于对其内部配置位串的编程,因而便于利用电子设计自动化(EDA)工具进行分析、仿真和配置,提高模拟电路设计的自动化程度。利用可编程模拟器件及其开发工具,系统工程师和数字设计工程师即便缺少模拟电路的设计经验和电路知识,或者欠缺进行电路仿真和复杂数学运算的能力,也仍然能够很快地设计出"专家水平"的模拟电路。这对于解决模拟电路设计任务繁重而合格的模拟设计工程师大量短缺这一矛盾意义重大。

最后,可编程模拟器件属于半定制的专用集成电路(ASIC),即器件本身具有通用性,但用户可对器件进行编程以实现所需的电路功能。它同时具备标准集成电路(off-the-shelf IC)使用灵活、开发费用低、开发周期短,以及 ASIC 保密性强、针对特定应用等优点,可作为 ASIC 开发的中间媒介和过渡途径,即在样机研发和小批量试生产阶段使用可编程模拟器件,待产品成熟后再平滑地移植至相应的全定制 ASIC 芯片,从而最大程度地降低产品的开发成本,缩短上市时间,增加产品的竞争力。

显而易见,可编程模拟器件同样适合用作模拟电路设计中的标准件,而且其覆盖范围更宽,应用更灵活,集成度更高,性能也更优越。其典型应用包括:

(1) 信号调理,包括微弱信号放大、有源滤波、增益调整、传感器特性校正等。实践表明,可编程模拟器件所具有的低工作电压、低功耗等优良特性,可极大地减小便携式电子系统的体积和功耗,拓展其应用范围;而可编程模拟器件所独有的现场可编程能力,对提高仪器仪表的智能化程度和自适应能力等的作用非常明显。

(2) 模拟计算,包括对信号进行相加、相减、对数、指数、相乘、相除,求信号的平均值、绝对值、最大值/最小值甚至于功率谱分布等,均可利用可编程模拟器件实现。尽管模拟信号处理的精度低于数字信号处理方式,但仍能满足许多重要应用(如简单控制系统)对计算精度的要求,而所需的电路规模较小,成本也较低。

(3) 高频应用,包括中波、长波波段的高频放大、混频和中频放大、视频检波、低频放大等,均可利用可编程模拟器件实现。利用其可编程特性,可以实现精确的自动调谐和自动增益控制,显著提高通信系统的抗干扰能力。

(4) 人工神经元，即构成人工神经网络的基本单元。要模拟生物神经元的工作机理，人工神经元需计算多个输入信号的加权和并将其与预设阈值相比较，故可使用模拟加法器串接一个比较器来实现。按照一定的拓扑结构将多个神经元相互连接，便可构成相应类型的人工神经网络。利用可编程模拟器件的可配置特性，可修改神经元的加权系数和阈值、判决函数等，构成自适应的神经网络。

目前，可编程模拟器件的发展仍处于起步阶段，器件品种较少，每种器件的功能有限(仅适于实现至多十余种电路类型)，规模也较小。但是，如能根据其各自特点加以合理地选择和组合，仍可实现较为复杂的电路功能。目前，可编程模拟器件已在电子线路实验、传感器匹配、数据采集、信号处理、仪器仪表、控制与监测、人工神经网络等重要领域中得到初步的应用，展现出广阔的应用前景。新兴的可进化硬件(Evolvable HardWare，EHW)研究领域以硬件在线自适应为目标，也将可编程模拟器件作为实现模拟电路自动设计和在线自适应的重要评估手段和实现载体。可以预期，随着模拟可编程技术的不断进步和器件品种的逐步丰富，可编程模拟器件将会成为实现模拟电路的首选器件和最佳选择。

2.2　可编程模拟器件的基本原理

2.2.1　可编程模拟器件的组成

可编程模拟器件的最大特点在于其可编程性，即可以接受外部输入的配置数据并相应地改变器件的内部连接和元件参数，实现用户所需的电路功能。为支持上述可编程能力，可编程模拟器件通常以可编程模拟单元(Configurable Analog Block，CAB)和可编程互连阵列(Programmable Interconnection Array，PIA)为核心，配合配置数据存储器(Configuration Data Memory)、输入单元(Input Blocks)、输出单元(Output Blocks)或者输入/输出单元(I/O Blocks)等共同构成，参见图 2.1。

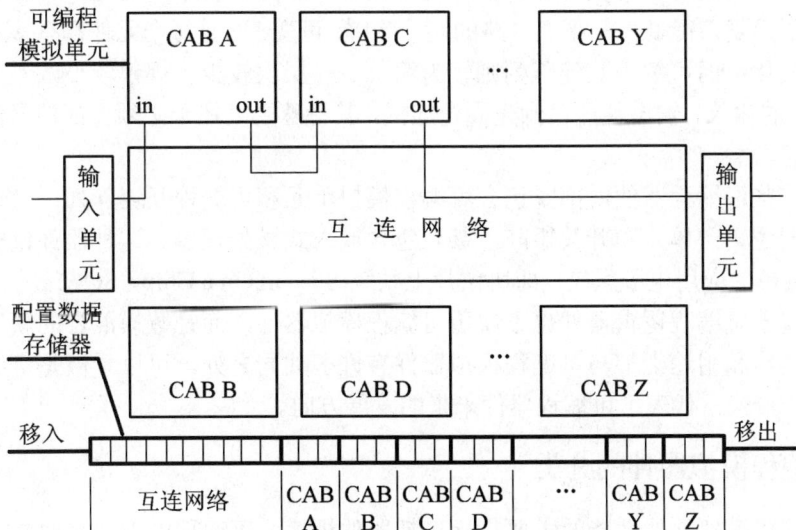

图 2.1　可编程模拟器件组成框图

其中：

(1) 输入单元和输出单元(或者输入/输出单元)一般与器件引脚直接相连，分别负责对输入、输出信号进行驱动和变换(如电平偏移)。

(2) 配置数据存储器负责接收和保存外部输入的配置数据，其输出则用于控制可编程模拟单元和可编程互连阵列。具体到每一种器件，该存储器的类型和容量都各不相同，可以是长度仅为数十位的串入并出移位寄存器，或者是有相当容量的静态随机存储器(SRAM)和非易失的电可擦除电可编程只读存储器(E^2PROM)或快闪只读存储器(FlashROM)。

(3) 可编程模拟单元是可编程模拟器件的核心部分，一般由一个运算放大器、可编程电容阵列以及可编程电阻阵列(存在于连续时间型器件中)或者可编程开关阵列(存在于离散时间型器件中)等构成。各个电阻和电容的取值、晶体管的组态(如共基、共集、共射、二极管等)以及这些元件与运算放大器的连接关系等，均可通过编程来加以改变。这样，同一个可编程模拟单元若配置不同，便呈现不同的电路组态和元件参数组合，从而能够实现不同的电路类型和功能。可编程模拟单元可供选择的电路组态和参数组合的多少以及性能指标的优劣，是制约可编程模拟器件应用范围和功能强弱的主要因素。

(4) 可编程互连阵列可看做是由许多个双向模拟开关构成的多输入、多输出的信号交换网络。该网络的输入可以是经输入单元接入的外部信号、可编程模拟单元的输出或者器件内部的基准信号；其输出则可连接至可编程模拟单元的输入、器件的内部节点或者输出单元；具体的信号连接和传递关系完全由配置数据所决定。这样，设计者可以根据需要，将多个可编程模拟单元加以连接和组合，实现较大规模的模拟电路。

(5) 某些可编程模拟器件还需要外接电阻、电容元件，甚至利用外接短路线来完成信号的传递。这些外接电阻、电容元件的取值由设计工具软件自动算出，可看做对可编程模拟单元的扩展，而外接的短路线则可看做简化的可编程互连阵列。

熟悉可编程逻辑器件的读者可以看出可编程模拟器件与可编程逻辑器件存在许多相似之处：可编程模拟器件中的可编程模拟单元就相当于可编程逻辑器件中的逻辑宏单元；而可编程互连阵列就相当于可编程逻辑器件的中央开关矩阵。所不同的是，可编程模拟单元远比逻辑宏单元复杂得多——不但电路的连接(组态)可变，而且每个元件都有多达数十至数百种的参数变化；而可编程互连阵列则较为简单——层次较少，规模较小，有些可编程模拟单元(CAB)的输入、输出甚至已预先固定连接，其特殊之处在于必须保证信号能够双向和不失真地传递。

此外，有些可编程器件内部既包含可编程模拟单元和可编程互连阵列，又包含用于实现逻辑电路的逻辑宏单元和开关矩阵，甚至包含嵌入式微处理器。这种器件仅需一片便可实现中、小规模的应用电子系统，即所谓片上系统(System On a Chip，SOC)。严格地说，这种器件既不属于可编程逻辑器件也不属于可编程模拟器件，而是数模混合的新型可编程器件，但它在结构和用途上都与可编程模拟器件有许多共同之处，可以看做是可编程模拟器件的一种推广形式，代表了可编程器件未来的发展方向。

2.2.2 可编程模拟器件的分类

衡量可编程模拟器件性能的主要指标包括器件规模、可编程能力、编程方式等综合指标，工作电压、线性范围、额定功耗(电流)等直流参数，以及闭环带宽、频率失真度、共模抑制比、内部噪声等交流参数。通常用可编程模拟器件所包含的可编程模拟单元的个数来大致表示其规模，用可供选择的结构和元件参数组合的个数来反映其可编程能力。各种直流参数和交流参数的含义与运算放大器的对应参数的含义相近。由于器件整体的交、直流特性因具体应用而异，因此通常给出的是可编程模拟单元的交、直流参数。多数可编程模拟器件在单一的+5 V 电源电压下工作，额定功耗为 100 mW 量级，由于采取了特殊的措施，其输入、输出的线性范围通常可达到接近满电源电压量程，闭环带宽已达到数百千赫到数十兆赫，频率失真度、共模抑制比、内部噪声等指标也已达到中、高精度运算放大器的水平。

关于可编程模拟器件的分类方法，目前尚无能被普遍接受的标准。一种合理的分类方法是根据配置方式的不同，将可编程模拟器件划分为现场可编程模拟阵列 (Field Programmable Analog Array，FPAA) 和在系统可编程模拟电路 (In System Programming Programmable Analog Circuit，ispPAC) 两大类。

(1) 现场可编程模拟阵列 (FPAA)。该类器件多采用移位寄存器或 SRAM 等易失性存储器保存编程信息，因此需外接用于编程的存储器或嵌入式微处理器，在每次上电后重新加载编程信息；另一些则利用 E^2PROM 或 FlashROM 保存编程信息，可利用通用编程器将信息写入。其中有些器件还配有编程接口，可与微机或微处理器连接，实现在线配置。该类器件的主要优点是器件内部的控制电路简单且可无限次编程，缺点是编程不够方便。

(2) 在系统可编程模拟电路 (ispPAC)，以 Lattice 公司的 ispPAC 系列为典型代表。器件内部设有兼容 JTAG 标准的串行编程接口，可与微机或嵌入式微处理器连接，对已安装在电路板上的器件进行在线配置或编程。支持菊花链编程，即同一电路板上的多片 ISP 器件可共用一个编程接口进行编程和校验。该类器件一般利用 E^2PROM 或 FlashROM 等非易失存储器保存编程信息，一经编程，10 年内信息不会丢失。可选择加密位来禁止读取芯片中的编程信息，保护用户的设计成果。缺点是可编程的次数有限 (数十次至数万次)，内部电路相对复杂且需额外增加器件引脚。

此外，可根据所采用的核心技术的不同，将可编程模拟器件划分为连续时间和离散时间、电压模式和电流模式等不同类型；根据使用时是否需要外接 RC 元件，可将可编程模拟器件划分为单片应用型和非单片应用型两类；根据器件内部是否包含逻辑功能单元，可将其划分为全模拟器件和模数混合器件两类，等等。后续章节会对此加以说明和比较。

可以预期，随着模拟可编程技术的不断进步和应用需求的增加，可编程模拟器件的类型和品种也会随之日益丰富和完善。

2.2.3　可编程模拟器件的设计流程

在可编程模拟器件问世之前，模拟电路设计普遍采用试凑法，即按照设计任务给出的性能指标和成本、尺寸等要求，依据设计规则和已有经验来选择可行的电路结构和类型；再通过计算或计算机辅助分析 (如 Pspice 仿真) 初步确定电路中各元件的取值；而后，通过搭制实验电路和实际测试，反复地对原有设计进行调整和修改，直到满意为止。这一过程无固定的套路可循，能否成功严重依赖于设计者的经验、灵感、耐心和细心。忽略细微的实际因素 (如元件参数偏差、分布参数)、接线紊乱、接触不良、虚焊等都可能导致原理上完全正确的设计无法实施而被迫放弃。因此，模拟电路设计常被看做是只有经验丰富的专家才能够胜任的"艺术性"的工作。

可编程模拟器件的引入将使这一状况大为改善。由于可编程模拟器件具有丰富的内部资源、灵活多变的结构和参数组合以及较为理想的电路特性，因而实现常用电路功能所需的元器件和连线数量、印制板面积均可大大减少，电路的整体可靠性则大大提高；同时，电路的实际性能将非常接近于计算机仿真的结果，甚至可做到"所见即所得"。更为重要的是，多数的修改和调整工作均可借助于计算机和开发工具来完成——通过计算机仿真有目的地修改设计图纸，而后重新对器件编程，便可获得全新的电路结构和参数，不再需要动用镊子和烙铁。这样，由于人为差错带来的延误和返工可大大减少，整个设计过程将变得更加轻松、方便和快捷。

具体地说，基于可编程模拟器件的模拟电路设计过程主要包括下列步骤：

(1) 电路表达，即根据所需的电路功能和性能指标，结合所选用的可编程模拟器件的资源和结构特点，初步确定可行的电路实现方案，手工绘制出相应的电路结构框图。在此过程中，应遵循自顶向下、逐层分解的模块化设计思想，合理地划分各功能模块和确定各模块间的信号传递关系。

(2) 分解与综合。利用与所选用的可编程模拟器件配套的开发工具软件，参考成熟的典型电路，逐一对各功能模块进行细化，即确定其所包含的元件、参数和连接关系。这一步骤一般以人机交互绘制电原理图的方式来完成。有些开发工具软件提供了对应于常用功能模块的宏函数，只需设计者给出必要的指标和参数，软件便会自动绘制出相应的电原理图。

(3) 布局与布线。由开发工具软件对已输入的设计方案(如电原理图)自动进行处理，包括确定各电路要素与器件内部资源之间的对应关系，确定器件引脚、内部元件以及可编程模拟单元之间的连接关系，等等。有些开发工具软件不进行自动的布局、布线，而是要由设计者在"分解与综合"步骤中手工完成分配和映射。在图 2.2 中，以模拟锁相环的设计为例，对电路表达、分解与综合和布局与布线等进行了说明，可供参考。

(4) 设计验证，即在开发工具软件所包含的仿真模型的支持下，对所设计的电路进行仿真(Simulation)。设计者可以指定输入什么样的信号，需要观察电路中哪些节点，而后由软件依据输入信号和仿真模型等自动计算出电路的输出响应，以曲线或表格的形式显示。仿真项目通常包括有关节点的幅频特性、相频特性和电压输出等。设计者应仔细检查仿真结果并与理想的电路输出进行比较，以了解各项设计指标是否得到满足。如果全部设计指标均已得到满足，则可进入下一步骤，否则应返回"分解与综合"步骤，对设计做相应的修改。

(5) 生成编程数据。在仿真结果完全正确的情况下，便可利用开发工具软件产生对应于当前设计的编程数据文件。该类文件最常见的格式是可供各种通用编程器使用的 JEDEC 标准格式，在系统可编程类器件则常采取非标准的串行位流格式。

(6) 器件编程。利用已生成的编程数据文件，借助通用编程器或者在系统编程接口完成对器件的配置，即将编程数据写入器件内部的配置数据存储器。

(7) 电路实测。利用信号源、示波器等对配置后的器件及其外围电路进行实际测试，检查其各项指标是否合乎要求。此时利用厂家提供的评估板进行测试比较方便。如果测试结果全部合乎要求，则本次设计宣告完成；否则，应返回"分解与综合"步骤，继续修改和完善该设计。

(a) 结构框图

(b) 设计图

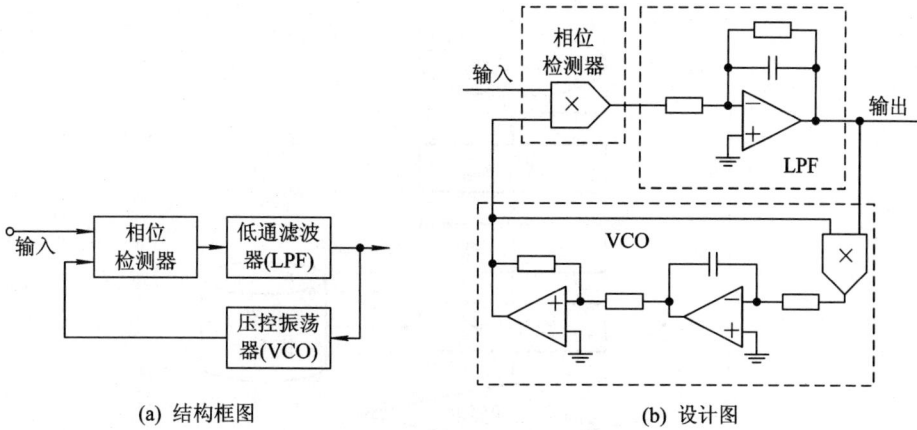

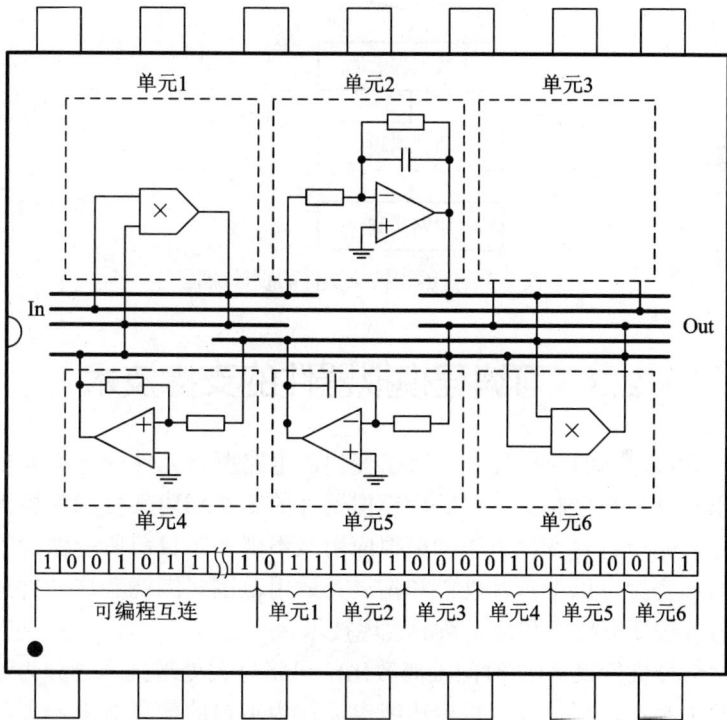

(c) 器件内部布局与布线(示意)

图 2.2 模拟锁相环设计示例

如图 2.3 所示,该设计过程主要在微机上借助开发工具软件来完成,自动化的程度较高。对于复杂的设计,仅用几片可编程模拟器件难以实现,这时就需要按照上述步骤分别完成各个功能模块的设计、仿真和编程,最后再组装成完整的电路进行实测。如果要对整个电路进行仿真,可以利用开发工具软件生成的 Pspice 仿真模型,按照 Pspice 规定的格式对整个电路进行描述,而后再进行 Pspice 仿真。

建议读者认真阅读开发工具软件附带的技术文档,弄清每一种库函数和宏函数的作用和用法并善加使用,方能收到事半功倍的效果。注意总结和搜集已有的成功设计实例,建立并不断充实自己的用户库,也是提高设计效率的一条有效途径。

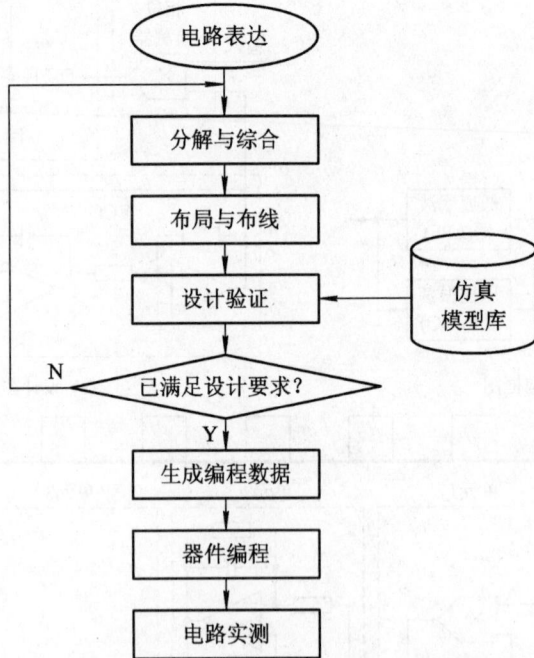

图 2.3 可编程模拟器件的设计流程

2.3 可编程模拟器件的支撑技术

众所周知,模拟电路的结构复杂且富于变化,电路所含元件的种类繁多,参数变化范围大而精度要求较高。与之相比,可编程模拟器件的容量和内部资源都极为有限,奢望可编程模拟器件能够完全包容变化万千的模拟应用极不现实,目前所能做到的仅是设法优化和充分利用其内部资源,以改善其性能和拓展其适用范围。围绕着这一目标,各厂商和研究机构都在努力改进原有技术和探索新的实现技术。

根据是否对信号进行采样(即时间轴离散化),可将有关处理技术划分为连续时间处理和离散时间处理两大类;而根据是否以电压或电流作为主要的信息参量,又可划分为电压模式和电流模式两类。对取样方式和信息参量的不同选取,便派生出连续时间电压运算、连续时间跨导运算、开关电容、开关电流等多种核心技术。这些技术各有其特点,但目标都是改善器件的主要性能并以较低的成本实现足够丰富的结构和参数变化。

1. 连续时间与离散时间

顾名思义,连续时间处理方式即模拟电路通常所采用的方式,信号在整个处理过程中都保持随时间连续变化的特性;而离散时间处理方式则需在时钟信号的控制下对信号进行等间隔抽样,以仅在离散时刻上变化但幅度仍保持连续的采样信号作为处理对象。因此,如图 2.4 所示,为防止产生频率混叠,需在离散化之前加入"预滤波"低通滤波器,而在输出之前又需要借助采样保持电路和"后滤波" 低通滤波器,从采样信号中恢复出随时间连续变化的模拟信号。表 2.1 总结和比较了这两种方式各自的特点,可供参考。

表 2.1　连续时间处理与离散时间处理的优缺点

比较项目	连续时间	离散时间
预滤波和后滤波	不需要	需要
采样保持	不需要	需要
频率上限	受运放性能限制	仅为运放频率上限的 1/10
四象限乘法器	易于实现	难以实现
参数变化范围	较窄	较宽
时钟噪声	无	有
可编程互连	布线较少	可编程的时钟通道
开关非理想化的影响	敏感	不敏感

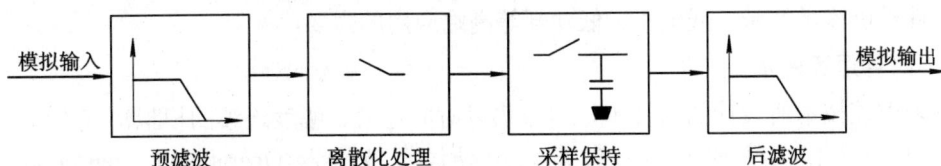

图 2.4　离散时间处理原理框图

2．电压模式与电流模式

传统的模拟电路以电压信号作为主要的信号参量，容易受到极间电容和分布电阻等实际因素的影响，速度和稳定性均受到限制；而以电流信号作为主要信号参量的电流模式则不存在这些缺陷，其工作速度、动态范围、非线性失真和温度稳定性等重要指标均有明显的改善，而且这两种模式之间的转换非常方便。这些都促进了电流模式技术的迅速发展和普遍应用。表 2.2 总结和比较了这两种方式各自的特点，可供参考。

表 2.2　电压模式与电流模式的特点

比较项目		电压模式	电流模式
信号参量		电压信号	电流信号
运算元件	连续时间处理	运算放大器	电流变换器
	离散时间处理	开关电容	开关电流
信号摆幅		受电源限制	不受电源限制
低功耗及低电压工作		困难	可以

3．电压运算技术

该技术与常规模拟器件中所采用的技术非常接近，信号在整个电路中始终都以模拟电压的形式存在。器件中的可编程模拟单元以运算放大器为核心，配合以电阻、电容等元件；利用模拟开关改变单元内部各元件之间的连接关系，即可改变单元的功能配置和电路参数(如增益等)；同样，利用模拟开关阵列改变各个单元之间的连接关系，即可改变电路的内部结构；元件参数的改变也可利用模拟开关来实现，即通过多路模拟开关将一组按特定规律取值的同类元件(如电阻或电容)连接成为串—并联阵列，其中每个模拟开关的通/断都受对应配置数据(位)的控制，从而使元件按照(由配置数据体现的)设计需要相应地串、并联，获得所需的等效元件取值。

显然在这种方式下，结构变化的丰富程度主要取决于模拟开关阵列的规模，而参数变化的范围和分辨率除需依赖模拟开关的支持之外，还要受到集成电路制造工艺的限制。在现有工艺条件下，要制造大阻值电阻和大容量电容非常困难也很不经济(因为需要占用较大的硅片面积)，加之晶体管的极间电容和分布电阻的客观存在，使阻容参数变化的范围和分辨率受到严重制约，进而限制该类可编程模拟器件的适用范围。对此，某些器件系列(如 FAS 公司的 TRAC 系列)对部分阻容元件采用外接方式以回避这一问题，但随之而来的后果是电路的集成度必然降低，调整和测试也不够方便。

总之，基于该技术的可编程模拟器件，其主要性能指标均与常规器件接近，内部噪声较小，工作速度(即信号带宽)较高。主要缺点是内部结构和元件参数的变化不够丰富；模拟开关的大量使用会引起电压衰落、非线性等不良后果；并且受极间电容和分布电阻等制约，该类器件难以满足宽带、低电压、低功耗等高端应用的需要。

4. 跨导运算技术

在采用该技术所设计的器件中，信号仍以时间连续、幅度连续的模拟形式存在，但以电流而非电压作为主要的信号参量。跨导运算放大器(Operational Transconductance Amplifier, OTA)取代电压运算放大器成为可编程模拟单元的核心。基于跨导运算放大器的有源元件已部分取代电阻等无源元件，使得对单元功能的配置和电路参数的调整主要利用电流控制方式而非模拟开关来实现。但同时，各单元间连接关系的改变仍需主要依赖模拟开关来实现；对电容容量的调整也还主要借助于电容阵列来实现。

如图 2.5 所示，因为跨导放大器的增益(即互导增益 g_m)与偏置电流 I_B 成正比，即

$$g_{m1} = \frac{I_{B1}}{2U_T}$$

而电压放大器的增益为

$$A_u = \frac{U_o}{U_i} = g_{m1}R_L = \frac{I_{B1}}{2U_T}R_L$$

上式中，R_L 为输出全部反馈至输入的跨导放大器 OTA2 的等效电阻，其值为

$$R_L = \frac{U_2}{I} = \frac{U_2}{U_2 g_{m2}} = \frac{1}{g_{m2}}$$

所以，电压放大器的增益变为

$$\frac{U_o}{U_i} = \frac{g_{m1}}{g_{m2}} = \frac{I_{B1}}{I_{B2}}$$

因此只需改变两个跨导放大器的偏置电流之比，即可改变电压放大器的增益，配合其他外围元件即可得到所需的电路参数(如积分时常数、滤波器极点等)。由于在集成电路中电流比电阻更容易改变，调整范围更大，控制精确也更高，因此利用跨导运算放大器替代电

压运算放大器和电阻后，电路参数的变化范围和分辨率都显著提高，这也是该项技术的最大优点。

此外，从理论上讲，由于基本消除了晶体管的极间电容和分布电阻对器件性能的影响，跨导放大器的工作速度可以高至数百兆赫，电源电压可以低至 1 V 左右，并具有动态范围宽、非线性失真小、温度稳定性好、抗噪能力强等显著优点。但是由于其他因素的影响，这些优势在现有的可编程模拟器件中并未能充分发挥；而为获得丰富的参数变化还需额外增加 D/A 转换电路，以获得与配置数据相对应的跨导放大器控制电流，参见图 2.6。

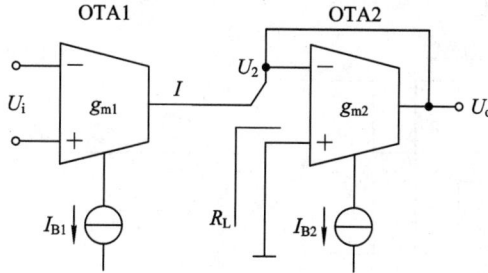

图 2.5　跨导放大器构成的电压放大器

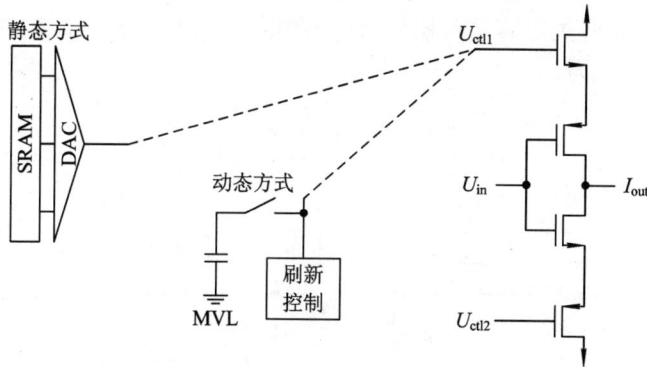

图 2.6　跨导放大器控制方法

5. 开关电容技术

简单地说，开关电容(switched capacitor)就是受电子开关动态控制的电容器。如图 2.7 所示，在两个同频反相的时钟信号 ϕ_1 和 ϕ_2 的分别控制下，开关管 V_1 和 V_2 交替地导通和截止，电容 C 也相应地进行充电和放电。在一个时钟周期中，电容 C 上的电压从 U_2 变为 U_1(或者相反)；相应地，电容中电荷的变化量为

$$\Delta q = C \cdot (U_1 - U_2)$$

设时钟周期为 T，则在时间 T 内流过电容 C 的平均电流为

$$i_{av} = \frac{\Delta q}{T} = \frac{C \cdot (U_1 - U_2)}{T} = \frac{U_1 - U_2}{T / C}$$

这样，从平均效果来看，电容 C 可等效为连接于节点 1、2 之间，阻值为 T/C 的电阻，称之为模拟电阻 R_{eq}，其值为

$$R_{eq} = \frac{T}{C} = \frac{1}{f \cdot C}$$

其中，f 为时钟频率。

显然，可以将图 2.7 所示的开关电容组合当作电阻来使用，而且可以通过控制时钟频率 f 来控制其阻值大小。

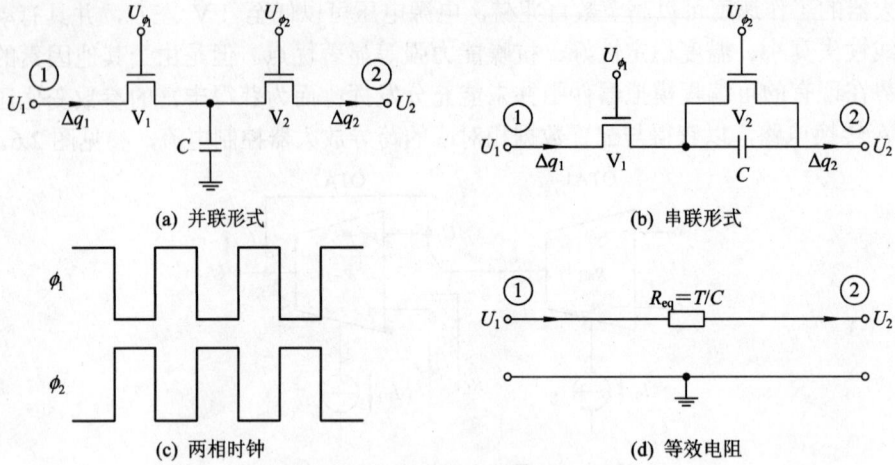

(a) 并联形式　　　　　　　　　　　(b) 串联形式

(c) 两相时钟　　　　　　　　　　　(d) 等效电阻

图 2.7　开关电容组合模拟的电阻

如图 2.8 所示，将开关电容接入积分器电路中原由电阻占据的位置，即可得到开关电容积分器。其积分时常数为

$$\tau = R_{eq}C = T \cdot \frac{C_2}{C_1} = \frac{C_2}{f \cdot C_1}$$

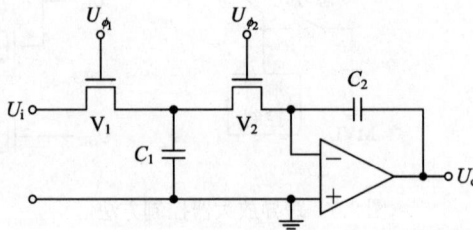

图 2.8　开关电容积分器

可见，开关电容积分器的时常数与两个电容之比(C_2/C_1)成正比，与时钟频率 f 成反比。对开关电容反相放大器(如图 2.9 所示)的信号增益进行推导，可以得到类似的结果：

$$A_U = -\frac{R_{eq2}}{R_{eq1}} = -\frac{f \cdot C_1}{f \cdot C_2} = -\frac{C_1}{C_2}$$

即信号增益等于两个电容之比。这些结论具有非常重要的实际意义，因为目前所采用的 MOS 集成工艺难以制造大电阻和大电容，而且电阻和电容的制造误差均高达 5%，相应的滤波器极点误差将高达 21%；但另一方面，电容比的制造误差可以控制在 0.1% 以下，因而上述开关电容积分器和开关电容反相放大器均可获得较为理想的电路特性。以开关电容积分器和反相器为基本单元，便可组成配置灵活而极点精度较高的开关电容状态变量滤波器。基于同样的替代方法，可以将各种常用的 RC 有源电路直接移植为开关电容电路——这是开关电容技术一度非常流行的主要原因。

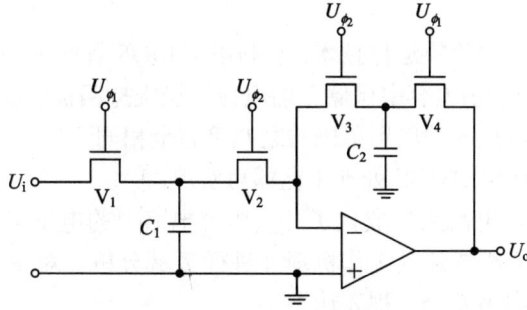

图 2.9　开关电容反相放大器

在基于开关电容技术的可编程模拟器件中，主要利用两种方式来改变有关的电路参数。首先，可利用电容阵列(Capacitors Bank)来改变电容量和电容比。具体实现时，可用多个具有相同电容量的电容组成电容阵列(参见图 2.10)，由配置数据(译码后)决定参与并联的电容个数，从而决定等效的电容量。阵列中有多少个电容就可以有多少种电容量变化。也可以按照一定规律(如二进制)选取阵列中各电容的电容量，则对于同样的电容量变化范围，所需的电容个数可大大减少，阵列中有 n 个电容就可以有 2^n 种电容量变化。

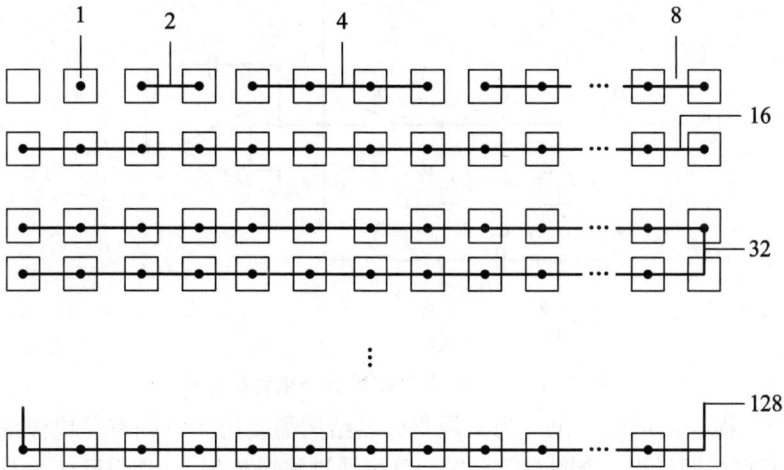

图 2.10　可编程电容阵列示意

其次，可利用可编程时钟分频器和时钟分配网络，按照配置数据相应地控制各个开关电容的时钟频率和相位，从而改变等效的模拟电阻阻值和有关的电路参数。

必须注意的是，开关电容电路以主时钟作为基本的工作节拍，以时间离散、幅度连续的电压信号作为信号参量，因此属于离散时间处理系统，一般需要在电路中接入抗混叠的"预滤波"低通滤波器和用于波形重建的"后滤波"低通滤波器。而且，只有在信号频率远小于时钟频率的情况下(按照奈奎斯特准则，至少必须低于时钟频率的 1/2，在工程上一般限制为时钟频率的 1/10)，才能获得较为理想的电路性能。这就决定了采用开关电容技术的可编程模拟器件必然工作速度较低，而内部噪声相对较大。此外，由于仍以电压作为主要的信号参量，需要使用占用硅片面积较大的线性浮地电容，制造成本较高；同时，受 MOS 运放和电容电荷转移的限制，其工作速度也不可能很高。

6. 开关电流技术

开关电流技术是一种电流模运算技术，它利用了 MOS 管的漏极电流维持特性——当栅极开路时，栅源寄生(氧化物)电容中已储存的电荷仍能维持漏极中的电流保持不变。与开关电容技术相比，开关电流技术的应用范围与之几乎完全相同，但不需要特别制作电容阵列，仅需利用普通的(数字)VLSI CMOS 处理工艺即可实现。

在开关电流电路中，电流采样取代了开关电容电路中的电压采样，但仍属于离散时间取样电路，可以用差分方程描述其工作机理并进行 Z 域分析。对图 2.11 所示的差分输入开关电容积分器结构，可利用差分方程表达为

$$U_{\text{out}}(nT) = U_{\text{out}}(nT-T) - \frac{C_1}{C_A} \cdot [U_1(nT) + U_1(nT-T)] + \frac{C_2}{C_A} \cdot U_2(nT-T) - \frac{C_3}{C_A} \cdot U_3(nT)$$

要获得与该开关电容电路功能相同的开关电流电路结构，我们只需将上式中的所有电压替换为电流，即得到差分方程：

$$i_{\text{out}}(nT) = i_{\text{out}}(nT-T) - \frac{C_1}{C_A} \cdot [i_1(nT) + i_1(nT-T)] + \frac{C_2}{C_A} \cdot i_2(nT-T) - \frac{C_3}{C_A} \cdot i_3(nT)$$

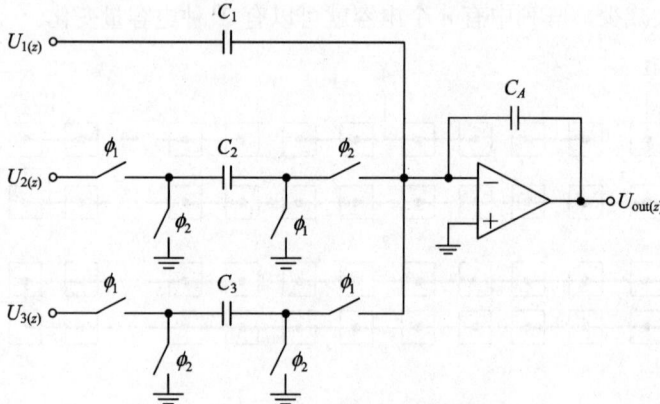

图 2.11 差分输入 CMOS 开关电容积分器

由该差分方程我们可以看出，为实现积分器结构需要用到下列有关电流的数学运算：加/减、缩放和整周期延迟。加法(或减法)运算可通过将电流送入(或相反)1 个低阻的电路节点来实现。缩放(即乘除)运算可利用如图 2.12 所示的电流镜(current mirror)来实现。其工作过程可描述如下：

(1) 设在 0 时刻时钟 ϕ_1 为高，则 $i_{D1}(0) = i_{\text{in}} + i_{\text{bias}}$，$C_1$ 被充电至维持 i_{D1} 所需的电压 U_{gs1}。

(2) 1/2 时钟周期后，ϕ_2 变高而 ϕ_1 变低，开关 S 接通，使得：$U_{\text{gs2}} = U_{\text{gs1}}$，$i_{D2}(0) = A \cdot i_{D1}(0)$ (A 为 MOS 管 V_2 相对于 V_1 的宽长比)。

(3) 在下个时钟周期的 ϕ_1 阶段，由于 MOS 管具有漏极电流维持特性，仍有 $i_{D2} = A \cdot i_{D1}$ 成立。因此，在 $\frac{1}{2}T \sim \frac{3}{2}T$ 这段时间内，输出电流为

$$i_{\text{out}} = A \cdot i_{\text{bias}} - i_{D2}(T/2) = A \cdot i_{\text{bias}} - A \cdot (i_{\text{in}}(0) + i_{\text{bias}}) = -A \cdot i_{\text{in}}(0)$$

(4) 可将上述关系推广至任意时刻 nT，则有

$$i_{\text{out}}(t) = -A \cdot i_{\text{in}}(nT), \quad (n+1/2)T \leqslant t \leqslant (n+3/2)T$$

意味着输出电流等于输入电流的 A 倍，但方向相反并有 $T/2$ 的延迟。显然，利用该电路即可实现所需的电流缩($A<1$)、放($A>1$)运算。

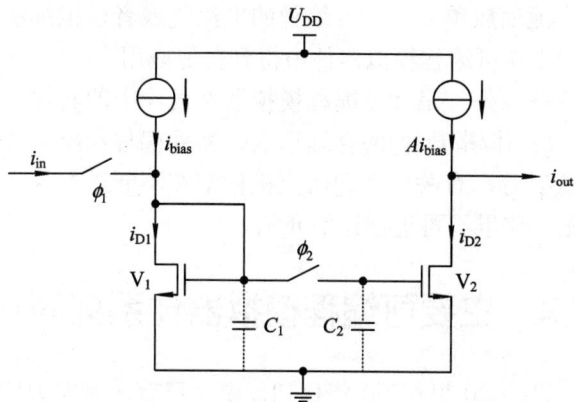

图 2.12　开关电流镜

要实现信号的单周期延迟，需要用到如图 2.13 所示的电流存储单元(current memory cell)。其工作过程可描述如下：

(1) 当时钟 ϕ_1 为高时，输入电流 i_{in} 与偏置电流 i_{bias} 汇合后流过闭合的开关 S，对未储存电荷的栅源寄生电容进行充电，使得栅源电压 U_{GS} 增加升高；当 U_{GS} 达到门限电压时，MOS 管导通。一旦电容被充满电荷，全部电流 $i_{bias}+i_{in}$ 将流入 MOS 管的漏极。

(2) 在 ϕ_1 的末段，U_{GS} 的值保持在电容 C 上并且会维持漏极中的电流($i_{bias}+i_{in}$)不变，即使在 ϕ_2 阶段(ϕ_2 为高时)，开关 S 被打开后仍会如此。

(3) 在 ϕ_2 阶段中，输入开关被打开，没有电流能够流过它，而输出开关则接通。一个数量与 i_{in} 相同的电流必然从输出端流入电路中，以便与偏置电流相加并保持漏极电流不变。换句话说，在 ϕ_2 阶段中，输出电流 i_{out} 与 ϕ_1 阶段中的输入电流 i_{in} 大小相同但符号相反——可看做是 i_{in} 被延迟了半个时钟周期并且反相。

这样，将两个所用时钟相位相反的电流存储单元相级联，便可将信号延迟一个时钟周期(时钟频率的倒数)，即得到所需的延迟单元。

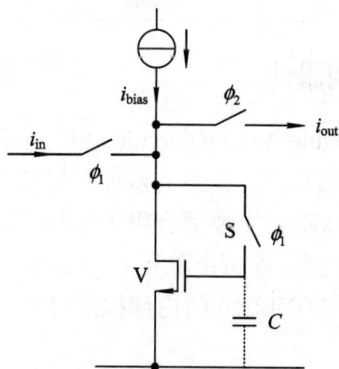

图 2.13　单管电流存储单元

令人叫绝的是，在其他技术中需要通过刻意的安排来加以克服的电路分布参数(栅源寄生电容)却被开关电流技术巧妙地加以利用，从而无须专门制作大电容即可获得更高的工作频率——这是该技术的最大优点。但是，由于缺乏商业利益的推动，开关电流技术至今尚未取得突破和很好的开发。而要在可编程模拟器件中使用开关电流技术，还必须先研制带有可编程缩放因子的电流缩放单元——可编程的电流镜或者模拟乘法器，因此实现起来有一定的困难，现阶段尚未在可编程模拟器件中得到普遍应用。

除了上面介绍的这些以外，围绕可编程模拟器件设计中的其他关键问题，比如元件参数范围和变化规律(如线性律/指数律)的合理选取、器件编程和配置数据存储方式、不同技术之间的电路移植和映射等，有关厂商和研究机构都在不断进行探索和推出各具特色的实现技术。由于篇幅所限，这里不再进行详细介绍。

2.4　主要可编程模拟器件系列简介

可编程模拟器件问世于 20 世纪 90 年代初，至今已有多家实力厂商推出过相关系列产品。表 2.3 汇总了主要的可编程模拟(混合)器件系列，其中每个系列在内部结构、实现技术和应用范围等方面都各有其特点，大体反映了可编程模拟器件的发展历程和水平。因此，尽管其中有些现已停产，但仍有必要加以简要介绍。鉴于可编程数模混合器件的特点和重要性，将在下一节对其集中加以介绍。

表 2.3　主要的可编程模拟(混合)器件系列及其特点

器件系列	生产厂商	闭环带宽	适用范围	技术特点	备　注
EPAC	IMP	150 kHz	信号调理	开关电容	1997 年停产
MPAA	Motorola	250 kHz	通用信号处理	开关电容	1998 年停产
TRAC	FAS	12 MHz	通用信号处理	连续时间	内部固定连接
ispPAC	Lattice	600 kHz	通用信号处理	连续时间	在系统可编程
FPAA、dpASP	Anadigm	2 MHz	通用信号处理	开关电容	技术源于 MPAA
FIPSOC	SIDSA		信号调理	连续时间	可编程数模混合器件
PSoC	Cypress		信号调理	连续时间+开关电容	
Fusion	Actel		信号调理	连续时间	

2.4.1　IMP 公司 EPAC 系列器件

EPAC(Electrically Programmable Analog Circuit，电可编程模拟电路)系列器件由 IMP 公司于 1995 年首先推出，1997 年后停产。该系列器件采用开关电容技术，是典型的离散时间模拟电路。其闭环带宽约为 150 kHz，主要适合用于低频信号调理。该系列的最大特点是所包含的可编程模拟单元的个数较少，而每个单元的功能较强、组态较多——IMP 公司称之为专家级单元。图 2.14 所示的 IMP50E10 的内部框图可以很好地反映该系列器件的下列主要特点：

(1) 具有多对处于同等地位的信号输入引脚，每对引脚包括 1 个同相输入端和 1 个反相输入端。在 IMP50E10 中共有 8 对，即(In1p，In1n)～(In8p，In8n)。这些输入信号均连接至输入多路(模拟)开关，由引脚接入的外部控制信号等加以选择，再经过“预滤波”(即抗混叠低通滤波)后送至输入放大器 A。

(2) 由一对专用引脚(In9p，In9n)输入的信号也先经过"预滤波"，送至输入放大器 B。

(3) 输入放大器 A、B 的输出端，核心放大器(即可编程模拟单元)C、D、E 的输入端和输出端，输出放大器 F、G、H 的输入端等均连接至可编程互连阵列(图中表示为内部总线)。改变器件的配置数据，便可改变各核心放大器的输入信号来源、电路组态和元件参数，以及输出放大器的输入信号来源，从而实现不同的电路功能。

(4) 具有与可编程互连阵列相连接的探测引脚(Probe)，可以选择和监视感兴趣的内部信号。

(5) 各输出放大器的偏置由 DA 转换器提供，可进行程控调零。其输出信号均经过"后滤波"(低通平滑滤波)处理后连接至输出引脚。

(6) 该器件利用 E^{2}PROM 存储配置信息。对该 E^{2}PROM 的写入通过串行接口实现，具有掉电监测和处理(如重新加载配置信息)能力。

(7) 由于采用开关电容技术，该器件需外接同步时钟。

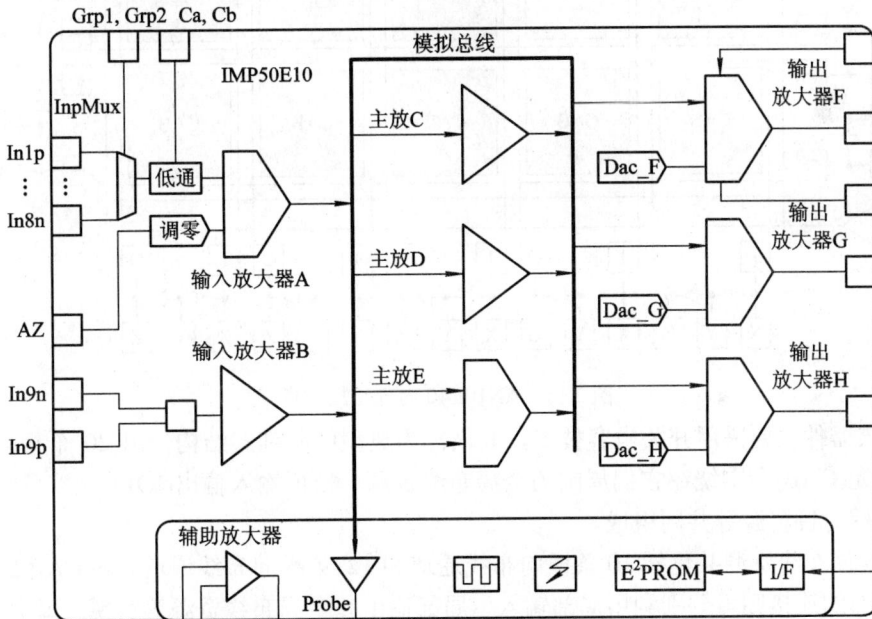

图 2.14　EPAC 器件内部结构框图

2.4.2　Motorola 公司 MPAA 系列器件

该系列器件由世界著名的 Motorola(摩托罗拉)公司于 1997 年推出，但 1998 年便与该公司的 FPGA 部门一起退出了市场。令人欣喜的是，该公司的有关技术人员当即购买了有关技术专利并组建了英国 Anadigm 公司，在该系列器件停产两年之后于 2000 年恢复了生产。新器件编号为 AN10E40，完全保持了 MPAA 系列的结构和特点并进行了部分改进(例如闭环带宽已增加至 500 kHz)。这又一次证明了可编程模拟器件具有强大的生命力！

MPAA 系列器件同样属于采用开关电容技术的离散时间系统，闭环带宽可达 250 kHz，主要适用于常规信号处理。这里以如图 2.15 所示的 AN10E40 (即 MPAA020)器件为例进行介绍。

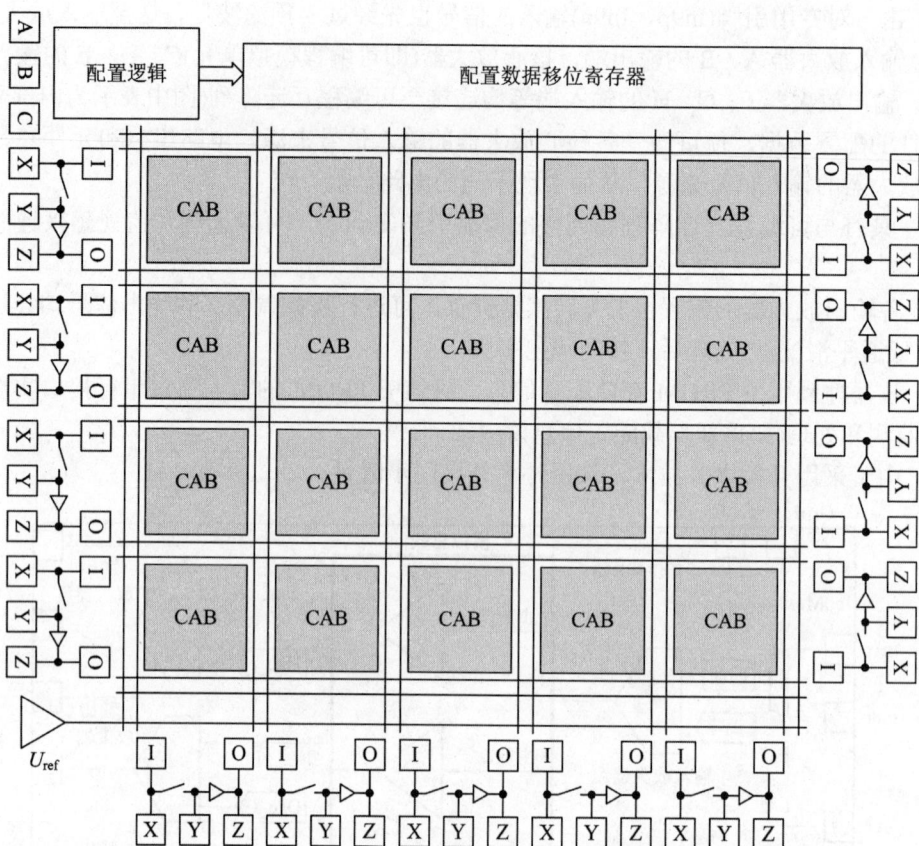

图 2.15 AN10E40 内部结构示意

(1) 该器件主要采用开关电容技术,其内部为典型的阵列式结构,由 20 个相同的可编程模拟单元(CAB)和围绕在它们周围的全局布线资源、模拟输入输出(IO)单元以及电压基准源、可编程时钟资源等共同组成。

(2) 全局布线资源共包括 10 条横向布线通道和 12 条纵向布线通道。各 CAB 之间及其与器件外部的连接则可分别利用局部输入、局部输出和全局布线资源等实现。每个 CAB 的输出端可连接至其右侧或下侧的两条全局布线通道,其输入端可连接至其右侧或下侧的一条全局布线通道,从而可与其他 CAB 以及各模拟 IO 单元(即引脚)相连接;同时,利用局部互连,每个 CAB 的 9 个输入端分别可与其相邻的 8 个单元以及同一行右侧第 2 个单元的输出端相连接。各 CAB 与可编程基准源等之间的连接则必须通过全局布线资源来完成。

(3) 可编程时钟资源包括可编程分频器和时钟分配网络两部分。前者以外部时钟为输入,分频比可选择为 1 或 2~62(变化步长为 2),对每种频率均提供 4 种互不重叠的时钟相位(CLOCK[3:0])。后者则可将时钟信号送至每个 CAB 中。

(4) 在每次器件上电时,复位电路会将编程控制电路初始化,从而启动器件配置过程。共有两种器件配置方式:最常用的是从片外的串行 PROM 中读取配置数据;另一种则是通过简便的微处理器并行接口对器件进行运行中重配置。具体采用哪种方式由状态端口的引脚设置来决定。

(5) 配置数据共 6864 位,存储在 SRAM 之中,其作用是:一方面对分布在可编程全局互连中和各 CAB 内部局部互连中的静态电子开关进行控制，设置各 CAB 的具体功能和工作参数以及相互之间的连接关系；另一方面，为分布在器件各处的 6864 个受全局时钟同步的动态电子开关选定所需的时钟频率和相位，从而配置有关开关电容电路的工作状态和参数。

(6) 每个 CAB 均以 1 个运算放大器为核心，其内部结构如图 2.16 所示。对单元内部的电子开关和布线资源的配置将决定该单元内的信号传输路径。在运放周围共有 5 个容量可配置的电容(每个电容有 256 种选择)，均受时钟控制，起着模拟电阻的作用。左侧有 4 个分别记为 A、B、C、D，信号可流经也可绕过这些电容，到达运放的两个输入端。电容 B、C 和 D 用于连接局部输入和全局输入，而电容 A 用于连接全局输入或者来自运放输出端的反馈信号。运放上方的电容 E 则用于在运放输出端和反相输入端之间传输反馈信号。

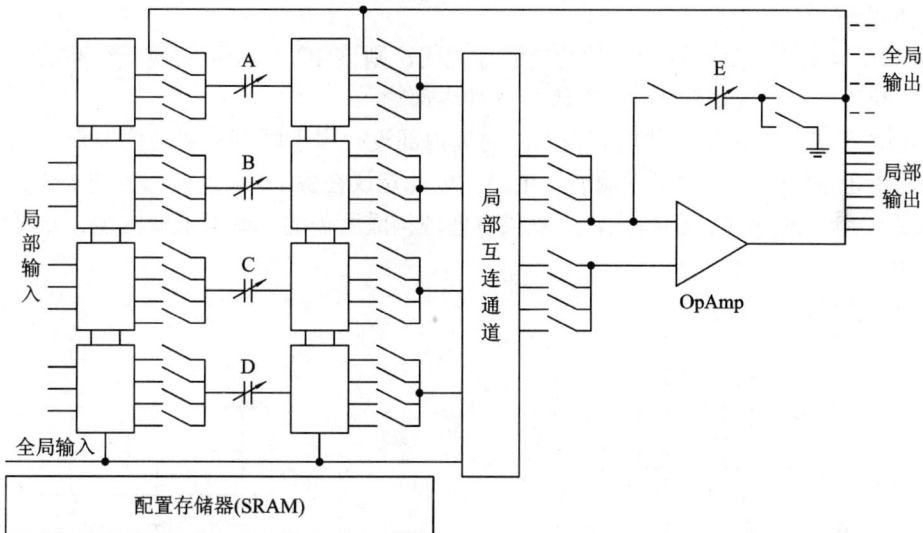

图 2.16　AN10E40 的可编程模拟单元构成

(7) 利用单个 CAB 即可实现消除失调、整流器、增益级、比较器(门限可编程，由电压基准源提供)和一阶滤波器等信号调理功能。用两个或更多的单元可以实现更为复杂的电路，包括高阶滤波器、振荡器、脉宽调制器和均衡器等。

(8) 器件内部的模拟信号均以电压中点(Voltage Mid-Rail，VMR)为参考点，一般该点对数字地(AVSS)的电压为 2.5 V。VMR 信号(即信号地)由器件内部产生，利用外接电容滤波后送入阵列中供各 CAB 使用。其有关接线如图 2.17 所示。

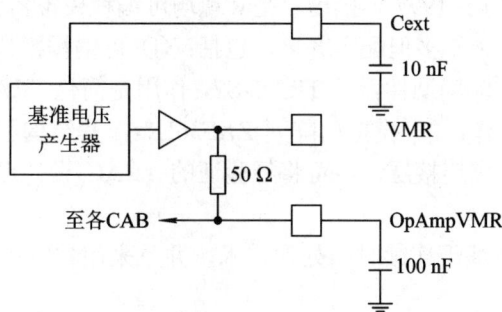

图 2.17　VMR 信号产生电路及外部接线

(9) 每片器件共有 13 个由 IO 单元支持的模拟 IO 端，在 5×4 单元阵列的右边和左边各有一列 4 个 IO 单元，在阵列的下方有一列 5 个 IO 单元。

如图 2.18 所示，每个单元内部包含一个用作缓冲器的运算放大器和一个连接开关。

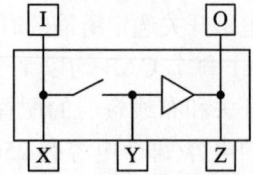

图 2.18　AN10E40 中的 IO 单元

① 若该开关闭合且缓冲用运放的电源被接通，则该 IO 单元可用作带有缓冲的输入或输出单元。用作输入时，可将一个需要缓冲的输入信号加在 X 端上，经过开关和缓冲用运放，再由 IO 单元的输出端(O)进入单元阵列。用作输出时，阵列内的输出信号可经过开关和缓冲用运放，引出到 Z 端上；而未经缓冲的输出信号可在 Y 端得到。

② 如果开关断开且缓冲用运放的电源被关闭，则该 IO 单元可实现无缓冲的输入和输出——X 端连接器件内部输出，Z 端连接器件内部输入。

(10) 由于该器件采用开关电容技术，而其内部没有用于限制带宽的抗混叠"预滤波"电路和用于平滑输出信号的"后滤波"电路，因此建议在各 IO 端外接相应的 RC 低通滤波器。利用 IO 单元配置灵活的特点，可以很方便地构成所需的有源低通滤波器，参见图 2.19 和图 2.20。

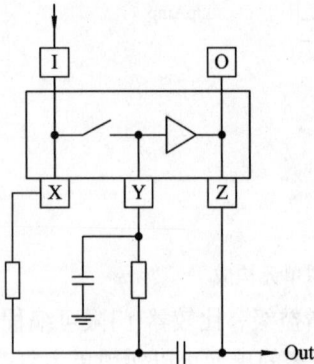

图 2.19　输出平滑二阶低通滤波器

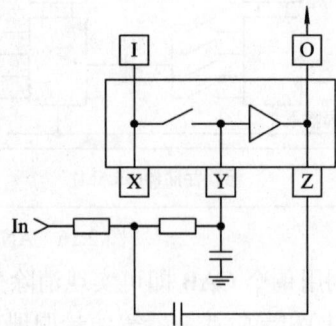

图 2.20　输入抗混叠二阶低通滤波器

2.4.3　FAS 公司 TRAC 系列器件

TRAC(Total Reconfigurable Analog Circuit，完全可重配置模拟电路)由英国 FAS 公司(Fast Analog Solutions Ltd.)于 1997 年推出，是其现场可编程模拟器件系列产品的总称。

该系列现有的器件品种不多但配套齐全，包括：① 可编程模拟器件 TRAC020 及其低功耗版本 TRAC020LH；② 辅助性器件 TRAC-S2，作用是简化 TRAC020 (LH)的外部接口，并支持其稳定、可靠地工作；③ 模拟门阵列 ZXF36Lxx，其结构和性能与 TRAC020 (LH)完全一致，仅需修改其金属连接层，便可将经验证的 TRAC 设计迅速和无风险地移植成为专用集成电路。

该系列的主要特点是基于连续时间处理技术，并且采用独特的面向模拟计算的设计思想和器件结构。体现为：

(1) 信号在整个处理过程中均以模拟形式存在，故可获得与普通模拟器件完全相同的电路性能，包括优良的低噪声特性和高达 12 MHz 的信号带宽。

(2) 器件内部各个可编程模拟单元之间的连接相对固定，但可以利用"直通(NIP)"和"关断(OFF)"两种特殊功能组态或者外接"短路线"来加以修改，可保证一定的灵活性，参见图 2.21。

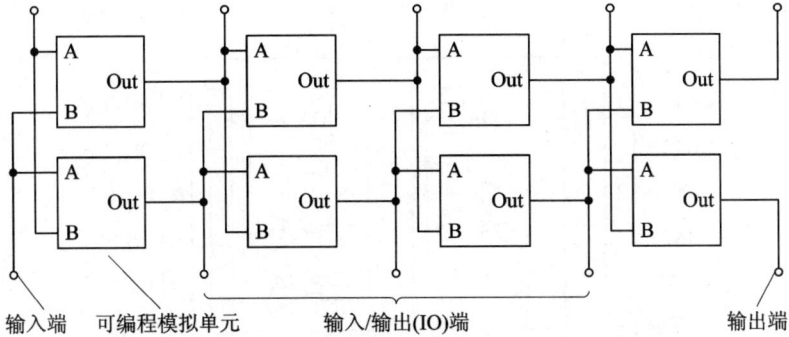

输入端　可编程模拟单元　　　　输入/输出(IO)端　　　　　　　　　输出端

图 2.21　TRAC 器件结构示意

(3) 可编程模拟单元的功能较强，抽象层次较高。每个单元均具备放大、加、减、取负、对数、反对数、积分、微分等 8 种运算功能，而且稍加组合便可实现乘法和除法运算功能(详见 4.2 节)。设计者可根据需要选定而无须考虑单元的内部结构等具体细节。

(4) 上述功能组态及组合涵盖描述电路行为或特性的微分方程和传递函数所需的各种运算，便于实现各种常见的信号处理电路。从理论上讲，利用 TRAC 器件甚至可以实现任何类型的模拟电路。

(5) 抽象的定义和简化的结构使整个器件的配置数据长度仅为数十位(每个单元占 3 位)。器件可通过简单的串行接口与微机、嵌入式微处理器或 EPROM 等相连接，在上电时自动装入配置数据并存储在 CMOS 移位寄存器中。

(6) 配套的开发工具软件 TRAC 采用 Windows 9x 风格的图形化界面和操作流程，集成了设计输入、编译、功能仿真、器件配置等多项功能，简洁而实用。设计者只需根据电路特性的数学表达式(如传递函数)或原理框图，以"绘制框图"的方式选定所需的单元个数、连接关系和各单元的具体功能，便可完成电路的初步设计。而后，利用 TRAC 软件的功能仿真和器件配置等功能，便可轻松地完成设计验证、修改和完善工作。

该系列器件凭借独有的函数级器件结构与实用便捷的集成开发环境，使得设计者尽享此前仅为可编程逻辑器件所独有的种种设计便利。更为重要的是，它从信号处理问题出发，为低风险、高速度地获得可行的硅(电路)解决方案提供了集成化的实现途径。

该系列的主要缺点是受连续时间处理系统中元件参数难以大范围变化这一固有缺陷的限制，各单元内部的电阻等元件均取值固定，需要改变单元的增益等参数(如积分时常数)时必须手工接入相应的 RC 元件；同时，电路内部结构的变化也不够丰富，需要手工接入外部连接线。这些都使得电路的集成度和设计自动化程度有所降低，测试也不够方便。

关于该系列器件的内部结构、工作原理和开发方法等，详见《可编程模拟器件原理、开发与应用》(赵曙光等编著，西安电子科技大学出版社，2003)第 4、5 章。

2.4.4　Lattice 公司 ispPAC 系列器件

ispPAC 系列是由 Lattice 公司于 1999 年 11 月推出的在系统可编程模拟器件(In-System Programmable Analog Circuit)，也是目前市场上较为流行的主流产品。该系列现有 ispPAC10、 ispPAC20 和 ispPAC80 三种器件。前两种都属于通用性器件,其内部结构主要由 PAC 块(PAC Block,即可编程模拟单元)、模拟布线池(Analog Routing Pool,ARP)以及自校准单元、参考电压源、ISP 控制接口和 E²PROM 等共同组成,参见图 2.22。

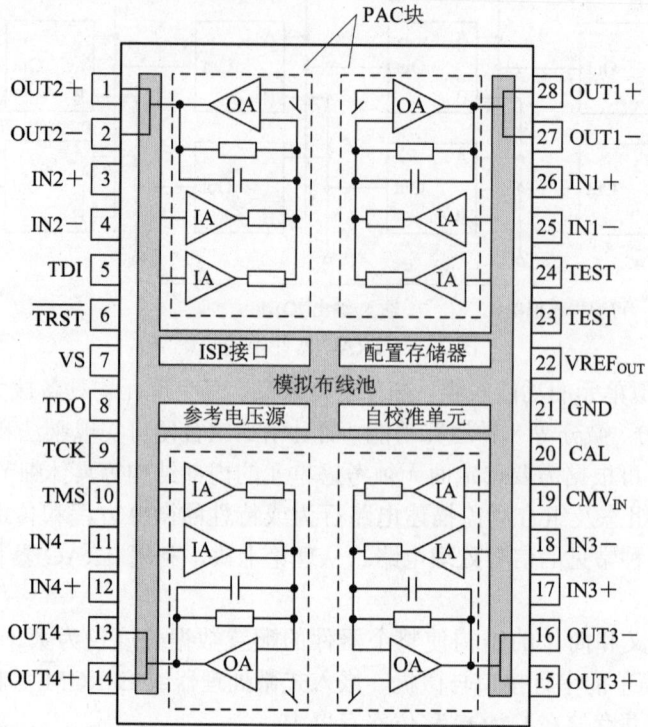

图 2.22 ispPAC10 内部结构框图

其中:

(1) PAC 块由多个称为 PACell 的基本单元构成。具体地说,每个 PAC 块包含两个仪表放大器、一个输出放大器以及一个电容阵列,可实现放大、叠加、积分和滤波等功能,因而称为滤波/叠加模块(Filsum),是 ispPAC 器件的核心部分。其结构参见图 2.23。ispPAC10 包含四个 PAC 块,ispPAC20 包含两个增强型 PAC 块。

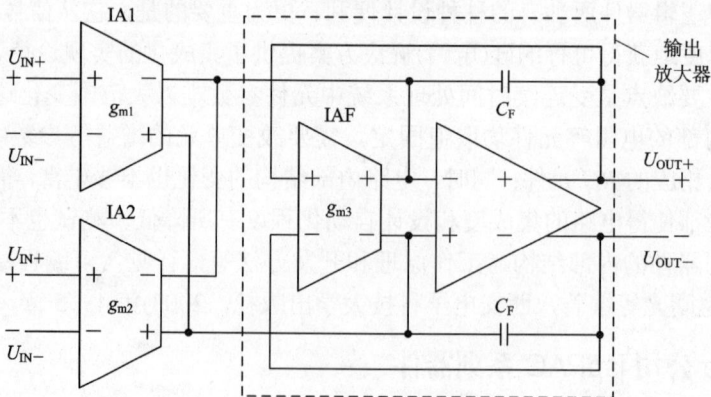

图 2.23 PAC 块的内部结构

(2) 仪表放大器 IA1、IA2 作为 PAC 块的输入级，采用跨导运算放大器(Operational Trans-conductance Amplifier，OTA)实现，其增益由对应的配置数据决定，可取 $\pm 1 \sim \pm 10$ 之间的任何整数。

(3) 输出放大器由跨导放大器 IAF(作为反馈单元)和运算放大器共同组成，其增益固定。经过制造过程中的精心调整，其小信号带宽限制为 600 kHz，从而可保证其输出处于临界阻尼状态——响应速度快且过冲最小。

(4) 由于仪表放大器和输出放大器均为差分输入、差分输出，因而 PAC 块具有动态范围宽、共模抑制比(CMMR)高、总谐波失真(THD)小等显著优点。

(5) 电容阵列 C_F 由七个电容并联组合而成，与直流反馈元件 IAF(可选择接通/断开)并联后作为输出放大器的反馈回路。电容阵列的等效电容量受 E^2PROM 存储单元中的配置数据控制，从 1 pF 至 60 pF 共有 128 种选择，可形成 128 个滤波器极点。由于设计者的精心选择，其中 122 个极点位于 $10 \sim 96$ kHz 之间，而且每个极点位置与理论计算值之间的误差保证小于 5%，从而可提供灵活多变的滤波器特性和较高的滤波精度。

(6) 模拟布线池 ARP 分布在各 PAC 块的周围，作用是实现各 PAC 块之间以及器件输入输出引脚与 PAC 块的输入输出端之间的可编程互连，以便能将多个 PAC 块灵活地加以组合，实现各种不同的电路功能。

(7) 自校准单元能够同时测算每个 PAC 块的输出失调电压和校准常数，而后利用专用的 DAC(数/模转换器)加以抵消，保证输入失调电压始终小于 1 mV。该自校准过程可由芯片上电、校准脉冲输入或 JTAG 命令来加以启动。

(8) ISP 控制接口可通过简单的接线与微机或嵌入式微处理器相连接，接收微机等发送的串行配置数据流并写入器件内部的 E^2PROM 存储单元。这种在系统编程(ISP)方式无需使用昂贵的通用编程器，且可对已焊装在电路板上的器件进行在线编程，非常方便。

(9) 由于采用了先进的 E^2CMOS 工艺，在编程时可选用电子保密位(ESF)对器件进行加密，以及选用用户电子标签(UES)存放用户识别码、器件编号等管理信息。每片器件可编程1000 次以上，已写入的配置数据可保持 10 年以上。

除此之外，ispPAC20 内部还包含 8 位电压输出型 DAC 和两个迟滞比较器。二者都有多种工作方式，可通过编程加以选择。使用单片 ispPAC20 即可构成简单的监控系统。

ispPAC80 为单片在系统可编程的五阶连续时间低通滤波器，其转折频率 f_c 可在 $50 \sim 750$ kHz 范围内选择，并可实现 Butterworth(巴特沃斯)、Chebyshev(切比雪夫)、Bessel(贝赛尔)、Elliptical(椭圆)等多种滤波器特性。该器件同样采用 E^2CMOS 工艺，并有两组配置存储器，各存储一组滤波器配置数据，可在工作过程中根据需要进行切换。

总而言之，ispPAC 系列采用了连续时间处理技术，具体体现为以下两点。首先，为提供丰富的电路参数变化，利用 DAC 控制跨导放大器的偏置电流来改变其跨导 g_m，使其增益分多级可调；利用多路电子开关改变电容阵列的内部连接，从而获得较大的等效电容变化范围。其次，为提供丰富的电路结构变化，特设置具备丰富布线资源的模拟布线池，以便灵活地改变器件内部各部分之间的相互连接。基于以上措施，ispPAC 器件的功能较强且变化较丰富，一般无需外接 RC 元件即可实现完整的电路，其应用范围也大大拓宽。同时，该系列独具的在系统可编程特性和功能强大的 PAC-Designer 集成开发环境相配合，支持用户像使用可编程逻辑器件那样，以在系统(In-System)方式完成模拟电路的设计、修改、编程的全过程。这对于缩短产品研制周期，提早上市和增强产品的竞争力等均非常有利。

关于该系列器件的内部结构、工作原理和开发方法等，详见《可编程模拟器件原理、开发与应用》(赵曙光等编著，西安电子科技大学出版社，2003)第 2、3 章。

2.4.5　Anadigm 公司 dpASP 系列器件

(英国)Anadigm 公司的可编程模拟器件起源于 Motorola 公司于 1997 年推出的 MPAA 系列器件，属于采用开关电容技术的离散时间系统。从创立至今，该公司一直致力于可编程模拟器件技术和产品的研发。目前主推的可编程模拟器件包括 FPAA、dpASP 和专用器件三大类，它们都在继承第一代可编程模拟器件的结构、技术和特点的基础上，进行了扩展、改进和提高，并有免费提供的开发工具软件与之配套。以下分别加以简介。

1. dpASP

dpASP 器件是可动态编程的模拟信号处理器(dynamically programmable Analog Signal Processor)，称之为"模拟 FPGA"也较恰当。该类器件具有可编程或配置的架构，由实体运放、开关、电容和虚拟电阻(利用开关电容实现)等组成，具体包括 8 个可配置运放、4 个比较器、4 个 I/O 运放和一些配置位(存储器)。可利用开发工具 AnadigmDesigner 2 和百余种不同的参数化模拟模块(即可配置模拟模块 CAM)，在函数/功能级上对其进行简便、高效的设计。更重要的是，该类器件具有实时、动态重配置能力，即允许利用微控制器/处理器，在不影响其正常运行的情况下通过加载新的(部分或全部)配置数据，实时、在线地改变其电路参数和/或功能。在具体实现上，配置信息在上电期间被送入器件，利用配置 SRAM(总容量为 620 字节，构建滤波器时仅用到其中的 1/3)围绕运放电路分散地保存。新的重构数据先被存储在为动态配置专设的"影子(Shadow)"SRAM 中，随后可在时钟边沿的同步下被传送至配置 SRAM 中。配置整个电路仅需几毫秒，完成电路更新(参数或连线的重配置)也仅需几十毫秒。以此速度进行连续更新，足以等效地实现许多模拟参数的实时扫描。因此，dpASP 器件可被编程以实现多种模拟功能，和/或在运行中自适应调整，以维持需求时变的应用所需要的精确运行，故特别适用于信号调理、滤波、数据采集和闭环控制等方面需要纯模拟处理的应用。

该系列器件的共同特点是：① 工作电压为 3.3 V 和 5 V，I/O 架构与 FPAA 相同，可动态/静态配置；② 采用全差分开关电容和模拟开关网络；③ 带宽为 DC 到 2 MHz；④ 宽带信噪比(SNR)高达 90 dB，窄带(音频)信噪比高达 120 dB；⑤ 内含单端至差分和差分转换器；⑥ 内含斩波稳零的低失调放大器和抗混叠/支撑滤波器；⑦ 配套的开发工具 Anadigm Designer 2，功能强大且操作简便。

在该系列现有的 3 种器件中，AN220E04 对应于第二代 FPAA，引入了 8 位逐次逼近型模/数转换器(ADC)和 256 字节的查找表，并显著改善了动态特性和带宽；AN221E04 具有 6 个输出端(3 倍于 AN220E04)，包括 4 个可配置 I/O 和 2 个专用输出，且可经专用引脚将 8 位 ADC 的转换结果送往片外，特别适用于 I/O 密集型应用；AN231E04 属于第三代(即当前最新一代)FPAA，其工作电压为 3.3 V，功耗更低而带宽加倍，并具有许多突出特性，故较详细地介绍如下。

如图 2.24 所示，AN231E04 包含一个 2 行 × 2 列的完全可配置模拟块(CAB)阵列，围绕其四周的是可编程互连资源和带有有源元件的模拟 I/O 单元。片内的时钟发生器控制着多个由片外的稳定时钟源产生的非叠加时钟域；能带隙基准产生器被用于生成有温度补偿的基准电压；具有 1 个 8×256 位的查找表，可以实现波形综合和多种非线性功能；利用 1 个类似 SPI 的接口可接收来自微处理器或 DSP 的配置数据，并将其存储在片上的配置 SRAM 中。特为该配置 SRAM 设立了"影子"SRAM(用于数据缓冲和备份)，以便将不同的电路配置作为背景任务加载而不干扰当前的电路功能。更为突出的是，AN231E04 具有 7 个可配置的 I/O 单元，均可用于输入或输出，其中 4 个带有集成的差分放大器，3 个可使用斩波稳零放大器。

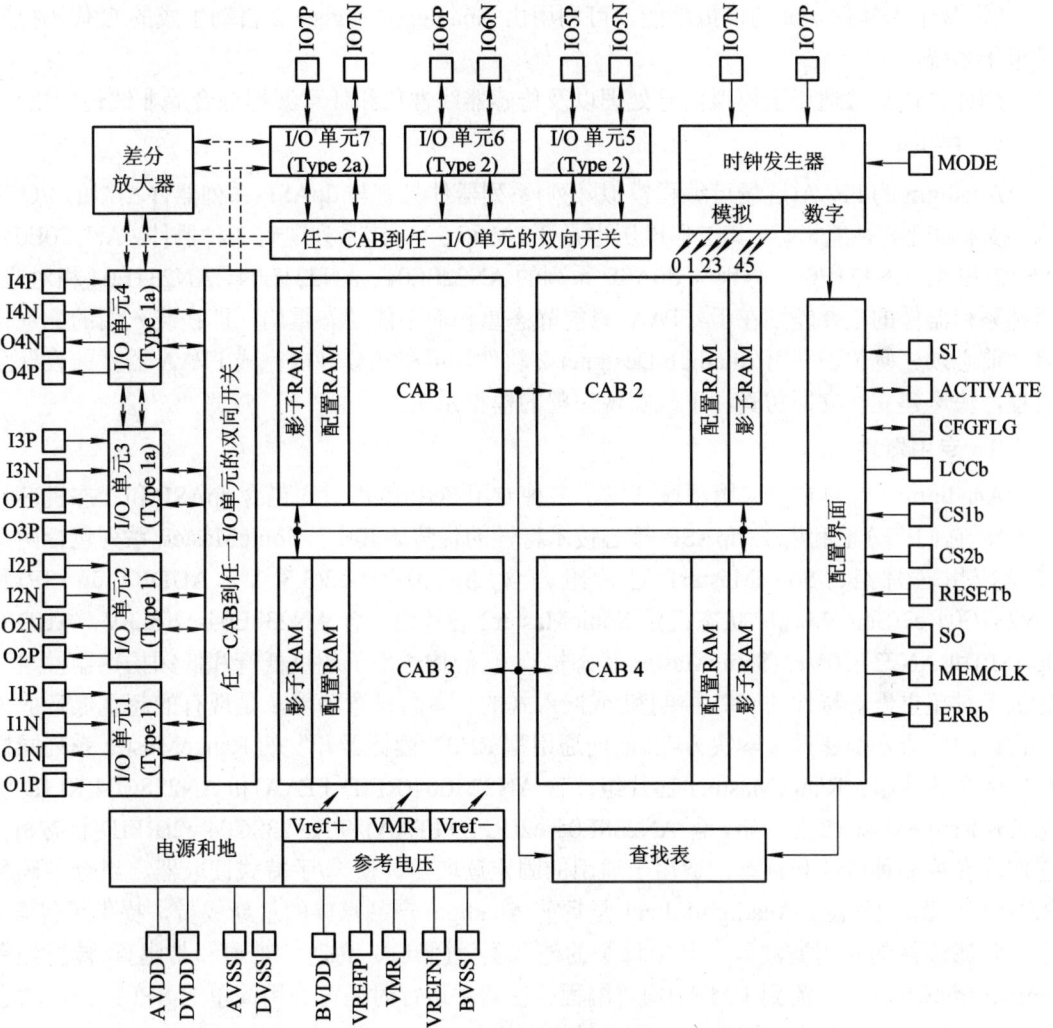

图 2.24　AN231E04 器件结构概览

AN231E04 的其他突出特性包括：

① 在默认的基本配置中包含了失调归零(nulling)子程序，可由微处理器通过配置命令随时启动，将运放的输入失调电压从数毫伏减少至 250 μV 以下，为此会暂时中断所有现存的模拟信号通路约 70 ms(假设 ACLK 为 16 MHz)。

② 复杂的 I/O 单元使用了 1 个无确定用途的差分放大器，它可由用户访问，利用外接元件接入，实现输入或输出信号的缓冲、电平偏移、滤波(Rauch 拓扑)等多种功能。该 I/O

单元还可用于采样保持、增益、旁路连线或者数字 I/O。

③ 体积和功耗(典型值为 125 mW)大大降低。

④ 总谐波失真(THD)>100 dB。

⑤ 超低直流失调在由用户控制补偿时小于 250 μV，利用斩波稳零结构时小于 50 μV。

⑥ 增加了额外的动态控制特性，允许利用数字引脚很方便地控制电路更新(动态重配置)和监控，从而克服系统的退化和老化，维持其精确运行。

⑦ 基于由软件定义的模拟功能，可利用由 AnadigmDesigner 2 自动生成的 C 代码控制模拟子系统。

因此，该器件适用于模拟信号处理以及传感器线性化和任意波形综合等非线性应用。

2. FPAA

Anadigm 的 FPAA(现场可编程模拟阵列)系列器件具有与 dpASP 系列器件相似的 I/O 架构、技术原理和性能指标，其工作电压也是 3.3 V 和 5 V。该系列现有 3 种器件：AN120E04、AN121E04、AN131E04，分别与 dpASP 系列的 AN220E04、AN221E04、AN231E04 相对应。两种系列器件的主要差别在于 FPAA 只能静态重构而不能动态重构，即在载入新的配置位流之前必须先复位。利用 AnadigmDesigner 2 软件，可在几分钟内完成 FPAA 器件的设计全过程，快速建立、立即仿真和下载实现完整的模拟系统。

3. 专用器件

Anadigm 还针对重要应用领域开发了多种专用芯片组(每组均包含 dpASP 和状态机芯片各一)，它们充分地利用了 dpASP 核心技术特性的优势。其中，SonicMaster 系列包括两个音频应用芯片组：SonicMaster1 芯片组，含 AN231E04-e2(3.3 V，AUDIO dpASP)和 AN237C04-e2(SonicMaster 状态机)；SonicMaster2 芯片组，含 AN237E04-e2(3.3 V，AUDIO dpASP)和 AN237C05-e2(SonicMaster 状态机)。它们均适用于超重低音和低频扬声器模组，提供了对超重低音特性的 PC 控制和/或嵌入式的自备自设置功能，是现有的超重低音放大器设计的低成本快速升级解决方案。面向通用型 RFID 读标器开发的 RangeMaster 系列同样包括两个芯片组：RangeMaster1 芯片组，含 AN228E04(RFID FPAA)和 AN228C04(RFID 状态机)；RangeMaster2 芯片组，含 AN238E04-e2(RFID FPAA)和 AN238C04-e2(RFID 状态机)。它们均支持多种协议和频率，适用于通用的固定读取器、便携/手持式读取器、组合条码和 RFID 读取器/扫描器。AnadigmFilter1 是目前 Anadigm 产品家族的最新成员，提供了包含 4 个二阶滤波器的通用滤波器，其中每个的滤波类型(低通、高通、带通和带阻)和转折频率(corner frequency，直流到 1 MHz)均可编程。在器件运行时还可利用简单的 SPI 接口，动态地调整转折频率而不会对模拟信号造成任何干扰。

值得指出的是，所有的 Anadigm 器件均符合 RoHS 认证，即符合欧盟颁布的《电气、电子设备中限制使用某些有害物质指令》，未(过量)使用铅、镉、汞、六价铬、多溴二苯醚和多溴联苯等有害物质。

Anadigm 公司为上述器件开发提供的开发工具 AnadigmDesigner 2，功能强大，操作简便，可免费下载和使用。该软件在 Windows 下运行，具有简便、直观的图形化界面(参见图 2.25~图 2.27)，并且以百余种预封装了常用模拟功能的可配置模拟模块(CAM)作为基本电路构件。利用该软件，设计者可首先通过"拖—放式"操作放置(选用)和连接 CAM，方便、快速地在框图级(即函数/功能级)描述和输入其模拟设计(电路);接着,可利用集成的信号发生器、示波器、离散时间行为精确仿真器等软件功能,仿真和检验其设计;最后,可利用该软件自动产生简单的静态配置数据,和/或用于动态配置的数据文件或 C 代码(供微控制/处理器使用)。该软件既允许利用同一芯片实现多个相互独立的电路,也具备自动多片划分和原理图捕获功能——支持利用多个芯片联合实现同一电路。(利用串行 PROM 或微控制/处理器等)将上述配置数据加载到器件中,即可实现所设计的电路,并进行必要的测试和检验。在整个设计过程中,均可利用该软件提供的大量帮助信息,获得及时、有效的帮助。配套的设计工具 AnadigmAssistant,可大大提高复杂模拟应用的设计自动化程度。开发套件(与宿主计算机的串口相连)支持在线配置板载的可编程模拟器件,可迅速生成当前设计对应的系统原型,以及按需随时更新部分或全部电路,故可进一步提高开发效率。

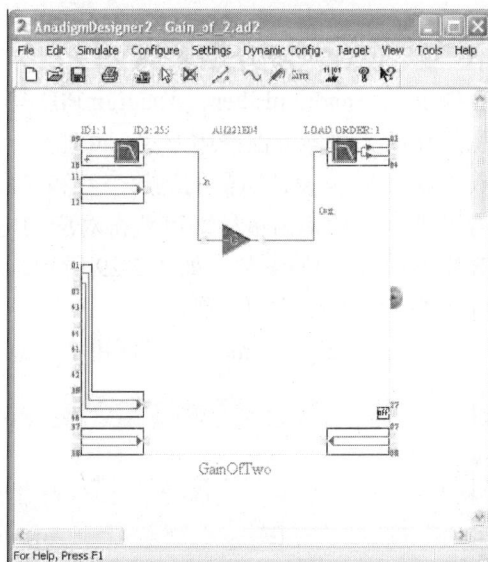

图 2.25　Anadigmdesigner 2 的基本界面(设计输入)

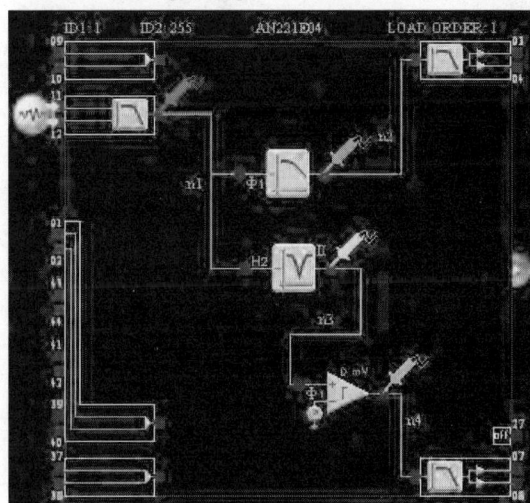

图 2.26　添加示波器探头

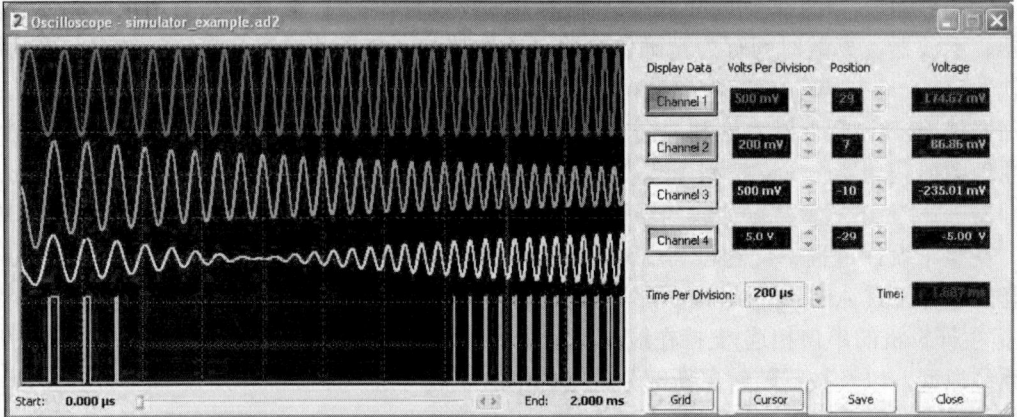

图 2.27　示波—仿真界面

此外，Anadigm 公司还提供了 AnadigmFilter、AnadigmPID 等设计工具。如图 2.28 所示，AnadigmFilter 提供了图形化的滤波器特性描述方式，并能显示滤波器响应(包括时域的频率、相位和延迟以及极点—零点图)及设计所需的运放个数和参数。设计者可利用鼠标调整滤波器特性曲线直至符合预期，而后单击鼠标即可获得对应的电路，包括其中所有双二次和双线性节(Biquad and Bilinear stages)的参数。如图 2.29 所示，AnadigmPID 同样界面友好，操作简便，适用于 PID 控制电路的设计和实现。

登录该公司的网站 http://www.anadigm.com/，可了解更多讯息和下载软件。

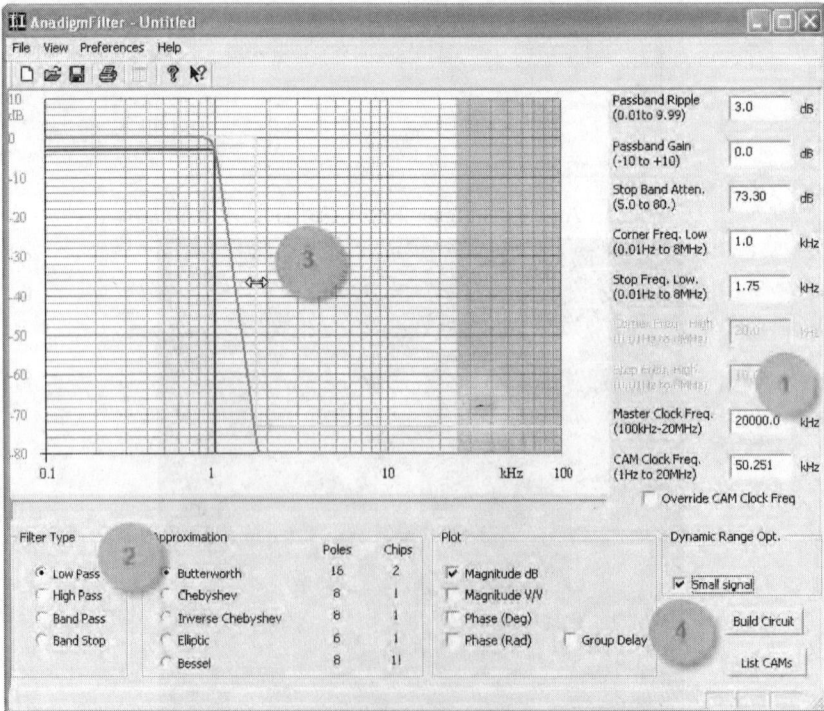

图 2.28　AnadigmFilter 的图形化界面

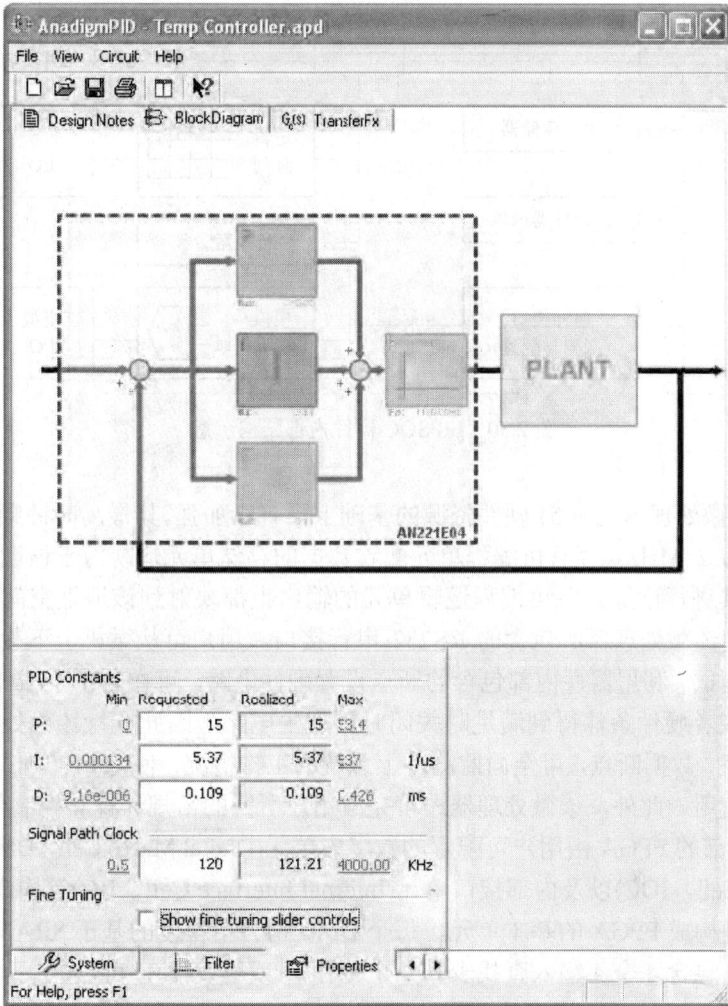

图 2.29　AnadigmPID 的图形化界面

2.5　主要可编程混合器件系列简介

与上述各器件系列相比，数模混合可编程器件的规模更大，结构更复杂，功能也更强。许多该类器件单片便可实现中、小规模的应用电子系统，故又称为数模混合可编程 SOC，代表着可编程器件的主流品种和发展方向。下面择要加以介绍。

2.5.1　SIDSA 公司 FIPSOC 系列器件

SIDSA 公司推出的 FIPSOC 系列器件，是较早上市的数模混合现场可编程片上系统(Field Programmable System-on-Chip)。如图 2.30 所示，其片内集成了现场可编程门阵列(FPGA)、现场可编程模拟阵列(FPAA)和 8051 微处理器内核等。

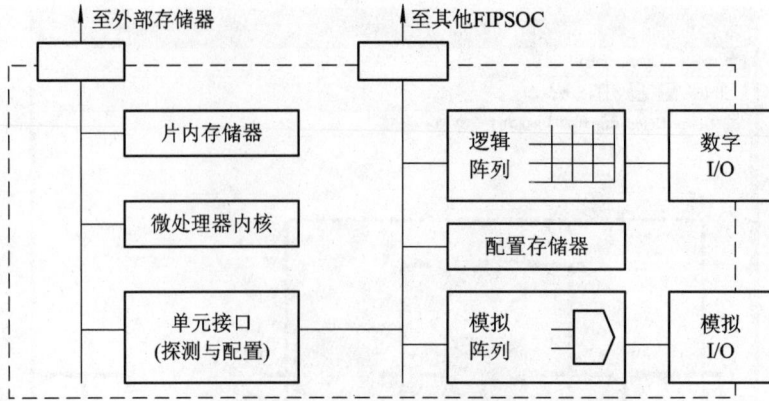

图 2.30 FIPSOC 器件内部结构示意

其中：

(1) 内嵌的微处理器在 8051 硬件资源的基础上又有所加强。其最高时钟频率为 40 MHz，指令执行速率为 2 MHz。存有可编程单元配置数据的存储单元均映射于该微处理器的地址空间内，可由其进行读写。各可编程逻辑单元的输出也都映射到该地址空间内，随时可以加以监测。利用该微处理器所包含的 RS232 串行接口，用户可从微机上下载配置数据和对应用系统进行调试。利用器件内部包含的断点设置硬件电路，可在若干个(数目由用户设定)时钟周期之后或者硬件条件得到满足时关闭时钟产生电路，因此支持该微处理器单步运行和可编程的程序、数据断点，可全面监测片上系统的工作情况，使得 FIPSOC 器件本身即可作为开发系统使用。此外，该微处理器还可完成用户所需的常规计算和控制任务。

(2) 器件内部的 FPGA 由用户可配置的数字宏单元(Digital Macro Cell，DMC)阵列、输入/输出单元(I/O Cell，IOC)以及内部接口单元(Internal Interface Cell，IIC)等构成。

① DMC 是构成 FPGA 的基本单元。每个 DMC 均为粗粒度的基于 SRAM(静态存储器)的可编程单元，包含 4 个 4 输入查找表和 4 个寄存器(或触发器)，可以配置为多种宏模式，包括 4 位加/减计数器、移位寄存器、加法器、16 × 4RAM 块等。

② IOC 是可编程的输入/输出单元，含有与外部连接的连接引脚。每个 IOC 均可配置为输入(In)、输出(Out)和双向(I/O)引脚。

③ IIC 是连接微处理器和 FPGA 布线通道的特殊接口。

④ 该 FPGA 的工作速度可达 40 MHz，查找表至查找表的迟延为 5 ns。

(3) 器件内部的 FPAA 包含多个粗粒度的可配置模拟单元(Configurable Analog Block，CAB)。如图 2.31 所示，CAB 主要由增益模块(Gain Block)、数据转换模块(Data Conversion Block)、比较器模块(Comparators Block)和参考源模块(Reference Block)四部分构成。

① 增益模块包含 4 个差分通道，每个差分通道都由 3 个增益可编程、偏置可编程、共模抑制比可编程的放大器级联而成。其中每个放大器的内部结构如图 2.32 所示。

② 比较器模块包含 4 个参考电压(即门限)可编程的比较器。

③ 数据转换模块包含 4 路分辨率为 8 位的 DAC(数/模转换器)，将它们与 4 个 SAR(逐次逼近)寄存器配合，组成 4 路分辨率为 8 位的 ADC(模/数转换器)。无论是 DAC 还是 ADC，均可两路结合起来达到 9 位的分辨率，或者 4 路结合起来达到 10 位的分辨率。

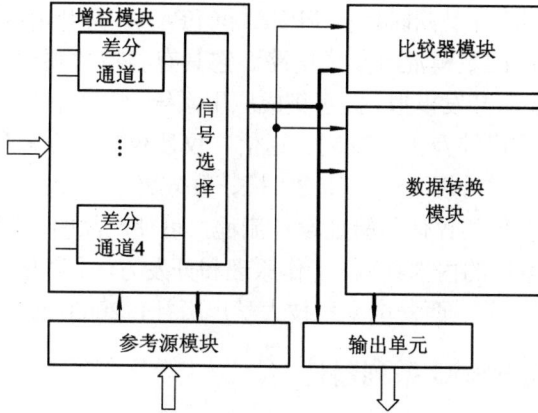

图 2.31　CAB 组成框图

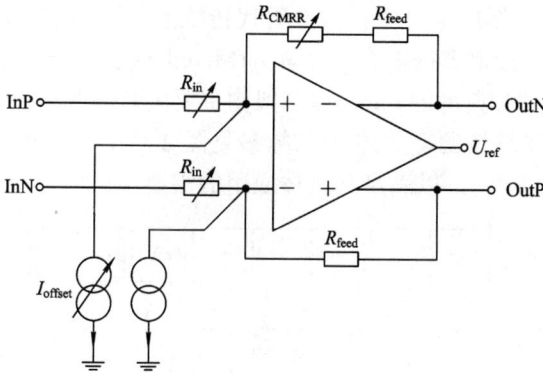

图 2.32　差分通道中的可配置放大器

④ 各个差分通道、比较器和 DAC(或 ADC)的参考电压均由参考源模块提供,分多级可程控调节。同时,参考源模块又可将 DAC 或某些差分通道的输出作为自己的输入,因此各个模块之间的连接非常灵活。此外,有两路 8 位 DAC 可以动态配置其余两路 DAC 或 ADC 的参考电压,从而可实现模拟乘法运算。

(4) 可以看出,FIPSOC 器件中的 CAB 与一般的可编程模拟单元有很大的不同。其可编程特性主要体现在对差分通道增益和共模参考电压、比较器的门限、DAC 和 ADC 的位数和参考电压等的灵活配置方面,因此其应用范围十分有限,仅适用于数据采集和信号调理方面。实际上,这正是该芯片的设计者特别针对数据采集和信号调理类应用,对 FIPSOC 器件进行优化的结果。

(5) FIPSOC 器件的配置信息存储在 SRAM 单元中。每个可编程特性由两个冗余备份的配置位支持,它们都映射在微处理器的地址空间内。当器件在一组配置数据的控制下运行时,即可向备份存储器中写入新的配置数据。可选择改写单个可配置单元、部分选定的可配置单元或者全部可配置单元(此时仍可利用屏蔽字选择需配置的行和列)的配置数据。而后,两组配置数据可实时地进行交换。这种交换过程可由可编程硬件本身触发而不需要微处理器的干预,从而实现电路运行过程中的部分重配置——这是 FIPSOC 器件的一大特点。

(6) FIPSOC 器件的启动(配置数据装入)方式有多种:外部并行 ROM 引导(8051 微处理器的常规做法),外部串行 PROM 引导(利用 SPI 或 I²C 总线),或者利用 RS232 串行端口均可。

总之，FIPSOC 系列器件是同时包含 FPGA 和 FPAA，并利用可配置的数/模和模/数转换器将二者紧密连接而成的数模混合集成电路。它具有独特的硬件结构和较为完备的软、硬件调试手段，不失为快速开发模拟、数字集成应用系统，特别是中、小规模片上系统(SOC)的理想选择。其典型应用已涉及工业控制、通信、仪器仪表等众多领域。据称与采用通用性模拟器件、数字 FPGA 和常规设计工具的"模、数分离型"设计方案相比，利用 FIPSOC 混合信号片上系统和集成化的评估与验证设计流程，可使产品的研制周期缩短 30%～40%。

有关 FIPSOC 系列器件的内部结构、工作原理和开发方法，详见《可编程模拟器件原理、开发与应用》(赵曙光等编著，西安电子科技大学出版社，2003)第 6、7 章。

2.5.2 Cypress 公司 PSoC 系列器件

Cypress 公司推出的 PSoC(Programmable System-on-Chip，可编程片上系统)系列可编程数模混合器件，以用单片低成本可编程器件替代传统的基于微控制器(MCU)的系统构件为目标，包含多款内含片上控制器的混合信号阵列(Mixed-Signal Array)器件。以其中较具代表性的 CY8C29x66 系列为例，典型的 PSoC 体系架构主要由 PSoC 核心(包括可编程互连网络)、数字系统、模拟系统和系统资源等几部分组成(参见图 2.33)，便于用户整合片内资源并创建其定制系统(特别是外设配置)，以满足其具体应用的需要。

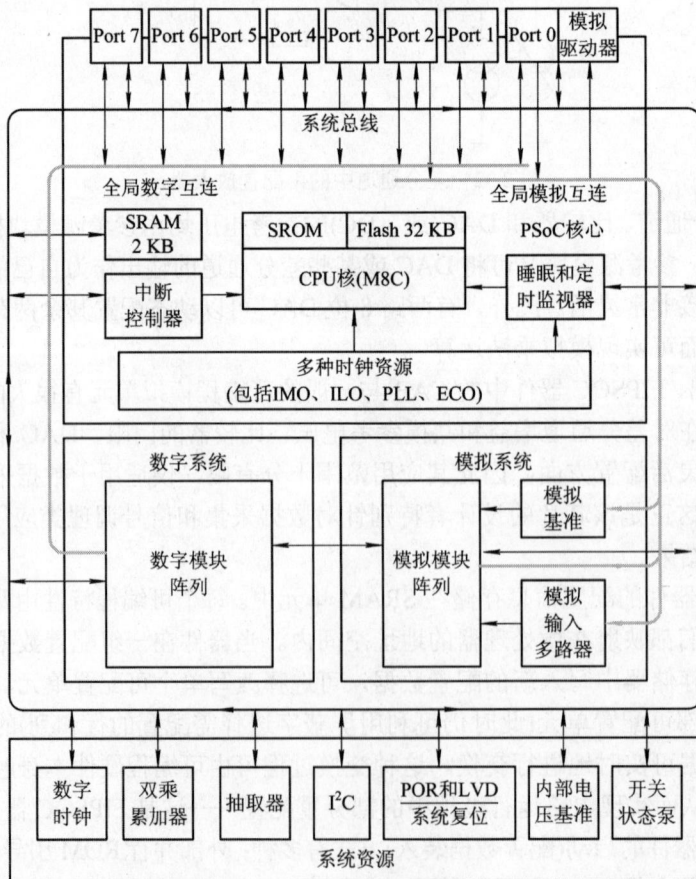

图 2.33　PSoC 的典型体系架构(CY8C29x66 系列)

其中，PSoC 核心是一个功能强大的引擎，支持丰富的指令集。该核心包含了 CPU、存储器、时钟和可配置 GPIO(通用 IO)。M8C CPU 核是一款性能强、速度高(可达 24 MHz)的处理器，提供了 1 个 4MIPS、8 位、哈佛架构的微处理器。它利用 1 个 25 向量的中断控制器来简化对实时嵌入式事件的编程，利用内含的休眠定时器和监视定时器(WDT)进行程序执行的定时和保护。

存储器又分为用于程序存储的 32 KB 闪存、用于数据存储的 2 KB SRAM 和最多 24 KB 的(用闪存模拟)E^2PROM 存储器。程序存储器(闪存)在 64 字节的区块上采用了 4 个保护级别，允许定制化的软件知识产权(IP)保护。

PSoC 器件内含多个灵活的内部时钟发生器。首先是 1 个 24 MHz 的 IMO(内部主振荡器)，可在整个标称的温度和电压范围内达到 2.5% 的精度，并可倍频至 48 MHz，供数字系统使用。其次是低功率 32 kHz 的 ILO(内部低速振荡器)，供休眠定时器和监视定时器(WDT)使用。若需要晶体级精度，则可使用 ECO(32.768 kHz 外部晶体振荡器)作为实时时钟(RTC)，并可选用锁相环(PLL)生成晶体级精度的 24 MHz 系统时钟。时钟与可编程时钟分频器(属于系统资源)为在 PSoC 器件内实现几乎任何的时序要求提供了充分的灵活性。

可配置 GPIO 为 CPU、数字资源和模拟资源等提供相互连接。每个引脚均有上拉、下拉、高阻、开漏等 8 种驱动模式选项，并可针对高电平、低电平及"上次读取后有变化"等事件产生系统中断，为外部接口提供了高度灵活性。

数字系统由 16 个 PSoC 数字模块构成。每个模块均为 8 位，可单独使用或与其他模块联合构成 8 位、16 位、24 位和 32 位外设(均称为用户模块基准)。数字外设配置包括：① 脉宽调制器(8～32 位)；② 带有死区的脉宽调制器(8～32 位)；③ 计数器(8～32 位)；④ 定时器(8～32 位)；⑤ 8 位且可选择奇偶校验(最多 4 个)的 UART；⑥ SPI 主设备和从设备(每种最多 4 个)；⑦ I^2C 从设备和多主设备(1 个作为系统资源提供)；⑧ 循环冗余码校验器/发生器(8～32 位)；⑨ IrDA 模块(最多 4 个)；⑩ 伪随机序列发生器(8～32 位)。

数字模块分 4 行提供，每一行的模块数量则随器件系列而变。通过一系列可在任何信号和引脚之间提供路由的全局总线，这些数字模块可被连接至任意的 GPIO。全局总线还支持信号多路复用(multiplexing)和执行逻辑运算。这种可配置能力让用户设计摆脱了固定外设控制器附带的限制。

模拟系统包含 12 个、分 3 行提供的满摆幅、可配置模拟模块，包括 1 行 CT(连续时间)模块，2 行 SC(开关电容)模块。每个模块均包含 1 个运算放大器电路，支持创建复杂的模拟信号流。模拟外设因此非常灵活，并可被定制，以支持特定的应用要求。较常见的 PSoC 模拟功能(大多以用户模块的形式提供)包括：① 模/数转换器(最多 4 个，分辨率为 6～14 位，可选择增量、增量累加以及逐次逼近(SAR)型)；② 滤波器(可选 2、4、6 或 8 极点，带通、低通或陷波特性)；③ 放大器(最多 4 个，可选择增益最高为 48)；④ 测量放大器(最多 2 个，可选择增益最高为 93)；⑤ 比较器(最多 4 个，拥有 16 级可选择阈值)；⑥ 数/模转换器(最多 4 个，分辨率为 6～9 位)；⑦ 乘法(Multiplying)数/模转换器(最多 4 个，分辨率为 6～9 位)；⑧ 大电流输出驱动器(4 个 40 mA 的驱动器作为核心资源提供)；⑨ 1.3 V 基准源(作为系统资源提供)；⑩ DTMF 拨号器、调制器、相关器、峰值检测器以及许多其他的可能拓扑结构。

系统资源可提供对于整体系统有用的其他功能。除了上面已经提到的之外，系统资源还包括乘法器、抽取器(decimator)、开关模式泵、低压检测和上电复位功能。其中：

① 数字时钟分频器提供了 3 种供应用系统使用的定制时钟频率。这些时钟可以馈送至数字系统和模拟系统。采用 PSoC 数字模块作为时钟分频器，则可生成其他时钟。

② 乘法累加器(MAC)提供了快速 8 位乘法器和 32 位累加器，用于协助通用运算和数字滤波器。

③ 抽取器为包括创建增量累加模/数转换器(Delta Sigma ADC)在内的数字信号处理类应用提供了定制的硬件滤波器。

④ I^2C 模块提供了速率为 100～400 kHz 的 2 线串行通信能力，并支持从设备、主设备和多主设备模式。

⑤ 低压检测(LVD)中断可以向应用程序提示电压电平的下降，而先进的 POR(加电复位)电路可以免除对系统监控器的需要。

⑥ 由 1 个内部 1.3 V 电压基准源为模拟系统包括模/数转换器(ADC)和数/模转换器(DAC)提供绝对基准电压。

⑦ 集成的开关模式泵(SMP) 提供了一个低成本的升压转换器，能够利用单个 1.2 V 电池生成多种正常工作电压。

上述可配置的数字、模拟电路模块统称为 PSoC 模块。每个模块均有多个可由用户编程的寄存器，决定着其功能以及与其他模块、多路复用器、总线以及 IO 引脚的连接方式。PSoC器件因而具有极大的灵活性，使得用户在研发、生产基于 MCU 的电子产品时也可尽享可编程器件带来的各种益处。

各种 PSoC 器件的体系结构、工作原理和开发方法均基本相同，但在具体结构和片内资源的种类、数量和性能上又有所变化(参见表 2.4)，并具有多种便于使用的引脚和封装形式，以便用户根据其应用需求选择最适用的器件。

表 2.4 PSOC 器件系列特性汇总和对比

PSOC器件系列	数字IO	数字行	数字模块	模拟输入	模拟输出	模拟列	模拟模块	SRAM/字节	闪存/字节
CY8C29x66	最多64	4	16	12	4	4	12	2K	32K
CY8C27x43	最多44	2	8	12	4	4	12	256	16K
CY8C24x94	最多56	1	4	48	2	2	6	1K	16K
CY8C24x23A	最多24	1	4	12	2	2	6	256	4K
CY8C21x34	最多28	1	4	28	0	2	4①	512	8K
CY8C21x23	16	1	4	8	0	2	4①	256	4K
CY8C20x34	最多28	0	0	28	0	0	3②	512	8K

注：① 仅具有受限的模拟功能。

② 其中 2 个是模拟模块，1 个是 CapSense(电容传感)模块；用于实现电容式触摸感应和扫描。

为支持 PSoC 开发，Cypress 提供了基于 Windows 系统(各种常见版本)的 PSoC Designer 开发工具及集成开发环境(IDE)。如图 2.34 所示，PSoC Designer 提供了较强的项目设计数据库管理功能、用于 CPU 的 CYASM 宏汇编器、专为 PSoC 开发的 C 语言编译器、集成调试器(Debugger)以及在系统编程(ISP)支持。宏汇编器能够将汇编代码与 C 语言代码无缝地合并。内嵌的优化 C 编译器提供了针对 PSoC 体系架构做过剪裁的全部 C 语言特色，与之配套的嵌入式库则提供了对于端口和总线操作、标准键盘和显示器的支持以及扩展的数学功能。调试器与在线仿真器(In-Circuit Emulator，又称为内电路仿真器)配合，可提供 PSoC 器件全速(24 MHz)运行时的"内部视图"，支持设计者基于实际系统调测程序，包括读取和修改程序、数据、IO 寄存器和 CPU 寄存器，设置和清除断点，控制程序的运行、暂停和步进，以及针对感兴趣的寄存器和存储器地址创建跟踪缓冲器(深度可达 128 KB)。因此，利用 PSoC Designer，设计者可以便捷地针对 PSoC 器件选择运行配置、编写应用代码和调试应用系统。

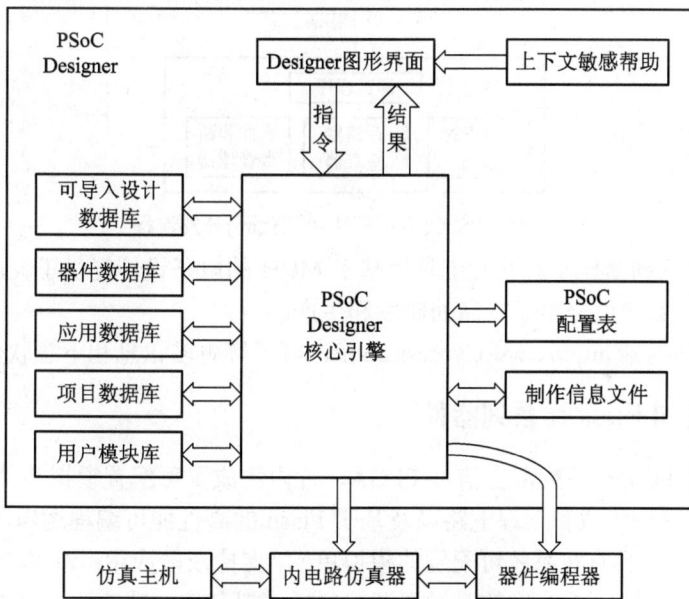

图 2.34　PSoC Designer 系统框图

一般的 PSoC(用户模块和源代码)开发流程如图 2.35 所示，主要步骤包括：

① 器件编辑，即加入项目所需的用户模块和 IO 引脚等，并定义其时钟配置(来源和参数)和相互连接，自动生成 PSoC 块配置的加电初始化表和应用程序架构的源代码。上述应用程序架构包含了用于运行选定器件和(若需)在运行时切换多组 PSoC 模块配置的基本软件。

② 应用程序编辑，即在上述应用程序架构中添加、编辑特定应用所需的 C 语言和汇编语言源代码，并对其进行编译和连接，获得相应的 PSoC 编程文件。

③ 调试，即将上述编程文件下载至在线仿真器(ICE)，在全速运行中实际测试和调试程序。

用户模块对于加快 PSoC 的开发速度具有重要作用。PSoC Designer 提供了经过预先构建、预先测试的硬件外设功能库(称为标准用户模块库)，其中包括 50 多种常用的模拟、数字和混合信号外设。每个用户模块均拥有用于实现选定功能的基本寄存器设置值和可由用户按需精确配置的多项参数。在软件方面，用户模块应用程序编程接口(API)提供了各种用于在运行时控制和响应硬件事件的高级函数，并提供了中断服务例行程序供用户按需选用。当然，设计者也可以按照规范创建自己的用户模块(库)。

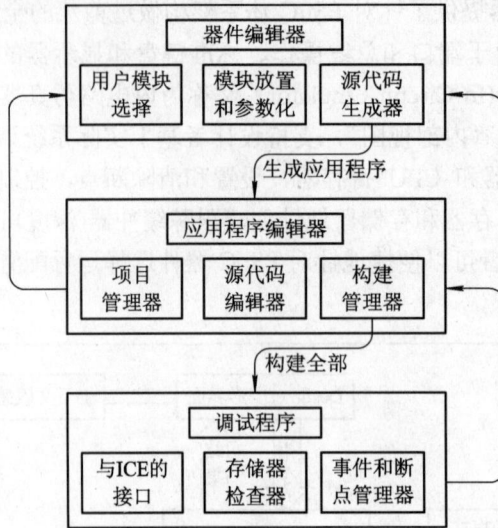

图 2.35　PSoC(用户模块和源代码)开发流程

总之，PSoC 系列器件及其开发工具为基于 MCU 的电子设计提供了灵活和便利，特别适用于中小规模、数模混合电子产品的研发和生产。

登录该公司的网站 http://www.Cypress.com/，可了解更多讯息和下载软件。

2.5.3　Actel 公司 Fusion 系列器件

Actel 公司的 Fusion 系列混合信号 FPGA，片内集成了可配置模拟部件、大容量 Flash 内存构件、全面的时钟生成和管理电路以及基于 Flash 的高性能可编程逻辑，如图 2.36 所示。其主要特点包括：① 具有在系统可配置的模拟单元，支持众多应用；② 内含容量高达 8 Mb 的用户 Flash 内存；③ 具有丰富的时钟资源，包括模拟 PLL、精度达 1%的 RC 振荡器、晶振电路和实时计数器(RTC)；④ 基于 Flash 架构，具有低成本、低功耗、非易失、可加密、上电即用、固件错误免疫、单片应用等优点。更重要的是，创新的 Fusion 架构还可与 Actel 的 MCU 软核及高性能 32 位 ARM 内核 Cortex-M1 和 CoreMP7 配合使用。因此，该系列器件兼备 ASSP、混合信号 ASIC 和 FPGA 的优点，号称终极的混合信号 FPGA 平台。

具体地说，Fusion 器件的可配置模拟部件即模拟模块，由模拟 Quad I/O 架构、RTC、ADC 和 ACM(模拟配置存储器)等组成。如图 2.37 所示，模拟 Quad I/O 架构为四通道系统，其作用是在将模拟信号(利用 ADC)转换为数字信号之前对其进行预调理。它又由以下四部分组成：

① 输入引脚为 AV 的电压监测模块。它包含 1 个二选一模拟开关，可选择是否将模拟输入信号先经过预缩放器电路后再送给 ADC。该预缩放器的信号输入范围可配置为–12 V～0 或 0～12 V，可完成对输入信号的缩放，使其幅度处于 ADC 的动态范围内。

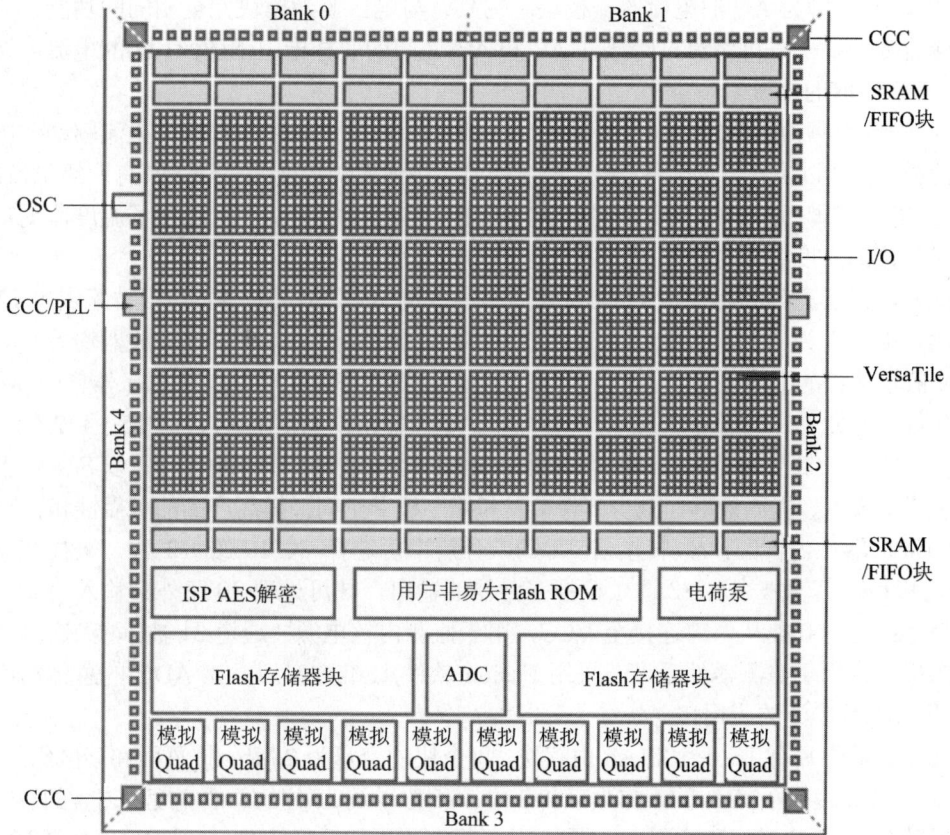

图 2.36　Fusion 器件(ASF600)的总体架构

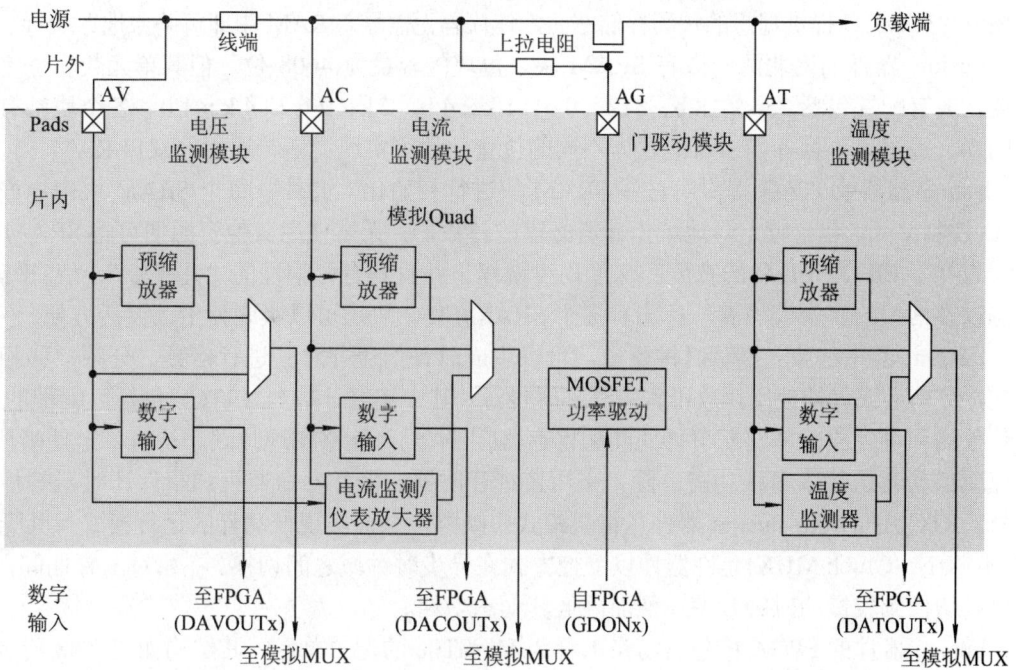

图 2.37　模拟 Quad I/O 架构

② 输入引脚为 AC 的电流监测模块。它具有与电压监测模块完全相同的功能，且增加了电流监测功能——可将流过跨接在 AV 和 AC 之间的取样电阻(阻值<1 Ω)的电流，转化为可由 ADC 读取的电压。

③ 输入引脚为 AG 的门驱动模块，用于驱动片外场效应管。它有大电流驱动和电流源控制两种模式，以及正、负两种(输出)电压极性。在电流源控制模式下，具有四级电流配置。

④ 输入引脚为 AT 的温度监测模块，在电压监测模块的基础上增加了温度监测功能，可利用外接的温度监测电阻测温，并达到±3℃的精度。

此外，为了充分利用模拟 Quad，其模拟输入端 AV、AC 和 AT 均可被配置为 LVTTL 数字输入端；而为了支持大的动态范围和正/负极性模拟输入，每个预缩放器均具有多个由 FPGA 信号编程的缩放系数。总之，基于先进的高电压 Flash 工艺，Fusion 器件的模拟 I/O 得以与数字部分更好地隔离，具有较宽的输入/内部/输出动态范围(可达−10.5～+12 V)，提高了精度和信/噪比。因无需在处理前后利用外接部件降低或升高信号电平，所以 Fusion 器件可以显著降低成本、提高效率、减少部件数目和缩小板卡空间，提高产品的可靠性和适应性。

Fusion 器件内含的模/数转换器(ADC)，分辨率可选择 8、10 或 12 位，采样速率可达 60 万次每秒。其输入来自 32 选 1 模拟多路器的输出，共可处理 30 路外部输入信号和 2 路内部信号：通道 0 被从内部连接至 VCC，用于监测内核电源；通道 31 被(间接)连接至内部测温二极管，用于监测器件温度。采用 Fusion(软件)校准方案后，该 ADC 的总体精度优于 1%，故可支持广泛的应用。

Fusion 器件具有 1～4 个 Flash 内存块，每个块的容量为 2 Mb，按页面和扇区组织(每页 1 Kb)，支持高达 100 MHz 的工作频率和 8 位、16 位以及 32 位的总线宽度。内含的纠错电路(ECC)能够纠正 1 位错误和检测 2 位错误，从而提高整体数据可靠性。利用固化的扩展 IP 构件，部分 Flash 内存可以仿真 E²PROM 器件，供片内、外使用。此外，Flash 内存可为片内 MCU 软核或片外 MCU 提供理想的代码存储空间，使代码无需导入 RAM 中即可"原地"执行。

Fusion 器件的南北两侧嵌有 SRAM 块。每块的容量为 4608 位，但其单元数和位宽度可变，现有配置包括 256×18b、512×9b、1k×4b、2k×2b 和 4k×1b。各个块都有独立的读、写端口，且各端口可配置为不同的位宽，故可实现灵活、通用的双口 RAM。可通过 Flash 存储器或 JTAG 端口对这些 SRAM 块进行初始化。此外，每个 SRAM 块中内嵌的 FIFO 控制单元，包含读、写地址指针所必需的计数器，无需使用其他资源便可将 SRAM 块配置为异步 FIFO。FIFO 的宽度和深度均可编程，并且具有可编程的"几乎空"、"几乎满"标志以及常规的"空"、"满"标志。多个 SRAM/FIFO 块还可以级联使用，灵活方便。

Fusion 器件内含一整套时钟资源，可以生成时钟信号并对其进行倍频、分频、移相和分配，供片上或片外使用，故可省去外部时钟源。其中实时计数器 (RTC) 包括可编程的 40 位计数器和可生成时基匹配事件的匹配寄存器(计时器)，能够实现睡眠、待机、定期唤醒、低速或低功耗运行等多种功能。除可采用监视计时器、器件寿命监视和事件计时器等模式之外，RTC 还可以将 Fusion 器件从待机模式中唤醒，从而实现低功耗的运行模式。其无毛刺 MUX(No-Glitch MUX)允许器件以受控方式在异步时钟域之间切换。在相对闲置期间，器件可以切换到较慢的时钟频率，从而降低其动态功耗。

Fusion 器件的 FPGA 核包含海量的称为 VersaTile 的逻辑单元，其结构如图 2.38 所示。通过编程适当的 Flash 开关连接，每个 VersaTile 都可被配置为一个等效的三输入逻辑查找表或一个 D 触发器/锁存器(可选有无使能端)。Flash 开关分布在整个芯片内,以提供非易失、可重构互连编程;利用四级布线层次则可将 VersaTile 和较大的功能块相连接。因此,VersaTile 使得 Fusion 器件具有丰富的寄存器资源,并且允许物理综合和映射工具充分利用其每个逻辑单元,所以规模较小的 Fusion 器件也能满足寄存器方面的需求。

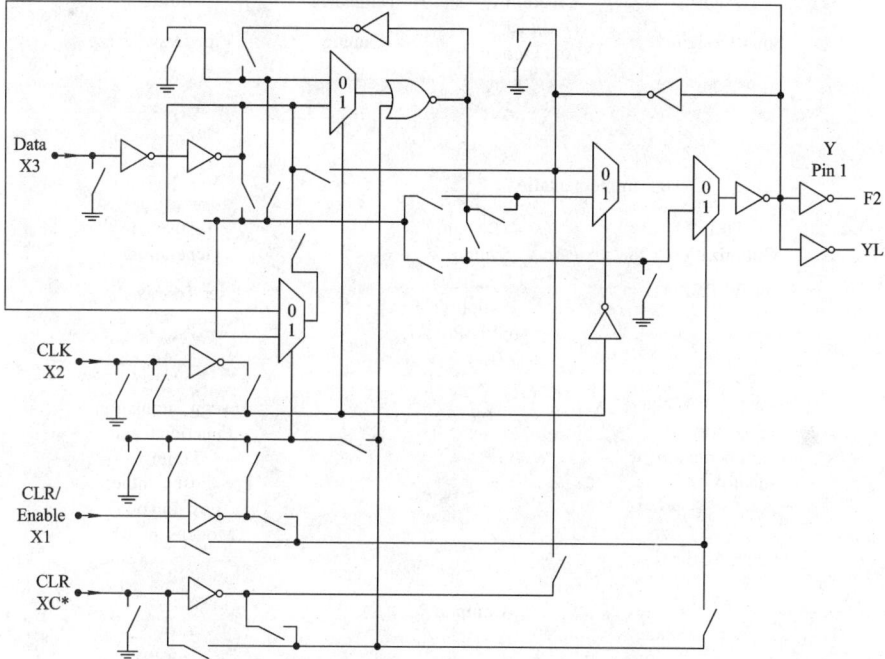

图 2.38　可编程逻辑单元 VersaTile 的结构示意

在 I/O 方面,Fusion 器件实行了 I/O 分组,它们内嵌有寄存器,全面支持热插拔和各种先进 I/O 标准,包括:700 Mb/s 的 LVDS、BLVDS 和 MLVDS 可用 DDR I/O,LVTTL、LVCMOS 3.3 V /2.5 V / 1.8 V / 1.5 V、3.3 V PCI / 3.3 V PCI-X 和 LVCMOS 2.5 V / 5.0 V 输入等单端 I/O 标准,LVPECL、LVDS、BLVDS 和 MLVDS 等差分 I/O 标准,以及电压参考 I/O 标准。

此外,Fusion 器件采用 3.3 V 单电源工作,利用电荷泵产生和提供所需的所有其他电压,供嵌入 Flash 内存写入(编程)和 FPGA 内核使用。由于采用了业界标准的 JTAG 编程技术(IEEE 1532),Fusion 器件不但可以实现单电压、快速编程,而且支持板级 JTAG (IEEE 1149)I/O 边界扫描。

在开发方面,如图 2.39 所示,经过功能扩展和增强的 Libero 集成设计环境(IDE)支持 Fusion 系列器件的高效开发和应用,使设计者可以方便地例化(由模板生成实例)、配置和连接外设,创建或导入构件 (Fusion applet) 或参考设计,以及进行硬件验证和调试。以模拟系统设计为例,设计者可在 Libero IDE 的 Cores Catalog 窗口中,利用模拟系统构建器(Analog System Builder),自动生成 VHDL 或 Verilog 源码和留待存入嵌入式 Flash 存储器的配置文件;利用 Flash 系统构建器(Flash Memory System Builder), 很容易地完成嵌入式 Flash 存储器的配置并自动生成对应的 HDL 源码;最后再将 Fusion 块和用户 HDL 码"缝合",Fusion 模拟系统的设计便告完成。利用 Libero IDE 集成的框图设计输入工具 SmartDesign,可以更轻松地创建和修改设计。它支持用户以框图形式描述设计(可以是整个系统),并可从中自动抽取出可综合的 HDL 源码;它还能自动地识别模块间的连接关系并且将模块与 HDL 源码"缝合"

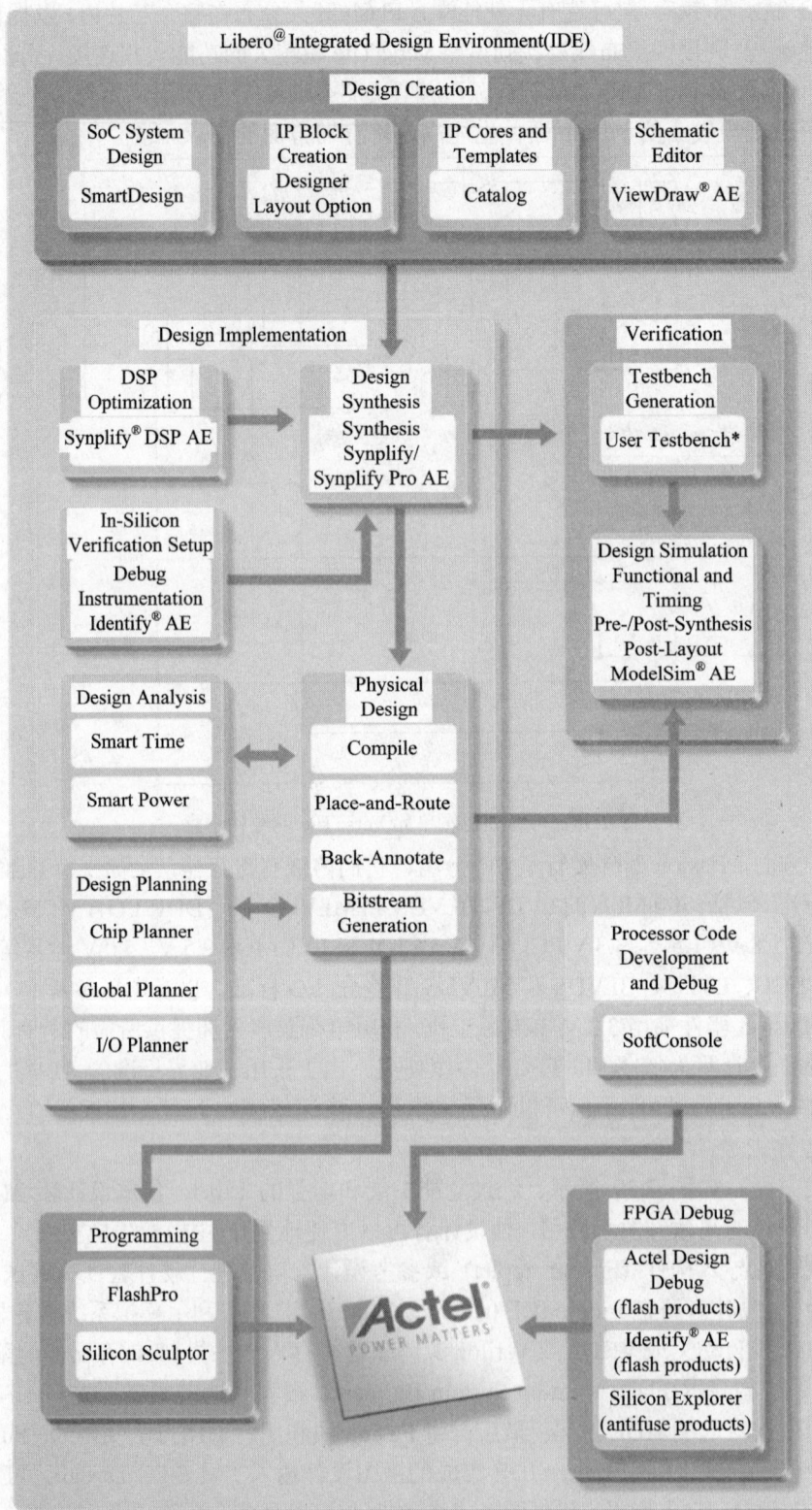

图 2.39 Libero 集成设计环境

在一起。无论通过何种方式建立了 HDL 设计,后续的 Fusion 设计步骤都包括综合、综合后仿真、编译、布局布线、引脚分配和静态时序分析以及返注仿真(back-annotated simulation)。在设计过程中或完成后,均可利用 FlashPro 编程器和软件进行器件编程,并利用逻辑分析软件和编程器接口进行设计调试。

可以看出,Fusion 模拟系统的设计流程是以 IP 软核和 HDL 设计为中心的,由于所有需要用到的 IP 软核均已免费提供,IP 配置和连接功能被紧密地集成在 Libero IDE 和 SmartDesign 等组件中,因而设计者甚至不必自己编码来控制模拟和 Flash 存储器系统,便可快速和无缝地实现完整的模拟和外设接口。在 Fusion 设计的其他方面,Libero IDE 同样提供了强大的功能和有效的帮助。利用 Actel 提供的入门级开发套件(Fusion Starter Kit),可以加快速度和提高效率。该套件由 Fusion 评估板(配有 AFS600-FG256 器件)、FlashPro 3 编程器及 FlashPro 软件、Libero IDE 软件(光盘)等组成,功能较齐备、成本较低,为 Fusion 器件的全面开发提供了完整的系统平台。必要时,也可以利用 Identify Actel Edition(AE),以纯软件方式(无需进行器件编程)控制和仿真 Fusion 器件特定构架(如集成 ADC、Flash 内存组件及 RTC)的功能。

综上所述,Actel 通过 Fusion 系列可编程数模混合器件及其开发工具,为电子系统特别是嵌入式数模混合系统的设计、生产提供了先进的可编程片上系统解决方案,特别适用于系统管理(包括功率和温度监控)、MicroTCA、电机控制等方面。表 2.5 汇总和比较了该系列器件的主要特性,可供参考。

表 2.5 Fusion 系列器件一览表

Fusion 器件		AFS090	AFS250	AFS600	AFS1500
可用 ARM 的 Fusion 器件	CoreMP7		M7AFS600		
	Cortex-M1		M1AFS250	M1AFS600	M1AFS1500
基本信息	系统门	90 000	250 000	600 000	1 500 000
	D 触发器	2304	6144	13 824	38 400
	安全(AES)ISP	有	有	有	有
	PLL	1	1	2	2
	全局时钟	18	18	18	18
存储器	Flash 块/2 Mb	1	1	2	4
	Flash 容量/b	2 M	2 M	4 M	8 M
	FlashROM 容量/b	1 k	1 k	1 k	1 k
	RAM 块/4608 b	6	8	24	60
	RAM 容量/Kb	27	36	108	270
模拟和 I/O	模拟 Quad	5	6	10	10
	模拟输入通道	15	18	30	30
	门驱动输出	5	6	10	10
	I/O 组(+JTAG)	4	4	5	5
	数字 I/O	75	114	172	252
	模拟 I/O	20	24	40	40

该公司最新推出的 SmartFusion 系列，据称是行业唯一集成 FPGA、ARM® Cortex™-M3 处理器硬核以及可编程模拟资源于一体的器件，能够实现完全可定制系统设计和 IP 保护能力，而且易于使用。该系列器件是基于 Actel 的快闪技术而开发的，为需要真正的单芯片系统的硬件和嵌入式系统的设计师提供比传统专属功能微控制器更大的灵活性，而成本又比现有使用软核处理器的 FPGA 低得多。

　　登录该公司的网站 http://www.actel.com/，可了解更多讯息和下载软件。

　　综上所述，从可编程模拟器件诞生至今仅十余年时间，已经有多家实力厂商推出了多种各具特色的产品系列，为模拟电路的设计和应用注入了新的活力。同时我们也注意到，与可编程逻辑器件发展初期的情形类似，现阶段可编程模拟器件的技术与产品均稍显稚嫩，实际需求尚不够旺盛。但是，可编程模拟器件内在的便利性和经济性以及作为其数字域对应物的可编程逻辑器件的成功经历，都使我们有理由相信：在不远的将来，可编程模拟器件的技术必将日益成熟，品种必将日益丰富，应用必将日益广泛，进而成为设计和实现模拟电路的首选。目前可编程数模混合器件的日益流行和普及，清楚地印证了并且有力地推动着这一趋势。因此，所有正在或将要从事模拟电路设计和应用工作的人员，都有必要学习可编程模拟器件的有关知识，及早掌握这一先进电子系统设计和实现的利器。

第3章

Altera 可编程逻辑系列器件

3.1 概　　述

　　Altera 公司从 1983 年起便将其发明的可编程逻辑技术与软件工具、IP 和设计服务相结合，为世界范围内的用户提供超值的可编程解决方案。在 1983 年成功推出第一款商业化的 PLD(即 Classic 器件)之后，Altera 公司分别在 1988 年和 1992 年推出了基于乘积项的 MAX 架构和基于查找表(LUT)的 FLEX 架构，进一步巩固了其在行业中的技术领先地位。此后，通过广泛合作和改进设计与工艺，Altera 公司不断推出了新的产品和工具，参见表 3.1。

表 3.1　Altera 可编程逻辑/ASIC 架构纵览

分类	器件架构	总体说明	独特性能
CPLD	MAX Ⅱ	最低的成本、单芯片、易用的 CPLD 系列	低成本、低功耗、高密度、高性能 CPLD 上电即用性，非易失性，确定的时序 1.8 V、2.5 V、3.3 V 电源电压 用户 Flash 存储器
	MAX	低成本 CPLD，适用于较低复杂度的低密度设计	从低密度到中等密度 CPLD 上电即用性，非易失性，确定的时序 2.5 V、3.3 V、5.0 V 电源电压，5 V I/O 支持
经典 FPGA	APEX Ⅱ	适用于中、低复杂度的 SOPC 设计	多核系统集成，支持多种 I/O 标准 至多四个锁相环，支持多电压 I/O
	APEX 20K		
	FLEX	嵌入式 PLD，适用于中、低密度设计	具备 PLD 的灵活性和门阵列的效率与密度 包含锁相环，支持多电压 I/O
低成本 FPGA	Cyclone Ⅱ	第二代低成本 Cyclone FPGA 系列，适用于对成本敏感的设计	Nios Ⅱ 嵌入式处理器支持 嵌入式 18×18 数字信号处理(DSP)乘法器 中等容量的片内存储器 中等速度的 I/O 和存储器接口 广泛的 IP 核支持
	Cyclone	第一代低密度、低成本 Cyclone FPGA 系列	Nios Ⅱ 嵌入式处理器支持 中等容量的片内存储器 从低速到中等速度的 I/O 和存储器接口 广泛的 IP 核支持

分类	器件架构	总体说明	独 特 性 能
高密度 FPGA	Stratix Ⅱ	密度最大、性能最高的通用 FPGA 系列	Nios Ⅱ嵌入式处理器支持 最多的 DSP 块 大容量片内存储器 高速 I/O 和存储器接口 源同步信号 1 Gb/s 动态相位阵列(DPA) 广泛的 IP 核支持
	Stratix	通用高性能 FPGA 系列	Nios Ⅱ嵌入式处理器支持 包含 DSP 块 大容量片内存储器 高速 I/O 和存储器接口 广泛的 IP 核支持
	Stratix GX	Stratix 架构,支持高速信号	支持所有 Stratix 的性能 3.125 Gb/s 收发器 1 Gb/s DPA 接收器均衡及发送器预加重 广泛的 IP 核支持
结构化 ASIC	HardCopy Ⅱ	用于快速、低风险、低成本的设计移植	支持 Stratix Ⅱ,且性能提高、功耗降低
	HardCopy Stratix		支持 Stratix,且性能提高、功耗降低
	HardCopy APEX		支持 APEX 20KC/KE,且性能提高、功耗降低

Altera 公司在业界领先的 FPGA、CPLD 和结构化 ASIC 产品已经获得传统市场的广泛认可,并且迅速进入许多新的应用领域。在获得大奖荣誉的 Stratix 器件系列的基础上,Stratix Ⅱ FPGA 提供了两倍的性能和比第一代产品低 40%的成本,适用于高密度通用性应用。Altera 公司通过第一代 Cyclone 系列器件建立起了低成本 FPGA 的领先地位,Cyclone Ⅱ FPGA 继承了这一领先优势,提供了一个灵活的、低风险和低成本的解决方案,使之成为中低密度 ASIC 最吸引人的替代产品。HardCopy Ⅱ器件给大量应用设计人员提供了一种无缝移植到低成本结构化 ASIC 的解决方案。MAX Ⅱ CPLD 创建了新的 CPLD 标准,扩展了 Altera 公司 15 年的市场领先地位。多种 IP 核组成的 IP 库,包括 Nios Ⅱ处理器,给予了用户强大的竞争优势。通过新近推出的更新、更强大和更高效的 Quartus Ⅱ 开发系统和广泛的 IP 功能,Altera 公司再次证明其在可编程片上系统(SOPC)领域中处于前沿和领先的地位。

本章将着重介绍较为成熟和常用的 MAX(CPLD)、FLEX(FPGA)和 APEX(SOPC)器件架构,通过分析其典型器件系列的结构原理、突出特性和配置方法,帮助读者较为深入地理解 Altera 可编程逻辑器件的工作原理与使用要点。在此基础上,将简要介绍后续推出的 MAX Ⅱ、Cyclone(Ⅱ)、Stratix(Ⅱ)、Stratix GX 等器件系列的新结构、新特性,以便读者较全面地了解 Altera 可编程逻辑器件的发展趋势和最新进展。必要时,读者可以登录 Altera 公司的中文网站(http://www.altera.com.cn/products/devices/dev-index.jsp),来获取更多、更新的信息。(本章部分内容即取材于该网站,在此顺表谢意。)

3.2 MAX 架构及器件系列

3.2.1 概述

如表 3.2 所示，Altera 基于其多阵列矩阵(MAX)架构提供了多种 CPLD 器件系列，可以适应各种不同的应用需求，提供先进、可靠的高性能解决方案。

表 3.2 MAX 系列器件特性简表

器件系列	逻辑单元结构	互连结构	工艺	用户可用 I/O	可用门数
MAX 9000	乘积项	连续式	E^{2}PROM	52～216	10 000～160 000
MAX 7000	乘积项	连续式	E^{2}PROM	36～212	600～10 000
MAX 5000	乘积项	连续式	EPROM	28～100	600～3750
MAX 3000A	乘积项	连续式	E^{2}PROM	34～208	600～10 000

(1) MAX 9000 系列器件采用 CMOS E^{2}PROM(电可擦除可编程只读存储器)工艺制造，具备在系统可编程(ISP)、内建 JTAG 边界扫描测试、多电压 I/O 能力等多种适用于系统级功能集成的优良特性。但该系列现已被 Altera 列为"成熟器件"，不推荐用于新的设计项目。

(2) MAX 7000 系列器件同样采用 CMOS E^{2}PROM 工艺制造，提供 32～512 个宏单元的密度范围，3.5 ns 的管脚到管脚延迟。由于该系列器件具有可预见的高速性能、多电压及高速 IO 能力、在系统可编程能力以及大量的可选封装形式，因而成为相应密度层次上使用最广泛的可编程逻辑解决方案。本节随后将对其进行详细的介绍。

(3) MAX 5000 系列器件是 Altera 的第一代 MAX 器件，适用于需要高级组合逻辑的低成本应用场合。其特点是采用 EPROM 工艺，故编程信息不易丢失且可用紫外线擦除。经过不断的结构和工艺改进，其价格在宏单元层次上已与批量生产的 ASIC 和门阵列接近(但现已停产)。

(4) MAX 3000A 系列器件是成本优化的 MAX 器件，提供 32～512 个宏单元、3.3 V 逻辑内核电压并支持通用特性和封装，是适用于大批量、成本敏感性应用的 CPLD 理想解决方案(参见表 3.3)。由于其主要特性均与 MAX 7000 系列相似，本章将不对其作详细介绍。

表 3.3 MAX 3000A 系列器件简表

特 性	EPM3032A	EPM3064A	EPM3128A	EPM3256A	EPM3512A
可用门	600	1250	2500	5000	10 000
宏单元	32	64	128	256	512
逻辑阵列块(LAB)	2	4	8	16	32
最大用户 I/O 管脚	34	66	98	161	208
t_{PD}/ns	4.5	4.5	5.0	7.5	7.5
t_{SU}/ns	2.9	2.8	3.3	5.2	5.6
t_{CO1}/ns	3.0	3.1	3.4	4.8	4.7
f_{CNT}/MHz	227.3	222.2	192.3	126.6	116.3

此外，Altera 最先推出的 Classic 系列具有与 MAX 架构相似的结构。其集成度为 600～900 门，有 68 个引脚，适用于低集成度、低成本的应用场合，故目前仍在生产。

Altera 提供的可编程逻辑器件设计工具均全程支持上述 MAX 器件的开发。设计者可以从 Altera 网站上免费下载 Quartus Ⅱ网络版和 MAX+PLUS Ⅱ基础版设计软件，以最小化的总体开发成本完成应用系统的开发。

3.2.2 MAX 7000 系列器件概述

MAX 7000 系列是基于 CMOS E^{2}PROM 工艺、乘积项结构及 ISP 技术的可编程逻辑器件，具有非易失性、即时可用性、快速反复编程能力、高速可预测时序性能、在系统可编程(ISP)和可编程速度/功耗优化能力，并提供全局时钟、开路输出、可编程上电状态、快速输入建立时间和可编程输出摆速(Slew-rate)控制等优异特性，适用于高密度地集成 SSI、MSI、LSI 等标准器件以及 PAL、GAL 等可编程逻辑器件的系统级应用。因其在速度、密度和 I/O 资源方面可与通用的掩膜式门阵列相媲美，故亦适用于门阵列的样片设计。

根据器件内核电压的不同，Altera 又将 MAX 7000 系列细分为 MAX 7000S(5.0 V)、MAX 7000AE(3.3 V)和 MAX 7000B(2.5 V)等多个子系列(参见表 3.4)。其器件在除内核电压之外的主要特性上均完全一致，例如：内部均包含 Altera 的 MultiVolt 多电压接口，允许设计者在系统开发中无缝地集成 1.8 V、2.5 V、3.3 V 和 5.0 V 的不同逻辑电平；均兼容于 PCI 接口规范，MAX 7000B 系列器件进而全面地支持 GTL+、SSTL-2、SSTL-3 和 64 位 66 MHz PCI 等接口标准，使其成为了很多高速逻辑接口应用的理想方案(参见表 3.5)。

表 3.4 MAX 7000 系列的子系列

密度(宏单元)	MAX 7000S(5.0 V)	MAX 7000AE(3.3 V)	MAX 7000B(2.5 V)	最快性能 t_{PD}/ns
32	√	√	√	3.5
64	√	√	√	3.5
128	√	√	√	4.0
160	√			6.0
192	√			7.5
256	√	√	√	5.0
512		√	√	5.5

表 3.5 MAX 7000 I/O 支持

器 件	核电压 /V	输入电压/V				输出电压/V				高级 I/O 支持		
		1.8	2.5	3.3	5.0	1.8	2.5	3.3	5.0	GTL+	SSTL-2/3	64 位 66 MHz PCI
MAX 7000S	5.0			√	√			√	√			
MAX 7000AE	3.3		√	√	√		√	√				
MAX 7000B	2.5	√	√	√	√	√	√	√		√	√	√

此外，MAX 7000 系列还广泛地提供了从传统的四角扁平封装(QFP)直到先进的 FineLine BGA 封装的封装选择(参见表 3.6)，可以满足现今设计的需求。所有这些封装被优化为支持密度移植，即不同密度的器件在同一封装时采用相同的管脚排列。采用特殊管脚

排列结构的 FineLine BGA 封装进而可以提供相同密度下的 I/O 兼容。当设计需求变化时，这些移植选项可以提供更多的灵活性。同时，MAX 7000S、MAX 7000AE 和 MAX 7000B 器件在相同封装下管脚兼容，因而通过选择合适的 MAX 器件可以节省因逻辑需求变化而需要花费的修改时间，显著缩短设计周期(因为不再需要变更管脚分配)。

表 3.6　MAX 7000 器件封装选项

封　装	MAX 7000B(2.5 V)	MAX 7000AE(3.3 V)	MAX 7000S(5.0 V)
塑封 J 引线芯片封装(PLCC)	√	√	√
薄四角扁平封装(TQFP)	√	√	√
塑封四角扁平封装(PQFP)	√	√	√
高效四角扁平封装(RQFP)			√
球形栅格阵列封装(BGA)	√	√	
1.0 mm 间距 FineLine BGA	√	√	
0.8 mm 间距 UBGA	√		

表 3.7、表 3.8 和表 3.9 依次列出了 MAX 7000B 系列、MAX 7000AE 系列和 MAX 7000S 系列所提供的器件，可供选用时参考。表中各个时序参数的含义分别为：t_{PD} 为从输入到非寄存器输出的数据路径延迟，t_{SU} 为全局时钟建立时间，t_{FSU} 为快速输入的全局时钟建立时间，t_{CO1} 为全局时钟到输出延迟，单位均为 ns；f_{CNT} 为 16 比特计数器内部全局时钟频率，单位为 MHz。

表 3.7　MAX 7000B 系列器件简表

特　性	EPM7032B	EPM7064B	EPM7128B	EPM7256B	EPM7512B
可用门	600	1250	2500	5000	10 000
宏单元	32	64	128	256	512
最大用户 I/O 管脚	36	68	100	164	212
t_{PD} /ns	3.5	3.5	4.0	5.0	5.5
t_{SU} /ns	2.1	2.1	2.5	3.3	3.6
t_{FSU} /ns	1.0	1.0	1.0	1.0	1.0
t_{CO1} /ns	2.4	2.4	2.8	3.3	3.7
f_{CNT} /MHz	303.0	303.0	243.9	188.7	163.9

表 3.8　MAX 7000AE 系列器件简表

特　性	EPM7032AE	EPM7064AE	EPM7128AE	EPM7256AE	EPM7512AE
可用门	600	1250	2500	5000	10 000
宏单元	32	64	128	256	512
最大用户 I/O 管脚	36	68	100	164	212
t_{PD} /ns	4.5	4.5	5.0	5.5	7.5
t_{SU} /ns	2.9	2.8	3.3	3.9	5.6
t_{FSU} /ns	2.5	2.5	2.5	2.5	3.0
t_{CO1} /ns	3.0	3.1	3.4	3.5	4.7
f_{CNT} /MHz	227.3	222.2	192.3	172.4	116.3

表 3.9　MAX 7000B 系列器件简表

特　性	EPM7032S	EPM7064S	EPM7128S	EPM7160S	EPM7192S	EPM7256S
可用门	600	1250	2500	3200	3750	5000
宏单元	32	64	128	160	192	256
最大用户 I/O 管脚	36	68	100	104	124	164
t_{PD} /ns	5.0	5.0	6.0	6.0	7.5	7.5
t_{SU} /ns	2.9	2.9	3.4	3.4	4.1	3.9
t_{FSU} /ns	2.5	2.5	2.5	2.5	3.0	3.0
t_{CO1} /ns	3.2	3.2	4.0	3.9	4.7	4.7
f_{CNT} /MHz	175.4	175.4	147.1	149.3	125.0	128.2

3.2.3　MAX 7000 系列器件结构

这里以较为典型的 MAX 7000S 系列为例进行介绍。该系列器件主要由逻辑阵列块、宏单元、扩展乘积项(共享和并联)、可编程连线阵列(PIA)和 I/O 控制块等组成；另有四个专用输入端可以用作普通的输入端，或者用于输入四个高速的全局控制信号(供各个宏单元和 I/O 引脚共享)——分别是时钟(GCLK1)、时钟/输出使能(GCLK2/OE2)、输出使能(OE1)信号和清零(GCLRn)，参见图 3.1。下面具体加以说明。

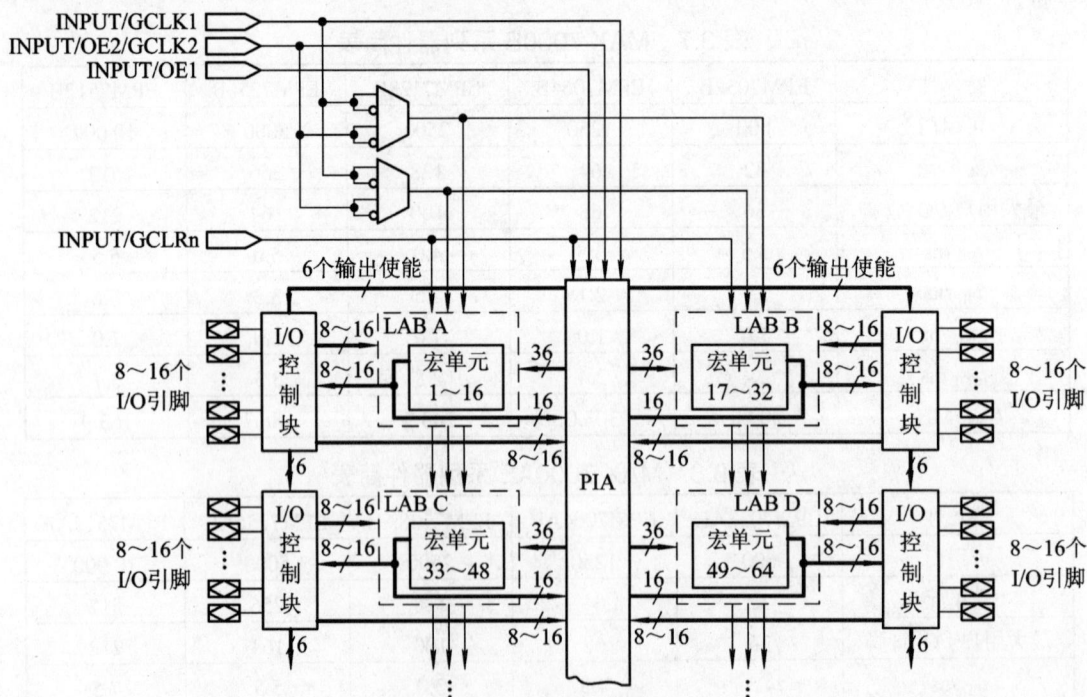

图 3.1　MAX 7000S 器件典型结构

1. 逻辑阵列块

如图 3.1 所示，MAX 7000S 器件以通过可编程互连阵列(PIA)相互连接的灵活、高性能的逻辑阵列块(LAB)为基础。全局总线 PIA 由所有的专用输入端、I/O 引脚和宏单元为其提供信号；每个 LAB 包含 16 个宏单元；每个 LAB 的输入信号包括 36 个来自 PIA 的通用输入信号、全局控制信号和从 I/O 引脚连接至寄存器的直接输入信号。

2. 宏单元

如图 3.2 所示，MAX 7000S 器件的宏单元由逻辑阵列、乘积项选择矩阵和可编程寄存器三个功能模块组成。每个宏单元均可被单独地配置成时序逻辑或组合逻辑工作方式。逻辑阵列用来实现组合逻辑，它为每个宏单元提供五个乘积项；乘积项选择矩阵可将这些乘积项分配给"或门"和"异或门"，作为基本逻辑输入(以实现组合逻辑功能)，或者将它们作为宏单元寄存器的清除、预置、时钟和时钟使能等控制功能的辅助输入。两种扩展乘积项可用来补充宏单元的逻辑资源。这两种扩展乘积项为：

(1) 共享扩展项，即反馈到逻辑阵列的反向乘积项。

(2) 并联扩展项，即借用给邻近的宏单元的乘积项。

Altera 设计软件(如 Quartus Ⅱ、MAX+PLUS Ⅱ)能够根据设计的逻辑需要，自动地优化乘积项分配。

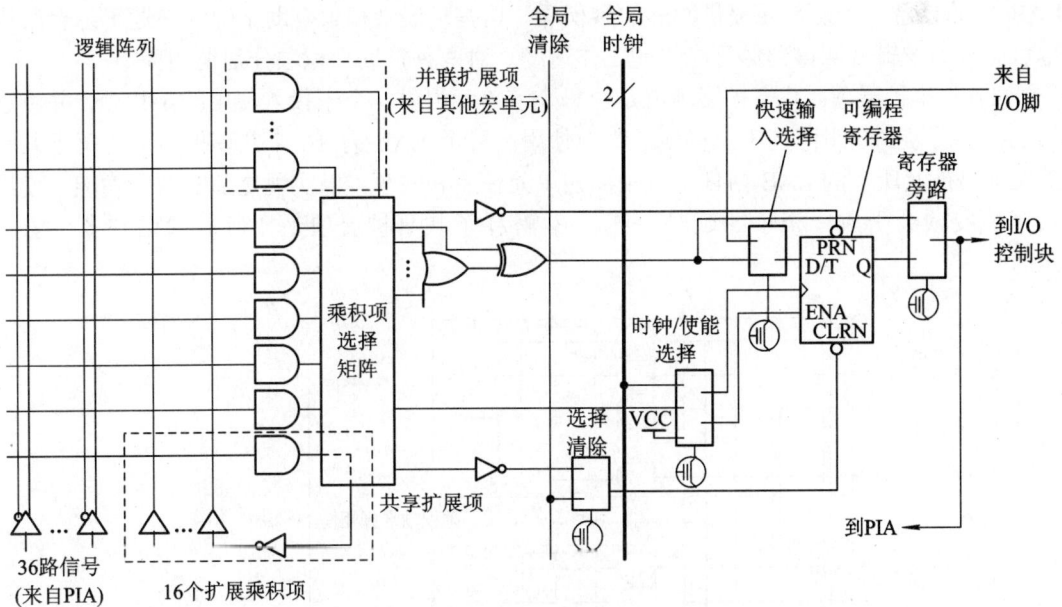

图 3.2　MAX 7000S 器件的宏单元结构

对于寄存型功能，每个宏单元寄存器均可被独立编程为具有可编程时钟控制的 D 型、T 型、JK 型或 SR 型触发器；对于组合逻辑，该寄存器则可被旁路掉。在设计输入时，由设计者指定所需的触发器类型；然后由设计软件为各个寄存型功能选择最有效的触发器工作方式，以减少设计所需的资源。

每个可编程寄存器可通过以下三种不同方式接受时钟控制：

(1) 全局时钟。该方式能够实现最快的时钟至输出性能。

(2) 全局时钟及高电平有效的时钟使能。该方式能够为每个寄存器提供使能信号，并且获得全局时钟的快速时钟至输出性能。

(3) 乘积项阵列时钟。在该方式下，寄存器的时钟信号来自隐埋的宏单元或I/O引脚。

图 3.1 所示的 MAX 7000S 器件的全局时钟信号可以是两个专用输入信号(GCLK1 或 GCLK2)之一的原信号或反信号。

各个寄存器同样支持异步清除和异步置位功能。如图 3.1 所示，由乘积项选择矩阵分配乘积项以控制这些操作。虽然乘积项驱动寄存器的置位和复位信号都是高电平有效，但通过在逻辑阵列中将这些信号反相仍可得到低电平有效的控制。另外，各个寄存器的复位操作可以由低电平有效的专用全局复位端 GCLRn 来独立地驱动。

所有 MAX 7000 器件的 I/O 引脚都有一个连接至宏单元寄存器的快速通道。该专用通道允许信号旁路 PIA 和组合逻辑，并将信号直接送达具有极快的输入建立时间的 D 型输入触发器。

3. 扩展乘积项

尽管大多数逻辑功能可以利用各个宏单元内部的五个乘积项来实现，但较复杂的逻辑功能仍需要利用扩展乘积项来实现。为了提供所需的逻辑资源，可以利用另外一个宏单元；但是 MAX 7000 器件也允许使用共享的或并联的扩展乘积项(即扩展项)，由其直接为同一个 LAB 中的任意一个宏单元提供额外的乘积项。这些扩展乘积项有助于确保在逻辑综合时用尽可能少的逻辑资源得到尽可能快的工作速度。对两种扩展乘积项分别说明如下：

(1) 共享扩展项。共享扩展项就是由每个宏单元提供一个未投入使用的乘积项，并将它们反相后反馈到逻辑阵列中，以便于集中使用。每个 LAB 有 16 个共享扩展项。每个共享扩展项可被其所在的 LAB 内任意或全部宏单元使用和共享，以实现复杂的逻辑功能。使用共享扩展项会引入一个小的延时。图 3.3 解释了共享扩展项是如何被馈送到多个宏单元的。

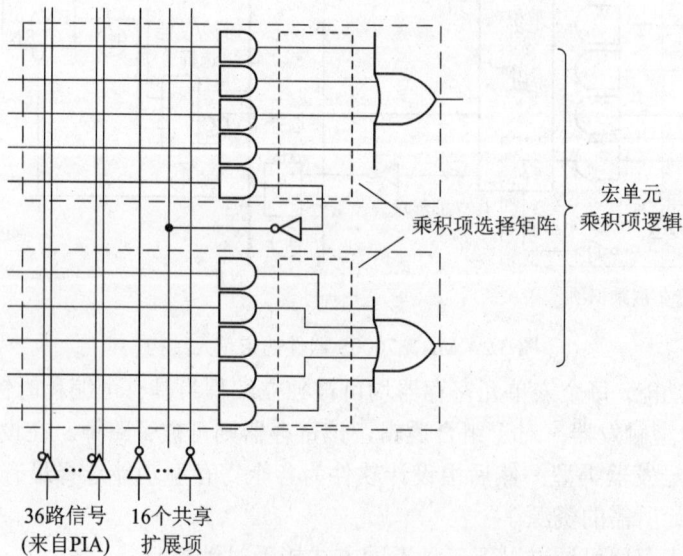

图 3.3 MAX 7000S 器件共享扩展项

(2) 并联扩展项。并联扩展项是宏单元中没有使用的乘积项，可被分配给相邻的宏单元，以实现高速的、复杂的逻辑功能。并联扩展项允许多达 20 个乘积项直接馈送到宏单元的

"或"逻辑中；其中 5 个乘积项由宏单元本身提供，另外 15 个由与其同属一个 LAB 的邻近宏单元的并联扩展项提供。设计软件的编译器能够自动地将最多 3 组且每组最多 5 个的并联扩展项分配给需要附加乘积项的宏单元。每组并联扩展项会增加一个小的延时。

每个 LAB 中的两组宏单元(每组含有 8 个宏单元)形成两个出借或借用并联扩展项的链。一个宏单元可从编号较小的宏单元中借用并联扩展项。在每一组中，编号最小的宏单元仅能出借并联扩展项，而编号最大的宏单元仅能借用并联扩展项。图 3.4 说明了并联扩展项是如何被从邻近宏单元中借用以及如何出借给下一个宏单元的。

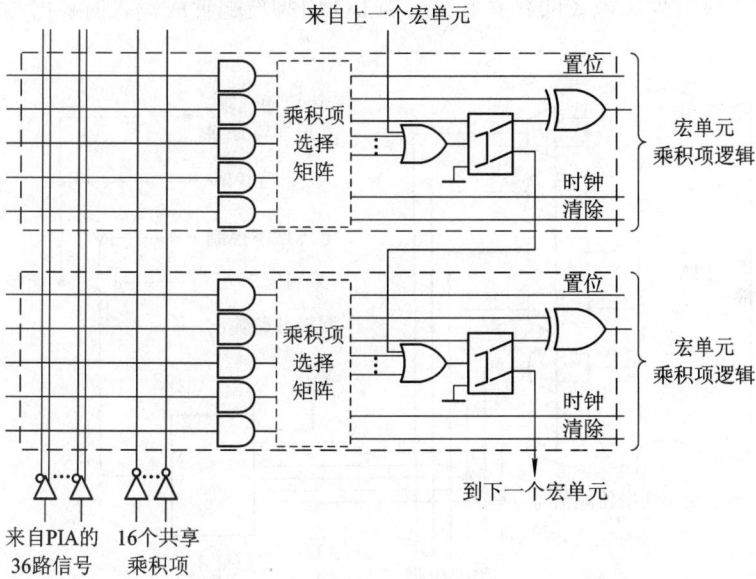

图 3.4　MAX 7000S 器件并联扩展项

4. 可编程连线阵列(PIA)

逻辑设计通过可编程连线阵列(PIA)在各个 LAB 之间布线(将其相互连接)。PIA 这种全局总线上的布线，可将器件中任一信号源连接到其目的端。所有 MAX 7000 器件的专用输入、I/O 和宏单元输出均被馈送至 PIA，使得它们遍及器件内部的任何地方。但只有 LAB 需要的信号才会真正地从 PIA 连接至该 LAB。图 3.5 说明了 MAX 7000 器件的 PIA 结构及其信号选通原理。由于 PIA 具有固定的延时，因此对逻辑设计的时序性能预测变得较为容易。

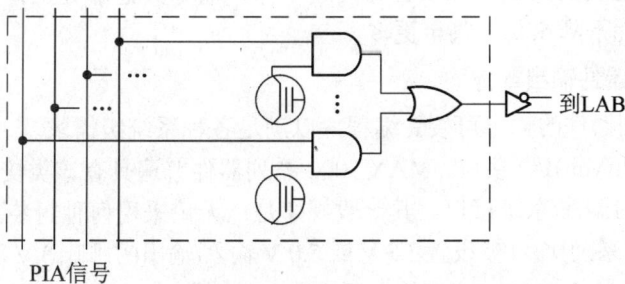

图 3.5　MAX 7000 器件的 PIA 结构及其信号选通原理

5. I/O 控制块

I/O 控制块允许每个 I/O 引脚单独地配置为输入、输出或双向工作方式。所有的 I/O 引脚都有一个可独立控制的三态缓冲器，通过全局输出使能信号或直接(将其使能信号)接地、接通 VCC 对其进行控制。当三态缓冲器的控制端接地(GND)时，输出为高阻态，I/O 引脚即可用作专用输入引脚；当其控制端接高电平(VCC)时，输出被使能(即有效)。如图 3.6 所示，MAX 7000S 系列器件有六个全局输出使能信号，它们可以由以下信号同相或反相驱动：两个输出使能信号、一部分 I/O 引脚或一部分宏单元。而且，MAX 7000S 结构提供双 I/O 反馈，且宏单元与引脚反馈之间相互独立。当 I/O 引脚被配置成输入时，相关的宏单元可用于隐含逻辑。

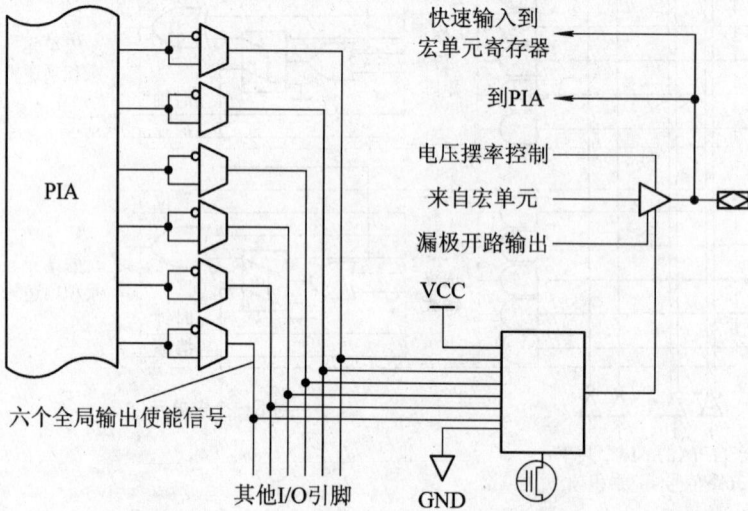

图 3.6　MAX 7000S 器件的 I/O 控制块

3.2.4　MAX 7000 系列器件配置要点

1. MAX 7000 速度/功耗可编程控制

MAX 7000 器件具有支持用户定义的信号路径或使整个器件工作在低功耗状态的省电工作模式。设计者可以将器件中各个宏单元独立地编程为高速(打开 Turbo 位)或低速(断开 Turbo 位)工作模式。由于在许多逻辑应用中只有少部分电路需要工作在最高频率上，故可利用该特性将影响速度的关键路径设置为高速工作，而令其他部分工作在低速、低功耗状态，从而可使总功耗下降 50%，甚至更多。

2. MAX 7000 器件输出配置

MAX 7000 系列器件的输出可接受编程，以满足各种系统级需求。

(1) 多电压(MultiVolt)I/O 接口。MAX 7000 系列器件普遍具有该类接口，利用它能够与采用不同电源电压的器件/系统接口。其一般规律是：无论采用何种封装，工作电压为 5 V 的器件(MAX 7000S 系列)均可被设置 3.3 V 或 5.0 V 输入/输出(引脚)；3 V 器件(MAX 7000AE 系列)均可被设置 2.5 V、3.3 V 或 5.0 V 输入(引脚)，2.5 V 或 3.3 V 输出(引脚)；2.5 V 器件(MAX 7000B 系列)均可被设置 1.8 V、2.5 V 或 3.3 V 输入/输出(引脚)。详细内容见表 3.5。

(2) 漏极开路(Open-drain)配置。MAX 7000S 系列器件为每个 I/O 引脚都提供了一个可选的漏极开路输出(其作用类似于集电极开路)。该漏极开路输出使得器件能够提供系统级控制信号(例如中断和写允许)。该信号可由多个(漏极开路输出端相互并联的)器件中的任何一个或多个发出。利用该特性，还可提供额外的"线或"运算，以及(与外接"上拉"电阻配合)实现与 CMOS 器件接口所需的输入/输出电压"上拉"。

(3) 电压摆率(Slew-rate)控制。每个 MAX 7000S 系列器件的 I/O 引脚的输出缓冲器都具有可调节的输出电压摆率，可对其进行配置以获得低噪声或高速性能。较快的电压摆率能为高速系统提供高速转换，但同时也会给系统引入噪声；低电压摆率能减少系统噪声，但同时也会产生 4～5 ns 的附加延时。当电压摆率控制位(Tubor Bit)接通时，电压摆率设置在快速状态，这种设置应当仅用在系统中影响速度的关键输出端，并有相应的抗噪声措施；当该控制位断开时，电压摆率设置在低噪声状态，这将减少噪声的生成和地线上的毛刺。MAX 7000S 系列器件的每个 I/O 引脚都有一个专用的 E^2PROM 位，用来控制电压摆率，这使得设计者能够以引脚到引脚为基础指定电压摆率。

3.3 MAX Ⅱ系列器件简介

MAX Ⅱ系列器件号称是迄今为止成本最低、功耗最小、密度最高的 CPLD 器件。该系列采用了创新性的 CPLD 查找表架构，器件成本仅为上一代 MAX 器件的一半，功耗仅为其 1/10，密度、性能却分别是其四倍、两倍(参见表 3.10)。因此，MAX Ⅱ系列器件既保持了 CPLD 的非易失性、即用性、易用性和快速传输延时性等优点，又实现了高层次的功能集成，减少系统设计成本。以满足通用性、低密度逻辑应用为目标，它可为接口桥接、I/O 扩展、器件配置和上电顺序等应用提供理想的解决方案，并且满足以往由 FPGA、ASSP 和标准逻辑器件主导的大量中、低密度可编程逻辑需求。下面简要介绍其先进特性。

表 3.10　MAX Ⅱ系列器件简表

特　性	EPM240	EPM570	EPM1270	EPM2210
逻辑单元数(LE)	240	570	1270	2210
等效典型宏单元数	192	440	980	1700
最人用户 I/O 管脚	80	160	212	272
用户 Flash 存储器/b	8192	8192	8192	8192
角对角性能 t_{PD1}/ns	4.7	5.5	6.3	7.1
最快性能 t_{PD2}/ns	3.8	3.7	3.7	3.7
f_{CNT}/MHz	304	304	304	304

1. 成本优化的架构

传统的 CPLD 架构以基于宏单元的逻辑阵列块(LAB)和特定的全局布线矩阵为特征，其布线区域会随着逻辑密度的增加呈指数性增长，因而当其密度超过 512 个宏单元时不再具有高效的可升级性。相反，在高密度应用环境下，基于查找表(LUT)的 LAB 和行、列布线模式则具有更高的裸片尺寸/成本效率。因此，MAX Ⅱ新型 CPLD 架构将 MAX 架构与 LUT 架构相融合，在 I/O 成本约束下寻求获得最大容许的逻辑容量，既降低了器件成本，又提高了密度和性能，同时保持了 CPLD 的传统优势。

如图 3.7 所示，MAX Ⅱ器件主要由基于 LUT 的 LAB 阵列、非易失性 Flash 存储器、JTAG 控制电路、多轨道互连(MultiTrack Interconnect)、I/O 单元(IOE)等构成。每个 LAB 包含 10 个逻辑单元(LE)——能够有效地实现用户逻辑功能的最小单元。多轨道互连由连续、性能经过优化的行、列互连线构成，可在 LAB 之间快速地传递信号。LE 之间的快速通道可为加入的逻辑级提供相对于全局布线互连的最小延时，从而获得高性能和低功耗。

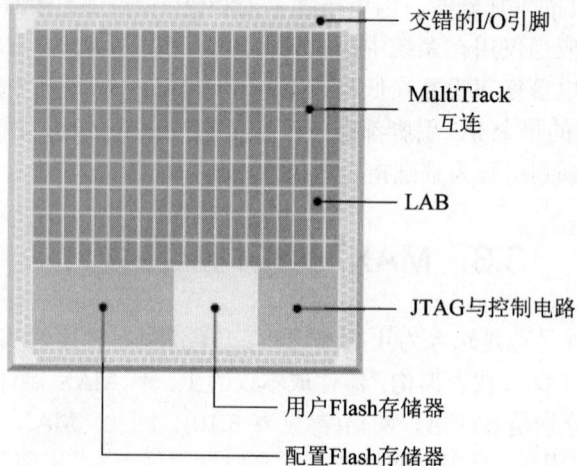

交错的I/O引脚

MultiTrack
互连

LAB

JTAG与控制电路

用户Flash存储器

配置Flash存储器

图 3.7　MAX Ⅱ器件平面图

2. 低功耗、高性能

基于创新的 CPLD 体系结构和成本优化的 0.18 μm Flash 工艺，MAX Ⅱ器件的功耗大约是 MAX 7000A 系列 CPLD 的 1/10，其内部性能等级是后者的两倍。除了采用新的逻辑体系结构以外，Altera 改进的其他体系结构使其能够提供更小的引脚至引脚延时(可缩短至 3.6 ns)和更大的 I/O 容量。

3. 用户 Flash 存储器

MAX Ⅱ器件中 Flash 存储器的大部分被用作配置数据 Flash 存储器(CFM)，以便在上电时自动地下载、配置逻辑和 I/O；其余部分则被用作用户数据 Flash 存储器(UFM)。UFM 是一个容量为 8 Kb 的用户可访问且可编程的 Flash 存储器块。其典型应用是存储修订版本号或序列号以及电路板上有关 ASIC、ASSP、微处理器或微控制器的初始化数据，从而可省去以往需要使用的片外 E^2PROM 或 Flash 器件，减少系统芯片数量和成本。

UFM 与 JTAG 电路及内核逻辑之间都有接口，用户可以灵活地采用各种方法对其进行写操作。UFM 分为两个扇区(Sector)，对每个扇区可以分别独立进行擦除、读/写操作。按地址索引的数据宽度是 16 bit，同时数据也以 16 bit 为一段逐段地读出来。若选用自动增量选项，则可再向 UFM 发出一个首地址，令地址自动递增，从而连续访问多个单元中的数据。

利用 Quartus Ⅱ软件的 Flash 存储器宏功能(Megafunction)的选项，可以选择以 SPI 接口、并口或者可编程逻辑例化的定制接口作为与 UFM 的接口，并自动创建其接口逻辑。

4. 实时 ISP 功能

MAX Ⅱ器件支持实时在系统可编程(ISP)特性，允许用户烧结正在工作的器件，降低维护成本。其基础是 MAX Ⅱ器件将 Flash 配置块和可编程逻辑块相分离。该新功能支持用户快速地进行现场产品升级或远程系统升级，而无需将设备断电之后再重新进行初始化配置；此外，还允许多个设计者独立地操作、更新同一器件，而不会相互影响。

使用实时 ISP 功能时，首先通过一个本地连接(下载电缆)或者远程(网络)连接将编程比特流发送给应用系统，并通过 JTAG 端口将其发送给配置 Flash 存储器并存储起来。在此过程中，用户 Flash 存储器(UFM)、可编程逻辑以及 I/O 管脚依然保持正常运行状态而不受干扰。此后，在系统保持运行的前提下，更新的设计能够直接下载到器件中，也可以等到下一个上电循环时再加载。UFM 随后可以升级新的系统管理数据(编程更改日期)。

此外，实时 ISP 功能还给 MAX Ⅱ器件带来了许多其他应用。例如：在安全加密时，可以在运行过程中更新密码；在系统正常工作的同时，测试和诊断即将使用和更新的程序。

5. 多电压 MultiVolt 内核

MAX Ⅱ架构支持 MultiVolt 内核，通过片内电压调整器允许器件在 1.8 V、2.5 V 或 3.3 V 电源电压下工作，从而减少电源电压的种类数量，简化板级设计。目前，对应电源电压有两个器件系列可选(订货代码后缀为 G 者，其电源电压为 1.8 V；否则为 2.5 V 或 3.3 V)。

MAX Ⅱ器件还具有多电压 I/O 接口特性，允许和其他器件进行 1.5 V、1.8 V、2.5 V 或 3.3 V 逻辑级的无缝连接。EPM240 和 EPM570 器件含有两个 I/O 组，EPM1270 和 EPM2210 含有四个 I/O 组。每个 I/O 组有其自己的 VCCIO 管脚，可以被独立地配置成支持 1.5 V、1.8 V、2.5 V 或 3.3 V 接口，并且支持一个独立的 I/O 标准(参见图 3.8)。

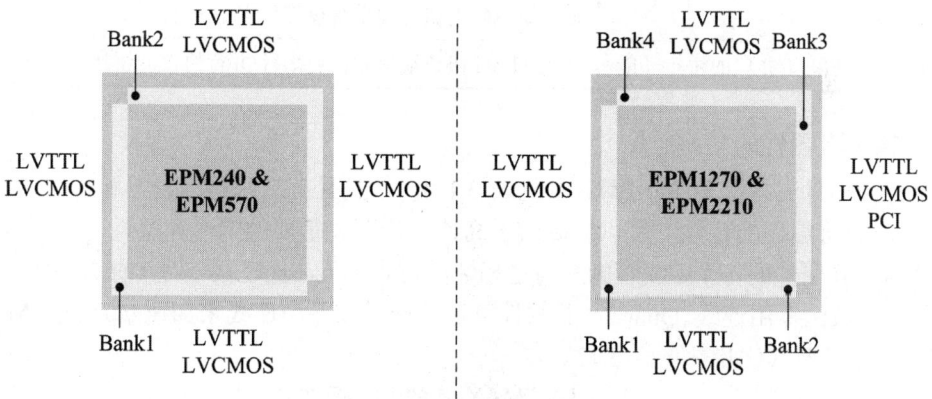

图 3.8　MAX Ⅱ I/O 组配置

6. JTAG 翻译器

MAX Ⅱ器件具有独特的 JATG 翻译器特性，允许通过其执行定制的 JTAG 指令，配置电路板上不兼容 JTAG 协议的器件(如标准 Flash 存储器件)，以简化板级管理。用户可以在器件的硬件逻辑中实现 JTAG 状态机，也可以在可编程逻辑中实现用户指令移位寄存器和逻辑(参见图 3.9)。这种实现方式允许在 MAX Ⅱ器件正常工作时使用 JTAG 状态机，而不是只能在器件编程和测试时使用。JTAG 翻译器的主要应用参见表 3.11。

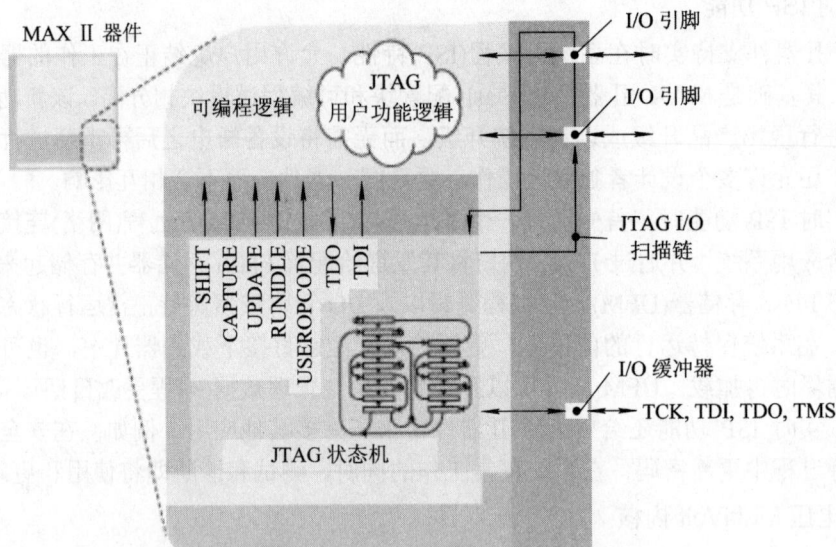

图 3.9 MAX Ⅱ器件中实现 JTAG 翻译器

表 3.11 MAX Ⅱ器件中 JTAG 翻译器可实现的应用

应　　　用	说　　　明
Flash 下载器	对标准 Flash 存储器件进行在系统编程
上电复位(POR)	实现用于上电诊断的状态寄存器
内置自测功能(BIST)	设计向量发生状态机和 CRC 寄存器
事件日志	通过 JTAG 端口访问系统事件日志数据
JTAG 接口到串口/并口的桥接功能	实现 JTAG 协议端口与任何串行/并行协议的桥接

7. MAX Ⅱ器件的 I/O 能力

MAX Ⅱ器件支持多种 I/O 标准(参见表 3.12)，并且具有施密特触发器和回转速率可编程、驱动能力可编程的特性，可以提高对于高速设计至关重要的信号完整性。如图 3.10 所示，在 MAX Ⅱ器件的每个 I/O 管脚和与之相邻的逻辑单元(LE)之间，均具有支持快速的 t_{PD} 和 t_{CO} 性能参数的专用连线。Quartus Ⅱ软件可自动选用该专用连线来加速 I/O 性能。MAX Ⅱ器件的 I/O 特性及其优势参见表 3.13。

表 3.12 MAX Ⅱ的 I/O 标准

I/O 标准	性能/MHz
3.3 V LVTTL/LVCMOS	300
2.5 V LVTTL/LVCMOS	220
1.8 V LVTTL/LVCMOS	200
1.5 V LVCMOS	150
3.3 V PCI (仅限于 EPM1270 和 EPM2210)	33

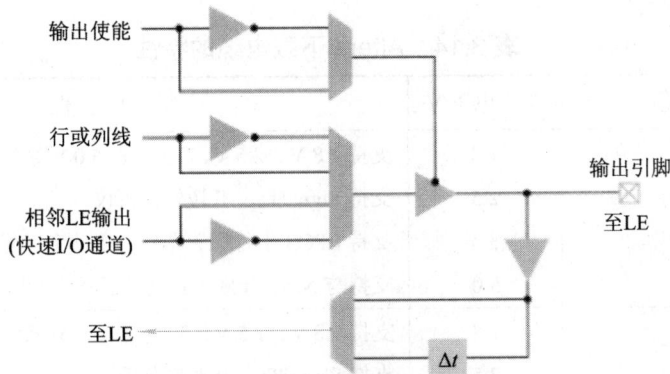

图 3.10 MAX II I/O 单元

表 3.13 MAX II 的 I/O 特性及其优势

特 性	优 势
3.3 V、2.5 V、1.8 V、1.5 V LVTTL/LVCMOS	对板上其他器件，支持广泛的应用和兼容性
多 I/O 区域的 MultiVolt I/O 支持	多达四个 I/O 区，与其他器件保持 3.3 V、2.5 V、1.8 V 和 1.5 V 等多个电压级别的无缝连接
PCI 支持(仅限于 EPM1270 和 EPM2210)	可支持 32 位 33 MHz PCI 标准
施密特触发器	提供在 3.3 V 输入电压下最高达 300 mV 和在 2.5 V 电压下最高达 160 mV 的噪声容限
驱动能力和回转速度可编程	允许用户控制这些参数，以提高信号的完整性
每个 I/O 管脚一个输出使能(OE)	大量 OE 允许用户使用更小的器件，降低成本
热插拔支持	可以从上电系统中安全插入或拆除器件
快速 I/O 连接	能加快 t_{PD} 和 t_{CO} 时序

8. 强有力的设计软件

Quartus II 设计软件从可免费下载的网络版开始即全面支持 MAX II 器件。为简化设计优化过程，Quartus II 软件适配算法和 MAX II 器件架构保持精确的一致性，在管脚锁定时优化 t_{PD}、t_{CO}、t_{SU} 和 f_{MAX} 性能。当设计的功能改变时，该软件采用管脚锁定约束和按钮式编译流程，提供了满足或超过设计性能要求的能力。利用该软件的 DSE 工具，能够进一步优化 MAX II 设计的性能——达到对应的 MAX 7000A 设计(按钮式编译)的 2.5 倍。

9. Altera 下载电缆

Altera 提供了依次分别利用并口、USB 口、串口的 ByteBlaster II、USB Blaster、MasterBlaster 三种下载电缆，这三种电缆均可用于 MAX II、MAX 3000A、MAX 7000 和 MAX 9000 器件的在系统编程，以及 FLEX 10K、APEX II、Stratix GX(II)、Stratix (II)、Cyclone (II)、Mercury、Excalibur、APEX 20K、ACEX 1K、FLEX 8000 和 FLEX 6000 器件的在电路重配置及其串行配置器件(MasterBlaster 除外)、增强型配置器件的编程。这些电缆

均可通过 MAX+PLUS Ⅱ软件下载数据。USB Blaster 电缆还能通过 Quartus Ⅱ软件下载数据。其特性参见表 3.14。

表 3.14　Altera 下载电缆的特性

电　　缆	工作电压/V	附　加　特　性
ByteBlaster Ⅱ 并口下载电缆	1.8 2.5 3.3 5.0	支持 1.8 V、2.5 V、3.3 V 和 5.0 V 系统 支持 SignalTap Ⅱ逻辑分析仪 支持 EPCS 串行配置器件的主动串行配置模式 支持与 Nios Ⅱ嵌入式处理器系列的通信和调试
USB Blaster USB 口下载电缆	1.8 2.5 3.3 5.0	支持 1.8 V、2.5 V、3.3 V 和 5.0 V 系统 支持 SignalTap Ⅱ逻辑分析仪 支持 EPCS 串行配置器件的主动串行配置模式 支持与 Nios Ⅱ嵌入式处理器系列的通信和调试
MasterBlaster USB 口/串口通信缆线	3.3 5.0	支持 1.8 V、2.5 V、3.3 V 和 5.0 V 系统 支持 SignalTap Ⅱ逻辑分析仪

3.4　FLEX 架构及器件系列

3.4.1　概述

Altera 的 FLEX(Flexible Logic Element Matrix，柔性逻辑单元阵列)架构的特点是采用可重配置 SRAM 单元和 FastTrack 互连布线结构，集成了实现常规门阵列"巨功能"(Megafunction)所需的一切特性。可重配置 SRAM 单元使设计者可以在样机研制和设计测试阶段灵活地修改设计，以及在电路工作的同时通过"在电路重配置"(ICR)改变其功能；FastTrack 互连布线结构是快速、连续且在长度、宽度上覆盖整个器件的可编程行、列通道，可以实现器件内部逻辑资源的灵活互连且具有可预测的延迟。因此，FLEX 架构的 Altera 器件同时具备了 CPLD 的高速、可预测延迟和易用性以及 FPGA 的高寄存器比(Register Count)、高资源利用率、低待机功率和在电路可重构性，能够以低于 FPGA 的价格提供高于 FPGA 的性能。

采用 FLEX 架构的器件系列有 FLEX 6000、FLEX 8000 及 FLEX 10 K。

(1) FLEX 6000 系列器件的逻辑阵列由逻辑阵列块(LAB)组成，每个 LAB 又包括 10 个通过局部互连结构相互通信的逻辑单元(LE)。经过增强的 LAB 支持 LAB "交错"(Interleaving)——这一新特性允许任何一个 LE 访问其所在的 LAB 及相邻的 LAB 的局部互连，可对局部资源的内在速度和灵活性起到"杠杆"般的提升作用，同时优化 FLEX 结构内的全局行、列(互连)资源的利用。每个 LE 包含一个 4 输入查找表(LUT)、一个可编程寄存器以及用于进位和级联功能的专用路径。连接至 FastTrack 行、列互连的 I/O 单元(IOE)则为各个管脚提供了可编程摆率和独立的三态使能控制。FLEX 6000 系列器件及其主要性能参见表 3.15。

表 3.15　FLEX 6000 系列器件特性简表

特　性	EPF6010A	EPF6016	EPF6016A	EPF6024A
典型门[①]	10 000	16 000	16 000	24 000
逻辑单元(LE)	880	1320	1320	1960
最大 I/O 管脚数	102	204	171	218
供电电压/V	3.3	5.0	3.3	3.3

注：① 未计入与嵌入式 IEEE 1149.1 标准 JTAG 电路有关的 14 000 门。

(2) FLEX 8000 系列器件同样是由经 FastTrack 相互连接的多个 LAB 构成的。每个高性能、粗粒度的 LAB 又是由多个高硅片利用率、细粒度的逻辑单元(LE)所组成的。这种双粒度构造使之能够兼顾 EPLD 的高速性能和门阵列的高资源利用率。LE 中的级联链允许来自多个 LE 的输入信号合并成组，以少于 1 ns 级的延时实现高扇入逻辑函数；其进位链则支持甚高速计数器和加法器的实现，以优化系统性能。利用该系列器件，可以方便地实现流水线数据通道、数据变换/压缩算法等需要大量触发器的应用设计而无需牺牲系统时钟速度。低待机功率使之同样适用于 PC 插件卡和电池供电的仪器。FLEX 8000 系列器件及其主要性能参见表 3.16。

表 3.16　FLEX 8000 系列器件特性简表

特　　性	EPF8282A(V)	EPF8452A	EPF8636A	EPF8820A	EPF81188A	EPF81500A
可用门	2500	4000	6000	8000	12 000	16 000
触发器	282	452	636	820	1188	1500
逻辑阵列块(LAB)	26	42	63	84	126	162
逻辑单元(LE)	208	336	504	672	1008	1296
最大用户 I/O 管脚数	78	120	136	152	184	208
JTAG BST 电路	有	无	有	有	无	有

(3) FLEX 10K 系列继承了 FLEX 6000 系列和 FLEX 8000 系列的优点，并专门针对中密度门阵列设计的需要进行了全面改进，是首个可用于单芯片系统集成的 PLD 系列。凭借两种独特的逻辑实现结构——嵌入式阵列和逻辑阵列，该系列可同时提供传统可编程逻辑的灵活性和嵌入式门阵列的效率与密度，将可编程逻辑带入了主流门阵列市场。下面将对其进行较为详细的介绍。

3.4.2　FLEX 10K 系列器件概述

FLEX 10K 系列从诞生至今已经横跨了三个工艺时代，分别是采用 0.42 μm 工艺的 FLEX 10KA 系列(工作电压为 5.0 V)、采用 0.30 μm 工艺的 FLEX 10KA 系列(工作电压为 3.3 V)、采用 0.22 μm 工艺的 FLEX 10KE 系列(工作电压为 2.5 V)。每一代器件与其上一代相比，都具有更高的性能(速度平均提高 20%～30%)和更低的成本与功耗。相应地，该系列提供了多种器件以满足当今变化中的设计需要，参见表 3.17。

表 3.17　FLEX 10K 系列器件特性简表

器件系列	典型门(逻辑 +RAM)①	逻辑单元(LE)	逻辑阵列块 (LAB)	嵌入式阵列块 (EAB)	RAM 总 位数②
EPF10K10 EPF10K10A	10 000	576	72	3	6144
EPF10K20	20 000	1152	144	6	12 288
EPF10K30 EPF10K30A EPF10K30E	30 000	1728	216	6	12 288 24 576
EPF10K40	40 000	2304	288	8	16 384
EPF10K50 EPF10K50V EPF10K50E EPF10K50S	50 000	2880	360	10	20 480 40 960
EPF10K70	70 000	3744	468	9	18 432
EPF10K100 EPF10K100A EPF10K100B EPF10K100E	100 000	4992	624	12	24 576 49 152
EPF10K130V EPF10K130E	130 000	6656	832	16	32 768 65 536
EPF10K200E EPF10K200S	200 000	9984	1248	24	98 304
EPF10K250A	250 000	12 160	1520	20	40 960

注：① 对于需要 JTAG 边界扫描测试的设计，内建 JTAG 将至多增加 31 250 个额外的门。

② 本列含有两个数字的格子中，较大的数字对应于 FLEX 10KE 器件。

FLEX 10K 的结构类似于嵌入式门阵列，但它具有可编程性，使设计者可以全面控制嵌入式"巨功能"(Megafunction)和一般逻辑，便于在调试时反复地修改设计。每个 FLEX 10K 器件都包含一个嵌入式阵列和一个逻辑阵列。嵌入式阵列用来实现各种存储功能或者复杂的逻辑功能，例如数字信号处理、微控制器、数据传输。逻辑阵列的作用与门阵列中的"门海"相同，即用来实现计数器、加法器、多路选择器等普通逻辑功能。嵌入式阵列与逻辑阵列的结合提供了高性能、高密度的嵌入式门阵列，支持设计者将包括 32 位多总线的整个数字系统集成于单个 FLEX 10K 器件之中。

作为基于 SRAM 配置单元的 FPGA 类器件，FLEX 10K 器件具有不同于 CPLD 器件的配置方式：需要在系统上电时，利用 Altera 串行配置器件、系统控制器、系统 RAM 或 Altera 的 BitBlaster/ByteBlaster 下载电缆获得并加载配置数据。对于已经过配置的 FLEX 10K 器件，可以通过复位和重新加载实现在电路重配置(ICR)。

此外，FLEX 10K 器件还具有低功耗、支持多电压 I/O 接口、符合 PCI 标准、支持热插拔、具备支持"引脚移植"的多种封装形式等许多优点。

3.4.3　FLEX 10K 系列器件结构

如图 3.11 所示，FLEX 10K 器件主要由嵌入式阵列、逻辑阵列、逻辑单元、FastTrack 互连和 I/O 单元等构成；另外还有六个用于驱动寄存器控制端的专用输入引脚，以确保高速、低时滞(小于 1.5 ns)控制信号的有效分布。这些信号使用了专用的布线通道，以缩短延时和减小失真。四个全局信号可由四个专用输入引脚驱动，也可由器件内部逻辑驱动。后者是时钟分配器或内部产生(用于清除器件内部多个寄存器)异步清除信号的理想解决方案。

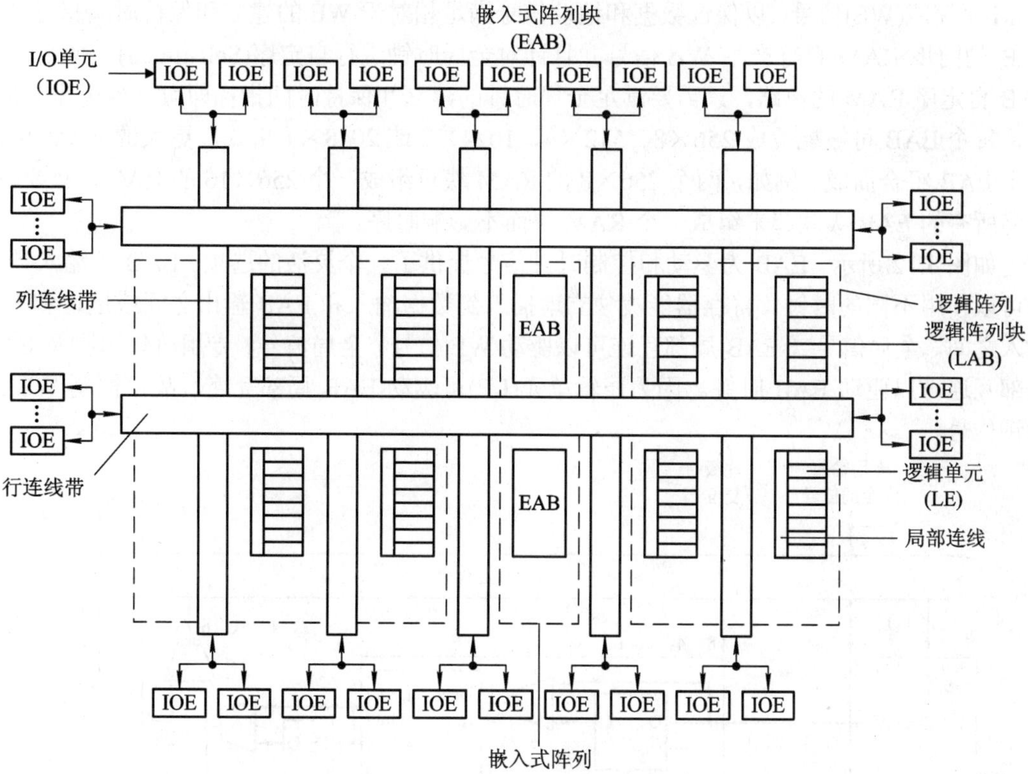

图 3.11　FLEX 10K 器件结构

1. 嵌入式阵列

嵌入式阵列由一组嵌入式阵列块(EAB)构成。在实现存储器功能时，每个 EAB 都可提供 2048 个存储位，用来构造 RAM、ROM、FIFO 和双口 RAM；在实现乘法器、微控制器、状态机及复杂逻辑时，每个 EAB 都可贡献 100~600 个门。EAB 可单独使用，也可组合使用。

EAB 是在输入/输出端口上带有寄存器的柔性(Flexible)RAM 块，用于实现常规门阵列的"巨功能"。因其大而灵活，EAB 同样适用于实现乘法器、纠错电路之类的功能。这些功能可组合起来用于数字滤波器、微控制器等应用中。

通过在配置时以只读模式对 EBA 进行编程，生成较大的查找表(LUT)，可以实现大型逻辑功能(块)。利用查找表实现组合逻辑是以查找结果而非计算的方式实现的，其速度要比通过一般逻辑实现的算法更快。EAB 的快速存取时间使得这一性能优势得到了进一步加强。EAB 的大容量使设计者可以摆脱与互相连接的 EAB 或 FPGA RAM 有关的单元布线延迟，仅需一级逻辑电路便可实现复杂功能。例如，单个 EAB 可以实现一个 8 输入、8 输出的 4×4 乘法器。参数化功能模块，如 LPM 功能块能够自动有效地利用 EAB 的这一优点。

EAB 与 FPGA 相比有许多优点。FPGA 利用分布式小 RAM 块的阵列实现片上 RAM，这些 RAM 块的尺寸增大时，其延迟时间难以预测。此外，FPGA RAM 块容易遭遇布线困难，因为需将多个小 RAM 块连接到一起才能形成大的 RAM 块。与之相比，EAB 可以用来实现较大的专用 RAM 块，消除了相关的时序问题和布线问题。

EAB 可以实现比异步 RAM 更易于使用的同步 RAM。使用异步 RAM 的电路必须产生 RAM 写使能(WE)信号，以保证数据和地址信号满足相对于 WE 的建立和保持时间指标；而 EAB 的同步 RAM 自行产生 WE 信号并且针对全局时钟进行自定序(Self-timed)。使用这种 EAB 自定序 RAM 的电路，只需要满足全局时钟的建立和保持时间指标即可。当用作 RAM 时，每个 EAB 可被配置成 256×8、512×4、1024×2 或 2048×1 格式。更大的 RAM 可由多个 EAB 组合而成。例如，两个 256×8 的 RAM 块可组成一个 256×16 的 RAM。必要时，可将所有的 EAB 级联起来组成一个 RAM 块而不影响时序。

如图 3.12 所示，EAB 为驱动和控制时钟信号提供了一个灵活的选项。EAB 的输入和输出可以使用不同的时钟。寄存器能被独立地插入到数据输入和 EAB 输出之间或地址和 WE 输入之间。全局信号或 EAB 局部互连可以驱动 WE 信号。全局信号、专用时钟引脚及 EAB 局部互连可以驱动 EAB 时钟。因为逻辑单元(LE)可驱动 EAB 局部互连，故可控制 WE 或时钟信号。

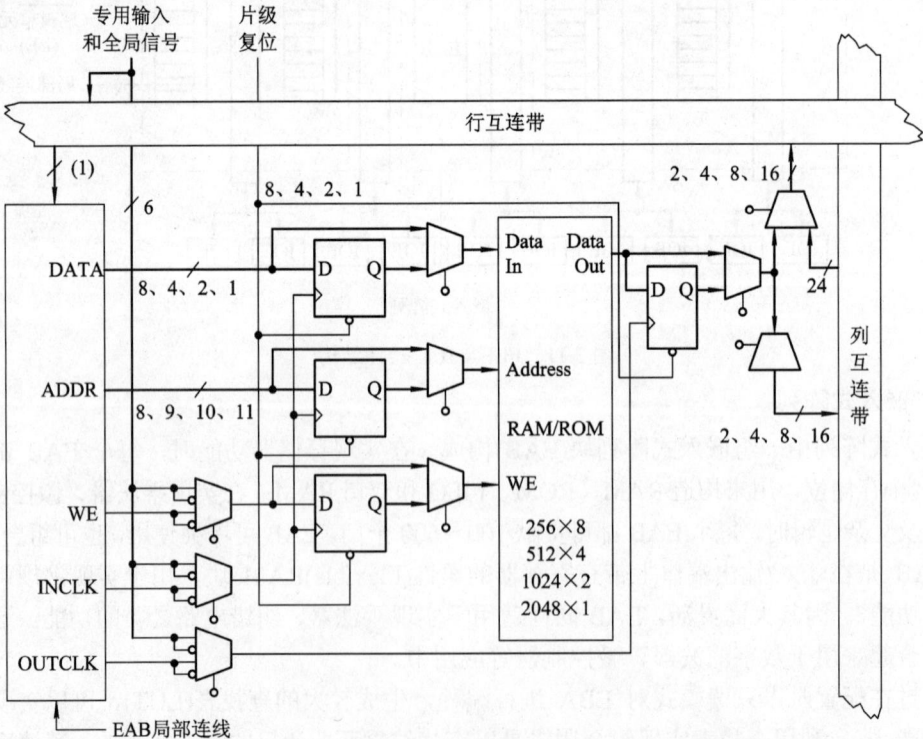

图 3.12　FLEX 10K 器件的嵌入式阵列块(EAB)结构

每个 EAB 都由一个行互连馈送信号，并可对外驱动至多两个行互连和两个列互连。未使用的行通道可由其他 LE 驱动。这一特性增加了 EAB 输出的可用布线资源。

2. 逻辑阵列

如图 3.13 所示，逻辑阵列由一组逻辑阵列块(LAB)构成。每个 LAB 由 8 个逻辑单元(LE)和一些局部互连组成。每个 LE 包含一个 4 输入的查找表(LUT)、一个可编程触发器以及用于进位和级联功能的专用信号通道。每个 LAB 相当于约 96 个可用逻辑门，其中的 8 个 LE 可用于构成中规模的逻辑块，例如 8 位计数器、地址译码器或状态机。LAB 作为 FLEX 10K 器件的"粗颗粒"结构，易于实现高效布线，提高器件的利用率和性能。

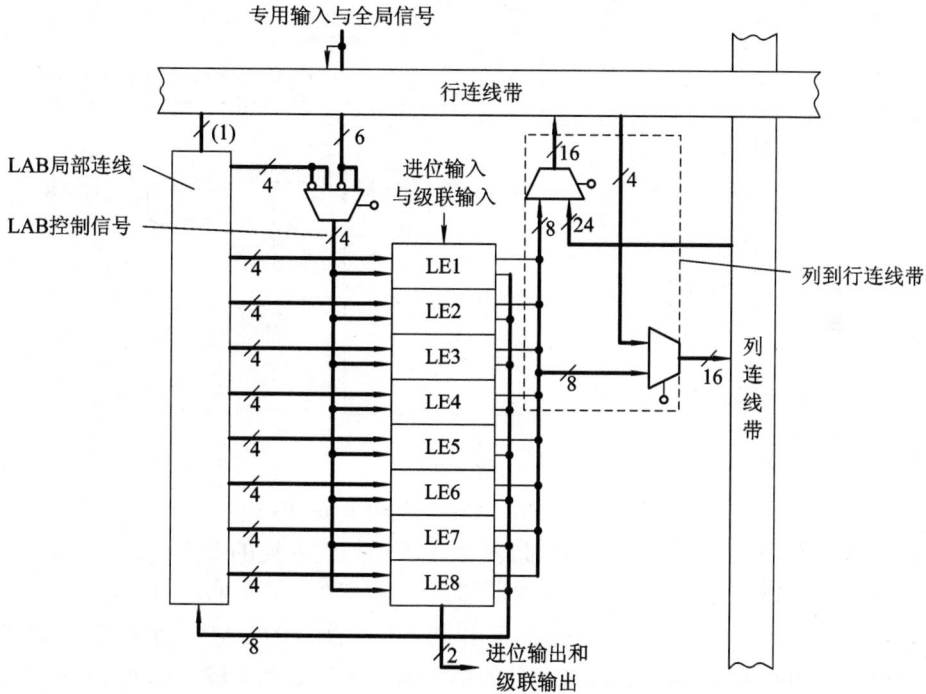

图 3.13　FLEX 10K 器件的 LAB 结构

每个 LAB 有 4 个可通过编程反相的控制信号，可供 8 个 LE 使用。其中的两个可用作时钟，另外两个可用于清除/置位控制。LAB 时钟可以由器件的专用时钟输入引脚、全局信号、I/O 信号或者经由 LAB 局部互连的内部信号驱动。LAB 的清除/置位信号也可由全局信号、I/O 信号或者经由 LAB 局部互连的内部信号驱动。全局控制信号通常用作全局时钟、清除或置位等异步控制信号，因为它们能以较低的时滞提供异步控制。全局控制信号能够由器件内任意一个 LAB 中的一个或多个 LE 形成并直接驱动目标 LAB 的局部互连，或者由 LE 输出直接产生。

3. 逻辑单元

逻辑单元(LE)是 FLEX 10K 结构中最小的单元，它以紧凑的尺寸提供高效的逻辑利用率。每个 LE 含有一个 4 输入查找表(LUT)、一个带有同步使能的可编程触发器、一个进位链和一个级联链。其中，LUT 是一个 4 输入变量的快速组合逻辑产生器。每个 LE 同时驱动局部互连和 FastTrack 互连。

LE 中的可编程触发器可被配置为 D、T、JK 或 RS 触发器。每个触发器的时钟(Clock)、清除(Clear)、预置(Preset)等控制信号可以由全局信号、通用 I/O 引脚或任何内部逻辑驱动。

对于组合逻辑，寄存器将被旁路而由 LUT 输出直接驱动 LE 输出。

LE 有两个驱动互连通道的输出信号，一个用于驱动局部互连，而另一个用于驱动行或列 FastTrack 互连。这两个输出信号可被独立地控制。例如，可以由查找表(LUT)驱动一个输出，而由寄存器驱动另一个输出。这种称为"寄存器打包"(Register Packing)的特性，可以将寄存器和 LUT 用于互不相关的功能，因而能够提高 LE 的利用率，参见图 3.14。

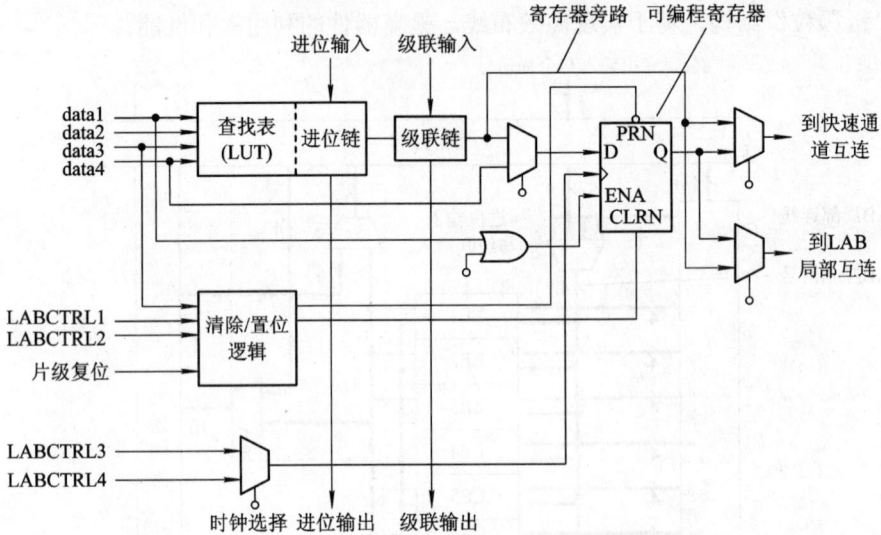

图 3.14　FLEX 10K 器件逻辑单元(LE)

FLEX 10K 器件提供了两种连接相邻 LE 而不使用局部互连的专用高速数据通道：进位链和级联链。进位链支持高速计数器和加法器；级联链可以最小的延时实现多输入逻辑。进位链和级联链连接一个 LAB 中的所有 LE 和同一行中所有的 LAB。进位链逻辑和级联链逻辑可以由 Quartus Ⅱ和 MAX+PLUS Ⅱ的编译器在设计处理步骤自动地生成，也可以由设计者在设计输入阶段手工建立。大量使用进位链和级联链会降低布局布线的灵活性，因此，对它们的使用应限于设计对速度有关键性影响的部分。

FLEX 10K 有 4 种以不同方式使用 LE 资源的工作模式：正常、运算、加/减计数、可清除计数模式。在每种模式下，LE 都有 7 个可用的输入信号，即 4 个来自 LAB 局部互连的数据输入信号、一个来自可编程寄存器的反馈信号、一个来自前一个 LE 的进位输入和一个级联输入信号。送入 LE 的 3 个输入信号为寄存器提供时钟、置位和清除信号。Quartus Ⅱ和 MAX+PLUS Ⅱ在为 LPM、DesignWare 等参数化逻辑功能块自动选择适当的工作模式的同时，也会自动地为计数器、加法器和乘法器等一般逻辑功能选择适合的工作模式。必要时，设计者可以创建利用特定的 LE 工作模式的专用功能(Special-purpose Functions)。

FLEX 10K 器件的内部三态模拟功能可以提供不受物理的三态总线限制的内部模拟三态。在物理的三态总线中，三态缓冲器的输出使能信号(OE)选择驱动总线的信号。若多个 OE 信号同时有效，总线上会出现竞争；反之，若无有效的 OE 信号，总线又会悬浮。内部模拟三态总线将有竞争的三态缓冲器置低，而将悬浮的三态总线置高，可以消除总线信号冲突。

可编程寄存器的清除与预置功能受输入到 LE 的 data3、LABCTRL1 和 LABCTRL2 的控制。可用 LABCTRL1 或 LABCTRL2 控制异步清除，或者将寄存器设置为利用 LABCTRL1

将驱动到 data3 的数据异步装载到 LE 寄存器中。在编译时,编译器会自动选择最佳的控制信号实现。清除与置位会以在设计输入时指定的方式实现,共有 6 种模式可供选择:异步清除、异步置位、异步清除/置位、带有异步清除的异步加载、带有置位的异步加载、无清除/置位的异步加载。

除了以上 6 种清除/置位模式外,FLEX 10K 器件还提供了一个芯片级复位引脚,它能使器件内所有的寄存器复位。对该特性的使用应在设计输入时设置。在任何一种清除/预置模式下,芯片级复位信号优先于所有其他信号。当芯片级复位信号有效时,具有异步置位的寄存器仍可被置位。芯片级复位信号的反相信号可用于实现异步置位。

4. 快速通道互连(FastTrack)

LE 和器件 I/O 引脚之间的连接是由沿纵、横方向贯穿整个器件的快速通道(FastTrack)互连提供的。这种全局布线结构提供了可预测的性能,即使对于复杂设计亦同样如此。

每一行 LAB 都由一个专用的行互连为其"服务",该行互连可以驱动 I/O 引脚或馈送到器件中的其他 LAB。列互连分布于两行之间,也能驱动 I/O 引脚。每个行通道可由 1 个 LE 或者 3 个列通道之一来驱动。这 4 个信号馈送到与两个特定的行通道连接的双 4 选 1 多路选择器。这些与每个 LE 均连接的多路选择器,即使在所有 8 个 LE 均驱动行互连的情况下,也允许列通道去驱动行通道。类似地,每一列 LAB 都由一个专用的列互连为其"服务",该列互连可以驱动 I/O 引脚或者另一行的互连,以便将信号馈送到器件中的其他 LAB。来自列互连的信号(可以是 LE 的输出或者 I/O 引脚的输入)在进入 LAB 或 EAB 之前,必须先连通至行互连。由 IOE 或 EAB 驱动的每个行通道均可驱动一个特定的列通道。对行、列通道的进出可以在相邻的一对 LAB 中的 LE 之间切换,这种布线的灵活性可使布线资源得到更有效的利用。

图 3.15 说明了如何利用行、列和局部互连以及进位链、级联链,实现相邻 LAB 和 EAB 之间的互连。其中,对每个 LAB 均按照其位置予以标识:字母表示行,数字表示列。

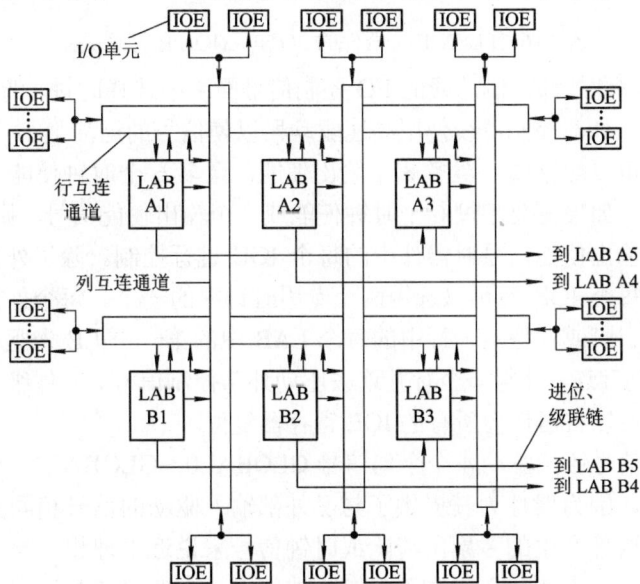

图 3.15　FLEX 10K 器件的互连资源

5. I/O 单元(IOE)

I/O 单元(IOE)处于 FastTrack 互连每一行/列的末端。每个 I/O 单元(IOE)与一个 I/O 引脚相配合，其中包含一个双向缓冲器和一个可作为输入或输出寄存器以馈送输入、输出或双向信号的触发器(参见图 3.16)。当与一个专用时钟引脚配合使用时，这些寄存器可提供超常的性能；当用于输入时，这些寄存器的建立时间是 1.6 ns，保持时间是 0 ns；当用于输出时，这些寄存器提供 5.3 ns 的时钟到输出延时。IOE 还具有支持 JTAG 边界扫描测试、压摆率可控制、三态缓冲和漏极开路输出等许多特性。

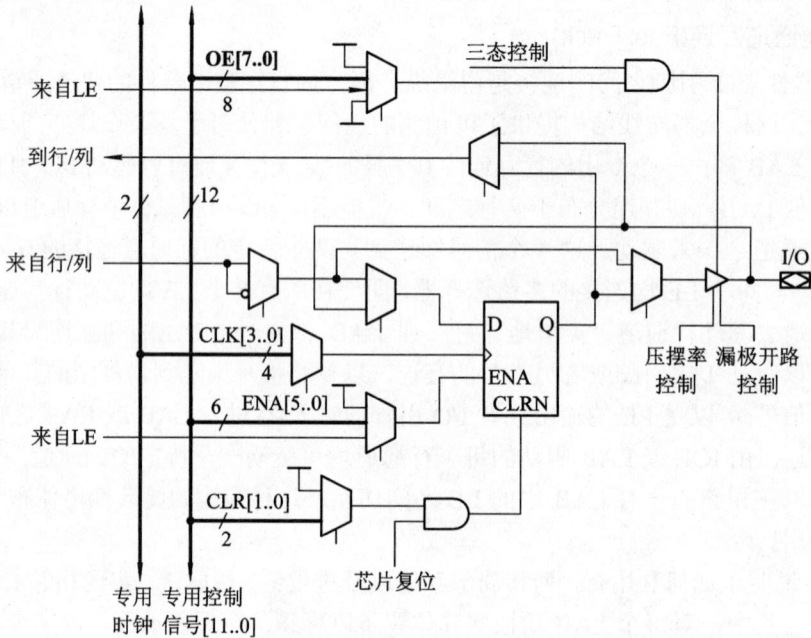

图 3.16　FLEX 10K 器件的 I/O 单元(IOE)的互连关系

IOE 从一个被称做外部控制总线的 I/O 控制信号网络中选择时钟、清除、时钟使能和输出使能控制信号。该外部控制总线使用高速驱动器以使信号的迟滞最小化；它提供至多 12 个外部控制信号，可以配置成：至多 8 个输出使能，至多 6 个时钟使能，至多 2 个时钟，至多 2 个清除信号。如果需要超过 6 个时钟使能或 8 个输出使能信号，则可用出特定的 LE 驱动的时钟使能和输出使能信号对器件中的每个 IOE 进行控制。除了外部控制总线中的两个时钟信号之外，每个 IOE 都可以选用两个专用时钟中的一个。每个外部控制信号都可由任意一个专用输入引脚或者特定一行中的每个 LAB 中的第一个 LE 来驱动。此外，另一行中的 LE 可以驱动列互连，使得一个行互连去驱动外部控制信号。器件级全局复位信号优先于其他控制信号，可以将器件内所有的 IOE 寄存器复位。

外部控制总线信号还能驱动 4 个全局信号 GLOBAL0～GLOBAL3。内部产生的信号也能够驱动全局信号，因为器件为其提供了与受外部输入驱动的信号相同的低迟滞、短延时特性。该特性对于内部产生的多扇出清除或时钟信号来说近乎理想。当一个全局信号由内部逻辑驱动时，相应的专用输入引脚不能够再被使用，应将其连接至一个确知的逻辑状态(如 GND)而不允许悬空。当全局使能信号保持低电平时，它将使所有的器件引脚处于第三态。此外，可以通过保持全局复位引脚为低电平，将 IOE 的寄存器复位。

3.4.4　FLEX 10K 系列器件特性与设定

1. 时钟锁定和时钟自举

为了支持高速设计，部分 FLEX 10K 器件提供了可选的时钟锁定(Clock Lock)和时钟自举(Clock Boost)电路。这两种电路中均含有用来提高设计速度和减小资源占用的锁相环(PLL)。时钟锁定电路利用同步 PLL，在维持"零保持事件"的同时减小器件内的时钟延迟和迟滞。时钟自举电路提供了一个时钟倍频器，允许设计者通过器件内资源共享来提高器件的面积利用率；它使设计者可以分配低速时钟并将其倍频。二者结合起来，可使系统的性能和带宽显著提高。

在既需要倍频时钟又需要非倍频时钟的电路中，可将电路板上的时钟路径连接至器件的 GCLK1 引脚。利用 MAX+PLUS II 或 Quartus 软件，可以将 GCLK1 引脚同时馈送到时钟锁定和时钟自举电路。然而，当同时使用这两个电路时，不能再使用另一个时钟引脚(GCLK0)。图 3.17 所示的框图说明了如何在 MAX+PLUS II 软件中同时使能时钟锁定和时钟自举电路。对于采用 AHDL、VHDL、Verilog HDL 创建的设计，可以采用类似的方法。当时钟锁定电路和时钟自举电路同时使用时，这两个电路中的输入频率参数必须相同。在图 3.17 中，当时钟自举电路的倍乘因子为 2 时，输入频率必须满足规定的要求。

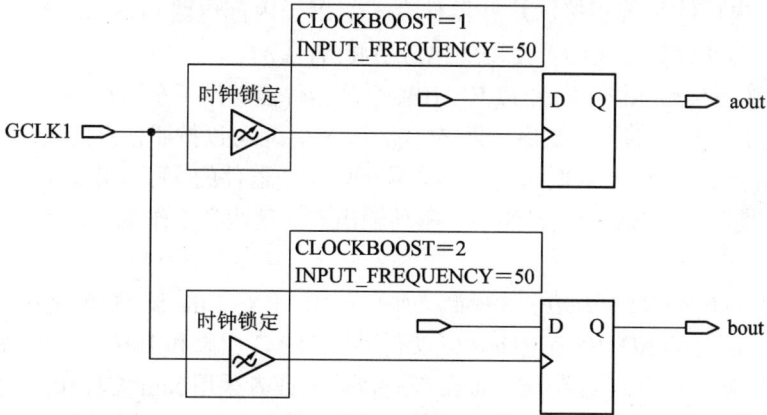

图 3.17　在设计中同时使能时钟锁定和时钟自举

2. FLEX 10K 输出器件配置

(1) PCI 钳位二极管(Clamping Diodes)选项。部分 FLEX 10K 器件的每一个 I/O、专用输入和专用时钟引脚都有一个上拉钳位二极管。PCI 钳位二极管是 3.3 V PCI 标准的基本要求，作用是将由反射波引起的暂态过冲钳位到 U_{CCIO} 值。它同样可以用在其他系统中以限制过冲。可利用 MAX+PLUS II 等软件，逐个引脚地通过一个逻辑选项来控制钳位二极管。当 U_{CCIO} 为 3.3 V 时，被打开钳位二极管选项的引脚能够被 2.5 V 或 3.3 V 而非 5.0 V 的信号驱动；当 U_{CCIO} 为 2.5 V 时，被打开钳位二极管选项的引脚只能由 2.5 V 的信号驱动，3.3 V 或 5.0 V 的信号则不行。不过，一个钳位二极管可以被所针对的一组引脚打开，以允许器件桥接 3.3 V 的 PCI 总线和 5.0 V 的器件。

(2) 电压摆率控制(Slew-rate)选项。每个 IOE 中的输出缓冲器都有一个可调节的输出摆率控制项，可配置成低噪声或高速度性能。较慢的压摆率可减小系统噪声，但会产生 2.9 ns 的附加延时。应将较快的压摆率用于可决定系统速度且已采取了足够的防噪声措施的输出信号。设计者可以在设计输入过程中逐个引脚地指定电压摆率，或者在整个器件范围内为所有的引脚赋予缺省摆率。低摆率设置仅影响输出信号的下降沿。

(3) 漏极开路(Open-drain)选项。FLEX 10K 系列器件为每个 I/O 引脚提供了一个可选的漏极开路(在电气上等效于集电极开路)输出控制。该漏极开路输出使得器件能够提供系统级控制信号(例如中断和写允许)。该信号可由多个(漏极开路输出端相互并联的)器件中的任何一个或多个发出。利用该特性，还可提供额外的"线或"运算。此外，Altera 软件能够将数据输入端接地的三态缓冲器自动转换成漏极开路引脚。

FLEX 10K 器件的漏极开路引脚(利用连接至 5 V 电源的上拉电阻)能够启动要求 U_{IH} 超过 3.5 V 的 5 V CMOS 输入引脚。当该漏极开路引脚被激活时，输出为低电平；否则，输出会通过电阻被上拉到 5 V。该引脚上信号的上升时间取决于上拉电阻和负载阻抗。在选择负载电阻时，需要考虑器件的 I_{oL} 指标。

5 V 供电的 FLEX 10K 器件的输出引脚在 U_{CCIO}=3.3 V 或 5.0 V 时，(利用连接至 5 V 电源的上拉电阻)也能够驱动 5 V CMOS 输入引脚。在这种情况下，当引脚电压超过 3.3 V 时上拉晶体管将会关闭，故该引脚不必设置为漏极开路。

(4) 多电压(MultiVolt)I/O 接口。FLEX 10K 系列器件具备多电压 I/O 接口特性，因而可以与不同电源电压的系统相接。这些器件有一组用于内部电路和输入缓冲器的 V_{CC} 引脚(V_{CCINT})和一组供 I/O 输出驱动器使用的电源引脚(V_{CCIO})。

(5) 上电次序与热插拔。因为 FLEX 10K 系列器件能够用于多电压环境，所以它们被专门设计成可以容忍任意的上电次序，即 V_{CCIO} 和 V_{CCINT} 可以按照任意的次序接通电源。在 FLEX 10K 器件上电前或上电期间，外部信号可以驱动器件的(输入)引脚而不会损坏器件。此外，在上电期间，FLEX 10K 器件不能驱动输出；一旦达到工作条件，器件便会按照用户的设定工作。

(6) IEEE 1149.1(JTAG)边界扫描。所有的 FLEX 10K 器件都提供了符合 IEEE 1149.1-1990 指标的 JTAG BST 电路。可以利用其 JTAG 引脚和 BitBlaster 串行下载电缆、ByteBlasterMV 并行口下载电缆(与 Altera 软件配合)，或者采用 Jam 编程和测试语言的硬件，对其进行配置。在配置前、后(即非配置期间)，均可执行 JTAG 边界扫描(BST)。

3.5 APEX 架构及器件系列

3.5.1 概述

Altera 的 APEX 20K 系列 FPGA 的器件规模为 3～150 万门(11.2～250 万系统门)，时钟频率可高达 840 MHz，支持在单个芯片上进行完全系统级集成。创新性的 APEX 多核 (MultiCore) 架构结合并增强了以前的 FPGA 架构，支持"可编程片上系统" (System-On-a-Programmable-Chip, SOPC)的设计集成。基于该架构，已先后推出 APEX 20K、APEX 20KE 和 APEX 20KC 等工艺和性能不断改进的器件系列。针对需要低风险、低成本的大批量生产实现途径的设计者，Altera 还进一步提供了从 APEX 20KE/20KC FPGA 到

HardCopy 结构化 ASIC 的设计移植解决方案。"时间敏感"的应用设计可在其投产之前利用 APEX 20KE/20KC 器件进行样机研制和推敲；当设计已做好批量生产准备时，用户可以通过将设计移植到 HardCopy 器件来降低整体成本。HardCopy 结构化 ASIC 能够保留设计的功能和时序，并且以最低的大批量生产成本缩短上市时间。因此，APEX 20K 系列以其优良和效率和性能在基于 SOPC 的系统集成等方面获得了广泛的应用。本节随后将对其作较为详细的介绍。

APEX II 系列 FPGA 是在 APEX 20KE 和 APEX 20KC 器件的基础上推出的，可为综合性 SOPC 解决方案提供所需的性能、密度和特性，并针对新兴的通信标准提供高性能、高带宽、特性丰富的解决方案。APEX II 系列 FPGA 具有丰富的逻辑资源和突出的 I/O 性能，具体包括：

(1) 基于 1.5 V、0.15 μm、8 金属层、全铜布线工艺的高性能增强型结构，包含 16 640～67 200 个逻辑单元(LE)、416～1120 Kb(千位)嵌入式 RAM、至多 280 个嵌入式系统块(ESB)和 4 个通用锁相环(PLL)。其中的 4 Kb 嵌入式 RAM 具有双口工作方式，支持至多 8 个全局时钟域和 4 个高速输入；支持 Nios 软核(Soft-core)嵌入式处理器。

(2) 在高性能增强型结构中集成了 1 Gb/s LVDS(低电压差分信号接口)的专用 I/O 电路，支持具有 36 个输入通道和 36 个输出通道且数据传输率和数据带宽分别可高达每通道 1 Gb/s 和 366 Gb/s 的 True-LVDS 接口；同时支持至多 88 个输入通道和 88 个输出通道且数据带宽可高达每通道 624 Mb/s 的 Flexible-LVDS 接口。

(3) 支持主处理器接口(如 RapidIO、HyperTransport、PCI-X)、外部存储器接口(如 DDR、SDRAM、QDR SRAM、ZBT SRAM)、PHY 连接层接口等多种类型的 I/O(通信)协议，可在复杂系统中与其他器件接口。对于那些必须被高速地接收、发送的处理密集 (Processing-intensive)型数据通道功能，利用 APEX II 器件可以很容易地予以实现。对于"切割边沿"(Cutting-edge)总线协议和 POS-PHY Level 4、RapidIO、UTOPIA IV 以及常规开关接口(CSIX)等标准，利用 APEX II 器件可以很快地予以实现。

关于该系列器件的基本情况，请参阅表 3.18 和表 3.19；关于该系列器件的结构原理，请参阅 APEX II 数据手册和本节后续部分。利用 Quartus II 软件与大量的 IP 配合，可以完全释放 APEX II 器件的潜力，并且使系统成本、上市时间和总的设计成本最小化。

表 3.18 APEX II 系列器件一览表

特 性	EP2A15	EP2A25	EP2A40	EP2A70
最大系统门数	1 900 000	2 750 000	3 000 000	5 250 000
典型门数	600 000	900 000	1 500 000	3 000 000
逻辑单元(LE)	16 640	24 320	38 400	67 200
嵌入式系统块(ESB)	104	152	160	280
通用 PLL	4	4	4	4
最大 RAM 位数	425 984	622 592	655 360	1 146 880
True-LVDS 通道(发/收)	36/36	36/36	36/36	36/36
Flexible-LVDS 通道(发/收)	56/56	56/56	88/88	88/88
最大用户 I/O 引脚数	492	607	735	1060

表 3.19　APEX Ⅱ 系列器件封装简表

封装(尺寸单位：mm×mm)	最大用户 I/O 引脚数			
	EP2A15	EP2A25	EP2A40	EP2A70
724 脚 BGA(33×33)	492	540	540	540
672 脚 FineLine BGA(27×27)	492	492	492	
1020 脚 FineLine BGA(33×33)		607	735	
1508 脚 FineLine BGA(40×40)				1060

3.5.2　APEX 20K 系列器件概述

APEX 20K 器件是首先采用多核(MultiCore)结构设计的 PLD。该结构将基于查找表(LUT)器件和基于乘积项器件的优点与嵌入式存储器结构相结合。基于查找表的逻辑为数据通道、寄存器密集型、数学类或数字信号处理设计提供经过优化的性能和效率；基于乘积项的逻辑已专为复杂组合路径(例如复杂状态机)进行了优化。它们与存储器功能以及多种 MegaCore 和 AMPP 功能相结合,使得 APEX 20K 器件特别适用于"可编程片上系统"(SOPC)设计。那些以前需要组合使用基于查找表的器件、基于乘积项的器件和基于存储器的器件的应用设计,现已可以集成到一片 APEX 20K 器件之中。

APEX 20K 器件具有高密度、低功耗、支持多电压和多种 I/O 协议、在电路可重配置、封装丰富且支持引脚移植等 Altera FPGA 共有的优点,并且随着先进半导体工艺的不断采用,相继推出的三代 APEX 20 器件在规模、性能等方面不断提高。例如,与 APEX 20 器件相比,APEX 20KE 器件具有包括支持先进 I/O 标准、内容可寻址存储器(CAM)、更多的全局时钟以及增强的时钟锁定电路等新的特性；APEX 20KC 器件则在此基础上,通过采用全铜互连工艺极大地提高了器件的工作速度。具体内容详见表 3.20~表 3.23。

表 3.20　APEX 20KC 系列器件(1.8 V)性能简表

特　　性	EP20K200C	EP20K400C	EP20K600C	EP20K1000C
典型门数	200 000	400 000	600 000	1 000 000
最大系统门数	525 824	1 051 648	1 537 024	1 771 520
逻辑单元(LE)	8320	16 640	24 320	38 400
最大 RAM 位数	106 496	212 992	311 296	327 680
锁相环 (PLL)	2	4	4	4
速度等级(以-7 为最高)	-7, -8, -9	-7, -8, -9	-7, -8, -9	-7, -8, -9
最大用户 I/O 引脚数	376	488	588	708

表 3.21 APEX 20KE 系列器件(1.8 V)性能简表

器 件	典型门数	最大系统门数	逻辑单元 (LE)	最大 RAM 位数	锁相环 (PLL)	最大用户 I/O 引脚数
EP20K30E	30 000	122 704	1200	24 576	2	128
EP20K60E	60 000	161 792	2560	32 768	2	196
EP20K100E	100 000	262 912	4160	53 248	2	246
EP20K160E	160 000	404 480	6400	81 920	2	316
EP20K200E	200 000	525 824	8320	106 496	2	376
EP20K300E	300 000	728 064	11 520	147 456	4	408
EP20K400E	400 000	1 051 648	16 640	212 992	4	488
EP20K600E	600 000	1 537 024	24 320	311 296	4	588
EP20K1000E	1 000 000	1 771 520	38 400	327 680	4	708
EP20K1500E	1 500 000	2 391 184	51 840	442 368	4	808

注：对上述器件，均有-3、-2、-1 等速度等级，其中以-1 为最高。

表 3.22 APEX 20K 系列器件(2.5 V)性能简表

特 性	EP20K100	EP20K200	EP20K400
最大系统门数	263 000	526 000	1 052 000
逻辑单元(LE)	4160	8320	16 640
最大 RAM 位数	53 248	106 496	212 992
锁相环(PLL)	1	1	1
速度等级(以-7 为最高)	−3, −2, −1	−3, −2, −1	−3, −2, −1
最大用户 I/O 引脚数	252	382	502

表 3.23 APEX 20K 器件特性汇总与对比

特 性	APEX 20K	APEX 20KE	APEX 20KC
True-LVDS 电路	不支持	完全支持	
多核系统集成	完全支持		
支持存储器的嵌入式 系统块 (ESB)	双端口 RAM、FIFO、 RAM、ROM	CAM、双端口 RAM、FIFO、RAM、ROM	
支持新兴 I/O 标准	3.3 V PCI、LVCMOS、 LVTTL	3.3 V PCI/PCI-X、AGP、CTT、GTL+、LVCMOS、 LVDS、LVTTL、SSTL-2 Class Ⅰ和Ⅱ、SSTL-3 Class Ⅰ和Ⅱ、HSTL Class Ⅰ、LVPECL	
SignalTap 逻辑分析	完全支持		
密度高达 150 万门(最 多 250 万个系统门)	100 000～400 000 门	30 000～1 500 000 门	200 000～1 500 000 门
1.8 V、2.5 V 低压工作	2.5 V	1.8 V	

特　　性	APEX 20K	APEX 20KE	APEX 20KC
最多 4 个锁相环(PLL)	1 个 PLL; 减少时钟延迟; 2 倍和 4 倍时钟倍频	4 个 PLL; 倍频: 1~160 倍; 分频: 1~256 倍	
多电压(MultiVolt)I/O	5 V、3.3 V、2.5 V	3.3 V、2.5 V、1.8 V	
FineLine BGA 封装	完全支持		
垂直(引脚)移植	完全支持		
先进制造工艺	0.25/0.22 μm	0.18 μm	0.15 μm, 全铜
可利用 HardCopy 结构化 ASIC	不可以	可以	

3.5.3　APEX 20K 系列器件结构

如图 3.18 所示, APEX 20K 器件的结构与 FLEX 10K 器件类似, 主要由逻辑功能模块 (在 APEX 20K 器件中称为嵌入式系统模块 ESB)、逻辑阵列块(LAB)、逻辑单元(LE)、快速通道(FastTrack)互连、I/O 单元(IOE)等组成(因这些组成部分是层层嵌套、相互包含的关系, 所以图中未明确标注), 在整体上同样表现为阵列形式。其中, 快速通道互连和 I/O 单元(IOE)等在结构和原理上均与 FLEX 10K 器件中的对应物相类似, 但快速通道互连的速度更快, I/O 单元所支持的 I/O 协议或通信标准更多(详见表 3.23); 而嵌入式系统模块(ESB)则具有将查找表逻辑、乘积项逻辑和嵌入式存储器有机结合的新型结构, 其功能和性能也因而得到了显著的增强——这正是 APEX 20K 器件结构的最大特点。

下面将重点围绕 APEX 20K 系列器件特有的 MegaLAB 结构、嵌入式系统块(ESB)和改进的 I/O 单元(IOE)等进行介绍。关于快速通道(FastTrack)互连、逻辑阵列块(LAB)、逻辑单元(LE)等的结构和原理, 请参阅 3.4 节中的有关内容。

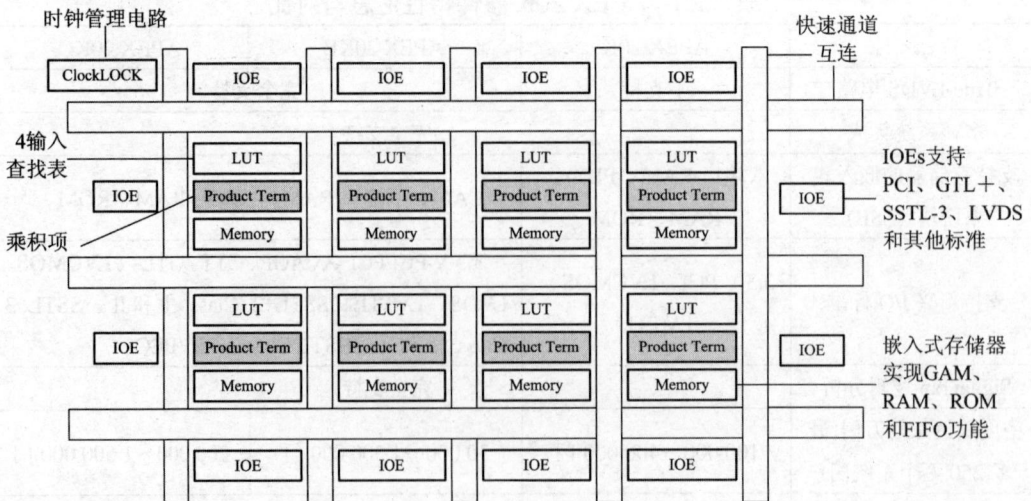

图 3.18　APEX 20K 器件结构

1. MegaLAB 结构

APEX 20K 器件由一系列的 MegaLAB(超级逻辑阵列块)结构构成。如图 3.19 所示，每个 MegaLAB 结构包含一组(10 个、16 个或 24 个)逻辑阵列块(LAB)、一个嵌入式系统块(ESB)和一个在 MegaLAB 结构中沟通信号的 MegaLAB 互连。在 MegaLAB 结构和 I/O 管脚之间的信号沟通由 FastTrack 互连实现。另外，阵列边沿上的 LAB 可由 I/O 引脚通过局部互连来驱动。

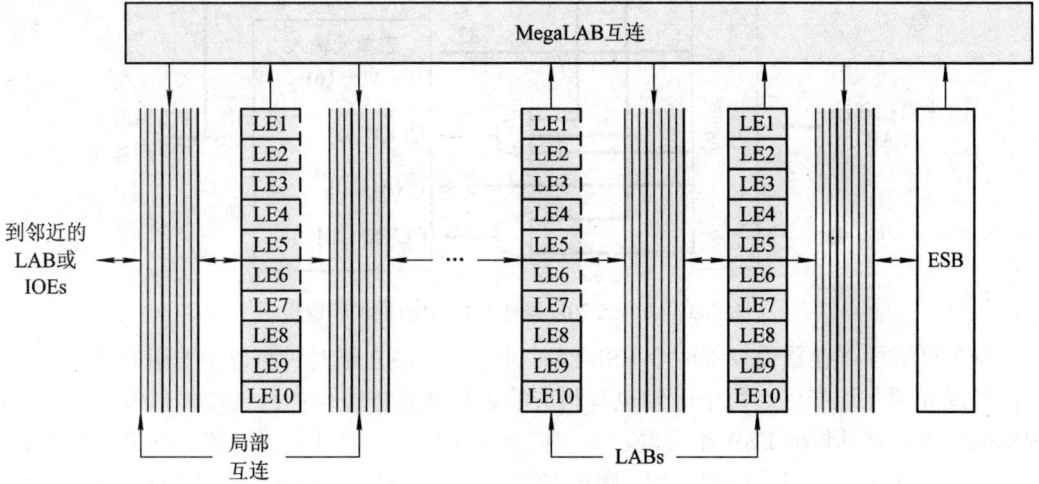

图 3.19　APEX 20K 器件的 MegaLAB 结构

2. 嵌入式系统块(ESB)

多内核结构中的乘积项部分由 ESB 实现。ESB 可以宏单元为单位进行配置和用作宏单元块。每个 ESB 可获得 32 个来自相邻的局部互连的输入，使之可被 MegaLAB 互连或相邻的 LAB 驱动；(其中的)9 个 ESB 宏单元也可以通过局部互连反馈至 ESB 以获得较高的性能。ESB 的控制信号由专用时钟引脚、全局信号及来自局部互连的其他输入提供；其输出则连接至 MegaLAB 互连或 FastTrack 互连。ESB 还可以实现各种类型的存储模块，包括 CAM(内容寻址存储器)、RAM、双端口 RAM、ROM 及 FIFO(先进先出存储器)。具体说明如下：

(1) 乘积项模式。如图 3.20 所示，在乘积项模式下，每个 ESB 包含 16 个宏单元。每个宏单元由两个乘积项和一个可编程寄存器组成，可以被独立地配置为时序或组合逻辑工作方式。宏单元由逻辑阵列、乘积项选择矩阵和可编程寄存器三个功能块组成。组合逻辑由乘积项实现。乘积项选择矩阵分配这些乘积项：作为基本逻辑输入(送给或门或异或门)以实现组合逻辑功能，或者作为并联扩展项以用于增强其他宏单元的可用逻辑资源。每个乘积项均可被取反　Quartus 软件利用该特性进行狄·摩根反演运算，以获得多或项逻辑函数的高效实现。该软件还能利用非门"推回"(Push-back)技术模拟异步复位。

对于寄存型功能，每个宏单元寄存器均可被独立编程为具有可编程时钟控制的 D 型、T 型、JK 型或 SR 型触发器；对于组合逻辑，该寄存器则可被旁路掉。在设计输入时，由设计者指定所需的触发器类型；由 Quartus 软件为各个寄存型功能选择最有效的触发器工作方式，以减少设计所需的资源。在综合 HDL 设计时，Quartus 软件或其他综合工具同样可以自动地选择最有效的寄存器工作模式。

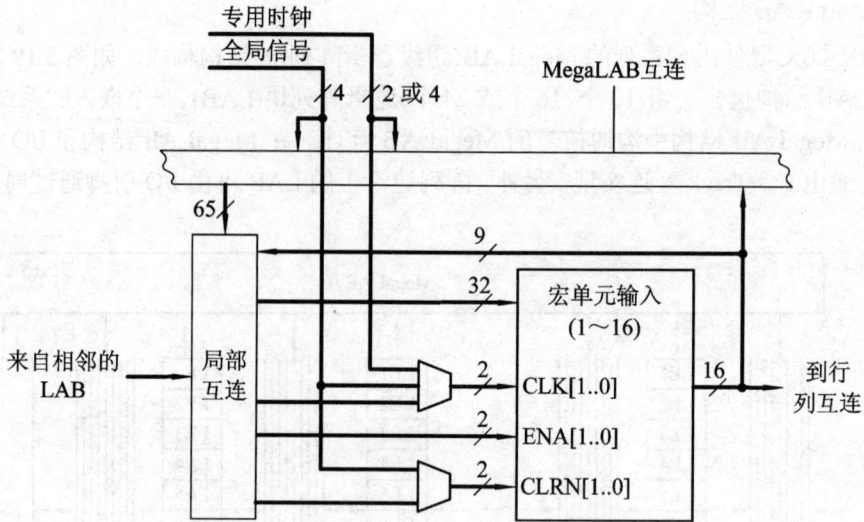

图 3.20 APEX 20K 器件 ESB 中的乘积项逻辑

每个可编程寄存器受控于两个 ESB 级时钟之一。ESB 级时钟可以由专用时钟引脚、全局信号或局部互连产生。每个时钟也有相应的由局部互连提供的时钟使能信号。时钟和时钟使能信号针对具体的 ESB 相关联,即它们会被宏单元同时使用或闲置。如果在某个 ESB 中时钟的上升沿和下降沿均被用到,则该 ESB 的两个 ESB 级时钟信号都将被使用。可编程寄存器可以选择全局信号或来自局部互连的信号作为异步清除信号,也可以选择不被清除。

并联扩展项是宏单元中没有使用的乘积项,可被分配给相邻的宏单元以实现高速的、复杂的逻辑功能。并联扩展项允许多达 32 个乘积项直接馈送到宏单元的"或"逻辑中,其中两个乘积项由宏单元本身提供,另外 30 个由其所在的 ESB 中的相邻宏单元的并联扩展项提供。设计软件的编译器能够自动地将最多 15 组且每组最多两个的并联扩展项分配给需要附加乘积项的宏单元。每组并联扩展项会增加一个小的延时。

(2) 存储器模式。ESB 能够实现多种存储器块,包括双端口 RAM、ROM、FIFO 和 CAM。ESB 含有支持同步写操作的输入寄存器和支持流水式设计以提高系统性能的输出寄存器;能够实现易于使用的同步 RAM,具有双端口方式,支持以两种不同时钟频率同时进行读、写操作。每个 ESB 均可被配置成 128×16、256×8、12×4、1024×2、2048×1 等尺寸。通过将多个 ESB 组合, Quartus 软件可自动地实现更大的存储器块。当容量小于 2048 字深度(即 2048×16 位时,存储器的性能不会降低。每个 ESB 可以实现一个 2048 字深度的存储器。各个 ESB 被并行地使用,消除了对任何外部控制逻辑的需要和相应的延迟。要生成容量大于 2048 字深度的高速存储器,则需要使用将 ESB 按列连接的三态信号线。

ESB 可以实现读/写时钟方式和输入/输出时钟方式的双端口 RAM。ESB 也可用作两个端口都能同时读、写的双向双口存储器,为此需要使用两个或四个 ESB 以支持两个同时进行的读/写操作(参见图 3.21)。可以利用 Altera 的 Mega 功能块设计这种双向双口存储器。

具体地说,读/写时钟方式包括两个时钟:一个时钟控制所有与写有关的寄存器,涉及数据输入、写使能(WE)和写地址等操作;另一个控制所有与读有关的寄存器,涉及读使能(RE)、读地址和数据输出等操作。ESB 也支持时钟使能信号和异步清除信号——它们也可以独立地控制寄存器读、写。读/写时钟方式通常用于系统读、写频率不一致的情况。

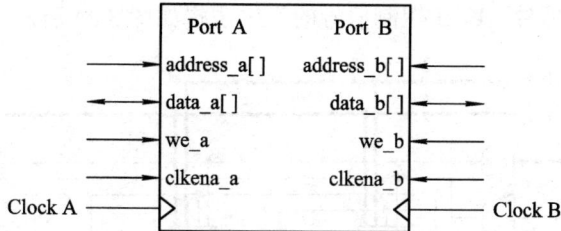

图 3.21　用 APEX 20K 器件的 ESB 实现双向双口 RAM

输入/输出时钟方式也含有两个时钟：一个时钟控制所有用于 ESB 输入的寄存器，涉及数据输入、WE、RE、地址读和地址写等操作；另一个控制 ESB 数据输出寄存器。ESB 也支持时钟使能和异步清除信号——它们也可以独立地控制寄存器的读、写。输入/输出时钟方式通常用于系统读、写频率一致但输入和输出寄存器需要不同的时钟使能信号的情况。

在 APEX 20KC、APEX 20KE 器件中，ESB 还可以实现 CAM(内容可寻址存储器)。可以把 CAM 看做是逆 RAM。在读操作时，RAM 根据提供的地址输出数据。与此相反，CAM 根据提供的数据输出一个地址。如图 3.22 所示，若数据 83 存储在地址为 2 的单元中，则当输入 83 后，CAM 输出 2。

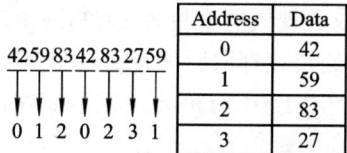

图 3.22　内容可寻址存储器的寻址方式

CAM 可被用于任何需要高速搜索的应用中，例如网络、通信、数据压缩、Cache 管理。在 RAM 中的数据搜索以串行的方式进行，为找到特定的数据可能会耗费多个时钟周期。CAM 则并行地查找所有地址并输出存储着特定数据的地址。ESB 在 CAM 模式下可以实现 32 位、32 字的 CAM(参见图 3.23)，提供比传统的分立 CAM 更快的系统性能。利用 LE 中的一些辅助逻辑将多个 CAM 组合起来，可以实现更宽、更深的 CAM。Quartus 软件能够自动地组合 ESB 和 LE，以生成更大容量的 CAM。

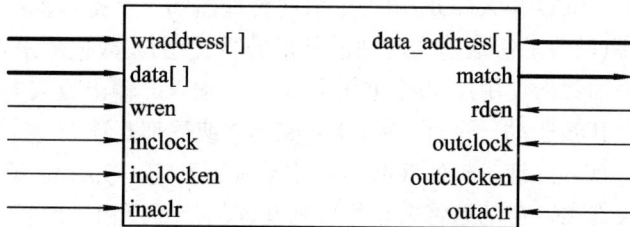

图 3.23　APEX 20K 器件的 CAM 块

(3) ESB 驱动信号。ESB 提供了灵活的驱动控制信号选项，可将不同的时钟用于 ESB 的输入和输出。可将寄存器独立地插入数据输入、数据输出、读地址、写地址、WE 和 RE 信号中；全局信号和局部互连可以驱动 WE 和 RE 信号；全局信号、专用时钟引脚和局部互连可以驱动 ESB 时钟信号。LE 可以通过驱动局部互连，控制 WE 和 RE 信号及 ESB 时钟、时钟使能、异步清除信号。ESB 控制信号的产生逻辑如图 3.24 所示。

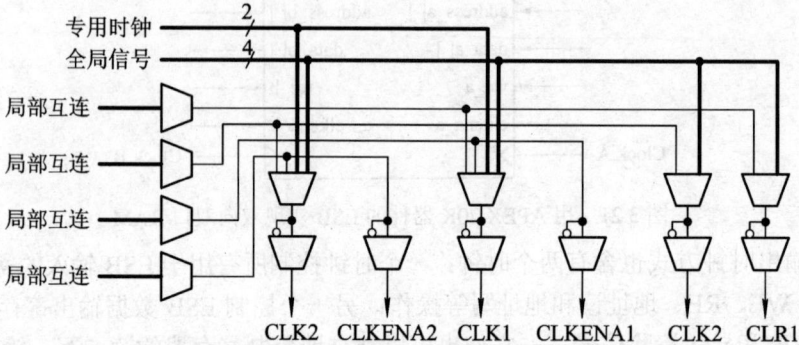

图 3.24　APEX 20K 器件 ESB 控制信号产生器

ESB 与局部互连相连接，而后者由邻近的 LE(用于与 ESB 高速连接)或 MegaLAB 互连驱动。ESB 可以通过驱动局部互连、MegaLAB 互连或 FastTrack 互连布线结构，来驱动在同一 MegaLAB 结构内或整个芯片中任何位置的 LE 和 IOE。

(4) 以 ROM 方式实现逻辑。除了利用乘积项实现逻辑之外，当 ESB 在配置时被编程为只读模式时，它便可以通过生成大规模的查找表(LUT)来实现逻辑功能，且速度要比使用通用逻辑实现的算法快——ESB 的快速存取时间使得这一性能优势得到了进一步增强。LPM 等参数化逻辑功能块能够自动利用 ESB。Quartus 软件能够在适用 ESB 的地方选用 ESB 实现该部分设计。

(5) 可编程速度/功耗控制。APEX 20K ESB 提供了一种以 ESB 为单位，支持快速操作的高速模式。当不需要高速时，可以禁止该特性以降低 ESB 的功耗(可达 50%)。工作在低功耗的 ESB 会带来一个标准的延时增量。在 ESB 实现乘积项逻辑或存储器功能时可使用该 Turbo 位选项。未被使用的 ESB 的电源将会被切断以使之不消耗直流电流。设计者可将各个 ESB 独立地编程为高速或低功耗方式，以使决定设计速度的路径高速工作而其余路径处于节能方式。

3. I/O 结构

APEX 20K 器件的 I/O 单元(IOE)由一个双向缓冲器和一个寄存器组成，这个寄存器可用作数据输入寄存器(供要求快速建立时间的外部数据使用)或数据输出寄存器(供要求快速"时钟—输出"性能的数据使用)。每个 IOE 均可用于输入、输出或双向引脚。当用作输入或双向引脚时，每个 IOE 驱动一个行、列、MegaLAB 或局部互连。一行 IOE 可以驱动一个局部、MegaLAB、行或列互连；一列 IOE 可以驱动其列互连。Quartus 编译器会在适当的情况下利用可编程取反选项，自动地将来自行、列互连的信号反相。由于 IOE 为每根引脚提供了一个输出使能信号，Quartus 编译器可以有效地模拟漏极开路操作。

APEX 20K 器件的 IOE 含有可编程延时，可将其激活以确保零保持时间、最小的时钟到输出延时。Quartus 编译器可以自动地对其编程，以便在提供零保持时间的情况下使建立时间最小化。IOE 中寄存器的上电初值可被编程为高电平或低电平(在配置完成后起作用)。该特性可防止输入信号在上电时的意外动作，对于控制低有效输入或其他器件很有用。

APEX 20KE、APEX 20KC 器件具有驱动快速行互连(FastRow)的增强型 IOE。FastRow 互连将一列 I/O 引脚直接与两个 MegaLAB 结构中的 LAB 局部互连相连，可为驱动高扇出复杂逻辑(如 PCI 设计)的引脚提供快速建立时间。该增强型 IOE 还直接支持漏极开路工作方式，为漏极开路信号提供更快的时钟—输出性能。

APEX 20K 器件的 IOE 支持多种 I/O 标准，APEX 20KE、APEX 20KC 器件支持更多的新兴 I/O 标准(详见表 3.23)。具体地说，APEX 20KE、APEX 20KC 器件包括 8 个 I/O 块(I/O Banks，参见图 3.25)。全部的 I/O 块均可直接支持除了 LVDS 和 LVPECL 以外的所有标准，并在添加外接电阻后支持 LVDS 和 LVPECL 标准。另外，I/O 块中的某个块包含支持高速 True-LVDS 和 LVPECL 输入的电路，另有一个块支持高速的 True-LVDS 和 LVPECL 输出。LVDS 块支持所有的 I/O 标准。每个 I/O 块都有自己的 V_{CCIO} 引脚。每个器件可以支持 1.8 V、2.5 V 和 3.3 V 接口。每个 I/O 块能独立地支持一个不同的标准，它还能使用一个独立的参考电平 U_{REF}——这使得每个 I/O 块能够独立地支持任何一个终端标准(如 SSTL-3)。

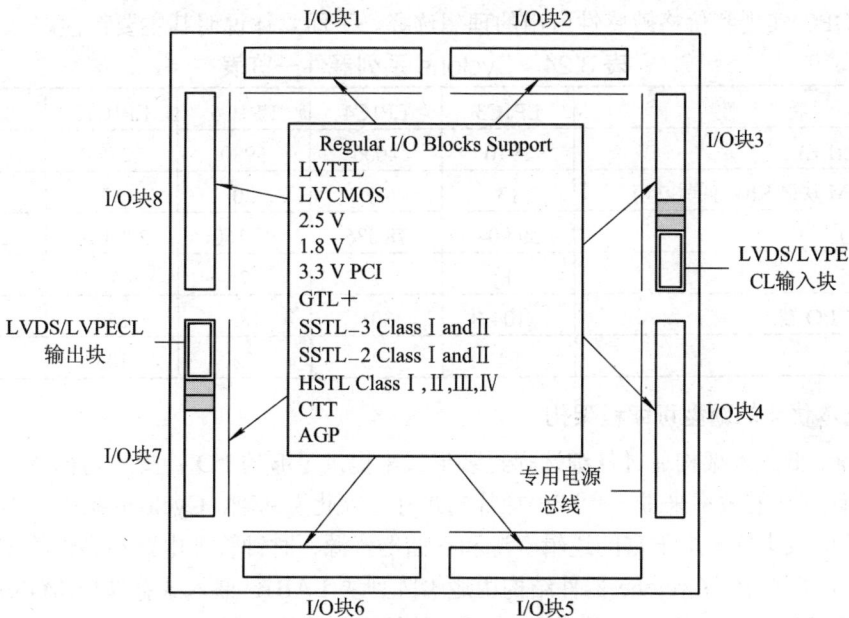

图 3.25　APEX 20KE 的 I/O 组划分

此外，APEX 20K 器件还提供了以锁相环为核心的支持高速设计的时钟锁定(ClockLock)和时钟自举(ClockBoost)电路，其原理与 FLEX 10K 器件的对应部分相似，但功能更强(参见表 3.23)；其基本设置方法也与 FLEX 10K 器件类似。在多电压 I/O 支持、上电次序、热插拔、JTAG 边界扫描(BST)等方面，APEX 20K 器件与 FLEX l0K 器件在原理和配置方法上同样十分相似。前面对这些均已作过较详细的介绍，故在此不再赘述。

值得特别指出的是，APEX 20K 器件含有支持 SignalTap 嵌入式逻辑分析器的增强电路。利用该电路，APEX 20K 器件提供了通过 IEEE 1149.1(JTAG)接口在一段时间内监视电路工作情况的能力：设计者无需将内部信号通过 I/O 脚引出，即可较快地分析内部逻辑。该特性对于 FineLine BGA 等高级封装形式特别重要，因为采用该类封装的器件在完成设计和制作之后的调试过程中，很难将(探头)连接器加到其器件引脚上。

3.6 Cyclone 架构及器件系列简介

Altera 的 Cyclone 架构是特别针对大批量、价格敏感性应用的需要且经过优化的 FPGA 架构，可以提供该类应用所需的低成本、大容量、高性能资源以及嵌入存储器、外部存储器接口和时钟管理电路等专门特性，在同 ASIC 和 ASSP 相竞争的价格点上提供了可编程逻辑优势。基于该架构已相继推出 Cyclone、Cyclone II 两个器件系列，以下分别加以介绍。

3.6.1 Cyclone 器件系列简介

Cyclone 系列器件基于成本优化的全铜 1.5 V SRAM 工艺，以较低成本提供了以最多 20 060 个逻辑单元和 288 Kb 位嵌入 RAM 为标志的丰富资源(参见表 3.24)，具有针对大批量、价格敏感性应用而优化的强大功能以及可与业界最快的 FPGA 相抗衡的性能，是可编程片上系统(SOPC)实现和价格敏感性应用的理想选择。下面具体说明其主要特性。

表 3.24　Cyclone 系列器件一览表

特　　性	EP1C3	EP1C4	EP1C6	EP1C12	EP1C20
逻辑单元(LE)	2910	4000	5980	12 060	20 060
M4K RAM 块(4 Kb+奇偶校验)	13	17	20	52	64
RAM 总量	59 904	78 336	92 160	239 616	294 912
锁相环(PLL)	1	2	2	2	2
最大用户 I/O 数	104	301	185	249	301
差分通道	34	129	72	103	129

1. 成本优化的新型可编程架构

Cyclone 低成本架构通过仔细选择封装形式来提供足够的 I/O 管脚和功耗特性，通过提高产品设计工艺的效率来进一步减少裸片的尺寸。以此为基础，Cyclone 系列器件具有可与 ASIC 竞争的成本优势、丰富的逻辑资源和存储器资源、时钟管理电路和高性能 I/O 资源。

如图 3.26 所示，Cyclone 器件结构由逻辑阵列块(LAB)、嵌入式存储块(M4K)和锁相环 (PLLs)以及环绕其周围的 I/O 单元(IOE)、高效的内部连线和低延时的时钟网络等组成。每个 LAB 又包含 10 个逻辑单元(LE)，以此保证每个结构单元之间时钟和数据信号的连通性。

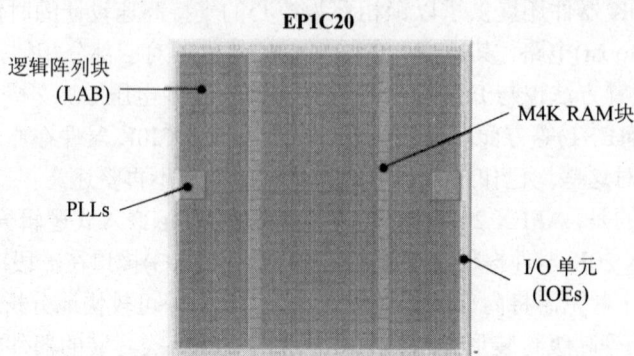

图 3.26　EP1C20 器件平面图

每个 I/O 单元包含一个双向缓冲器和三个分别用于寄存输入、输出以及输出使能信号的寄存器,并且具有从管脚到 FPGA 内核的多条路径,以便器件满足与 32 位/66 MHz PCI 接口相关的建立和保持时间(参见图 3.27)。所有的 I/O 单元在使用时被划分为不同的 I/O 组(I/O Banks),以在消耗最小裸片面积的情况下提供优异的性能。这些 I/O 组支持一系列单端和差分 I/O 电平标准,包括 SSTL-2、SSTL-3 以及最高 311 Mb/s 的 LVDS 接口标准;为其配备的专门的外部存储器接口电路大大简化了与 DDR SDRAM、FCRAM 等外部存储器的数据交换过程,使得最大数据交换速率可以达到 266 Mb/s(即 133 MHz 时钟频率)。

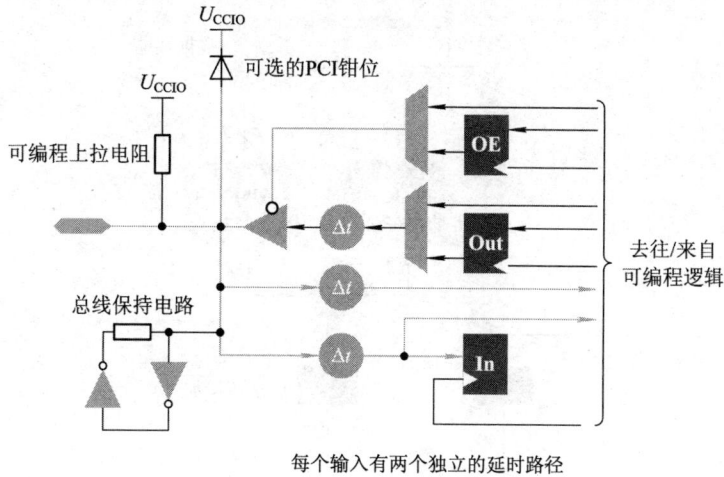

图 3.27　Cyclone 器件的 I/O 单元

Cyclone 器件中的 M4K 块是真正的双端口存储器块,各包含 4 Kb 的存储容量及奇偶校验位(共 4608 位)。器件中全部的 M4K RAM 块按列分成多组,总的嵌入式 RAM 的容量为 60~288 Kb。这些 M4K RAM 块可以提供专用的真正双端口、简单双端口或单端口存储器,其宽度可达 36 位,频率可达 200 MHz,并可用于轻松地实现软乘法器。

Cyclone 器件具有全局时钟网络和至多两个锁相环(PLL)。全局时钟网络由八条贯穿于整个器件的全局时钟线组成,驱动源可以是输入引脚、锁相环的输出时钟、DDR/PCI 接口的输入信号以及内部逻辑生成的输出信号,能够为器件中的全部资源提供时钟或控制信号(参见图 3.28)。锁相环则提供可倍频、移相的通用时钟以及用于高速差分 I/O 的外部输出。

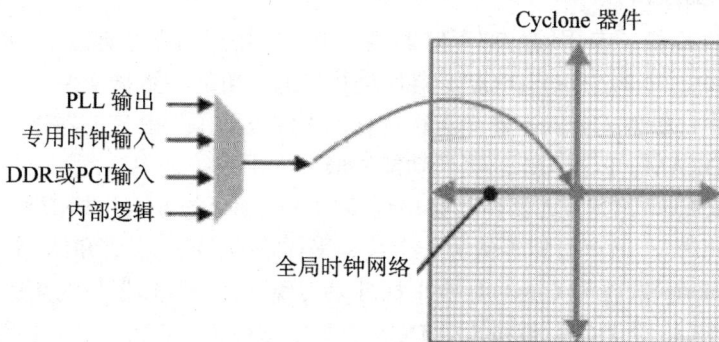

图 3.28　Cyclone 器件时钟网络

2. FPGA 上的低成本 DSP 实现

Cyclone 器件中的 M4K 块能够用于实现软乘法器，从而支持图像处理、音频处理和消费类电子系统等多种高性能、低成本的 DSP 应用。设计者可以根据需要的数据位宽、系数位宽、运算精度等定制软乘法器，并可选择以并行乘法方式或分布式运算方式予以实现。这两种不同的实现方式提供了在等待时间、存储器利用率和乘法器尺寸等方面的灵活性。图 3.29 所示是使用 M4K 块以分布式运算方式实现的有限脉冲响应(FIR)滤波器。表 3.25 汇总了 Cyclone 器件中 M4K 块及其可以实现的软乘法器的数量，供参考。

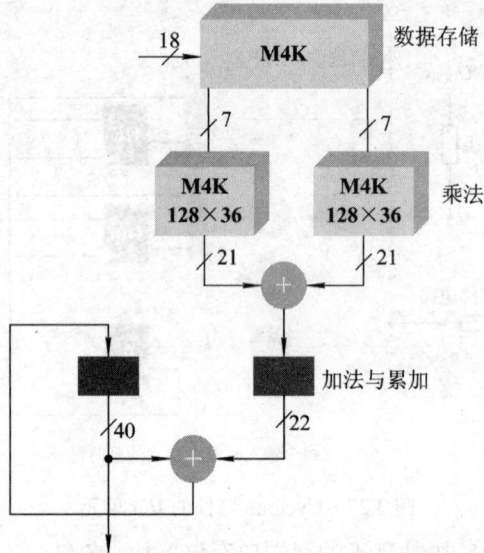

图 3.29 使用 M4K 块实现的有限脉冲响应(FIR)滤波器示例

表 3.25 Cyclone 器件中的 M4K 块及可实现的软乘法器数量

器　　件	EP1C3	EP1C4	EP1C6	EP1C12	EP1C20
M4K RAM 列数	1	1	1	2	2
M4K RAM 块数	13	17	20	52	64
可实现乘法器的数量(18×18 位)	5	6	7	20	25

3. 外部存储器接口

Cyclone 器件提供了专用的外部存储器接口电路，用于与双数据速率(DDR)SDRAM、FCRAM 以及单数据速率(SDR)SDRAM 器件进行快速、可靠的数据交换，最高速率可达到 266 Mb/s。若利用已针对 Cyclone 器件进行优化的"即取即用" IP 控制器核，设计者可以在几分钟之内将 SDRAM、FCRAM 的接口功能集成到应用系统之中。

与 DDR SDRAM、FCRAM 器件的接口连接均使用优化的 I/O 引脚实现。每个 I/O 组包含两套接口信号引脚，每套引脚各包含一个数据采样信号(DQS)引脚和 8 个关联数据(DQ)引脚。这些引脚采用 SSTL-2 Class Ⅱ电平标准来实现与外部存储器件的高速数据传输。每个器件最多可支持 48 个 DQ 引脚和 8 个 DQS 引脚，支持 1 个 32 位宽、具有纠错能力的双列存储器模块(DIMM)。图 3.30 所示是输出 1 位数据的电路原理：输出至外部存储器件的 DQS 信号和数据信号之间存在 90°的相移，输出使能逻辑用来满足前后缓冲的时序要求；

通过一套寄存器和输出多路复用器，令数据 A、数据 B 在时钟(同步于内部系统时钟)的上升沿、下降沿合成 DQ 信号，并输出给外部存储器件。

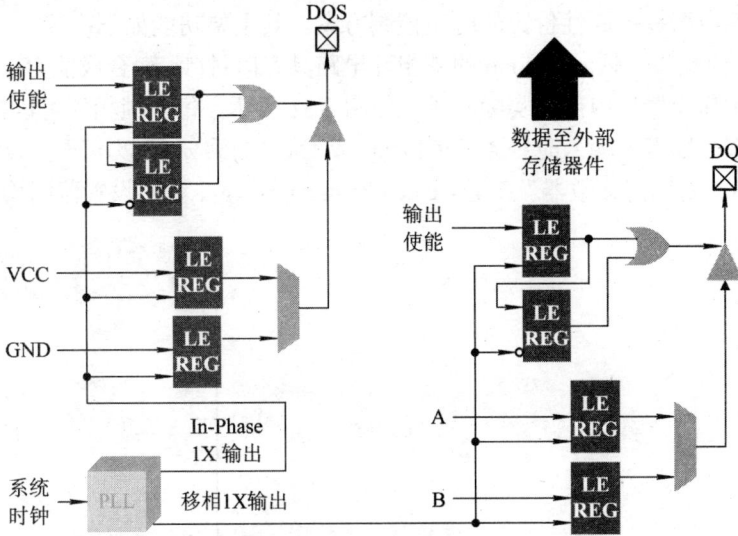

图 3.30　外部存储器写操作的电路原理

4．支持广泛的接口和协议

Cyclone 器件支持多种串行总线和网络接口，还支持广泛的通信协议。Altera 公司为这些应用提供了一系列已专门针对 Cyclone 器件结构优化的 IP 核。具体说明如下：

(1) PCI。PCI 是一种标准的总线型接口，通常用于集成组件、外设插板以及处理器和存储系统之间的内部连接。Cyclone 器件兼容 3.3 V PCI 局部总线规范 2.2 版，支持性能高达 66 MHz 的 32 位 PCI 总线。Cyclone 器件中的 I/O 单元经过专门设计，可以匹配严格的 PCI 标准所要求的建立和保持时间。为了提供最大的灵活性，每个输入信号都可以通过两个独立的延时路径输入到不同的芯片区域(参见图 3.27)。

(2) 10/100 M 及千兆以太网。以太网是局域网(LAN)中使用最广泛的访问方式，遵循 IEEE 802.3 标准。用 Cyclone 器件实现的以太网媒体存取控制器与物理层器件的接口速率可以达到 10 Mb/s、100 Mb/s 或 1 Gb/s 的最大带宽。若结合针对 Cyclone 器件优化的 IP 核，工程师可以在几分钟之内在 Cyclone 器件中实现以太网的 MAC 功能。

(3) 串行总线接口。Cyclone 器件支持一系列的串行总线接口，包括串行外设接口(SPI)、I^2C、IEEE 1394 标准和通用串行总线(USB 2.0)，它们的最大带宽依次为 1 Mb/s、3.4 Mb/s、400 Mb/s、480 Mb/s。SPI 和 I^2C 标准可用于集成电路、处理器和外设之间的低速通信；IEEE 1394 和 USB 可用于处理器、计算机和其他器件之间的高速通信。Cyclone 器件还可用来实现与 PHY 器件的总线控制器和接口功能。这些串行总线均典型地应用在对价格敏感的消费类产品中。

(4) 通信协议。Cyclone 器件支持数字传输的欧洲标准 E1 和 E3、北美标准 T1 和 T3 以及光纤标准 SONET/SDH，并可实现分别为 SONET/SDH、异步传输模式(ATM)提供物理层和链路层的接口的通信接口协议 POS-PHY、UTOPI，因而适用于中低端通信设备类应用。

5. 内含增强型锁相环

Cyclone 器件内置至多两个增强型锁相环，可用于简化板级设计的时序问题，以及为大批量价格敏感性应用提供高性价比的时序控制方案。其主要功能如下：

(1) 时钟的倍频和分频。Cyclone 的锁相环电路具有时钟(频率)合成能力，允许以输入时钟的倍频或分频作为器件内部的实际时钟。如图 3.31 所示，每个锁相环可以提供三个倍/分频输出，其频率分别等于输入时钟频率(Clock0 或 Clock1)乘 m 除以 n 再除以 g_0、g_1 或 e；计数器 m、n 和"后比例计数器"(Post-scale Counter) g_0、g_1、e 的设置范围均为 1～32。

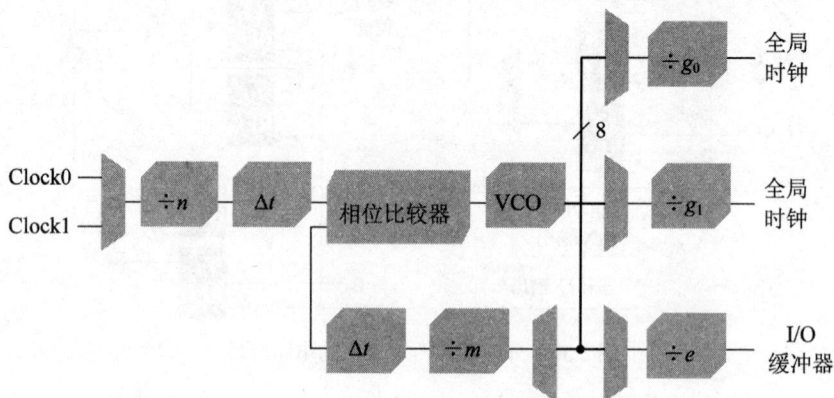

图 3.31　Cyclone 器件锁相环原理框图

(2) 片外时钟输出和反馈。每个锁相环都有一对片外时钟输出管脚，可以支持 LVTTL、LVCMOS、PCI、SSTL-2 Class Ⅰ和Ⅱ、SSTL-3 Class Ⅰ和Ⅱ、LVDS 等多种 I/O 标准，提供一对差分或一个单端的片外时钟输出——可以用做系统时钟或用来同步整个板上的不同器件，其时钟反馈特性可以用来补偿内部延时或使输出时钟与输入时钟的相位对齐。

(3) 可编程相移。利用该锁相环可以对时钟进行移相，其最小相移等于 VCO 周期除以 8，最高分辨率可达 150 ps(皮秒)。该特性一般用于匹配那些关键时序路径上时钟沿的约束。

(4) 相位锁定检测。利用该锁相环的"相位已锁定"输出信号，可以指示输出时钟相对于参考时钟已经完全稳定锁定，一般用于系统控制和同步整个电路板上的其他不同器件。

(5) 可编程占空比。该特性使得锁相环可以产生不同占空比的输出时钟，对于数据要在时钟的上升沿、下降沿各发送一次的双速率(DDR)应用非常有用。利用该特性，可以控制时钟上升沿和下降沿的位置，从而简化在这些边沿上对建立时间和保持时间的要求。

6. 先进的 I/O 支持

Cyclone 器件支持最多 129 个通道的 LVDS(低电压差分信号)、RSDS (去抖动差分信号)等差分 I/O 标准，以及 LVTTL、LVCMOS、SSTL-2、SSTL-3、PCI 等单端 I/O 标准，以便与电路板上的其他芯片通信。与单端 I/O 标准相比，其 LVDS 缓冲器可以支持高达 640 Mb/s 的数据传输速度，能够保持信号完整性，并且具有更低的电磁干扰(EMI)和更低的电源功耗。另一方面，单端 I/O 可以提供比差分 I/O 更强的电流驱动能力，故被普遍地应用在与双数据速率(DDR) SDRAM、FCRAM 器件等高性能存储器的接口电路中。

7. Nios Ⅱ 嵌入式处理器

Nios Ⅱ 系列嵌入式处理器以非常成功的第一代 Nios 处理器为基础，提供高性能内核

(超过 200 DMIPS)、低成本内核(低于 50 美分的逻辑资源消耗)和性价比平衡的标准内核等三种内核供设计者选择。功能丰富、性能优化的 Nios Ⅱ处理器内核和外围设备可以被整合到各种有特殊需求的嵌入式系统中去,满足极其广泛的嵌入式处理器应用。

Cyclone 器件仅需不到 600 个逻辑单元(LE),即可非常经济地实现一个 Nios Ⅱ(软核)嵌入式处理器——其成本甚至低于现有的大多数独立 32 位微控制器。在一片包含可多达 20 260 个 LE 的 Cyclone 器件中可以轻松地集成多个 Nios Ⅱ处理器,并可轻松、快速地完成其免费升级,从而为那些价格敏感性应用提供一个高性价比的软核处理器解决方案。

开发人员还可以通过向 Nios Ⅱ处理器指令集中增加定制指令来加速对时间敏感的软件算法。用户添加的定制指令逻辑可以访问存储器和 Nios Ⅱ系统外部的逻辑,因此 Nios Ⅱ具有高效、灵活的访问数据和逻辑资源的能力。定制指令允许设计者灵活、方便地设计高端软件,同时保留了并行硬件操作在可编程逻辑器件(PLD)中的性能优势。利用 Altera 的 SOPC Builder 系统开发工具,Cyclone 设计者可以轻松地将处理器、外围设备(包括 DMA 和 JTAG 接口)、片内存储器及片外存储器接口、用户定义的逻辑等各种部件集成为一个完整的系统。

8. 采用新的串行配置器件的低成本配置方案

Altera 公司的串行配置器件是业界最低价格的配置器件(只有对应 FPGA 的 10%左右),具有在系统可编程(ISP)、Flash 存储器访问接口、节省单板空间的小外形集成电路(8 或 16 引脚 SOIC)封装等先进特性,是包括 Cyclone、Cyclone Ⅱ、Stratix、Stratix Ⅱ 等系列在内的 FPGA 器件在大容量及价格敏感的应用环境下的最佳搭档。

目前,适用于 Cyclone 器件的 Altera 串行配置器件有两种,分别是配置存储容量为 1 Mb 的 EPCS1 和 4 Mb 的 EPCS4,其结构如图 3.32 所示。其使用也非常简单:只需将它们的四个信号与 Cyclone 器件的对应信号直接相连(参见图 3.33)——DATA、DCLK、ASDI 和 nCS 依次与 Cyclone 器件的 DATA0、DCLK、ASDO 和 nCSO 相连接,即可通过串行配置器件的 AS 配置模式对 Cyclone FPGA 进行配置。如果需要,用户可使用多片串行配置器件,将配置容量扩展到最大 64 Mb。未被使用的 Flash 存储器空间可作为通用的存储器来应用,可以通过 Nios 或者 Nios Ⅱ嵌入式处理器对其进行访问。设计者甚至可以将其作为存储嵌入式处理器上电加载程序的 ROM 来使用,非常方便。

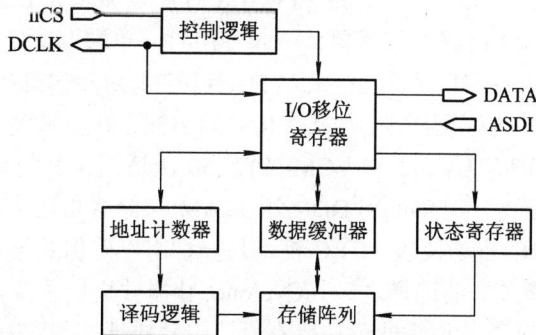

图 3.32 串行配置器件的结构

此外,Cyclone 系列器件受到 Quartus Ⅱ软件(包括其免费的网络版)的全面支持。利用其 OpenCore 评估特性和各项有关功能,可以免费评估 IP 功能,极大地加速设计过程。

图 3.33　使用串行配置器件的 Cyclone 器件配置方式

3.6.2　Cyclone Ⅱ器件系列简介

Cyclone Ⅱ目前是 Cyclone 架构中最新的器件系列。它保持了用户定义的功能、业界领先的性能和低功耗等 Cyclone 架构的特色和优势；采用了更为先进的工艺设计，与 Cyclone 系列相比，在密度、成本、性能等方面均有显著的改进(详见表 3.26 和表 3.27)，并且增加了下列新的特性，使之成为了对价格极其敏感的应用的正确选择。

(1) 嵌入式乘法器。Cyclone Ⅱ器件拥有多达 150 个嵌入式 18×18 乘法器，是消费应用、无线和图像处理等低成本 DSP 应用的理想解决方案。其嵌入式 18×18 乘法器能够运行在 250 MHz 的频率上，消除复杂算术计算的性能瓶颈，极大地提高整个 DSP 系统的吞吐能力；能够有效地实现普通 DSP 的功能，包括 FIR 滤波器、FFT、相关器、编/解码器和数控振荡器(NCO)。因此，Cyclone Ⅱ器件可作为 DSP 应用的 FPGA 协处理器——替 DSP 处理器分担复杂算术计算，从而提升低成本系统的整体系统性能。

(2) 专用外部存储器接口。Cyclone Ⅱ和 Cyclone 器件既为低成本应用提供了丰富的嵌入式存储器，又可以满足某些应用对外部存储器的额外需求。Cyclone Ⅱ和 Cyclone 器件被设计成能够与外部存储器进行高速可靠的数据传输，可以与 DDR 和 SDR SDRAM 器件协同工作。Cyclone Ⅱ器件的新特性在于可通过专门的接口支持 DDR2 器件和 QDR Ⅱ SRAM 器件，并保证快速的、高达 668 Mb/s 的可靠数据传输。

(3) 高性能的 I/O 标准。Cyclone Ⅱ 器件支持多种单端和差分 I/O 标准，这给开发人员设计高性能的系统提供了更大的灵活性。Cyclone Ⅱ器件的新特性在于支持 LVPECL、mini-LVDS、HSTL 和 PCI-X I/O 标准；同时，Cyclone Ⅱ器件与 Cyclone 器件一样，支持 LVTTL、LVCMOS、PCI、SSTL、LVDS 和 RSDS 等单端和差分 I/O 标准。和 DDR/DDR2 SDRAM、QDR Ⅱ SRAM 高级存储器器件一起使用时，单端 I/O 标准是关键因素。

(4) 串行匹配。Cyclone Ⅱ 器件支持 LVTTL、LVCMOS、SSTL-2 和 SSTL-18 单端 I/O 标准的片内串行匹配。片内匹配(电阻)加载在信号输出端，和传输线路的阻抗相匹配，其典型阻值是 25 Ω(适用于 3.3 V LVTTL / LVCMOS)或 50 Ω(适用于其他单端 I/O 标准)。可以在通用应用中采用这种匹配，与 DDR 和 DDR2 SDRAM 存储器相连接。

(5) 循环冗余码(CRC)自动校验。CRC 校验是一种用以确保数据可靠性的技术，是减少单一事件干扰(SEU)故障最好的选择之一。Cyclone Ⅱ器件提供了片内 CRC 自动校验电路，无需任何额外成本或复杂外部逻辑即可在所有设计中轻松地实现 CRC 校验。在配置过程中由器件计算 CRC，然后根据标准操作过程中自动计算的 CRC 进行校验。当错误发生时，CRC_error 管脚会报告失败，并可自动地触发再配置操作。可以通过调节时钟分频器来选择所需的校验周期。利用新版的 Quartus Ⅱ软件，只需单击操作即可启动 CRC 自动校验。

表 3.26　Cyclone Ⅱ FPGA 简介

器　件	EP2C5	EP2C8	EP2C20	EP2C35	EP2C50	EP2C70
逻辑单元	4608	8256	18 752	33 216	50 528	68 416
M4K RAM 块 (4 Kb + 512 个校验比特)	26	36	52	105	129	250
总比特数	119 808	165 888	239 616	483 840	594 432	1 152 000
嵌入式 18×18 乘法器	13	18	26	35	86	150
锁相环(PLL)	2	2	4	4	4	4
最多用户 I/O 管脚	142	182	315	475	450	622
差分通道	58	77	132	205	193	262

表 3.27　Cyclone Ⅱ 和 Cyclone 特性比较

特　性	器 件 系 列	
	Cyclone Ⅱ	Cyclone
成本优化的架构	比 Cyclone FPGA 成本低 30%(以每个 LE 的成本为基础)	在低成本的基础上综合考虑特性、密度和性能
工艺技术	90 nm，9 层金属，低电介工艺，基于 300 mm 晶元	0.13 μm，FSG 电介工艺，基于 300 mm 晶元
内核电压	1.2 V	1.5 V
I/O 电压	1.5 V, 1.8 V, 2.5 V, 3.3 V	1.5 V, 1.8 V, 2.5 V, 3.3 V
逻辑密度	4608～68 416 个 LE	2910～20 060 个 LE
I/O 管脚数	85～622	65～301
嵌入式存储器	26～250 个 M4K RAM 块，每个存储器块包括 512 个校验比特；提供高达 1.1 Mb 的片内存储器	13～64 个 M4K RAM 块，每个存储器块包括 512 个校验比特；提供最多 288 Kb 的片内存储器
外部存储器接口支持	单倍数据速率(SDR)、双倍数据速率(DDR)、DDR2、QDR Ⅱ	DDR、SDR
数字信号处理(DSP)实现	多达 150 个嵌入式 18×18 乘法器(采用专用电路实现)	最多 25 个 18×18 软乘法器(采用 LE 实现)
PLL	每个器件有 2～4 个 PLL，最多 12 个 PLL 输出	每个器件有 1～2 个 PLL，最多 6 个 PLL 输出
时钟网络	每个器件有最多 16 个专用全局时钟(GCLK)、20 个双重用途时钟	每个器件有最多 8 个全局时钟
I/O 标准支持	LVDS，Mini-LVDS，LVPECL，RSDS，SSTL，HSTL，PCI，PCI-X，LVTTL，LVCMOS	LVDS, RSDS, SSTL, PCI, LVTTL, LVCMOS
支持 Nios Ⅱ嵌入式处理器	支持	支持
封装	144 管脚 TQFP 208 管脚 PQFP 256 管脚 FineLine BGA 484 管脚 FineLine BGA 672 管脚 FineLine BGA 896 管脚 FineLine BGA	100 管脚 TQFP 144 管脚 TQFP 240 管脚 PQFP 256 管脚 FineLine BGA 324 管脚 FineLine BGA 400 管脚 FineLine BGA

3.7 Stratix 架构及器件系列简介

为了适应新一代系统的迅速发展对 FPGA 整体带宽需求的急剧增加，Altera 推出了高密度、高带宽的 Stratix FPGA 架构。基于该架构已相继推出 Stratix、Stratix Ⅱ 两个器件系列，其器件不再像许多其他 FPGA 那样被局限于非关键性的外围处理，而是能够用于高带宽系统的"心脏"并提高其性能和支持其新功能。以下分别加以简要介绍。

3.7.1 Stratix 器件系列简介

Stratix 器件系列为满足高带宽系统的需求进行了优化。Stratix 器件采用 1.5 V、0.13 μm 全铜 SRAM 工艺，具有丰富的内部资源(参见表 3.28)和很高的内核性能、存储能力、架构效率和及时面市的优势，是复杂的、高带宽、高性能系统集成的理想解决方案。利用与之配套的掩膜编程 HardCopy Stratix 器件(结构化 ASIC)，设计者可以低风险、低成本地完成面向大批量生产的设计移植并且获得产品性能和成本的改进。下面具体说明其主要特性。

表 3.28 Stratix 系列器件与性能简表

特　性	器　件						
	EP1S10	EP1S20	EP1S25	EP1S30	EP1S40	EP1S60	EP1S80
逻辑单元(LE)	10 570	18 460	25 660	32 470	41 250	57 120	79 040
M512 RAM 块 (512 bit+奇偶校验)	94	194	224	295	384	574	767
M4K RAM 块 (4 Kb+奇偶校验)	60	82	138	171	183	292	364
M-RAM 块 (512 Kb+奇偶校验)	1	2	2	4	4	6	9
RAM 总位数	920 448	1 669 248	1 944 576	3 317 184	3 423 744	5 215 104	7 427 520
DSP 块	6	10	10	12	14	18	22
嵌入式 9×9 乘法器	48	80	80	96	112	144	176
锁相环(PLL)	6	6	6	10	12	12	12
最大用户 I/O 管脚	426	586	706	726	822	1022	1203

1. 高性能的 Stratix 架构

如图 3.34 所示，高性能的 Stratix 器件架构由纵向分布的逻辑阵列块(LAB)、TriMatrix 存储块、数字信号处理(DSP)块、锁相环(PLL)和 I/O 单元(IOE)等构成，这些单元之间的连接由采用 DirectDrive 技术的 MultiTrack 互连结构提供。

MultiTrack 互连由连续的、具有不同长度和速度的性能优化布线组成，用于模块内部及各个模块之间的连接；确定性的 DirectDrive 布线技术对处于器件任何位置的任何功能，均可确保完全一致的布线资源用法(参见图 3.35)。二者相结合，可以免除通常出现在修改、添加设计之后的重新优化过程，简化基于模块的系统设计的集成化阶段，使得设计者可以自由地添加、修改和移动设计中的不同部分，而不会对设计性能造成不利的影响。

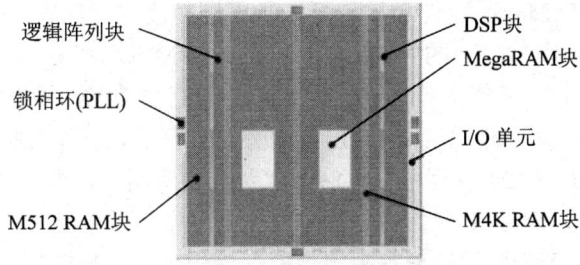

图 3.34　Stratix 器件架构

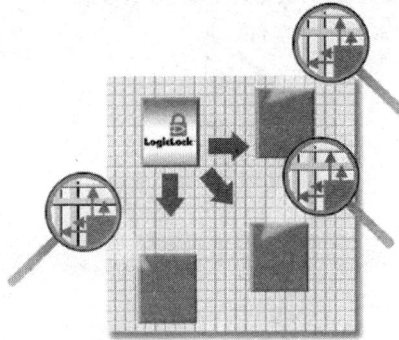

图 3.35　DirectDrive 技术原理示意图

　　MultiTrack 互连结构还能够在先进的低偏移时钟网的配合下进行器件内部的时钟分配。每个 Stratix 器件具有多达 16 个跨越整个器件的全局时钟网，可供器件中的所有模块作为时钟源或控制信号源(如时钟使能、同步/异步清除信号)使用。这些全局时钟网可以由(产生全局时钟的)内部逻辑、异步清除信号、时钟使能信号或其他大扇出的控制信号驱动，参见图 3.36。此外，Stratix 器件还提供了 16 个区域时钟网络(每个器件象限中有 4 个)以及 8 或 16 个(因器件型号而异)专用的快速区域时钟网络。这些时钟被组织成层次化的时钟结构，容许每个器件区域拥有最多 22 个低偏移、低延迟时钟，即整个器件拥有至多 48 个时钟域。

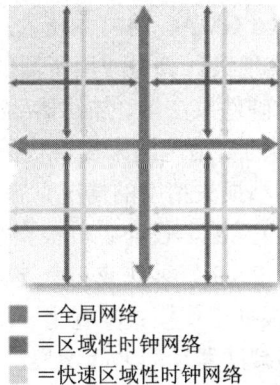

■＝全局网络
■＝区域性时钟网络
■＝快速区域性时钟网络

图 3.36　Stratix 器件中的时钟分配

2. TriMatrix 存储器

Stratix 器件中的 TriMatrix 存储结构包括三种不同粒度的可配置嵌入式 RAM 块(参见图 3.37): 512 bit 的 M512 块，4 Kb 的 M4K 块，512 Kb 的 M-RAM 块。这些 RAM 块具有真正的双端口(M512 块除外)、奇偶校验位、嵌入式移位寄存器功能、混合时钟模式、字节使能支持、混合宽度支持以及存储宽度可分级、逐块配置等先进特性，适用于实现复杂设计中的各种存储功能。M512 RAM 块可用在存储带宽苛刻的应用中，作为 FIFO 功能和时钟域缓冲使用；M-RAM 块可以满足 IP 包缓冲、系统高速缓冲等大缓冲应用对 FPGA 的需求；M4K 块则是异步传输模式(ATM)信元处理等中等规模存储应用的理想选择。

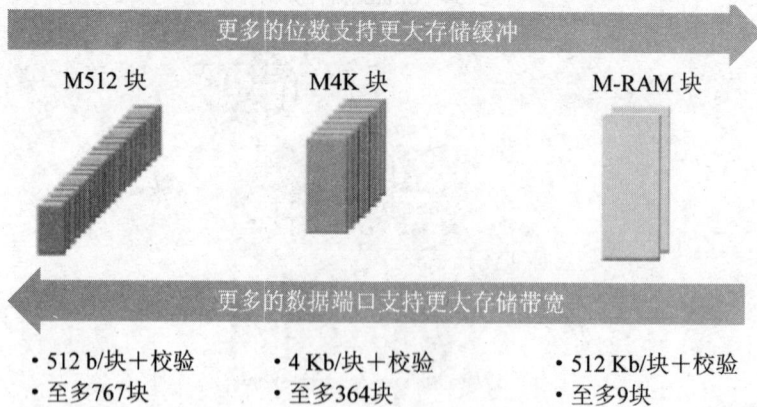

图 3.37　TriMatrix 存储结构

TriMatrix 存储结构可提供多达 7 Mb 的 RAM 和高达 4 Tb/s 的器件存储带宽(即存储端口宽度与 RAM 块速度的乘积)，使 Stratix 器件系列成为大存储量应用的可行方案。

3. DSP 块

Stratix 器件的 DSP 块是针对 Rake 接收机、VoIP 网关、正交频分复用(OFDM)收发器、图像处理应用、多媒体娱乐系统等应用而优化的高性能嵌入式 DSP 单元，具有可预测和可靠的性能，用户因此既可节省资源又不必牺牲性能。在 333 MHz 下，每个 DSP 块的数据吞吐量可达到 2.67GMAC(亿次乘加运算)，并且布线阻塞最小；最大容量的 Stratix 器件 EP1S80 中有 22 个 DSP 块，能够实现高达 58.6 GMAC 的总吞吐量，是现今最先进的数字信号处理器的 10 倍。因此，Stratix 器件能够实现大计算量应用所需的大数据吞吐量。

如图 3.38 所示，Stratix DSP 块由硬件乘法器、加法器/减法器/累加器和流水线寄存器等组成，凭借集成了优化的嵌入乘法器的专用电路来提供优异的性能。其中的专用乘法器支持有符号和无符号乘法操作，并可在不损失精度的情况下在二者之间切换。每个 DSP 块中的专用乘法器可以实现 4 个 18×18 位乘法。设计者可根据需要，利用 Quartus II 软件选择适当的 DSP 块工作模式，例如，8 个 9×9 位乘法或一个支持浮点运算的 36×36 位乘法。

加法器/减法器/累加器单元可以根据工作模式配置为一个加法器、一个减法器或一个累加器。该单元能够自动地在加法器和减法器功能之间切换，根据需求配置为 9 位、18 位或 36 位加法器；在累加器模式下，该单元可以用作 52 位累加器。

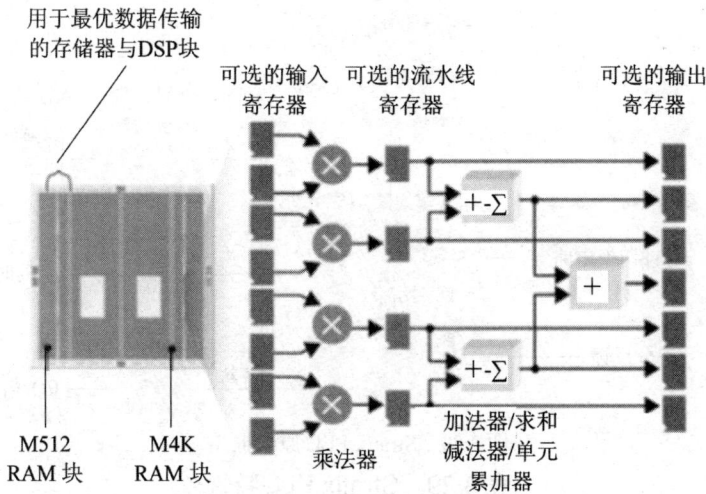

图 3.38 Stratix DSP 块

4. 高带宽 I/O 标准和高速接口

Stratix 器件支持各种差分和单端标准，易于同背板、主处理器、总线、存储器件和 3D 图形控制器相连接。在所提供的 116 个高速差分 I/O 通道中，多达 80 个通道已针对 840 Mb/s 操作做过优化；每个 I/O 通道都包括专用串行/解串器(SERDES)电路，便于实现各种高速接口标准。Stratix 器件因而成为理想的桥接方案，可用于系统各部分的接口。

Stratix 器件具有 True-LVDS 特性，支持 LVDS、LVPECL、PCML 和 HyperTransport 差分 I/O 标准。这些差分 I/O 标准因具有更高的性能、更佳的噪声容限、更低的电磁干扰(EMI) 和更低的功耗而更加常用；同时，这些差分 I/O 标准支持 POS-PHY Level(SPI-4)、SFI-4、XSBI、UTOPIA Level 4 和 RapidIO 等高速接口标准所需的大数据吞吐量。Stratix 器件为满足高速接口标准苛刻的时序要求配备了专用电路。其 True-LVDS 功能具有 SERDES 电路、差分 I/O 缓冲、数据重对齐电路和锁相环 PLL，可进行快速和准确的数据传送。

Stratix 器件支持包括 LVTTL、LVCMOS、SSTL、HSTL、GTL、GTL+、PCI-X、AGP 和 CTT 等单端 I/O 标准，用于与电路板上的其他器件接口。单端系统具有比差分 I/O 标准更大的电流驱动能力，这对于连接 DDR SDRAM、ZBT SRAM 等高级存储器非常重要。

Stratix 器件还支持多种高速接口标准，包括 10 Gb 以太网(XSBI)、SFI-4、POS-PHY Level 4 (SPI-4 Phase 2)、HyperTransport、RapidIO 和 UTOPIA IV 标准。设计者可以利用 Altera IP 核，桥接使用 Atlantic 本地接口的高速接口。另外，Stratix 器件能够在一个器件中支持多达 4 个的高带宽接口，这为用户提供了一种前所未有的桥接方案。

5. PLL 与时钟管理电路

每个 Stratix 器件具有多达 12 个的锁相环(PLL，其原理框图如图 3.39 所示)和 48 个独立的系统时钟，可以作为中央时钟管理器来满足系统时序需求。Stratix PLL 又具体分为增强 PLL(即功能丰富的通用 PLL)和快速 PLL 两类，表 3.29 总结和对比了它们的主要特性。此外，Stratix 器件还提供了 PLL 重配置特性，允许用户改变 PLL 的配置而无需重新编程整个器件。利用 Quartus II 软件，无需任何外部器件即可完成 PLL 的配置。

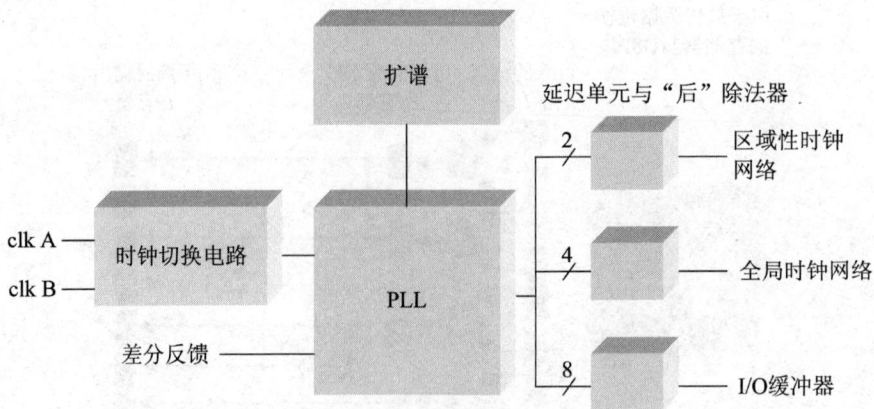

图 3.39 Stratix PLL 原理框图

表 3.29 Stratix PLL 特性

特　　　性	增强 PLL	快速 PLL
输入频率范围/MHz	3～462	30～644.5
输出频率范围/MHz	0.6～462	9～644.5
可编程相移/ps	160	160
可编程延迟	范围为-3.0～3.0 ns，增量为 250 ps	
时钟切换	√	
PLL 重配置	√	
可编程带宽	√	
扩频时钟	√	
专用外部差分时钟输出数量	8	
反馈时钟输入数量	4	
每个器件的 PLL 数量	多达 4 个	多达 8 个

　　每个 Stratix 器件有两个具有专用输出的 PLL，能够管理板级系统时序。它总共有多达 16个的单端输出或 8 个差分输出。这些输出可为系统中的其他器件提供时钟，省去了板上其他时钟源。将 PLL 提供的可编程相移、外部反馈和延迟等功能组合，可以补偿板级偏移和延迟。

　　每个 Stratix 器件有多达 16 个的高性能、低偏移时钟，作为其功能或全局控制线的时钟；此外，每个区域有 6 个本地(区域)时钟，使任一区域中的时钟总数多达 22 个。这一高速时钟网和丰富的 PLL 紧密地耦合在一起，以确保最复杂的设计也能够在最优的性能和最小的时钟偏移下运行。此外，Stratix 器件还为每个收发器功能块提供了额外的时钟资源。

6. 远程系统升级

　　Stratix 器件支持实时的远程系统升级，并允许使用任何通信网络传输远程系统升级数据。为此专设的片内专用恢复电路可以确保设计者进行安全和可靠的远程更新。该专用电路确保无论是在数据传送期间还是器件配置期间发生错误，Stratix 器件总会恢复到能够正常工作的状态，确保"永远可操作"的功能。有关差错的详细情况也可发送给控制器。

按照下列步骤，即可使用 Stratix 器件和标准 Flash 存储器实现远程系统升级，如图 3.40 所示。

(1) 从开发地点通过网络，将升级数据发送给 Stratix 器件。

(2) 将升级数据存放到 Flash 存储器中。

(3) 用新的数据升级 Stratix 器件。

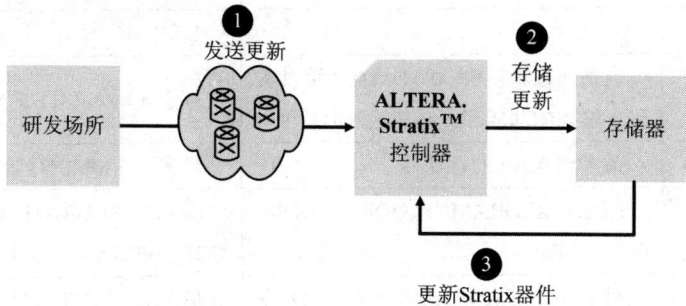

图 3.40　Stratix 器件的远程系统升级流程

3.7.2　Stratix II 器件系列简介

Stratix II 器件在第一代 Stratix 器件的基础上，添加了创新性的适应性逻辑模块(ALM)、带有动态相位对齐(DPA)功能的 1 Gb/s 源同步信号发送、设计安全性等更多优秀的增强特性，具备创新、高效的逻辑结构以及更高的性能和密度。与第一代 Stratix 器件相比，其速度平均提高 50%——内部时钟频率可高达 500 MHz(典型设计的性能亦超过 250 MHz)，逻辑容量增加超过 1 倍，成本降低约 40%。这意味着采用 Stratix II 器件既可以节省开发时间和成本，又可以获得更高的系统性能。设计者还可以利用与之配套的 HardCopy 器件，轻松地将 Stratix II FPGA 设计移植到结构化 ASIC 上，低风险、低成本地实现大批量生产。

表 3.30 总结了 Stratix II 器件系列的产品和特性，表 3.31 比较了 Stratix 器件与 Stratix II 器件的主要特性。

表 3.30　Stratix II 器件系列的产品和特性

特　　性	器　　件					
	EP2S15	EP2S30	EP2S60	EP2S90	EP2S130	EP2S180
自适应逻辑模块(ALM)	6240	13 552	24 176	36 384	53 016	71 760
等效逻辑单元(LE)	15 600	33 880	60 440	90 960	132 540	179 400
M512 RAM 块(512 bit+奇偶校验)	104	202	329	488	699	930
M4K RAM 块(4 Kb+奇偶校验)	78	144	255	408	609	768
M-RAM 块(512 Kb+奇偶校验)	0	1	2	4	6	9
RAM 总容量/位	419 328	1 369 728	2 544 192	4 520 448	6 747 840	9 383 040
DSP 块	12	16	36	48	63	96
嵌入式 18×18 乘法器	48	64	144	192	252	384
锁相环(快速/增强型 PLL)	6	6	12	12	12	12
最大用户 I/O 管脚数	366	500	718	902	1126	1170

表 3.31　Stratix 系列器件与 Stratix Ⅱ 系列器件的特性对比

特　性	器　件　系　列	
	Stratix Ⅱ	Stratix
生产工艺	90 nm	0.13 μm
逻辑密度	最多 179 400 个等效 LE	最多 79 040 个 LE
内核电压	1.2 V	1.5 V
LE 结构	自适应逻辑模块(ALM)结构,可以实现 6 输入的功能和一些 7 输入的功能	基于 4 输入 LUT 的结构
TriMatrix 存储器	最多到 9 Mb 的存储器	最多到 7 Mb 的存储器
外部存储器接口	DDR2、RLDRAM Ⅱ、QDR Ⅱ、DDR、QDR、SDR	DDR2、RLDRAM Ⅱ、QDR Ⅱ、DDR、QDR、FCRAM、ZBT、SDR
嵌入式乘法器	最多 96 个 DSP 块,最多 384 个 18×18 乘法器	最多 22 个 DSP 块,最多 88 个 18×18 乘法器
增强型和快速 PLL	最多 4 个增强型 PLL 和 8 个快速 PLL	最多 4 个增强型 PLL 和 8 个快速 PLLs
时钟网络	最多 48 个全局时钟网络	40~48 个时钟网络
支持的差分 I/O	最高到 1 Gb/s 的数据速率,支持 LVDS、LVPECL 和 HyperTransport 标准	最高到 840 Mb/s 的数据速率,支持 LVDS、LVPECL 和 HyperTransport 标准
源同步信号	LVDS、HyperTransport	LVDS、HyperTransport、LVPECL、PCML
支持的源同步协议	SPI-4.2、SFI-4、XSBI、HyperTransport、RapidIO、NPSI 和 UTOPIA Ⅳ标准	SPI-4.2、SFI-4、XSBI、HyperTransport、RapidIO、NPSI 和 UTOPIA Ⅳ标准
动态相位对齐(DPA)	有	无
支持的单端 I/O 标准	SSTL、HSTL、PCI 和 PCI-X	SSTL、HSTL、PCI 和 PCI-X
设计保密	有	无
Nios 嵌入式处理器	支持	支持
HardCopy 移植	支持	支持

下面简要介绍 Stratix Ⅱ 系列器件的先进特性。

1. 创新性的逻辑结构

Stratix Ⅱ器件由非常灵活的自适应逻辑模块(ALM)构成,目的是使逻辑效率和性能同时得到优化。如图 3.41 所示,每个 ALM 包含一些基于查找表(LUT)的资源,这些资源可在两个自适应查找表(ALUT)之间进行分配。对于输入至两个 ALUT 的最多 8 个输入信号,每个 ALM 可以实现两个逻辑函数的各种组合。这种自适应能力使得 ALM 可以后向兼容于 4 输入查找表;同时,每个 ALM 可以实现任意的 6 输入逻辑函数和某些 7 输入函数。此外,ALM 中通过其包含的可编程寄存器、全加器以及进位链、共享算术(运算)链和寄存器链等专用资源,可以高效地实现各种算术类函数和寄存器逻辑。

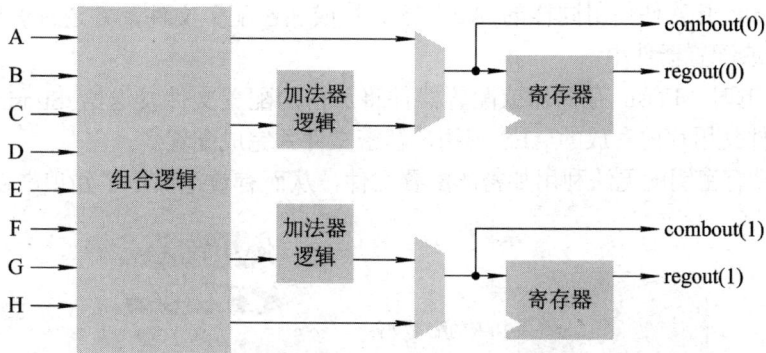

图 3.41 Stratix Ⅱ ALM 的高层次框图

ALM 可供选择的工作方式如表 3.32 所示。凭借其扩展和共享 LUT 输入的能力，Stratix Ⅱ ALM 在功能等效的意义上能够比传统的 4 输入 LUT 结构容纳更多的逻辑，故既可降低对逻辑资源和布线资源的占用，又可减少关键路径上的逻辑级数，显著地提高设计的整体性能(参见图 3.42)。对于多路复用器、加法器树、桶状移位器以及其他任何具有大量输入的复杂功能，现在所需要的逻辑资源比先前架构平均降低了 25%，而内核性能平均提升了 50%。

表 3.32 Stratix Ⅱ ALM 的工作方式选项

方　式	说　明
自适应查找表(LUT)	可实现两个逻辑函数的组合，或者一个至多 6 输入的逻辑函数
扩展 LUT	可实现特定形式(2 个 5 输入函数连接一个 2 选 1)的 7 输入函数
算术	利用 ALM 中的 2 个加法器，分别对 2 个 4 输入 LUT 的输出求和
共享算术	利用两个 ALM 中的 4 个 4 输入 LUT 和加法器，对 3 个数字求和

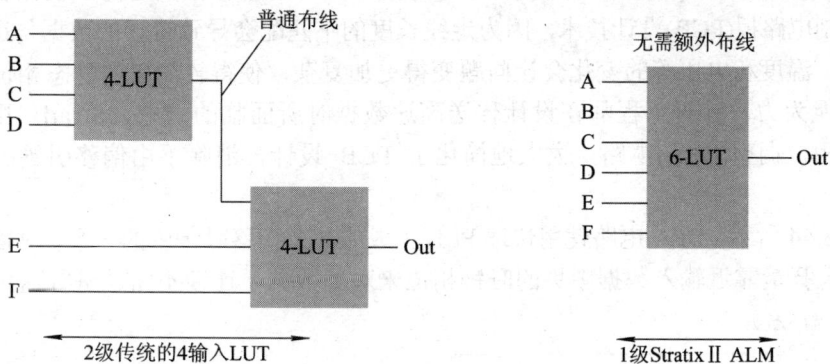

图 3.42 Stratix Ⅱ器件降低了布线资源平均耗用率

2. 设计安全性

基于 SRAM 易失性存储器的 FPGA 需要在上电时利用 Flash 存储器或配置器件进行配置，配置数据流在此传送过程中便有可能被截获。Stratix Ⅱ器件在满足严格的设计需求的同时，支持利用先进加密标准(AES)和 128 位的非易失性密匙将配置数据流加密，以帮助用户保证其设计的安全性，防止 IP 被窃。Stratix Ⅱ器件是第一款具备该先进特性的 FPGA。每个 Stratix Ⅱ 的器件都可以被经过加密的配置文件安全地配置。具体步骤如下(参见图 3.43)：

(1) 128 位密钥编程到 Stratix Ⅱ器件中的非易失密钥存储器。

(2) Quartus Ⅱ软件使用同样的 AES 密钥生成加密配置文件，并通过编程将其存放在 Flash 存储器或配置器件中。

(3) 在上电时，Flash 存储器或配置器件将加密的配置文件发送给 Stratix Ⅱ器件；而 Stratix Ⅱ器件使用片内存放的 AES 密钥，解密文件并完成配置。

任何人没有密钥就无法利用加密的配置文件，从而有效地保护了知识产权。

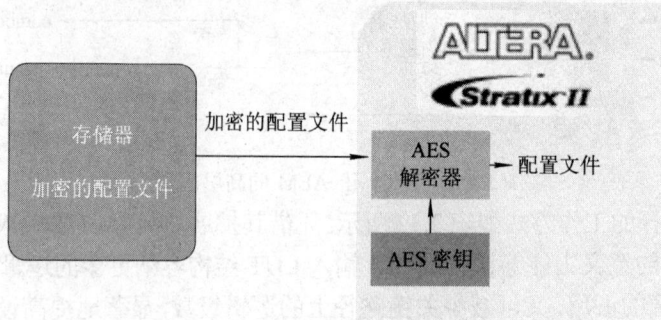

图 3.43　Stratix Ⅱ安全的配置流程

3. 具有动态相位调整功能的源同步信号输出

Stratix Ⅱ器件具有 152 个接收器和 156 个发送器通道，支持源同步信号进行速度高达 1 Gb/s 的数据传送，并支持包括 SPI-4.2、HyperTransport 技术、RapidIO 标准、网络处理论坛(NPF)Streaming 接口(NPSI)、SFI-4 和 10 Gb 16 位接口(XSBI)以太网等高速 I/O 协议的需求。利用 Stratix Ⅱ器件，设计者能够在运用这些 I/O 协议的器件之间创建高性能的桥接功能。

随着源同步时钟方案的高速接口的传输速率不断接近 1 Gb/s，时钟至通道偏移和通道至通道偏移的容限也在不断缩小。为了保证信号处于允许的偏移范围之内，设计者必须使用精确的印制电路板(PCB)设计技术，因为走线长度的不匹配会导致错误的数据传送。其他效应如抖动、温度和电压等的变化会让问题变得更加复杂，使得较简单的静态相位调整技术对此也无能为力。针对工程师在设计传送高速数据时所面临的问题，Stratix Ⅱ器件中集成了动态相位调整(DPA)电路，大大地简化了 PCB 设计，消除了由偏移引发的信号对齐问题。

如图 3.44 所示，DPA 电路使用快速 PLL 生成的 8 个相移时钟中的一个，对输入数据进行采样，选择最靠近输入数据中央的时钟相位来对齐数据。连续不断地进行这种对齐，能

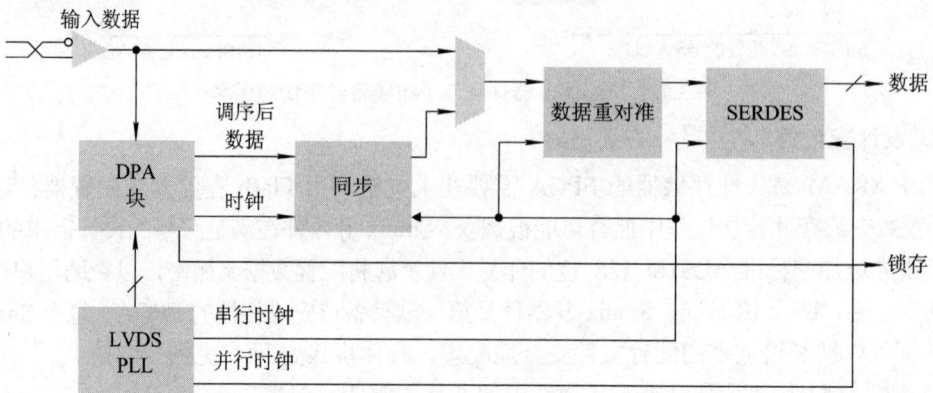

图 3.44　Stratix Ⅱ源同步通道支持 1 Gb/s

够实时地补偿时钟和数据信号之间的动态时序变化。DPA 电路支持多个 SERDES 因子，包括 3～10 倍模式。每个通道都有自己的 DPA 电路为其提供独立的数据对齐，因此 DPA 能够消除通道至通道偏移及时钟至通道偏移。Stratix Ⅱ DPA 的时序指标参见表 3.33。

表 3.33　Stratix Ⅱ 器件中 DPA 的时序指标

参　　数	指　　标
数据速率	311 Mb/s～1 Gb/s
时钟频率范围	77.75～644.53 MHz
支持的高速协议	SPI-4.2、RapidIO、NPSI、SFI-4、HyperTransport、10 Gb 以太网 XSBI
电信号标准	LVDS、HyperTransport

4. 片内匹配

随着系统速度和时钟沿速率的不断提高，信号完整性在数字系统设计中变得日益关键。通过阻抗匹配可以改善信号的完整性，在具体实现上主要有外部(板上电阻)匹配、片内匹配两种方式。Stratix Ⅱ 器件支持(串行、并行或差分)外部匹配和先进的(串行或差分)片内匹配方案。片内匹配无需外部电阻，故可简化印制电路板(PCB)设计，降低设计成本和实现成本，提高系统的可靠性。其信号改善效果参见图 3.45。外部匹配对匹配电阻的容差要求较为苛刻，推荐用于能够满足该类要求的设计。Altera 为此提供了外部匹配设计包，可以推荐低成本、小型电阻封装以及电路板原理图和布局实例，并且提供仿真和测试结果。

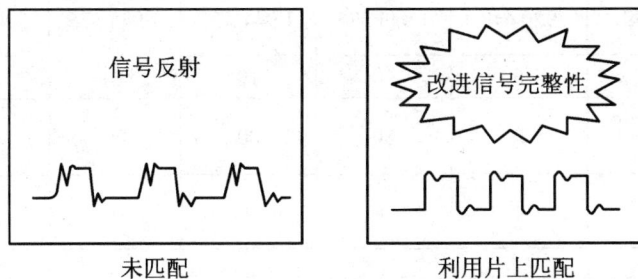

图 3.45　用 Stratix Ⅱ 的片内匹配改善信号完整性

在匹配形式上，Stratix Ⅱ 器件有以下特点：

(1) 支持 LVTTL、LVCMOS、SSTL-18 和 SSTL-2 单端 I/O 标准的片内串行匹配，在输出信号上匹配传输线阻抗，其典型值是 25 Ω 或 50 Ω。可以在一般应用和同 DDR SRAM 存储器的接口中采用该匹配方式。

(2) 通过外部电阻支持并行匹配。

(3) 支持 LVDS 和 HyperTransport 输入的片内差分匹配。

3.8　Stratix GX 架构及器件系列简介

以 Stratix 体系结构为基础，Stratix GX 架构将领先的 FPGA 架构与高性能的数千兆位收发器相融合，以满足现今的高性能、高要求系统对大带宽的需求。基于 Stratix GX 架构，现已推出 Stratix GX 和 Stratix Ⅱ GX 两种器件系列。下面分别加以简要介绍。

3.8.1 Stratix GX 器件系列简介

以 Stratix 器件系列为基础，Stratix GX 器件系列首次将集成收发器技术的概念引入 FPGA 市场。Stratix GX 器件包括多达 20 个全双工收发器通道，每个通道都能以最小的功率在高达 3.125 Gb/s 的速率下工作。同时，Stratix GX 器件继承了 Stratix 器件的大多数先进特性，包括 TriMatrix 存储器、DSP 块以及为加强数据通道处理功能而设立的时钟管理电路；其器件密度和封装形式则是 Stratix 器件系列的子集(详见表 3.34)。因此，Stratix GX 器件是实现 SerialLite 等接口协议、10 Gb 以太网附加单元接口(XAUI)或速率高达 3.125 Gb/s 专用功能的理想选择。

表 3.34　Stratix GX 器件系列产品和特性简表

特　　性	EP1SGX10C	EP1SGX10D	EP1SGX25C	EP1SGX25D	EP1SGX25F	EP1SGX40D	EP1SGX40G
逻辑单元(LE)	10 570	10 570	25 660	25 660	25 660	41 250	41 250
全双工收发器通道	4	8	4	8	16	8	20
源同步通道	22	22	39	39	39	45	45
M512 RAM 块	94	94	224	224	224	384	384
M4K RAM 块	60	60	138	138	138	183	183
M-RAM 块	1	1	2	2	2	4	4
总 RAM 容量/位	920 448	920 448	1 944 576	1 944 576	1 944 576	3 423 744	3 423 744
DSP 块	6	6	10	10	10	14	14
嵌入式(9×9)乘法器	48	48	80	80	80	112	112
增强型、快速PLL	4	4	4	4	4	8	8

以下简要说明 Stratix 器件系列的特点和新增特性。

1. Stratix GX 设计包

Stratix GX 器件支持线路侧、背板和芯片至芯片接口等许多不同的环境。这些新的应用带来了许多设计问题，所以通常需要高水平的支持。为此，Altera 提供了完整的 Stratix GX 设计包，包括硅片、开发平台、用户指南、设计指南、SerialLite 协议和全面的技术支持。

该设计包提供了各种能够减小所需支持水平的设计工具，包括功率计算器、ASIC/FPGA 成本计算器和管脚信息；Altera 还通过单板设计指导方案中心和 I/O 标准及接口方案中心提供进一步的设计支持指导，从而确保设计成本和加快面市时间。

Stratix GX 开发套件包括采用 Stratix GX 器件且适用于初期兼容测试和全系统开发、调试的开发板，以及参考设计、系统模型、全板布局和电源信息，并配有丰富的文档。

SerialLite 协议是精简的点对点协议，旨在提供比其他串行协议更小的尺寸、延迟和开销。这一新的免费协议仅是其他串行协议的补充，支持的总数据率为 500 Mb/s～40.8 Gb/s。为广大设计者所熟知的 XAUI 电气规范用于在 PHY 层定义 SerialLite 电气标准，Stratix GX 收发器模块符合 XAUI 规范，因此能够同时满足 SerialLite 的要求。

此外，Altera 和 AMPP (Altera Megafunction 伙伴计划)合作商已为 Stratix GX 架构优化创造了大量的可用 IP。IP MegaStore 网站为一些 Stratix GX 架构支持的协议提供了解决方案。Altera 的 OpenCore 评估特性允许用户下载和试用 IP。Altera 还提供了 1 Gb/s 源同步 I/O 信号和 3.125 Gb/s 收发器等的 SPICE 模型，以帮助设计者充分地实现 I/O 接口建模。

2. Stratix GX 千兆位收发器功能块

Stratix GX 器件具有多个千兆位收发器功能块，各含 4 个全双工通道。这些通道采用了时钟数据恢复(CDR)技术，可串行或解串行高达 3.125 Gb/s 的数据。每个通道具有实现不同等级数据恢复和传输、译码和编码以及操作过程的专用电路；与可编程逻辑的无缝接口确保了可靠的数据传输、最大化数据吞吐量并简化了时序分析。其他的特点主要包括：

(1) 支持 SerialLite、XAUI、SONET/SDH、千兆以太网、光纤通道、InfiniBand、Serial RapidIO、PCI Express、SMPTE 292M、SFI-5 和 SPI-5 等收发器协议。

(2) 功耗低至每个通道 175 mW，每个千兆位 450 mW。

(3) 具有可编程(发送)预加重、(接收)均衡和差分电压设置。

需要注意的是，如图 3.46 所示，Stratix GX 千兆位收发器功能块位于器件封装的一侧，取代了 Stratix 器件中的两个 I/O 组。因此，Stratix GX 器件和 Stratix 器件的引脚并不兼容。

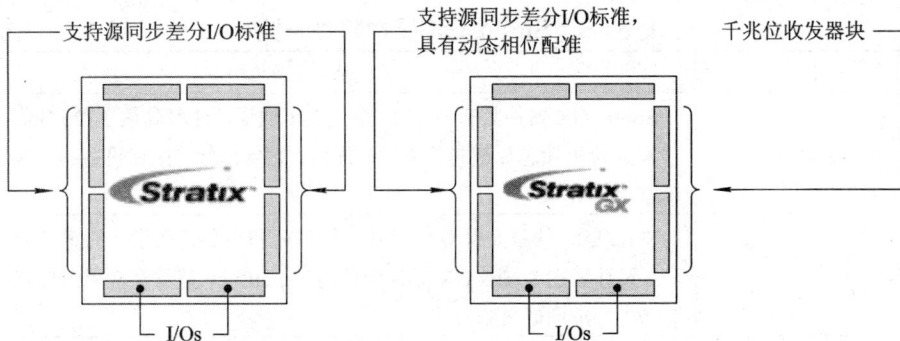

图 3.46　Stratix 器件和 Stratix GX 器件的 I/O 组差异

3. 源同步差分 I/O 和动态相位调整

与 Stratix 器件一样，Stratix GX 器件具有差分 I/O 缓冲器、专用的 SERDES 电路以及片内 LVDS 匹配，以支持 LVDS、LVPECL、3.3 V PCML、HyperTransport 等源同步差分 I/O 标准；并配备了专用的动态相位调整(DPA)电路以消除偏移和解决时钟对齐问题。此外，Stratix GX 器件还具有多达 45 个的接收器和 45 个发送器同步通道，支持数据率高达 1 Gb/s 的源同步信号，是其高带宽(千兆位)收发器模块的高速补充方案。

4. 配套的结构化 ASIC 和设计工具

需要低风险、低成本、大批量成品方案的系统设计者，可以将 Stratix GX 器件无缝地移植到掩膜编程、管脚兼容的 HardCopy Stratix GX 器件上。因为 HardCopy Stratix GX 器件保留了 Stratix GX FPGA 的大容量和高性能体系，包括 3.125 Gb/s 高性能收发器，当从 Stratix GX FPGA 移植到 HardCopy Stratix GX 器件时，无需重新进行板级设计。

Quartus Ⅱ软件和所有主要的第三方综合和仿真工具都支持 Stratix GX 器件，能够实现数千兆位的设计。板级仿真工具和为 Stratix GX 器件优化的 IP 使器件设计更加完善。现在，设计者能够以最低的风险在数小时内完成设计、测试和优化复杂的高速设计。

表 3.35 汇总和比较了 Stratix GX 器件和 Stratix 器件的主要特性，表 3.36 总结了 Stratix GX 器件的重要特性，供参考。

表 3.35　Stratix GX 器件和 Stratix 器件的主要特性比较

特　　性	Stratix	Stratix GX
多个千兆位收发器	无	有
源同步差分 I/O	840 Mb/s 数据率、专用的 SERDES	1 Gb/s 数据率、专用的 SERDES 和 DPA
高性能架构	二者同样支持	
TriMatrix 存储器	二者同样支持	
DSP 块	二者同样支持	
Nios Ⅱ嵌入式处理器	二者同样支持，性能可超过 150 DMIPS	
增强型及快速 PLL	支持	支持，但数量不同于 Stratix；在千兆位收发器中包含 PLL
片内匹配	支持	支持，且包含每个收发器内的匹配
远程系统升级	二者同样支持	

表 3.36　Stratix GX 器件特性一览

特　　性	说　　明
数千兆位收发器技术	Stratix GX 器件具有多达 20 个全双工通道，速率高达 3.125 Gb/s，满足了高速背板和芯片至芯片应用、通信、数字广播、测试设备、大存储系统的需求
SerialLite	SerialLite 协议是针对小尺寸、低延迟和小负荷而设计的精简点到点协议。设计者在 Stratix GX 器件中使用 SerialLite，能够在应用中拥有实现串行 I/O 标准的低风险方式
收发器协议	Stratix GX 通道可配置支持多种高速接口的协议，如 SerialLite，10 Gb 以太网(XAUI)，千兆以太网，1 Gb/s、2 Gb/s 和 10 Gb/s 的光纤通道，串行 RapidIO，SMPTE 292M 和 PCI Express 标准
源同步差分通道技术	Stratix GX 器件提供了多达 45 个的接收器和 45 个发送器同步通道，支持高达 1 Gb/s 的速率和 DPA 电路。这些同步通道也支持不同的高级 I/O 标准，如 LVDS、LVPECL、PCML 和 HyperTransport 技术
动态相位调整(DPA)	Stratix GX 器件具有嵌入式 DPA 电路，它消除了在使用源同步信号技术中由于偏移造成的问题，从而简化了 PCB 的布局
源同步协议	Stratix GX 源同步通道支持各种高速接口协议，如 10 Gb 以太网(XSBI)、POS-PHY Level 4(SPI-4 Phase 2)、SFI-4、HyperTransport 接口、RapidIO 标准和 UTOPIA Ⅳ
SPI-4 Phase 2	Stratix GX 器件是第一款具有嵌入式 DPA 电路的 FPGA，支持高达 1 Gb/s 的数据传输速率。符合 SPI-4.2 的 POS-PHY Level 4 MegaCore 功能集成了这个电路，提供了多种配置选项，允许设计者优化内核，以满足特定的系统需求

特　性	说　明
高性能架构	Stratix GX 体系包含高性能逻辑单元、TriMatrix 存储器、DSP 块、锁相环(PLL)、千兆位收发器块和 DPA 电路，满足了不断增长的带宽需求和最大化系统性能
MultiTrack 互连	Stratix GX 器件有连续互连线，它由不同长度的线组成，能够提升系统性能
DirectDrive 技术	Stratix GX 器件具有统一的确定走线结构，能够进行模块化设计，并保持其在整个器件中的性能一致
与 Stratix 器件的差别	Stratix GX 器件基于高性能 Stratix 架构，增加了一些诸如专用高速千兆收发器和具有 DPA 电路的源同步信号等特性
TriMatrix 存储器	TriMatrix 存储器提供了高达 3.4 Mb 的 RAM 和 4 Tb/s 的器件存储带宽。这种复杂的存储结构包括三种大小不同的嵌入 RAM 块——M512、M4K 和 M-RAM 块，它们可以配置支持多种应用
外部存储器接口	Stratix GX 器件提供了先进的外部存储器接口，允许设计者将外部大容量 SRAM 和 DRAM 器件集成到复杂的系统设计中，而不会降低数据存储的性能
SRAM 器件	Stratix GX 器件支持四类 SRAM 器件的接口——双数据率(DDR)、四数据率(QDR)、QDR Ⅱ 和零总线转换(ZBT)，速率高达 668 Mb/s
DRAM 器件	Stratix GX 器件支持三类高速同步 DRAM(SDRAM)接口——单数据率(SDR SDRAM)、DDR SDRAM 和快速循环(FCRAM)，速率高达 400 Mb/s
DSP 块	DSP 块是为 DSP 应用优化的高性能嵌入 DSP 单元。DSP 块消除了 DSP 应用的瓶颈，提供了可预测和可靠的性能，可在不损失性能的情况下节省资源
支持差分 I/O	Stratix GX 器件内的源同步电路支持 LVDS、LVPECL、3.3 V PCML 和 HyperTransport 等差分 I/O 标准
支持单端 I/O	Stratix GX 器件支持大带宽单端 I/O 接口标准，如 SSTL、HSTL、GTL、GTL+、CTT 和 PCI-X，满足现今高性能系统的需求
热插拔和上电顺序	Stratix GX 器件具有健全的片内热插拔和上电顺序支持，确保了器件独立于上电顺序正常工作。该特性也在上电之前和之中保护了器件和三态高速收发器及一般 I/O 缓冲，使得 Stratix GX 器件成为多电源系统及需要高可用性和冗余度的系统的理想方案
片内匹配	Stratix GX 器件具有片内匹配和收发器片内匹配，它们将印制电路板(PCB)所需的外部电阻数量减至最少，从而简化了电路板的布局
远程系统升级	Stratix GX 器件具有远程系统升级能力，允许从远程安全可靠、无差错地升级系统
CRC	Stratix GX 器件具有 32 位 CRC 自动校验功能。内置的 CRC 校验电路简化了校验流程，只需在 Quartus Ⅱ 软件中单击一下即可。这是 FPGA 中对付单事件干扰(SEU)问题最有效的解决方案

特 性	说 明
Nios Ⅱ系列嵌入式处理器	Stratix GX 器件的高级架构特性结合 Nios Ⅱ嵌入处理器核，能够提供无与伦比的处理能力，满足网络、电信、DSP 应用、大存储和其他大带宽系统的需求。使用高性能的 Nios Ⅱ核，能够在 Stratix GX 器件上达到超过 150 DMIPS 的性能
Stratix GX 应用	Stratix GX 器件是一些市场上背板和芯片至芯片应用中高速通信的理想选择，这些应用包括通信、数字广播和存储系统
桥接应用	Stratix GX 器件为桥接不同的高速通信协议和完全适应高增值专用功能提供了理想的解决方案
交换结构应用	Stratix GX 器件具有多达 20 个的速度为 3.125 Gb/s 的通道、高性能的可编程逻辑和 TriMatrix 存储器，是灵活的交换结构方案。这在 FPGA 市场上是独一无二的
基站收发器应用	Stratix GX 器件具有高性能数字信号处理(DSP)块、TriMatrix 存储块和高性能 I/O 电路，结合可编程逻辑结构，为基站收发器卡提供了最优的解决方案
HDTV 产品应用	Stratix GX 器件支持 HD-SDI 标准和多收发器通道，是 HDTV 视频产品应用的灵活方案
存储应用	Stratix GX 器件提供了多达 20 个的收发器通道，让设计者在存储系统中使用灵活的集成方案

3.8.2 Stratix Ⅱ GX 器件系列简介

Stratix Ⅱ GX 是 Altera 最新一代带有嵌入式收发器的 FPGA。Stratix Ⅱ GX 器件构建在创新性的 Stratix Ⅱ 逻辑结构之上，针对最佳性能和泄漏功率控制进行了优化，因而具有后者的各种先进特性、丰富资源和业界最大容量、最高速度(参见表 3.37)。在此基础上，Stratix Ⅱ GX 器件内部集成了多达 20 个的基于串化器/解串器(SERDES)的收发器，可为不断增长的高速串行 I/O 应用和协议提供功能强大的解决方案；利用随之提供的 IP、系统模型、参考设计、信号完整性工具和其他资源，可极大地降低成本和设计风险。

表 3.37 Stratix Ⅱ GX 器件(初步规划)特性

特 性	2SGX30C	2SGX30D	2SGX60C	2SGX60D	2SGX60E	2SGX90E	2SGX90F	2SGX130G
收发器通道	4	8	4	8	12	12	16	20
收发器数据速率	622 Mb/s～6.375 Gb/s							
自适应逻辑模块(ALM)	13 552	13 552	24 176	24 176	24 176	36 384	36 384	53 016
等价逻辑单元	33 880	33 880	60 440	60 440	60 440	90 960	90 960	132 540
LVDS 通道	29	29	29	29	42	45	59	78
M512 RAM 模块	202	202	329	329	329	488	488	699
M4K RAM 模块	144	144	255	255	255	408	408	609
M-RAM 模块	1	1	2	2	2	4	4	6
RAM 总容量/位	1 369 728		2 544 192		2 544 192	4 520 448		6 747 840
嵌入式(18×18)乘法器	64	64	144	144	144	192	192	252
增强型/快速 PLL	4	4	8	8	8	8	8	8
DSP 模块	16	16	36	36	36	48	48	63

Stratix Ⅱ GX 收发器在 622 Mb/s～6.375 Gb/s 范围内可提供同类最佳的信号完整性。对 Stratix GX 收发器已提供的极佳的抖动产生和抖动容限，在 Stratix Ⅱ GX 收发器中同样进行了仔细规划：收发器具有方便的可调动态预加重、均衡和输出电压控制功能，可补偿高速传输时的信号质量下降。这些特性与专用封装、噪声滤波、优异的接收器灵敏度以及强大的 CDR 设计一起，可确保实现最佳信号完整性。此外，Stratix Ⅱ GX 器件内置对 PCI Express 等高级协议的支持功能(详见表 3.38)，可大量节省资源，简化协议支持；内置的字探测和对齐电路、8 b/10 b 编码器/解码器(可选择旁路)，使其非常适用于各种串行应用场合。

　　与 Stratix GX 器件相比，Stratix Ⅱ GX 器件具有 Stratix GX 的主要特性(参见表 3.37)及其收发器方面的改进特性，并且具有许多源于 Stratix Ⅱ 架构的突出优点，包括更高的速度、更大的容量、带有 DPA 电路的源同步信令以及采用配置比特流加密技术的安全设计，参见 3.7.2 节及表 3.39、表 3.40。现已可提供 6.375 Gb/s 测试芯片收发器电路板，来评估 Stratix Ⅱ GX 收发器的质量。Quartus Ⅱ 设计软件以及多种第三方综合和仿真工具将很快对其提供支持。不久将提供多种易于使用的信号完整性工具，使信号完整性专家能够在设计开始之前对器件进行验证。板级仿真工具和针对 Stratix Ⅱ GX 器件优化的 IP 将有助于进一步完善器件的性能。

表 3.38　Stratix Ⅱ GX 收发器特性总结

特　性	说　明
极佳的信号完整性	发射器具有低抖动产生特性以及最大 500% 的预加重。接收器具有极佳的抖动容限以及最大 17 dB 的均衡
低功耗	速率为 6.375 Gb/s 时，收发器每通道功耗为 225 mW；速率为 3.125 Gb/s 时，每通道功耗仅为 125 mW
PCS 支持(硬核 IP)	收发器支持以下 PCS 模块：PCI Express、PIPE-Compliant PCS、CEI-6G-LR/SR、8 b/10 b 编码器/解码器、XAUI 状态机和通道绑定、千兆以太网状态机、SONET、8 b/10 b 和 8/10/16/20/32/40 位接口(至 FPGA 内核)
系统级诊断	串行自环、反向串行自环、伪随机二进制序列(PRBS)产生器和校验器，以及基于寄存器的接口可方便实现预加重、均衡和差分输出电压的动态配置

表 3.39　Stratix Ⅱ GX 和 Stratix GX PMA(增强模拟物理介质附加模块)特性对比

特　性	器 件 系 列	
	Stratix Ⅱ GX	Stratix GX
数据速率范围	622 Mb/s～3.1875 Gb/s	622 Mb/s～6.375 Gb/s
过采样数据速率范围	270 Mb/s～3.1875 Gb/s	270 Mb/s～6.375 Gb/s
典型功耗 (当 U_{OD}=400 mV)	150 mW/通道@3.1875 Gb/s	125 mW/通道@3.1875 Gb/s 225 mW/通道@6.375 Gb/s
最大预加重级别 (最大值取决于 U_{OD} 设置)	140%，2 Taps	500%，3 Taps
最大均衡	9 dB，1 Stage，4 Levels	17 dB，4 Sages，16 Levels
输出差分电压范围	400～1600 mV	400～1400 mV

表 3.40　Stratix Ⅱ GX 和 Stratix GX PCS(物理编码子层)特性对比

特　性	器 件 系 列	
	Stratix Ⅱ GX	Stratix GX
器件	Quad(4 RX PLLs/1 TX PLL) 独立通道、每区域一个数据速率	Quad(4 RX PLLs/2 TX PLL) 独立通道、每通道独立数据速率
通道数量	4～20	4～20
编码	8 b/10 b	8 b/10 b
动态重新配置	预加重、均衡、U_{OD}	Stratix GX 特性+PLL 精确协议设置
比特重新排序	否 (必须在 FPGA 架构中设计)	是
字节重新排序	否 (必须在 FPGA 架构中设计)	是
FPGA 收发器接口	8 bit, 10 bit, 16 bit, 20 bit	8 bit, 10 bit, 16 bit, 20 bit, 32 bit, 40 bit

第4章

Altera 可编程逻辑器件开发软件
及开发实例

4.1 概　述

Altera 公司在不断推出先进的可编程逻辑器件的同时，也在不断改进和升级与之配套的开发工具软件。其中 Quartus II 和 MAX+PLUS II 最为常用，它们为 Altera 全系列可编程逻辑器件的开发提供了可视化的集成设计环境，并且具有业界标准的 EDA 工具接口，可以运行在 Windows 等多种操作系统平台上。

1. 设计、开发流程

使用 Quartus II 或 MAX+PLUS II 开发可编程逻辑器件的过程包括设计输入、项目编译、设计验证及器件编程等步骤，如图 4.1 所示。Quartus II 和 MAX+PLUS II 均提供了全面的逻辑设计能力，允许用户自由组合文本(HDL)、图形和波形输入方法，构建层次化的单器件或多器件设计。项目编译环节完成逻辑综合化简、适配设计项目于单个器件或多个器件以及形成编程/配置数据等工作。设计验证包括功能仿真、时序仿真、速度关键路径的延时预测以及支持不同系列器件混合使用的多器件仿真。

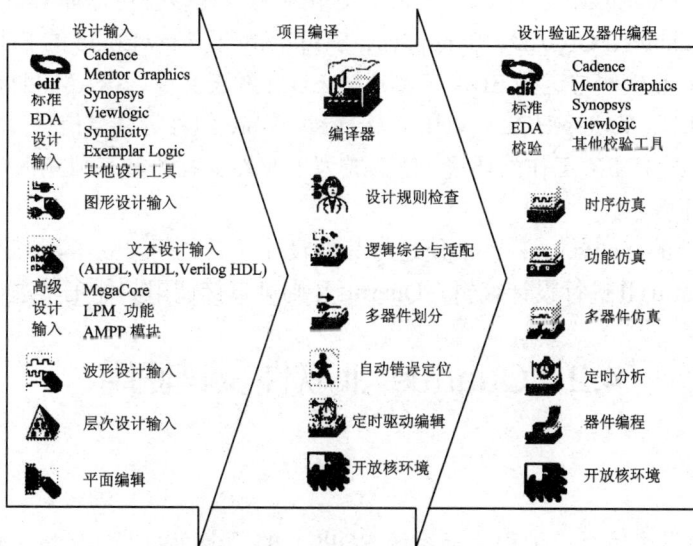

图 4.1　使用 Quartus 和 MAX+PLUS II 的设计流程图

2. MAX+PLUS Ⅱ开发工具

MAX+ PLUS Ⅱ提供了与(器件)结构无关的设计环境，确保了易于输入设计、快速编译及完成器件编程。MAX+ PLUS Ⅱ支持 FLEX、MAX 及 Classic 等系列器件，但不推荐用于更晚推出的器件系列的开发。

利用 MAX+ PLUS Ⅱ软件，用户无需精通器件内部的复杂结构，只需选用自己熟悉的方式和工具，如硬件描述语言、原理图或波形图进行描述和输入，由 MAX+ PLUS Ⅱ将设计描述转换为目标结构所要求的格式。由于有关的结构模型已集成在开发工具中，用户一般无需手工优化其设计，设计过程得以简化。

MAX+ PLUS Ⅱ为用户提供了丰富的逻辑功能库,包括74系列逻辑器件等效宏功能库、特殊宏功能(Macro Function)模块库以及参数化的巨功能模块库。MAX+ PLUS Ⅱ还具有开放核的特点，允许用户添加自己的宏功能模块。充分利用这些逻辑功能模块，可大大减少设计工作量。

3. QutartusⅡ开发工具

QuartusⅡ软件可以满足开发 Altera 全系列可编程逻辑器件的各种需要。为适应日益严格的设计周期要求和不断增加的设计复杂度，QutartusⅡ集成了工作组计算、集成逻辑分析功能、EDA 工具集成、多过程支持、增强重编译和 IP 集成等先进特性。QuartusⅡ还支持网上设计和服务，用户可直接通过 Internet 获得 Altera 的技术支持(Atlas SM)：基于命题数据可立刻获得普通设计问题的方案；对一些特殊问题，用户可在线直接向 Altera 应用部提出服务申请，提交设计题案，由 Altera 工程师通过准确地模拟设计环境来找到并提供解决方案。因此，对于新的设计项目，优先推荐使用 QuartusⅡ开发工具。

4. 多平台及 EDA 工具支持

Altera 致力于支持电路设计者都很熟悉的逻辑开发环境。Altera 与业界领先的 EDA 工具商家组成的 ACCESS 联盟，确保了 Altera EDA 工具与这些支持 Altera 器件的 EDA 工具之间的顺畅接口。QuartusⅡ及 MAX+ PLUS Ⅱ软件可与许多公司，如 Cadence、Exemplar Logic、Menter Graphics、OrCAD、Synopsys、Synplicity 及 ViewLogic 的 EDA 工具接口。

MAX+ PLUS Ⅱ软件与这些 EDA 工具通过 EDIF 网表文件、SRAM 目标文件(.sof)、参数化的模块库(LPM)、Verilog HDL、VHDL 及 DesignWare 组件等共享信息。MAX+ PLUS Ⅱ编译器工作于 PC 及 UNIX 工作站环境，使其成为了业界少有的具有独立平台和独立构架的可编程逻辑设计环境。

QuartusⅡ软件的 NativeLink 特性使之与其他设计工具之间建立了紧密的联系，其他工具可直接调用 QuartusⅡ进行设计编辑，QuartusⅡ则可直接调用其他工具进行综合仿真。

4.2 Quartus Ⅱ软件及其使用

4.2.1 概述

Quartus Ⅱ提供了适合可编程片上系统(SOPC) 的最全面的设计环境。特别是 Quartus Ⅱ 4.0 及其后续版本提供了基于模块的设计方法 Logiclock，可显著地提高设计效率；IP 核的更快集成，使系统集成更加迅速；在设计周期的早期即可分配和确认 I/O 引脚，让用户可以在工程设计中更早地开始印制电路板(PCB)的布线设计；存储器编译功能简化了对嵌入式存储器的管理，而且新增加了针对 FIFO 和 RAM 读操作的基于现有设置的波形动态生成功能。

Quartus Ⅱ5.0 及其后续版本具有下列先进特性和增强功能：编译增强特性可缩短近70%的编译时间，并可与 SignalTap Ⅱ嵌入式逻辑分析仪联用，以加速实现验证迭代；时序估算比运行完整的编译快出近 45 倍，可有效地提高时序性能。

本节按照一系列特定的可编程逻辑设计任务和设计流程来组织内容，主要介绍 Quartus Ⅱ的基本用法和设计功能，以及如何利用它们进行 FPGA 和 CPLD 设计。无论是使用 Quartus Ⅱ图形用户界面、第三方 EDA 工具还是使用 Quartus Ⅱ命令行界面，这里都将介绍最适合设计流程的设计功能，并重点介绍主流的 Quartus Ⅱ图形用户界面的用法，以帮助读者尽快掌握利用 Quartus Ⅱ软件快速有效地满足设计性能和时间要求的方法。

4.2.2 安装

1. PC 机系统的推荐配置

Quartus Ⅱ在升级时保持了兼容性和稳定性，因此其不同版本在功能、界面和操作方面的差别并不大。较高版本支持的器件系列较多，与其他工具的集成、联动更多也更强，但对运行环境的要求也越高。例如，Quartus Ⅱ 9.0 的安装文件就多达近 3 G，运行时需要多达 2 G 的虚拟内存(在 Windows 的 64 位 XP 和 Vista 系统上，更是需要多达 4 G)。但实际上对于教学和初学者来说，Quartus Ⅱ 4.0 等版本已经够用而且较容易获得和使用。因此，本章将主要以 Quartus Ⅱ 4.0 为例进行介绍。

Quartus Ⅱ 4.0 要求用户的计算机达到以下最低配置：

(1) Pentium Ⅱ 400 MHz 或更高频率。

(2) Windows NT 4.0 版本(Service Pack 4 或更新版本)、Windows 2000 或 Windows XP 中任一种操作系统。

(3) 800 MB 以上的硬盘安装空间。

(4) IE 5.0 以上版本。

(5) TCP/IP 网络协议。

2. 软件安装

在满足以上配置的计算机上，用户可以按照以下步骤安装 Quartus Ⅱ软件：

(1) 插入 Quartus Ⅱ安装光盘使其自动运行；或通过资源管理器进入光驱驱动器，用鼠标左键双击光驱根目录下的 install.exe 安装文件，即可打开如图 4.2 所示的 Quartus Ⅱ安装界面。

(2) 单击"Install Quartus Ⅱ and Related Software"按钮，进入如图 4.3 所示的 Quartus Ⅱ软件安装向导窗口。在安装向导的指引下，用户可以通过(连续)单击"Next"按钮轻松地进行安装，最后单击"Finish"按钮结束安装。必要时，可中途单击"Cancel"按钮，终止安装。

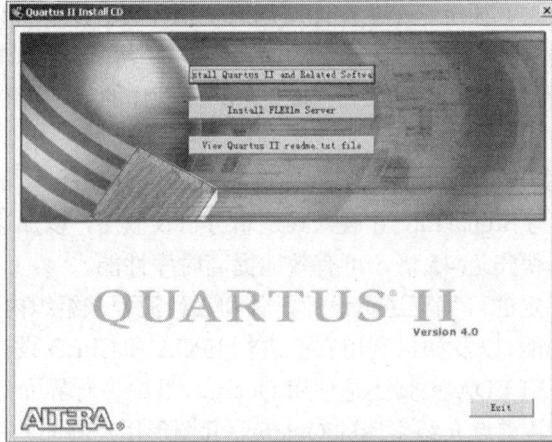

图 4.2 Quartus Ⅱ 安装界面

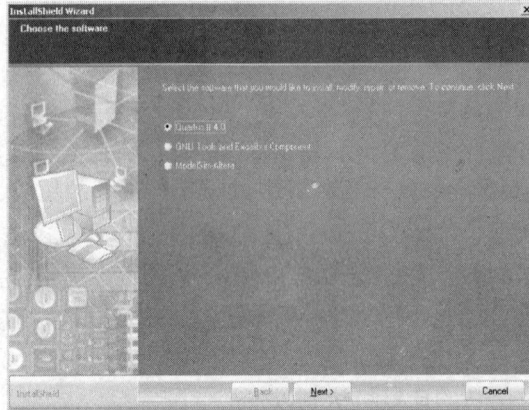

图 4.3 Quartus Ⅱ 软件安装向导窗口

3. 授权文件的安装

安装成功后第一次运行 Quartus Ⅱ 软件时，还必须定位由 Altera 公司提供的授权文件 (license.dat)。用户可通过登录 www.altera.com/licensing 主页，申请和获得该授权文件。常见的授权文件有下列两种形式：

(1) node-locked (FIXED PC) licence。使用这种授权文件的 PC 需要安装软件狗(Sentinel Software Guard)。

(2) network license(FLOAT PC、FLOAT NET 或 FLOAT LNX)。使用这种授权文件时，用户需要对其进行简单的改动，并安装和配置 FLEXlm 授权管理服务器(FLEXlm License Manager Server)。

对于以上两种授权形式，Quartus Ⅱ 软件都要求提供一个有效文件 license.dat，其中包含对 Altera 综合与仿真工具的授权。可通过以下步骤定位该文件：

(1) 启动 Quartus Ⅱ 软件，在提示界面中选择"Specify valid license file"项，在弹出的 Tools 菜单中单击"Options"选项，在如图 4.4 所示的 Options 对话框中选择 License Setup 选项。

(2) 点击 License file 栏后的"…"按钮，查找和定位 license.dat 文件；也可以直接输入该授权文件的路径。

(3) 单击"OK"按钮后退出。

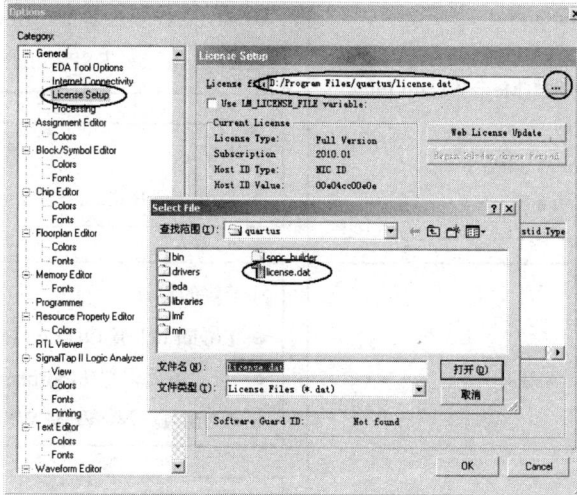

图 4.4　Options 对话框

4.2.3　设计流程

Quartus Ⅱ软件为用户提供了图形用户界面、第三方 EDA 工具和命令行界面等设计方式。用户也可以将 Quartus Ⅱ软件与现有的第三方 EDA 工具和命令行设计流程集成起来使用。Quartus Ⅱ软件拥有覆盖 FPGA 和 CPLD 设计的所有阶段的解决方案,其设计流程如图4.5 所示。

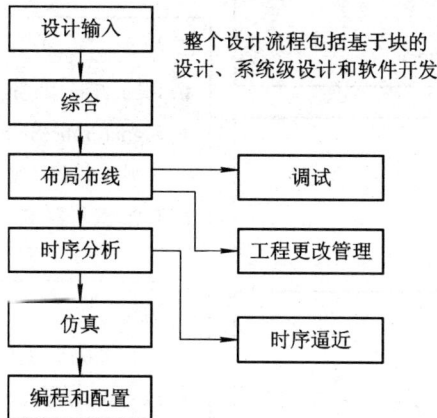

图 4.5　Quartus Ⅱ设计流程

此外,Quartus Ⅱ软件还允许用户在设计流程的不同阶段,根据需要选用图形用户界面、命令行界面或第三方 EDA 工具界面。

1. 图形用户界面设计流程

Quartus Ⅱ软件提供了完整的、易于操作的图形用户界面,可用于完成整个设计流程中各个阶段的操作。图 4.6 显示了 Quartus Ⅱ图形用户界面为设计流程各阶段所提供的主要功能。图中对应地给出了英文术语和中文解释,以便用户使用并与开发软件保持一致性。

设计输入
- 文本编辑器(Text Editor)
- 块与符号编辑器(Block & Symbol Editor)
- MegaWizard 插件管理器(MegaWizard Plug-In Manager)
- 约束编辑器(Assignment Editor)
- 布局图编辑器(Floorplan Editor)

综合
- 分析与综合
- VHDL、VerilogHDL、AHDL
- 辅助设计
- RTL 查看器

布局与布线
- 适配器(Fitter)
- 约束编辑器(Assignment Editor)
- 布局图编辑器(Floorplan Editor)
- 芯片编辑器(Chip Editor)
- 报告窗口(Report Window)
- 累进适配器(Incremental Fitter)

时序分析器
- 时序分析器(Timing Analyzer)
- 报告窗口(Report Window)

仿真
- 仿真器(Simulator)
- 波形编辑器(Waveform Editor)

编程
- 汇编器(Assembler)
- 编程器(Programmer)
- 转换编程文件(Convert Programming Files)

系统级设计
- SOPC Builder(SOPC Builder)
- DSP Builder(DSP Builder)

软件开发
- Software Builder(Software Builder)

基于块的设计
- LogicLock 窗口(LogicLock Window)
- 布局图编辑器(Floorplan Editor)
- VQM 编写器(VQM Writer)

EDA 界面
- EDA 网表编写程序(EDA Netlist Writer)

时序逼近
- 布局图编辑器(Floorplan Editor)
- LogicLock 窗口(LogicLock Window)

调试
- SignalTap Ⅱ(SignalTap Ⅱ)
- SignalProbe(SignalProbe)
- 芯片编辑器(Chip Editor)
- RTL 查看器(RTLViewer)

时序逼近
- 布局图编辑器(Floorplan Editor)
- LogicLock 窗口(LogicLock Window)

工程更改管理
- 芯片编辑器(Chip Editor)
- 资源属性编辑器(Resource Property Editor)
- 更改管理器(Change Manager)

图 4.6　Quartus Ⅱ图形用户界面功能

首次启动 Quartus II软件后，会出现如图 4.7 所示的用户界面。用户可根据个人偏好，自定义 Quartus II工具栏的布局、菜单、命令和图标。

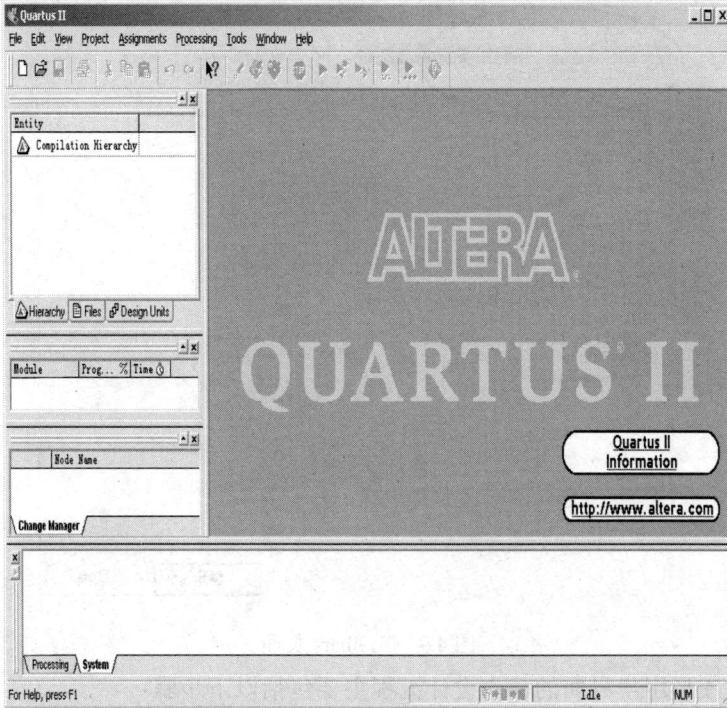

图 4.7 Quartus II的基本用户界面

用户还可以单击 Tools 菜单下的 Customize 选项，在弹出的 Customize 对话框的复选页面中(如图 4.8 和图 4.9 所示)选择使用标准的 Quartus II用户界面或 MAX+PLUS II用户界面，从而使用熟悉的版式、命令和图标，方便地控制 Quartus II软件的功能。

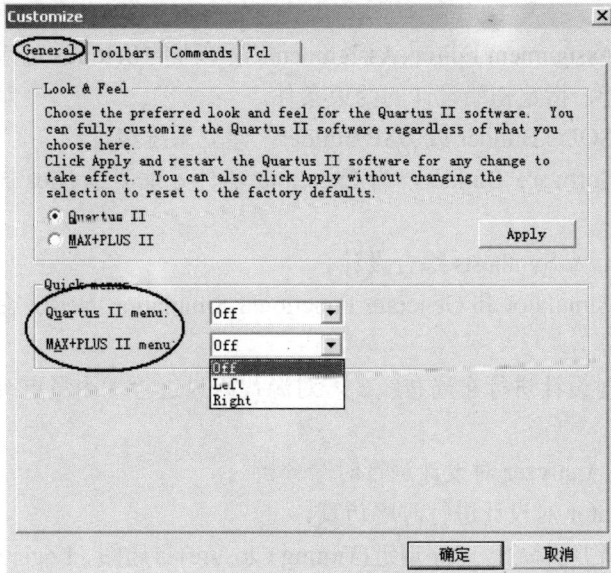

图 4.8 General 页面

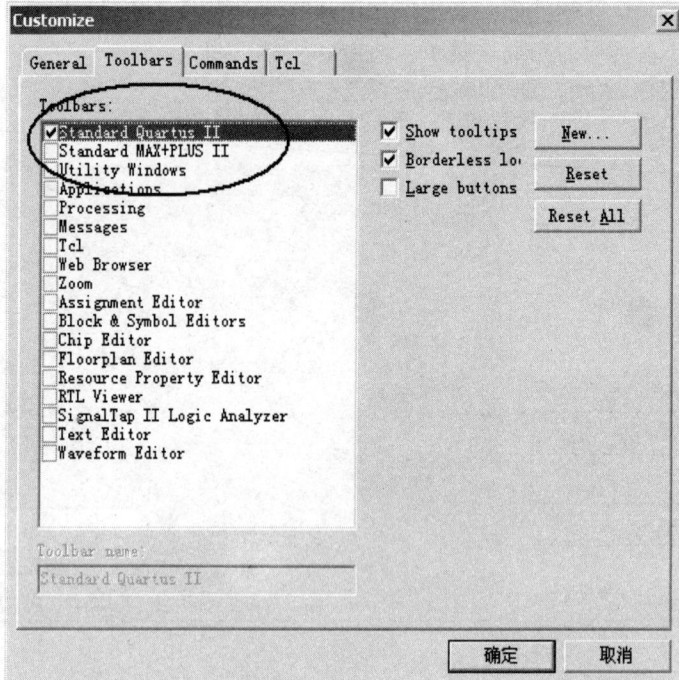

图 4.9   Toolbars 页面

Quartus Ⅱ图形用户界面的基本设计流程主要包括以下步骤：

(1) 使用 File 菜单下的 New Project Wizard 命令，建立新工程并指定目标器件或器件系列。

(2) 用户可以使用 Block Editor 建立流程图或原理(逻辑)图，流程图中可以包含代表其他设计文件的符号；也可以使用 Text Editor 建立 Verilog HDL、VHDL 或 Altera 硬件描述语言(AHDL)设计；还可以使用 MegaWizard Plug-In Manager 生成宏功能模块和 IP 内核的自定义变量。

(3) (可选)使用 Assignment Editor、Assignments 菜单下的 Settings 对话框、Floorplan Editor 和/或 LogicLock 功能，指定初始设计的约束条件。

(4) (可选)使用 SOPC Builder 或 DSP Builder，建立系统级设计。

(5) (可选)使用 Software Builder，为 Excalibur 器件处理器或 Nios 嵌入式处理器建立软件和编程文件。

(6) 使用 Analysis & Synthesis 综合设计。

(7) (可选)使用 Simulator 和 Generate Functional Simulation Netlist 命令，对设计进行功能仿真。

(8) 使用 Fitter 对设计进行布局布线。若对源代码只进行了少量更改，则可以使用增量布局布线。

(9) 使用 Timing Analyzer 对设计进行时序分析。

(10) 使用 Simulator 对设计进行时序仿真。

(11) (可选)使用物理综合、时序逼近(Timing Closure)布局图、Logic Lock 功能、Settings 对话框和 Assignment Editor 进行时序改进，实现时序闭合。

(12) 使用 Assembler 为设计建立编程文件。

(13) 使用编程文件、Programmer 和 Altera 硬件，对器件进行编程；或将编程文件转换为其他文件格式，供嵌入式处理器或其他系统使用。

(14) (可选)使用 Signal Tap Ⅱ Analyzer、Signal Probe 功能或 Chip Editor，对设计进行调试。

(15) (可选)使用 Chip Editor、Resource Property Editor 和 Change Manager，进行工程更改管理。

2. 第三方 EDA 工具设计流程

Quartus Ⅱ 软件支持用户在设计流程的各阶段使用自己熟悉的第三方 EDA 工具。用户可将这些工具与 Quartus Ⅱ 图形用户界面或 Quartus Ⅱ 命令行可执行文件集成起来使用。图 4.10 显示了使用第三方 EDA 工具的基本设计流程。

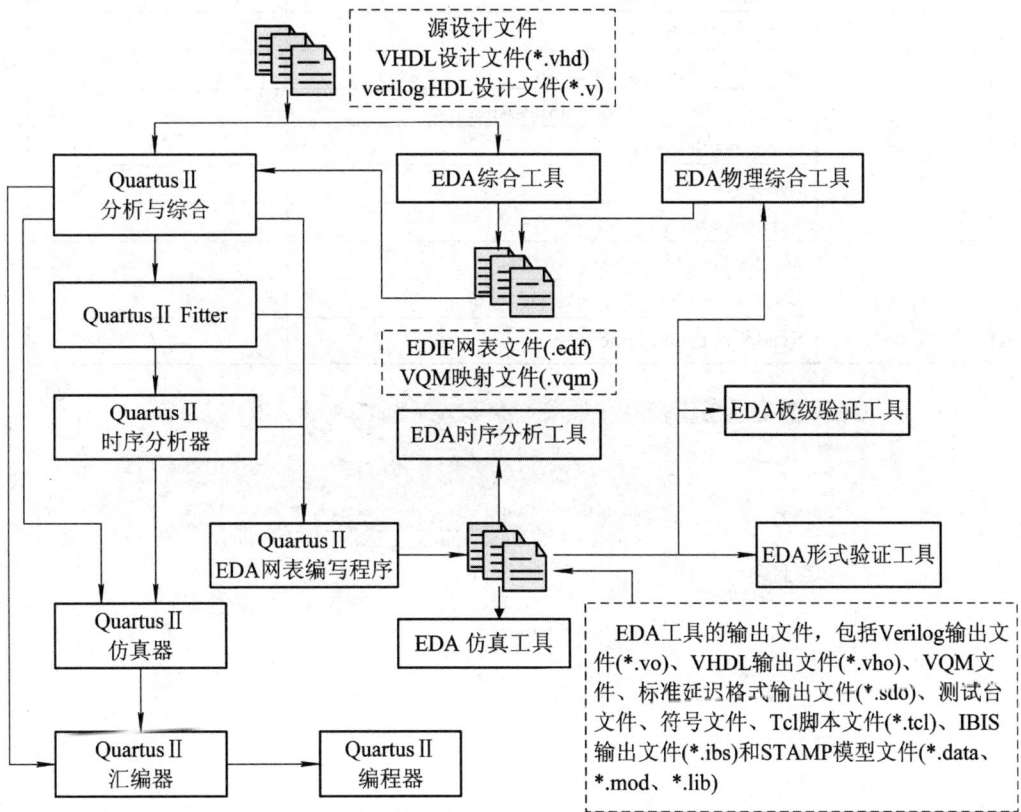

图 4.10　EDA 工具设计流程

Quartus Ⅱ 软件为集成第三方 EDA 工具提供了 NativeLink 技术，用于在 Quartus Ⅱ 软件和其他第三方 EDA 工具之间完美地传输信息，并允许在 Quartus Ⅱ 软件中自动运行这些第三方 EDA 工具。表 4.1 中列举了 Quartus Ⅱ 软件支持的(部分)第三方 EDA 工具。

利用 Settings 对话框(Assignments 菜单)的 EDA Tool Settings 页面，用户可以指定要与 Quartus Ⅱ 软件配合使用的 EDA 工具。EDA Tool Settings 对话框下的独立页面为每种类型的第三方 EDA 工具都提供了附加选项，如图 4.11 所示。

表 4.1　Quartus Ⅱ软件支持的第三方 EDA 工具

功　能	支持的 EDA 工具	NativeLink 支持
综合	Mentor Graphics Design Architect	
	Mentor Graphics Leonardo Spectrum	√
	Mentor Graphics Precision RTL Synthesis	√
	Mentor Graphics ViewDraw	
	Synopsys Design Compiler	
	Synopsys FPGA Compiler Ⅱ	√
	Synplicity Synplify	√
	Synplicity Synplify Pro	
仿真	Cadence NC-Verilog	√
	Cadence NC-VHDL	√
	Cadence Verilog-XL	
	Model Technology ModelSim	√
	Model Technology ModelSim-Altera	√
	Synopsys Scirocco	√
	Synopsys VSS	
	Synopsys VCS	
时序分析	Mentor Graphics Blast（通过标签）	
	Mentor Graphics Tau　（通过标签）	
	Synopsys Prime Time	√

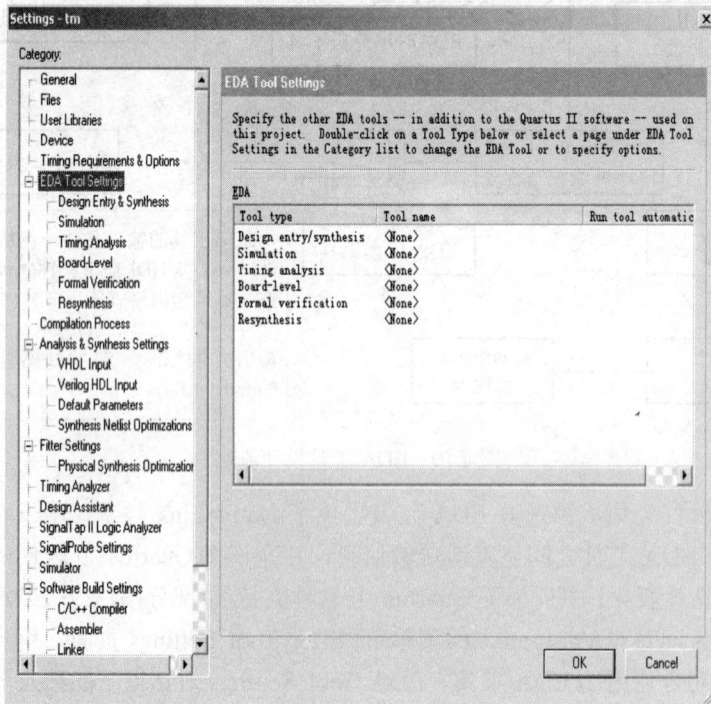

图 4.11　设置对话框的 EDA 工具设置页

Quartus Ⅱ与第三方 EDA 工具联用时的基本设计流程主要包括以下步骤:

(1) 创建新工程(Project)并指定目标器件或器件系列。

(2) 使用标准文本编辑程序建立 VHDL 或 Verilog HDL 设计文件。需要时,用户可以运用库功能进行例化,或使用 Tools 菜单下的 MegaWizard Plug-In Manager 选项,建立宏功能模块的自定义变量。

(3) 使用一个 Quartus Ⅱ支持的(第三方)EDA 综合工具对用户的设计进行综合,并生成 EDIF 网表文件(.edf)或 VQM 文件(.vqm)。

(4) (可选)使用一个 Quartus Ⅱ支持的(第三方)仿真工具,对用户的设计进行功能仿真。

(5) 可利用 Assignments 菜单下的 Quartus Ⅱ Settings 页面,指定与 Quartus Ⅱ软件配合使用的第三方 EDA 设计输入、综合、仿真、时序分析、板级验证、形式验证和再综合工具,并为这些工具指定附加选项。

(6) 使用 Quartus Ⅱ软件,编译设计并进行布局布线。可以执行编译批处理,或者分别运行各个 Compiler 模块:

① 运行 Analysis & Synthesis,对设计进行分析,并将设计中的功能映射到正确的库模块上。

② 运行 Fitter,对设计进行布局布线。

③ 运行 Timing Analyzer,对设计进行时序分析。

④ 运行 EDA Netlist Writer,生成与其他 EDA 工具配合使用的输出文件。

⑤ 运行 Assembler,为用户的设计建立编程文件。

(7) (可选)使用其中一个 Quartus Ⅱ支持的(第三方)EDA 时序分析工具进行时序分析。

(8) (可选)使用其中一个 Quartus Ⅱ支持的(第三方)EDA 仿真工具进行时序仿真。

(9) (可选)使用其中一个 Quartus Ⅱ支持的(第三方)EDA 板级验证工具进行板级验证。

(10) (可选)使用其中一个 Quartus Ⅱ支持的(第三方)EDA 形式验证工具进行形式验证,以确保 Quartus Ⅱ的布线后网表与综合网表相同。

(11) (可选)使用其中一个 Quartus Ⅱ支持的(第三方)EDA 再综合工具进行板级再综合。

3. 命令行设计流程

Quartus Ⅱ软件为用户提供完整的命令行界面解决方案。用户使用命令行可执行文件和选项,可以完成设计流程的各个步骤。每个可执行文件仅在运行时占用内存,所以使用命令行流程可以降低内存需求。用户可以使用脚本或标准的命令行选项和命令(包括 Tcl 命令),控制 Quartus Ⅱ软件和建立 Makefile。有关命令行可执行文件参见表 4.2。

可以将 Quartus Ⅱ可执行文件与任何命令行脚本方法(例如 Perl 脚本、批处理文件和 Tcl 脚本)配合使用。可以设计这类脚本,用以建立新工程或编译现有工程。还可以从命令提示符或控制台上运行可执行文件。

Quartus Ⅱ支持 VHDL 和 Verilog 硬件描述语言(HDL)的设计输入以及基于图形的设计输入方式,并且集成了多种系统级设计工具,帮助用户在开发 FPGA、CPLD 和结构化 ASIC 设计方面同时获得完美的设计性能和最短的设计周期。

表 4.2　命令行可执行文件

可执行文件名	名　称	功　能
quartus_map	分析综合器	建立工程和工程数据库、综合设计并对工程的设计文件执行技术映射
quartus_flt	适配器	对设计进行布局布线。在运行 Fitter 之前必须成功运行 Analysis & Synthesis
quartus_drc	辅助设计(DRC 检查)	根据一组设计规则检查设计的可靠性。在运行 Design Assistant 之前必须成功运行 Analysis & Synthesis 或 Fitter
quartus_tan	时序分析器	分析已实现电路的速度性能。在运行 Timing Analyzer 之前必须成功运行 Fitter
quartus_asm	汇编器	为编程或配置目标器件建立一个或多个编程文件。在运行 Assembler 之前必须成功运行 Fitter
quartus_eda	EDA 网表编写器	生成与其他 EDA 工具配合使用的网表文件和其他输出文件。文件格式视所用的选项而定,之前必须成功运行 Analysis & Synthesis、Fitter 或 Timing Analyzer
quartus_cdb	编译器数据库接口 (包括 VQM Writer)	生成内部网表文件,包括用于 Quartus II Compiler Database 的 VQM 文件,使它们可以用于 Back-annotate (回注) 和 LogicLock 功能。之前,必须成功运行 Fitter 或 Analysis & Synthesis
quartus_slm	仿真器	对设计进行功能或时序仿真。在进行功能仿真之前,必须成功运行 Analysis & Synthesis。在进行时序仿真之前,必须运行 Timing Analyzer
quartus_pgm	编程器	对 Altera 器件进行编程
quartus_cpf	转换编程文件	将编程文件转换为辅助编程文件格式
quartus_swb	软件生成器	为 Excalibur 嵌入式处理器进行软件设计
quartus_sh	Tcl Shell	为 Quartus II 软件提供 Tcl 脚本 shell

4.2.4　设计项目的输入

在 Quartus II 设计环境中,一个完整工程(Project)包括所有的设计文件、软件源文件和其他的相关文件,这些都是进行正常设计所必需的。用户可以使用修订,将自己的工程在不同版本的设置和约束下进行比较,从而更快速、有效地达到工程的设计要求。用户还可以使用 Quartus II 图形编辑器、文本编辑器、Tools 菜单下的 MegaWizard Plug-In Manager 命令和第三方 EDA 设计输入工具,建立包括 Altera 宏功能模块、参数化模块库(LPM)功能和知识产权(IP)功能在内的完整设计。用户还可以使用 Assignment 菜单下的 Settings 选项或 Assignment Editor 选项,指定设计约束条件。图 4.12 显示了设计输入的一般流程。

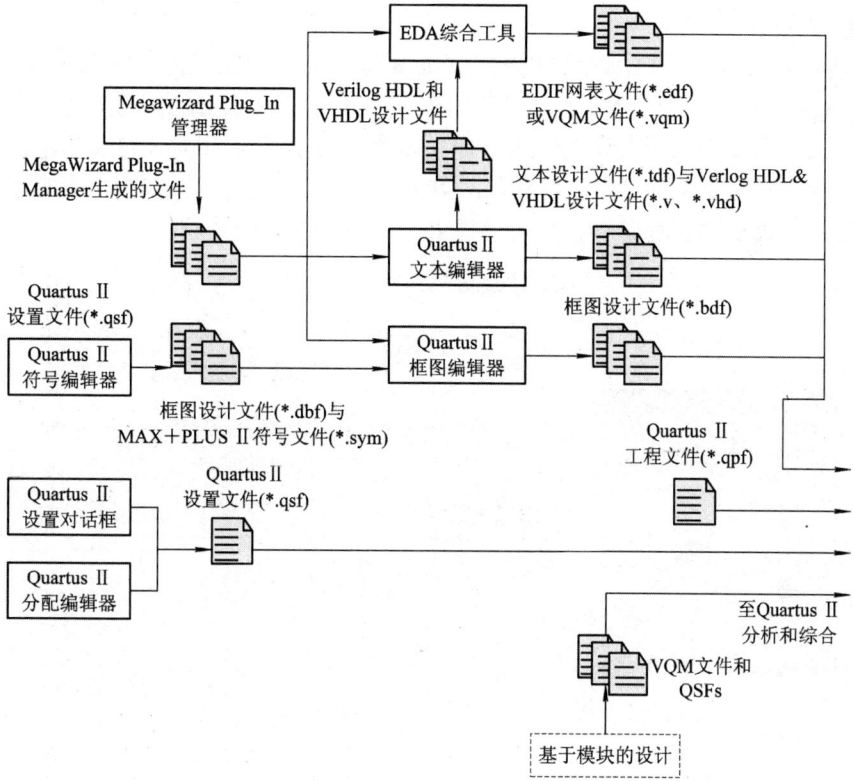

图 4.12　设计输入流程

　　如图 4.12 所示，Quartus Ⅱ软件支持原理图方式的图形输入、文本输入内置编辑以及第三方 EDA 工具产生的 EDIF 网表输入、VQM 格式输入等多种设计输入方式。用户可以根据具体工程的设计需要，选择相应的输入方法。选用的输入方式不同，生成的文件格式也有所不同，参见图 4.13。

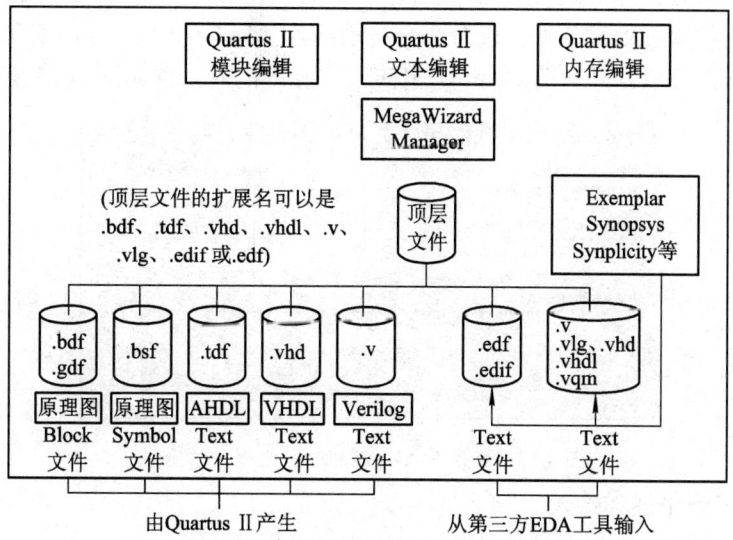

图 4.13　不同输入方式生成的各种文件格式

1. 建立设计工程

启动 Quartus Ⅱ设计软件后,可以利用 File 菜单下的创建工程向导(New Project Wizard)选项或 quartus_map 可执行文件,建立新的工程。在利用工程向导时,用户需要指定工程的工作目录、工程名以及顶层设计实体的名称,如图 4.14 所示;用户还可以指定在工程中使用的设计文件、其他源文件、用户库和第三方 EDA 工具,也可以在创建工程的同时指定目标器件的型号;最后,工程向导将为用户提供一个新建工程的总结。

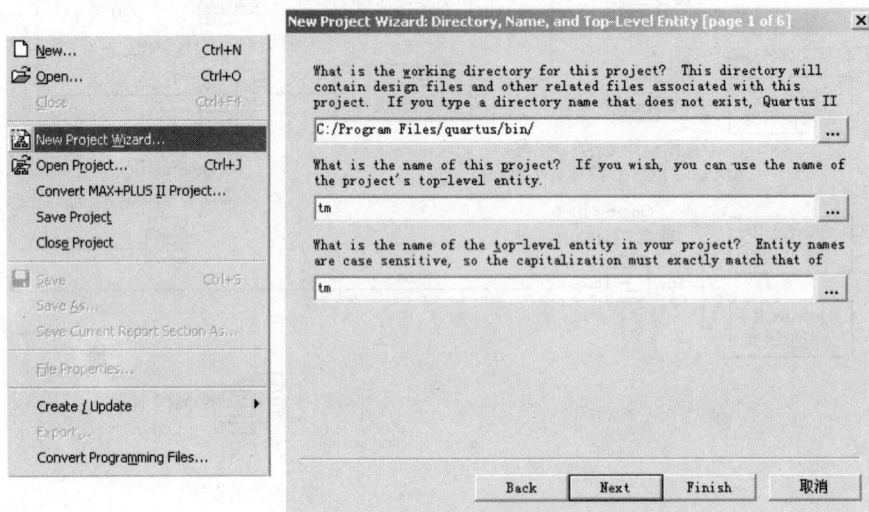

图 4.14 New Project Wizard 对话框

2. 转换 MAX+PLUS Ⅱ工程

Quartus Ⅱ可以转换已有的 MAX+PLUS Ⅱ工程,从而继承和移植已有的设计。利用 Convert MAX+PLUS Ⅱ Project 命令,设计者可以从原有的 MAX+PLUS Ⅱ工程中选择一个现存的约束和设置文件(*.acf)或设计文件,将其转换为一个新的 Quartus Ⅱ工程,其中包含所有可沿用的约束和约束条件。该命令会自动导入 MAX+PLUS Ⅱ约束和约束条件、建立新的工程文件,并且打开新的 Quartus Ⅱ工程。相应的对话框如图 4.15 所示。

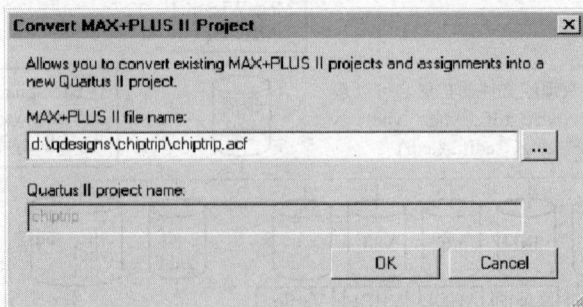

图 4.15 转换 MAX+PLUS Ⅱ工程对话框

3. 原理图设计描述和输入

在创建了设计工程后,用户可以使用框图编辑器以原理图方式描述设计,或在文本编辑器中利用硬件描述语言(AHDL、Verilog HDL 或 VHDL)描述设计。

Quartus Ⅱ还支持由(第三方)EDA 设计输入和综合工具生成的 EDIF 输入文件(*.edf)或用 VQM 文件(*.vqm)描述的设计。用户还可以在 EDA 设计输入工具中建立 Verilog HDL 或 VHDL 设计，生成 EDIF 输入文件和 VQM 文件，以及在 Quartus Ⅱ工程中直接使用 Verilog HDL 或 VHDL 设计文件。

由于 Quartus Ⅱ的功能甚为强大和完善，界面、命令和选项较多，为尽快掌握其使用，读者应先从最基本、最容易、最常用的部分开始，首先了解和掌握基本(但够用)的开发流程和操作步骤，而后再根据需要了解和掌握更多的相关命令(操作)和选项。本章也正是按照这一思路来组织和安排内容的。下面以模 60 十进制同步计数器的设计输入为例，具体加以介绍。

1) 建立新设计项目(工程)

(1) 选择 File 菜单下的创建工程向导(New Project Wizard)选项，打开 New Project Wizard 对话框(如图 4.14 所示)。

(2) 在对话框的第 1 行(路径)键入项目的工作目录(本例为 d:\mydesign\time\con60)，在第 2 行、第 3 行中分别键入项目、顶层设计文件名(本例为 con60)；也可点击对应的"..."按钮，进行浏览和指定。然后可以单击"Next >"按钮继续(选择器件)，或直接单击"Finish"按钮完成。

(3) 若所指定的路径(目录)不存在，会弹出如图 4.16 所示的提示对话框，可选择"是(Y)"加以创建。相反，若已有项目存在于该目录下，会弹出对话框显示警告信息(共享文件的项目之间会相互影响)，并询问是否要选择其他路径。一般不同的项目应分开保存，故应选择"是(Y)"并更改所指定的路径。

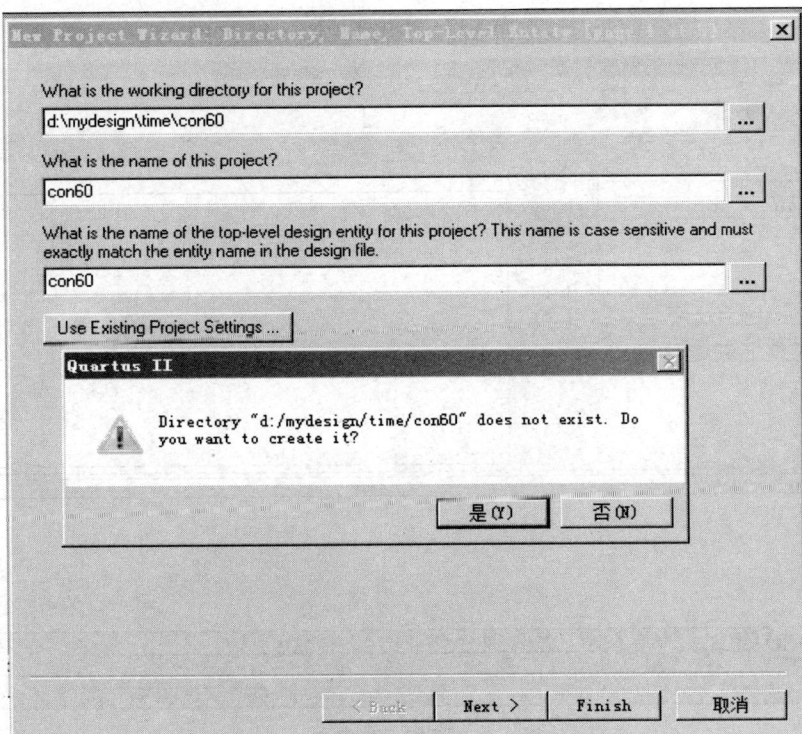

图 4.16 创建工程路径提示对话框

2) 建立新的原理图文件

(1) 选择 File 菜单下的 New 选项，打开如图 4.17 所示的 New 对话框。

(2) 选择 Block Diagram/Schematic File，单击"OK"按钮，便会打开如图 4.18 所示的 Quartus Ⅱ框图编辑器窗口。

(3) 选择 File 菜单下的 Save as 选项或单击对应的快捷按钮，可命名和保存新建的原理图设计文件。注意：Quartus Ⅱ要求(顶层)设计文件名须与项目名保持一致。故本例中设计文件名应指定为 con60。

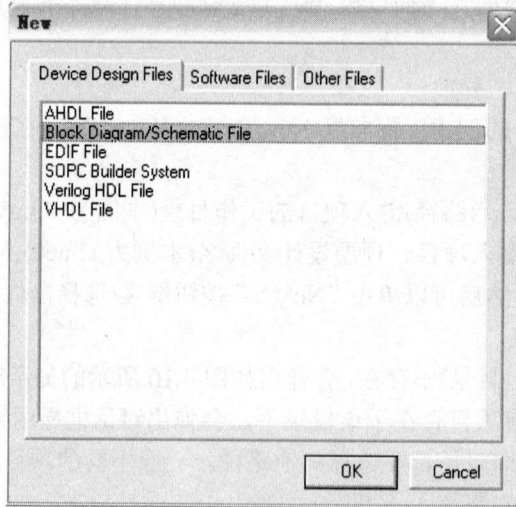

图 4.17　New 对话框

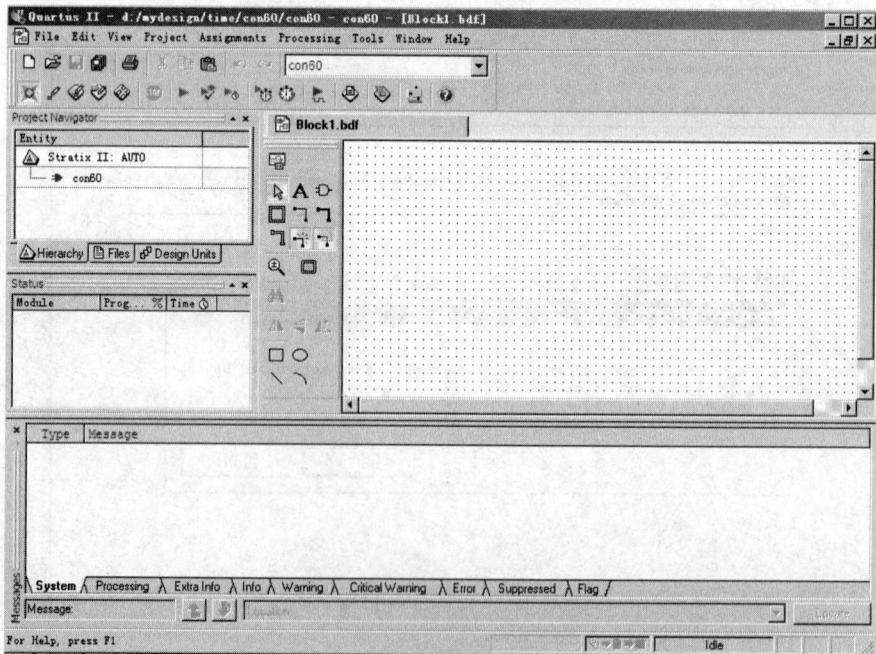

图 4.18　框图编辑器窗口

3) 输入图元和宏功能符号

(1) 在图 4.18 所示的框图编辑器工作区窗口的空白处双击鼠标左键，弹出如图 4.19 所示的 Symbol 对话框。

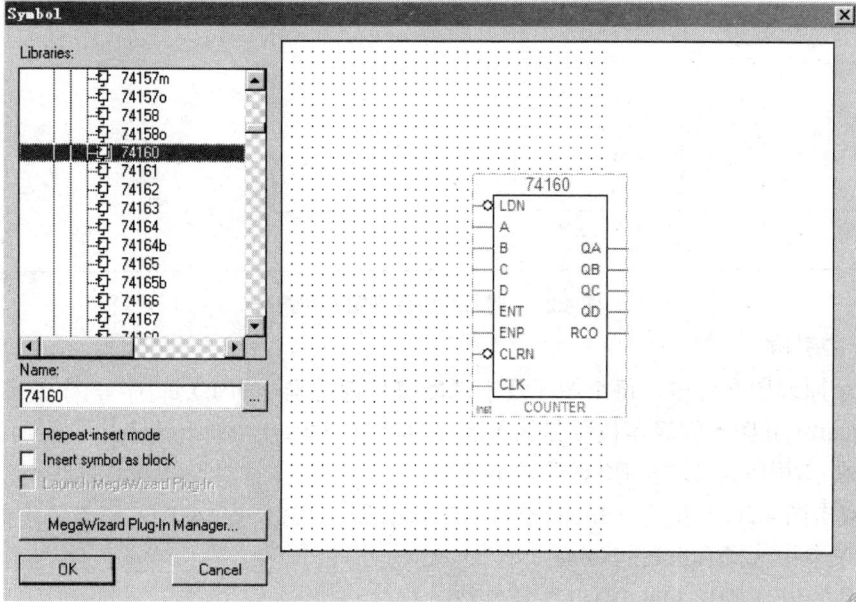

图 4.19　Symbol 对话框

(2) 在 Libraries 窗口中 others\maxplus2 文件夹下单击选择 74160，或直接在 Name 框中输入 74160，均会在右边的窗口中显示该器件符号。

(3) 单击"OK"按钮后，该器件符号(74160)便会出现在右边窗口中并"粘"在鼠标的光标上，移动鼠标至适当位置后，单击左键即可将其置入。在 con60.gdf 中要用到 2 个 74160，可分两次添加，也可用复制方式加入。

4) 改变图元或符号的位置和朝向

(1) 单击某个图元或符号(如 74160)，即可将其选中(其边框会变色以区别)。

(2) 在图元或符号上按下左键并移动鼠标，即可将其拖动。根据其外形边框可进行较精确的定位。

(3) 将图元或符号拖动到合适位置后，释放鼠标左键，便可将其放置到新的位置上。

(4) 若需改变图元或符号的朝向，可在其上面单击鼠标右键，在弹出的功能菜单中选择 Rotate、Flip Horizontal 或 Flip Vertical 命令，便可将其旋转、水平镜像或垂直镜像。

5) 放置 Input(输入)和 Output(输出)引脚

(1) 参照上述步骤，添加 Input 符号(位于 primitives\pin 文件夹下)。

(2) 在 Input 符号上同时按下 Ctrl 键和鼠标左键，拖曳鼠标至适当位置(如下方)再释放按键，即可复制该符号。利用该方法，同样可以复制其他符号。

(3) 重复第(2)步，添加第三个 Input 符号

(4) 利用同样的步骤和路径，在 74160 右侧添加 3 个 Output 符号(同样位于 primitives\pin 文件夹下)。最终完成后的结果如图 4.20 所示。

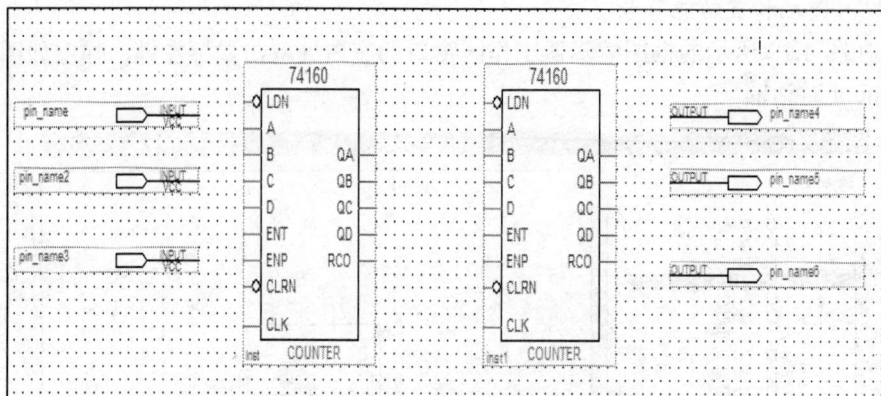

图 4.20　调入并放置好图元和符号

6) 命名引脚

在一个原理图文件中，每个图元及宏功能符号都有唯一的 ID 即(序号)标识号。其初始 ID 是由 Quartus Ⅱ 图形编辑器按照其加入次序自动赋予的，用户可利用下述方法加以修改(特别是对于端口/引脚)，以提高原理图的可读性：

(1) 双击图 4.20 中左上方 Input 端口的默认引脚名"PIN_NAME"，或者单击鼠标右键，在出现的菜单中选择 Edit Pin Name。

(2) 键入 PE，则该 Input 端口更名为 PE。

(3) 将其余的 Input 和 Output 引脚名按图 4.21 更改。可在编辑好一个引脚名后按回车键，自动选中其下方的一个端口的引脚名进行编辑。

图 4.21 中的输入端口 PE、CLR 和 CLK 依次分别为计数器使能、异步清除及时钟输出端口；QH[3..0]、QL[3..0]是十进制总线的名字，分别代表计数器的高 4 位总线及低 4 位总线输出。

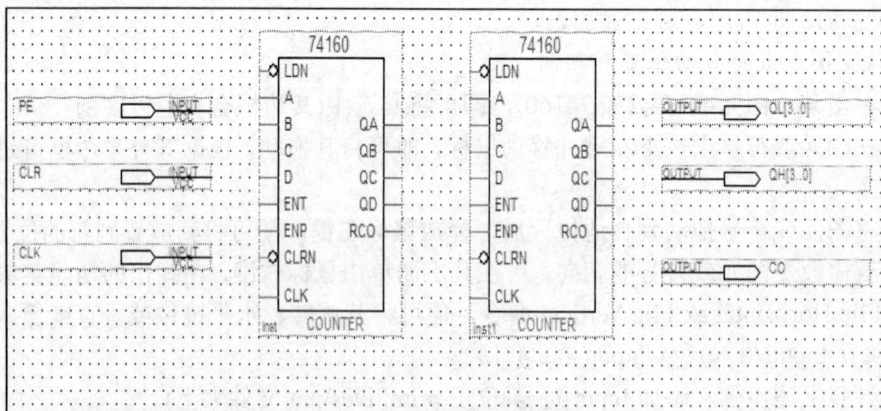

图 4.21　命名引脚示例图

7) 连线(电气连接)

(1) 此前应将各个逻辑符号和图元移动到适当位置。

(2) 建议使用作图工具按钮 ⊣⊢，打开橡皮筋连接功能，保持两个直接接触或通过引线相连的引脚之间的电气连接。这样移动其中任何一个时都会自动延伸或创建它们之间的连线(或总线)，从而提高效率，减少差错。再次点击上述按钮，即可关闭橡皮筋连接功能。

(3) 选择连线工具。单击正交线工具按钮 ⌐(或其他连线工具)，即可进入连线模式，鼠标光标会变为"+"形状。在任何情况下，将鼠标光标移到引脚、符号或连线的端口处，鼠标光标都会变为"+"形状，自动进入连线模式。

(4) 连线。将鼠标移至连线起点(例如输入引脚 PE 的端点)上并按下左键，移动鼠标光标至连线终点(例如 74160 的 ENT 引脚端点)后再释放左键，便可完成一条连线。

(5) 用正交线工具可以画直线或带有一个折点的线。如果要画有多个折点的连线，就需要在画完一条线之后，再画与这条线端点相连接的第二条线。注意：只有当两条连线的类型(Net 或 Bus)相同时，这两条线之间才会建立逻辑连接。

(6) 重复步骤(3)～(5)，画出其他连线，如图 4.19 所示。注意：当一条连线的端点落在另一条连线上时，会自动产生连接节点。

(7) 画总线。应先点击工具按钮 ⌐，选择总线类型(Bus Line Style)，再按照上述连线方法画线。图 4.22 给出了连接到输出引脚 QL[3..0]、QH[3..0]的总线。

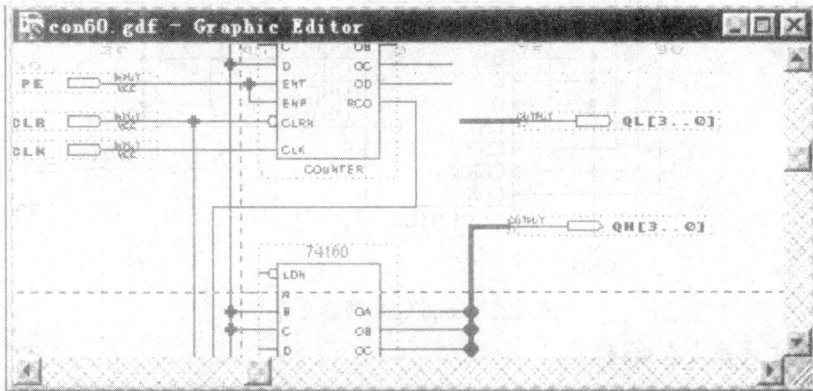

图 4.22   连线示例图

8) 删除连线

(1) 单击待删除的引线，即可选中鼠标所指处的线段；双击待删除引线，则选中与鼠标所指处的线段相连的所有连线。

(2) 按 Del 键，即可删除所选中的连线或线段。也可以在已选中的线段上右击鼠标，选择 Cut 项来删除所选中的连线或线段。

9) 通过命名来连接节点和总线

Quartus II 默认原理图中同名的连线或节点之间存在着逻辑连接，即使它们在形式上并未连通。例如，如果一条总线中的某个成员与一条连线(节点)被赋了相同的名称(默认不区分大、小写)，那么它们在逻辑上是连通的。因此，可以通过将接至 74160 符号的输出端 QA、QB、QC 和 QD 的连线分别命名为 QL0、QL1、QL2、QL3，使它们接入 QL[3..0]总线，即分别与 QL[3..0]的 4 个分量 QL[0]、QL[1]、QL[2]、QL[3] 相连，如图 4.23 所示。具体如下：

(1) 单击与 74160 符号的 QA 引脚相连的连线(节点)，则在该线上方会出现 1 个小方块插入点。

(2) 键入的连线名(此处为 QL0)会出现在连线的上方。可以用鼠标把连线/总线名拖到相关连线/总线上方的其他位置(以消除重叠)，而不影响其作用。

(3) 重复步骤(1)、(2)为其余的节点和总线命名，结果如图 4.23 所示。通过节点名把 QL0、QL1、QL [2](与 QL2 等效)和 QL3 节点与总线 QL[3..0]从逻辑上连接了起来，尽管它们在几何上并未连接。

选择菜单命令 Tools\Options，可以更改文字(如连线/总线名)的字体和大小。

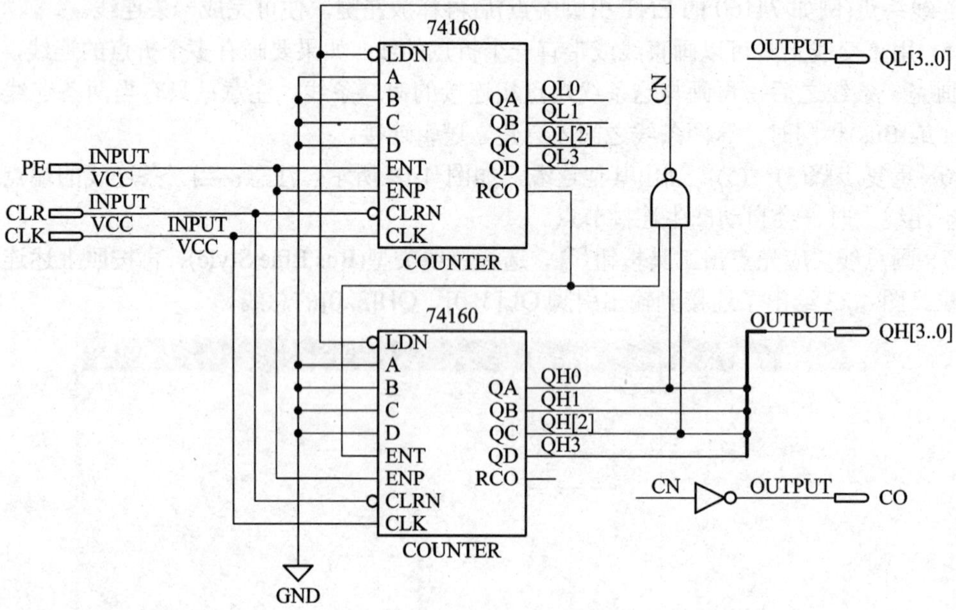

图 4.23　con60.gdf 图形文件

10) 保存文件并检查错误

(1) 选择菜单命令 Processing\Start\Start Analysis & Synthesis 或单击快捷按钮 ，可对当前项目进行分析和综合，结束后会报告是否成功完成。选择"确定"按钮或回车，即可返回到图形编译器。

(2) 在上述处理的过程中和结束后，Messages 消息窗口中会显示有关信息，包括错误或警告。可以通过单击底部的不同标签，切换查看消息内容。双击任一条错误消息，便会自动定位和显示设计文件中的对应部分。应逐条检查和改正被查出和报告的错误，并再次执行 Analysis & Synthesis，直到无错为止。

11) 生成默认的逻辑符号

(1) 选择菜单命令 File\Create/Update\Create Symbol File for Current File，即可生成与当前设计(可以是原理图或 HDL 描述)对应的默认逻辑符号(本例为 con60.sym)，它会出现在 Libraries 窗口中的 Project 文件夹下，可以像其他符号(如 74160)一样被用于其他原理图的设计。利用右键菜单的 Edit Symbol 选项，可以编辑 Quartus Ⅱ自带的或用户创建的原理图符号。

(2) 利用菜单项 File\Create/Update 下的其他命令，还可以创建与当前设计对应、可供其他设计描述文件引用的 HDL 设计文件(Create HDL Design File for Current File)或 AHDL 包含文件(Create AHDL Include File for Current File)，创建、更新对应于选定块的设计文件，创建

SignalTap II 相关文件、JAM/SVF/ISC 文件，创建、更新 IPS 文件等。

12) 关闭文件

选择菜单命令 File\Close，或单击图形编辑器窗口左上角的关闭钮，可关闭当前的编辑窗口和文件。选择菜单命令 File\Close Project，则可关闭当前项目。

请读者自行完成下列练习，以深入理解和掌握上述内容，为后续学习做好准备：

(1) 修改、完善图 4.23 所示电路，并创建默认符号 m60.sym。

(2) 建立、输入图 4.24 所示的模 12 计数器文件 m12.gdf。须成功通过 Analysis & Synthesis，并创建默认符号 m12.sym。

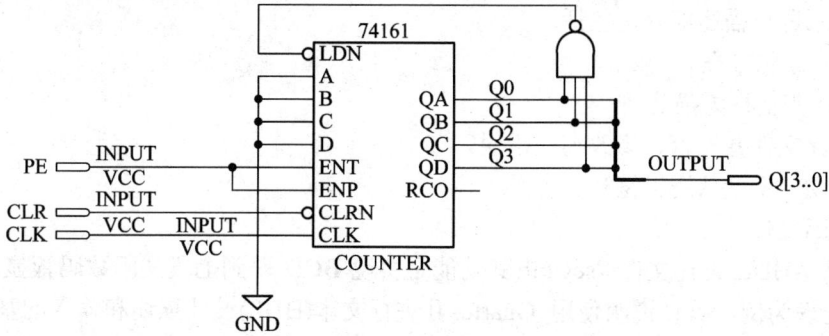

图 4.24　模 12 同步计数器 m12.gdf

4. 文本设计描述和输入

Quartus II 支持基于 VHDL、Verilog-HDL 和 AHDL 等硬件描述语言(Hardware Description Language，HDL)的文本设计描述和输入。前面两种均为国际标准，且本书第 7 章对 VHDL 有详细介绍；AHDL 则是由 Altera 开发和推广的非标准化 HDL，但它提供了功能强大、种类齐全、便于使用的各种语素，以及较丰富的设计资源——特别是对应于 Quartus II 功能库中全部功能块、可直接引用的包含文件(.inc)，故描述较简洁，开发较方便。因此，本书的部分设计示例采用了 AHDL，但限于篇幅和其非标性，将不对其作详细介绍。读者可以在 Quartus II 的帮助信息(Help)或 Quartus II 手册中找到有关的详细信息。值得强调的是，在线帮助功能总是给出最新的信息，它可以把有关的内容链接起来并给出实例及术语的定义，功能强大且使用方便，因而强烈推荐使用之。

以文本形式存在的 HDL 文件，既可用于建立一个完整的层次化设计，也可以在层次化设计中与各种其他类型的设计文件混合使用。Quartus II 的文本编辑器提供了一些特殊功能，使得用户可以方便地编辑、编译和调试 HDL 设计文件。使用者(特别是初学者)可以选择 Edit\Insert Template 命令(右键菜单也有该选项)，插入 HDL 设计模板(包括 VHDL、Verilog-HDL 和 AHDL 等类型)。该模板直观且详细地给出了有关的结构和语法规则，使用者以其为参考代入自己的设计内容，便可显著加快设计速度和减少差错。用户可以利用 Assign 菜单命令，对 HDL 设计文件的资源和器件进行设置与配置，然后对整个设计做编译和调试。消息处理器能够自动地对设计中的各种错误进行定位，并在文本编辑窗口中以高亮度凸显。在消除错误通过检查(Analysis & Synthesis)后，使用者可以基于 HDL 设计文件创建符号(.sym)，以加入图形设计文件(.bdf)中；也可以基于 HDL 设计文件创建包含文件(.inc)，以加入到其他 HDL 设计文件中。

建立一个 AHDL 设计描述文件通常需要以下步骤(其他 HDL 也类似)：

(1) 指定项目并建立新文件。

(2) 输入子设计部分，包括：

· 输入设计名。

· 输入输入端、输出端及双向端口名。

(3) 输入变量说明部分，包括：

· 声明普通节点。

· 声明寄存器节点。

(4) 输入逻辑描述部分，包括：

· 输入布尔方程。

· 输入其他行为描述。

(5) 保存文件并检查、修改句法错误。

(6) 建立一个默认逻辑符号。

(7) 关闭文件。

下面以 AHDL 设计文件 7seg.tdf(其功能是实现 BCD 码到七段共阳数码管显示的译码)的建立和处理为例，具体说明使用 Quartus II 进行文本(HDL)设计描述和输入的基本流程和主要步骤。

1) 建立设计项目和文本文件

(1) 建立一个新的设计项目(工程)，项目名、顶层设计文件名均采用 7seg(默认二者便是相同)，具体操作参见图 4.14 和相关说明。

(2) 选择菜单命令 File\New 或单击 ☐ 快捷钮，在 New 对话框中选择 Text Editor file，再单击"OK"按钮，便会出现一个无标题的文本编辑器(Text Editor)窗口，双击该窗口标题条的中部可将其最大化，如图 4.25 所示。

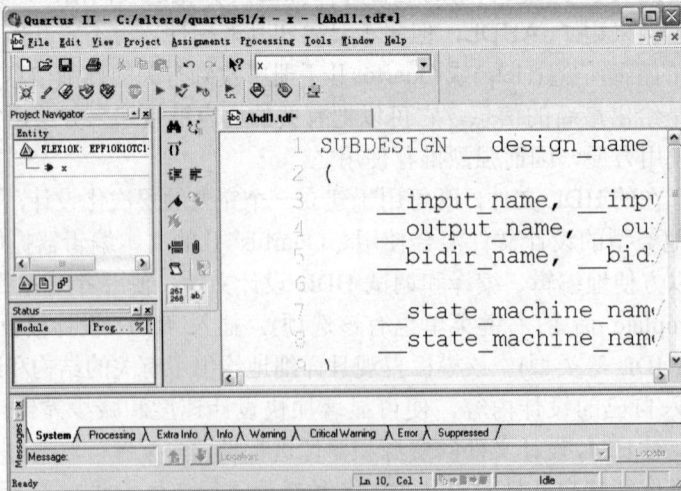

图 4.25　文本编辑器界面

(3) 选择菜单命令 File\Save as，在 File Name 框内键入 7seg.tdf，在确认当前目录正确后单击"OK"按钮，将 7seg.tdf 文件保存。

2) 输入设计名、输入信号端口及输出信号端口

在每个 AHDL 文件的开头，首先应对输入、输出和双向(IO)端口加以说明。Quartus Ⅱ 提供的 AHDL 模板中完整和详细地演示了模块结构和有关规则，包括行首缩进及空格的处理方法，推荐初学者引用。相应的具体步骤如下：

(1) 选择菜单命令 Edit\Insert Template 或右键菜单的 Insert Template 选项，调出"插入模板"界面，在 Show syntax of 多选框中选择 AHDL，在 Template section 多选框中选择 Subdesign Section，如图 4.26 所示。

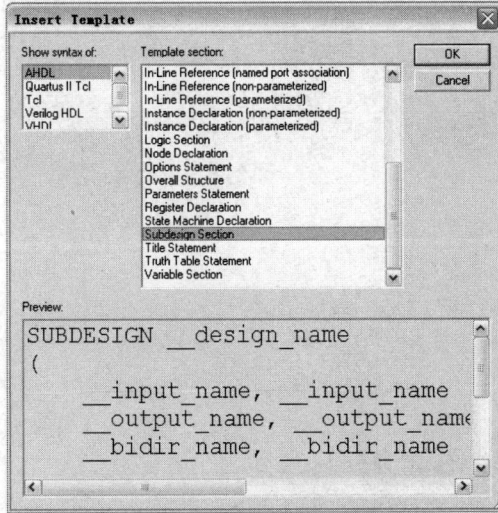

图 4.26　插入 AHDL 模板

(3) 单击"OK"按钮，在当前光标处插入一个子设计部分的模板。其中每个变量名均由两段下划线(_ _)开始，每个关键字都用大写。可利用菜单命令 Tools\Options\Text Editor\Fonts 改变窗口中文字的字形和字号，以提高可读性。

(4) 双击_ _design name 变量并键入 7seg。

(5) 添加输入名字。双击第一个_ _input_name 变量并键入 dat[3..0]，然后双击选中第二个_ _input name 变量，并用 Del 键删除该变量。再用同样的办法选中和删除_ _constant_value 变量及前面的等号(=)。

(6) 添加输出名字。参照第(5)步，键入 a、b、c、d、e、f、g，替换掉_ _output name。

(7) 删除其他以"_ _"开头的在本例中用不到的各行。

(8) 可加入空格及列表符(Tab)，以改善文件的可读性。

3) 输入逻辑描述段

(1) 调出"插入模板"界面并选择 AHDL 和 Logic Section，在端口说明部分之后和")"之前插入逻辑描述部分的子模板，即起始(Begin)和结尾(End)标志。接着在 Begin 后面按两次回车键，插入两个空行，以便插入逻辑描述内容。

(2) 在第 1 个空行处(可先按 Tab 键缩进)插入 Truth Table State 模板。

(3) 参照图 4.27，以真值表描述语句模板为基础输入七段共阳 LED 译码器的逻辑真值表。

```
SUBDESIGN 7seg
(  dat[3..0]  : INPUT ;
   a,b,c,d,e,f,g  : OUTPUT;
)
BEGIN
TABLE
   dat[3..0]  =>  a,b,c,d,e,f,g;
       0  =>  0,0,0,0,0,0,1;
       1  =>  1,0,0,1,1,1,1;
       2  =>  0,0,1,0,0,1,0;
       3  =>  0,0,0,0,1,1,0;
       4  =>  1,0,0,1,1,0,0;
       5  =>  0,1,0,0,1,0,0;
       6  =>  0,1,0,0,0,0,0;
       7  =>  0,0,0,1,1,1,1;
       8  =>  0,0,0,0,0,0,0;
       9  =>  0,0,0,0,1,0,0;
      10  =>  0,0,0,1,0,0,0;
      11  =>  1,1,0,0,0,0,0;
      12  =>  0,1,1,0,0,0,1;
      13  =>  1,0,0,0,0,1,0;
      14  =>  0,1,1,0,0,0,0;
      15  =>  0,1,1,1,0,0,0;
END TABLE;
END;
```

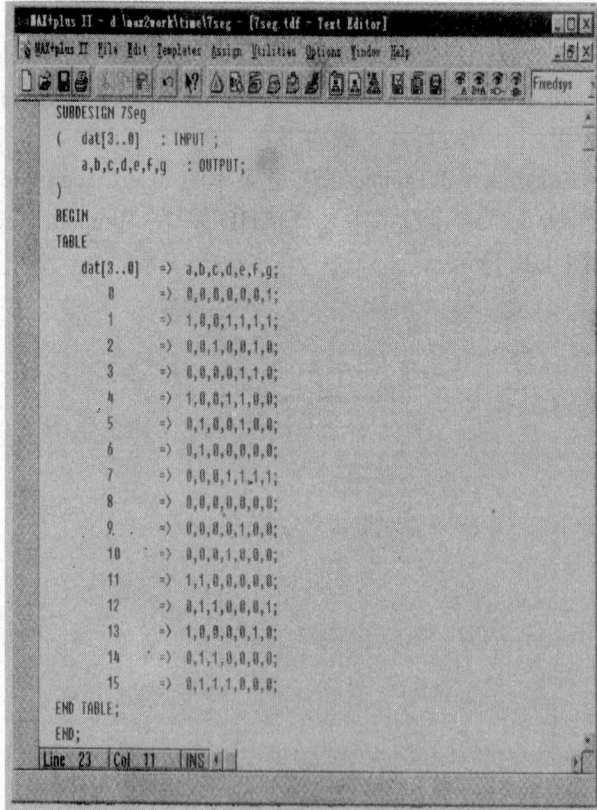

图 4.27   七段共阳 LED 译码器(7seg.tdf)

4) 保存文件并检查语法错误

(1) 选择菜单命令 Processing\Start\Start Analysis & Synthesis 或单击 快捷钮，即可对当前编辑的 HDL 文件进行语法检查。

(2) 在查看完编译报告后，可利用菜单命令 Window\7seg.tdf，或者选择菜单 Quartus Ⅱ \Text Editor，切换回 7seg.tdf 文件编辑窗口。

5) 建立默认符号及包含文件

选择菜单命令 File\Create/Update\Create Symbol File for Current File，即可建立 7seg.sym 符号文件，以便在以后的顶层图形设计文件中调用。若要建立对应的包含文件，则应选择 Create AHDL Include File for Current File。

6) 关闭文件

选择菜单命令 File\Close，或双击文本编辑器窗口右侧的关闭钮，关闭 7seg.tdf 文件的文本编辑窗口。

请读者自行完成下列练习，以深入理解和掌握上述内容，为后续学习做好准备：

(1) 修改、完善图 4.27 所示的七段 LED 译码器 AHDL 描述程序，并形成默认符号 7seg.sym。

(2) 建立、输入图 4.28 所示的流水灯控制电路的 AHDL 描述程序 SC.tdf，并形成默认符号 SC.sym。

```
SUBDESIGN SC
      (PE, CLR,CLK                              : INPUT;
            Q1,Q2,Q3,Q4,Q5,Q6,Q7,Q8            : OUTPUT;
      )
VARIABLE
      COUNT[4..0]:DFF;
BEGIN
      COUNT[].CLK=CLK;
      COUNT[].CLRN=CLR;
      IF PE THEN COUNT[]=COUNT[]+1;
      ELSE COUNT[]=COUNT[];
      END IF;
TABLE
      COUNT[]   =>  Q1,Q2,Q3,Q4,Q5,Q6,Q7,Q8;
            0   =>   0,  1,  1,  1,  1,  1,  1,  1;
            1   =>   1,  0,  1,  1,  1,  1,  1,  1;
            2   =>   1,  1,  0,  1,  1,  1,  1,  1;
            3   =>   1,  1,  1,  0,  1,  1,  1,  1;
            4   =>   1,  1,  1,  1,  0,  1,  1,  1;
            5   =>   1,  1,  1,  1,  1,  0,  1,  1;
            6   =>   1,  1,  1,  1,  1,  1,  0,  1;
            7   =>   1,  1,  1,  1,  1,  1,  1,  0;
            8   =>   1,  1,  1,  1,  1,  1,  0,  1;
            9   =>   1,  1,  1,  1,  1,  0,  1,  1;
           10   =>   1,  1,  1,  1,  0,  1,  1,  1;
           11   =>   1,  1,  1,  0,  1,  1,  1,  1;
           12   =>   1,  1,  0,  1,  1,  1,  1,  1;
           13   =>   1,  0,  1,  1,  1,  1,  1,  1;
           14   =>   0,  0,  1,  1,  1,  1,  1,  1;
           15   =>   1,  0,  0,  1,  1,  1,  1,  1;
           16   =>   1,  1,  0,  0,  1,  1,  1,  1;
           17   =>   1,  1,  1,  0,  0,  1,  1,  1;
           18   =>   1,  1,  1,  1,  0,  0,  1,  1;
           19   =>   1,  1,  1,  1,  1,  0,  0,  1;
           20   =>   1,  1,  1,  1,  1,  1,  0,  0;
           21   =>   0,  1,  1,  1,  1,  1,  1,  0;
           22   =>   1,  0,  1,  1,  1,  1,  0,  1;
           23   =>   1,  1,  0,  1,  1,  0,  1,  1;
           24   =>   1,  1,  1,  0,  0,  1,  1,  1;
           25   =>   1,  1,  1,  0,  0,  1,  1,  1;
           26   =>   1,  1,  0,  1,  1,  0,  1,  1;
           27   =>   1,  0,  1,  1,  1,  1,  0,  1;
           28   =>   0,  1,  1,  1,  1,  1,  1,  0;
           29   =>   1,  0,  1,  1,  1,  0,  1,  1;
           30   =>   1,  1,  0,  1,  1,  0,  1,  1;
           31   =>   1,  1,  1,  0,  0,  1,  1,  1;
      END TABLE;
END;
```

图 4.28　流水灯控制电路 SC.tdf

5. 创建顶层图形设计文件

Quartus II 支持层次化的设计描述和输入，其主要规则是：

(1) 当前的设计项目文件默认为顶层设计文件。

(2) 顶层设计文件中调用的符号所代表的文件为底层设计文件。

(3) 顶层设计文件可通过打包(即创建默认符号)的方式降级为底层设计文件，供其他顶层文件调用。

(4) 在同一设计项目中，允许顶层及底层设计单向调用(较)底层设计符号；不允许出现顶层文件与符号文件之间及各符号文件之间直接或间接的相互调用，也不允许出现顶层文件或任一符号文件调用自身(递归调用)。

(5) 在同一设计项目中，顶层设计文件名及各底层符号所对应的设计文件名必须是唯一的。例如，不允许同时存在 7seg.gdf 和 7seg.tdf 两个设计文件。

(6) 一个设计项目中的各个设计文件都可以重新编辑、修改、保存、打包。在重新打包之后，应在调用该设计符号的上一层设计文件中更新该符号，并保存(如有必要，应继续打包更上层的设计文件)。

(7) AHDL 设计文件等是通过调用包含文件的方法实现层次化设计输入的，因此，应通过建立默认包含文件的方法形成底层设计文件。

下面，将使用 Quartus II 的图形编辑器来为项目 LED60 创建顶层图形设计文件 LED60.gdf，需要用到前面章节中已创建的两个底层文件 con60.gdf 和 7seg.tdf 的设计符号。具体步骤如下：

(1) 将工作目录设置为 d:\mydesign\time\LED60，项目名称指定为 LED60。

(2) 创建一个 GDF 文件并将其保存为 LED60.gdf。

(3) 输入前面已创建的底层设计文件符号 con60 和 7seg。注意：在图形编辑器中，符号格式为<符号名><符号标识号>，符号标识号与输入顺序有关。在用 Create Default Symbol(创建默认的符号)命令创建的符号中，引脚名总是用大写字母来表示的。

(4) 参照图 4.29，输入相应的 INPUT 和 OUTPUT 引脚。

(5) 按照图 4.29 命名各引脚。

(6) 用连线和总线将符号连接起来。应确保所有连线均与相应的符号引线端产生了实际连接(允许在几何上不连接但逻辑上连接)。可以通过单击作图工具栏中的交叉节点钮![icon]，在交叉线上自动插入连接点或去掉原有的交叉节点。也可以通过在两条线的交点处右击鼠标，选择菜单项 Toggle Connection Dot，手工插入一个连接点或去掉原有的交叉节点。

(7) 命名未连接的引线，通过名字来连接它们(本例中各符号间已全部连接，无需此步骤)。

(8) 选择菜单命令 File\Save 或相应的快捷钮，保存该文件。

请读者自行完成下列练习，以深入理解和掌握上述内容，为后续学习做好准备：

(1) 修改、完善图 4.29 所示的模 60 LED 七段显示计数器的顶层设计文件，要求成功通过 Analysis & Synthesis，并形成默认符号 LED60.sym。

(2) 建立、输入图 4.30 所示的模 12 七段 LED 显示计数器的顶层设计文件，要求成功通过 Analysis & Synthesis，并形成默认符号 LED12.sym。

(3) 建立、输入图 4.31 所示的实时钟及流水灯显示逻辑 Time.tdf，并成功通过 Analysis & Synthesis。其中的 con4m 模块为模 4 兆分频器，须自行生成，其 AHDL 描述参见图 4.32。

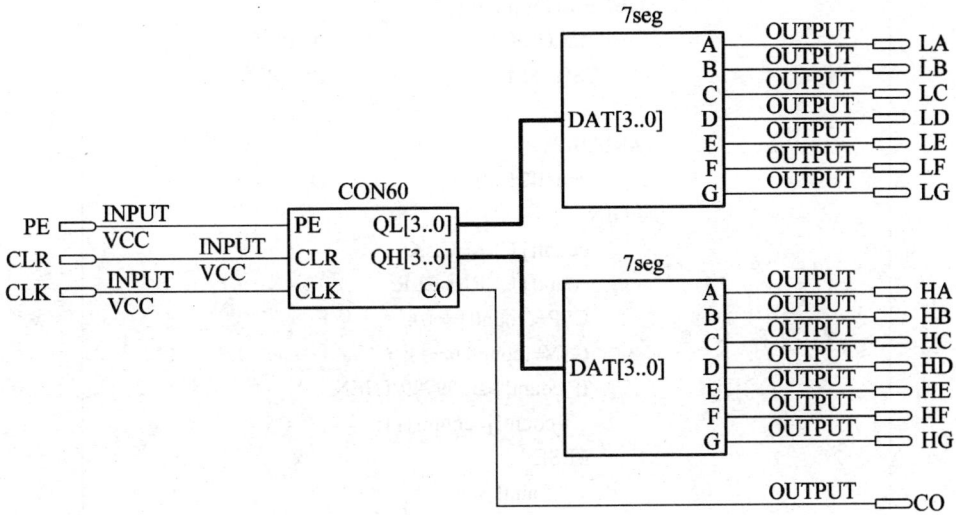

图 4.29　模 60 LED 显示计数器 LED60.gdf

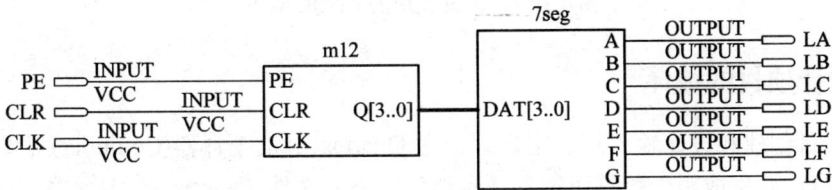

图 4.30　模 12 七段 LED 显示计数器 LED12.gdf

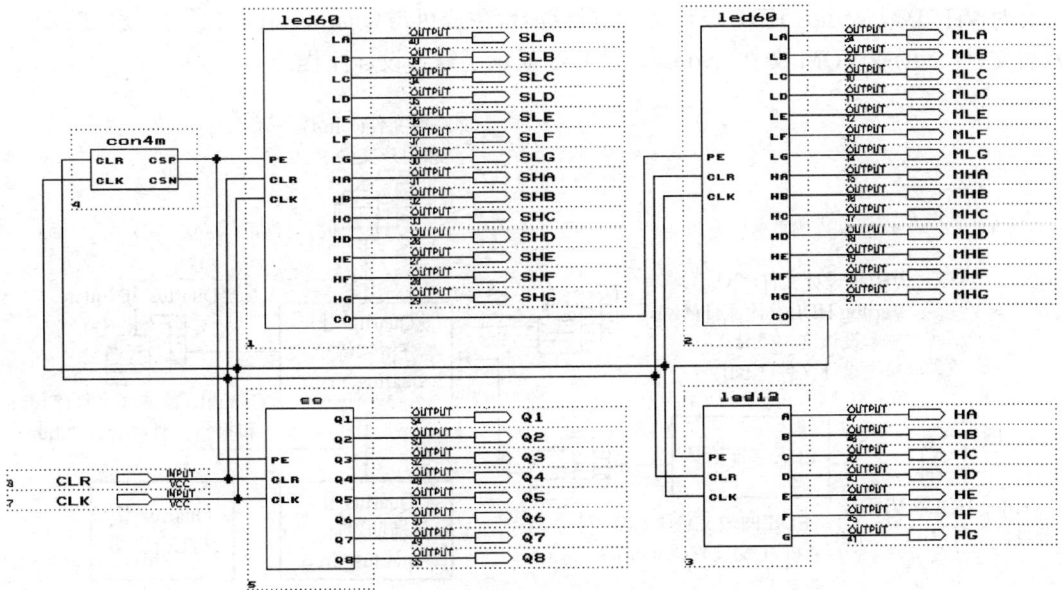

图 4.31　实时钟顶层图形设计文件 Time.gdf

```
SUBDESIGN con4m
(      CLR,CLK                    : INPUT;
       CSP,CSM                    :OUTPUT;
)
VARIABLE
       count[21..0]               :DFF;
BEGIN
       count[].CLK=CLK;
       count[].CLRN=CLR;
       CSP=(count[]==0);
       CSN=(count[]==1);
       IF count[]<3999999 THEN
           count[]=count[]+1;
       ELSE
           count[]=0;
       END IF;
END;
```

图 4.32　con4m 模块的 AHDL 描述

4.2.5　设计项目的编译

完成项目创建和设计输入后，用户可使用 Quartus Ⅱ 的编译器(Compiler)对设计进行检查和逻辑综合，并生成用于配置可编程逻辑器件的下载文件。Quartus Ⅱ编译器中的 Analysis & Synthesis 模块将分析设计文件并建立工程数据库。该模块使用 Quartus Ⅱ 内置综合器，综合 VHDL 设计文件(.vhd)或 Verilog HDL 设计文件(.v)。用户也可使用第三方 EDA 综合工具对 VHDL 或 Verilog HDL 设计文件进行综合，生成可与 Quartus Ⅱ 软件配合使用的 EDIF 网表文件(.edf)或 VQM 文件(.vqm)。图 4.33 显示了综合设计流程。

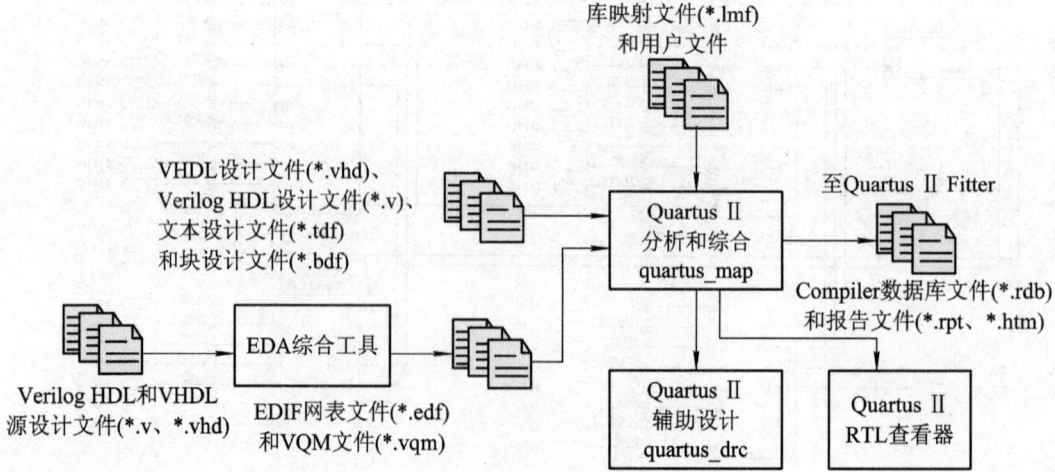

图 4.33　综合设计流程

利用下面几种方法，均可进行设计项目的分析和综合。

(1) 利用菜单命令Tools\ Compiler Tool，调出如图4.34所示的编译工具界面，单击"Start"按钮即开始分析和综合。在综合分析进度条中会显示综合进度。单击"Report"按钮可以查看完整的编译报告。

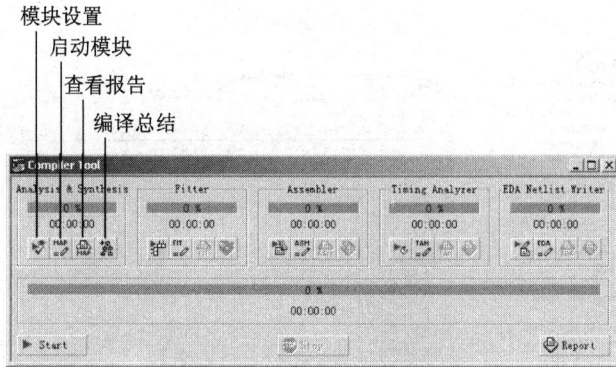

图4.34　编译工具界面

(2) 选择 Processing 菜单下的 Start 选项，并在弹出的菜单项中选择 Start Analysis & Synthesis 选项，则可单独启动分析综合过程，进行分析综合操作，而不必进入全编译界面。

(3) 直接单击 Quartus II 工具栏中的 ![按钮] 按钮，开始 Analysis & Synthesis。

1. 编译器选项设置

Quartus II 允许用户对设计进行整体或部分的编译。对于一个新建编译项目，Quartus II 会创建缺省的编译设置；用户可以修改有关设置选项以创建自己的编译设置，并在此后直接调用该设置。选择菜单命令 Assignments\Settings...，即可打开如图4.35所示的 Settings 对话框，设置有关选项。

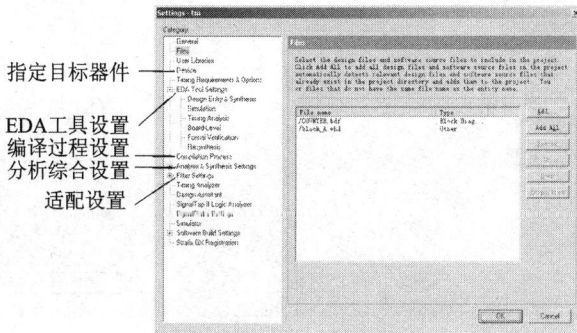

图4.35　编译器设置对话框

(1) 如图 4.36 所示，在"Category:"一栏中选择 Device，可以指定目标器件。应先在 Family 列表中为设计项目选定一个器件系列，而后可选定一个适合设计的目标器件型号；或选择 Auto device selected by the Fitter from the' Available device' list，让软件自动选择，如图4.36所示。点击"Device & Pin Options…"按钮，则可修改有关器件和引脚的更多设置，涉及概要、配置、下载文件和引脚等方面。

(2) 编译过程设置。在"Category:"一栏中选择 Compilation Process (或 Compilation Process Settings)，即可打开如图4.37所示的编译过程设置页面。勾选 Use Smart compilation

选项，可以加快重编译速度；勾选 Preserve fewer node names to save disk space 选项，可以节省编译所占用的磁盘空间；还可根据需要设置其他选项，如保存 VQM 文件、导出兼容版本数据库等。

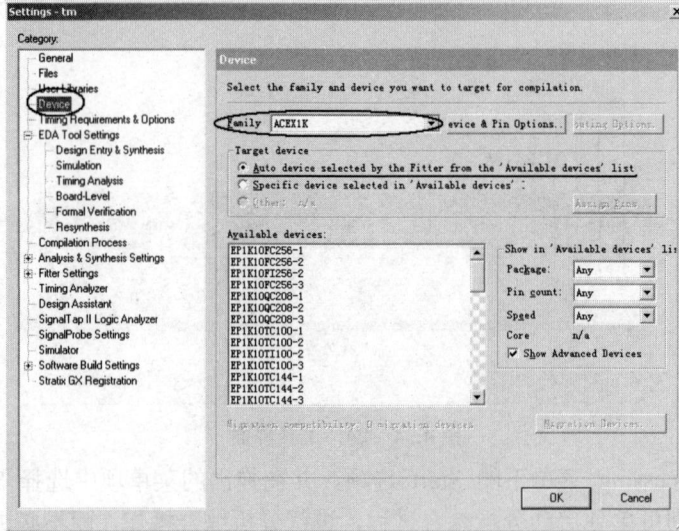

图 4.36 Device 设置对话框

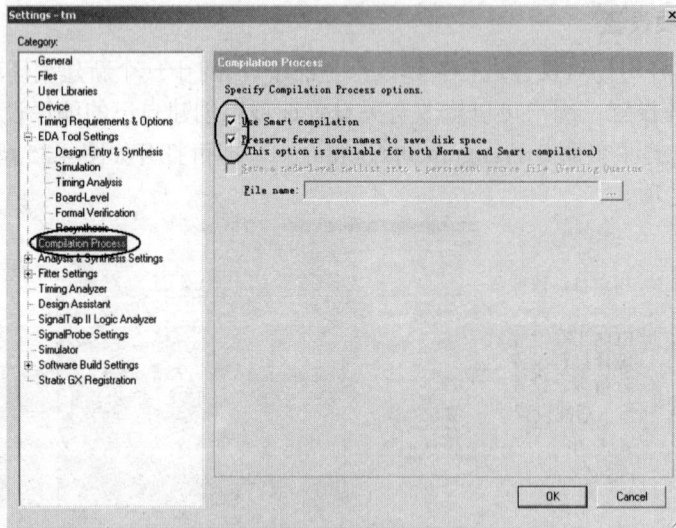

图 4.37 编译过程设置对话框

(3) 分析和综合设置。在"Category:"一栏中选择 Analysis & Synthesis Settings，可以打开如图 4.38 所示的对话框，对分析综合过程进行优化设置。其中，Optimization Technique 选项用于指定逻辑优化应优先考虑的条件(速度或面积)。在 Analysis & Synthesis Settings 选项下，还可选择 VHDL Input(或 Verilog HDL Input)，选定受到 Quartus Ⅱ支持的 VHDL(或 Verilog HDL)版本，并且指定相应的 Quartus Ⅱ库映射文件；选择 Synthesis Netlist Optimizations，通过设置 Perform WYSIWYG Primitive Resynthesis 和 Perform Gate-Level Register Retiming 选项，对门级单元进行设置，以进一步提高设计性能。

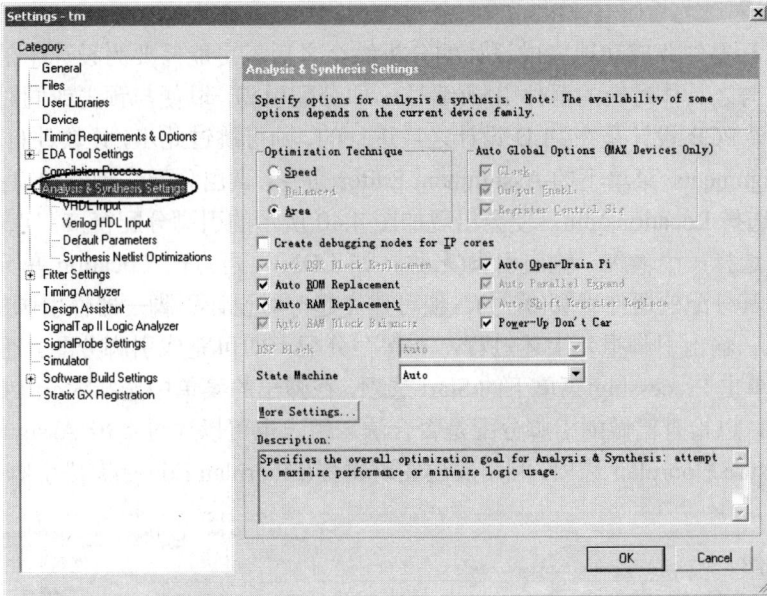

图 4.38　Analysis & Synthesis Settings 对话框

(4) Fitter(适配)设置。在 "Category:" 一栏中选择 Fitter Settings，可以打开如图 4.39 所示的 Fitter Settings 窗口，通过设置适配器来控制适配、编译的过程和效果。Timing-driven compilation(时序驱动编译)选项可以根据用户的时序要求优化设计，但这只是将设计尽量适配到约束的延时要求，并不能保证适配结果完全满足要求。利用 Fitter Settings 下方的 Physical Synthesis Optimizations 选项，可令 Quartus Ⅱ适配器通过重新综合设计来减小关键路径上的延时，以及在布局的基础上通过复制(插入)寄存器并移动组合逻辑附近的寄存器来平衡延时。

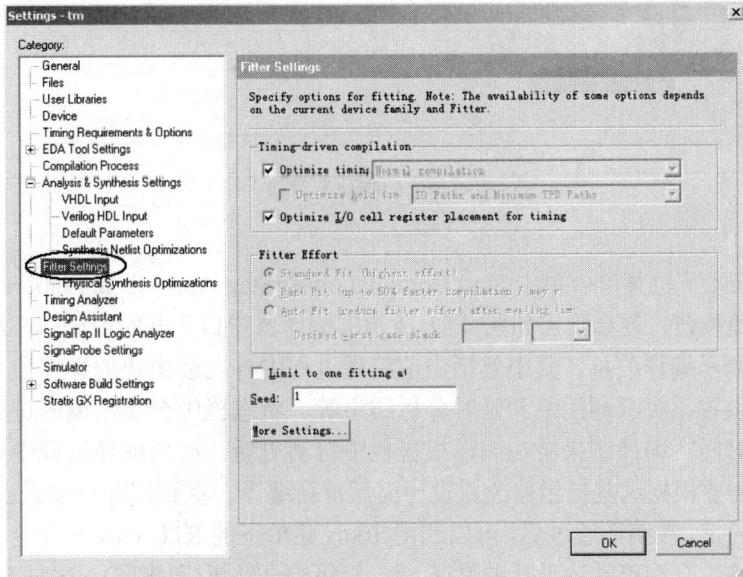

图 4.39　Fitter Settings 对话框

2. 引脚分配

在选定目标器件并成功地完成设计的分析综合之后，可能需要为设计中的各个输入、输出引脚指定与之具体对应的器件引脚(编号)，即分配引脚，以便与预先或同时设计的 PCB 板相吻合。如果 PCB 设计是在 PLD 设计之后进行的，则可跳过此步，让软件自动分配引脚。可以利用 Assignments 菜单下的 Assignment Editor 命令，调出分配编辑器窗口；在 Category (类型)列表中选择 Locations\pin，便会出现如图 4.40 所示的引脚分配窗口。点击 To 单元，在下拉菜单中选择一个输入、输出引脚(名称，如 LDN)，再点击 Location 单元，从下拉菜单中选择拟为其分配的器件引脚(编号)，便可建立起一对设计引脚—器件引脚的对应关系。针对各个输入、输出引脚重复上述过程，并保存分配，即可完成引脚分配。但在进行编译之前，还需要单击 Processing 菜单下的 Start 选项，在弹出的菜单中选择 Start I/O Assignment Analysis 选项，以检查已做的引脚分配是否合法。用户也可以通过单击 Assignment 菜单中的 Timing Closure Floorplan 选项，利用底层图编辑器(Floorplan Editor)完成引脚分配等操作。

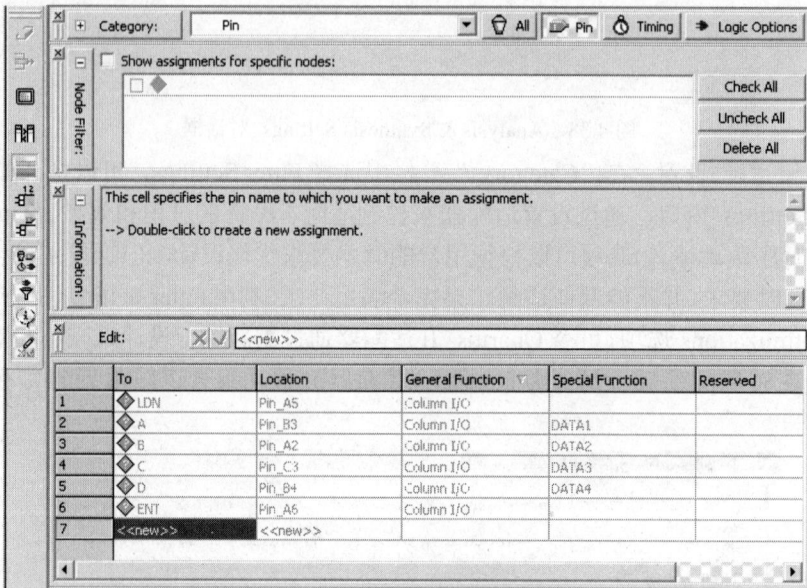

图 4.40　引脚分配窗口

3. 编译设计

在 Processing 下拉菜单中单击 Start Compilation 或 Start Analysis & Elaboration 选项，或单击对应的快捷按钮，便会弹出如图 4.41 所示的编译器窗口并开始编译。在编译过程中，该窗口将自动显示编译信息，其中包括当前编译过程中各功能模块的详细信息，如器件使用统计、编译设置、资源利用率和延时分析结果等。状态栏中会显示编译进度的百分比和每阶段花费的时间，编译结果会在编译报告栏中自动更新。如果编译过程中显示了错误和警告信息，就需要根据这些提示修改原设计而后重新编译，直到消除全部错误为止。

需要指出的是，在编译通过后，可以利用 Tools 菜单下的 RTL Viewer 命令和 Technology Map Viewer 命令，分别查看该设计的 RTL 级、门级综合结果(逻辑图)，这对于 HDL 描述的设计非常有用，参见图 4.42。

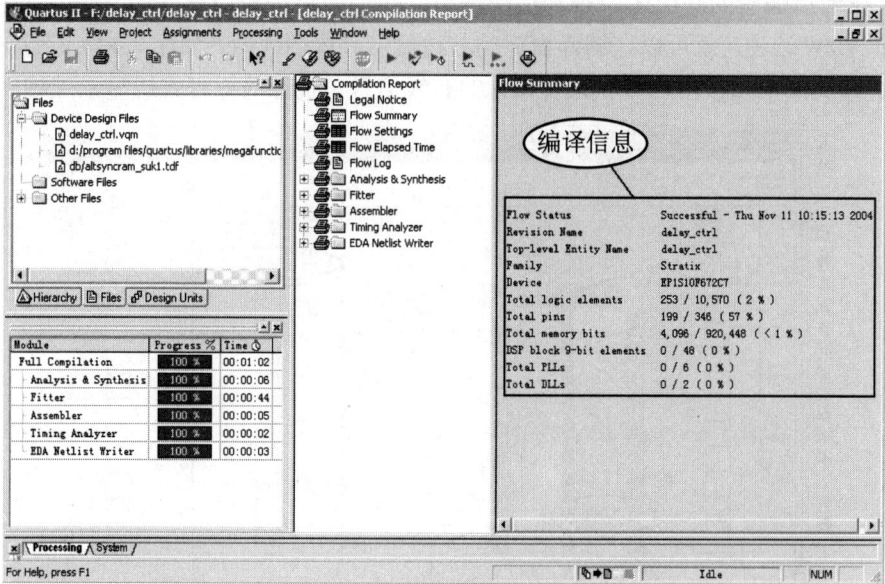

图 4.41　编译器窗口

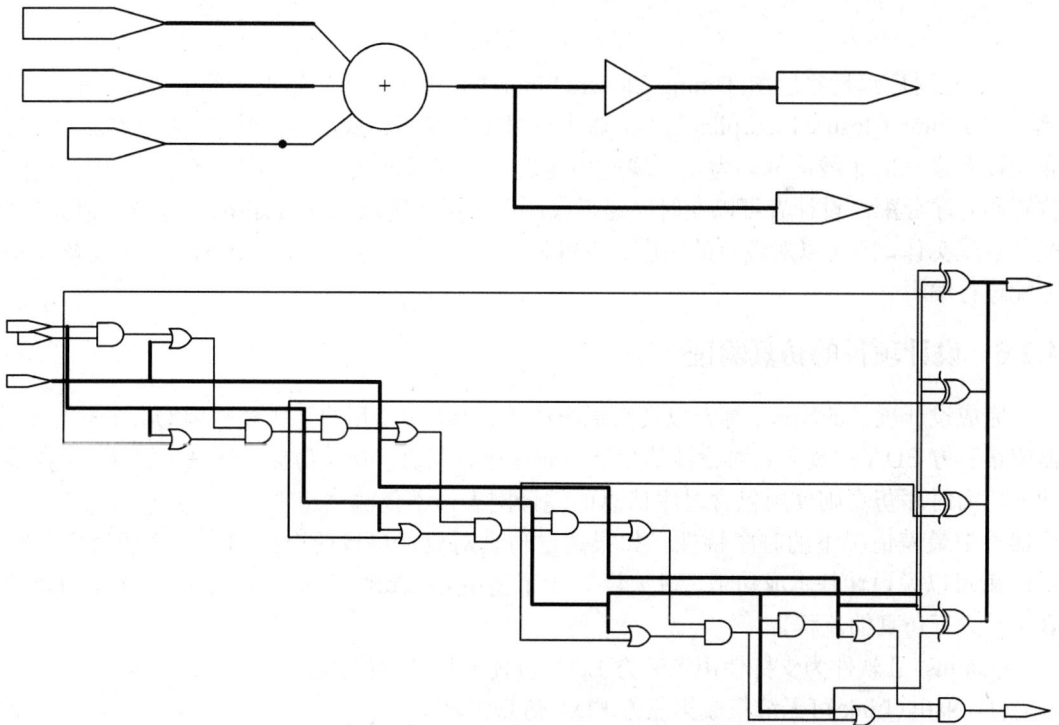

图 4.42　4 位全加器(Verilog-HDL 描述)的 RTL 级(上)、门级(下)综合视图

4. 查看适配结果

用户在对设计进行完全编译或单独运行适配模块以后，都可以在底层图编辑器
(Floorplan Editor)中观察或调整适配结果，具体包括：

(1) 在最后编译的底层图中查看适配结果。在编译报告窗口展开的 Fitter 文件中单击 Floorplan View 选项，就可以在编译窗口的右边显示底层图视图，如图 4.43 所示。利用该视图中的不同功能单元，用户可以查看设计的布线信息、资源的方程式或显示域视图。

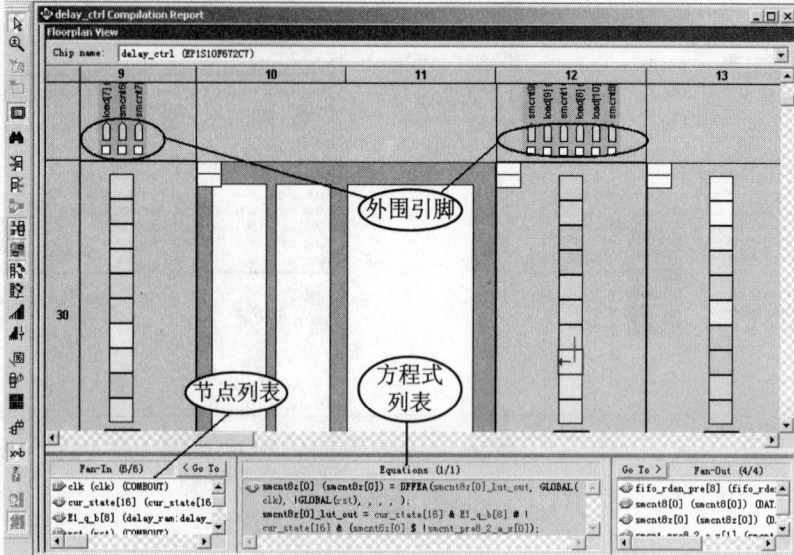

图 4.43　底层图视图

(2) 在时序逼近底层图(Timing Closure Floorplan)中查看适配结果。单击 Assignments 菜单下的 Timing Closure Floorplan 选项，就可以显示时序逼近底层图，查看适配器生成的逻辑布局以及设计的布线信号。为了实现时序逼近，时序逼近底层图允许直接在底层图中进行位置和时序分配。设计者可以在时序逼近底层图的用户区域和 LogicLock 区域中建立和分配节点或实体，还可以对现有的引脚、逻辑单元、行、列、区域、MegaLAB 结构以及 LAB 分配进行编辑。

4.2.6　设计项目的仿真验证

完成设计项目的输入、综合以及布局布线等步骤以后，用户还需要使用 Quartus Ⅱ 仿真器或第三方 EDA 仿真工具对设计的功能与时序进行仿真。功能仿真仅测试设计项目的逻辑功能，而时序仿真则使用包含时序信息的编译网表，不仅测试逻辑功能，还测试设计在目标器件中最差情况下的时序特性。如果通过仿真对设计进行的全面测试完全通过(正确无误)，就可以说设计基本成功了。图 4.44 显示了使用 Quartus Ⅱ Simulator 和第三方 EDA 仿真工具进行仿真的流程。

Quartus Ⅱ 软件为支持使用第三方 EDA 仿真工具进行仿真，提供了以下功能：

(1) NativeLink 可无缝集成第三方 EDA 仿真工具。

(2) 生成和输出网表文件。

(3) 提供功能与时序仿真库。

(4) 提供 PowerGauge 功率估计。

(5) 生成仿真激励模板和存储器初始化文件。

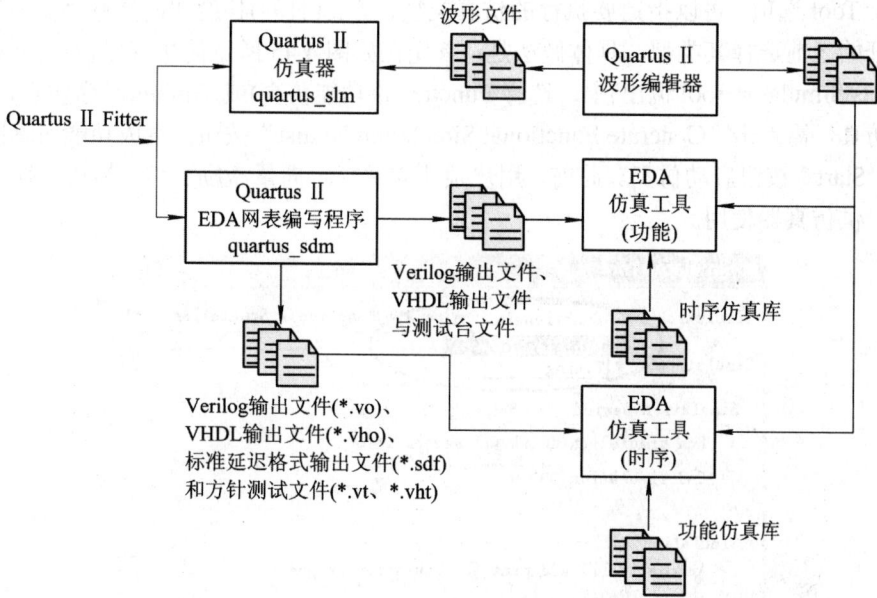

图 4.44 项目仿真流程

NativeLink 功能允许 Quartus Ⅱ软件将信息传递给 EDA 仿真工具，具有从 Quartus Ⅱ软件中启动 EDA 仿真工具的功能。表 4.3 列出了 NativeLink 功能支持的 EDA 仿真工具。

表 4.3 NativeLink 功能支持的第三方 EDA 仿真工具

仿真工具名称	NativeLink 支持
Cadence Verilog-XL	
Cadence NV-Verilog	√
Cadence NC-VHDL	√
Model Technology ModelSim	√
Model Technology ModelSim-Altera	√
Synopsys Scirocco	√
Synopsys VCS	
Synopsys VSS	

在开始仿真之前，必须为 Quartus Ⅱ仿真器指定所有输入序列作为激励信号，仿真器利用这些输入信号仿真产生相应条件下的目标器件输出。Quartus Ⅱ仿真器除了支持第三方 EDA 工具之外，还支持以下波形方式的输入信号格式：

(1) 矢量波形文件(*.vwf)，是 Quartus Ⅱ中最主要的波形文件。

(2) 向量文件(*.vec)，是 MAX+PLUS Ⅱ使用的文件，Quartus Ⅱ使用它主要是为了向下兼容。

(3) 矢量表输出文件(*.tbl)，用来将 MAX＋PLUS Ⅱ中的 scf 文件输入到 Quartus Ⅱ中。

(4) 仿真通道文件(*.scf)。

同时，Quartus Ⅱ仿真器也支持 Tcl/TK 脚本文件，以供 Testbench 工具调用。

用户通过单击 Assignments 菜单下的 Simulator Settings 选项，或者单击 Tools 菜单下的

Simulator Tool 选项，可以指定要执行的仿真类型、仿真(时间)长度和向量激励源。用户可以在仿真开始之前选择其类型，具体做法是：首先在如图 4.45 所示的仿真器窗口(可利用菜单命令 Tools\Simulator Tool 调出)中，选择 Functional(功能仿真)或 Timing(时序仿真)；若选择了功能仿真，需点击"Generate Functional Simulation Netlist"按钮，生成功能仿真网表；最后点击"Start"按钮启动仿真。此前，用户须建立并指定向量激励文件，为仿真输入向量提供激励，供仿真器使用。

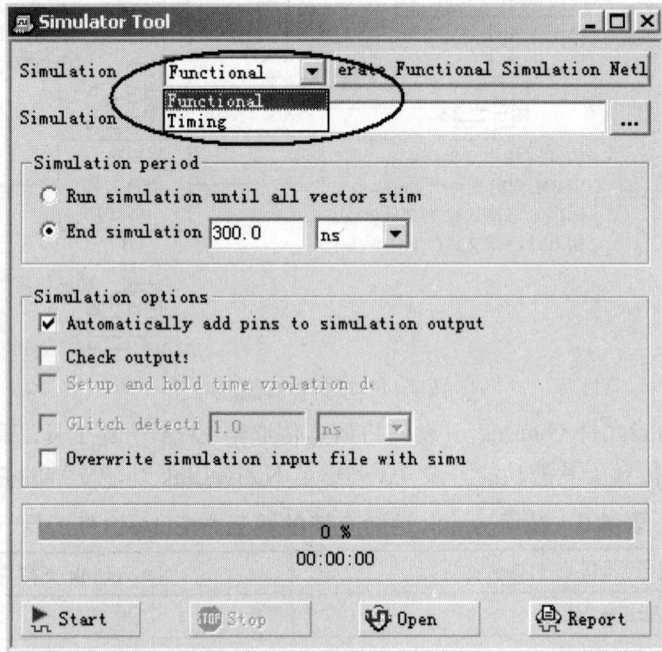

图 4.45 仿真器窗口

在 Quartus Ⅱ中利用仿真波形进行功能或时序仿真的基本步骤如下：

(1) 创建一个新的矢量波形文件(*.vwf)。单击 File\New 选项，在弹出的新建对话框中选择 Other Files 标签页，双击 Vector Wavefrom File 选项，即可打开一个空的波形编辑器窗口，如图 4.46 所示。然后单击 Edit\End Time 选项，并键入适当的仿真结束时间，而后保存文件。

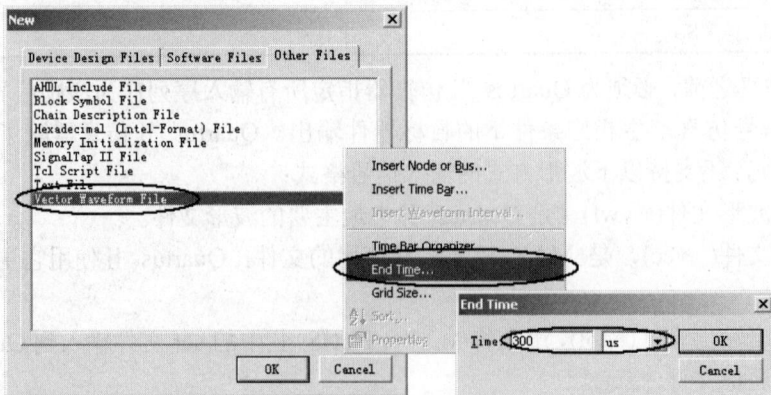

图 4.46 新建波形文件窗口

(2) 添加输入、输出节点。在波形编辑器窗口左边 Name 一列的空白处单击鼠标右键，在弹出的菜单中选择 Insert Node or Bus...选项，再在弹出的 Insert Node or Bus 对话框中单击 Node Finder...按钮，便可调出如图 4.47 所示的 Node Finder 窗口。在 Node Finder 窗口中单击"List"按钮(Filter 须选择 all 或 unassigned)，便可在 Nodes Found 栏中列出所有节点。逐一双击其中与本次仿真有关者，便可将其选中(即出现在 Selected Nodes 栏中)；也可在 Nodes Found 栏中预先选中全部的有关节点，再利用"≥"按钮将其集体传送到 Selected Nodes 栏中；利用">>" 按钮则可将 Nodes Found 栏中所列节点，不经预选而全部传送到 Selected Nodes 栏中(即全部选中)。最后，点击"OK"按钮，关闭 Node Finder 窗口，被选中的节点便会出现在波形编辑器窗口中。

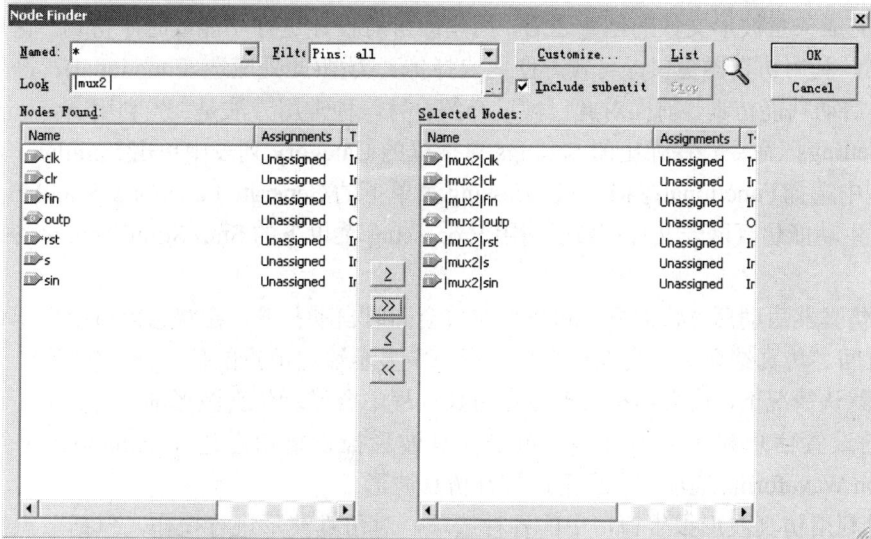

图 4.47 Node Finder 窗口

(3) 编辑输入节点的波形。Quartus Ⅱ提供了丰富、强大的波形编辑功能，其中最常用的主要是：

① 通过点击信号名(在 Name 域中)，选中该信号的整条波形(全部)。

② 通过利用鼠标在波形区的对应区域拉框，选中该信号的部分波形(片断)。

③ 对被选中的整条或部分波形，可利用波形编辑工具栏中的快捷按钮，较便捷、直观地定义输入波形。例如，点击 0 按钮可将波形设置为逻辑 0，点击 1 可将波形设置为逻辑 1，点击 Z 可将波形设置为高阻态，点击 Xc 可将波形设置为无关态，点击 XR 可将波形设置为随机量，点击 XC 可将波形设置为计数值(同时适用于成组的和单个的信号)，点击 Xc 可将波形设置为时钟(仅指信号的波形变化规律而非其功能，且仅适用于单个信号)，等等。

④ 利用 Group 命令，可将多个信号集成为一组，以便整体编辑和观察(显示)。利用 Ungroup 命令，则可以将一组信号拆分成多个信号，以便分别编辑和观察(显示)。这两个命令均存在于右键菜单中，也有对应的快捷按钮。

应按照正确、完备的原则(即应给出所有感兴趣(需要观察)的输入组合，且保证其合理性)，利用上述编辑功能，逐一定义各个输入信号波形。编辑结果示例参见图 4.48。需要注意的是，在完成输入波形的编辑之后，须将该矢量波形文件加以保存，才能使其发挥作用。

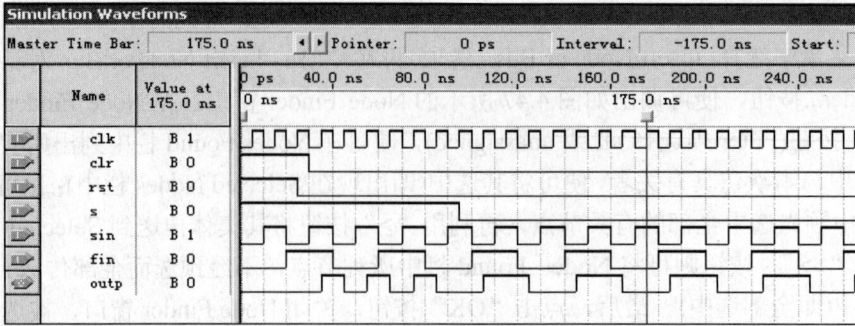

图 4.48　波形仿真窗口

(4) 完成矢量波形文件的创建之后，用户即可对设计进行功能或时序仿真。这里以功能仿真为例。利用仿真器窗口，可较方便地选择仿真类型(此处应选 Functional)、产生功能仿真网表、启动功能仿真，前面对此已做过介绍。另一种常用方法是：先利用 Assignments 菜单下的 Settings...命令，在弹出的 Settings 对话框的 Category 列表中单击 Simulator 选项，在仿真类型中选择 Functional；再利用 Processing 菜单下的 Generate Functional Simulation Netlist 命令，产生功能仿真网表文件；最后利用 Processing 菜单下的 Start Simulation 命令，启动仿真器。

(5) 仿真器启动后，状态窗口和仿真窗口会同时自动打开，在状态窗口中显示仿真进度及所用时间。仿真结束后，会在仿真报告窗口中显示输出节点的仿真结果(波形)。

(6) 默认情况下，仿真器报告窗内在仿真过程中会显示仿真波形部分，其中还包括当前仿真器的设置信息和仿真消息等。单击仿真波形报告窗口左边 Simulation 文件夹中的 Simulation Waveforms 选项，同样可以打开仿真波形。

可以利用仿真波形报告窗口中的各种选项，对仿真波形进行操作，包括节点排序、添加注释、进制切换和放大/缩小等。单击 Edit 菜单下的 Grid Size 选项，可以改变波形显示区的网格尺寸；单击 View 菜单下的 Compare to Waveform in File...选项，可以对(预期输出和仿真输出)波形进行比较。在只读的波形报告窗口中进行编辑操作时，可以在编辑输入矢量文件对话框中选择用波形报告窗中的仿真结果覆盖 VWF 文件，并打开 VWF 文件，进入图形编辑器；也可以直接打开 VWF 文件，进入图形编辑器。

4.2.7　时序分析

用户可以使用 Quartus II软件或第三方 EDA 工具对设计进行时序分析。Quartus II中的时序分析器(Timing Analyzer)可用于分析设计中的所有逻辑，并有助于指导 Fitter 达到预期的时序要求。默认情况下，Timing Analyzer 作为全编译的一部分自动运行。它观察和报告时序信息，例如建立时间(t_{SU})、保持时间(t_H)、时钟至输出延时(t_{CO})、引脚至引脚延时(t_{PD})、最大时钟频率(f_{MAX})、时序差值以及设计的其他时序特性。可以使用 Timing Analyzer 生成的信息，分析、调试和验证设计的时序性能。它还可用于进行最小时序分析，报告最佳情况时序结果，验证驱动芯片外信号的时钟至管脚延时。有关功能和操作步骤包括：

(1) 使用 Timing Wizard(Assignments 菜单)、Settings 对话框(Assignments 菜单)和 Assignment Editor，指定初始工程全局范围的时序要求和个别时序要求。

(2) 在全编译期间进行时序分析或在初始编译之后，单独进行时序分析。

(3) 使用报告窗口、时序逼近布局图和 list_paths Tcl 命令查看时序结果。

Quartus Ⅱ软件允许用户为整个工程、特定的设计实体或个别实体、节点和引脚指定设计所需的速度性能。

用户可以使用 Assignments 菜单下的 Timing 向导，建立初始工程全局范围时序设置。指定初始时序设置之后，可以再次使用 Timing 向导或使用 Assignments 菜单下的 Settings 对话框来修改设置；还可以使用 Assignment Editor 进行个别时序设置。指定工程全局范围时序分配和/或单个时序分配后，可通过编译设计或在初始编译之后单独运行 Timing Analyzer 来进行时序分析。

工程范围的全局时序设置包括最大频率、建立时间、保持时间、时钟至输出延时和引脚至引脚延时以及最小时序要求。还可以设置工程全局范围内的时钟设置和多时钟域、路径剪裁选项，如表 4.4 所示。

表 4.4 工程范围的时序设置

要　　求	描　　述
f_{MAX} (最大频率)	在不违反内部建立时间(t_{SU})和保持时间(t_H)要求下可以达到的最大时钟频率
t_{SU} (时钟建立时间)	在触发寄存器计时的时钟信号已经在时钟引脚确立之前,经由数据输入或使能端输入而进入寄存器的数据必须在输入引脚处出现的时间长度
t_H (时钟保持时间)	在触发寄存器计时的时钟信号已经在时钟引脚确立之后,经由数据输入或使能端输入而进入寄存器的数据必须在输入引脚处保持的时间长度
t_{CO} (时钟至输出延时)	时钟信号在触发寄存器的输入引脚上发生转换之后,在由寄存器馈送信号的输出引脚上取得有效输出所需的时间
t_{PD} (引脚至引脚延时)	输入引脚处信号通过组合逻辑进行传输并出现在外部输出引脚上所需的时间
最小 t_{CO} (时钟至输出延时)	时钟信号在触发寄存器的输入引脚上发生转换之后,在由寄存器馈送信号的输出引脚上取得有效输出所需的最短时间,这个时间总是代表外部引脚至引脚延时
最短 t_{PD} (时钟至输出延时)	指定可接受的最少的引脚至引脚延时,即输入引脚通过组合逻辑传输并出现在外部输出引脚上所需的时间

为使指定的设置和约束等发挥作用，在指定后需对设计进行(重新)编译。在编译通过后，单击 Processing 菜单下的 Start 选项，选择 Start Timing Analyzer 选项，便可打开编译报告窗口，并进行时序分析；若单击 Start Minimum Timing Analyzer 选项，则会自动打开编译报告窗口，并进行最小时序分析。单击 Tools 菜单下的 Timing Analyzer Tool 选项，即可打开时序分析器工具窗口(如图 4.49 所示)，查看 t_{PD}、t_{SU}、t_{CO} 和 t_H 等参数，以及用户定义的延时信息。

运行时序分析之后，用户可以在编译报告的 Timing Analyzer 文件夹中查看时序分析结果。可以列出时序路径以验证电路性能，确定关键速度路径以及限制设计性能的"瓶颈"路径，并重新调整时序约束。利用 list_paths Tcl 命令，则可以查找和查看设计中任何延时路径的信息。也可以使用 Project 菜单中的 Timing Closure 布局图，查看设计中关键路径上的信息，并可查看布线拥塞。图 4.50 举例显示了 Message 窗口中的时序分析结果和延时路径信息。

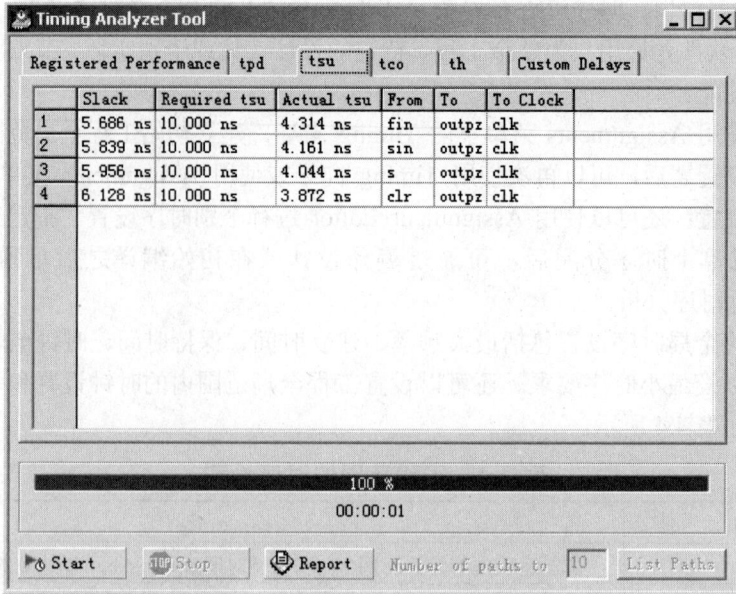

图 4.49　时序分析器工具窗口

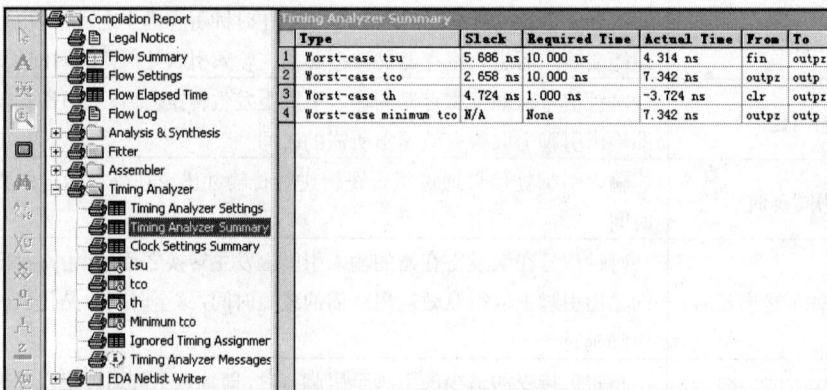

(a)　时序分析结果

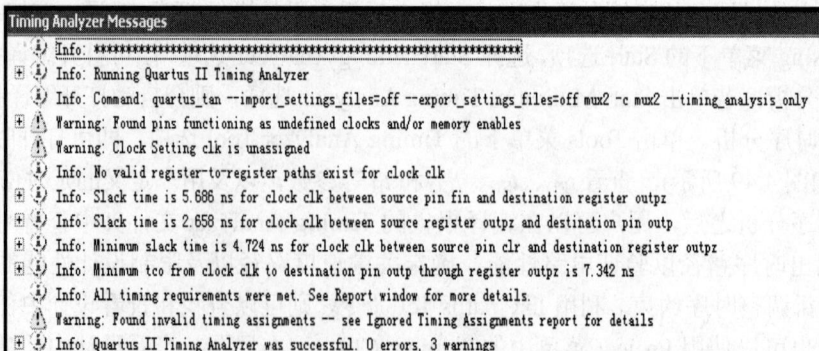

(b)　延时路径信息

图 4.50　时序分析结果和延时路径信息

4.2.8　器件编程

在设计(工程)编译成功之后，用户便可对所选定的(Altera)目标器件进行编程和配置。Quartus Ⅱ编译器的 Assembler 模块会将工程中的各个组件转换成编程文件，包括编程器对象文件(*.pof)和 SRAM 对象文件(*.sof)。Quartus Ⅱ编程器(Programmer)可以使用这些编程文件与 Altera 编程硬件配合，对 Quartus Ⅱ软件所支持的 Altera 器件进行编程和配置。图4.51 显示了编程设计的基本流程。

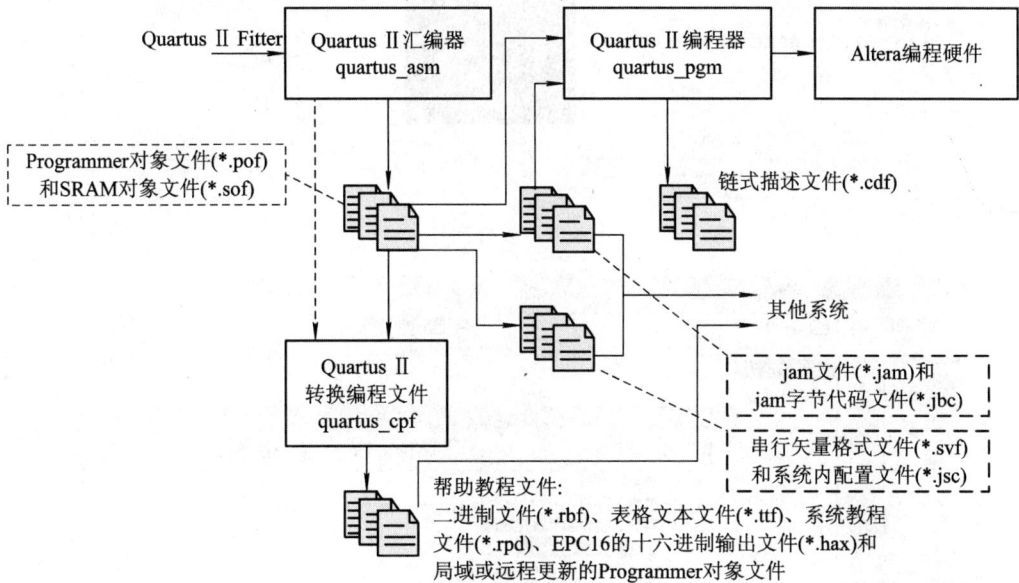

图 4.51　编程设计的基本流程

常用的 Altera 编程硬件包括 MasterBlaster、ByteBlasterMV、ByteBlaster Ⅱ、USB-Blaster 下载电缆以及 Altera 编程单元(APU)。在这些编程硬件的配合下，Quartus Ⅱ可以同时对多个器件进行编程，并且支持被动串行模式(Passive Serial Mode)、JTAG 模式、主动串行编程模式(Active Serial Programming Mode)和 In-Socket Programming 模式等多种编程模式。

1. 编程硬件的驱动安装

若在编辑器硬件设置对话框中未出现可用的硬件类型，则用户需要手工安装 Altera 编程器硬件驱动。在 Windows 2000 平台上安装该类驱动的主要步骤是：

(1) 在桌面上"我的电脑"的右键菜单中选择"属性"项，接着在弹出的系统特性窗口中单击("硬件"标签下)"硬件向导"按钮，如图 4.52 所示。

(2) 在弹出的"添加/删除硬件向导"页面中单击"下一步"按钮。待新硬件搜索完毕之后，选择"添加新设备"，进入下一步。

(3) 在查找列表中选择"声音、视频和游戏控制器"，单击"下一步"按钮。

(4) 选择与硬件设备对应的驱动程序，并单击"从磁盘安装"按钮。在"磁盘安装"对话框中单击"浏览"按钮，在"查找文件"对话框中指定编程器硬件驱动的目录为<Quartus Ⅱ安装目录>\drivers\win2000\win2000.inf，如图 4.53 所示。

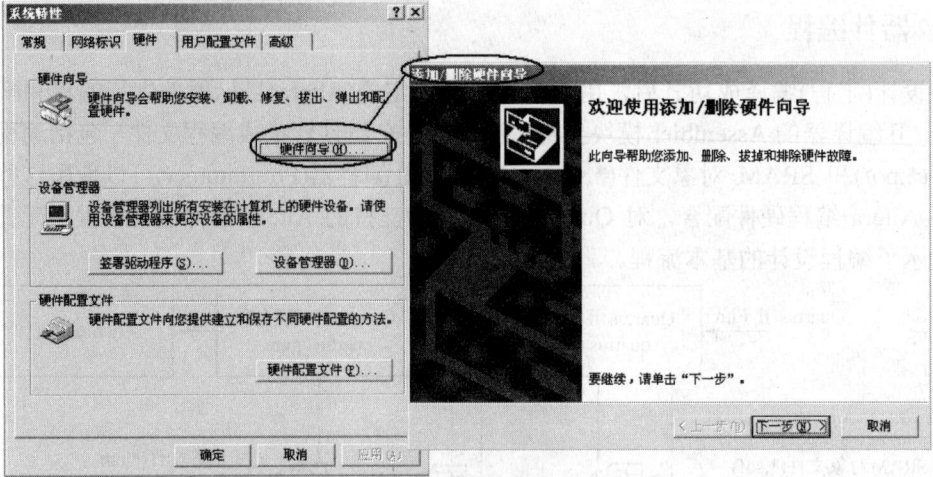

图 4.52　硬件向导

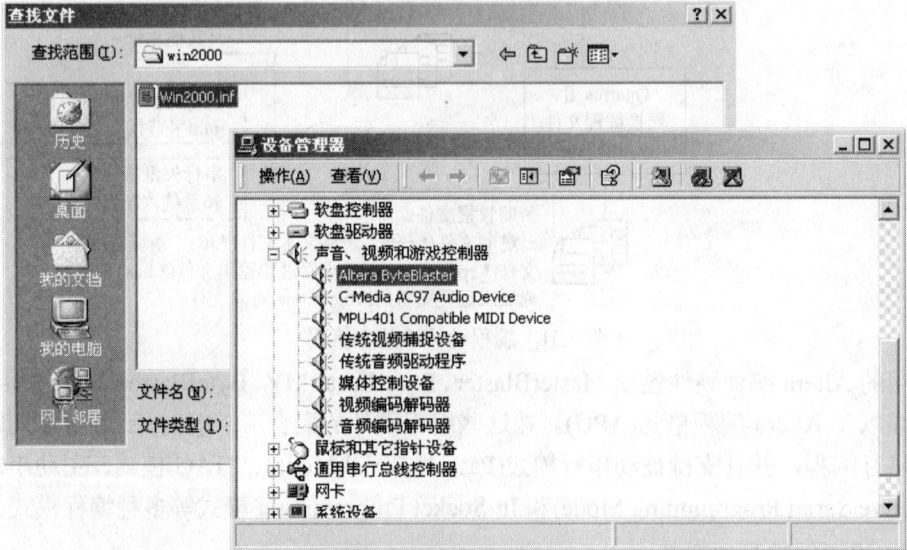

图 4.53　设备管理器窗口

(5) 在接下来的对话框中选择"Altera ByteBlaster"(或其他已安装的编程器硬件)，单击"下一步"按钮开始安装。若出现相容性错误警告，则选择"继续安装"。

(6) 安装完毕后须重新启动计算机，才能使新设备生效。

在 Windows XP 平台上，Altera 编程器硬件驱动程序的安装过程与上述内容相似，可概括为：进入"控制面板"→双击"系统"图标→点击"硬件"标签→点击"设备管理器"按钮→(在"声音、视频和游戏控制器"类型中)选择"Altera ByteBlaster"或其他已安装的编程器硬件→调出其右键菜单，选择"更新驱动程序"，而后按照提示操作即可。

2. 器件编程

使用 Quartus Ⅱ Programmer 编程/配置一个或多个器件的基本流程如下：

(1) 将 Altera 编程硬件与用户的(微机)系统相连，并安装必要的驱动程序。

(2) 进行设计的全编译，或至少运行 Compiler 的 Analysis & Synthesis、Fitter 和 Assembler 模块，使之自动为设计建立编程器对象文件(.pof)和 SRAM 对象文件(.sof)。

(3) 利用 Tools 菜单下的 Programmer 命令，调出如图 4.54 所示的编程器窗口，其中会自动新建一个链式描述文件(.cdf)。每个打开的编程器窗口代表一个 CDF 文件。可以打开多个 CDF 文件，但每次只能使用其中一个进行编程。

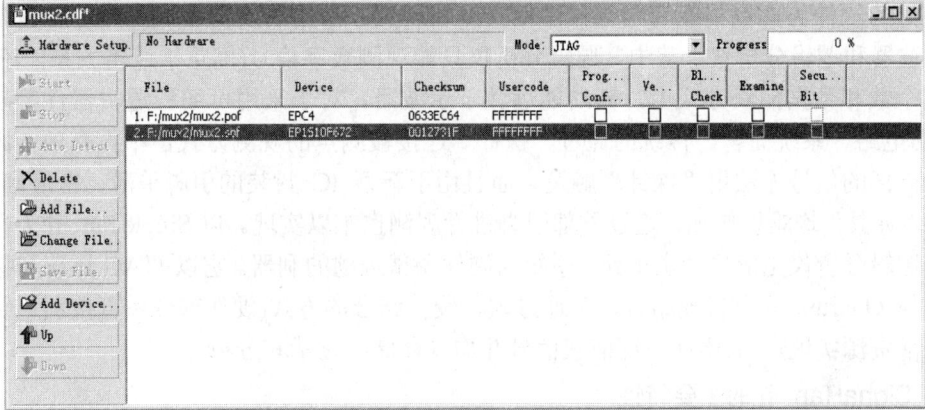

图 4.54　编程器窗口

(4) 可利用编程器窗口的 Mode 下拉选择框，从可用的编程模式中选择所需要的模式(受所选择的编程硬件及其设置影响)，例如被动串行模式、JTAG 模式、主动串行编程模式或 In-Socket 编程模式。

(5) 如图 4.55 所示，必要时可单击编程器窗口左上角的"Hardware Setup"按钮，调出硬件设置界面，对编程硬件进行选择、添加/删除和设置。

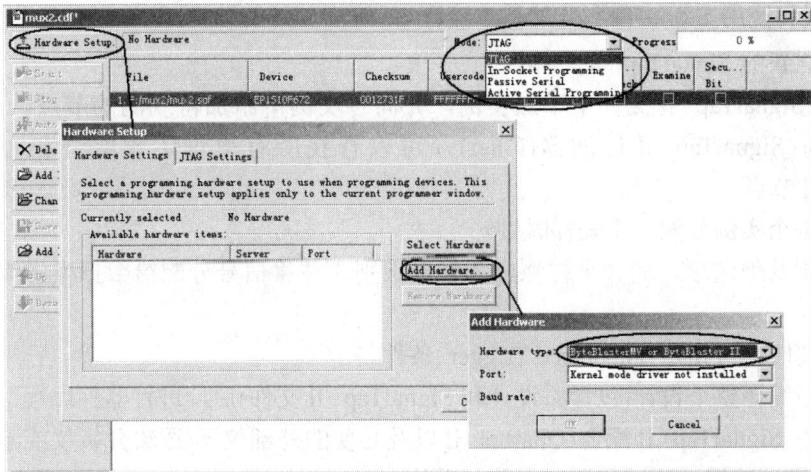

图 4.55　Hardware Setup 窗口

(6) 视编程模式而定，可以在 CDF 中添加、删除编程文件和器件以及更改其顺序；也可以指示 Programmer 在 JTAG 链中自动检测 Altera 支持的器件，并将其添加至 CDF 器件列表中；还可以添加用户自定义的器件。

(7) 对于非 SRAM 的非易失性器件，例如配置器件、MAX 3000 和 MAX 7000 器件，可以通过指定额外编程选项来查询器件，如 Verify、Blank-Check、Examine 和 Security Bit。

(8) 点击"Start"按钮即可启动 Programmer，对器件进行编程并立即得到与设计相对应的实际硬件电路。

4.2.9 基于 SignalTap II 的硬件测试和调试

最好的软件仿真也不能完全替代硬件实测和调试。常用的硬件调试工具主要包括万用表、示波器和逻辑分析仪。其中，逻辑分析仪只能观测数字信号(侧重于逻辑关系)，但在测量通道个数和数据捕获方式上，其功能远胜于示波器。对于采用可编程逻辑器件等超大规模 IC 的电路、系统而言，传统的通过"探针"连接被测点的观测方式已不再有效，因为不但器件内部的信号无法用"探针"触及，而且由于新型 IC 封装的引脚单薄、密度高，"探针"和"夹具"均难以施加，通过外部引脚进行观测也难以实现。以 SingleTap II 为代表的嵌入式逻辑分析仪是解决片上电路、系统的硬件调试难题的利器。它以 JTAG 协议和接口为基础，与 Quartus II 有机地结合，可通过软、硬件结合的方式(硬件部分系直接利用目标器件的内部资源实现)，从器件内部捕获信号并加以存储、显示和分析。

1. SignalTap II 的主要特性

(1) 每个可编程器件可内嵌多个逻辑分析仪组件，多个可编程器件可连接成一个 JTAG 链，由 SignalTap II 统一管理。

(2) 每个嵌入式逻辑分析仪最多可以有 10 级触发。

(3) 每个嵌入式逻辑分析仪支持多达 1024 个通道和 128K 的(数据)采样深度。

(4) 最高采样频率可以高达 200 MHz。

(5) 具有多种数据显示和文件输出格式可供选用。

2. 设置和使用 SignalTap II 的基本流程

(1) 建立新的 SignalTap II 文件。

(2) 向 SignalTap II 文件中添加实例，并向各实例中添加待观测的节点。利用 Node Finder 中的 SignalTap II 过滤器(Filter)，可以查找所有通过了预综合和布局布线的 SignalTap II 节点。

(3) 给每个实例分配一个采样时钟。

(4) 设置其他选项，例如采样深度和触发级别，并将信号分配给数据/触发输入和调试端口。

(5) 必要时，可指定 Advanced Trigger 条件。

(6) 重新编译整个设计(包含原设计和 SignalTap II 文件)后，进行器件编程。

(7) 使用 SignalTap II 配合 Quartus II 以及必要的外部仪器(逻辑分析仪或示波器)，采集和分析信号、数据，测试和调试电路、系统。

(8) 在调试成功后，可从设计中删去 SignalTap II 文件，重新编译设计和编程器件以释放其所占用的资源。原设计的功能和性能不会因此受到影响。

3. SignalTap II 文件的具体设计步骤

1) 创建 STP 文件

STP 文件包括 SignalTap II 逻辑分析仪设置、捕获数据的查看和分析两部分。在 Quartus

Ⅱ软件中，选择 File 菜单下的 New 命令，在弹出的 New 对话框中选择 Other Files 标签页，从中选择 SignalTap Ⅱ File(如图 4.56 所示)，便可打开一个新的 SignalTap Ⅱ窗口，如图 4.57 所示。

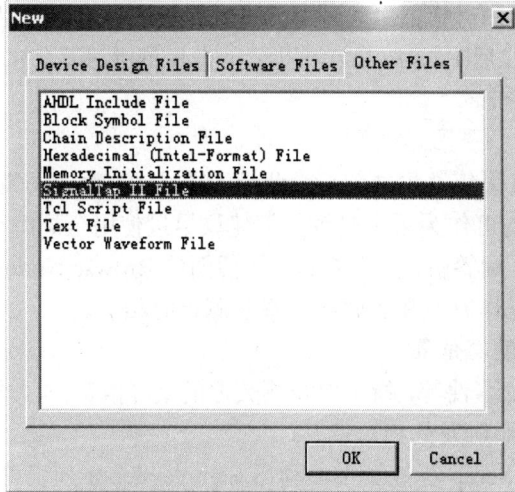

图 4.56　新建一个 STP 文件

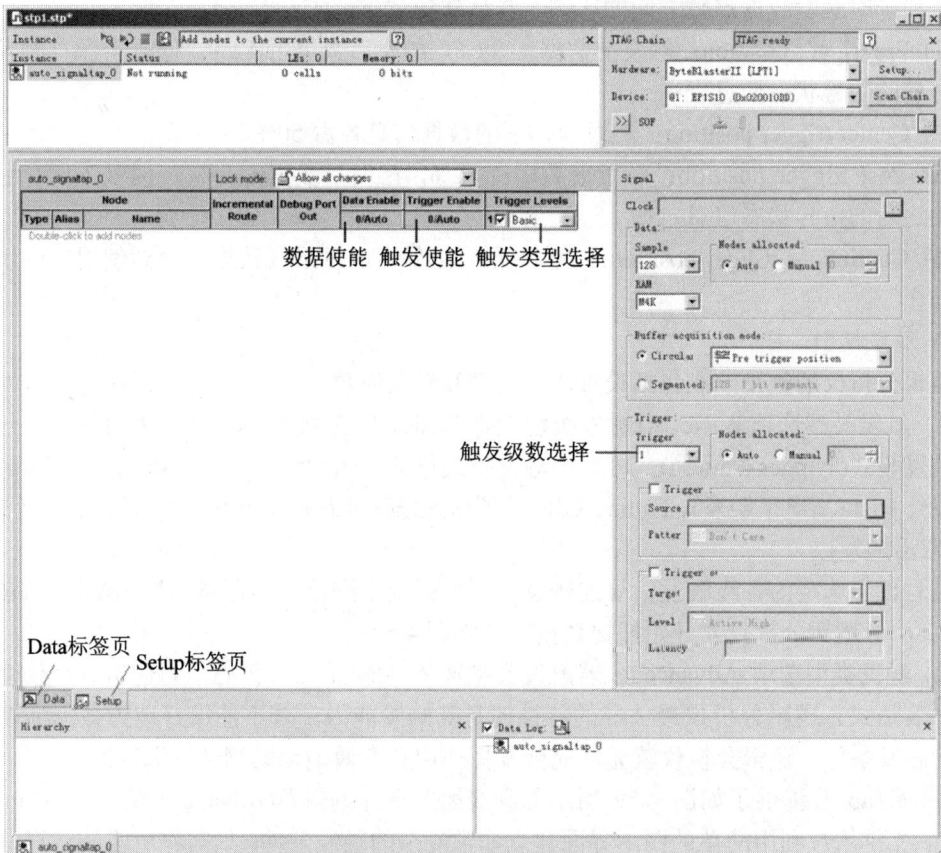

图 4.57　SignalTap Ⅱ窗口

2) 加入分析观测点

在 SignalTap Ⅱ窗口中选择 Setup 标签页，在 Node 栏下的空白区域双击左键，便可调出观测点查找(Node Finder)对话框。通过下拉过滤栏(Filter)可选择观测点属性，例如综合前(Pre-synthesis)或布局布线后(Post-fitting)，以缩小查找范围。具体的选择方法与仿真节点的选择相同，可参考 4.2.6 节。

3) 设置采样时钟

在使用 SignalTap Ⅱ采集数据之前，须设置采样时钟。数据采集将与该时钟的上升沿同步。设计中的任意信号均可作为采集时钟，但建议尽量使用全局时钟。

设置时可选择 Setup 标签页，点击 Clock 栏后面的 Browse Node Finder 按钮，打开 Node Finder 对话框，随后的操作方法和步骤与选择观测点时相同。

4) 指定采样点数及触发位置

使用者可以根据触发事件等，指定要观测数据的采样点数(即数据存储深度)以及触发事件发生前后的采样点数(即触发的相对位置)。

在 STP 文件窗口的 Setup 标签页中，利用 Sample depth 列表可以选择逻辑分析仪的采样点数；在 Buffer acquisition mode 栏中，利用 Circular 列表可以选择所存储的超前触发数据点数和延时触发数据点数之间的比例，具体选项如下：

(1) Pre trigger position：触发前数据占 88%，触发后数据占 12%，偏重于保存触发信号发生之前的信号状态信息。

(2) Center trigger position：触发前、后的数据信息各占 50%。

(3) Post trigger position：触发前数据占 12%，触发后数据占 88%，偏重于保存触发信号发生之后的信号状态信息。

(4) Continuous trigger position：连续(循环地)保存触发采样数据，直到使用者中止数据采集为止。

5) 触发控制

逻辑分析仪的触发控制包括设置触发类型和触发级数。

(1) 触发类型选项 Basic。若触发类型选择 Basic，则必须在 STP 文件中为每个信号分别设置触发模式(Trigger Pattern)。可选的触发模式包括：Don't Care(无关项触发)、Low(低电平触发)、High(高电平触发)、Falling Edge(下降沿触发)、Rising Edge(上升沿触发)以及 Either Edge(双沿触发)。

当且仅当选定的各级触发信号的触发条件均得到了满足时("逻辑与"的结果为 TRUE)，SignalTap Ⅱ逻辑分析仪才开始捕捉数据，参见图 4.58。

(2) 触发类型选项 Advanced。若触发类型选择 Advanced，则必须为逻辑分析仪建立触发条件表达式。逻辑分析仪最关键的特性便是其触发能力。若不能很好地为数据捕获建立相应的触发条件，逻辑分析仪就无法充分发挥作用和有效地帮助测试、调试。

SignalTap Ⅱ提供了如图 4.59 所示的高级触发条件编辑器(Advanced Trigger Condition Editor)，支持用户利用简单的图形界面建立非常复杂的触发条件：只需将所需的运算符拖至触发条件编辑器窗口中，便可建立复杂的触发条件。

设置触发模式

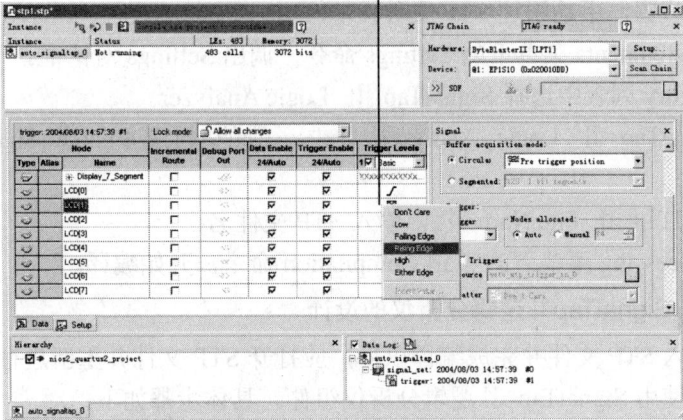

图 4.58　设置触发模式

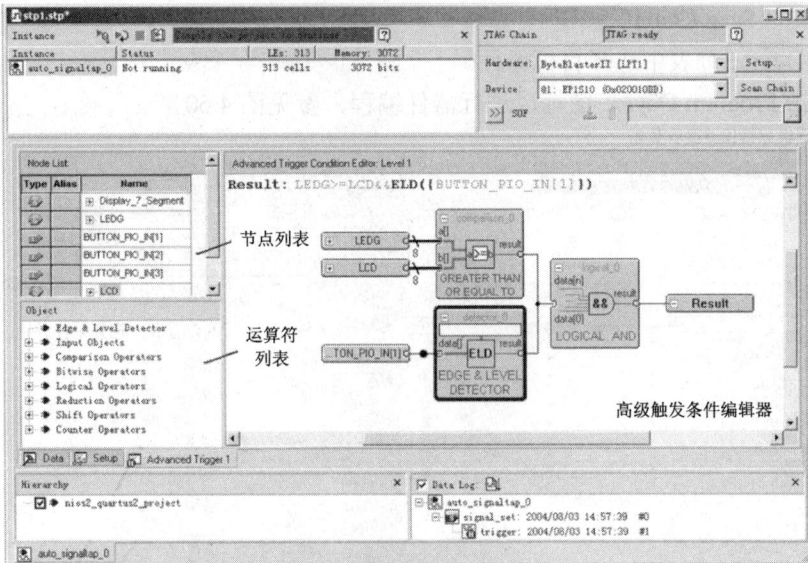

图 4.59　高级触发条件编辑器

6) 触发级数选择

SignalTap II 的多级触发特性为设计者提供了更精确的触发条件设置功能。在多级触发中，SignalTap II 会首先对第一级触发模式进行测试。当第一级触发表达式满足条件，测试结果为 TRUE 时，SignalTap II 才会对第二级触发表达式进行测试。依此类推，直到所有的触发级均完成测试，并且最后一级触发条件测试结果为 TRUE 时，SignalTap II 才开始捕获数据。

用户可在图 4.59 所示的触发级数选择列表中选择触发级数，最大为 10 级。

4. 编译嵌入 SignalTap II 逻辑分析仪的设计

在配置好 STP 文件之后和使用 SignalTap II 逻辑分析仪之前，必须(重新)编译 Quartus II 设计工程。

首次建立并保存 STP 文件时，Quartus II 软件能够自动将 STP 文件加入工程中。用户也可以通过下面的步骤，手动添加 STP 文件：

(1) 选择 Assignments 菜单下的 Settings 命令，调出 Settings 对话框。

(2) 在 Category 列表中选择 SignalTap II Logic Analyzer。

(3) 在 SignalTap II Logic Analyzer 页中，使能(勾选)Enable SignalTap II Logic Analyzer 选项。

(4) 在 SignalTap II File Name 栏中输入 STP 文件名。

(5) 选择 Processing 菜单下的 Start Compilation 命令，开始编译。

5. 下载嵌入 SignalTap II 逻辑分析仪的设计

在设计中嵌入 STP 文件并完成编译以后，应打开 STP 文件并重新进行器件编程，从而在器件中加入和使用 SignalTap II 逻辑分析仪组件。具体步骤如下：

(1) 在 STP 文件中，在 JTAG Chain 设置部分，选择嵌入了 SignalTap II 逻辑分析仪的 SRAM 对象文件(*.sof)。

(2) 点击"Scan Chain"按钮。

(3) 在 Device 列表中选择目标器件。

(4) 点击 Program Device 图标，进行器件编程，参见图 4.60。

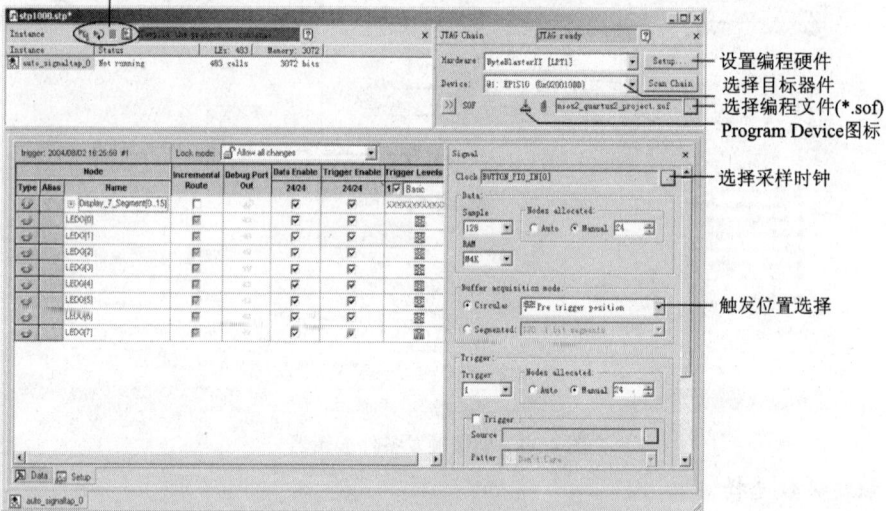

图 4.60　SignalTap II 逻辑分析仪编程

6. 使用 SignalTap II 进行采样、观察和分析

在 SiganlTap II 窗口中，选择"Run Analysis"或"AutoRun Analysis"按钮，即可启动 SignalTap II 逻辑分析仪。它会在触发条件满足时开始捕获数据。

如图 4.61 所示(左上角)，SignalTap II 工具条上有四个运行命令选项。其中：

(1) Run Analysis：单次执行 SignalTap II 逻辑分析仪。执行该命令后，SignalTap II 逻辑分析仪会在触发事件发生时即刻开始数据采集，采够预设的点数后停止。

(2) AutoRun Analysis：执行该命令后，SignalTap II 逻辑分析仪会连续捕获数据，直到"Stop Analysis"按钮被按下后才会停止。

捕获到的数据均会以波形图等形式及时显示在 Data 窗口中，参见图 4.61。用户还可对其进行详细的查看和分析，有关的功能和操作方法与查看和分析仿真结果时相似。

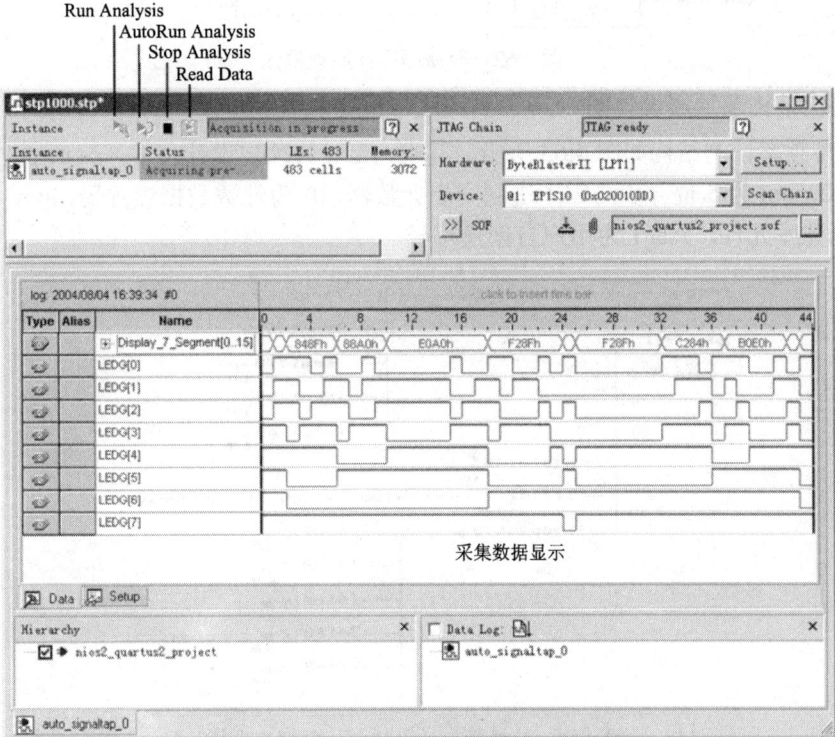

图 4.61　SignalTap Ⅱ逻辑分析仪运行界面

4.3　开发应用综合实例

本节列举了 3 个具有实际应用背景的设计实例，简要介绍了其原理，详细罗列了其设计文件。读者可以此为参考，自主地完成设计和进行实验，从中更深入地理解和掌握 Quartus Ⅱ 的使用方法，并亲自体会和逐步掌握基于可编程逻辑器件和 EDA 工具的现代数字电子系统开发方法。

4.3.1　简易频率计

1. 主要原理

数字式频率计的测量原理主要有直接测频法和测周期法两类。测频法即测量单位时间内被测信号的周期数，通常采用计数器、数据锁存器及控制电路实现，并通过改变计数器的"闸门"时间来达到不同的测量精度；测周期法则以被测信号作为计数器的"闸门"信号，利用频标信号测量其周期，再换算成频率。

图 4.62 所示的简易频率计(测频法)以被测信号作为时钟，利用异步清零的十进制同步计数器对其进行计数，再由数据锁存器锁定计数结果，经 LED 七段译码器译码后，驱动 LED 数码管显示。

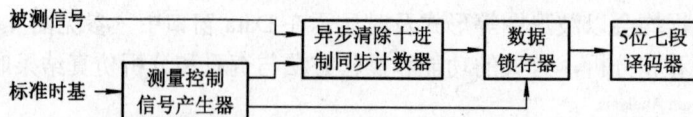

图 4.62　简易频率计原理框图

2. 层次结构及顶层设计图

该简易频率计的结构如图 4.63 所示。其中，freq 为顶层设计文件，sgate 为控制信号产生逻辑，10count 为 5 位异步清零十进制同步计数器，lff 为计数数据锁存器，lpm_ff 及 74160 为 Quartus II 库元件，7seg1 为用户自创建符号。

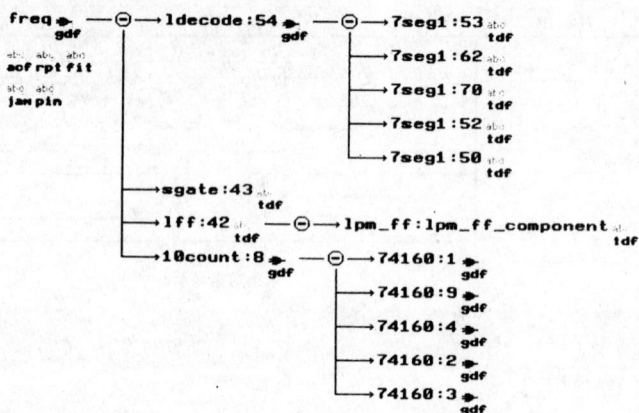

图 4.63　简易频率计设计文件的层次结构

该简易频率计的顶层原理图如图 4.64 所示。其中，Sclk 为 4 MHz 的时基(时钟)信号，对其频率稳定度和准确度的要求较高，故应利用(实验板上的)晶体振荡器提供；Signal 为被测信号，其频率应在 1 Hz～100 kHz 之间多点可调，可利用低频信号源或(555)多谐振荡器提供。

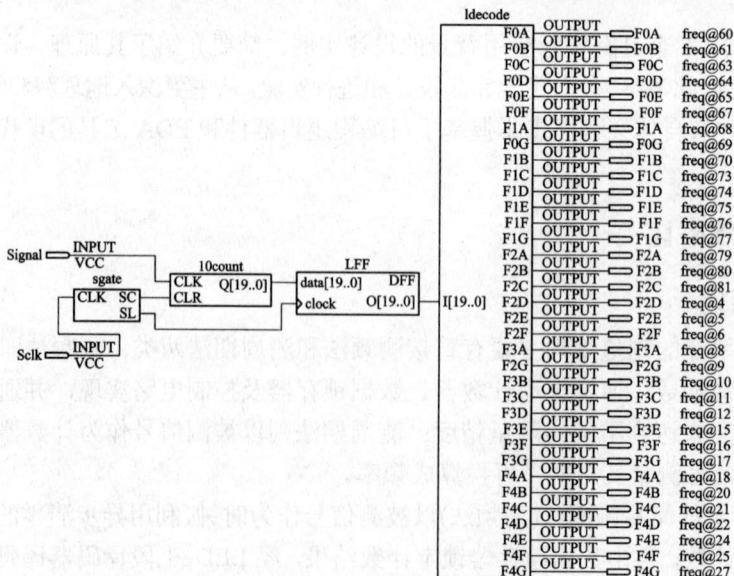

图 4.64　简易频率计顶层逻辑图

3. 控制信号产生逻辑

控制信号产生逻辑的 AHDL 描述文件如图 4.65 所示,其功能是产生计数器清零信号 SC 和锁存信号 SL。其中,SC 为低电平有效,SL 为上升沿有效,二者均由基准时钟 CLK 产生,周期均为 1 s 并与 CLK 同步。时序关系参见图 4.66。

```
SUBDESIGN Sgate
(    CLK      :INPUT;
     SC,SL    :OUTPUT;
)
VARIABLE
     count[21..0],SC,SL:DFF;
BEGIN
     SL.clk=CLK;
     SC.clk=CLK;
     count[].CLK=CLK;
     SL.d=(count[]==0);
     SC.d=NOT(COUNT[]==1);
     IF count[]<3999999 THEN
          count[]=count[]+1;
     ELSE
          count[]=0;
     END IF;
END;
```

图 4.65 控制信号产生逻辑文本文件

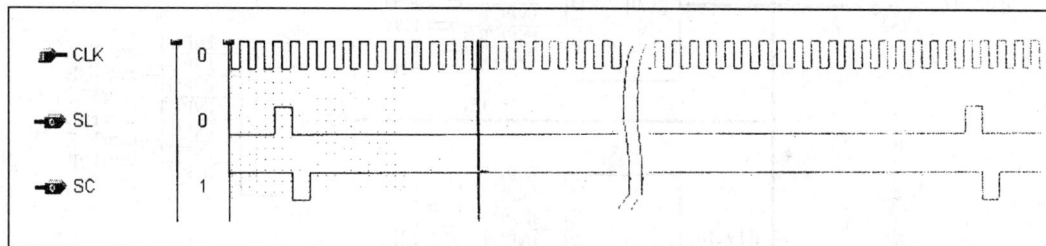

图 4.66 控制信号产生逻辑的时序波形(仿真结果)

4. 计数器

如图 4.67 所示,该计数器采用十进制计数方式,以便于直接译码显示。在 freq 项目中,该计数器的工作受 SC 信号和 CLK 信号的控制。

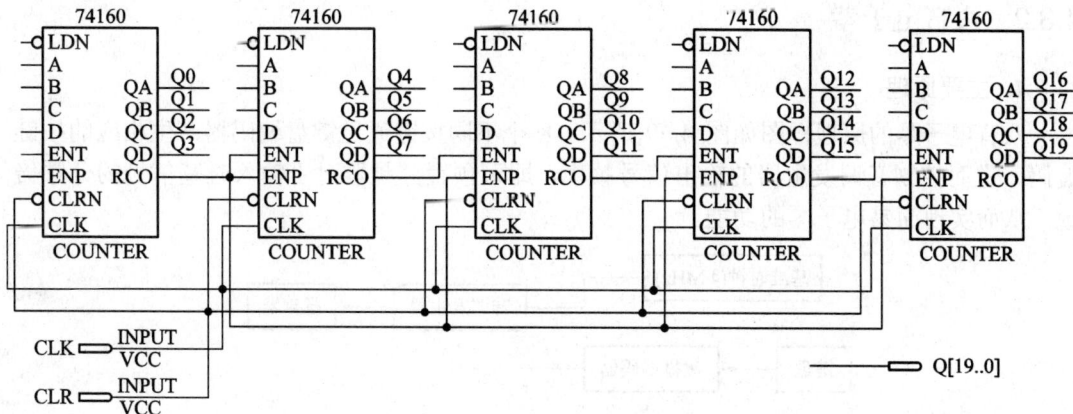

图 4.67 十进制同步计数器逻辑图

5. 数据锁存及 LED 译码逻辑

数据锁存器的作用是在 SL 信号上升沿到来时，保存计数结果；显示译码器的作用是完成多位 BCD 码到(LED)七段码的转换，其逻辑图如图 4.68 所示。需要指出的是：在本设计(freq)中，时基信号 Sclk 与被测信号 Signal 之间的相位关系是相互独立的，因而在 SL 的上升沿时刻，计数器输出有可能处于不稳定状态，此时的锁存结果将不正确。所以，该简易频率计存在偶尔错误显示的可能性。有兴趣的读者可以进一步考虑如何消除该类错误和改进设计性能。

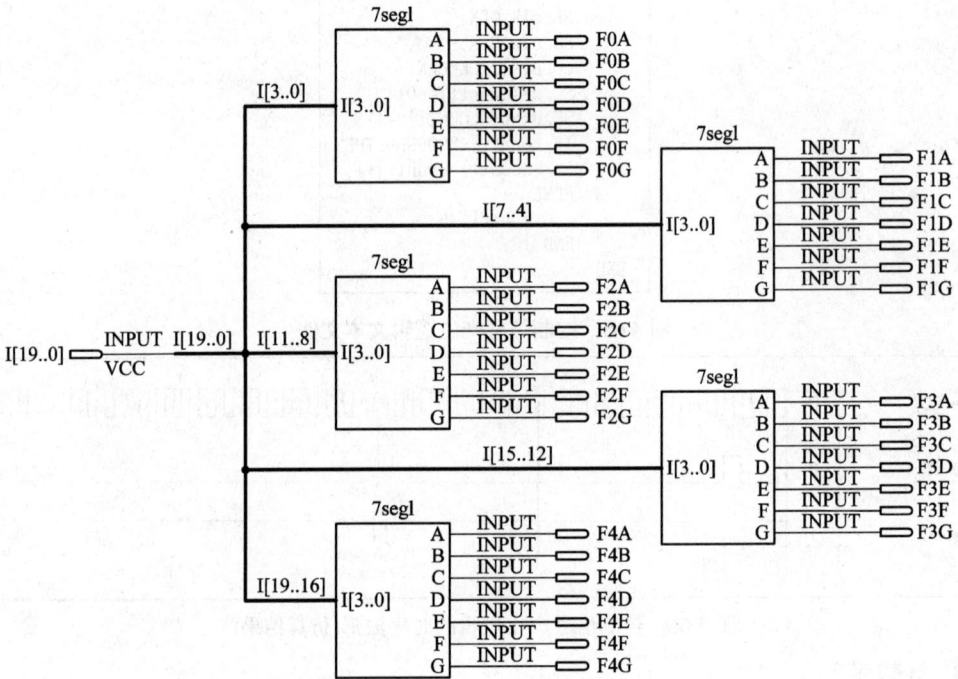

图 4.68　5 位共阳七段 LED 显示译码器

4.3.2　八音电子琴

1. 主要原理

八音电子琴的原理框图如图 4.69 所示。8 个不同按键通过键盘编码器产生相应的按键编码，进而控制音调发生器的输出信号频率，即可预置分频器对于输入时基信号的分频倍数，从而实现简易电子琴的功能。

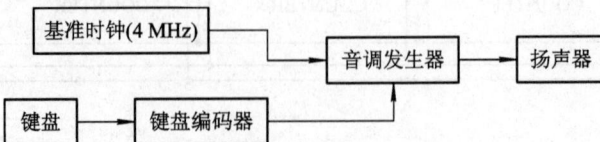

图 4.69　八音电子琴原理框图

2. 顶层设计文件

图 4.70 为八音电子琴的顶层设计逻辑图。CLK 由晶体振荡器提供，K1～K8 各对应 1 个按键，SPK 接扬声器/蜂鸣器，均可利用实验板上的有关资源来实现。

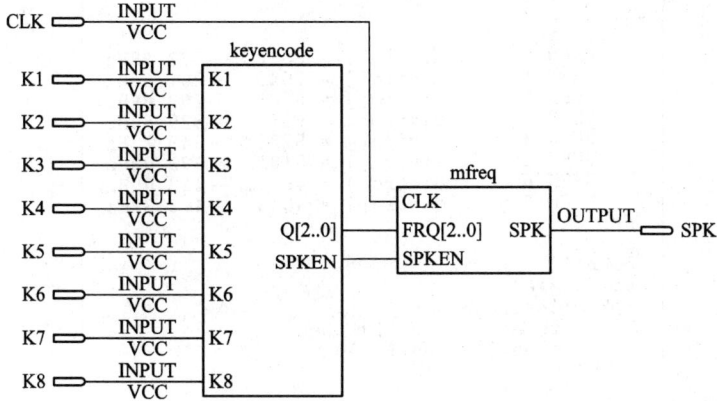

图 4.70　八音电子琴顶层图

3. 键盘编码器

键盘编码器产生按键编码信号和音调输出(扬声器)使能信号。当按下某个键时，键盘编码器应产生相应的控制编码信号，并使音调输出(扬声器)使能信号有效；当无键按下或同时有多个键按下时，应使音调输出(扬声器)使能信号无效(为低)。所有这些逻辑关系均可利用逻辑真值表来描述，参见图 4.71。

```
SUBDESIGN keyencode
( k1,k2,k3,k4,k5,k6,k7,k8: INPUT;
  Q[2..0],SPKEN          : OUTPUT;
)
BEGIN
    TABLE
        k1,k2,k3,k4,k5,k6,k7,k8 => Q[],SPKEN;
        0 ,1 ,1 ,1 ,1 ,1 ,1 ,1  =>  1  , 1 ;
        1 ,0 ,1 ,1 ,1 ,1 ,1 ,1  =>  2  , 1 ;
        1 ,1 ,0 ,1 ,1 ,1 ,1 ,1  =>  3  , 1 ;
        1 ,1 ,1 ,0 ,1 ,1 ,1 ,1  =>  4  , 1 ;
        1 ,1 ,1 ,1 ,0 ,1 ,1 ,1  =>  5  , 1 ;
        1 ,1 ,1 ,1 ,1 ,0 ,1 ,1  =>  6  , 1 ;
        1 ,1 ,1 ,1 ,1 ,1 ,0 ,1  =>  7  , 1 ;
        1 ,1 ,1 ,1 ,1 ,1 ,1 ,0  =>  0  , 1 ;
        1 ,1 ,1 ,1 ,1 ,1 ,1 ,1  =>  0  , 0 ;
    END TABLE;
END;
```

图 4.71　键盘编码器的 AHDL 描述文件

4. 音调发生器

音调发生器包括预置数据产生逻辑、可预置计数/分频器及整形电路等三部分。如图 4.72 所示，预置数据产生逻辑由 CASE 语句描述，使得不同的键盘编码对应不同的分频比；可预置计数/分频器由 IF 语句进行行为描述。整形电路的功能是将计数器输出整形为方波信号输出。在本设计中利用一个 T 触发器来实现整形，并使用逻辑方程对其加以描述。

```
SUBDESIGN mfreq
(   clk,frq[2..0],spken: INPUT
    spk : OUTPUT;
)
VARIABLE
 count[12..0]   : dff;
 spk            : tff;
 divfrq[12..0]  : node;
BEGIN
 CASE frq[] IS
     WHEN 0 =>      divfrq[] = 3822; --523.25Hz
     WHEN 1 =>      divfrq[] = 7643; --261.63Hz
     WHEN 2 =>      divfrq[] = 6809; --293.66Hz
     WHEN 3 =>      divfrq[] = 6066; --329.63Hz
     WHEN 4 =>      divfrq[] = 5725; --349.23Hz
     WHEN 5 =>      divfrq[] = 5101; --392.00Hz
     WHEN 6 =>      divfrq[] = 4544; --440.00Hz
     WHEN 7 =>      divfrq[] = 4048; --493.88Hz
 END CASE;

 count[].clk=clk;
 spk.clk=clk;
 spk.clrn=spken;
     if count[]<divfrq[] then
        count[]=count[]+1;
     else
        count[]=0;
     end if;
 spk.t=(count[]==0);
END;
```

图 4.72 音调发生器的 AHDL 描述文件

4.3.3 简易乐曲自动演奏器

1. 主要原理

图 4.73 所示为乐曲自动演奏器的原理框图，其工作原理与简易电子琴相似，所不同的是利用节奏时钟代替了简易电子琴中的按键，利用音调编码器取代了键盘编码器。因此，音调编码器可在节奏时钟的同步下，按照乐谱产生音调编码序列，并控制音调发生器产生音调序列信号，实现乐曲的自动演奏。

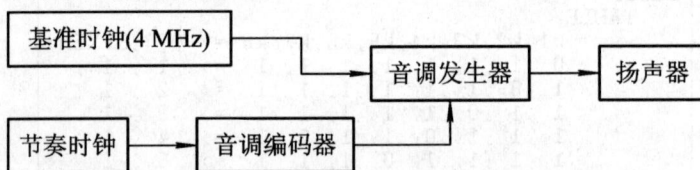

图 4.73 乐曲自动演奏器的原理框图

2. 顶层设计逻辑图

图 4.74 所示为乐曲自动演奏器的顶层设计逻辑图。其中，CLK1 由晶体振荡器提供，CLK2 由多谐振荡器提供，SPK 外接扬声器，均可利用实验板上的有关资源实现。通过调整多谐振荡器的频率，可以调整乐曲的演奏速度。

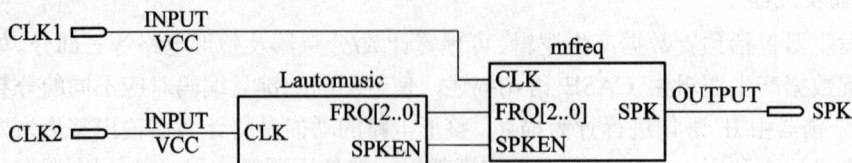

图 4.74 乐曲自动演奏器的顶层逻辑图

3. 音调编码器

音调编码器的文本文件如图 4.75 所示，它由节奏控制计数器、音调码产生逻辑、音调输出(扬声器)使能信号产生逻辑等组成。节奏控制计数器 count 的宽度为 12 位，通过逻辑方程来描述。音调码产生逻辑由逻辑真值表描述，即不同的节奏状态对应不同的音调编码 frq[ ]。扬声器使能信号 spken 由节奏状态和乐谱共同控制，也是通过逻辑方程来描述的。内部节点信号 ctrl 的作用是指示乐谱中的具体音符是单独发音(状态 1)还是连续发音，并过渡到下个音符(状态为 0)。本例中编写的乐曲为《小星星》。

```
SUBDESIGN lautomusic
( CLK, start         : INPUT;
    Frq[2..0], spken  :  OUTPUT;
)
VARIABLE
      COUNT[11..0] : DFF;
      ctrl              : node;
BEGIN
      COUNT[].CLK=CLK;
      COUNT[]=COUNT[]+1;
TABLE
      COUNT[11..7]    =>    frq[], ctrl;
                  0    =>    1      ,1;
                  1    =>    1      ,1;
                  2    =>    5      ,1;
                  3    =>    5      ,1;
                  4    =>    6      ,1;
                  5    =>    6      ,1;
                  6    =>    5      ,0;
                  7    =>    5      ,1;
                  8    =>    4      ,1;
                  9    =>    4      ,1;
                 10    =>    3      ,1;
                 11    =>    3      ,1;
                 12    =>    2      ,1;
                 13    =>    2      ,1;
                 14    =>    1      ,0;
                 15    =>    1      ,1;
                 16    =>    5      ,1;
                 17    =>    5      ,1;
                 18    =>    4      ,1;
                 19    =>    4      ,1;
                 20    =>    3      ,1;
                 21    =>    3      ,1;
                 22    =>    2      ,0;
                 23    =>    2      ,1;
                 24    =>    5      ,1;
                 25    =>    5      ,1;
                 26    =>    4      ,1;
                 27    =>    4      ,1;
                 28    =>    3      ,1;
                 29    =>    3      ,1;
                 30    =>    2      ,0;
                 31    =>    2      ,1;
      END TABLE;
    spken=    not(ctrl and (COUNT[6..4]==7));
    END;
```

图 4.75　音调编码器的 AHDL 描述文件

4. 音调发生器

该音调发生器与 4.4.2 节中使用的电子琴音调发生器完全相同，参见图 4.72。

第5章

Lattice 新型可编程逻辑器件

5.1 概 述

Lattice 半导体公司(Lattice Semiconductor Corporation，简称 Lattice 公司)是世界著名的可编程器件厂商，它长期致力于高性能可编程逻辑器件及相关软件的设计、开发和销售。Lattice 可编程器件普遍采用其发明的 E^2(电可擦除、电可编程)CMOS 工艺和 ISP(In System Programmable，在系统可编程)技术，具备兼容 IEEE 1149.1 标准的在系统可编程性和边界扫描可测试性，支持用户直接对安装在电路板上的该类器件进行编程、再编程以及功能与连通性测试，从而在产品的整个生命周期中获得许多利益和方便(参见图 5.1)。

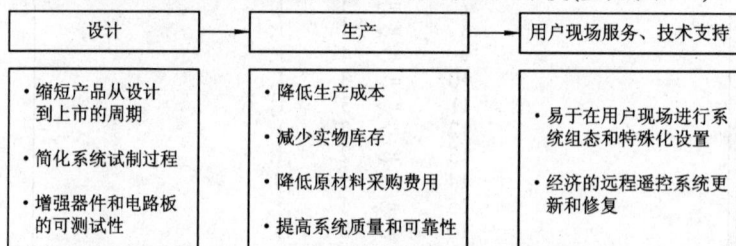

图 5.1 ISP 器件及技术的主要优点

目前，该公司已研制并改进了一系列 ISP 器件(包括 SPLD、CPLD、ispXPLD、FPGA、FPSC)、软件及相关产品，为用户提供了全面的可编程逻辑设计与开发解决方案。它所提供的 ispLEVER 设计工具简单易用，且支持所有的 Lattice 可编程逻辑器件，而品种丰富的评估套件/评估板也非常便于用户评估其设计实现，从而加速其产品开发进程。

由于篇幅所限，本章将概述高密度 Lattice 可编程逻辑器件的分类、构成及主要特点，并集中简述支撑其先进特性的主要关键技术及其基本原理。读者也可登录 Lattice 公司的网站(http://www.Latticesemi.com.cn/products/default.htm 或 http://www.Latticesemi.com/products)，免费获取更多、更新的信息、资料以及 ispLEVER 设计工具。(本章部分内容即参考或取材于该网站，特此说明并致谢。)

5.2 CPLD 器件系列简介

如表 5.1 所示，Lattice 经过优化的 CPLD、XPLD 组合包括多种具有不同特点、面向不同应用的器件系列，包括跨越式 PLD(MachXO 系列)、主流 CPLD(ispMACH 4000V/B/C 系列)、先进 CPLD(ispXPLD 5000MV/B/C 系列)、5 V CPLD(ispMACH 4A5 系列)、混合信号 CPLD(ispPAC-POWR1208/604 器件)，因而能够适应各种 CPLD 设计的挑战，提供成本优化和性能领先的解决方案。以下分别加以简述。

表 5.1　Lattice CPLD 和 XPLD 器件系列一览表

电源	系 列	宏单元	t_{PD}/ns	f_{max}/MHz	I/O	存储器/Kb	PLL
1.2 V	MachXO	128~1140*	3.5	345	73~271	0~27.6	0~2
1.8 V	MachXO	128~1140*	3.5	345	73~271	0~27.6	0~2
	5000MC	256~1024	3.5	300	141~381	64~512	2
	4000C	32~512	2.5	400	30~208	—	—
	4000Z	32~256	3.5	267	32~128	—	—
2.5 V	MachXO	128~1140*	3.5	345	73~271	0~27.6	0~2
	5000MB	256~1024	3.5	300	141~381	64~512	2
	4000B	32~512	2.5	400	30~208	—	—
3.3 V	MachXO	128~1140*	3.5	345	73~271	0~27.6	0~2
	5000MV	256~1024	3.5	300	141~381	64~512	2
	4000V	32~512	2.5	400	30~208	—	—
5 V	4A5	32~256	5	182	32~128	—	—

注：*假定一个宏单元等于两个查找表。

1. MachXO 跨越式可编程逻辑器件

MachXO 系列将 FPGA 的灵活性与 CPLD 的性能相结合，故被称为跨越式可编程逻辑器件。该系列器件具有高引脚/逻辑比，非常适用于粘合逻辑、总线桥接、总线接口、上电控制和控制逻辑，为传统上使用 CPLD 或者低容量 FPGA 的应用提供了一种非易失、低成本、低密度、瞬时上电的高性能逻辑解决方案。MachXO 系列器件的结构很有代表性(EC、ECP、XP 等系列的器件结构均与之类似)，故较详细地介绍如下(以后不再重复)。

如图 5.2 所示，MachXO 系列器件的四周是可编程 I/O 单元(PIO)，中间是逻辑块阵列以及仅部分器件具有的 sysCLOCK 锁相环(PLL)和 sysMEM 嵌入式块存储器(EBR)。逻辑块以行、列形式排列；EBR 块位于逻辑阵列左边的列中；PIO 分布在器件的外围，利用灵活的 sysIO 缓冲器支持各种接口标准。它们均连接到许多垂直的、水平的布线通道资源上，具体的连接则留待布局和布线软件工具予以自动地分配。

MachXO 系列器件的核心是两种逻辑块：可编程功能单元(PFU)和无 RAM 的可编程功能单元(PFF)。PFU 包含用于逻辑、算法、分布式 RAM/ROM 和寄存器的积木块；PFF 包含用于逻辑、算法、ROM 的积木块。经过优化的 PFU 和 PFF 能够灵活、有效地实现复杂的设计。这些逻辑块以二维的阵列形式分布，其中每一行中的积木块均属于同一种类型。

每个 PFU/PFF 有 53 个输入、25 个输出，所有与它们的互连都来自布线区。如图 5.3 所示，每个 PFU/PFF 又由 4 个互连的 Slice 组成。如图 5.4 所示，每个 Slice 都含有 2 个 LUT4 查找表，其输出分别送入 2 个寄存器——可以将其编程为触发器或者锁存器模式。LUT 与相关的逻辑组合在一起，可形成 LUT5、LUT6、LUT7 和 LUT8(依次为 5、6、7、8 输入查找表)。由器件中的控制逻辑执行 Set/Reset 功能(可编程为同步、异步模式)、时钟选择、片选和多种 RAM/ROM 功能。每个 Slice 有 14 个输入信号，其中 13 个来自布线区，1 个来自邻近的 Slice 或 PFU 的进位链。它还有 7 个输出，其中 6 个送至布线区，1 个送至邻近 PFU 的进位链。Slice 内的寄存器可配置成正/负和边沿/电平时钟。PFU 中的每个 Slice 都能实现逻辑、行波、RAM 和 ROM 四种模式；PFF 中的 Slice 可实现除 RAM 外的其余三种模式。

在时钟/控制分布网络方面，MachXO 提供了下列全局信号：4 个主时钟和 4 个次级时钟。主时钟信号由 4 个 16∶1 多路器产生，其来源是双功能时钟引脚、内部布线信号和 PLL 输出；4 个次级时钟由 4 个 16∶1 多路器产生，其来源是双功能时钟引脚和内部布线。

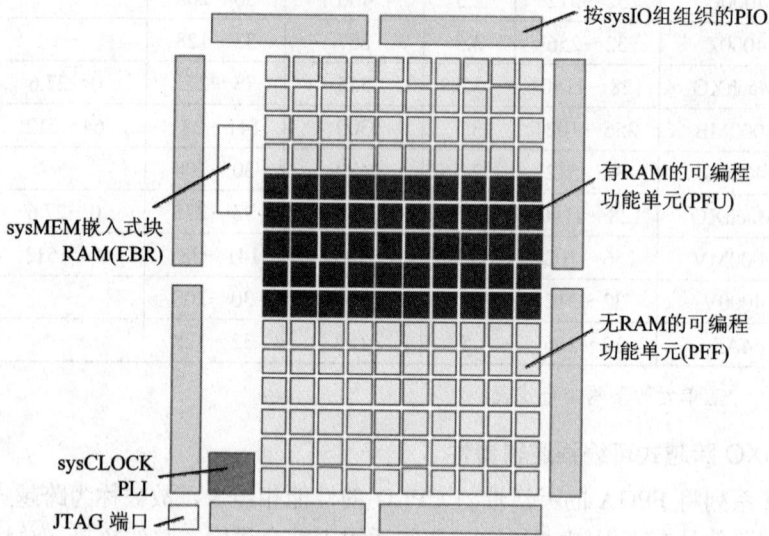

图 5.2 MachXO(1200)器件结构示意图

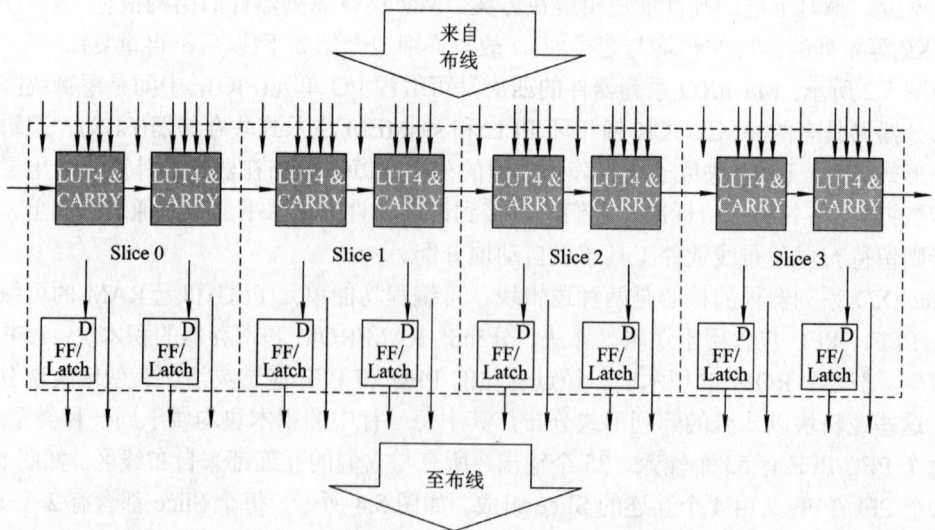

图 5.3 PFU 的结构

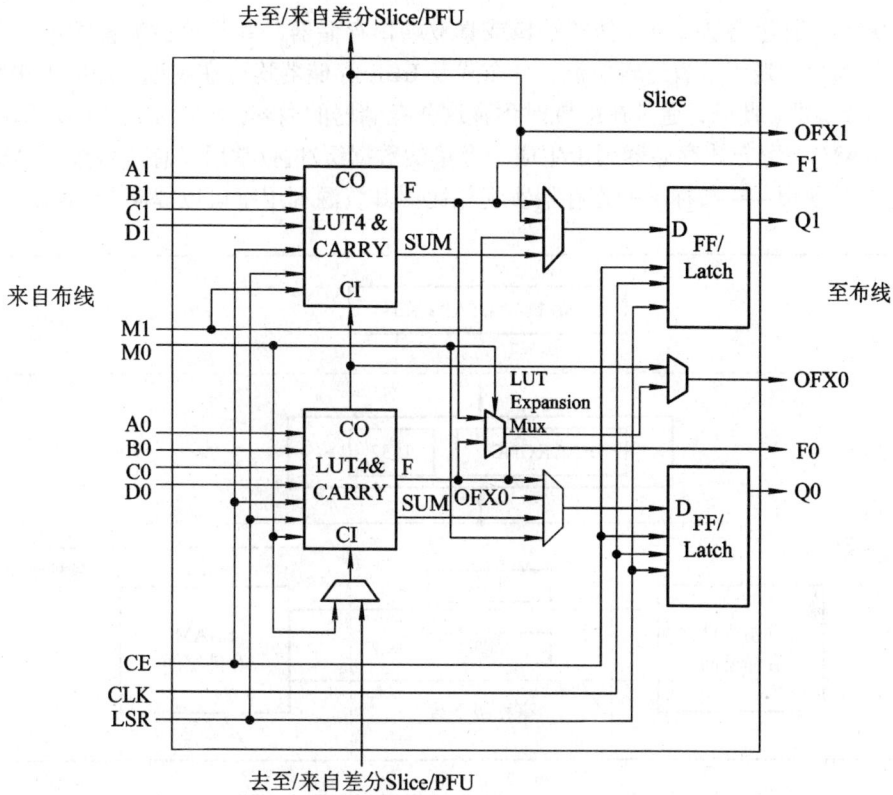

图 5.4　Slice 的内部逻辑示意图

MachXO 系列器件中所有的 I/O 被分组管理。每个器件中 I/O 组(Bank)的个数(8 个、4 个或 2 个)因其型号而异。各个 I/O 组的 I/O 缓冲器的类型有所不同，且都有着自己独立的 V_{CCIO}，可以支持不同的 I/O 标准。此外，该系列器件还具有下列主要特点：

(1) 具有 CPLD 的传统优点。主要包括：非易失、无限可重构；瞬时上电(时间小于 1 ms)；单片工作，无需外部配置存储器；极佳的设计安全性，无配置位流可截取；管脚至管脚延时可达 3.5 ns 的高速，可预测性能。

(2) 独具 TFR(Transparent Field Reconfiguration)技术，允许在现场使逻辑升级而不干扰应用系统的正常工作。具体地说，MachXO 系列凭借其"SRAM+Flash"双重配置空间结构和边界扫描与编程电路，能够同时满足嵌入式编程、最小的下载时间、(在配置过程中)器件 I/O 状态受控、(在配置完成后)器件状态受控(即重新初始化)等实现无缝地在系统更新所需要的条件。具体的 TFR 更新过程则包括后台 Flash 编程、I/O 锁定、SRAM 重配置以及设置正确的逻辑状态并将 I/O 交给用户控制等 4 个步骤(参见图 5.5)。

(3) 具有灵活的 LUT 结构，包括 256～2280 个 LUT4(4 输入查找表)、73～271 个 I/O，并且有多种支持密度移植的封装形式可供选择。

(4) 具有嵌入及分布式存储器，包括高达 27.6 KB 的 sysMEM 嵌入式块 RAM(EBR)、专用的 FIFO 控制逻辑以及高达 7.7 KB 的分布式 RAM。具体地说，对于所有的 MachXO 系列器件，其 PFU 块中的 LUT 可被配置成 16×2 位的单/双端口存储器，构成分布式存储器；MachXO 1200、MachXO 2280 带有 9 KB 的专用存储器块(即 EBR)，以存储大量数据，这些存储器块可被配置成单端口、伪双端口或真双端口存储器，并且可被配置成带有专用控制的 FIFO，为用户逻辑节省逻辑资源。分布式及 EBR 存储器均可在宽度、深度上级联，以生成更大的存储器。此外，通过在配置时预置这些存储器的内容，可以实现 ROM(即没有写入端口的 RAM)。分布式存储器用于生成小容量的数据缓冲区(常用于总线桥接、总线接口等应用)时非常理想——与标准的寄存器实现相比，其资源利用率可以提高 15 倍。

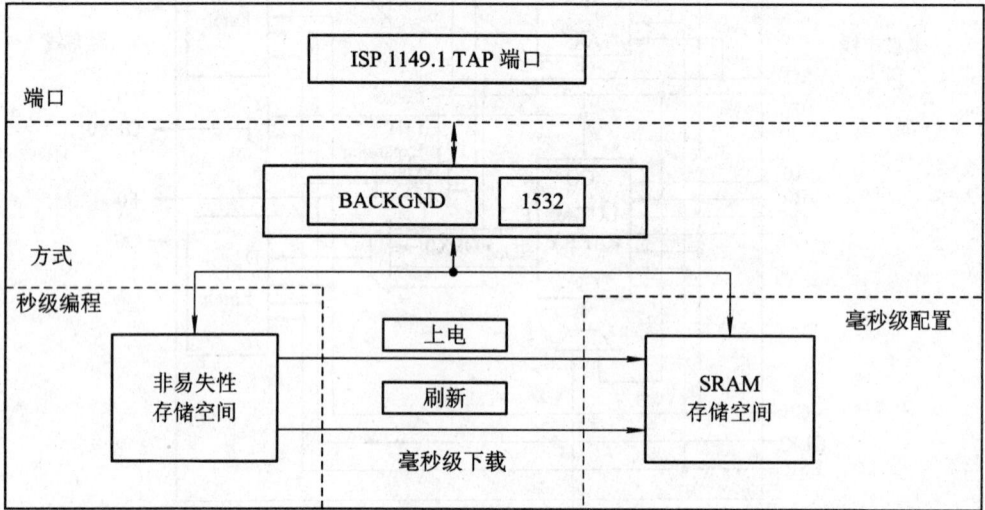

图 5.5　MachXO 器件配置和编程示意图

(5) 具有可编程的 sysIO 缓冲器,支持多种接口:3.3 V/2.5 V/1.8 V/1.5 V/1.2 V LVCMOS 和 LVTTL; MachXO 1200、MachXO 2280 还支持 PCI、LVDS、Bus-LVDS、LVPECL 及 RSDS。

(6) 每个器件包含多达两个的 sysCLOCK(模拟)锁相环、可实现时钟倍频、分频和相移。

(7) 具备低功耗特性，在睡眠模式下的待机功耗已减少至 100 μA 以下。

(8) 便于集成的系统级支持，包括：兼容 IEEE 1149.1 标准的边界扫描；用于器件配置和用户逻辑的板上 20 MHz 振荡器；器件可在 3.3 V、2.5 V、1.8 V 或 1.2 V 电源下工作。

关于上述 sysIO 缓冲器、sysCLOCK 锁相环等的较详细介绍请参见 5.5 节。

2. ispXPLD 5000MX 系列

ispXPLD 5000MX 是 Lattice 全新的 XPLD(eXpanded Programmable Logic Devices)系列的代表。如图 5.6 所示，该系列器件采用了新的多功能块(MFB)结构，将存储器、CAM(内容可寻址存储器)、FIFO 与逻辑和 CPLD 结合在一起，使其更易于使用。其中，OSA 表示 IO 开关阵列。该系列器件的特点主要包括：

(1) 灵活的 MFB 结构由多功能阵列和附属的布线资源构成(参见图 5.7)，可以根据用户的应用需要，配置成 SuperWIDE 超宽(136 个输入)逻辑(参见图 5.8)、单口或双口随机存储器(RAM)、异步的先入先出(FIFO)堆栈或者 CAM。

(2) 具有 sysCLOCK PLL 电路，支持(时钟)倍频与分频、时钟移位。

(3) 具有 sysIO 接口，支持多种 I/O 标准，具有可编程的驱动强度和灵活的总线保持能力。

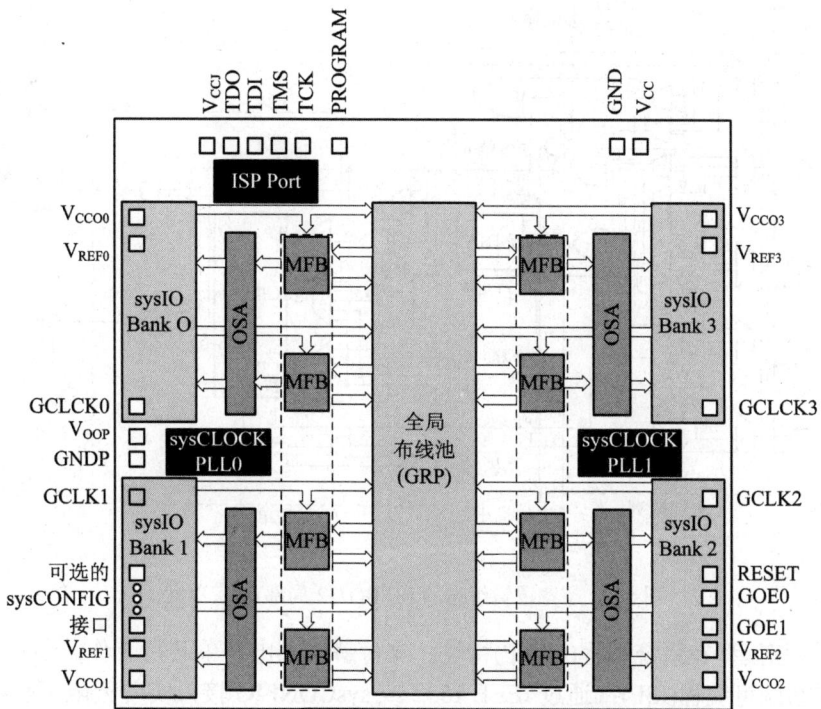

图 5.6 ispXPLD 5000MX 器件的结构框图

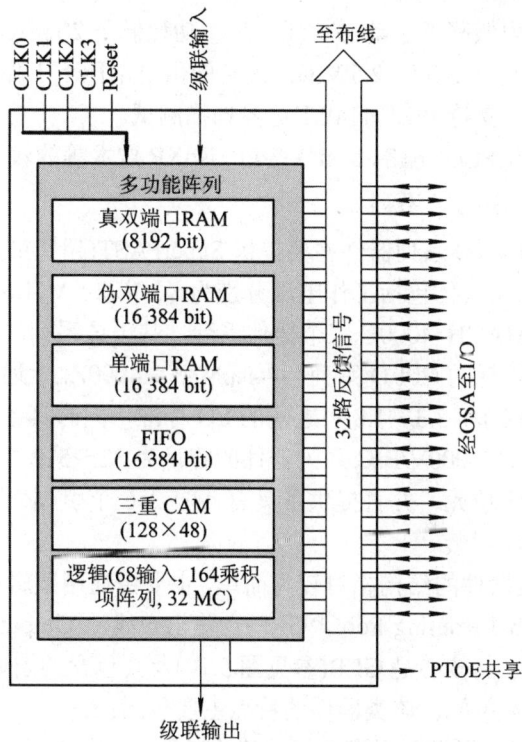

图 5.7 ispXPLD 5000MX 器件中的 MFB

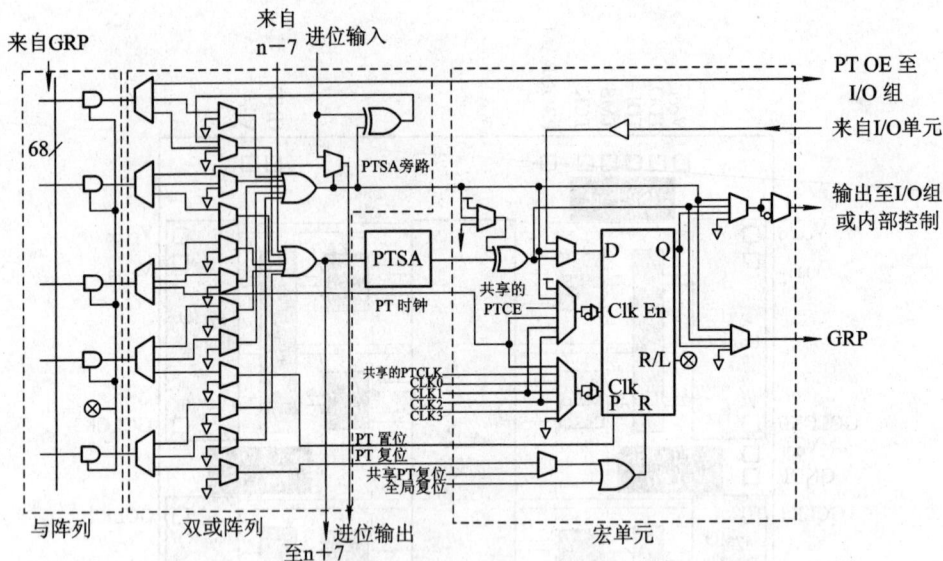

图 5.8 超宽逻辑组态的 MFB(1/32 局部)及宏单元

(4) 具有拓展型在系统编程(ispXP)特性：支持瞬时上电和单芯片工作；通过 IEEE 1532 接口实现在系统可编程(ISP)；通过 IEEE 1532 或 sysCONFIG 接口实现无限可重构。

(5) 可预测的高速性能：引脚至引脚之间的传输延迟(t_{PD})为 4.0 ns；f_{max}(最高时钟频率)高达 300 MHz。

(6) 低功耗：1.8 V 内核降低了动态功耗；静态功耗低至 20 mA。

(7) 易于系统集成：可在 3.3 V、2.5 V 或 1.8 V 的供电电压下工作；提供了用于 LVCMOS 3.3 接口的 5 V 兼容 I/O；支持 IEEE 1149.1 边界扫描测试。

关于上述 sysCLOCK PLL 电路、sysIO 接口、ispXP 技术等的较详细介绍请参见 5.5 节。

3. ispMACH 4000V/B/C/Z 系列

高性能的 ispMACH 4000 系列器件主要提供 SuperFAST(超快)的 CPLD 解决方案。根据工作电压的不同,该系列又具体包括工作电压分别为 3.3 V、2.5 V、1.8 V 的 ispMACH 4000V、ispMACH 4000B 和 ispMACH 4000C 三个器件系列。基于该系列的器件架构,Lattice 公司还开发了具备最低静态功耗的 CPLD 系列——ispMACH4000Z。上述系列器件均支持车用温度范围(结温为-40～130℃)和 3.3～1.8 V 之间的 I/O 标准,同时具备业界领先的速度性能和动态功耗水平。ispMACH 4000V/B/C 系列器件的容量为 32～512 个宏单元,4000Z 系列器件的容量为 32～256 个宏单元,并且提供了具有 44～256 个引脚/球、多种密度 I/O 组合的 TQFP、fpBGA 和 caBGA 封装。

如图 5.9 所示,该类器件的结构相对较为简单,主要由通用逻辑块(Generic Logic Block, GLB)、全局布线池(Global Routing Pool,GRP)、输出布线池(Output Routing Pool,ORP)和 I/O 块(I/O Block)等组成。其核心是 GLB(参见图 5.10)及其包含的宏单元(参见图 5.11),宏单元是实现逻辑功能的基本单位。该类器件的特点主要包括：

(1) SuperFAST 性能：引脚至引脚之间的传输延迟(t_{PD})为 2.5 ns(4000Z 系列为 3.5 ns),f_{max}(最高时钟频率)高达 400 MHz(4000Z 系列为 267 MHz)。

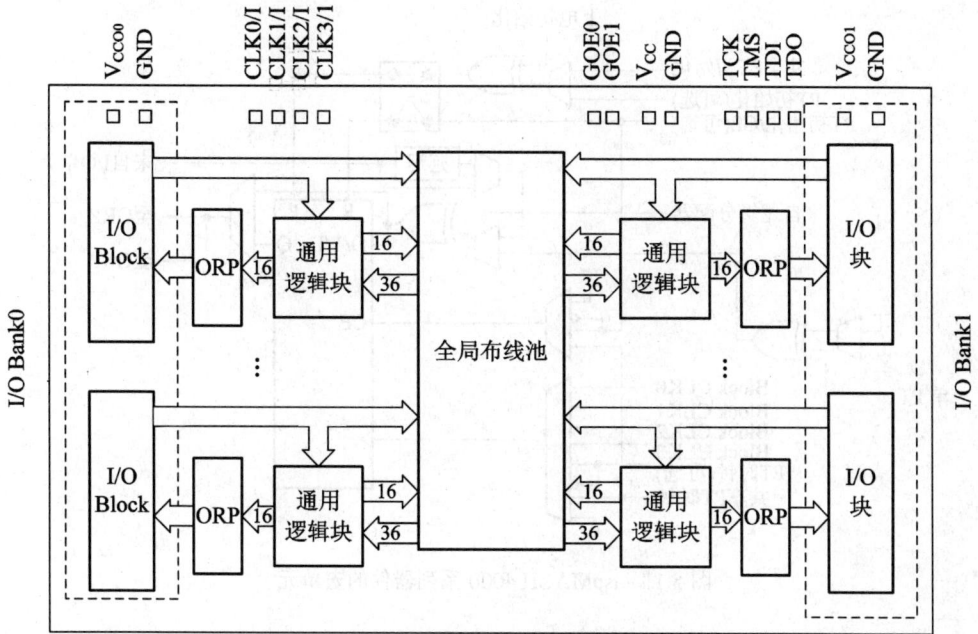

图 5.9　ispMACH 4000 系列器件的结构框图

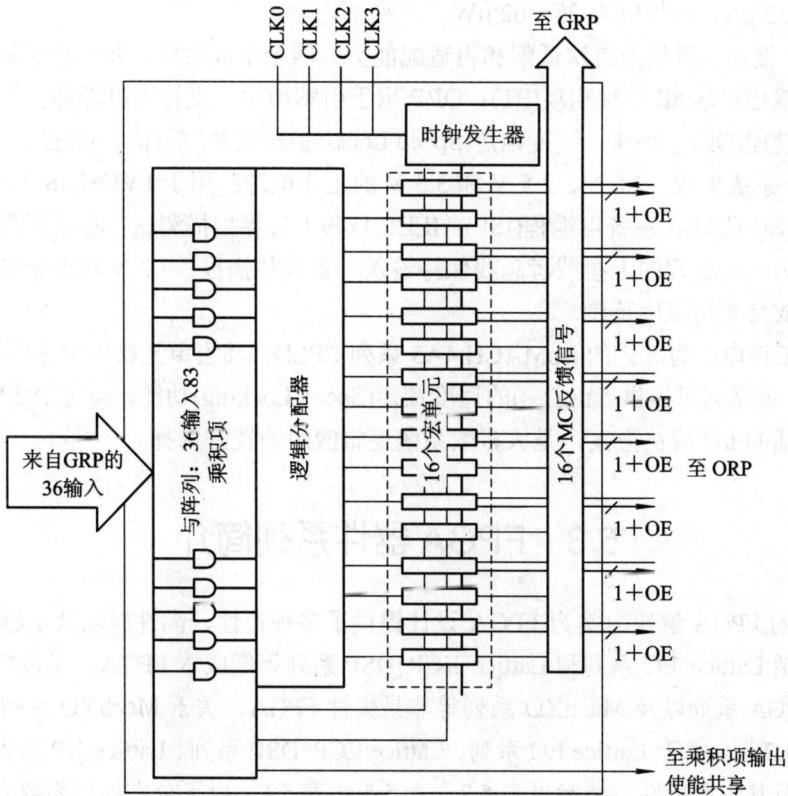

图 5.10　ispMACH 4000 系列器件的 GLB 框图

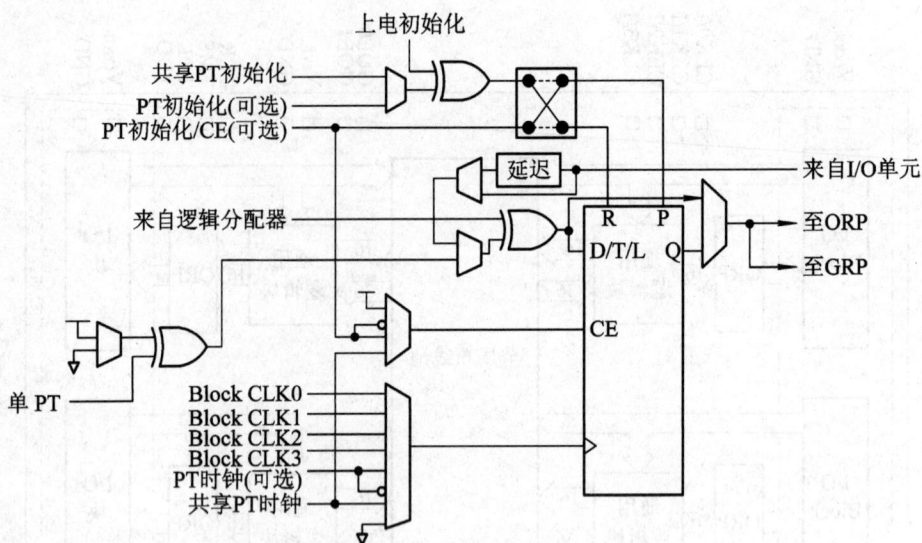

图 5.11 ispMACH 4000 系列器件的宏单元

(2) 业界最低的功耗：1.8 V 内核降低了动态功耗；静态电流低至 20～40 μA(4000Z 系列)、1～3.5 mA(4000C 系列)、9～11 mA(4000B 系列和 4000V 系列)；4000Z 系列的待机电流仅为 13～32 μA，功耗仅为 25～62 μW。

(3) 易于设计：极佳的首次适配和再适配能力；四个全局时钟；每个逻辑块多达 36 个输入；每个输出多达 80 个乘积项(PT)；ORP 用于引脚锁定；支持密度迁移；灵活的控制、锁定和输出使能(OE)；快速、速度锁定(Speed Locking)和宽 PT 的(信号)路径。

(4) 易于系统集成：1.8 V、2.5 V 和 3.3 V 的工作电源；用于 LVCMOS 3.3 接口的 5 V 兼容 I/O；IEEE 1532 在系统可编程(ISP)；IEEE 1149.1 边界扫描测试；漏极开路提供灵活的总线接口能力；可编程的上拉或者总线保持输入；支持热插拔；3.3 V PCI 兼容；可编程的输出摆率；支持车用温度范围。

此外，工作电压为 5 V 的 ispMACH 4A5 系列 CPLD，其宏单元密度为 32～256，I/O 数为 32～128。该系列可提供 5 ns (t_{PD})的速度锁定(Speed Locking)功能、高达 182 MHz 的工作频率以及灵活的 I/O 解决方案，是大多数系统逻辑应用的较好选择。

5.3 FPGA 器件系列简介

Lattice 的 FPGA 解决方案为 FPGA 设计提供了多种特性、高性能以及卓越的价值。该类器件既包括 Lattice EC 系列和 Lattice ECP-DSP 系列等低成本 FPGA，又包括 Lattice XP 系列、ispXPGA 系列以及 MachXO 系列等非易失性 FPGA。关于 MachXO 系列的器件及特性，请参阅 5.2 节。关于 Lattice EC 系列、Lattice ECP-DSP 系列、Lattice XP 系列、ispXPGA 系列的器件及其主要特性，请参见表 5.2、表 5.3 和表 5.4。以下分别加以简要介绍。

表 5.2   EC/ECP 系列器件及其主要特性

器 件	sysDSP 块	嵌入式乘法器	LUT /KB	分布式 RAM/KB	EBR 块 SRAM/KB	EBR SRAM 块数	用户 I/O 数	PLL
EC1	—	—	1.5	6	18	2	112	2
EC3	—	—	3.1	12	55	6	160	2
ECP6/EC6	4	16	6.1	25	92	10	224	2
ECP10/EC10	5	20	10.2	41	277	30	288	4
ECP15/EC15	6	24	15.4	61	350	38	352	4
ECP20/EC20	7	28	19.7	79	424	46	400	4
ECP33/EC33	8	32	32.8	131	535	58	496	4

注：仅 ECP 器件具有 sysDSP 块、嵌入式(18×18)乘法器。

表 5.3   XP 系列器件及其主要特性

器 件	LUT(k)	分布式 RAM/KB	EBR 块 SRAM/KB	EBR SRAM 块数	最多用户 I/O 数	PLL
LFXP3	3.1	12	54	6	136	2
LFXP6	5.8	23	72	8	188	2
LFXP10	9.7	39	216	24	244	4
LFXP15	15.4	61	324	36	300	4
LFXP20	19.7	79	396	44	340	4

表 5.4   ispXPGA 系列器件及其主要特性

器 件	FPGA 系统门数(×1000)	sysHSI 通道	LUT /KB	逻辑触发器/KB	块 RAM /KB	分布式 RAM/KB	用户 I/O 数
125/125E	139	4	1.9	3.8	92	30	176
200/200E	210	8	2.7	5.4	111	43	208
500/500E	476	12	7.1	14.1	184	112	336
1200/1200E	1250	20	15.4	30.8	414	246	496

注：每片器件有 8 个带有全局时钟和低歪斜时钟网的 PLL 块；E 系列不支持 sysHSI。

1. 经过优化的 FPGA 解决方案——Lattice EC、ECP 系列

为使性能价格比达到最佳，Lattice 推出了新一代经过优化的低成本 FPGA。Lattice ECP 系列 FPGA 将高效的 FPGA 结构和高速的专用功能集于一身。其中，Lattice ECP-DSP 子系列在片上集成了专用的高性能 DSP 块，最适合用在软件无线电、无线通信、军事和视频处理设备等需要低成本 DSP 功能的应用系统中；Lattice EC 子系列具备 Lattice ECP 器件的所有通用功能，但不含专用的功能模块，可进一步降低系统成本，故适用于网络、消费电子、工业、医疗和汽车设备等领域无需 DSP 的低成本应用中。其特点主要包括：

(1) 所基于的高硅片利用率 FPGA 架构，对 I/O 能力、分布式存储器、嵌入式存储器、逻辑和布线等均做过优化(参见图 5.12)，可以较低价格提供最佳的性能；加之采用节省成本的 130 nm 工艺和 TQFP、PQFP 封装，使之非常适用于大批量、低成本的应用系统。

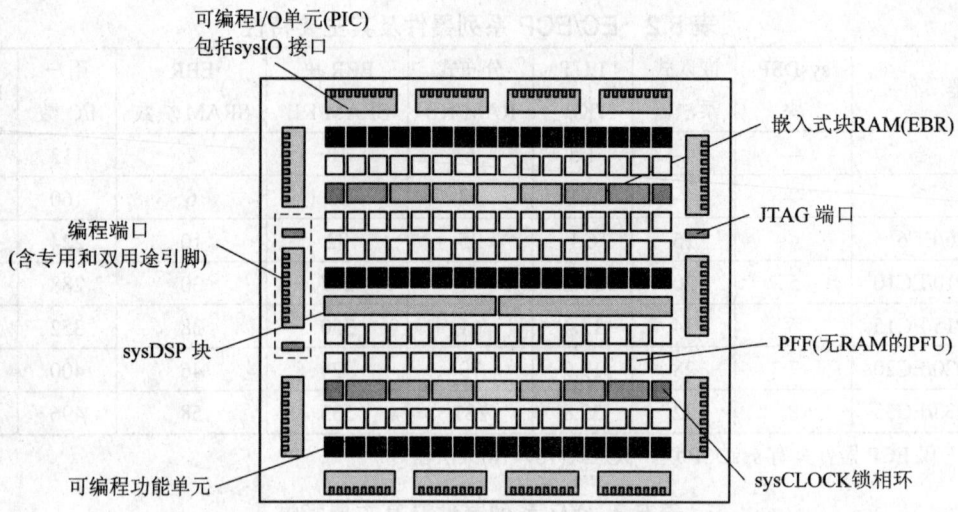

图 5.12　EC/ECP 系列 FPGA 结构平面图

图中标注：
可编程I/O单元(PIC) 包括sysIO 接口
嵌入式块RAM(EBR)
编程端口 (含专用和双用途引脚)
JTAG 端口
sysDSP 块
PFF(无RAM的PFU)
可编程功能单元
sysCLOCK锁相环

(2) 内含 sysDSP 块，具有高性能的乘法、加法、减法和累加功能，支持的数据宽度高达 36×36。

(3) 具有灵活的 sysIO 缓冲器和 sysCLOCK 电路，包含多达 4 个的模拟 PLL，支持 LVCMOS、LVTTL、PCI、LVDS、SSTL 和 HSTL。

(4) 具有专用的 sysDDR 电路，简化了 DDR 存储器接口的实现，工作速率高达 333 Mb/s。

(5) 具有多种低成本的配置选项，支持工业标准 SPI 接口配置和并行、串行以及 JTAG 等其他常规协议，采用的第三方低成本标准 SPI 存储器使存储成本降低 3/4。

(6) 具有强有力的 ispLeverCORE IP(知识产权)核支持，可以显著缩短设计周期。

关于上述 sysDSP 块、sysIO 缓冲器和 sysCLOCK、sysDDR 电路、ispLeverCORE IP 核等较详细的介绍，请参见 5.5 节。

2. 瞬时上电的 FPGA 解决方案——Lattice XP

Lattice XP 器件将非易失的 Flash 单元和 SRAM 技术相结合，提供了支持"瞬间"启动和无限可重复配置的单芯片解决方案。存储于该类器件中 Flash 存储器内的配置数据可在上电的 1 ms 内被写入配置 SRAM 中，实现 FPGA 的瞬时上电。由于采用了非易失的配置存储器并且取消了外部的配置位流，可为 FPGA 设计提供安全保障，因此，该系列器件非常适用于需要瞬时上电、减少元件数目、高安全性或实时编程的场合，特别是在通信、消费、工业、计算、军用、车用等领域的终端市场中实现了系统逻辑。其主要特点包括：

(1) 结构和特性经过了全面优化，并且采用了节省成本的 130 nm 工艺和 TQFP、PQFP 封装，适用于大批量、低成本的应用。

(2) 具有灵活的 sysIO 缓冲器和 sysCLOCK 电路，包含多达 4 个的模拟锁相环，支持 LVCMOS、LVTTL、PCI、LVDS、SSTL 和 HSTL。

(3) 具有专用的 sysDDR 电路，简化了 DDR 存储器接口的实现，工作频率高达 333 Mb/s。

(4) 提供强有力的 ispLeverCORE IP(知识产权)核支持，可以显著缩短设计周期。

关于上述 sysIO 缓冲器和 sysCLOCK 电路、sysDDR 电路、ispLeverCORE IP 核等的较详细介绍，请参见 5.5 节。

3. 瞬时上电的 FPGA 解决方案——ispXPGA

ispXPGA 系列器件将 E^2 非易失单元、基于 4 输入查找表的 FPGA 结构和 800 Mb/s 的 SERDES 功能结合在一起，可实现同时具有非易失性和无限可重构性的高性能逻辑设计。该系列器件具备了当今的系统级设计所需的特性，特别适用于高速串行 I/O FPGA 设计。

为适应用户的各种不同需要，ispXPGA 系列进一步提供了两种选择(两个子系列)：标准器件支持用于超高速串行通信的 sysHSI 功能，而高性能、低成本的"E 系列"器件则不含 sysHSI 功能。ispXPGA 系列器件的结构如图 5.13 所示，其共同特点主要包括：

(1) 采用新的 ispXP(eXpanded Programmability)技术，同时实现了非易失性与无限可重构性：① 外部无需配备配置用存储器；② 可通过芯片内的 E^2 单元实现微秒级的瞬时上电；③ 可在几毫秒内重构基于 SRAM 的逻辑；④ 可在系统工作状态下重新编程器件。

(2) 具有系统级的集成能力，包括：① 139 000～1 250 000 个系统门；② I/O 数多达 496 个；③ 多达 414 Kb 的内嵌存储单元。

(3) 具有针对 850 Mb/s 串行通信的 sysHSI SERDES(串行/解串行器)。

(4) 具有高性能逻辑块(PFU)、块存储和分布式存储、可变长度的互连布线。

(5) 具有用于时钟管理的 sysCLOCK PLL 电路和用于高性能接口连接的 sysIO 缓冲器。

(6) 有 1.8 V、2.5 V、3.3 V 等多种工作电压可供选用。

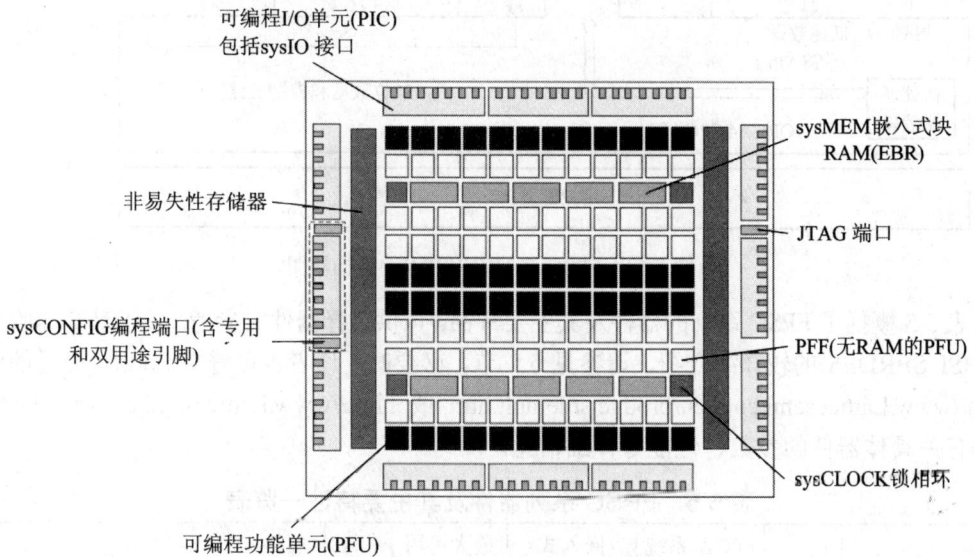

图 5.13　ispXPGA 结构示意图

关于上述 ispXP 技术、sysHSI SERDES、sysIO 缓冲器和 sysCLOCK 电路等的较详细介绍，请参见 5.5 节。

5.4　FPSC 器件系列简介

在将 ASIC 宏单元和(ORCA Series 4)FPGA 门集成于同一芯片之中的技术方面，Lattice 公司处于业界领先地位。单片现场可编程系统(FPSC)便是该项技术的具体体现。与带有嵌入式 FPGA 门的 ASIC 相比，FPSC 器件因具有可编程性而具有更为广阔的应用范围。通过将拥有 PCI、高速线接口和高速收发器等工业标准 IP 核的嵌入式宏单元与大量的可编程门相结合(参见图 5.14)，FPSC 器件可以应用在各种不同的高级系统设计中。

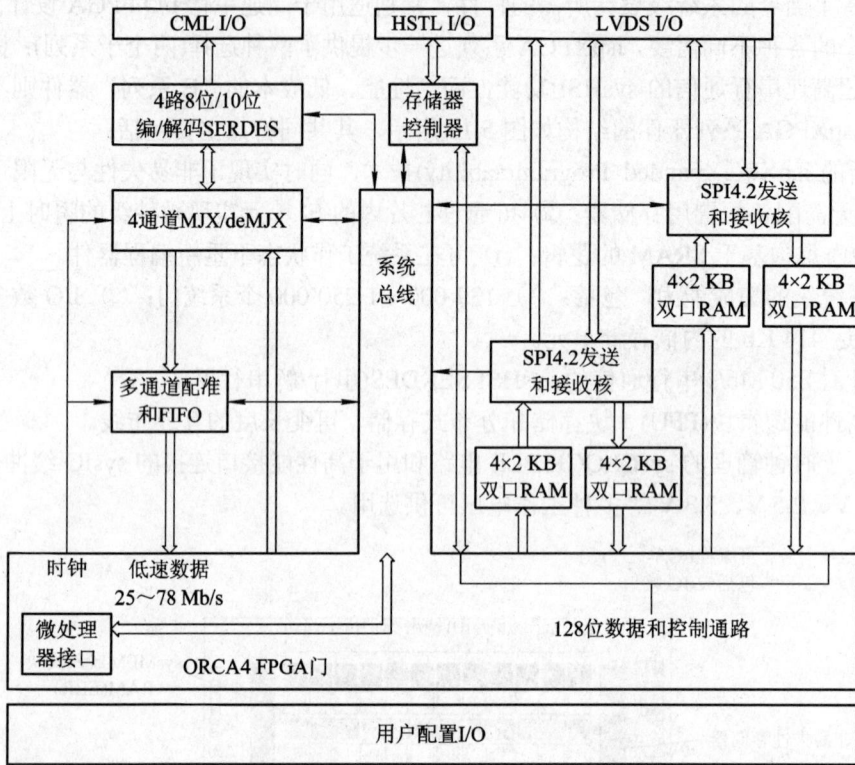

图 5.14　FPSC 器件(ORSPI4)的结构框图

表 5.5 概括了 FPSC 系列的器件及其主要特性，可供选择器件时参考。关于其高速收发器(sysHSI SERDES)的较详细介绍，请参见 5.5 节。必要时，读者也可登录 Lattice 公司的网站(http://www.Latticesemi.com.cn/products/default.htm 或 http://www.Latticesemi.com/products)，了解有关具体器件的参数、性能等详细信息。

表 5.5　FPSC 系列器件及其主要特性一览表

器　件	PFU	FPGA 系统门(× 1000)	嵌入式 RAM/KB	最大可用 I/O 数	PLL	嵌入核功能
ORSPI4	2024	471～899	148	498	4	兼容 OIF-SPI4-02.0 的 10 Gb/s 接口；背板收发器包含 4 个通道，每个通道可在高达 3.7 Gb/s 的速度下工作；高速存储控制器
ORLI10G	1296	333～643	111	316	4	OIF 标准 (OIF 99.102.5)，符合 XSBI 10 Gb/s 发送和 10 Gb/s 接收线接口，不具备 SERDES

器　件	PFU	FPGA 系统 门(× 1000)	嵌入式 RAM/KB	最大可用 I/O 数	PLL	嵌入核功能
ORT82G5/42G5	1296	333～643	111	372/204	4	背板收发器包含 8 个通道，每个通道可在高达 3.7 Gb/s 的速度下工作。带有内置时钟和数据恢复(CDR)的全双工同步接口
ORT8850L	624	201～397	74	278	4	背板收发器包含 8 个通道，每个通道可在高达 850 Mb/s (当 8 个通道同时使用时为 6.8 Gb/s)的速度下工作。带有内置时钟和数据恢复(CDR)的全双工同步接口
ORT8850H	2024	471～899	148	297	4	背板收发器包含 8 个通道，每个通道可在高达 850 Mb/s (当 8 个通道同时使用时为 6.8 Gb/s)的速度下工作。带有内置时钟和数据恢复(CDR)的全双工同步接口
ORSO82G5/42G5	1296	333～643	111	372/204	4	背板收发器包含 8 个通道，每个通道可在高达 2.7 Gb/s 的速度下工作。带有内置时钟和数据恢复(CDR)的全双工同步接口

5.5　关键技术及其原理简介

如上所述，不同的 Lattice 可编程逻辑器件系列往往具有共同的技术基础。因此，下面简要介绍其中最主要的关键技术及其基本原理。

5.5.1　sysIO 缓冲器

在 Lattice 的 XP、ECP、EC、MachXO 等系列器件中，每个 I/O 引脚都与灵活的 sysIO 缓冲器相联系。这些缓冲器分布在器件的外围并且一般分为 8 个组(Bank)，支持用户实现包括 LVCMOS、LVTTL、PCI、(差分)SSTL、(差分)HSTL、LVDS、BLVDS 和 LVPECL 等在内的如今电子系统中广泛使用的单端、差分 I/O 标准以及(400 Mb/s)DDR 存储器接口。对于 LVCMOS 和 LVTTL 接口，MachXO 等系列器件还支持热插拔，并具有可编程的摆率、驱动强度以及上拉/下拉/总线友好、漏极开路等多种优良特性，其 I/O 速率可高达 700 Mb/s。

如图 5.15 所示，每组 sysIO 缓冲器都有自己的 I/O 电压(U_{CCIO})以及两个参考电压 U_{REF1} 和 U_{REF2}，使每组电压均可互相独立。单端输出缓冲器和比率输入缓冲器(LVTTL、LVCMOS、PCI 和 PCI-X)由 U_{CCIO} 供电，LVTTL、LVCMOS33、LVCMOS25 和 LVCMOS12 可以设置固定的、独立于 U_{CCIO} 的阈值。除了 U_{CCIO} 电压之外，该类器件中还具有 U_{CC} 内部逻辑电压以及用于差分和参考缓冲器的 U_{CCAUX} 电压。每组 sysIO 缓冲器能够支持两种 U_{REF} 电压，用于设置参考输入缓冲器阈值的 U_{REF1} 和 U_{REF2}；在每一组中，有些专用 I/O 引脚可以配置成参考电压引脚。每个 I/O 均可基于组电压和参考电压，被独立地配置。

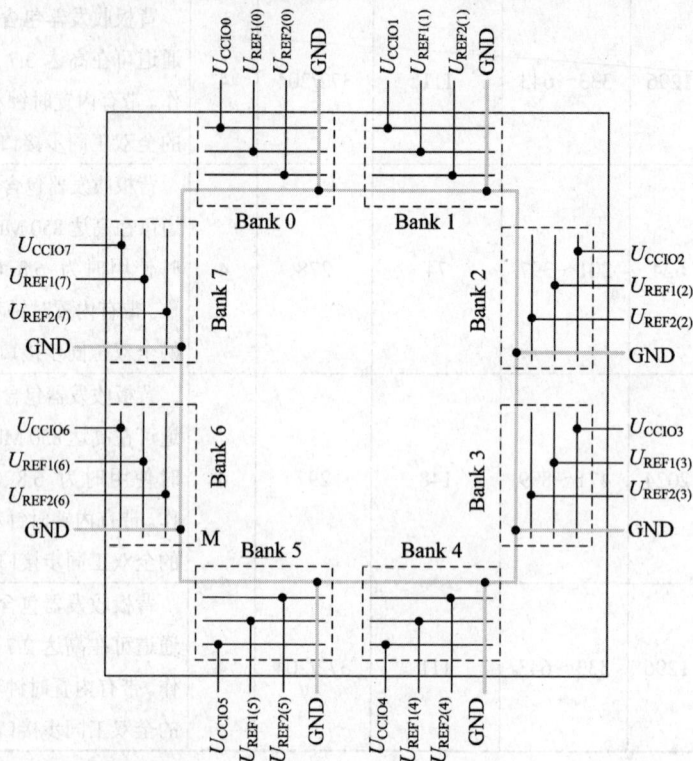

注：M是每组的I/O最多个数。

图 5.15　sysIO 缓冲器分组及其相关电压

这些 sysIO 缓冲器组根据其用途又可分为两类：

(1) 位于器件顶部和底部的 sysIO 缓冲器组，包括两个单端输出驱动器和两组单端输入缓冲器。其参考输入缓冲器可以配置成差分输入。只有这种(顶部和底部的)I/O 组具有 PCI 钳位电路。

(2) 位于器件左边和右边的 sysIO 缓冲器组，包括两个单端输出驱动器、两组单端输入缓冲器和一个差分输出驱动器。其参考输入缓冲器可配置成差分输入。只有这种(左边和右边的)I/O 组具有差分输出驱动器。

5.5.2　sysCLOCK 电路

Lattice 的 XP、ECP、EC、MachXO 等系列器件中包含 2～4 个 sysCLOCK PLL(系统时钟锁相环)，其原理如图 5.16 所示。来自引脚和布线区的时钟送至 PLL 的输入时钟分频器；分别来自时钟网络、后比例分频器、布线区和外部引脚的 4 个反馈信号送至反馈分频器；PLL_LOCK 信号用来指出 VCO 已经锁定输入信号；其输出与专用时钟输入和布线输出一起作为全局时钟，通过时钟分布系统送往芯片内部各处。

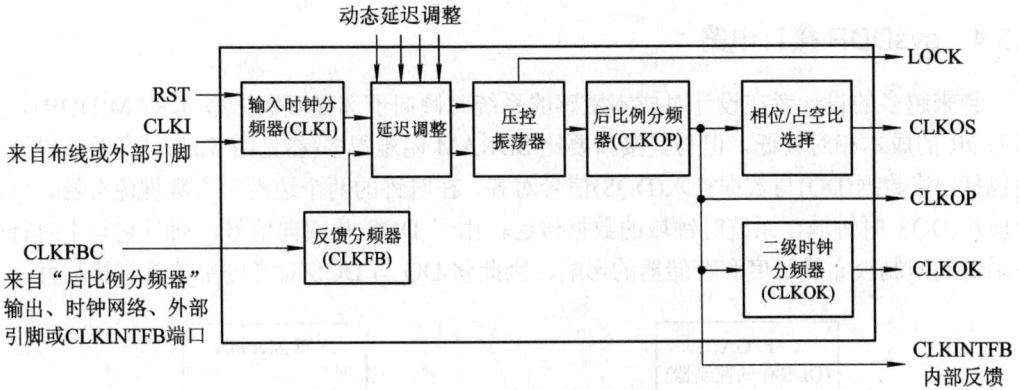

图 5.16 (MachXO)系统时钟锁相环的原理图

该类锁相环主要提供时钟管理功能，它可通过两种方式改进器件的建立和保持时间：一是在反馈中对延迟进行编程；二是在 PLL 的输入路径中相对于输入时钟提前或者延迟输出时钟。同时，它还具有综合时钟频率的能力：其输入时钟分频器用于分频输入时钟信号；反馈分频器用于倍频输入信号；后比例分频器允许 VCO 以高于输出时钟的频率运行，以扩展频率范围；次级时钟分频器用于得到较低的频率输出。这样，即可在较宽的频率范围 (MachXO 器件为 25～375 MHz)内，以较低的输出周期抖动(MachXO 器件为±125 ps)，产生延迟可动态调整和相位/占空比可编程(步长为 45°)的时钟信号。

5.5.3 ispXP 技术

Lattice 专利——E^2CMOS 技术所具有的内在性能、可再编程性及可测试性等方面的优点，是其可编程逻辑器件产品的基石。在此基础上开发的 ispXP(经过拓展的可编程性)技术兼收并蓄了 E^2PROM 的非易失单元和 SRAM 的工艺技术，从而在单个芯片上同时实现了瞬时上电和无限可重构性。新的 ispXPGA FPGA 系列和 ispXPLD XPLD 系列均采用了 ispXP 技术。其原理可概括为：先利用 ISP 技术将 ispXP 器件的配置信息存储至其中的 E^2 非易失单元；以后在每次器件上电时，这些信息以并行的方式被快速地写入 SRAM 中，配置器件的用户逻辑(可参见图 5.5)。其主要特点包括：

(1) 瞬时上电。在 ispXP 器件上电后 200 μs 之内，即微处理器完成复位之前，其逻辑即开始正常工作。因此，该类器件特别适用于上电控制方面的应用，是针对微处理器粘合逻辑与解码逻辑的出色解决方案。

(2) 安全性好。因为消除了芯片外部的配置数据流，并且由非易失的安全(加密)位对其配置数据(设计成果)提供保护——防止回读和对数据流的"窥探"，特别适合军事方面以及对安全性有较高要求的应用。

(3) 是无需 Boot PROM 或外部存储器的单芯片解决方案，因而可简化设计流程，节省电路板空间，减少库存、处理及制造方面的成本，并提高可靠性。

(4) 可通过 IEEE 1532 或 sysCONFIG(微处理器)接口和 SRAM，实现无限可重构。

(5) 可通过 IEEE 1532 端口对 E^2PROM(Flash)进行在系统编程，通过 IEEE 1149.1(JTAG) 端口进行边界扫描测试。

5.5.4 sysDDR 接口电路

越来越多的设计者在设计对成本敏感的系统时倾向于选择双数据率 DRAM(DDR)。虽然 DDR 的成本相对较低，但与其接口要比 SDRAM 困难得多(参见图 5.17)。有关的设计挑战包括：将数据(DQ)与数据打入(DQS)信号对齐，在时钟的两个边沿上将数据流分流，以及管理从 DQS 时钟域至系统时钟域的数据传送。由于 DQS 是双向信号，而且它与主时钟的关系受到印制板布线长度和存储器的影响，因此将 DQ 与 DQS 对齐则更加具有挑战性。

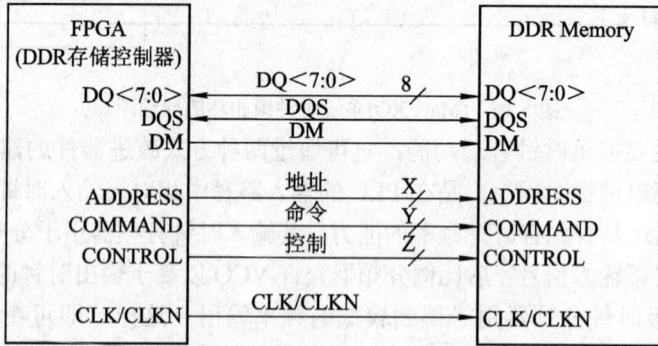

图 5.17 FPGA 与 DDR 的接口

内含 sysDDR 专用电路的 XP、ECP、EC、MachXO 等系列器件，可以很好地应对上述挑战，大大地简化了与 DDR 存储器的接口(参见图 5.18)。对于 64 位通用 DDR 接口，使用 sysDDR 电路可以节省 500～1000 个寄存器，且性能比低成本 FPGA 提高 25%。

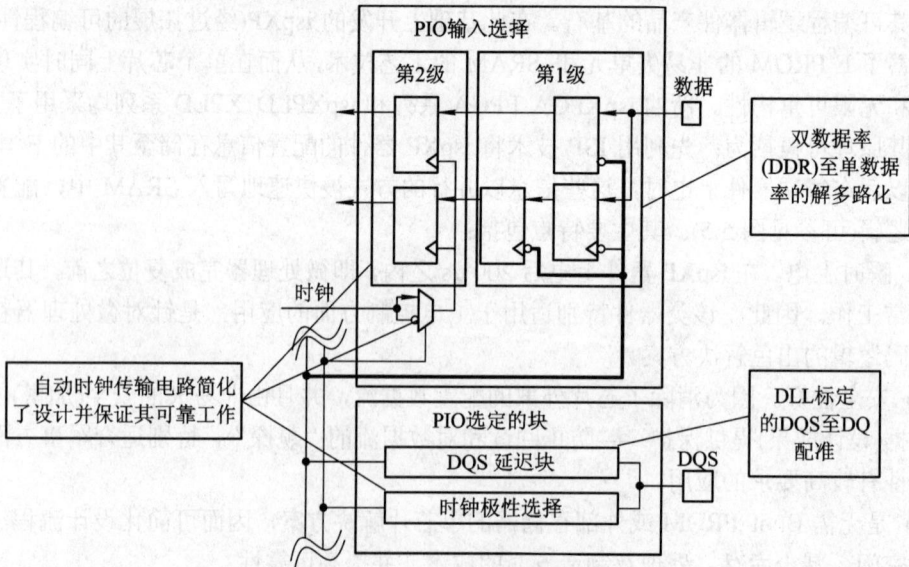

图 5.18 sysDDR 专用电路的原理框图

为实现高性能的 DDR 存储器接口，该类器件除了提供专用的 DDR 寄存器结构(进行输入端的读操作和输出端的写操作)之外，还提供了 DQS 延迟块和极性控制逻辑单元，以简化用于读操作的输入结构设计。DQS 延迟块提供用于 DDR 存储器接口所需的时钟对齐：来自引脚的 DQS 信号通过 DQS 延迟单元送入专用的布线资源，同时也送入极性控制逻辑，以控制输入寄存器块中连至同步寄存器的时钟极性。DQS 延迟块的温度、电压和工艺变化由器件内部产生的两个 DLL 校正信号进行补偿,每个(3位)DLL 补偿其所在的半个器件的 DQS 延迟。

对于典型的 DDR 存储器数据，延迟 DQS 选通脉冲和内部系统时钟之间(在读周期)的相位关系无法预知。含有 sysDDR 专用电路的器件具有在这些域间传递数据的专用电路。为了防止建立和保持时间发生变化，在从 DQS 时钟域至系统时钟域传送数据时，特使用时钟极性选择器(即极性控制逻辑)来改变锁存在同步寄存器中的数据的边沿，要求在每个读周期的起始时刻给予正确的时钟极性。读操作前，DDR 存储器的 DQS 处于三态，由终端上拉；传送开始时，DDR 存储器驱动 DQS 为低电平。由一个专用电路检测该次传递，其输出信号用来控制同步寄存器的时钟极性。

5.5.5　sysDSP 块

Lattice ECP-DSP 等系列器件提供了非常适用于低成本、高性能数字信号处理(DSP)应用的 sysDSP 块。对于该类应用中的典型功能，如有限脉冲响应(FIR)滤波器、快速傅立叶变换(FFT)功能、相关器以及 Reed-Solomon/Turbo/Convolution 编/解码器，通常采用诸如乘—加法器、乘—累加器等类似的积木块予以实现。传统的通用 DSP 芯片通常由 1～4 个含有固定数据宽度的乘法器的乘法累加单元组成。这种方法导致了有限的并行处理和整体处理能力，需通过提高时钟速度来提升整体处理能力。而 Lattice ECP-DSP 器件则含有 4～10 个支持不同数据宽度的 DSP 块。这样，设计者就可以采用高度并行的方法来实现 DSP 功能，并可兼顾 DSP 的性能和面积，选择合适的并行层数。图 5.19 是通用 DSP 和 Lattice ECP-DSP 方法的比较。

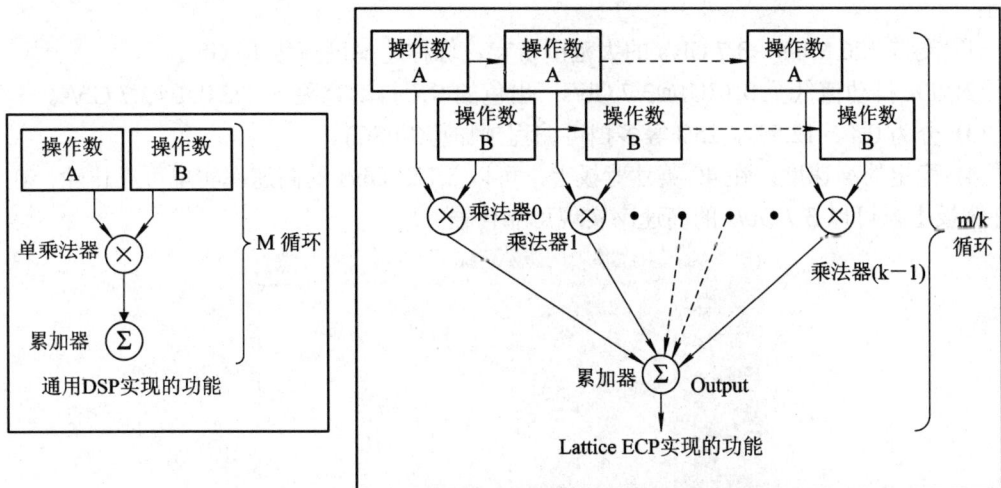

图 5.19　通用 DSP(左)和 Lattice ECP-DSP 方法(右)的比较

Lattice ECP-DSP 系列中的 sysDSP 块支持 9 位、18 位和 36 位数据宽度下的四种功能单元：MULT(乘法)、MAC(乘法累加)、MULTADD(乘法、加/减)和 MULTADDSUM(乘法、加/减、累加)。其原理如图 5.20 所示。可以为每个 DSP 块独立地选择功能单元，然后选择其操作数的宽度和类型。其中的操作数可以是带符号数，也可以是无符号数，但二者不能在同一个功能单元中混合使用；类似地，在同一个块中的操作数的宽度必须相同。

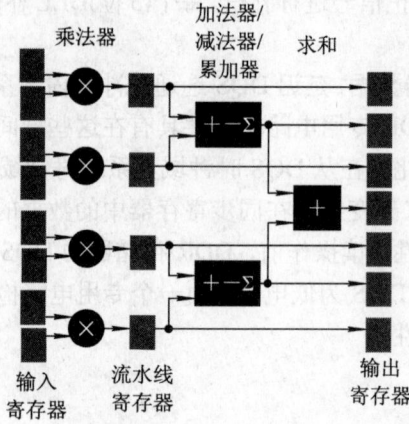

图 5.20　sysDSP 块的原理框图

此外，每个 DSP 块中可用的单元数目取决于其数据宽度(9 位、18 位或 36 位)。多个这样的单元可以连接起来，以高度并行的方式高性能地实现 DSP 功能。以 ECP-DSP20 为例，在 250 MHz 的时钟速度下，其速度可达到 7000 MMAC/s(百万次乘加每秒)，较 1 GHz 时钟的通用 DSP 芯片提高约 75%，而等效价格不足其 1/4。

5.5.6　sysHSI SERDES 技术

Lattice 的 sysHSI SERDES 技术在可编程逻辑行业中处于领先地位，它具有较大的比特速率以及较低的 TX 抖动、抖动容限和功耗(参见图 5.21 所示的实际眼图)。其主要特点包括：

(1) 支持 126 Mb/s～3.7 Gb/s 的大范围带宽，标称速率可高达 10 Gb/s。

(2) TX 抖动值低至 0.17UI@3.7 Gb/s；出色的 RX 抖动容限：0.734UI@3.7 Gb/s。

(3) 分为 0%、12.5%、25% 等多挡可编程预加重(FPSC)。

(4) 稳定的高速度：在 40 英寸背板上，可以 3.125 Gb/s 的高速率实现可靠传输；在 26 英寸背板上，可以 3.7 Gb/s 的高速率实现可靠传输。

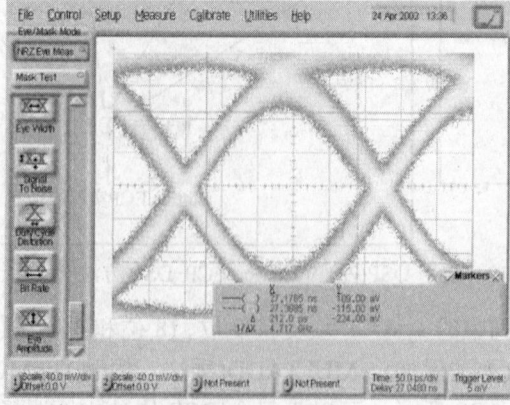

图 5.21　反映 sysHSI SERDES 性能的实际眼图(ORT82G5/42G5，RX@3.7 Gb/s)

(5) 低功率 CMOS 工艺，在 3.125 Gb/s 速率下每通道功率低于 225 mW。

(6) 有 ispGDX2(可编程数字互连器件)、ispXPGA(FPGA 器件)、FPSC(FPGA+内嵌的接口核)等多种可编程结构可供选择。

(7) 支持 XAUI、光纤通道、吉比特以太网、SONET 等多种标准。

许多 Lattice 可编程产品都采用了 sysHSI SERDES 技术：其现场可编程系统芯片(FPSC)集成了高性能的 SERDES，而 ispXPGA FPGA 器件和 ispGDX2 可编程互连器件则采用了经济型的 SERDES，它们均能够实现最快的比特速率和最长的无错连接，参见表 5.6。

表 5.6　采用 sysHSI SERDES 技术的 Lattice 可编程产品

器　　件	SERDES 通道	每通道数据速率
ORT82G5/42G5	8/4	3.7～0.6 Gb/s
ORSO82G5	8	2.7～0.6 Gb/s
ORSPI4	4	3.7～0.6 Gb/s
ORT8850H	8	850～126 Mb/s
ORT8850L	8	850～126 Mb/s
ispXPGA	4～20	850～400 Mb/s
ispGDX2	4～16	850～400 Mb/s

5.5.7　ispLeverCORE IP 核

为了帮助用户应对越来越多的复杂设计，Lattice 公司及其 ispLeverCORE 合作伙伴(经过认证的 IP 独立供应商)正在源源不断地推出经过优化且适用于 Lattice 器件系列的 IP(知识产权)核——ispLeverCORE，即用于实现常用工业标准功能的可重用设计模块。

ispLeverCORE IP 核通常以网表形式提供，内容包括：

(1) 源代码、网表或用于执行的数据流；

(2) 属性文件；

(3) 用于模拟的测试文件；

(4) 包括(Lattice 合作伙伴)数据手册等文档；

(5) 文档等其他支持文件。

它们均具备最出色的编码标准，经过了充分的测试，并且覆盖了总线接口核(如 PCI、RapidIO)、通信核(如 CSIX、UTOPIA3、以太网)、存储控制核(如 DDR 控制器、DMA 控制器)、数字信号处理核(如编/解码器、FIR 滤波器、FFT/IFFT)等许多方面，能够满足用户设计在功能和性能方面的需要。其中的大多数已被参数化，能够被快速重构以满足特定系统的需要；附带的丰富文档和 Lattice 工程师为其提供的全面技术支持，可使用户更轻松、便捷地将其运用到自己的可编程逻辑设计之中。

将可免费评估(试用)的 ispLeverCORE IP 核与 Lattice 的硬、软件配合使用，用户可以节省大量的时间和精力，显著地加快设计流程和缩短产品上市周期。

第6章

Lattice 可编程逻辑器件开发软件

6.1 ispLEVER 简介

6.1.1 概述

在不断扩展其器件品种系列和进行升级换代的同时，Lattice 公司一直在努力通过整合 CAE 业界领先的设计工具，为设计者提供最先进、高效的可编程器件设计工具。ispLEVER 是该公司继 Synario、ISP DesignExpert 等之后推出的逻辑设计软件包，是目前开发 Lattice 可编程逻辑器件的主要工具。它适用于 Lattice 全系列可编程逻辑器件的开发，包括 ispLSI、MACH、ispGDX、ispGAL、GAL 等传统优势品种系列，新兴的 ispXPGA、ispXPLD 以及 ORCA FPGA、FPSC 系列；在设计输入、综合、验证/仿真、适配、布局布线以及器件编程等开发流程的所有环节，均可为开发者提供全面而有力的支持。ispLEVER 的特点是"集百家之长"，功能强大，人机界面友好，使用灵活、方便。使用者只需通过短期学习便可基本掌握该软件和从事 Lattice 可编程逻辑器件的开发，而不必学习其他的设计工具。具体地说，ispLEVER 主要具有下列优良特性：

(1) 多种设计描述方式：① 原理图输入(Schematic)；② 硬件描述语言输入，包括 ABEL-HDL、VHDL、Verilog HDL；③ 原理图和硬件描述语言混合输入；④ 支持第三方设计工具的 EDIF(Electronic Design Interchange Format，电子设计互换格式)文件输入。

(2) 逻辑模拟：可选用 ModelSim(Model Technology 公司出品)或 Lattice Logic Simulator 仿真器，进行功能模拟(仿真)和时序模拟(仿真)。

(3) 设计编译/综合：可选用 Synplify、LeonardoSpectrum 等 VHDL/Verilog HDL 综合工具，配合 ispLEVER 内核，支持基于上述各种描述方式的设计编译/综合以及映射、布局和布线。

(4) 支持器件：ispLSI、MACH、ispGDX、ispGAL、GAL、ORCA FPGA/FPSC、ispXPGA 和 ispXPLD 等全系列的 Lattice 可编程逻辑器件。

(5) ispVM 工具：较全面地支持在系统编程(ISP)，可很方便、经济地对大多数的 Lattice 可编程逻辑器件(ISP 器件)进行编程。

(6) 多种配置工具：包括 Constraints Editor、Preference Editor、Module/IP Manager、TCL 工具、Floorplanner 等，便于使用者设置 I/O 参数、分配引脚等。

Lattice 公司新近推出了新版的 ispLEVER 软件——ispLEVER 5.0。ispLEVER 5.0 备有 Windows、UNIX 和 Linux 版本可供选择；在设计流程和文档等方面经过了增强和改进，使其各项功能和工具更易于学习、掌握和使用；集成了许多全新的和经过改进的功能与工具，包括 Synplify 8.0 综合工具、Precision RTL 综合工具(Mentor Graphics 公司出品)、ModelSim 模拟工具等，使之在继续保持其原有优点的同时，在设计频率、逻辑利用率和编译速度方面都有了显著的进步，可为使用者提供前所未有的高设计性能、高开发效率和低设计成本；新增了支持顶层原理图设计的功能，并对 Module/IP Manager、Floorplanner 等许多工具进行了改进，使之变得更加稳定和成熟；新的产品打包方式使所有使用者均可使用适用于包括新的 LatticeXP FPGA 在内的全部 Lattice 产品的设计工具；可从网上下载的 ispLEVER-Starter 版本也经过了扩展，不仅支持所有的 Lattice EC FPGA 器件，还新增了对 Lattice ECP-DSP 器件的支持。所有这些都使得 ispLEVER 5.0 的性价比更高，使用更加方便。因此，本章将主要围绕 ispLEVER 5.0 进行说明和讲授。由于该软件的不同版本在功能、界面、用法等方面均相同或相似，因此本章的内容同样适用于学习和掌握其他版本的 ispLEVER。

6.1.2 配置选项

为适应使用者的不同需要，ispLEVER 具有多种不同平台(Windows、UNIX 和 Linux)、不同价格的配置选项，可供使用者灵活地选用(详见表 6.1)；并可单独提供其中部分可独立运行的关键性模块，以便使用者将其嵌入自己已有的可编程器件开发环境中(参见表 6.2)。

表 6.1 ispLEVER 配置选项

配置选项	基本描述	器件支持	综合工具	仿真工具	许可证
ispLEVER Advanced	全版本的ispLEVER软件，包括所有可获得的选项(PC版)	所有 Lattice 可编程逻辑器件：FPGA、FPSC、CPLD、GDX	Mentor Graphics Synplicity	ModelSim Lattice Logic Simulator	单机
ispLEVER Advanced System	包括与第三方 EDA 环境一起使用所需的器件库文件。其他配置选项都包含该编译器(PC、UNIX版)	所有 Lattice 可编程逻辑器件：FPGA、FPSC、CPLD、GDX	无	无	浮动(UNIX)、单机或浮动(PC)
ispLEVER Base	针对不需要 ispLEVER 全部功能的设计者(PC版)	所有FPGA、CPLD、GDX 器件	Mentor Graphics Synplicity	ModelSim Lattice Logic Simulator	单机
ispLEVER Starter	完整的可将 CPLD 设计从概念变为已编程器件的软件工具,适用于评估及学生(PC版)	新的/主要的 CPLD、FPGA 和 GDX 器件。5.0 版支持 Lattice EC FPGA 和 Lattice ECP-DSP	Mentor Graphics Synplicity	Lattice Logic Simulator	单机(6 个月免费试用)

表 6.2　有关的独立可运行模块

模　　块	器件支持	描　　述
ORCAstra	ORCA FPSC 器件	旨在对评估和开发 ORCA FPSC 器件提供帮助。提供图形界面，令使用者可以对 FPSC 器件的控制单元进行配置
FPSC 设计套件	ORCA FPSC 器件	嵌入在 ispLEVER 设计环境中的 FPSC 器件设计套件。已包含在 Advanced 版软件中，Base 版软件则可通过升级来获得
ispVM System	所有 Lattice 可编程逻辑器件	器件编程管理软件，已包含在 ispLEVER 的各种配置中；也可以作为独立的软件工具
ispVM EmbeispLEVERed	所有 Lattice 可编程逻辑器件	包含在 ispVM System 中，是器件可编程源代码，允许在微处理器/微控制器中插入编程算法以获得在系统编程引擎
ispGDS Assembler	ispGDS 器件	对于 ispGDS 器件，是实现从 ASCII 至 JECEC 转换的工具
PAC Designer	ispPAC 可编程模拟芯片	直观的软件工具，使 ispPAC 的设计变得更加容易

6.1.3　安装

1. 配置

安装和运行 ispLEVER 软件所需的微机系统配置跟随其版本而变化。一般而言，版本号越高，则所需要的内存容量和硬盘空间就越大。以 ispLEVER 5.0 为例，所需的微机最低配置如下：

(1) Intel Pentium 或与之兼容的 CPU；

(2) Windows XP、Windows 2000 Workstation 或 Windows NT 4.0 操作系统；

(3) 512 MB 内存，但建议配备 1 GB 内存；

(4) 3 GB 左右的剩余硬盘空间；

(5) 显示分辨率为 1024 × 768；

(6) CD-ROM 光驱(2 倍速以上)或 DVD-ROM 光驱；

(7) 兼容 Microsoft 的鼠标器及其驱动程序；

(8) 以太网接口卡及其驱动程序，以及 Internet 接入。

2. 安装过程

ispLEVER 5.0 的安装程序通常存放在两张 CD-ROM 光盘上(或者一张 DVD-ROM 光盘上)。在 Windows XP 操作系统下，其安装过程大致如下(以 Advanced 配置选项为例)：

(1) 关闭所有的 Windows 应用程序，将安装程序光盘插入 CD-ROM 光驱(或 DVD-ROM 光驱)，其安装程序通常会自动运行，显示如图 6.1 所示的 ispLEVER Setup 窗口。若该安装程序未能自动运行，则可经由"我的电脑"或"资源管理器"打开 CD-ROM 光驱(或 DVD-ROM 光驱)的文件列表，再双击其中的 Setup.exe 程序图标即可。

(2) 单击 ispLEVER Setup 窗口中的"Install ispLEVER 5.0 Design Tools"按钮，在随后

弹出的 Product To Install 对话框中，单击"Next"按钮继续。若希望查看详细信息(如将要安装的组件、最低系统配置等)，可单击其右侧的"More Information"按钮。

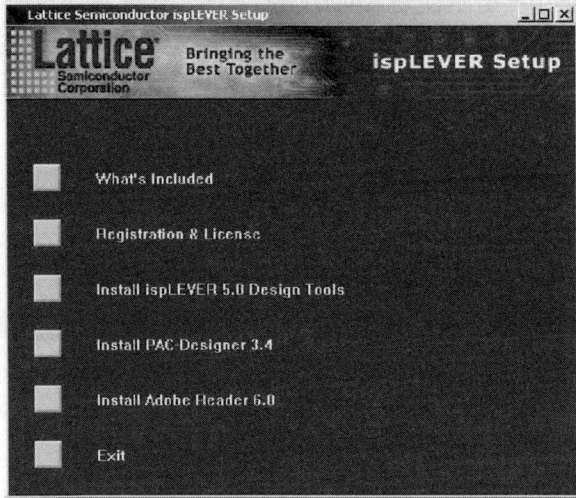

图 6.1 ispLEVER Setup 窗口

(3) 单击"Next"按钮，打开 Welcome To Lattice Semiconductor Setup 对话框；再单击"Next"按钮，打开 Software License Agreement 对话框。单击"Yes"按钮表示同意遵守版权协议之后，将会出现 Choose Destination Location 对话框。

(4) 若要沿用默认的安装文件夹"C:\ispTOOLS5_0"，应单击"Next"按钮继续；否则，单击"Browse"按钮，浏览并指定欲安装的硬盘和/或文件夹，单击"Next"按钮继续。

(5) 接着系统会弹出如图 6.2 所示的 Product Options 对话框。其中间的窗口内列出了可供选择的安装组件。通过单击各组件名称左侧的选择框(check box)，可以选择/取消相应组件的安装：当选择框中填有"×"时表示选中，否则表示不选。

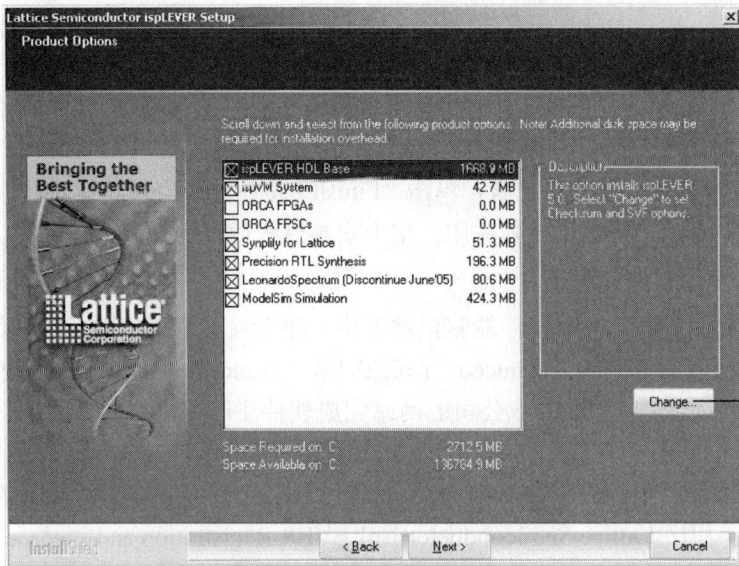

图 6.2 Product Options 对话框

(6) 对窗口内列出的每个可选安装组件，均可选择安装其部分或全部子组件，具体方法是：单击该组件名称加以选中，再单击"Change"按钮，打开 Select Subfeatures 对话框，来具体地进行选择。图 6.3 所示便是 ispLEVER HDL Base 组件对应的 Select Subfeatures 对话框；图 6.4 所示则是 ORCA FPGAs 组件对应的对话框，用于选择需要安装的 ORCA FPGA 子系列。ORCA FPSCs 组件也有类似的对话框，用于选择需要安装的 ORCA FPSC 子系列。

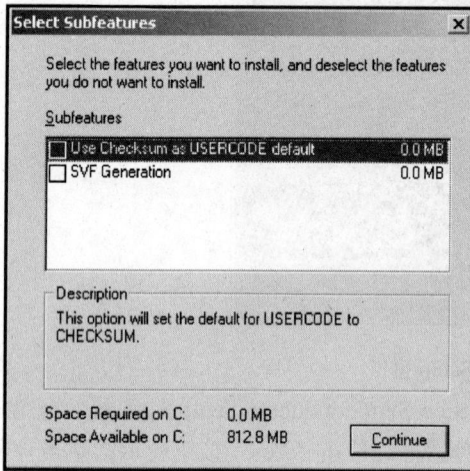

图 6.3　ispLEVER HDL Advanced 组件
的 Select Subfeatures 对话框

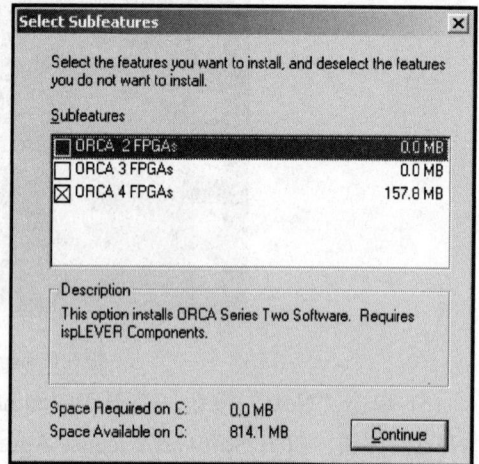

图 6.4　ORCA FPGAs 组件的 Select
Subfeatures 对话框

(7) 在该类 Select Sub-components 对话框中完成子组件的选择之后，应单击"Continue"按钮，回到 Product Options 对话框；而后单击"Next"按钮，继续进行安装；随后会接连出现多个对话框，同样可单击"Next"按钮继续安装。在此过程中，可能需要按照提示更换 CD-ROM 光盘。

(8) 在安装结束之前，会弹出 ispVM System Download Parallel Port Driver 对话框。要利用 ispDOWNLOAD 并口下载电缆对 Lattice 可编程器件进行编程，就必须先安装该驱动程序。单击"Yes"按钮选择安装，否则单击"No"按钮放弃。

(9) 查看所显示的环境变量设置，单击"Finish"按钮结束安装。最后，单击 ispLEVER Setup 窗口中的"Exit"按钮，将其关闭，整个安装过程便宣告结束。

3．申请与使用软件许可证

要使所安装的 ispLEVER 软件能够正常工作，还必须申请和使用 ispLEVER 软件许可证(License)。对于 ispLEVER Advanced、ispLEVER Advanced System、ispLEVER Base 等商业(付费)版本，可通过访问 Lattice 公司的网站完成软件注册和授权。具体步骤是：

(1) 读取并记录已安装 ispLEVER 的微机中以太网接口卡的物理地址，称为"NIC ID"。可在 ispLEVER Setup 窗口中单击 Registration and License Request 按钮，或者在 Windows 桌面上选择"开始\程序\Lattice Semiconductor\ispLEVER Registration and License Request"，以打开注册表单(Registration Form)，该表单上 Network Interface Card ID 一栏中显示的便是注

册所需的"NIC ID"。当然，也可以利用 DOS 命令行"ipconfig/all"读取该"NIC ID"，也就是在有关信息的 Physical Address 一行所显示的 12 位十六进制地址码。

(2) 登录 Lattice 公司网站的注册区 http://www.latticesemi.com/license，单击网页上与已安装软件相对应的链接(如 ispLEVER-HDL Base)，而后按照提示正确地输入"User ID"、"Password"(均可在软件附带的"Save This Serial Number"卡片上找到)、"E-mail ID"(你可用的 E-mail 地址)以及此前记录的"NIC ID"等信息，不久便会收到 Lattice 公司通过电子邮件(附件)发送的软件许可证，即 license.dat 文件。

(3) 将收到的 license.dat 复制到规定的许可证目录下(务必不要作任何改动)。默认的路径是：<drive>:\ispTOOLS5_0\license\license.dat，其中"<drive>:"为已安装 ispLEVER 的硬盘盘符。

(4) 对于可免费下载、试用的 ispLEVER Stater，同样需要先读取和记录"NIC ID"，再登录 Lattice 公司网站的注册区 http://www.latticesemi.com/license，单击网页上相应的链接 ispLEVER-Starter，而后按照提示正确地输入"NIC"、"E-mail Adress"等信息后，再单击"Generate License"按钮退出；最后，将收到的 license.dat 文件(电子邮件的附件)复制到规定的许可证目录即可。

值得特别指出的是，在 C:\ispTOOLS5_0\example 等目录下存放有许多全套的典型设计实例，均可直接调入和运行。本章的许多例子均取材于其中。读者如能在学习和设计过程中对其加以有效的利用，将会更快、更深入地掌握 ispLEVER 软件的使用方法和 Lattice 可编程逻辑器件的设计技巧。

6.2 项目管理器

6.2.1 基本界面

在 ispLEVER 软件系统中，可编程器件设计被称为项目(Project)。项目管理器(Project Navigator)作为 ispLEVER 集成设计环境的入口和基本界面，作用是对各种项目要素进行管理和处理。它支持使用者输入有关设计描述、测试向量等多种格式的设计文件并装配形成项目文件，访问各种有关的设计工具，了解和完成为将最初的设计概念转变为可编程器件实现所需要的所有处理步骤。在 Windows XP 桌面上选择"开始\程序\Lattice Semiconductor\ispLEVER Project Navigator"，便可启动项目管理器，进入集成设计环境。

如图 6.5 所示，项目管理器的基本界面除包括通常的标题栏、菜单栏和工具栏等之外，主要还包括两个显示窗口：源窗口(Sources Window)和处理窗口(Processes Window)。位于左侧的源窗口(标题为 Sources in Project)带有横向滚动条和纵向滚动条(均只在需要时出现)，用来列出所有与项目有关的设计文件。这些设计文件又称为源/处理对象，它们依照其逻辑、层次顺序有规律地排列，且各自带有一个用来表明其类型的图标。常用的设计文件包括原理图、ABEL-HDL 模块、VHDL 模块、Verilog HDL 模块，以及逻辑仿真所需的测试激励文件；除建立新项目时自动生成的项目文件之外，它们均需要由设计者逐步加入。表 6.3 中列出了主要的合法源对象，可供参考。

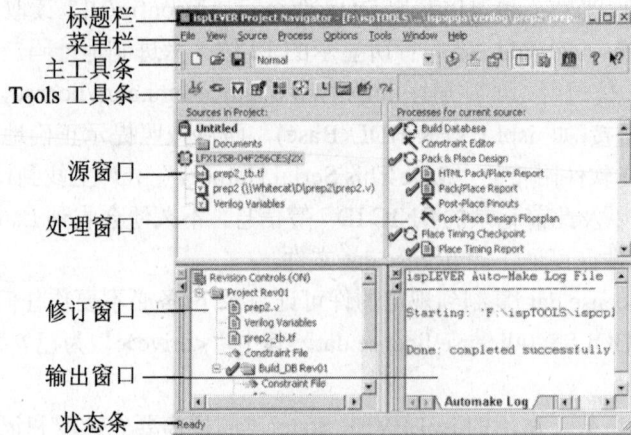

图 6.5　ispLEVER 项目管理器界面

标题栏
菜单栏
主工具条
Tools 工具条
源窗口
处理窗口
修订窗口
输出窗口
状态条

表 6.3　主要的合法源对象

类　　型	图标	支持的器件	文件扩展名
Project Title(项目文件)		FPGA、CPLD	无
Target Device(目标器件)		FPGA、CPLD	无
User Document(用户文档)		FPGA、CPLD	.wri、.doc、.txt、.xls、.hlp 等
Schematic(原理图)		CPLD	.sch
ABEL-HDL		CPLD	.abl
ABEL-HDL Test Vector(测试向量)		CPLD	.abv
VHDL		FPGA、CPLD	.vhd
Verilog HDL		FPGA、CPLD	.v
EDIF Netlist(网表)		FPGA、CPLD	.ed*
Waveform Stimulus(波形激励)		CPLD	.wdl
VHDL Test Bench(测试向量)		FPGA、CPLD	.vhd
Verilog HDL Test Fixture(测试向量)		FPGA、CPLD	.v、.tf
GDF		ispGDX	.gdf
Lattice Parameter Configuration File (参数配置文件)		FPGA、CPLD	.lpc
Verilog Variables(变量)		FPGA、CPLD	.v
Undefined or incorrect(未定义或错误的源对象)		FPGA、CPLD	任何的源对象

ispLEVER 支持层次化设计，以便使设计易于理解和实现功能模块复用。在所列出的设计文件中，有且仅有一个顶层模块(Top-level Source)，它可以是 HDL 模块、原理图、EDIF 或 GDF 文件(仅当以 ispGDX 为目标器件时)。顶层模块对将被映射到器件的输入/输出信号进行定义，并引用低层次模块中的逻辑描述(称为例化(Instantiation))。其他模块也可包含更低层次的模块并引用其逻辑描述，以构成所需的多个设计层次。各模块所处的层次和相互关系通过缩进格式来表现。在任何时候，Sources 窗口中都有且只有一个源对象被选中，作为当前待处理的对象。该对象显示区域的底色不同于其他对象，以示区别。

在位于该窗口右侧的处理窗口(标题为 Processes for current source)中，总是显示当前(待)处理对象可能/需要接受的各种处理/操作。每项处理/操作之前冠有区别其类型的图标(参见表 6.4)，以及标示其完成情况的标记(例如"√"表示已顺利完成，"×"表示存在问题)。在选中一项处理/操作后按 F1 键，即可获得关于其作用、步骤的信息。

表 6.4　主要的处理/操作类型及图标

处理/操作类型	图标
过程(Process)	
报告(Report)	
输出文件(Output File)	
工具(Tool)	
非可编辑输出文件(Non-editable Output File)	

项目管理器能够自动将各设计步骤与其需要使用的设计工具相关联。例如，对于 HDL 源文件，项目管理器会连接文本编辑器(Text Editor)和 HDL 综合工具(HDL Synthesis Tools)对其进行处理；而对于原理图文件，则会提供原理图编辑器(Schematic Editor)、符号编辑器(Symbol Editor)、层次化导航器(Hierarchy Navigator)、库管理器工具(Library Manager Tools)、原理图编译工具(Schematic Compiling Tools)等以备使用。项目管理器还对处理过程的"上下文"敏感，即能够按照使用者所要做的事情自动地调整处理项目：一方面，能够依据源窗口中被选定对象类型的不同而自动选择处理流程；另一方面，对同一个源文件，也能够根据所选用的目标器件(Target Device)，自动地调整相应的处理流程和步骤。当目标器件更改后，项目管理器将自动地改变处理步骤等加以适应。同时，对于各项处理涉及的工作参数，项目管理器均可自动地将其设置为适用于大多数情况的缺省选项；更智能化的是，项目管理器可以在使用者修改默认设置之后记住使用者的喜好，并自动地将其应用于今后的新建项目中。要查看当前项目的处理步骤，只需在源窗口中选择目标器件作为当前处理对象；而若要查看某一源对象的处理步骤，只需单击该对象的名称或图标即可。

此外，在源窗口和处理窗口的下方还有一个输出窗口(Output Panel)、一个修订窗口(Revision Window)以及其下方的状态行。输出窗口用于显示自动处理日志文件，即本次处理的有关信息。修订窗口用于显示当前的"修订控制状态"(ON 或 OFF)以及多级的项目修订层次(仅当修订控制状态为 ON 时显示)，以便设计者方便地返回其中任何一个中间步骤，尝试不同的设计方案；利用该窗口的右键快捷菜单，可以方便地进行各种修订控制操作。对这两个窗口，均可通过菜单命令、鼠标操作等将其打开/关闭。

6.2.2 基本操作

作为由多种设计工具整合而成的集成设计环境，ispLEVER 的功能强大，变化丰富，但其各种操作均以项目管理器为基础，以项目管理为主线而展开。下面将依次简要介绍其中最基本的一般性操作。

1. 指定设计项目

1) 创建新的设计项目

(1) 在启动项目管理器之后，按照下列步骤可以创建新的设计项目(这是开始新的设计的第一步)：

① 选择 File 菜单中的 New Project 命令，或单击主工具栏中对应的命令按钮，创建新的设计项目。对于 5.0 版以下的 ispLEVER 软件，将会打开 Create New Project(创建新项目)对话框，如图 6.6 所示。

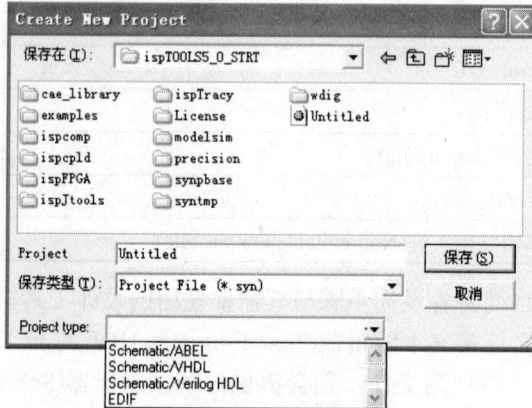

图 6.6 创建新的设计项目

② 在该对话框中选择用于存放项目的文件夹。建议不要将多个设计项目保存在一个文件夹下，而是为每个设计项目建立/选择其专用的文件夹。

③ 在 Project 一栏中键入项目名。原则上可以选择任意长度的字符、数字串作为项目名，但不允许使用 ispLEVER 的保留字(如 VHDL)。不推荐在项目名中使用汉字。缺省的项目名为 "Untitled.syn"。

④ 在保存类型一栏中单击下拉按钮，并从下拉菜单中选择所需要的设计项目类型，即希望采取的设计描述/输入方式：Schematic/ABEL(原理图与 ABEL-HDL 混合输入)、Schematic/VHDL(原理图与 VHDL 混合输入)、Schematic/Verilog HDL(原理图与 Verilog HDL 混合输入)、EDIF(EDIF 文件)。

⑤ 单击"保存"按钮，即可关闭该对话框并建立新的设计项目；但若选择了与 VHDL、Verilog HDL 有关的项目类型，还会额外弹出一个如图 6.7 所示的对话框，用于选定 RTL 综合工具。此后，在项目管理器的源窗口内，将会出现自动建立的项目文件和默认的目标器件。

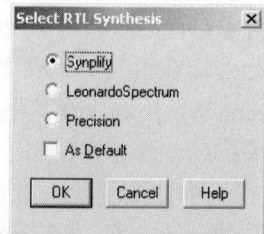

图 6.7 选择 RTL 综合工具

(2) ispLEVER 5.0 在创建新设计项目时的操作步骤经过了改进，变得较为集约和简便，主要包括：

① 弹出 Project Wizard 对话框(参见图 6.8)，要求指定"Project Name(项目名)"、"Location(项目存放位置)"、"Design Entry Type(设计输入方式)"、"Synthesis Tools(综合工具)"等项。在完成设置后单击"Next"按钮继续。

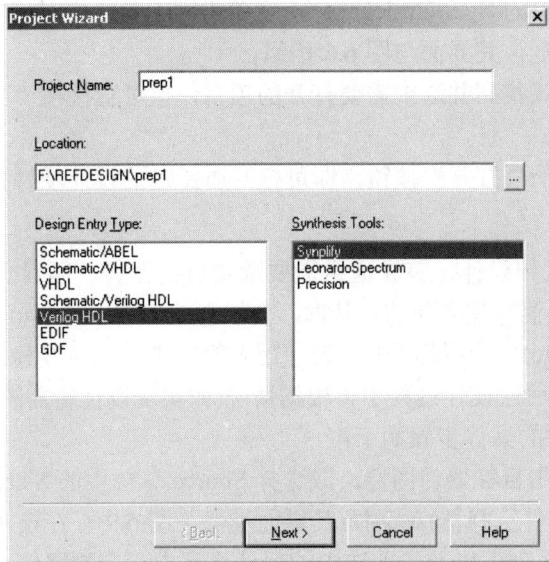

图 6.8　ispLEVER 5.0 的 Project Wizard 对话框

② 弹出一个消息框，要求确认用户希望建立的新的设计项目。单击"Yes"按钮继续。

③ 弹出 Project Wizard-Select Device 对话框(参见图 6.9)，以便选定目标器件，即预定用于实现所设计逻辑的实际器件。

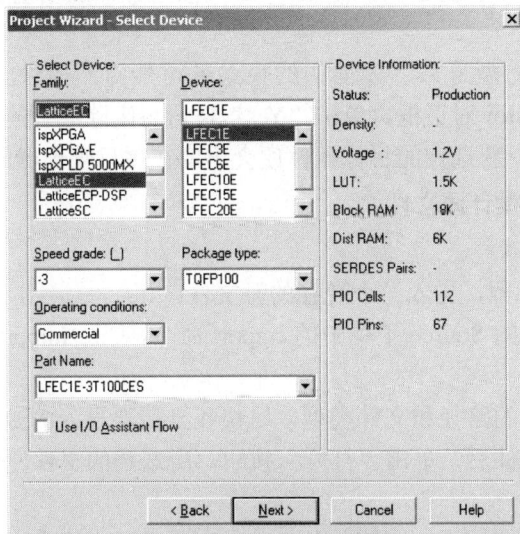

图 6.9　选择目标器件

④ 完成设置后单击"Next"按钮，将会弹出 Project Wizard-Add Source 对话框。单击其中的"Add Source"按钮便可打开 Import File 对话框(其界面与图 6.6 相似)，以便查找已

有的相关设计文件并将其加入到新建的设计项目中。

⑤ 单击"Next"按钮，会弹出 Project Wizard-Project Information 对话框，其中汇总了有关的项目信息。单击"完成"按钮即可完成该新项目的创建。

2) 打开已有的设计项目

在项目管理器界面下，按照下列步骤可以打开一个已有的设计项目：

① 选择 File 菜单中的 Open Project 命令，或单击主工具栏中对应的命令按钮，打开 Open Project(打开项目)对话框，其界面与图 6.6 相似。

② 可通过浏览方式找到并选中需要打开的项目，也可直接在"文件名"一栏中输入项目名。

③ 单击对话框中的"打开"按钮，即可打开所指定的设计项目并显示在源窗口内。

2. 选择器件

对于一项实际的工程设计，首先通常需要选定目标器件，即设想用来实现所设计逻辑的实际器件。项目管理器在建立新的设计时，会缺省地选定一种 Lattice 可编程逻辑器件(如 ispLSI5256VE-165LF256)作为目标器件。若使用者暂时无法确定具体采用哪一种器件，可以先沿用该缺省器件，以后在设计过程中再根据情况(如实现设计所需的逻辑规模)重新加以选择。选择特定物理器件的具体步骤如下：

(1) 在源窗口中双击目标器件图标，或选择 Source 菜单中的 Select New Device 命令，打开 Device Selector(器件选择器)对话框(其界面类似于图 6.9)。在该对话框中会列出所有可供选用的 Lattice 器件系列，以及当前选中的器件系列中所有的器件。具体可选用哪些系列和器件取决于 ispLEVER 的版本和配置。

(2) 选择所需要的器件系列和具体器件并为该器件选择选项，而后单击"OK"按钮。

(3) 在随后弹出的 Confirm Change 对话框中，询问是否确实要选择新的目标器件(因为这可能意味着放弃以前做过的处理)。单击"Yes"按钮，即加以确认；单击"No"按钮，则放弃修改。

(4) 改变目标器件的型号后，先前的约束条件可能对新器件无效，因而会接着弹出 ispLEVER Project Navigator 对话框，单击"Yes"按钮将废除原有的约束条件，单击"No"按钮则加以保留。此后，新选定的目标器件便会出现在项目管理器的源窗口中。

3. 指定构成项目的设计源文件

1) 导入、创建和修改

(1) 可以按照以下步骤，导入一个现存的源文件：

① 选择项目管理器的 Source 菜单中的 Import 命令，打开 Import File (导入文件)对话框(其界面与图 6.6 相似)。

② 改变列表框显示的路径和文件类型，尽快找到所要导入的源文件。

③ 选择要导入的文件后，单击"打开"按钮，所选择的文件便会被导入到项目中，并显示在源窗口内。

④ 若要导入的文件属于某些特殊的类型，则项目管理器还会额外弹出一个 Import Source Type(导入源类型)对话框或 Associate(关联)对话框，要求提供更多的信息。例如，若选中的是 .vhd 文件，则会弹出 Import Source Type 对话框，以区分是将其作为 VHDL 模块

还是作为 VHDL Test Bench 使用；若选中的是 .tf 文件，则会弹出 Associate 对话框，以明确是将其与目标器件还是与某一模块相关联。

(2) 可以按照以下步骤，创建一个新的源文件：

① 选择 Source 菜单中的 New 命令，打开 New Source (新建源文件)对话框，其中会列出可选的源文件类型(具体内容会随已选定的项目类型、器件类型等有所变化)。若此前已选择 Schematic/ABEL 作为项目类型，则当选择 CPLD 类型器件作为目标器件时，New Source 对话框如图 6.10 所示。

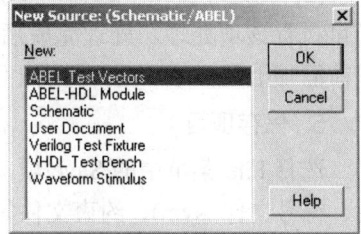

② 在对话框中选择所要创建的文件类型，单击"OK"按钮，项目管理器将会打开相应的编辑器。

图 6.10　创建新的源文件

③ 在编辑器中创建源文件，而后将其保存并返回项目管理器。(具体的格式和步骤等内容将在后面介绍。)

(3) 可以使用编辑器修改已有的源文件。只需双击项目中有关的源文件，便会打开相应的编辑器并调入该源文件供修改：对于原理图文件，将会启用原理图编辑器(Schematic Editor)；对于与 ABEL-HDL、VHDL、Verilog HDL 等有关的文本文件，将会启用文本编辑器(Text Editor)。待修改完成后，可使用编辑器的"File\Save"等命令，将有关源文件保存并返回项目管理器。

(4) 对于 ispXPLD、ispXPGA/ispXPGA-E 以及 FPGA 设计，可以按照以下步骤导入模块/IP 源文件：

① 选择项目管理器 Source 菜单中的 Import 命令，便会弹出 Import Source 对话框。

② 在 Files of type 一栏，选择 Module Definition (*.lpc)。

③ 浏览磁盘文件目录，找到并选中此前利用模块/IP 管理器(Module/IP Manager)生成并且希望导入的 LPC 文件(Lattice 参数文件)。该 LPC 包含已利用模块/IP 管理器选定的配置参数。

④ 单击"Open"按钮，选中的 LPC 文件便会被导入。此后，使用者便可以很方便地对其加以编辑。

2) 删除

有时还需要删去项目中已有的源文件。对此，建议不要使用 Windows 的 Delete 功能，而应使用 ispLEVER 项目管理器的 Remove 命令，按以下步骤加以删除：

(1) 在源窗口中，选择想要删去的源文件。

(2) 执行项目管理器的 Source 菜单中的 Remove 命令，或者按下键盘上的 Delete 键，项目管理器会弹出一个对话框。单击"Yes"按钮确认删去该源文件，单击"No"按钮则放弃此项删除。

4. 设计处理

如前所述，项目及其包含的所有源文件均有特定的处理项目与之对应，这些处理项目及其步骤均显示在项目管理器的处理窗口中。若要对某个源文件进行处理，具体操作步骤如下：

(1) 在项目管理器的源窗口中选中该源文件(单击即可)，被选中者将会高亮度显示以示区别。

(2) 在处理窗口中选择一个处理步骤，选择 Process\Start，或者直接双击该处理步骤，即可执行该项处理。处理完成后将会在下方的输出窗口中显示处理结果，并在有关处理步骤前面加上图标(如"√")以示区别。

5. 保存项目

选择 File 菜单中的 Save 项，即可完成项目文件(.syn)的保存。该文件包含项目名、源文件、符号文件(.sym)、约束文件等有关信息。如果要将项目按新的名字或路径保存，则可选择 File 菜单中的 Save As 命令，项目管理器会要求你输入新项目的名字，正确输入后单击"OK"按钮即可。对于上述两种方式，项目管理器会在保存项目的同时，自动保存正在编辑的原理图、文本等文件。

6. 清理项目

在复制(存档)项目文件夹之前，可以先对其内容进行整理。选择 File 菜单中的 Cleanup 命令，可以删除项目中的过渡性文件；选择 File 菜单中的 Clean All 项，则可以删除全部的过渡性文件和报告文件。

7. 定制项目管理器环境

ispLEVER 允许使用者根据自己的需要和喜好来设定项目管理器的环境变量，改变有关设置，选择由项目管理器调用的应用程序在其中运行，甚至可以增加访问其他 Windows 程序的菜单项。主要有下列两种定制方式：

(1) 执行 Options 菜单中的 Environment 命令，打开如图 6.11 所示的 Environment Options(环境选项)对话框。单击其中的 General、Process、Log、Directories、Advanced 等标签，可以分别查看和修改有关的各类设置。

(2) 在了解有关设置的选项、格式的前提下，直接编辑项目管理器和其他程序的配置文件(.ini)。

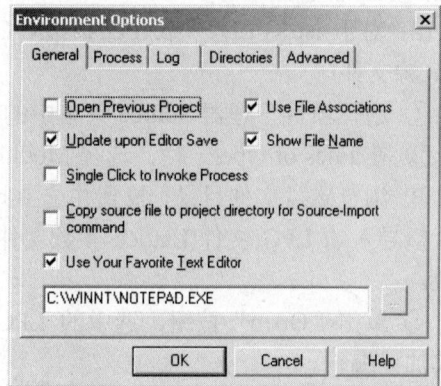

图 6.11　定制项目管理器的环境

8. 在线帮助

ispLEVER 软件具有功能完善、使用方便的在线帮助系统，其内容之丰富更是任何有关教材或参考书都无法相比的。在整个设计过程中，使用者可以随时按下 F1 键寻求帮助，ispLEVER 会立即根据目前的操作任务和状态，以网页形式显示相关的帮助信息。通过选择 Help 菜单中的 ispLEVER Help、Project Navigator Help 命令，可以更为详尽地了解有关信息，包括设计流程、命令格式与参数、设计技巧与提示、错误类型与原因分析等许多方面。结合随软件同时安装的大量设计示例和资料文档，使用者可以边学边用，较快地掌握该软件的使用。

6.3 设 计 流 程

ispLEVER 软件的可编程逻辑器件设计流程可以大致地分为设计输入(Design Input)、设计模拟/仿真(Design Simulation)、设计实现(Design Implementation)、设计检验(Design Verification)、器件编程(Device Programming)等几个阶段。

(1) 设计输入阶段。需要根据预期的器件功能和允许采用的设计描述/输入方式,选用相应的设计工具,输入和编辑具体的电路设计描述(行为、结构)。

(2) 设计模拟(仿真)阶段。主要进行功能仿真(Functional Simulation),即将输入的设计描述与器件的逻辑模型相结合,计算出所设计的电路关于指定输入的输出,以便检验和提高设计的逻辑正确性。

(3) 设计实现阶段。主要对设计文件进行编译(Compile)、综合(Synthesis)、优化(Optimize)、适配(Fit),通过将其与器件的物理模型相结合,获得与设计相对应的器件编程数据。

(4) 设计检验阶段。主要进行时序仿真(Timing Simulation)和时序分析(Timing Analysis),以考察适配后的设计是否具备预期的功能和时序特性。时序仿真与功能仿真的主要差别是前者考虑了器件的时序特性。

(5) 器件编程阶段。主要是将通过仿真的适配结果下载到可编程逻辑器件,或者是烧制有关的编程数据存储器,以便得到具有特定功能的实际硬件电路。

对于不同类型的目标器件,设计流程的各个阶段的具体任务、设计工具和操作要点等都存在一定的差异。图 6.12~图 6.15 给出了针对四种常用器件类型的设计流程,表 6.5 中对其主要特点进行了概括和对比,可供参考。

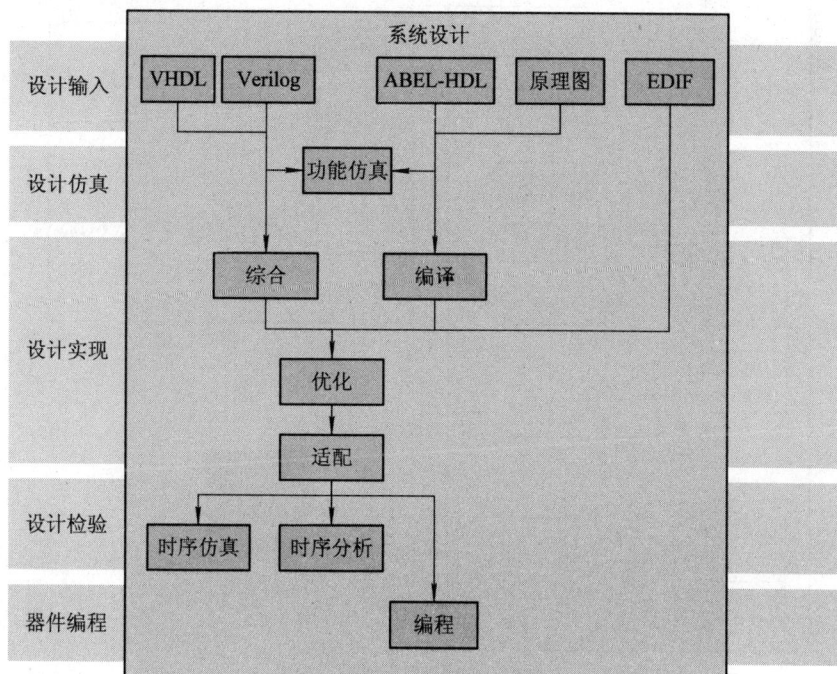

图 6.12　CPLD 设计流程

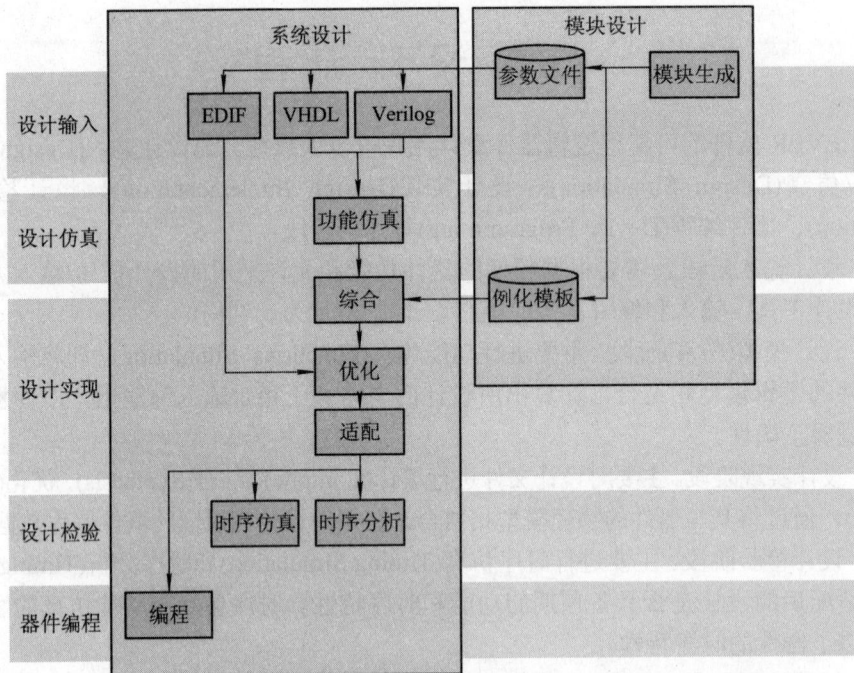

图 6.13 ispXPLD 设计流程

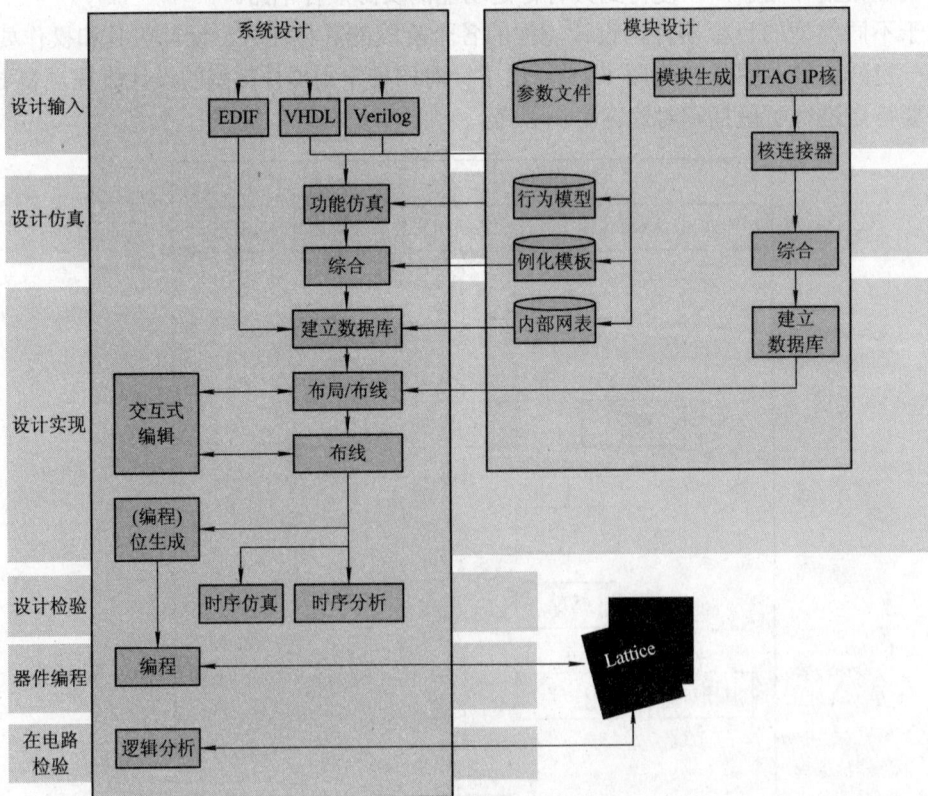

图 6.14 ispXPGA 设计流程

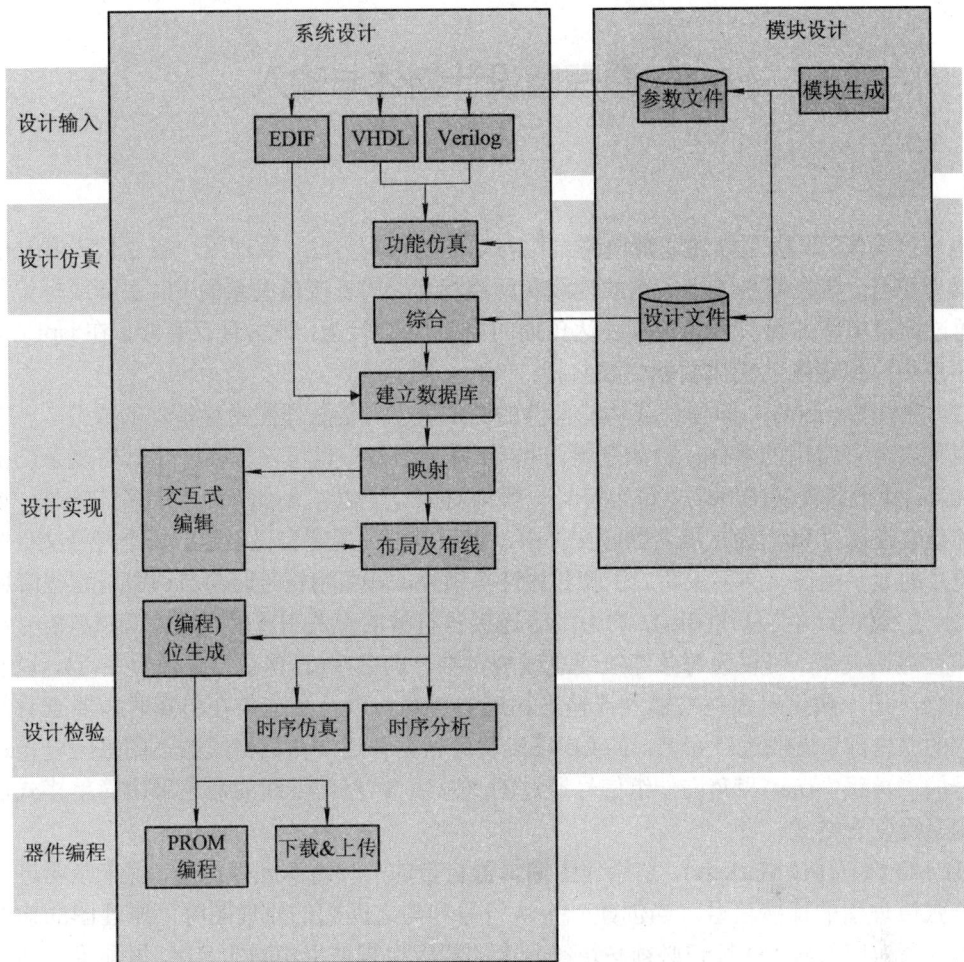

图 6.15 FPGA 设计流程

表 6.5 四种器件类型设计流程的主要特点

器件类型	设 计 输 入	设 计 实 现	器件编程	备 注
CPLD	VHDL、Verilog HDL、EDIF、ABEL-HDL、原理图	综合、编译、优化、适配	在系统编程 (ISP)	独有 ABEL-HDL、原理图输入方式
ispXPLD	VHDL、Verilog HDL、EDIF	综合、优化、适配	在系统编程 (ISP)	支持可综合的模块设计
ispXPGA	VHDL、Verilog HDL、EDIF	综合、建立数据库、交互式编辑(布局、布线)	在系统编程 (ISP)	支持多层次的模块设计、在线检验
FPGA	VHDL、Verilog HDL、EDIF	综合、建立数据库、交互式编辑(布局、布线)	PROM 生成、下载/上传	支持可模拟、可综合的模块设计

注：对于表中的四种器件类型，在设计模拟(仿真)阶段，均仅进行功能模拟；在设计检验阶段，均进行时序模拟和时序分析，故在表中未列出。

6.4　原理图设计描述与输入

6.4.1　概述

电原理图(逻辑图)是描述逻辑电路结构与功能的常用方法。原理图一般由代表各功能部件的器件符号、代表信号连接关系的连线和网络标号、代表接口关系的 I/O 引脚或标记等组成，通过描述电路的组成和连接来表达预期的电路功能/行为，既方便又直观。在 ispLEVER 软件系统中，原理图的构成要素主要包括：

(1) 符号(Symbols)，即器件或功能部件的图形表示，是原理图中最基本的成分。一个符号可以代表一种常用的器件，例如逻辑门和 74 系列器件，也可以代表一个具有复杂功能的宏(Macros)或电路模块(Block)。每个符号一般都对应一个以".sym"为扩展名的文件，该文件可能包含在以".lib"为扩展名的库文件中，也可以由使用者自己创建。每个符号文件中包含该符号的显示图像、文字说明、引脚和属性等信息，在引用符号时会自动引用这些信息。

(2) 连线(Wires)及总线(Bus)，均为用于连接各符号的有关引脚的线段，以表示信号流向及其相互连接关系。可以为每条连线或总线规定唯一的名字(其首字符必须为字母)，以便引用和区分，但一般仅对那些与输入或输出相连的连线，以及那些与在仿真时需要查看的信号对应的"内部"连线进行命名。ispLEVER 软件根据各连线命名格式的不同来区分传递单个信号的"单线"(net)和允许一组信号通过的"总线"：对信号线的命名采用简单格式，对总线则采用复合格式。

(3) I/O 标记(I/O Markers)，是原理图编辑器自带的一种特殊元件符号，用来指明进入或离开一张原理图的那些信号。当创建一个块符号和与之匹配的原理图时，原理图的输入、输出信号所对应的各 I/O 标记必须与块符号上的相应引脚使用相同的名字，以便唯一地确定信号与引脚的连接关系。

(4) I/O 端(I/O Pads)，是多种与电路外部接口有关的元件符号的总称，包括 G_BIDIR、G_CLKBUF、G_INPUT、G_OUTPUT、G_TRI(均包含在 iopads.Lib 库中)。只有需要为器件引脚增加属性时(如引脚锁定)，才需要同时使用 I/O Pad 和 I/O Marker 符号；否则，只需要使用 I/O Marker。

(5) 图形(Picture)，指的是原理图中非功能性的图形部分，包括圆(弧)、矩形以及最常用的标题框(Title)。ispLEVER 系统备有名为 Title 的标题框符号，使用者可在原理图中插入该符号，再填入具体的信息，例如研发机构的名称和地址、注释等。

(6) 文字(Text)，用于提供关于原理图或项目的附加信息。文字可放置于原理图的任何位置，甚至可以"压"在符号或连线上。使用原理图编辑器中的命令"Add\Text"，可以将文字加进原理图。

原理图是 ispLEVER 软件系统最基本也是最常用的逻辑描述/输入方式，主要用于以 CPLD、XPLD 系列器件为目标器件的电路或功能模块的设计描述，也可作为顶层原理图用于描述整个电路的模块划分与相互连接，以支持基于硬件描述语言的自顶向下或自底向上的结构化设计。其基本输入流程如下：

(1) 启动 ispLEVER，命令为"开始\程序\Lattice Semiconductor\ispLEVER Project Navigator"。

(2) 创建或打开设计项目并选定目标器件，具体操作步骤详见 6.2 节。必须注意的是：

① 在 Project type 栏中(或 ispLEVER 5.0 的 Project Wizard 对话框的 Design Entry Type 一栏)应选择有关的输入方式，即 Schematic/ABEL、Schematic/VHDL 或 Schematic/Verilog；

② 若要以原理图作为主要的设计描述/输入方式，则应选择 CPLD 或 XPLD(默认器件 ispLSI5256VE-165LF256 即属于此类)而非 XPGA 或 FPGA 作为目标器件。因为对于后者，ispLEVER 未提供常用的器件符号库，故仅适用于建立描述各模块间连接关系的顶层原理图——对其中各模块的逻辑描述需要依赖于硬件描述语言。

(3) 在设计中加入原理图文件(* .sch)，有两种方式：

① 利用 Source 菜单中的 New 命令，打开 New Source(新建源文件)对话框，并在列出的可选源文件类型中选择 Schematic(原理图)，单击"OK"按钮，即可创建并且编辑一个新的 .sch 源文件；

② 利用 Source 菜单中的 Import 命令，导入一个已有的 .sch 源文件。

(4) 利用原理图编辑器编辑所建立/导入的原理图文件。对于新建的 .sch 源文件，ispLEVER 会自动打开原理图编辑器以便输入；对于已存在于设计中的 .sch 源文件(此前已建立或导入的)，在项目管理器的 Sources 窗口中双击该源文件名，即可打开原理图编辑器并读入该 .sch 源文件以便编辑。

(5) 利用原理图编辑器的资源和编辑功能，输入、编辑(修改)原理图，而后利用菜单命令 File\Save 或 File\Save As，将其保存并返回项目管理器(利用命令"File\Exit")。

6.4.2 使用原理图编辑器

原理图编辑器是输入和分析以原理图方式描述的设计时需要使用的基本程序。其基本界面主要由菜单栏(Menus)，主工具条(Main Toolbar)，绘图工具条(Drawing Toolbar)，带有纵向、横向滚动条的原理图显示窗口(Schematic Display Area)，提示行(Prompt Line)等组成(参见图 6.16)。最常用的操作命令集中在 File(文件)、Edit(编辑)、Add(添加)等菜单以及主工具条、绘图工具条之中。下面简要说明其主要用法。

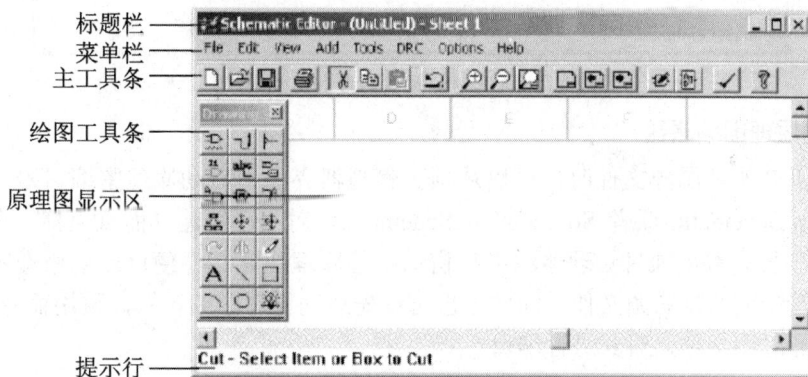

图 6.16　原理图编辑器的基本界面

1. 基本规律

原理图编辑器使用"操作—对象"操作模式，也就是说，应先利用菜单命令(或工具条中的对应按钮)选择所要执行的操作，而后再选择该项操作的作用对象。此后，可以根据需要选择不同的作用对象进行同一种操作，直到选择新的操作(命令)为止。

所有需要另一种操作或附加信息的命令都会在原理图编辑器的左下角给出提示。每当使用者不能肯定该做什么时，都可以看一下提示。提示行还用来显示所输入的内容，例如符号名、信号名等。在输入这些信息时，可以使用键盘上的箭头键(↑、↓、←、→)、删除键(Del)和退格键(Backspace)等进行编辑。当操作中出现了使操作无法正常完成的小错误时，会将位于提示行正上方的横向滚动条区域暂时用作错误报告窗口，而提示行通常会解释应如何改正这些错误。大的错误则会在弹出的消息框中报告。

在整个原理图编辑过程中，如果觉得之前的操作未能获得预期的结果，可以随时选择Edit\Undo 命令，取消上一步的操作(即令原理图编辑过程恢复到执行该操作之前的状态)。连续多次执行该命令，可以取消此前的多步操作。单击主工具条上的按钮 ⟳，或使用快捷键 F9，可以更为便捷地达到同样的效果。如果对某次 Undo 操作的结果感到不满意，还可以执行 Edit\Redo 命令(快捷键为 Shift+F9)来加以纠正，参见图 6.17 所示的 Edit 菜单。

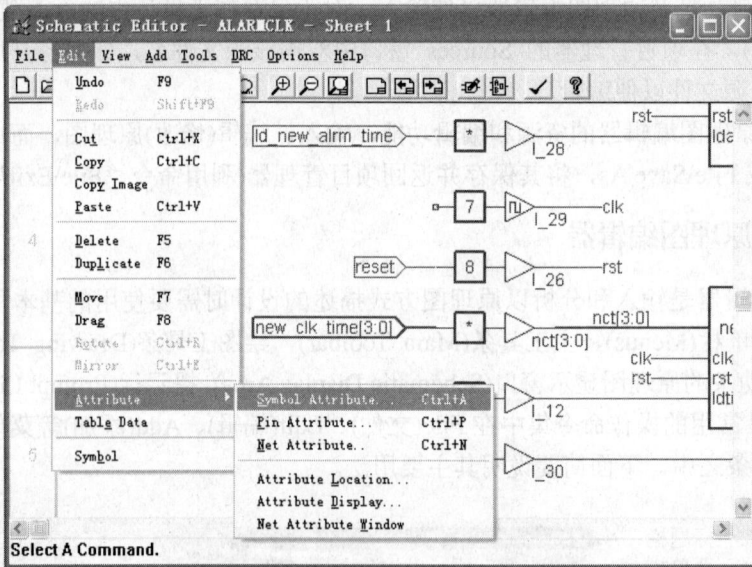

图 6.17　原理图编辑窗口及其 Edit 菜单

2. 启动原理图编辑器

当需要新建原理图源文件时，可以从项目管理器界面中启动原理图编辑器，具体的命令为 Window\Schematic 或者 Source\New\Schematic。对于已经建立而且包括一个以上原理图源文件的项目，双击项目管理器源文件窗口中的原理图源文件便可启动原理图编辑器，同时打开所选择的原理图源文件。同样，也可以先启动原理图编辑器，再用命令 File\Open 调入已有的原理图文件，对其进行编辑。

3. 使用已有的原理图符号

ispLEVER 软件预先定义了许多原理图符号可供选用，每个符号均对应于一个 .sym 文件，这些 .sym 文件又分类存放在多个库文件 (.lib) 之中。最常用的符号库包括 gates.lib(常用门电路)、iopads.lib(I/O 引脚)、muxes.lib(数据选择器)、regs.lib(常用寄存器)以及三种软宏库——VANTTL.LIB(TTL 符号库，包含各种常用的 TTL 器件)、VANPRIM.LIB(包含 6、8、12 和 16 输入的各种门电路)、VANFUNC.LIB(包含计数器、译码器、移位寄存器等常用的功能模块)。而存放于当前目录下的库文件"[Local]"则包含着使用者自己创建的器件符号和模块符号。与这些原理图符号有关的操作主要包括：

(1) 选择并加入符号，具体步骤是：

① 在原理图编辑器中选择 Add\Symbol，打开符号库对话框。

② 从库列表窗口(Library)中选择一个库后，在下面的符号窗口(Symbol)中将会显示该库中包含的所有符号，可使用滚动条寻找并选中(单击鼠标左键)所需要的符号(被选中的符号便会"粘"在光标上，跟随光标移动(参见图 6.18))。

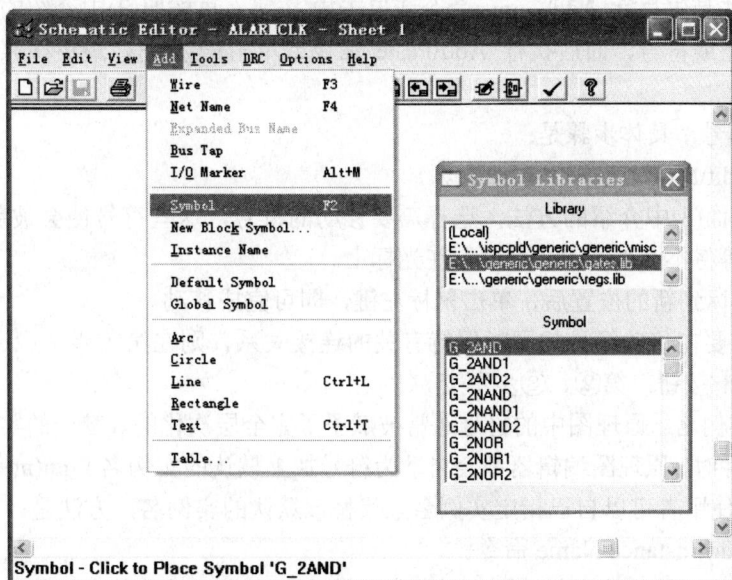

图 6.18　Add 菜单及符号库对话框

③ 在放置符号之前，可以对符号进行"镜像"或"旋转"等变换。"镜像"变换的命令为 Edit\Mirror，对应的快捷键为 Ctrl+E；"旋转"变换的命令为 Edit\Rotate，对应的快捷键为 Ctrl+R。

④ 将光标移至原理图中需要放置该符号的位置，再单击鼠标左键，便可将该符号添入到原理图中。如果需要放置多个同样的符号，则只需重复移动鼠标并单击左键，而不必重复选择该符号。

⑤ 如果要放置其他的符号，可先单击鼠标右键使"粘"在光标上的符号消失，然后按照上述第②~④步，重新选择和放置其他的符号。

(2) 从原理图中删除一个符号，具体步骤是：

① 在原理图编辑器中选择 Edit\Delete 命令。

② 单击需要删除的符号，便可将其从原理图中删除。如果需要，可继续单击其他有关符号加以删除。

(3) 选择符号，可以使用下列方法之一：

① 单击符号。

② 按住 Shift 键并单击，可连续选择多个符号。

③ 在按下左键的同时移动鼠标，在目标符号的周围"拉"出方框，该方框中的所有原理图要素包括符号、连线等便同时被选中。

(4) 复制原理图中已有的部分电路或符号，具体步骤是：

① 在原理图编辑器中，执行命令 Add\Duplicate 或单击 🔗 按钮。

② 按照(3)中介绍的方法选择需要复制的部分电路或符号，被选中的部分电路或符号的一份拷贝便会被"粘"在光标上。

③ 移动鼠标，将光标移到想要放置该符号的位置，单击左键即可完成一次复制。可继续移动鼠标和单击左键，进行多次复制。

另一种方法是先执行 Add\Copy 命令或单击 📋 按钮，再按照(3)中介绍的方法选择需要复制的部分电路或符号，而后执行 Add\Paste 命令或单击 📋 按钮，最后按照第③步中的方法完成复制。

(5) 移动符号，具体步骤是：

① 选择 Edit\Move 或单击 ✛ 按钮。

② 利用上面(3)中介绍的方法，选择需要移动的符号，这些符号便会被剪切下来(即与之有关的连线等将不会被移动)，"粘"在光标上。

③ 移动光标到新的位置后，单击鼠标左键，即可完成移动。

④ 如果需要在移动符号的同时保持有关的连接关系，则在第①步中应选择 Edit\Drag 命令，或单击 ✛ 按钮；第②、③步不变。

(6) 添加实例名。原理图中的符号通常被赋予了完全层次化的、唯一的实例名。在每次保存原理图文件时，原理图编辑器都会自动为符号加上默认的实例名 I_nn(nn 为下一个尚未用到的整数)。使用者可以自己指定实例名来代替该默认的实例名，方法是：

① 选择 Add\Instance Name 命令。

② 在命令行中输入选定的实例名并回车。该实例名由字母、数字、单引号和下划线等构成。

③ 单击所要命名的符号即可。

(7) 指定连续的实例名。如果需要为多个(一般是同一类型的)符号指定连续的实例名(如 AND1，AND2，…，ANDn)，则需要先选择 Add\Instance Name 命令，而后使用下面两种方法中的任一种来指定序列化实例名的基本形式：

① 在命令行中输入实例名，其末尾为数字和加号"+"，接着按 Enter 键，其中的数字将作为序列化实例名的首标号(为 1 时可以省略)。例如，INV3+表示序列从 INV3 开始，INV+则表示从 INV1 开始。

② 单击一个已有的实例名，便可将该实例名作为序列化实例名的基本形式。根据其末尾是否为数字，自动地以该数字或 1 作为序列化实例名的首标号。

③ 按所希望的命名顺序，单击各待命名的符号。每单击一个新的符号，便会将"形式实例名"赋予该符号，而后"形式实例名"中的标号(数字)便会自动加 1。如果该"形式实例名"与其他符号的实例名重复，则会自动将标号再次加 1，直到不再重复为止。

4．产生块符号

在原理图编辑器中，利用 Add 菜单中的 New Block Symbols 命令，可以很方便地产生一个与原理图或 HDL 模块相对应的块符号，以便在较高层次的原理图中引用块符号，实现层次化设计。

选择菜单命令 Add\New Block Symbols 之后，便会弹出一个对话框，如图 6.19 所示。该对话框有 Block Name、Input Pins、Output Pins、Bidirectional Pins 四个编辑栏，依次用于指定块符号的名称、输入引脚(所有利用 I/O 标记定义为输入的网线的名字)、输出引脚(所有利用 I/O 标记定义为输出的网线的名字)和双向引脚(所有利用 I/O 标记定义为双向的网线的名字)。在同一栏中输入的多个引脚名称之间需要用逗号隔开。

图 6.19　创建块符号

在输入总线名称时必须用"="将其包围起来，其形式为"=总线名="。如果出现在引脚列表中的一个复合名没有被等号包起来，它将会被展开成为多个引脚；否则，将会生成一个总线型引脚。例如：在"Input Pins"一栏中输入"A，B[0:3]，C"，将会产生 A、B0、B1、B2、B3 和 C 六个引脚；如果输入"A，=B[0:3]=，C"，则会产生 A、B[0:3](总线型引脚)和 C 三个引脚；如果输入"=A，B[0:3]，C="，则只产生一个名为"A，B[0:3]，C"的总线型引脚。

如果要生成与当前正在编辑的原理图相对应的块符号，建议通过单击 Use Data From This Block 按钮，让 ispLEVER 软件按照该原理图的实际情况，自动地为各编辑栏填入内容。单击 Use Data From NAF File 按钮，则可利用弹出的对话框选择一个 NAF 文件，并且根据该 NAF 文件自动地为各编辑栏填入内容。

输入这些信息之后，便可对该块符号进行编辑或放置。如果只要产生符号而不编辑，可单击"Run"按钮，便会看到新建的符号出现在鼠标的光标上，单击原理图中的目标位置便可放置该符号。如果要使用符号编辑器来修改该符号(具体方法详见 6.4.4 节)，则应单击"Edit"按钮。在这两种情况下，所生成的块符号文件都将被存放在当前目录下(即[Local]库中)。所产生的符号外形为带有引脚引线的矩形，该矩形的高度和宽度会根据引脚的个数和引脚名称的长度而自动选定。输入引脚放在左边，输出引脚放在右边。引脚的引线长度取"Default Pin Name Offset"参数项规定的默认值。该符号有两个属性窗口，一个靠近顶部，用来显示符号名；另一个靠近底部，用来显示其例化(Instance)名(相当于器件编号)。

此外，在原理图编辑器中选择菜单命令 File\Matching Symbol，可以自动生成与当前编辑的原理图文件相匹配的块符号，并存放在当前目录下(即[Local]库中)。如果需要，同样可以使用符号编辑器来修改该块符号。至于该块符号的具体功能(行为)和描述方式等，则还需要进一步加以定义(具体方法将在 6.6 节中介绍)。

5. 在原理图中连线

连线用于表示各原理图符号之间的电气连接。符号的引脚是连线的连接点。可使用 Add 菜单(参见图 6.18)中的 Wire 命令在符号的两个引脚之间加入连线,也可用 Net Name 和 Bus Tap 命令来定义两点之间的连接关系。

(1) 利用"点对点法"绘制连线。选择菜单命令 Add\Wire,再单击线的起点,而后移动鼠标,可以看到一条始于线的起点而结束于光标处的点画线段,其长度和方向(水平或垂直)会随着鼠标的移动而改变。将鼠标移至适当位置后单击左键,便可将点画线段固定下来(变为一段连线),并产生一条新的始于该线段的终点而结束于光标处的点画线段。重复移动鼠标和单击左键,便可绘制出一条由水平线段和垂直线段组成的连线。而后,再次单击连线的终点便可结束该连线的绘制。在绘制的过程中,随时可单击鼠标右键中止绘制;再次单击鼠标左键,便可绘制一条新的连线。

(2) 若要绘制斜线,应在单击线的起点的同时按下 Shift 键并保持,在移动鼠标至适当的位置后单击左键,便可画出一条对角线方向的斜线段。如果在画线段时按下 Shift 键不放,便会连续画出多条对角线方向的斜线段。

(3) 修改连线。除可删除已有连线重新绘制外,还可以通过拖动命令来加以修改,具体步骤是:

① 选择 Edit\Drag,并单击需要修改的连线。

② 移动鼠标,该连线的各条线段会随着鼠标的移动而"有弹性地"伸缩,但连线的起点、终点以及各线段的方向均保持不变。

③ 再次单击左键将接受修改后的连线,而单击右键则可取消本次修改。

(4) 删除连线。可以删除一条连线或线段,或者删除某一区域中的所有连线和线段,其方法与删除符号的方法相同。

(5) 由一条或多条连线互连而成的一个电连接称为一条网线(Net),相关的操作主要有:

① 原理图编辑器会为图中的每条网线指定一个默认的名字(但不显示),使用者可选择 Add 菜单中的 Net Name 命令来为一些感兴趣的网线重新命名。具体的网线名可在提示行中输入,也可通过单击一条已命名的连线来获得。

② 如果要为多条网线指定"连续"即有规律变化的网线名,则可在选择 Net Name 命令后,输入以数字和"+"结尾的"形式网线名",此后重复"移动—单击"操作即可。

③ 对网线重新命名的过程为:选择 Add\Net Name,输入新的网线名,此后移动鼠标至该网线上,在单击左键的同时按下 Shift 键,原理图中该网线的所有分支均同时被重新命名。

④ 在电原理图中,通常规定具有相同网线名的连线属于同一条网线,即不管它们在形式上是否相互连接,它们在电气上都是互连的。利用这一规定,可以简化原理图并使之变得简明和清晰。要找出隐藏的网络连接,可选择 DRC\Query,再单击相关的任一条网线或总线,则该原理图的所有页中的具有与之相同的网线名的所有连线都会被高亮度地显示;同时,在弹出的 Net 信息框中将显示所有与该网线有关的符号引脚等电气连接信息。

6. 指定信号的传输方向和引脚

I/O 标记可用来区别网线的极性(即信号流向)是输入、输出还是双向传输,并且说明该网线是否可供外部"引用"。原理图编辑器的 Consistency Check(一致性检查)命令，便是利用 I/O 标记来检查所标记的信号和符号引脚在极性上的差异的；层次化导引器也会进行同样的检查。要为网线添加 I/O 标记，必须先对其命名(注意，此处必须单击网线的端点，将其网线名放置在该端点处而非网线上)，而后：

(1) 选择 Add\I/O Marker，打开 I/O Marker 对话框。

(2) 从对话框中选择需要的网线极性：None、Input(输入)、Output(输出)或 Bidirection(双向)。如果要删除一个已有的 I/O 标记，则应选择 None。

(3) 单击相应网线的端点处，便会出现一个与该网线端点相连的 I/O 标记，该 I/O 标记会自动使用该网线的网线名作为其标记名(参见图 6.20)。

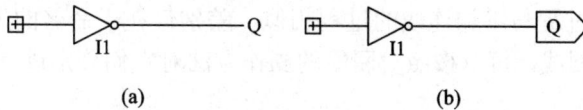

图 6.20 在原理图中加入 I/O 标记

(a) 加入 I/O 标记前；(b) 加入 I/O 标记后

若要将某个信号连接至器件的引脚，则还需要(在添加 I/O Marker 之前)为其加上 I/O 端(I/O Pads)，即根据信号类型选择双向 I/O 端 G_BIDIR、时钟 I/O 端 G_CLKBUF、输入 I/O 端 G_INPUT、输出 I/O 端 G_OUTPUT 或者三态 I/O 端 G_TRI，它们均包含在 iopads.lib 库中。有关操作步骤如下：

(1) 在原理图编辑器中选择 Add\Symbol，打开符号库对话框。

(2) 在库列表窗口中选择 iopads.lib，在下面的符号窗口(Symbol)中选择与信号类型对应的 I/O 端。

(3) 将光标移至原理图中有关的信号线的端点处，再单击鼠标左键为该信号线加上 I/O 端。

(4) 按照上面的步骤，为其命名和添加 I/O 标记(参见图 6.20)。

如果需要预先将信号与特定的器件引脚相关联(即指定引脚)，可以：

(1) 选择 Edit\Attribute\Symbol Attribute…，将会弹出 Symbol Attribute Editor 对话框(参见图 6.21)。

(2) 单击需要定义属性的 I/O 端，在该对话框中右边一栏会出现一系列可供选择的属性。选择 PinNumber 属性，并在右上方的"PinNumber"一栏中输入期望的引脚号。

(3) 重复上述步骤，可以逐一地为多个信号指定引脚，也可以定义信号的其他属性。

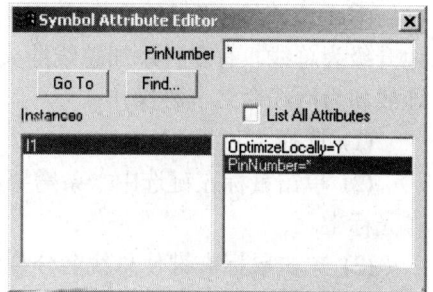

图 6.21 为信号指定器件引脚

(4) 单击对话框右上角的关闭按钮将其关闭。(该方式普遍适用于原理图编辑器中出现的各种对话框。)此后，已被指定引脚的 I/O 端，方框内的"*"将会被引脚号(数字)所代替，参见图 6.17。

在上述过程中，均可利用 Edit 菜单中的 Move、Drag、Delete 等命令，通过单击一个或多个 I/O 标记、I/O Pads 或用鼠标在它们周围"拖"出将其包含在其中的方框，来将其选中并进行移动、删除等操作。

7. 总线(Bus)及相关操作

1) 有序总线

有序总线由一组信号按照一定的顺序组合而成，可用于连接总线型引脚。其名字可由组成该总线的各信号的名字复合(用逗号连接)而成，例如："READ，WRITE，MYNAME"便代表由 READ、WRITE 和 MYNAME 三个信号组成的一条有序总线。也可以在信号名后添加一列数字来作为有序总线的名字，例如：DATA[0-7]就是由信号 DATA[0]，DATA[1]，…，DATA[7]组成的有序总线，其一般形式为：信号名[起始编号-终止编号]；而 AddR(0，14，2)则是由信号 AddR(0)，AddR(2)，AddR(4)，…，AddR(14)所组成的，其一般形式为：信号名(起始编号，终止编号，编号增量)。上述几种形式可以混合使用。

添加有序总线的过程与添加连线的过程相似，差别仅在于命名的形式不同。有序总线的每个分量都是一条网线，可以按照对网线的操作方法对它们分别进行移动、删除等处理。

2) 无序总线

无序总线所包含的各个信号没有次序之分。无序总线不能与总线型引脚相连接，因为总线型引脚代表一个有序的信号序列。无序总线的作用仅仅是便于绘制原理图并使之变得简洁和清晰，而利用多条经过命名的网线可以达到同样的效果且更为直观，因此不推荐使用无序总线。

3) 总线型引脚

一个总线型引脚代表一组引脚或信号。通过赋给引脚一个复合名称便可创建一个总线型引脚。如果一个总线型引脚与一个块符号相连接，则在总线型引脚名中列出的每个信号都必须在块符号内部的原理图中出现。

有序总线可以直接连接总线型引脚。该总线中包含的位或信号的数目必须与加在总线型引脚上的位或信号的数目相匹配。总线中的各个信号与总线型引脚上的各个信号按顺序(定义时的次序)一一配对和连接。

4) 在原理图中加入总线抽头

总线抽头(Bus Tap)是信号进、出总线的接点。可以为任何在原理图中已有的总线(Bus)、网线(Net)或连线(Wire)的垂直或水平走向部分加上总线抽头，并且使有关的网线或连线自动地升级为总线。有多种添加总线抽头的方法。按照下列步骤，可以同时完成添加总线抽头、连线和为网线命名三种操作：

(1) 选择 Add\Net Name。

(2) 单击鼠标左键选中一条需要添加总线抽头的总线(例如 e[3:0])，其名称便会"粘"在光标上。

(3) 单击鼠标右键使总线名分裂成其分量的信号名，"粘"在光标上的信号名将发生变化(例如变为 e[3])。

(4) 单击有关的连接端(如器件引脚、I/O 标记)，按下左键并移动鼠标"拖"出一条连接至总线的连线，原理图编辑器便会自动画出一条带有总线抽头、信号名的连线。同时，"粘"在光标上的信号名的下标将会自动减 1。

(5) 重复步骤(4)，即可依次完成各总线抽头(例如 e[2]、e[1]、e[0])以及有关连线的添加。

8. 检查和排除错误

原理图编辑器中设有两级错误检查，能够在设计过程中及早报告或避免错误。在输入原理图时，会检查出第一类错误，阻止诸如"将名称不同的网线短接"之类的错误操作。通过考察一个完整设计的"上下文"(各要素之间的一致性)可以发现第二类错误。如果需要，只需选择 DRC\Consistency Check，便可随时进行 DRC 检查以找出原理图中存在的错误和潜在错误。所有查出的错误都将被写入报告文件中，并且在一个列表框中显示。单击列表中显示的某个错误，便可看到发生该错误的那部分原理图被高亮度地显示并带有一个小的"+"标记。可以逐个改正这些错误并在每次修改后再次进行一致性检查，直到找出并消除了所有的错误为止。

6.4.3 使用层次化导引器

一项原理图设计可以包括多"张"任意尺寸的"子图"，既可描述平面化设计又可描述层次化设计。将层次化导引器与原理图编辑器、文本编辑器和符号编辑器等配合使用，可以方便地浏览一个层次化设计描述的全貌，并对构成该层次化描述的每一部分进行浏览、创建、修改和跟踪。对整个设计及其每一个层次，层次化导引器都可检查信号连线的正确性和一致性，及早指出错误，避免错误的发生。此外，层次化导引器还提供了一个分析和优化电路性能的集成环境，并且将各个描述文件整合为一体，供仿真器等以整个设计作为处理对象的设计工具使用，从而全面支持层次化设计。

1. 启动层次化导引器

(1) 在项目管理器源窗口中选择一个原理图文件(.sch)，在处理窗口的顶部便会出现层次化导引器图标及提示(✕Navigate Hierarchy)。

(2) 在处理窗口中双击层次化导引器图标及提示，便可启动层次化导引器，并打开和显示所选择的原理图文件。如图 6.22 所示，层次化导引器的界面与原理图编辑器很相似，但二者的菜单命令和功能有着较大的差别。如要对当前所显示的原理图文件进行编辑，可选择 Edit\Schematic，打开原理图编辑器并调入该原理图文件。在编辑完毕后，可用 File 菜单中的 Save 和 Exit 命令退出。

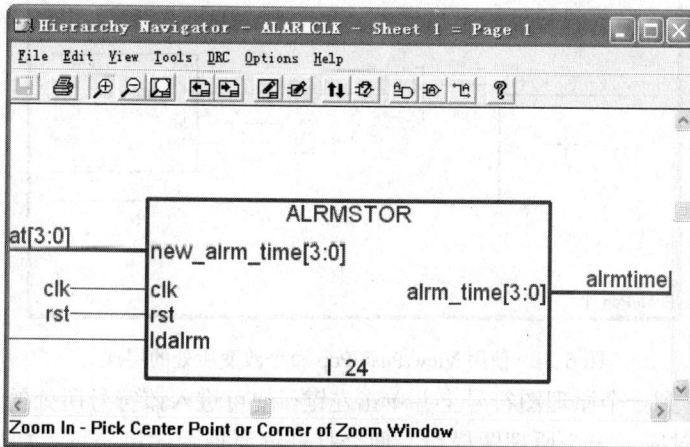

图 6.22　层次化导引器窗口

2. "巡视"整个设计

(1) 利用层次化导引器 File 菜单中的 Previous Sheet 命令，可以查看、修改前一张原理图。

(2) 利用 File 菜单中的 Next Sheet 命令，可以查看、修改后一张原理图。

(3) 利用 File 菜单中的 Sheets 命令，可以直接找到该设计中的任意一张原理图，方法如下：

① 选择 File\Sheet，打开如图 6.23 所示的 Sheets 对话框，其中会显示该设计中包含的原理图的张数(Sheets)、页面数(Pages)。

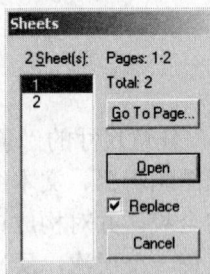

图 6.23 层次化导引器的 Sheets 对话框

② 如要转到另一张原理图，可双击列表框中对应的编号，或选择该编号后再单击"Open"按钮。

③ 如要转到另一页原理图(不管它位于哪一层)，可单击"Go To Page…"按钮，再在弹出的对话框中输入需要转到的页面编号，而后单击"OK"按钮，层次化导引器便会打开和显示该页原理图。

3. 改变所处的设计层次

(1) 如图 6.24 所示，选择 View\Push/Pop，或单击 ↑↓ 按钮，光标会变为十字形状。

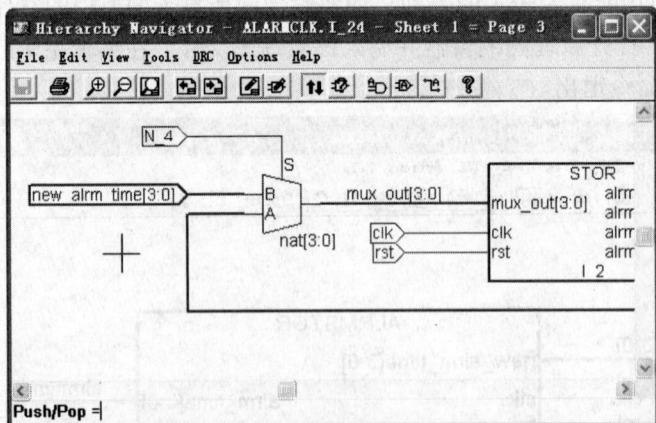

图 6.24 使用 View/Push/Pop 命令改变所处的层次

(2) 将鼠标移到一个原理图符号上并单击左键，便可进入该符号所处的下一级层次。如果所单击的符号对应于一个原理图模块，便会打开该原理图的第一页；如果该符号对应于 HDL 模块，则会打开文本编辑器并显示该 HDL 模块的文本。

(3) 如果要从较低层次的原理图中转到上一层原理图，只需在原理图显示区域内单击任意的空白处即可。

(4) 在层次化操作结束之后，利用 File 菜单中的 Exit 命令返回项目管理器。

4. 查看统计结果

层次化导引器能够报告关于当前设计的一些统计信息。要得到这些统计信息，可以选择 File\Statistics 来打开和阅读统计报告。

此外，还可以选择 DRC\Mark 为原理图元素如符号、引脚和节点等加上标记，以便在整个设计中对其进行跟踪；也可选择 DRC\Query，对各种原理图元素进行查询。善加利用这些功能将会大大提高设计效率。

6.4.4 使用符号编辑器

符号编辑器主要用于创建新的符号，修改已有的符号，以及生成代表整个或部分原理图的块符号；它还可用于显示符号的属性值。

1. 符号

符号由图形、引脚和属性等要素构成。图形即符号的图像，没有电气含意，仅仅在原理图中显示器件所在的位置；引脚就是供导线(Wire)连接的那些点；属性即符号、引脚或网线的特性，能够说明适配器将如何对符号进行优化。

主要的符号类型有四种，分别是：

① 器件符号：在库文件中预先定义的或者由使用者自己定义的器件符号，代表一定的逻辑功能，是最常用的符号类型。

② 块符号：代表一个较低层次的原理图描述，主要用于层次化设计。块符号可使用总线型引脚。

③ 图形符号：用于添加例如表格、注解等非电路性信息。

④ Master 符号：用于建立标题框、标识和修订框等，起标识和注解的作用。Master 符号在原理图中的放置位置不能随意选择，而是由 ispLEVER 软件自动将其安放于原理图的一角。

符号的类型不同，所适用的操作也不完全相同。可以用以下三种方法中的一种来设置新建符号的类型：

① 在项目管理器中，选择 Options\Master Schematic Configuration 或者 Options\Schematic Configuration，在弹出的 Schematic Environment 对话框中指定原理图环境参数，包括默认的符号类型。这两种命令的差别是前者适用于所用的器件系列，而后者仅适用于当前项目所涉及的器件系列。

② 在新建一个新符号时，如果没有设置默认的符号类型，则符号编辑器会提醒用户加以指定。

③ 用符号编辑器 Edit 菜单的 Symbol Type 命令，可以改变符号的类型。

2. 创建新的符号

(1) 从项目管理器中启动符号编辑器，具体步骤是：

① 在项目管理器中，选择 Window\Symbol Editor，即可启动符号编辑器，参见图 6.25。

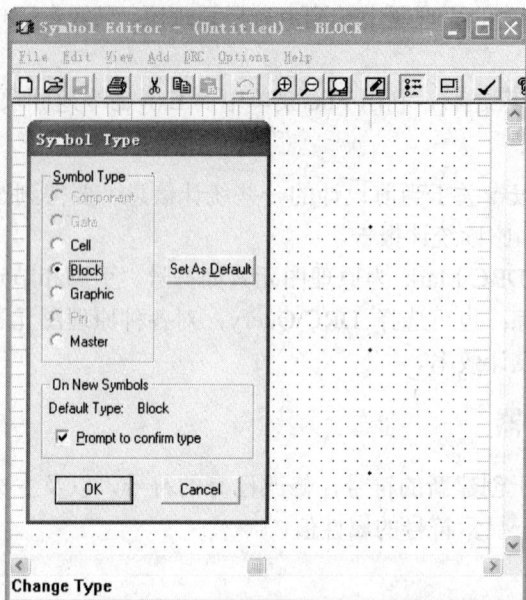

图 6.25　符号编辑器(启动画面)

② 在弹出的对话框中的 Symbol Type 一栏中，选择所要创建的符号的类型。

③ 如果想把所选的类型作为符号编辑器启动时的默认类型，可单击"Set As Default"按钮。

④ 如果希望在以后启动符号编辑器时不弹出该对话框，可以取消"Prompt to confirm type"选项。

⑤ 单击"OK"按钮，符号编辑器便会打开一个无标题的符号编辑窗口。

(2) 绘制符号的图形和文字。符号的图形可由直线、矩形、圆、弧等图素和固定的文字等组合而成。在绘制时，有普通线(Normal)和宽线(Wide)两种线型可供使用。前者适用于所有的图素，而后者则一般用于绘制总线型引脚。可选择符号编辑器 Options 菜单中的 Graphic Options(图形选项)命令，利用弹出的同名对话框中的 Use Wide Lines 一栏来选择宽线(参见图 6.26)。栅格是绘图时的最小分辨尺度，有基本栅格和更为精细的二级栅格可供选用，同样可利用命令 Options\Graphic Options 加以选择(参见图 6.26 中"Constrain Cursor To"一栏)。具体的图形和文字绘制方法可概括如下：

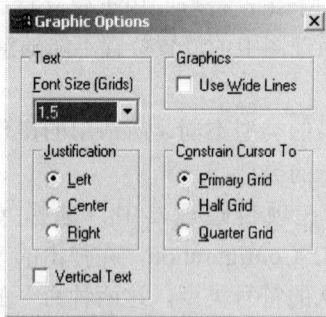

图 6.26　GraphicOptions 对话框

① 放置文字，命令是 Add\Text，此后在窗口左下角的提示行中输入文字，再移动鼠标至目标位置并单击左键即可。字符的大小、对齐方式、排列方向(水平/竖直)等，可以利用 Graphic Options 对话框来设定(参见图 6.26)。

② 画线，命令是 Add\Line，其后的操作与在原理图中画线时的操作相同。

③ 画矩形，命令是 Add\Rectangle，此后单击鼠标左键两次，便可画出一个矩形。该矩

形以两次单击的位置作为其对角的两个顶点。

④ 画圆，命令是 Add\Circle，此后单击左键定出圆心，再移动鼠标来调整圆的大小，待合适后再次单击即可。

⑤ 画弧，命令是 Add\Arc，此后单击左键两次，定出圆弧的两端，再移动鼠标来调整其弧度，待合适后再次单击即可。

⑥ "取反"圆圈的画法。在符号的引脚处常使用小圆圈来表示信号为低电平有效。选择 Add\Bubble 或 Add\Big Bubble 命令，而后单击所希望放置的位置，便可画出一个"取反"圆圈。

(3) 添加引脚。器件符号和块符号都必须利用引脚来将其内部电路与外部相连接。引脚是电气元素，因此只能绘制在基本栅格的交叉点处。具体的做法是：选择 Add\pin，而后单击需要添加引脚的地方。如果该处已有引脚，会显示错误信息；否则，便会显示一个代表引脚的小方块。

(4) 为引脚命名，具体步骤是：

① 选择 Edit\Attribute\Pin Attributes 来打开引脚属性对话框，如图 6.27 所示。

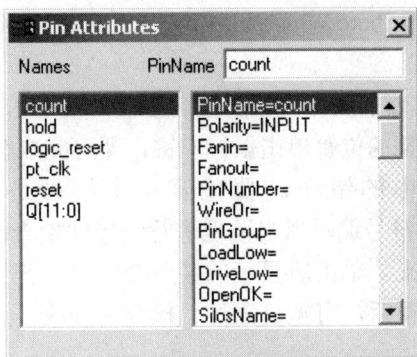

图 6.27　Pin Attributes(引脚属性)对话框

② 在符号编辑器中选择一个引脚，该对话框中的相应引脚便会被高亮显示。

③ 在该对话框的右边的属性列表中选择 PinName 一项，指明将修改引脚名属性。

④ 在 PinName 栏中输入引脚名并回车，该引脚名便会出现在对话框左边的 Names 列表中。

⑤ 输入复合的引脚名(具体格式详见 6.4.2 节)，便可将引脚定义为总线型引脚。但应注意：总线型引脚只允许出现在块、单元和元件符号中。

⑥ 可以重复上述②、③、④各步骤，为多个引脚命名。而后，单击鼠标右键或选择别的命令，便可结束命名过程。

⑦ 使用 Edit\Attribute\Pin Name Location 命令，可以控制引脚名是否显示以及它与引脚的相对位置。

(5) 添加或改变引脚属性值。引脚属性是和引脚有关的特性或属性，例如引脚名、引脚极性和引脚编号等。在项目管理器中选择 Options\Master Schematic Configuration 或者 Options\Schematic Configuration，在弹出的 Schematic Environment 对话框中单击 Pin Attributes 标签，可以指定各种引脚属性的默认值。利用符号编辑器则可以修改各项属性的取值，此前为引脚命名时便采用了这种方法。一般地，可以按照以下步骤添加或改变引脚的属性值：

① 在符号编辑器中选择 Edit\Attribute\Pin Attributes，打开 Pin Attributes 对话框(参见图 6.27)，已命名的符号引脚会显示在对话框的左边一栏。

② 从符号上选择目标引脚，或者从对话框的列表栏中选择引脚。

③ 从对话框右侧的列表栏中选择需要修改的属性。

④ 输入新的属性值并回车，该属性值便会被赋给此前被选中的引脚。

(6) 为器件符号添加属性窗口。符号属性是和符号相关联的特性或属性，例如 PartNum、InstName、Width 和 Type 等。与引脚属性类似，可利用 Schematic Environment 对话框来指定这些属性的默认值，并可在原理图编辑器或层次化导引器中利用 Attribute 等命令来修改其属性值。属性窗口是在符号或引脚上或其附近预先定义的一个区域，有关的属性值在该窗口中显示。在符号编辑器中，可按照以下步骤为器件符号添加属性窗口：

① 选择 Options\Graphic Options，打开 Graphic Options 对话框(参见图 6.26)。

② 根据需要，为属性窗口中的文字设定相应的设置(字符大小、对齐方式、排列方向)，然后关闭该对话框。

③ 选择 Edit\Attribute\Attribute Window，打开 Attribute Window 对话框，其中包含当前所有的具有窗口编号的属性。

④ 从列表中选择需要编辑的属性，该属性名便会"粘"在光标上。

⑤ 在符号上(或附近)预期的位置单击鼠标左键，即可完成符号属性窗口的放置。

(7) 检查和修改符号中的错误。要检查一个符号是否存在错误，可以选择 DRC\Consistency Check，令符号编辑器自动地进行一致性检查。在检查完毕时，会将错误报告写入一个文件并显示出来。单击所显示的某一个错误，符号中对应的出错部分便会被高亮度地显示出来。改正错误后，可重复上述"检查—修改"过程，直到不再出现错误报告为止。

(8) 保存符号。在符号编辑器中选择 File\Save，便会弹出一个对话框，提示你输入文件名，扩展名则自动取为 .sym。此时，还可以改变保存符号的目录，而后单击"保存(S)"按钮即可。选择 File\Save As，可以将正在编辑的符号用新的文件名保存。

6.4.5 使用库管理器

ispLEVER 软件所使用的符号库分为两种类型：文件夹型库，包含符号文件(.sym)的简单目录；二进制库，以 .lib 为扩展名的压缩文件，其中也可以包含许多不同的符号，而所占用的磁盘空间相对较小。对文件夹型库，可以使用 Windows 系统的文件管理器或浏览器进行管理；对二进制库，则只能使用库管理器来进行管理，包括浏览库包含的符号，向库中添加新的符号，对库中已有的符号进行删除、复制或改名操作等。

在项目管理器中选择 Window\Library Manager，便可启动库管理器。此后，可进行以下操作：

(1) 生成一个新的符号库。选择 File\New 来打开一个新的库管理窗口。而后选择 File\Save As，输入文件名后回车，将新建的"空"库保存。

(2) 设置库文件的搜索路径，步骤如下：

① 在项目管理器中选择 Options\Master Schematic Configuration 或者 Options\Schematic

Configuration，打开 Schematic Environment 对话框，单击 Symbol Paths 标签。

② 单击"Browse"按钮，找到待添加的库，其路径显示在 Path 栏中。

③ 单击"Add"按钮，将该路径添加到符号库搜索路径中。

④ 利用这种方法，可以将新建的库加入到搜索路径中，也可以使用对话框中的其他按钮，从路径列表中删除路径，或者改变各路径的排列顺序(即搜索的顺序)。

(3) 打开已有的符号库，以便进行浏览和添加、删除、修改等维护工作。由于打开符号库后会同时显示其符号列表和被选中的符号的图形，因此这对于了解和熟悉有关的器件符号及其功能特别有用(参见图 6.28)。共有三种方法可以选用：

① 选择 File\Open from Search Paths，可以打开包含在搜索路径内的符号库，包括二进制库和文件夹型库。

② 选择 File\Open，可以打开不包含在搜索路径内的二进制符号库。

③ 选择 File\Open Folder，可以打开不包含在搜索路径内的文件夹型符号库。

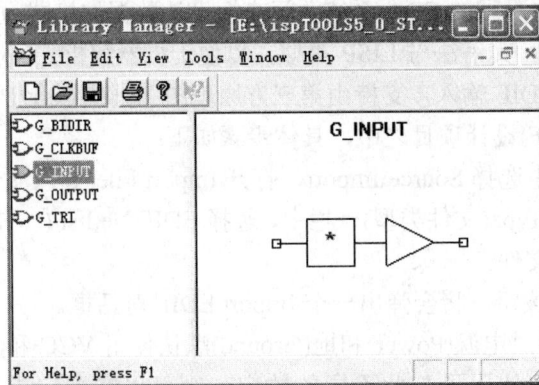

图 6.28　库管理器窗口

(4) 从二进制库中抽取符号文件，步骤如下：

① 打开包含待抽取符号的二进制库(.lib)，在其库管理窗口的符号列表栏中选择该符号。

② 选择 Edit\Extract Symbol(s)，打开 Extract Symbols 对话框。

③ 输入或者通过单击 Folder 按钮来浏览和选定路径，抽取出的符号文件将保存在该路径下。

④ 单击"OK"按钮，库管理器便会将该二进制库中所选的符号复制到指定的文件夹库。

(5) 向二进制库中添加符号，步骤如下：

① 打开想要将符号添加进去的那个库文件。

② 选择 Edit\Add Symbol(s)，弹出 Add Symbols to Library 对话框。

③ 找到含有有关符号文件的文件夹，并在其中选择希望添加的符号文件。在选择过程中按住 Shift 键或 Ctrl 键不放，便可以同时选择多个文件。

④ 单击"Open"按钮，库管理器便会将所选中的符号复制到当前库中。被复制的符号文件仍然存放在原处，必要时可以利用文件管理器等将其删除以节省磁盘空间。

(6) 将二进制库中的符号复制到文件夹库或另一个二进制库中，步骤如下：

① 打开需要复制的符号所在的库，并且从中选择该符号。

② 选择 Edit\Copy Symbol(s)，打开 Copy Symbol 对话框。

③ 输入文件夹型库或二进制库的路径，或者单击"Folder"按钮或"Libraries"按钮来浏览和选定该路径。

④ 单击"OK"按钮，库管理器便会将所选的符号复制到指定的库中。

(7) 从库中删除符号，步骤如下：

① 打开需要删除的符号所在的库，并且从中选择该符号。

② 选择 Edit\Delete Symbol(s)或者按"Delete"键，库管理器便会从当前的库中删除所选的符号。此外，选择 Edit\Rename Symbol 可为符号重新命名，选择 Edit\Properties 可查看符号的属性。

6.4.6 导入 EDIF 网表

EDIF 是一种用于在不同的 EDA 系统之间交换设计数据的格式，由 EDA 系统/工具中的计算机程序进行读、写。其语法与 LISP 类似，以便于机器解析。ispLEVER 软件对于所有的 Lattice 器件均支持 EDIF 输入，支持由第三方原理图工具或综合工具将 EDIF 200 格式的设计网表描述导入(EDIF)设计项目之中，具体步骤如下：

(1) 在项目管理器中选择 Source\Import，打开 Import File(导入文件)对话框。

(2) 在 List Files of Type(文件类型)一栏中，选择 EDIF Netlist (*.ed*)即 EDIF 网表，然后选择需要导入的 EDIF 文件。

(3) 单击"Open"按钮，将会弹出一个 Import EDIF 对话框。

(4) ispLEVER 软件对电源(Power)和地(Ground)默认使用 VCC 和 GND 符号。如果已知待导入的 EDIF 网表中使用了与此不同的约定，则可以在窗口中修改该项设置：选择 Custom(自定义)，再选择 Symbol(符号)或 Net(网络)表达方式，然后输入为电源和地所指定的新名称。

(5) 如果要按照 Lattice 推荐的方法，利用 ispLEVER 软件支持的第三方设计工具产生 EDIF 文件，则应选中 CAE Vendors 一项，并在厂商列表中选择相应的提供商。

(6) 单击"OK"按钮，便可将所选定的 EDIF 文件(.edf)加入到设计项目的源文件队列中。

6.5 HDL 设计描述与输入

ispLEVER 5.0 支持利用 ABEL-HDL、VHDL、Verilog HDL 等多种硬件描述语言(HDL)进行逻辑设计的描述、输入、验证和实现。与原理图相比，硬件描述语言的可移植性较强(与开发平台无关)，可扩展性较强(适用于中、大规模数字系统的开发)，但其结构体系相对复杂，故掌握起来难度较大。本节将结合实例，简要介绍 ABEL-HDL 的设计方法、(用于设计验证的)ABEL-HDL 测试向量(ABEL Test Vectors)、VHDL 测试基准(VHDL Test Bench)和 Verilog 测试基准(Verilog Test Fixture)的编制方法、HDL 描述文件的输入方法以及 HDL 与原理图的混合描述与输入方法。由于篇幅所限，本书将不对 Verilog HDL 进行具体介绍；对 VHDL 的结构体系和设计方法，将在第 7 章中结合实例进行较详细的介绍。

6.5.1 ABEL-HDL 设计基础

ABEL-HDL 是 ispLEVER 软件重点支持的一种硬件描述语言(VHDL 和 Verilog HDL 则均由 OEM 组件支持),具有逻辑表达式、状态图和真值表等多种描述方式且支持层次化设计,可用于编制普遍适用的测试向量文件。但它并非标准化的硬件描述语言,而且仅适用于 Lattice CPLD 系列的设计。以下将简要介绍其结构和语法要点,并结合实例说明其基本设计方法。读者可以利用在线帮助系统(ispLEVER Project Navigator\Help\Process Flow Help: ABEL-HDL Design Entry),了解更多的 ABEL-HDL 语言知识、设计方法和实例。

1. ABEL-HDL 描述的基本结构

在 ABEL-HDL 语言中,将具有完整结构的一段程序称为模块,它可以是对整个电路或部分电路的逻辑描述。ABEL-HDL 源文件可以由一个或多个模块组成,各个模块相互独立且并行工作(因为它们各自对应于不同的子电路),每个模块内部的各条语句之间同样是并行而非顺序操作——这是硬件描述语言的共同特点及其与常规的程序设计语言的最大差别,请读者务必注意。

1) 模块基本结构

ABEL-HDL 语言规定,每个模块可包括以下五个部分:

(1) 首部。每个模块必须包含唯一的首部。首部可包含以下基本单元:

① 模块说明,属必备项,标志一个模块的开始。格式为:

    Module 模块名

② 模块标题,属可选项,用来为模块加上标题或简单描述。格式为:

    Title '字符串'

(2) 声明部分。每个模块至少要有一个声明部分,并且有关声明和定义仅在该模块中有效。声明部分包括:

① 器件说明,说明该模块所使用的器件。每个模块中至多只能做一次器件说明。格式为:

    器件标号 device'实际器件型号'

② 常量说明,定义符号常量,其一般格式为:

    标识符 = 常数或常量

③ 信号说明,包括引脚(Pin)和节点(Node)说明,可使用 ISTYPE 语句规定信号的属性。此外还有关键字说明、接口和功能块说明、宏说明、库说明等。

(3) 逻辑描述部分。这是模块的主体部分。可使用方程式、真值表、状态图、熔丝、XOR 因子等多种描述手段,并可使用"."扩展名(如"属性")更精确地描述电路行为,以便用不同的器件实现。

(4) 测试矢量部分,属可选项(即可由外部的测试向量/基准文件来代替),由测试矢量(一组输入激励—期望输出对)、可选的跟踪(Trace)语句和测试脚本等组成。稍后将详细介绍其具体格式。

(5) 结束语句,属必备项,标志一个模块的结束。格式为:

    END

2) 说明

需要指出和强调的是：

(1) 一个模块必须包含唯一的首部。

(2) 源文件的其他部分可按任意顺序重复，但声明部分必须紧跟着标题行或 DECLARATIONS 关键字。

(3) 对符号的声明必须放在引用该符号之前。

(4) 注释以双引号""或双斜杠"//"开始，可以放在任何需要的地方。

3) 举例

例 6-1 是一个较为典型的模块实例，为便于读者理解还加上了较详细的注释，可供参考。

[例 6-1] 模块结构实例。

```
//首部
Module detail1
Title 'One-bit Synchronous Circuit with Inverted Qout'

//说明部分
    d1 device 'P16R8';
"Input
    Clk pin 1;
    Toggle pin 2;
    Ena pin 11;
"Output
    Qout pin 19 istype 'reg_D';

//逻辑描述部分
Equations
    !Qout.D = Qout.Q & Toggle;
    Qout.CLK = Clk;
    Qout.OE = !Ena;

//测试矢量部分
Test_vectors([Clk, Ena, Toggle] -> [Qout])
    [.c., 0 , 0 ] -> 0;
    [.c., 0 , 1 ] -> 1;
    [.c., 0 , 1 ] -> 0;
    [.c., 0 , 1 ] -> 1;
    [.c., 0 , 1 ] -> 0;
    [.c., 1 , 1 ] -> .Z.;
    [ 0 , 0 , 1 ] -> 1;
    [.c., 1 , 1 ] -> .Z.;
```

[0 , 0 , 1] -> 0;

//结束语句

END

2. ABEL- HDL 的语法要点

(1) 一般性规定：

① 除模块首部和结束语句(END)外，每个完整的语句行都应以分号(;)结尾。

② 允许使用的 ASCII 字符包括所有的大小写字母、数字和大多数普通键字符。

③ 关键字对大、小写不敏感，可以是大写字母、小写字母或大小写字母混合。

④ 关键字、标识符和数之间必须用一个以上的分割符(即空格、逗号、运算符或括号)隔开。

(2) 标识符用于标识器件、引脚及节点、功能块等对象的名称，其命名规则要点可概括为：

① 最长 31 个字符。

② 必须以字母或下划线开头，其后可以是字母、数字、波浪号(~)和下划线。

③ 不允许在标识符中使用空格。

④ 标识符对大小写敏感。

(3) 常量包括常数和非数值的常量。ABEL-HDL 中已预定义了几种专用的非数值常量，其一般为两边各带一个句号(.)的字母，常用的有：.C. ——时钟正脉冲，.D. ——时钟下降沿，.K. ——时钟负脉冲输入，.U. ——时钟上升沿，.X. ——任意状态，.Z. ——三态值，引用时必须保留两边的点。为了方便，常定义新的常量来替代它们。例如，语句"C = .C.;"即定义了常量 C 来代表时钟正脉冲。

(4) 块是包含在花括号{ }中的一段文本，可用于方程式、状态图、宏和命令中，也可以嵌套使用。

(5) 注释是仅起解释作用的文字。可以用下列两种方法插入注释，但不能将其插入到关键字中间：

① 用双引号(")开始并用另一个双引号(")或行结束来结束注释；

② 用双斜杠(//)开始并以行结束来结束注释。

(6) ABEL-HDL 中的所有数字精确到二进制的第 128 位。 允许使用四种不同的数制并用不同的前缀来加以区分，分别是：二进制(前缀为^b)、八进制(前缀为^o)、十进制(前缀为^d)、十六进制(前缀为^h)。如果一个数不带有前缀，则系统默认为十进制。此外，还允许用一个或多个字母组成的字符串来表示数，由各位字母的 ASCII 码"拼接"出对应的数字。

(7) 字符串是用一对单引号括起来的多个 ASCII 字符(包括空格)。字符串可使用在TITLE、MODULE 和 OPTIONS 描述中，以及引脚、节点和属性声明中。

(8) 点扩展名用于描述与主信号或电路元件(如寄存器)有关的各种附属信号，可分为以下两类：

① 通用的(又称为引脚到引脚的)点扩展名，常用的有：.ACLR——异步寄存器复位；.ASET——异步寄存器置位；.CLK——边沿型寄存器的时钟；.CLR——同步寄存器复位；.COM——组合型反馈；.FB——寄存器反馈；.OE——输出使能；.PIN——引脚反馈；

.SET——同步寄存器置位。

② 专用于特定的器件结构或配置的点扩展名，常用的有：.AR——异步寄存器复位；.AP——异步寄存器置位；.CE——门控型寄存器的时钟使能；.D——D 寄存器数据输入或对应的内部反馈(用于方程式右边时)；.LE——寄存器锁存使能；.PR——寄存器置位(同步或异步)；.Q——寄存器反馈；.SP——同步寄存器置位；.SR——同步寄存器复位。

(9) ABEL-HDL 共有四类运算符：

① 逻辑运算符：!(非)、&(与)、#(或)、$(异或)和!$(同或)，均在表达式中使用。

② 算术运算符：–(对 2 取补)、–(减)、+(加)、*(乘)、/(无符号数整除)、%(取模)、<<(逻辑左移，算符左侧为移位对象，算符右侧为移位次数)、>>(逻辑右移，用法同左移)。

③ 关系运算符用于比较两个量，其结果为"真"(用–1 代表)或"假"(用 0 代表)，包括==(等于)、!=(不等于)、<(小于)、>(大于)、<=(小于等于)、>=(大于等于)。

④ 赋值运算符把表达式的值分配给输出信号。它仅用于方程式中，而不能用于表达式中。共有四种赋值运算符，分别是：=(组合型或立即赋值)、:=(隐藏的寄存器型赋值)、?=(组合型或详细赋值)、?:=(隐藏的寄存器型赋值)。其中，组合型或立即赋值无延时地执行，而寄存器型赋值则必须在有关的时钟信号的下一个脉冲到来时才进行赋值。

(10) 表达式是标识符和运算符的组合，根据所包含的具体运算符来进行计算并产生一个结果。任何逻辑、算术或关系运算符都可以使用在表达式中。

(11) 方程式将表达式的值赋给逻辑描述中的一个信号或信号集。它使用赋值运算符=、?=(组合的)、:=、?:=(寄存器的)进行赋值。可以将运算符!(非)放在待赋值的信号名的前面，表示将方程式右边的表达式值取非后再赋该信号，从而简化逻辑设计和实现负逻辑。

(12) 集合是信号和常数的汇集，对应于硬件电路中的总线(BUS)，用于简化逻辑描述。

① 其表示形式为包含在方括号[ ]中的一组相互之间用逗号或范围运算符(..)隔开的常数和信号。

② 集合中的每一个元素都依其在集合中的排列次序而具有唯一的编号(称为集合索引号)。排在最左边的元素的索引号为 0，其余依次递增。可利用"集合名[索引号]"的形式来引用对应的元素。

③ 适用于集合的运算主要有关系运算、逻辑运算、+、–(减和取补)、赋值运算(=和:=)。参加运算的两个集合必须具有相同的元素个数。针对集合的运算作用于集合中的每一个元素。

3. 常用的 ABEL-HDL 语句

(1) CASE(状态转移)语句，常用于指明有限状态机的状态转移。执行时，将检查各条件表达式的取值，转移至取值为"真"的表达式对应的状态。其一般格式为：

　　　CASE　　<条件表达式 1>：状态标识 1；

　　　　　　　　　　⋮

　　　　　　<条件表达式 N>：状态标识 n；

　　ENDCASE；

(2) GOTO(无条件状态转移)语句。格式为：

　　GOTO <表达式>

执行时，将转移至表达式指明的状态。

(3) IF-THEN-ELSE(状态转移)语句。其一般格式为：

　　IF　　<表达式>　　　THEN　　　状态标识 1
　　　　　　　　　　　　　ELSE　　　状态标识 2；

其中的 ELSE 分支是可选的。执行时，若表达式为“真”，则转移至状态标识 1 代表的状态，否则转移至状态标识 2 代表的状态。若要表达更复杂的条件，则可将多个 IF-THEN-ELSE 语句嵌套或链接。

(4) Istype(属性说明)语句，用来定义信号(引脚和节点)的属性，对器件的结构特性进行补充和说明。其一般格式为：

　　信号名[，信号名…]　　[Pin/Node]　　[##S]　　Istype　　'属性[，属性…]'；

其中，[Pin/Node]表示可选用关键字 Pin 或 Node 或都不选，[##S]表示各信号(引脚)的编号。关键字 Istype 之前的部分与 Pin 语句或 Node 语句的格式非常相似。如果选用了该部分，则同时说明了信号和附加给它们的属性，实际设计时常用这种形式。常用的属性参见表 6.6。

表 6.6　常　用　属　性

属性名	含　义
com	组合型输出
dc	未规定的逻辑值可任意处理
neg	未规定的逻辑值默认为 0
pos	未规定的逻辑值默认为 1
reg	受时钟控制的存储元件(寄存器)
reg_d	D 型寄存器
XOR	将所说明的信号用异或门实现

(5) Node(节点说明)语句。节点是电路的内部信号。该语句的格式为([ ]内为可选项，下同)：

　　[!]节点标识　[,[!]节点标识…]　　　Node [节点号[,节点号…]] [Istype '属性串']；

(6) Pin(引脚说明语句)。其格式与节点说明语句相似，即为：

　　[!]节点标识　[,[!]节点标识…]　　　Pin [节点号[,节点号…]] [Istype '属性串']；

(7) WHEN-THEN-ELSE(方程式描述)语句，多用于描述逻辑函数。其一般格式为：

　　[WHEN <条件表达式> THEN]　[!]元素　<赋值运算符>　表达式；
　　[ELSE <方程式>]；

或

　　[WHEN <条件表达式> THEN]　<方程式>；
　　[ELSE <方程式>]；

其中，元素可以是信号、信号集或实际集合的标识符；元素前面的“!”在此处表示先将表达式取值取补后再赋值给该元素，以便简化逻辑或实现负逻辑；=、:=、?= 和 ?:= 是可以使用的四种赋值运算符。显然，该语句既可以实现有条件的赋值，也可以实现无条件赋值。

(8) WITH(状态输出)语句。需要与 IF-THEN-ELSE、CASE 等语句配合使用，指明状态转移时相应的输出。其一般格式为：

　　　WITH<输出方程式>

4. 常用的逻辑描述方法与实例

(1) 方程式描述方式。使用该方式描述逻辑前，需要手工分析电路的输入—输出关系并写出对应的逻辑表达式，而后将其转化为合乎 ABEL-HDL 语法的方程式，在保留字 Equations 之后分行列出，参见例 6-1。

(2) 真值表描述方式。ABEL-HDL 中的真值表与数字电路设计中常用的真值表在形式上非常相像，是一种非常容易和直接的描述方法，很适合在组合逻辑中使用。对组合逻辑，真值表描述的一般形式为：

　　　Truth_Table(输入信号列表 ->　输出信号列表)
　　　　　　　　输入组合 1 ->　输出取值列表 1;
　　　　　　　　　　　　　⋮
　　　　　　　　输入组合 n ->　输出取值列表 n;

其中，当仅有一个输入时，输入信号列表即为该信号名；当有多个信号时，输入信号列表的形式为：[信号 1，信号 2，…，信号 n]。输入组合、输出信号列表、输出取值列表等同样如此。所有的输出取值必须为常量。

[例 6-2]　用真值表方式描述的译码器：当输入[A，B，C]=[0,1,0]和[1,1,1]时，输出 out 为 1；否则输出为 0。其中，依据(ispLEVER 之)ABEL-HDL 的规定，只列出了八种输入组合中的四种，省略了其余四种输出为 0 的组合。

```
MODULE    DEMO1
TITLE 'Module 1'
" Inputs
A, B, C pin;
"Output
Out pin istype 'com';          //定义 Out 为组合型输出
Truth_Table([A, B, C] -> Out )
          [0, 1, 0] -> 1;
          [1, 1, 1] -> 1;
          [0, 0, 1] -> 0;
          [1, 0, 0] -> 0;
END
// Resulting Reduced Equation :
// Out = (!A & B & !C) # (A & B & C);
```

对时序逻辑，真值表描述的一般形式为

　　　Truth_Table(输入信号列表　:> 寄存器型信号列表　　　->　输出信号列表)
　　　　　　　　输入组合 1　　:> 寄存器型输出列表 1　　:>　输出取值列表 1;
　　　　　　　　　　　　⋮
　　　　　　　　输入组合 n　　:> 寄存器型输出列表 n　　->　输出取值列表 n;

其中，各信号列表的形式及输出取值的规定与组合逻辑相同。如果电路的输出直接取自寄存器而没有组合输出信号，则上述形式中的"->"后的部分可以省略。下面是对一个四状态有限状态机的真值表描述(使用信号 a 和 b 的集合代表现态，使用寄存器型输出 c 和 d 来代表次态，e 为组合型输出)：

```
Truth_Table([a, b]    :>    [c,d]    ->    e)
            0    :>    1     ->    1;
            1    :>    2     ->    0;
            2    :>    3     ->    1;
            3    :>    0     ->    1;
```

(3) 状态图描述方式。ABEL-HDL 提供了状态图语句(state_diagram)，可用于描述状态机等复杂的时序电路。状态图语句的一般格式为：

```
state_diagram 状态寄存器
    [->输出]
[state]    状态标号 1:    [方程式；]
                              ⋮
                         [方程式；]
        [转移语句；]
            ⋮
[state]    状态标号 n:    [方程式；]
                              ⋮
                         [方程式；]
        [转移语句；]
```

其中，"状态寄存器"为规定状态机现态的信号或信号集合，各状态标号均应是合法的标识符。常采用 IF-THEN-ELSE、CASE、WITH、GOTO 等语句来规定状态机的运行和转移。请看下面的例子。

[例 6-3]   使用状态图语句描述的简单状态机。

```
MODULE    state_ma
TITLE ' state machine example '
    clock, hold, reset pin;
    p1, p0 pin istype 'reg, buffer';     //p0、p1 为寄存器型输出
    y pin istype 'com';
equations
    [p1, p0].clk = clock;
    [p1, p0].ar = reset;
    "状态声明
    state_ma = [p1, p0];                 //定义状态寄存器
    s0 = [0,0];
    s1 = [0,1];
    s2 = [1,0];
```

```
         s3 = [1,1];
state_diagram    state_ma
    s0:   y=0;
          goto   s1;
    s1:   y=1;
          goto   s2;
    s2:   y=1;
          goto   s3;
    s3:   y=0;
          goto   s0;
//以下为测试向量(略)
END
```

(4) 层次化描述方式。ABEL-HDL 语言支持层次化设计，具体的实现方法可概括为(参见例 6-4 和例 6-5)：

① 在需要调用其他模块的 ABEL-HDL 源文件中，必须使用关键词 interface 和 functional_block 来指定所要引用的低层模块及其接口。

② 低层模块可以是 ABEL-HDL 或原理图模块。

③ 高层模块中所说明的引用对象的名字，必须与低层模块的模块名相同。

④ 高层模块中所说明的接口信号，必须与低层模块的引脚信号在顺序和类型上相一致。

[例 6-4] 顶层 ABEL-HDL 模块，调用了低一级的模块 Add。

```
MODULE top
"inputs
AIN,BIN,CARRYIN pin;
"outputs
CARRYOUT,SUMOUT pin;
Add INTERFACE(A,B,CI -> SUM,CO);
my_Add functional_block Add;
EQUATIONS
my_Add.A = AIN;
my_Add.B = BIN;
my_Add.CI = CARRYIN;
SUMOUT = my_Add.SUM;
CARRYOUT = my_Add.CO;
END
```

[例 6-5] Add 模块可被其他模块引用。

```
MODULE Add
"inputs
A,B,CI pin;
"outputs
```

CO,SUM pin;

EQUATIONS

SUM = A&B&CI + !A&!B&CI + !A&B&!CI + A&!B&!CI;

CO = A&B + A&CI + B&CI;

END

6.5.2　HDL 测试向量的编制方法

简单地说，测试向量就是用于(通过电路仿真)检验所设计的电路/模块是否具备预期的功能/行为的信号集合，一般以预期的输入—输出信号组合的形式给出。在具体实现时，既可以在 HDL 模块内部定义测试向量，也可以编制独立的测试向量(测试基准)文件。ispLEVER 5.0 具有 ABEL Test Vectors(ABEL 测试向量，文件名为*.abv)、VHDL Test Bench(VHDL 测试基准，文件名为*.vhd)、Verilog Test Fixture(Verilog 测试基准，文件名为*.v 或*.tf)等多种基于 HDL 的测试向量描述方式，并且支持使用者利用波形编辑器(Waveform Editor)以作图方式生成具有同样功效的图形化测试激励文件(*.wdl)。但是，这些测试向量文件适用的设计描述/输入方式、仿真工具以及可编程逻辑器件系列并不相同(详见表 6.7)，在设计中必须注意区别使用。

表 6.7　测试向量文件的适用对象

适用对象 ＼ 仿真工具	Lattice Logic Simulator		ModelSim	
	*.wdl	*.abv	*.v、*.tf	*.vhd
ABEL 描述/输入	√	√	√	
原理图描述/输入	√	√	√	
EDIF 输入	√	√	√	√
Verilog 描述/输入	√	√	√	
VHDL 描述/输入	√	√		√
适用的器件系列	CPLD、GDX		全系列：CPLD、GDX、FPGA、ispXPGA/ispXPGA-E、ispXPLD	

ABEL 测试向量文件(*.abv)的结构和格式均与 ABEL-HDL 模块基本相同，但无需包含逻辑描述部分。其核心是格式如下的测试向量(TEST_VECTORS)语句(其中所有的信号取值都必须为常量或符号化常量)：

TEST_VECTORS(输入信号列表　　　-> 　输出信号列表)

　　　　　　　输入组合列表 1　->　输出取值列表 1;

　　　　　　　　　　　　　⋮

　　　　　　　输入组合列表 n　->　输出取值列表 n;

显然，测试向量语句与常用的真值表或状态转移表在格式上非常相似，输入信号列表、输出信号列表、输入组合列表、输出取值列表等的含义与形式变化也都与真值表中的对应部分相似，而且也不要求列出所有的输入—输出组合；但对于未列出的那部分输入—输出组合将不进行验证，因而可能无法保证设计验证的完备性。对于组合逻辑，可按任意顺序来列举输入—输出组合；对于时序逻辑，则应当按照状态转移(即状态转移表的格式)的顺序来排列，而且必须包含所有有效的状态转移。在例 6-1 中已经示范了测试向量语句的用法(删去其中的逻辑描述部分，即得到对应的 ABEL 测试向量文件)，下面再给出两个典型实例供参考。

[例 6-6]　利用@Repeat 命令来简化测试向量的描述。该命令的一般格式是：

　　　@repeat <Num>　　{<Object>}

其作用是将<Object>重复填写<Num>次。与之作用类似的@命令还有@Irp 和@Irpc，详见有关的帮助信息。

```
module top

bit0..bit11                pin;
clka,count,hold,ext_reset   pin;
logic_enable,regclk        pin;
sel0..sel3                 pin;
pattern = [bit11,bit10,bit9,bit8,bit7,bit6,bit5,bit4,bit3,bit2,bit1,bit0];
select= [sel3,sel2,sel1,sel0];
c,x,k,z=.c.,.x.,.k.,.z.;


test_vectors
    ([clka,regclk,count,hold,ext_reset,logic_enable,select] -> [pattern])
    [0,0,1,0,1,0,3]   ->   [z];
    [0,c,1,0,0,0,3]   ->   [x];
    @repeat 100 {[c,0,1,0,0,1,3] ->   [x];}
    @repeat 3 {[c,0,1,1,0,1,3]   ->   [x];}
    @repeat 3 {[c,0,1,1,1,1,3]   ->   [x];}
    @repeat 3 {[c,0,1,0,0,1,3]   ->   [x];}
    @repeat 3 {[c,c,1,0,0,1,2]   ->   [x];}
end
```

[例 6-7]　利用 cycle 语句定义时钟的周期和占空比，利用 wait 语句规定各个输入组合的持续时间。

```
module prep_5

CLK, RST, MAC pin;

A_3_,A_2_,A_1_,A_0_ pin;
B_3_,B_2_,B_1_,B_0_ pin;

Q_7_,Q_6_,Q_5_,Q_4_,Q_3_,Q_2_,Q_1_,Q_0_ pin;
```

```
"set definition
 A = [A_3_,A_2_,A_1_,A_0_];
 B = [B_3_,B_2_,B_1_,B_0_];
 Q = [Q_7_,Q_6_,Q_5_,Q_4_,Q_3_,Q_2_,Q_1_,Q_0_];

Test_Vectors([RST,MAC,A,B] -> Q)
cycle CLK (0, 500)(1,500);          //规定时钟的低电平和高电平持续时间均为 500 ns
         [1,0,4,3] -> 0;
wait 1000; [1,0,4,3] -> 0;      //延迟 1000 ns，等效于规定前一个输入组合的持续时间为 1000 ns
wait 1000; [0,0,4,3] -> 0;
wait 1000; [0,0,10,3] -> 12;
wait 1000; [0,1,6,2] -> 30;
wait 1000; [0,1,11,5] -> 42;
wait 1000; [1,1,10,3] -> 0;
wait 1000;
         end
```

　　与 ABEL 测试向量相类似，VHDL 测试基准和 Verilog 测试基准同样需要按照相应的 (VHDL、Verilog HDL)语法规范来编制，并且可以放在有关(顶层)HDL 设计文件的内部或者编制独立的测试基准文件。由于 Verilog 和 VHDL 的体系结构均较为复杂，受篇幅所限，本节将不对 VHDL 测试基准和 Verilog 测试基准的结构、语法等进行说明，仅给出下面两个典型实例供读者参考。在 C:\ispTOOLS5_0\example 等目录下还有许多 ispLEVER 提供的典型设计实例(大多包含测试向量/基准)，建议读者在学习和设计过程中多多阅读、参考甚至模仿这些例子，以便更深入地理解和掌握有关的知识、方法和技巧。

　　[例 6-8]　Verilog 测试基准实例。

```
// Verilog Stimulus Data from the Waveform Editing Tool
// File: timingsim.tf - 12/12/2000 11:58:19 AM

'timescale 1 ns / 1 ns

// Define Module for Test Fixture

module verilog_hierarchical_design_tb;

'include "verilog_hierarchical_design.tfi"

// Code for all top level Inputs and BiDirs

   initial begin     // 'a'
      a[7:0] = 8 'h 01; #29500;
      a[7:0] = 8 'h 02; #28000;
```

```
            a[7:0] = 8 'h 03; #20500;
            a[7:0] = 8 'h 04; #25000;
            a[7:0] = 8 'h 05; #20500;
            a[7:0] = 8 'h 06; #24500;
            a[7:0] = 8 'h 07; #21000;
            a[7:0] = 8 'h 08; #21000;
            a[7:0] = 8 'h 09; #33000;
            a[7:0] = 8 'h 0a; #15000;
            a[7:0] = 8 'h 0b; #14500;
            a[7:0] = 8 'h 0c; #23500;
        end   // a

    initial begin     // 'b'
            b[7:0] = 8 'h 0a; #17500;
            b[7:0] = 8 'h 0b; #20000;
            b[7:0] = 8 'h 0c; #20500;
            b[7:0] = 8 'h 0d; #18000;
            b[7:0] = 8 'h 0e; #26500;
            b[7:0] = 8 'h 0f; #33000;
            b[7:0] = 8 'h 10; #30000;
            b[7:0] = 8 'h 11; #22000;
            b[7:0] = 8 'h 12; #24500;
            b[7:0] = 8 'h 13; #32500;
            b[7:0] = 8 'h 14; #28500;
        end   // b

    initial begin     // 'sel'
            sel = 1; #125000;
            sel = 0; #132500;
        end   // sel

    initial begin     // 'r_l'
            r_l = 1; #55000;
            r_l = 0; #65500;
            r_l = 1; #65500;
            r_l = 0; #71500;
        end   // r_l

    initial begin     // 'clk'
```

```
            repeat ( 64 )
            begin    // Patt_7
              clk = 0; #2000;
              clk = 1; #2000;
            end
        end    // clk

        initial begin      // 'rst'
          rst = 1; #8500;
          rst = 0; #251000;
          rst = 1; #9000;
        end    // rst


    end module // t
```

[例 6-9]   数字比较器设计项目的 VHDL 测试基准。

```
        library ieee;
        use ieee.std_logic_1164.all;

        entity TB_TOP is
        end TB_TOP;

        -- purpose: STIMULUS for testing comparitor
        architecture TB of TB_TOP is

            component TOP_SCHEMATIC
            port (CLK : in std_logic;
                    RST : in std_logic;
                    SEL : in std_logic;
                    DAT : in std_logic_vector (3 downto 0);
                    COMPDAT : in std_logic_vector (3 downto 0);
                    GT_O : out std_logic;
                    LT_O : out std_logic;
                    EQ_O : out std_logic);
            end component;

        signal CLK : std_logic := '0';                -- Primary Clock
        signal RST : std_logic := '0';                -- RESET
```

```vhdl
signal SEL : std_logic := '1';                    -- Select to load compare register
signal DAT : std_logic_vector (3 downto 0) := "0000";
signal COMPDAT : std_logic_vector (3 downto 0 ) := "0000";

signal GT_O : std_logic;                          -- Asserted when COMPDAT >
signal LT_O : std_logic;                          -- Asserted when COMPDAT <
signal EQ_O : std_logic;                          -- Asserted when COMPDAT =

constant CLK_PERIOD : time := 20 ns;

begin    -- TB
--------------------
-- Clock generator
--------------------
CLK <= not CLK after (CLK_PERIOD/2);


-------------------------------------------
-- Instantiate Unit Under Test
-------------------------------------------
UUT : TOP_SCHEMATIC   port map (
      CLK => CLK,
      RST  => RST,
      SEL  => SEL,
      DAT => DAT,
      COMPDAT => COMPDAT,
      GT_O => GT_O,
      LT_O  => LT_O,
      EQ_O  => EQ_O);


STIMULUS : process

begin    -- process STIMULUS
      wait for (5 * CLK_PERIOD);
      ------------------------------
      -- Remove Reset condition
      ------------------------------
      RST <= '1';
      wait for (5 * CLK_PERIOD);
```

```
---------------------------------------
-- Expect tGT = 0; tLT = 0; tEQ = 1;
---------------------------------------
wait for (CLK_PERIOD);
---------------------------------------
-- Load compare register with new data
---------------------------------------
wait for (CLK_PERIOD);
SEL <= '0';
DAT <= "1010";
wait for (CLK_PERIOD);
---------------------------------------
-- Expect tGT = 1; tLT = 0; tEQ = 0;
---------------------------------------
SEL <= '1';
COMPDAT <= "1010";
wait for (CLK_PERIOD);
---------------------------------------
-- Expect tGT = 0; tLT = 0; tEQ = 1;
---------------------------------------
COMPDAT <= "1011";
wait for (CLK_PERIOD);
---------------------------------------
-- Expect tGT = 0; tLT = 1; tEQ = 1;
---------------------------------------
wait for (5 * CLK_PERIOD);


    end process STIMULUS;
  end TB;
```

为了提高设计效率,在编制上述任何一种测试向量(基准)文件的过程中,都可以利用项目管理器的"模板生成"功能,很方便地自动生成与 HDL 描述文件相配套的测试向量(基准)模板。具体操作步骤如下:

(1) 在项目管理器中打开一项 IIDL 设计。

(2) 在源窗口中选择一个(顶层)HDL 设计文件,在处理窗口中便会出现多个"模板生成"处理项目(参见图 6.29),其标题分别是 ABEL Test Vector Template、VHDL Test Bench Template、Verilog Test Fixture Template。具体会出现哪些模板生成项目,取决于所选用的描述/输入方式和器件系列。

(3) 双击处理窗口中的 ABEL Test Vector Template 处理项目,即可自动生成一个与该

HDL 设计文件相配套的 ABEL 测试向量模板。该文件的基本名与该 HDL 设计文件相同，而扩展名为".abt"而非".abl"。同时，在项目管理器的输出窗口中也会显示有关的内容(参见图 6.29)。

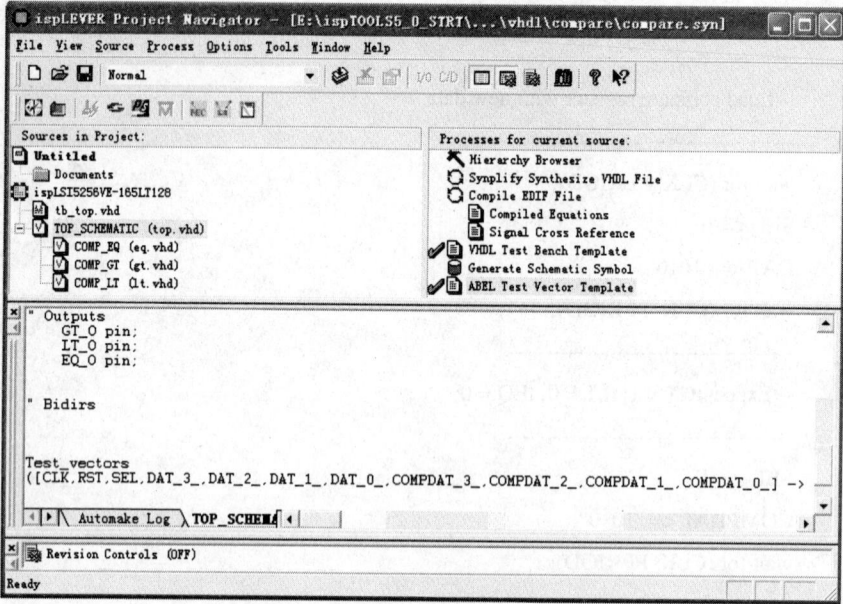

图 6.29 自动生成测试向量(基准)的模板

(4) 双击处理窗口中的 VHDL Test Bench Template 处理项目，即可自动生成一个与该 HDL 设计文件相配套的 VHDL 测试基准模板。该文件的基本名与该 HDL 设计文件相同，而扩展名为".vht"而非".vhd"。同时，在输出窗口中也会显示该模板文件的内容。

(5) 双击处理窗口中的 Verilog Test Fixture Template 处理项目，即可自动生成一个与该 HDL 设计文件相配套的 Verilog 测试基准模板。该文件的基本名与该 HDL 设计文件相同，而扩展名为".tfi"(而非".v")或".tft"(而非".tf")。同时，在输出窗口中也会显示该模板文件的内容。

(6) 所生成的模板文件存放在当前设计项目的路径下，其中包含了与 HDL 设计文件相对应的定义、说明、引用等基本成分，对测试向量(基准)的具体描述则需要设计者手工添加进去。可以先利用 Windows 系统的文件管理功能将该文件的扩展名修改成相应的默认扩展名，再在 ispLEVER 项目管理器中选择 Source\Import 命令将其导入设计之中，而后(双击)将其打开并加入对测试向量(基准)的具体描述；也可以先利用文本编辑器打开该文件(或复制输出窗口中显示的有关内容)，加入测试向量(基准)描述后保存，并将其导入设计之中。

在上述步骤(2)中，一般应选择顶层的 HDL 设计文件以获得针对整个设计项目的测试向量(基准)文件模板，对应的测试向量(基准)文件将同时适用于功能仿真和时序仿真(详见 6.6节)；如果选择较低层次的 HDL 设计文件，则所生成的测试向量(基准)文件仅适用于功能仿真。上述模板生成方式的最大优点是不要求测试向量(基准)文件与 HDL 设计文件采用相同的硬件描述语言。否则，直接删除 HDL 设计文件中的逻辑描述部分同样可以得到与之配套的测试向量(基准)模板，而且可能更为方便、快捷。

需要强调的是，ABEL 测试向量可与 ispLEVER 所支持的各种设计描述方式配合，但仅适用于 CPLD 系列和 GDX 系列器件；VHDL 测试基准仅能与 EDIF 和纯粹的 VHDL(不包括 Schematic/VHDL)描述/输入方式配合，但适用于全系列的 Lattice 可编程逻辑器件；Verilog 测试基准可与除 VHDL 之外的所有设计描述方式配合，并且适用于全系列的 Lattice 可编程逻辑器件(参见表 6.7)。在设计中必须注意区别使用。

6.5.3 HDL 设计文件输入方法

ABEL-HDL 设计文件及测试向量文件、VHDL 设计文件及测试基准文件、Verilog HDL 设计文件及测试基准文件等均属于文本文件。利用 ispLEVER 软件自带的文本编辑器(Text Editor)，可以非常方便地建立和编辑该类设计文件，并在此过程中利用 ispLEVER 软件提供的设计模板和帮助信息等提高设计效率。另外，也可以先利用 Windows 系统提供的文本编辑器(如记事本 Notepad)建立和编辑该类设计文件，再在更换默认的扩展名之后，利用 Source\Import 等命令将其导入到设计之中。以下简要地加以说明。

1. 创建新的 HDL 设计文件

(1) 在项目管理器中选择 Source\New，打开 New Source 对话框(参见图 6.10)，从中选择相应的设计文件类型：ABEL Test Vectors(ABEL 测试向量文件)、ABEL-HDL Module(ABEL-HDL 设计文件)、Verilog Module(VerilogHDL 设计文件)、Verilog Test Fixture(Verilog 测试基准文件)、VHDL Module(VHDL 设计文件)、VHDL Test Bench(VHDL 测试基准文件)或者 User Document(用户文档)。

(2) 在选择并单击"OK"按钮后，会弹出新的对话框。

① 如果此前选择了 VHDL Module，会首先弹出对话框要求输入文件名(File Name)、实体名(Entity)、结构名(Architecture)；如果此前选择了 Verilog Test Fixture 或 Verilog Test Fixture，会首先弹出对话框要求说明该测试基准与当前设计中的哪一个 HDL 模块(或器件)相关联。

② 随后会弹出对话框(选择 VHDL Module 时除外)，要求输入文件名、模块名(对于测试向量/基准，则是扩展名)等信息，而后会利用前面输入的信息建立基本的设计文件框架，打开文本编辑器并进入编辑状态(参见图 6.30)。

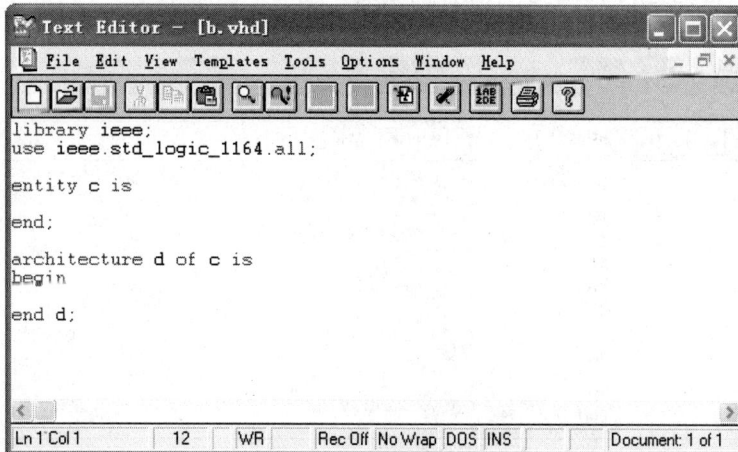

图 6.30 文本编辑器界面

(3) 利用文本编辑器的各项编辑功能特别是设计模板(Templates)和帮助功能，输入并编辑该设计文件。

(4) 选择 File\Save 命令，将当前编辑的 HDL 设计文件保存。

(5) 执行 File\Exit 命令，关闭文本编辑器，返回项目管理器。

2. 导入并编辑已有的 HDL 设计文件

在 ispLEVER 的安装目录下(例如 C:\ispTOOLS5_0\example)有许多典型的设计实例，从中寻找与当前设计有关的设计文件甚至相近的设计，将其导入并加以修改为我所用，也是提高设计效率和设计水平的一条有效途径。同样，要有效地复用设计者前期的设计成果，也需要导入有关的设计文件。导入操作的具体步骤为：

(1) 在项目管理器中选择 Source\Import，打开 Import File(导入文件)对话框(其界面类似于图 6.6)。

(2) 改变列表框显示的路径和文件类型，尽快找到并选择需要导入的 HDL 设计文件。

(3) 单击"打开"按钮，将选中的 HDL 设计文件导入到项目中(将会显示在源窗口内)。

(4) 若选中的是 .vhd 文件，则会弹出一个 Import Source Type 对话框，以区分是将其作为 VHDL 模块还是作为 VHDL Test Bench 使用；若选中的是 .tf 文件，则会弹出一个 Associate 对话框，以明确是将其与目标器件还是与某一模块相关联。

(5) 在将设计文件导入之后，在源窗口内双击其文件名，即可打开文本编辑器并将其调入。

(6) 在完成编辑、修改后，选择 File\Save 和 File\Exit，将文件保存并返回项目管理器。

3. 利用 HDL 设计模板(Templates)

在文本编辑器的 Templates 菜单中，集成了与 HDL 设计模板有关的操作命令(参见图 6.31)。其中最为常用的是 Insert 命令，其作用是打开 Insert Templates 对话框，以便选择相关的设计模板文件和需要的设计模板(语句)，并在单击"Insert"按钮后将其插入到当前光标所在的位置。这些设计模板(语句)以标准的范式形式出现，包含较完备的结构和语法信息。设计者只需选择和插入与当前设计有关的设计模板(语句)，并且更换、扩展其中的用户自定义部分，即可轻松地完成 HDL 设计文件的编制。此外，该命令对于学习和掌握 HDL 语法知识也会有一定的帮助。

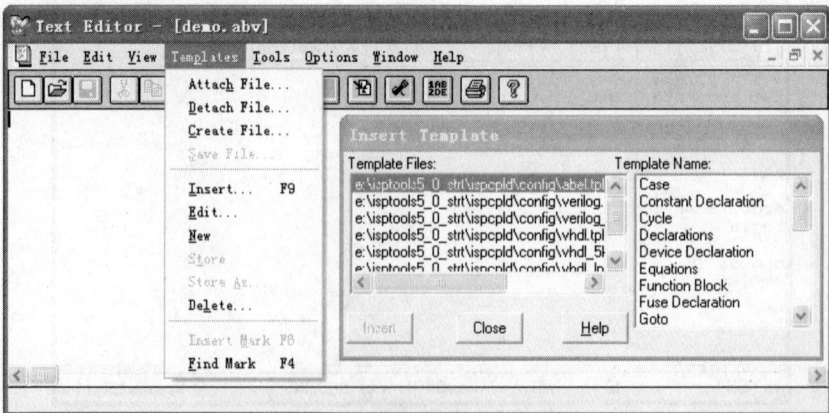

图 6.31　设计模板管理与插入

4. 启动文本编辑器

由于项目管理器具有强大的"关联"能力，能够根据源对象的类型自动选择相应的处理工具，因而对文本编辑器的调用一般均为自动进行。例如，在"新建"或"打开"文本文件时，便会自动地启用文本编辑器；双击项目管理器源窗口中的文本类型的源文件时，也会自动地启用文本编辑器。但在某些情况下，需要手工启动文本编辑器，主要有下列两种方式：

(1) 在项目管理器中，选择 Window\Text Editor。

(2) 在源窗口中选择一个文本文件，再单击鼠标右键调出快捷菜单，选择其中的 Open 命令或 New 命令。

顺便指出，在右键快捷菜单中，一般还有 Import、Remove 等有关的常用命令可供选用，其作用与相应的菜单命令完全相同。

可以使用编辑器修改已有的源文件。只需双击项目中有关的源文件，便会打开相应的编辑器并调入该源文件供修改：对于原理图文件，将会启用原理图编辑器(Schematic Editor)；对于与 ABEL-HDL、VHDL、Verilog HDL 等有关的文本文件，将会启用文本编辑器(Text Editor)。待修改完成后，可使用编辑器的 File\Save 等命令，将有关源文件保存并返回项目管理器。

5. 使用 Windows 系统的文本编辑器

在 Windows 系统环境下，选择开始\程序\附件\记事本，即可启动记事本(Notepad)程序进行文本编辑。利用该方式可以脱离 ispLEVER 软件环境对 HDL 设计文件进行编辑，因而该方式在某些情况下是有效的甚至是唯一的选择。但要特别注意的是：

(1) 在创建、编辑、保存 HDL 设计文件的过程中，将其导入设计之前，必须为其赋予(保持)与其类型相匹配的默认扩展名(而非 .txt)。

(2) 建议利用 Windows 的文件管理功能，以"拖—放"等方式将新建的 HDL 设计文件复制到对应的项目文件夹中，再利用 Import 命令将其导入设计之中。

(3) 某些 HDL 设计文件并非以文本文件(ASCII 顺序文件)的格式存取，故无法用记事本(Notepad)等直接打开和保存。对该类文件不推荐使用 Windows 系统的文本编辑器；确有必要时，可以借用"剪贴板"作为中间媒介，通过"复制—粘贴"来完成转换。

6.6　原理图与 HDL 混合描述与输入

6.6.1　原理图与 HDL 混合描述方法

ispLEVER 软件支持原理图/ABEL(Schematic/ABEL)、原理图/VHDL(Schematic/ VHDL)、原理图/Verilog(Schematic/Verilog HDL)等混合形式的设计描述/输入方式。在一项混合设计中至少包含一个作为顶层(设计)源文件的原理图模块，以及一个以上采用同一种语言的 HDL 模块。不同语言的 HDL 模块会相互排斥，这正是在创建新的设计项目之初必须从三种混合描述/输入方式中选定一种的原因。根据所选定的描述/输入方式，项目管理器会限制可供选用的器件系列：Schematic/ABEL 方式仅适用于 CPLD 系列器件；而 Schematic/VHDL 方式和 Schematic/Verilog HDL 方式则适用于更多的器件系列，包括 CPLD、ispXPLD、FPGA、ispXPGA/ispXPGA-E 和 ispGDX(后三种仅由 VHDL 或 Verilog HDL 支持)。但对于测试向量(基准)，不存在不同语言间的互斥问题(即允许混合使用)，可以采用语言 A 描述设计而采用语言 B 编制测试向量(基准)文件。一项设计具体可以采用哪些 HDL 编制其测试向量(基准)文件，主要取决于所选用的器件系列(详见表 6.7)。

一般采取自顶向下与自底向上相结合的方式(流程)建立一项层次化的混合设计，主要步骤如下：

(1) 利用已有的器件符号和与较低层次模块相对应的块符号等原理图要素，建立顶层的原理图设计文件(具体编辑方法参阅 6.4 节)。其中的块符号可以是：

① 此前在编辑较低层次的设计模块时，利用 File\Matching Symbol 命令(适用于原理图模块)或 File\Generate Symbol 命令(适用于*.naf 文件，即 HDL 模块)生成的块符号。利用项目管理器处理窗口中的 Generate Schematic Symbol 处理项，也可以生成与被选中的(原理图或 HDL)设计模块相对应的块符号。

② 专为较低层次的模块而新建的块符号。在原理图编辑器中，选择 Add\New Block Symbols，便可生成新的块符号。其接口(引脚个数及类型)取决于 New Block Symbol 对话框中输入的信息；其外形等可以利用符号编辑器加以修改(参阅 6.4.2 节)；对其具体功能(行为)、描述方式等细节则需要进一步加以定义。

(2) 将所建立的顶层原理图保存，退出原理图编辑器。在项目管理器的源窗口中将会以层次化的形式列出该原理图模块及其下属的较低层次的设计模块。在新建的、尚待描述的块符号名称之前，带有红色的"?"图标以示区别。

(3) 逐一双击带有红色"?"图标的设计模块，启动相应的编辑器并输入有关的(原理图或 HDL)设计描述。在此过程中，同样可以利用新建块符号等方法，引入层次更低的设计模块。

(4) 在所有的设计模块均已经过描述/输入之后，一项层次化混合设计的描述/输入工作即宣告完成。但为了保证其正确性，还需要对其进行编译/仿真等验证工作。实践中，通常先逐一对每个低层次模块进行验证(编译和功能仿真)，待其全部正确无误后才进行整个设计的验证(编译和功能仿真、时序仿真)。

同样，也可以采取完全自顶向下或完全自底向上的流程来建立层次化的混合设计。前者的特点是在建立顶层原理图模块时，所使用的块符号全部都是新建的、尚待描述的；而后者则仅使用此前已产生和经过描述的块符号。这三种方式在实际的操作和工作量上没有多少差别，但自顶向下方式可以通过"逐步细化"来简化问题，因而便于理清思路，从理论上讲更能适应较大规模的设计；自顶向下与自底向上相结合的方式则较为灵活。

6.6.2 混合描述设计实例

下面给出一个层次化混合设计的实例以及主要的输入步骤。该设计的任务是利用原理图和 ABEL-HDL 混合输入方式以及 CPLD 器件，描述和实现闹钟电路。其中包含的设计模块及其输入步骤如下：

(1) 建立新的设计项目，选择 Schematic/ABEL 描述/输入方式。

(2) 选择 Source\New\Schematic，打开原理图编辑器，创建顶层的原理图模块。主要操作步骤如下(关于详细的操作命令、方法和步骤，可参阅 6.4 节)：

① 选择 Add\New Block Symbols，新建四个各自对应一个较低层次设计模块的块符号 ALRMSTOR、TIMESTOR、COMPTIME、DSPLYMUX，其信号接口(引脚及其类型)参见图 6.32。注意，在 New Block Symbol 对话框中输入总线类引脚的名称时，必须用等号"="将其包围起来；输入多个同类型引脚的名称时，应使用逗号将它们分隔开。

② 选择 Add\Symbol，从 [Local] 库中逐个取得新建的四个块符号，将其放置在图中适当的位置。

③ 选择 Add\Symbol，从 Iopads.lib 中逐个取得 G_INPUT、G_CLKBUF、G_OUTPUT 等预定义符号，按照图 6.32 所示的数量和位置，将它们加入到原理图中。

④ 选择 Add\Wire，按照图 6.32，完成各符号之间的所有连线。

⑤ 选择 Add\Net Name，按照图 6.32，为图中有关的连线命名。注意：为与 G_INPUT 和 G_CLKBUF 输入端以及 G_OUTPUT 的输出端有关的连线命名时，必须将输入的字符串放置在连线的端点处。

⑥ 选择 Add\I/O Marker，按照图 6.32，为图中有关的连线加上 I/O 标记。

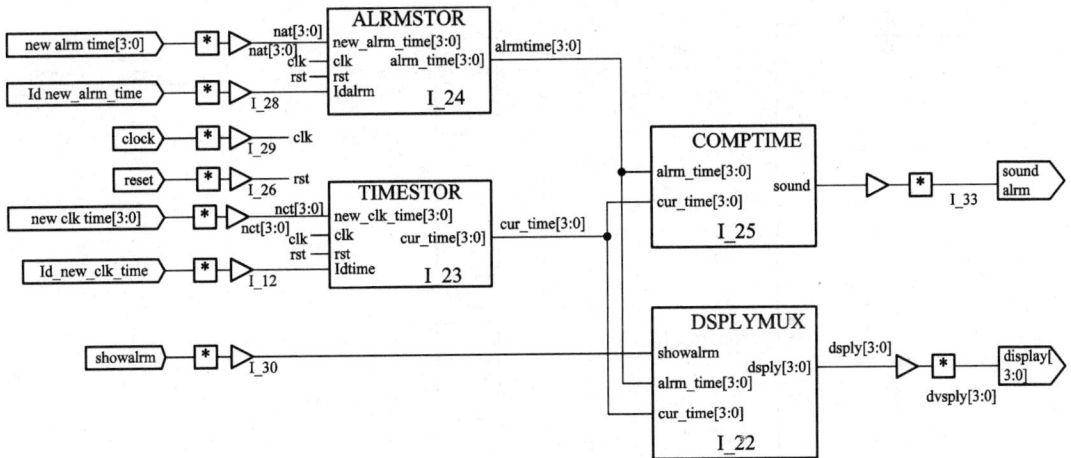

图 6.32　Alarmclk 项目的顶层原理图(alarmclk.sch)

⑦ 选择 File\Save 等命令，将所建立的顶层原理图保存，退出原理图编辑器。在项目管理器的源窗口中会列出该原理图模块及其下属的较低层次的设计模块。新建的四个尚待描述的块符号名称之前带有红色的"?"图标。

(3) 逐一对带有红色"?"图标的设计模块进行描述。双击其中任何一个之后，都会首先弹出 New Source 对话框(参见图 6.10，具体的可选项目会根据已选定的项目类型、器件类型等有所变化)，要求指定该设计模块的类型——应根据具体模块的描述方式来作出选择；选择之后单击"OK"按钮，将会弹出多个对话框，要求输入模块名、文件名、(测试向量/基准的)关联对象、扩展名等信息(对话框和输入信息的具体个数和种类均取决于前一步选定的模块类型)；而后便会启动相应的编辑器供设计者输入具体的设计描述。对于此前新建的四个块符号，情况分别是：

① ALRMSTOR 为原理图模块，故在选择"Schematic"并单击"OK"按钮之后，将会弹出一个对话框，要求指定文件名，而后便会启动原理图编辑器。应按照图 6.33(a)所示

输入该模块的原理图，主要包括预定义符号 G_MUX21(在 muxes.lib 库中)、Bus Tap、I/O Marker 以及新建的块符号 STOR。而块符号 STOR 本身又对应着一个原理图模块，其内部原理图如图 6.33(b)所示。同样应按照上面介绍过的方法和步骤，先建立块符号 STOR，再对其进行具体描述。

② DSPLYMUX 是原理图模块，同样应按照上面介绍过的方法和步骤，按照图 6.34 对其进行具体描述。

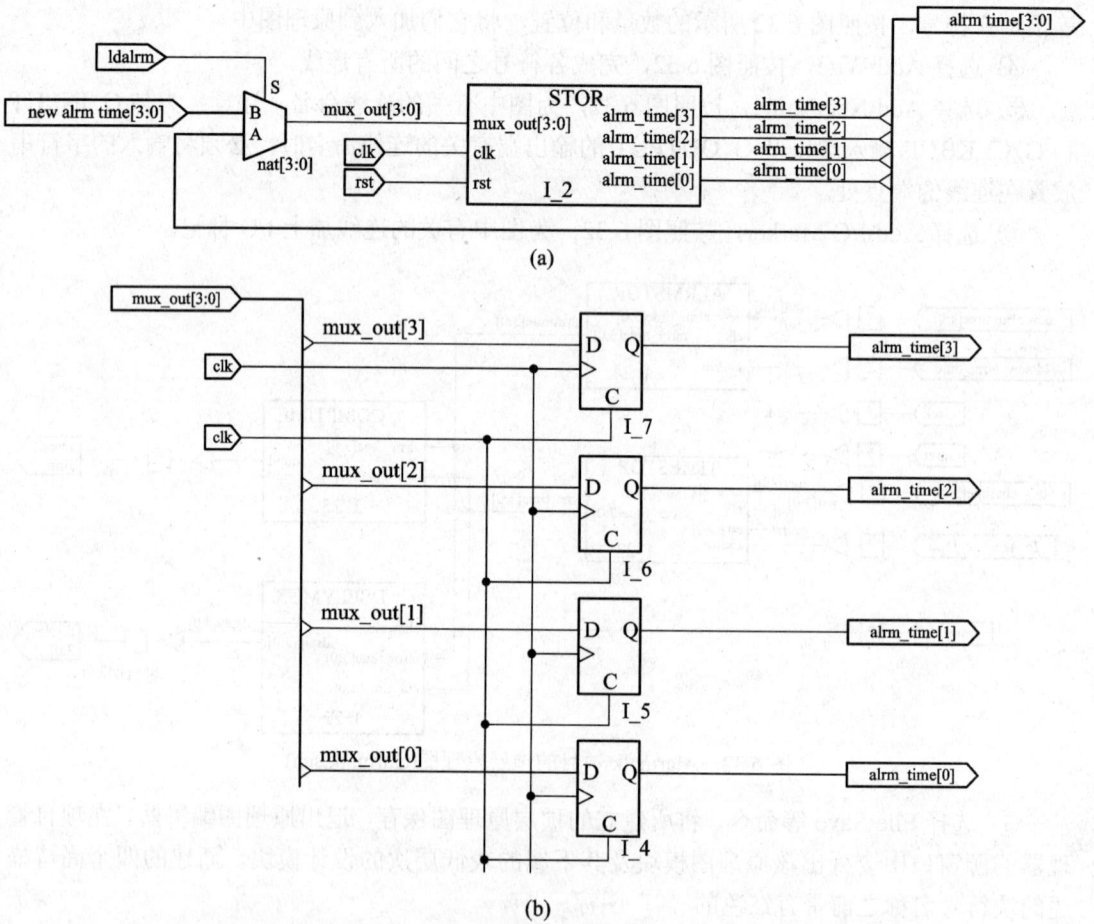

(a)

(b)

图 6.33 ALRMSTOR 模块及其下属模块

(a) 原理图模块 ALRMSTOR(ALRMSTOR.sch)；(b) 原理图模块 STOR(STOR.sch)

③ COMPTIME 和 TIMESTOR 都是 ABEL-HDL 模块，故应选择 ABEL-HDL Module；在单击"OK"按钮之后，将会弹出 New ABEL-HDL Source 对话框，要求输入模块名(应与符号名相同)、文件名(一般与符号名相同)、标题(可选项)等信息，而后便会启动文本编辑器。应分别按照图 6.35 和图 6.36 所示对 COMPTIME 模块和 TIMESTOR 模块进行具体的描述。

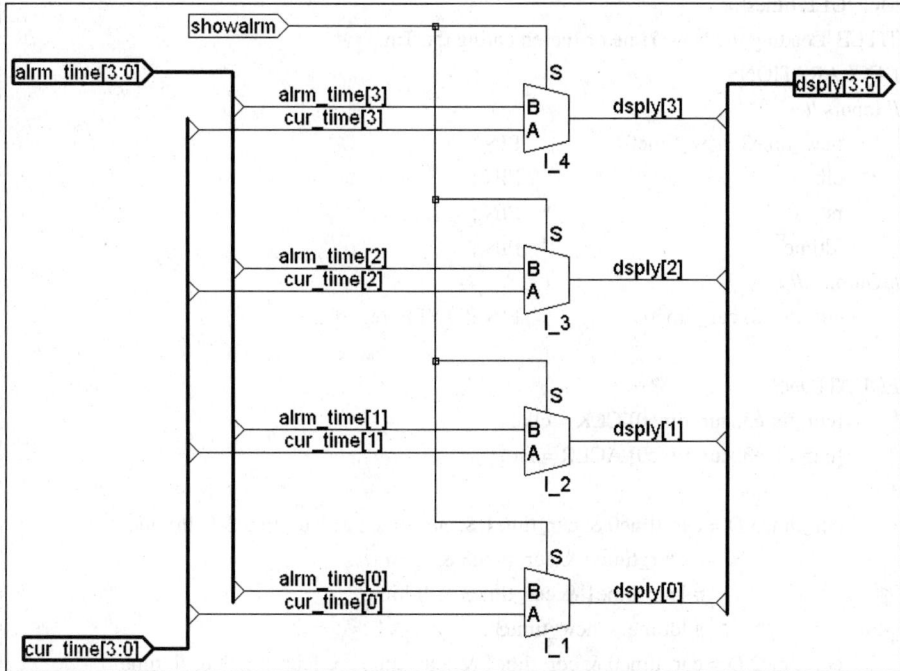

图 6.34 原理图模块 DSPLYMUX

```
MODULE comptime
TITLE 'Compare alrm_time and cur_time'

// Inputs //
    alrm_time3..alrm_time0          PIN ;
    cur_time3..cur_time0            PIN ;
// Outputs //
    sound                           PIN ISTYPE 'com' ;

EQUATIONS
    WHEN [alrm_time3..alrm_time0] == [cur_time3..cur_time0] THEN
        sound = 1 ;
    ELSE
        sound = 0 ;
END
```

图 6.35　COMPTIME 模块的具体描述(comptime.abl)

　　(4) 图 6.37 所示为此时 alarmclk 设计项目的层次化结构和顶层原理图模块的处理项目，其中包含生成 ABEL 测试向量模板、VHDL 测试基准模板、Verilog 测试基准模板的功能项。为了编制和输入测试向量文件，可双击处理窗口中的 ABEL Test Vector Template 项，生成 ABEL 测试向量模板；再利用 Source\New\ABEL Test Vectors 打开文本编辑器，以自动生成的模板为基础(可从输出窗口中直接复制该模板)，完成 ABEL 测试向量文件的编制和输入，最终的测试向量文本参见图 6.38。

```
MODULE timestor
TITLE 'Loading the New Time or Incrementing the Time'
DECLARATIONS
// Inputs //
      new_time3..new_time0            PIN ;
      clk                             PIN ;
      rst                             PIN ;
      ldtime                          PIN ;
// Outputs //
      cur_time3..cur_time0            PIN ISTYPE 'reg_d' ;


EQUATIONS
      [cur_time3..cur_time0].CLK = clk ;
      [cur_time3..cur_time0].ACLR = rst ;


      cur_time3.D = cur_time0 & cur_time1 & cur_time2 & !cur_time3 & !ldtime
                  # !cur_time0 & cur_time3 & !ldtime
                  # !cur_time1 & cur_time3 & !ldtime
                  # ldtime & new_time3 ;
      cur_time2.D = cur_time0 & cur_time1 & !cur_time2 & !cur_time3 & !ldtime
                  # !cur_time0 & cur_time2 & !ldtime
                  # !cur_time1 & cur_time2 & !ldtime
                  # ldtime & new_time2 ;
      cur_time1.D = cur_time0 & !cur_time1 & !ldtime
                  # !cur_time0 & cur_time1 & !ldtime
                  # ldtime & new_time1 ;
      cur_time0.D = !cur_time0 & !ldtime
                  # ldtime & new_time0 ;
END
```

图 6.36   TIMESTOR 模块的具体描述(timestor.abl)

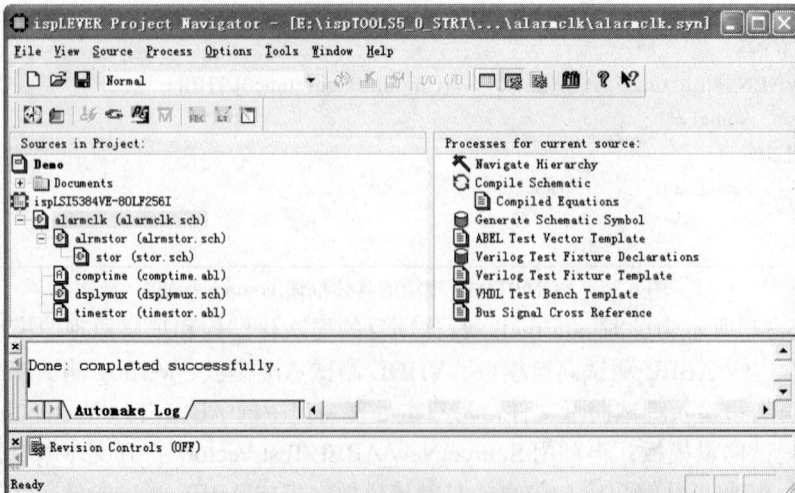

图 6.37   alarmclk 的层次化结构和顶层模块的处理项目

```
module alarmclk

clock,reset  pin;
new_clk_time_0_,new_clk_time_1_,new_clk_time_2_,new_clk_time_3_   pin;
ld_new_clk_time        pin;
showalrm   pin;
new_alrm_time_0_,new_alrm_time_1_,new_alrm_time_2_,new_alrm_time_3_   pin;
ld_new_alrm_time       pin;
dummy              pin;

new_clk = [new_clk_time_3_,new_clk_time_2_,new_clk_time_1_,new_clk_time_0_];
new_alrm = [new_alrm_time_3_,new_alrm_time_2_,new_alrm_time_1_,new_alrm_time_0_];

test_vectors

([clock,ld_new_alrm_time,ld_new_clk_time,new_alrm,new_clk,reset,showalrm] -> [dummy]);

[.x.,0,0,0,0,1,0]        ->    [.x.];
[.c.,0,0,0,0,0,0]        ->    [.x.];
[.c.,0,0,0,0,0,0]        ->    [.x.];
[.c.,0,0,0,0,0,0]        ->    [.x.];
[.c.,0,0,0,0,0,0]        ->    [.x.];
[.c.,0,0,0,0,0,0]        ->    [.x.];
[.c.,1,0,^hb,0,0,0]      ->    [.x.];
[.c.,0,0,^hb,0,0,1]      ->    [.x.];
[.c.,0,0,^hb,0,0,0]      ->    [.x.];
[.c.,0,0,^hb,0,0,0]      ->    [.x.];
[.c.,0,0,^hb,0,0,0]      ->    [.x.];
[.c.,0,0,^hb,0,0,0]      ->    [.x.];
[.c.,0,0,^hb,0,0,0]      ->    [.x.];
[.c.,0,0,^hb,0,0,0]      ->    [.x.];
[.c.,0,0,^hb,0,0,0]      ->    [.x.];
[.c.,0,0,^hb,0,0,0]      ->    [.x.];
[.c.,0,1,^hb,8,0,0]      ->    [.x.];
[.c.,0,0,^hb,8,0,0]      ->    [.x.];
[.c.,0,0,^hb,8,0,0]      ->    [.x.];
[.c.,0,0,^hb,8,0,0]      ->    [.x.];
[.c.,0,0,^hb,8,0,0]      ->    [.x.];
[.c.,0,0,^hb,8,0,0]      ->    [.x.];
[.c.,0,0,^hb,8,0,0]      ->    [.x.];
[.c.,0,0,^hb,8,0,0]      ->    [.x.];
[.c.,0,0,^hb,8,0,0]      ->    [.x.];

END
```

图 6.38　alarmclk 项目的测试向量文件(alarmclk.abv)

(5) 至此，主要的设计描述/输入工作宣告完成。选择 File\Save 并将其保存，留待以后使用。

上述实例取材于 ispLEVER 软件附带的设计实例，在\ispTOOLS5_0\example\CPLD\mixed\alarmclk 目录下有相应的全套设计文件。建议读者按照上述步骤，实际动手操作来完成整个输入过程(可参考、借用 ispLEVER 提供的设计文件)，以便更好地理解和掌握此前所学的知识和方法，为学习本章的后续内容做好准备。

6.7　设计编译/综合与仿真

6.7.1　设计编译/综合

在完成设计描述/输入之后，需要对有关设计文件进行编译(适用于原理图文件、ABEL-HDL 模块和 EDIF 文件)或综合(适用于 VHDL 模块和 Verilog HDL 模块)，即对其进行形式审查并从中抽取出逻辑方程、网表(Netlist)等实质性的设计要素(形成中间文件)，供后续的仿真、适配等环节使用。若编译/综合时检查出了错误，则需要返回设计输入阶段进行相应的修改。虽然设计编译的操作过程并不复杂，但其执行过程和执行结果等都会根据描述方式(即设计文件类型)等的不同而变化。下面分别加以简要说明。

1. 原理图编译

在项目管理器的源窗口内选择一个原理图文件后，在处理窗口中便会出现与之相关的处理项目，包括 Compile Schematic(参见图 6.37)。双击该处理项，即可启动编译操作：如果被选中的是较高层次的原理图模块，将会自动地对该模块及其下属的较低层次模块进行编译；否则，将仅对该模块进行编译。这一规律同样适用于采用其他描述形式的设计模块。

对原理图描述文件的编译由 ispLEVER 软件的内部编译器来完成。通过编译，将从通过设计规则检查的原理图模块中抽取出经过简化的逻辑方程(组)，并生成 BLIF 格式文件(其中包含所有已指定的属性或特性)。以这种方式编译的原理图允许使用与器件无关的符号库或者 LSC 系统宏(即 Lattice 预制的宏单元)。针对顶层原理图模块的编译将产生对应于整个设计的结果文件，但前提是其下属的所有模块必须全部正确无误。因此，建议在对顶层设计模块(包括原理图模块、HDL 模块)进行编译之前，先对较低层次的设计模块逐一进行编译并彻底纠正其中的错误；对于各个原理图模块，进一步建议在编译之前先对其进行设计规则检查(在原理图编辑器中，选择 DRC\Consistency Check)。

2. ABEL-HDL 编译

在项目管理器的源窗口中选择一个 ABEL-HDL 模块后，在处理窗口中双击 Compile Logic 处理项，即可利用 ispLEVER 软件的内部编译器对该 ABEL-HDL 模块进行编译。其处理内容包括：

(1) 检查和标记语法错误；

(2) 将状态图和真值表转换成逻辑方程；

(3) 展开宏(macros)；

(4) 将包含集合的逻辑方程转变成不包含集合的逻辑方程；

(5) 使用"非"、"与"、"或"和"异或"运算来等价地替代其他运算；

(6) 将那些对同一个标识符多重赋值的方程式相"或";

(7) 进行简单的逻辑化简;

(8) 将逻辑方程翻译成 OPEN-ABEL-2.0 文件格式。

在编译过程中如果发现了语法错误,将会在项目记录文件(*.rpt)中予以报告。双击 Compiler Listing(编译器列表)处理项,将可获得对该源文件的编译记录,其中会逐行显示该 ABEL-HDL 文件,错误信息和警告信息也会出现在对应语句行的下面。

3. VHDL 综合与 Verilog HDL 综合

在 ispLEVER 软件系统中,可选用 Synplify Synthesis Tool、Precision Synthesis Tool 或 Leonardo Spectrum Synthesis 等 OEM 的综合工具,完成对 VHDL 设计文件和 Verilog HDL 设计文件的综合。ispLEVER 会在建立新项目时或者执行有关处理之前,要求从中选定将具体采用的综合工具;在项目管理器中执行 Options\Select RTL Synthesis,则可以主动地选择需要采用的综合工具。

在源窗口中选定待处理的 VHDL 模块,而后在处理窗口中双击 Synplify Synthesize VHDL File(或 Precision Synthesize VHDL File)处理项,即可调用 Synplify Synthesis Tool(或 Precision Synthesis Tool),以批处理方式对该 VHDL 设计进行编译、综合,并在完成之后产生相应的结果文件和报告文件。

类似地,在源窗口中选定待处理的 Verilog HDL 模块,而后在处理窗口中双击 Synplify Synthesize Verilog File(或 Precision Synthesize Verilog File)处理项,即可调用相应的综合工具,以批处理方式对该 VHDL 设计进行编译、综合,并产生相应的结果文件和报告文件。

另一种等效的方法是选择 Tools\Synplify Synthesis、Tools\Precision Synthesis 或 Tools\Leonardo Spectrum Synthesis,启动相应的 OEM 综合工具;而后使用有关的命令/按钮(如 Synplify Synthesis Tool 界面的"Add"按钮,参见图 6.39)将待处理的 VHDL/Verilog HDL 模块调入,对其进行编译、综合。

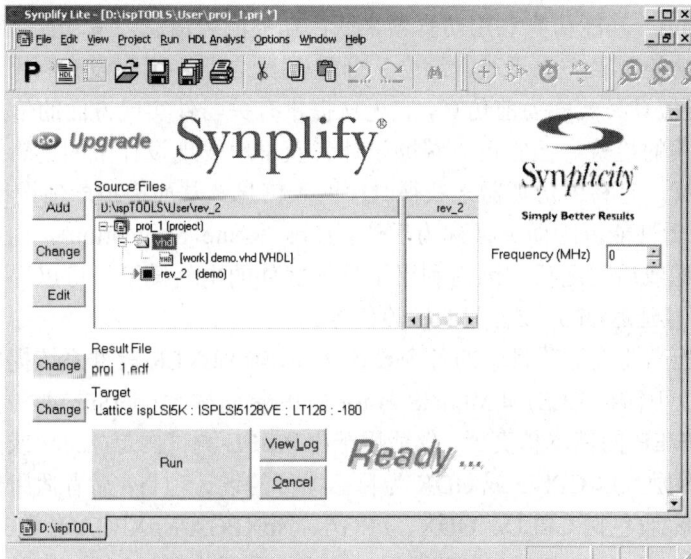

图 6.39　Synplify Synthesis Tool 界面

4. 编译测试向量(基准)

编译测试向量(基准)的操作方法与 HDL 模块非常相似。以 ABEL 测试向量的编译为例,先在源窗口中选定待编译的 ABEL 测试向量,再在处理窗口中双击 Compile Test Vectors,即可启动 ispLEVER 软件的内部编译器对该 ABEL-HDL 模块进行编译。其处理内容与 ABEL-HDL 编译相同,将会产生对应于整个设计的结果文件和项目记录文件。同样,双击 Compiler Listing(编译器列表)处理项即可查看编译记录。

5. 查看编译后的逻辑方程

在成功地完成编译/综合之后,双击处理窗口中的 Compiled Logic 处理项,即可在输出窗口中看到此前对设计文件(可以是原理图、ABEL-HDL、VHDL、Verilog HDL 或 EDIF 文件)进行编译所得到的逻辑方程。这些方程以"乘积项之和"(sum-of-products)的形式显示,正逻辑和负逻辑的方程均会被列出。此外,还会总结每个信号所涉及的乘积项及其扇入(fan-in)、扇出(fan-out)个数。

6. 修改编译器选项和参数

许多处理步骤都具有可由使用者指定的处理选项,例如编译器选项(如自定义参数)和优化选项(如节点瓦解)。在处理窗口中通过单击鼠标左键来选中 Compile Schematic、Compile Logic 之类的编译处理项,而后单击鼠标右键,即可弹出关于编译处理的快捷菜单。选择其中的 Properties 命令,即可打开 Properties 对话框,对有关的属性进行设置和修改。

6.7.2 设计仿真概述

简单地说,设计仿真(Design Simulation)是指根据一项设计的逻辑描述和由测试向量(基准)规定的(输入信号)测试激励序列,结合目标器件的逻辑模型或电气模型,通过运算获得所设计电路的对应输出,进而通过与预期输出的比对来检验该项设计的正确性、可行性的过程。在具体实现上,设计仿真又可细分为功能仿真(Functional Simulation)和时序仿真(Timing Simulation)。功能仿真利用仿真器来获得功能网表信息,从功能上模拟一项设计的逻辑性能。由于功能网表产生于逻辑综合、分配/适配之前,因而没有利用目标器件的电气模型。所以,功能仿真又被称为前仿真,它无法提供有关器件实现方面的信息(如信号延迟),也就不能进行有关的检验;但它可以帮助设计者及早地发现设计中的逻辑或编码错误。时序仿真则与之相反,它利用仿真器来获得时序网表信息,从而模拟一项设计在实际布线(器件适配)之后的逻辑性能,因而又被称为后仿真(Post-Route Simulation)。由于时序网表产生于逻辑综合、分配或适配之后,因而利用了目标器件的电气模型,可以提供有关器件实现方面的信息(如信号延迟)并完成有关的检验任务。

为了能够检验当前设计项目中的各个设计文件,ispLEVER 软件系统提供了包含 Lattice Logic Simulator(以下简称 LLS)和 ModelSim for Lattice(简称 ModelSim)两种仿真器的集成环境。前者为 ispLEVER 的基本仿真器,仅适用于由 ABEL 测试向量(*.abv)或图形化激励文件(*.wdl)提供测试激励且以 CPLD 或 GDX 为目标器件的设计项目;后者适用于全部的 Lattice 可编程逻辑器件系列(包括 CPLD、GDX、FPGA、ispXPGA/ispXPGA-E 和 ispXPLD),但需要单独购买和安装。ispLEVER 会自动根据当前设计项目中测试向量(基准)和目标器件的种类,(按照上述规律)自动地将其与对应的仿真器关联起来。在项目管理器的源窗口中选中一个测试向量(基准)文件之后，在处理窗口中便会显示相应的功能仿真处理项和时序仿真处理项；双击 Functional Simulation 之类的处理项，即可启动相应的功能仿真过程；而双击 Timing Simulation 之类的处理项，则会启动相应的时序仿真过程。此外，ispLEVER 也支持独立的设计仿真。只需在项目管理器中选择 Tools\Lattice Logic Simulator 或 Tools\ ModelSim，即可在当前设计项目之外启动相应的仿真器，并且可以重新选择有关的设置和偏好。

总地来说，功能仿真和时序仿真的操作方法和人机界面基本相同，它们的差别主要是分别在适配之前和适配之后运行。与此形成强烈对比的是，目标器件类型和仿真器之间存在确定的关联。因此，以下将简要介绍主要针对 CPLD 器件的 LLS 仿真方法、适用面更宽的 ModelSim 仿真方法以及可视化的测试激励描述方法(包含测试向量的图形化描述方法)。

6.7.3 LLS 仿真方法

LLS 仿真器(Lattice Logic Simulator)可用于对以 ispGDX 系列或 CPLD 系列为目标器件的设计项目进行(适配前)功能仿真和(适配后)时序仿真。LLS 仿真器提供了单步运行、断点设置等功能，并且支持设计者利用"波形观测器"(Waveform Viewer)等器件，通过多种方式，从输入端、输出端以及内部节点上观察所设计电路的门(电路)级行为，因而可帮助设计者在将设计固化(写入器件)之前，对其工作特性进行检验。

1. 功能仿真

在项目管理器的源窗口中选择 ABEL 测试向量文件(*.abv)或图形化测试激励文件(.wdl)，双击处理窗口中的 Functional Simulation 处理项，即可启动 LLS 仿真器，弹出如图 6.40 所示的仿真器控制面板窗口(Simulator Control Panel)。在该窗口中单击 ! 快捷按钮，或者选择 Simulate\Run，将会根据选定的测试激励执行功能仿真，并打开波形观测器，显示仿真结果(参见图 6.41)。如果此前尚未完成设计编译，ispLEVER 将会自动进行有关处理。如果在测试向量(文件名为*.abv 或 *.abl)中指定了预期的输出值，且通过仿真获得的实际值与之存在差异，将会在仿真器控制面板窗口中显示存在差异的那些仿真时刻、信号名、预期值和实际值。

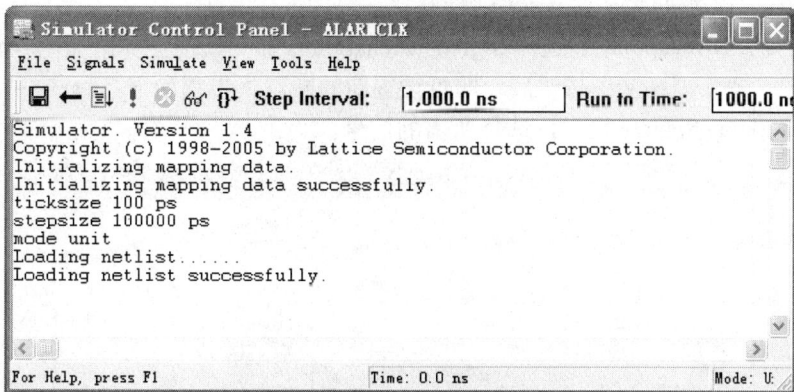

图 6.40 仿真器控制面板窗口

利用仿真器控制面板的菜单命令，可以根据需要改变仿真器的运行方式、参数和效果，主要包括：

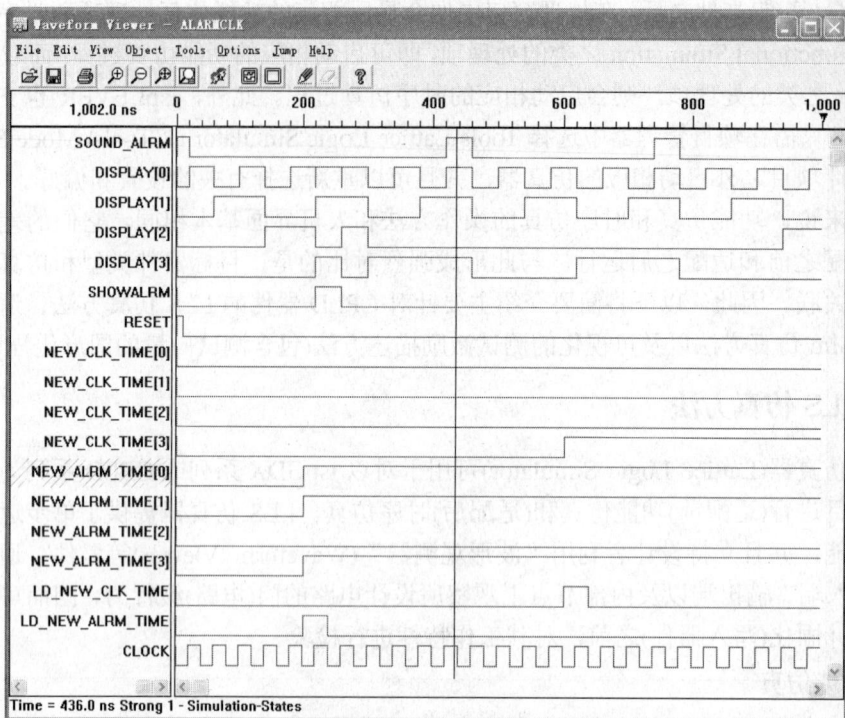

图 6.41 波形观测器及 Alarmclk 仿真结果

(1) 修改仿真参数。在仿真器控制面板窗口的工具栏中，在 Step Interval 文本框内可填入期望的仿真步长(间隔)，在 Run to Time 文本框内可填入期望的仿真时间(范围)。也可选择 Simulate\Settings，利用弹出的 Setup Simulator 对话框修改仿真步长(Step Size)，新设置的参数会被此后的仿真过程所采用。

(2) 单步仿真。单击 ⏭ 快捷按钮，或者选择 Simulate\Step，可对当前设计进行单步仿真，即针对(上次停止的位置之后)下一个仿真步长内的电路行为进行仿真。选择 Simulate\Reset，可将仿真位置(指针)退回至初始状态(0 时刻)。

(3) 设置断点(Breakpoint)。选择 Signals\Breakpoints 命令，便会弹出如图 6.42 所示的断点设置对话框。单击"New"按钮后，即可设置新的断点，步骤如下：

① 在 Available Signals 栏中，选择所需的信号。

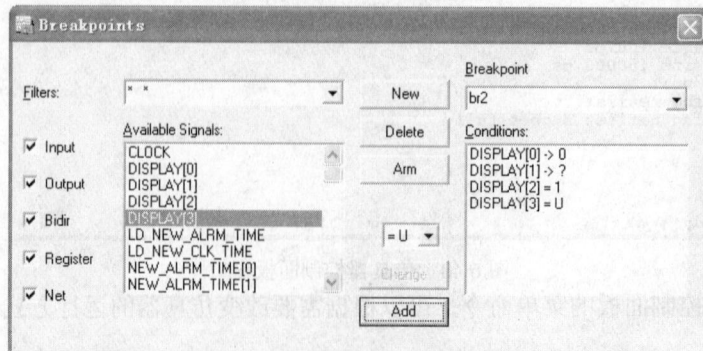

图 6.42 断点设置对话框

② 在对话框中部的下拉滚动条中，选择断点生效时该信号应具备的条件。例如："->0"表示信号变化到0状态，"!=1"表示信号处于非1状态，"->?"表示信号发生任何变化。

③ 单击"Add"按钮，将所选择的信号及其条件加入(显示于Conditions一栏中)。

④ 重复上述步骤①~③，加入所有有关的信号和条件。

⑤ 单击"Arm"按钮，即可使所设断点有效。

在此后的仿真过程中，当有关信号应具备的条件全部满足时，便会自动中断仿真。而后选择Simulate\Step或Simulate\Run，便可继续进行仿真。

(4) 暂停仿真。选择Simulate\Pause，可以令正在进行的仿真过程暂停。选择Simulate\Step或Simulate\Run，便可继续进行仿真。

(5) 虚拟调试(Debug)。选择Signals\Debug命令，可以利用弹出的Debug对话框(如图6.43所示)，在此后的仿真过程中以交互方式对信号进行设置(Preset)、强制(Force)、监视(Monitor)。

具体地，可以在仿真器停止运行的任意时刻进行下列操作，而后利用run命令或step命令来观测对应的电路响应：

① 设置(Preset)信号。利用位于对话框中部的下拉滚动条选定某个逻辑值，而后单击"Preset"按钮，即可强制地将该特定值作为被选中的信号在此后的仿真过程中的初值，该信号在初始时刻之后的取值则仍将由仿真器通过运算得出。

② 强制(Force)信号。利用位于对话框中部的下拉滚动条选定某个逻辑值，而后单击"Force"按钮，即可强制地将该特定值作为被选中的信号在此后的仿真过程中的取值，该信号在仿真过程中将一直保持该取值直到该项强制设置被取消。

③ 监视(Monitor)信号。单击"Monitor"按钮，可以查看在从零时刻到仿真停止时刻这一时间范围内任一时刻上被选中的信号的状态。可以在Time文本框中输入具体数值，指定具体的观测时刻。

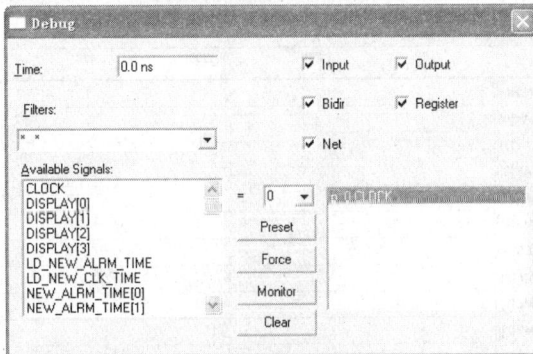

图6.43 虚拟调试对话框

此外，还可选择View\Tabular Output命令，生成表格形式的(仿真结果)输出报告；选择View\Trace Report命令，打开并查看"跟踪报告"，以便更精细地审查仿真的结果。

2. 时序仿真

时序仿真的操作步骤与功能仿真基本相同，但需要先完成逻辑综合和器件适配等处理(否则系统会自动进行有关处理)。以设计alarmclk为例，在项目管理器的源窗口中选择

alarmclk.abv，双击处理窗口中的 Timing Simulation 处理项，即可进入时序仿真流程。由于时序仿真需要与所选器件有关的时间参数，因此如果此前尚未执行器件适配，则 ispLEVER 会自动进行适配器件，然后打开"仿真器控制面板"窗口。其界面、操作步骤和有关命令均与功能仿真时的情况相似。单击 ⚡ 快捷按钮，或者选择 Simulate\Run，即可进行时序仿真，并打开"波形观测器"显示仿真结果。

时序仿真与功能仿真操作步骤的不同之处在于仿真参数的设置方面，其具体操作步骤如下：

(1) 在时序仿真的仿真器控制面板窗口中，选择 Simulate\Settings 命令，会弹出 Setup Simulator 对话框（见图 6.44）。

(2) 利用该对话框，可以在最小延时(Minimum Delay)、典型延时(Typical Delay)、最大延时(Maximum Delay)和 0 延时(Zero Delay)等四种默认延时参数中选择一种，作为时序仿真的延时参数(Simulation Delay)。最小延时是指器件可能的最小延时时间，0 延时指延时时间为 0。

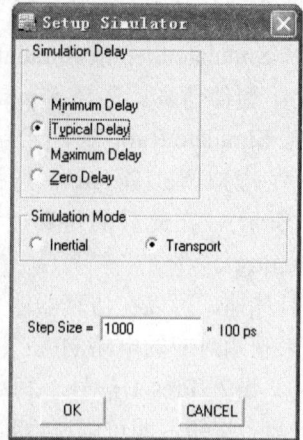

(3) 利用该对话框，还可选择惯性延时(Inertial Mode)或传输延时(Transport Mode)作为仿真模式(Simulation Mode)。

图 6.44　时序仿真 Setup Simulator 对话框

当将仿真参数设置为最大延时(Maximum Delay)和传输延时状态(Transport Mode)并再次运行 LLS 仿真器后，"波形观测器"显示的时序仿真结果如图 6.45 所示。可以看出，与功能仿真的结果不同的是，其中许多信号的脉冲边沿相互之间不再完全对齐(即存在延迟)，个别信号还出现了"毛刺"。

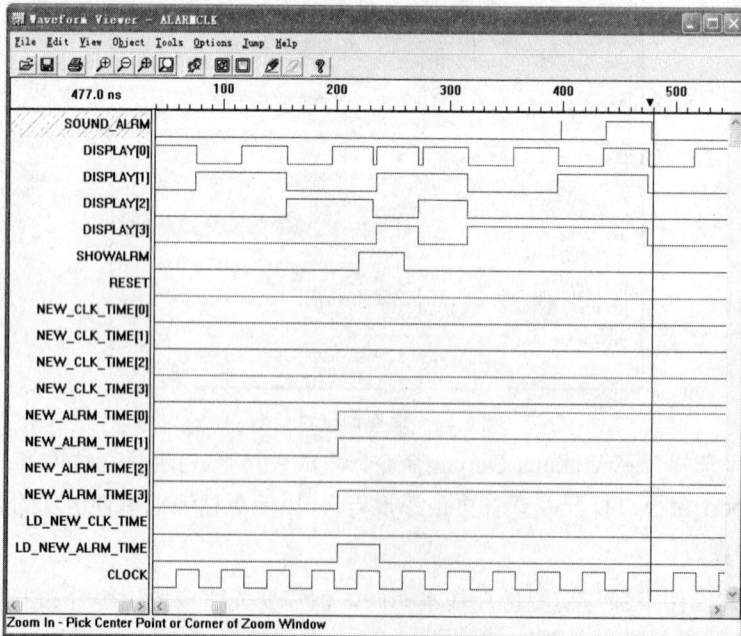

图 6.45　设计 alarmclk 的时序仿真结果

3. 巧用波形观测器

波形观测器除了会在 LLS 仿真器运行之后自动打开之外，在仿真器控制面板窗口中选择 Tools\Waveform Viewer，同样可以将其打开。其作用不仅是查看仿真的结果，还可以很方便地进行多种测量。有关的操作主要包括：

(1) 选择需要显示的波形(信号)。有两种方式：

① 在波形观测器与层次化导引器配合使用的情况下(即二者同时运行)，在层次化导引器中选择 Tools\Probe Item，而后在原理图中单击感兴趣的网线(为其加上"探针")，即可将对应信号(往往是内部节点信号)的波形加入。

② 在波形观测器中选择 Edit\Show，打开 Show Waveforms 对话框(参见图 6.46)；在 Nets 列表框中选择感兴趣的网线，再单击"Show"按钮即可显示其波形。

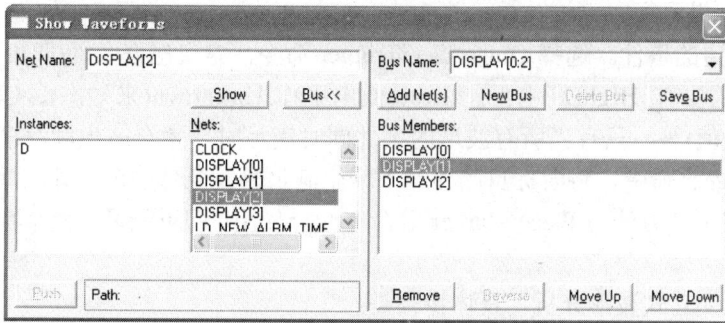

图 6.46 Show Waveforms 对话框

(2) 对波形进行编辑和转换。具体操作包括：

① 移动波形。单击需要移动的波形名，在按下左键的同时移动鼠标，将波形名"拖"到新的显示行后放开左键，即可将波形移动到合适的位置，以便作为参考或与别的波形进行比较。

② 将多个波形"合并"并以总线形式显示。选择 Edit\Show，打开 Show Waveforms 对话框(必要时单击 Bus<<按钮，展开该对话框)；选择需要并入总线的信号，并单击"Add Net(s)"按钮将其加入。重复这一步骤，直到将有关信号全部加入为止。单击"Save Bus"按钮，保存该总线定义；单击"Show"按钮，显示该总线信号的波形。

③ 展开总线显示。选择需要展开的总线波形；选择 Edit\Expand Bus，即可看到其各分量的波形。

④ 改变总线显示所用的数制。选择 Options\Bus Radix，打开 Bus Radix 对话框；选择所需的数制，可以是 Binary(二进制)、Octal(八进制)、Decimal(十进制)或 Hex(十六进制)。

⑤ 改变波形显示比例和区域。选择 View\Zoom In，可放大波形；选择 View\Zoom Out，可缩小波形；选择 View\Pan，可卷动波形(即以此后鼠标单击之处为中心)；选择 View\Full Fit，可将所选择时间段的波形完整地显示在窗口中。

(3) 利用游标等测量时间间隔。具体操作包括：

① 移动游标(即可移动的标记线)。可以利用鼠标方便地"拖动"游标；利用 Jump 菜单中的命令，则可以更精确地移动游标。例如：利用"Tick Left"、"Tick Right"命令，分别可将游标左移、右移一个很小的间距；利用"To Marker"命令可将游标移至当前标定的位置；利用"To Time"命令可将游标移至(通过 Time 输入值)指定的位置；利用"Next Change"

命令可将游标移至下一个(被选中的信号)发生改变的位置；利用"Next Trigger"命令可将游标移至下一个触发点。

② 放置标记线(Marker，即测量的参考点)。选择 Object\Place Marker，单击波形显示区域，即可在游标所在的位置放置一条标记线(故应提前将游标移至期望的位置)。此后，该标记线与游标之间的时间间隔便会显示在提示行中。

③ 隐藏标记线。选择 Object\Hide Marker，即可隐藏(删除)标记线。

④ 测量两个事件(如逻辑电平的变化)之间的时间间隔。先将游标移至第一个事件之前，选择 Jump\Next Change 命令，使游标精确定位于第一个事件；再选择 Object\Place Marker 命令，在第一个事件处放置一条标记线；最后，将游标移至第二个事件之前，再次选择 Jump\ Next Change 命令，使游标精确定位于第二个事件。这两个事件之间的时间间隔便会被测出并显示在提示行中。

⑤ 定位特定的事件。选择 Object\Set Trigger 命令，定义触发条件(即事件的特征)。可选的触发条件主要有 High(高电平)、Low(低电平)、Unknown(未知态)、Change(跳变)和 Bus Value(总线值)等。只有当所有波形的条件同时满足时，才会产生触发事件；而后选择 Jump\ Next Trigger 命令，将游标自动移至下一个满足触发条件的事件处，即定位满足特定条件的事件。将上述方法与 Place Marker 等命令配合使用，即可测量出两个特定事件之间的间隔。

(4) 层次化交互式波形分析。具体步骤是：

① 运行层次化导引器，执行 Tools\Find Item 命令，可找出驱动某一个波形的那部分电路并将有关网络高亮度地显示。用这种方法可以很方便地找到与感兴趣的事件有关的电路。

② 执行 Object\Query 命令，将会高亮度地显示与当前选中的波形有关的网络，并在查询(Query)窗口中显示网络名等有关信息。

③ 选择 Tools\Probe Item 命令，可将电原理图中加有探针的网线的信号波形加入波形观察器中。

(5) 在电原理图中显示仿真结果。在仿真期间获得的逻辑值将显示在层次化导引器装载的电原理图上，如果在时间轴上的不同位置单击，电原理图上的逻辑值也会相应地发生变化。所有的逻辑值都会被显示和更新，而且不局限于波形观察器中所选择的波形。逻辑值在电原理图中以两种方式显示：

① 在电原理图中加探针的节点后附加一个小的彩色方块，以方块的颜色代表逻辑值(默认值是绿色表示高电平，红色表示低电平)。

② 在小的彩色方框内以文字表示逻辑值，如 0、1、X(未知态)、Z(高阻)、数字(总线信号取值)。

6.7.4 ModelSim 仿真

在 ispLEVER 软件系统中，要对除 CPLD 和 GDX 以外的其他 Lattice 可编程逻辑器件系列(包括 FPGA、ispXPGA/ispXPGA-E 和 ispXPLD)进行仿真，就必须安装和使用 ModelSim for Lattice 仿真器(OEM 版本的 ModelSim，简称 ModelSim)；对于以 CPLD 或 GDX 为目标器件但是采用 VHDL 或 Verilog 测试基准的设计项目(不推荐采取该类组合)，同样需要使用 ModelSim 进行仿真。

在进行 ModelSim 仿真之前，需要准备好一个以上的 Verilog 测试基准(*.tf 或*.v)或 VHDL 测试基准(*.vhd)、一个网表文件(*.vo 或*.vho)和一个用于时序仿真的时延文件(*.sdf)。由于 ispLEVER 已预先将器件类型、测试激励文件类型等与仿真工具相关联，因此在其集成环境中启动 ModelSim 仿真的操作方法非常简单。具体操作包括：

(1) 对于采用 VHDL 测试基准的设计项目(如图 6.47 所示)：

① 在项目管理器的源窗口内选择 VHDL 测试基准(*.vhd)。

② 双击处理窗口内的 VHDL Functional Simulation 处理项，即可启动 ModelSim 功能仿真。

③ 双击 VHDL Post-Route Functional Simulation 处理项，则会启动 ModelSim 布线后功能仿真。

④ 双击 VHDL Post-Route Time Simulation 处理项，即可启动 ModelSim 时序仿真。

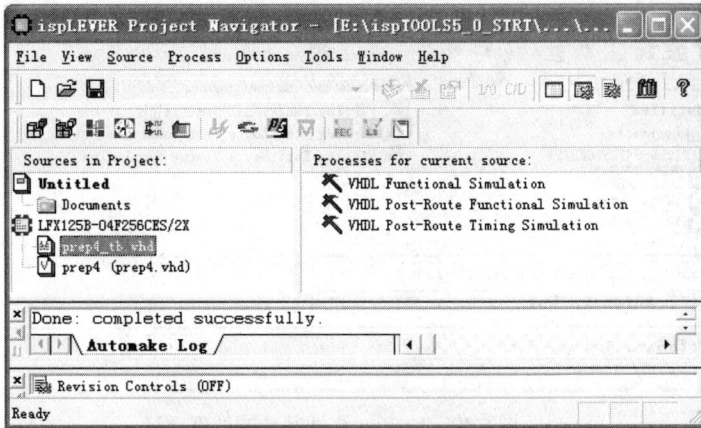

图 6.47　VHDL 测试基准的处理项目

无论采取②～④中的哪一种仿真方式，都将会弹出类似于图 6.48 所示的波形显示窗口，显示本次仿真的结果。若窗口左侧区域内显示的信号名前面带有[+]，即表示它包含有下层的信号；单击该符号可以展开该信号名，并显示其下层的信号波形。

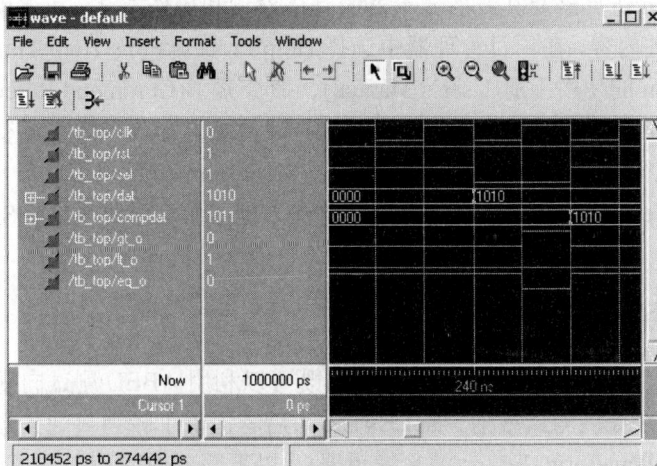

图 6.48　ModelSim 仿真结果的显示窗口

对于②～④这三种处理项，均可利用右键快捷菜单中的 Properties 命令设置和修改有关的属性。

(2) 对于采用 Verilog 测试基准的设计项目(如图 6.49 所示)：

① 在项目管理器的源窗口内选择 Verilog 测试基准。

② 双击处理窗口内的 Verilog Functional Simulation 处理项，即可启动 ModelSim 功能仿真。

③ 双击 Verilog Post-Route Functional Simulation 处理项，则会启动 ModelSim 布线后功能仿真。

④ 双击 Verilog Post-Route Time Simulation 处理项，即可启动 ModelSim 时序仿真。

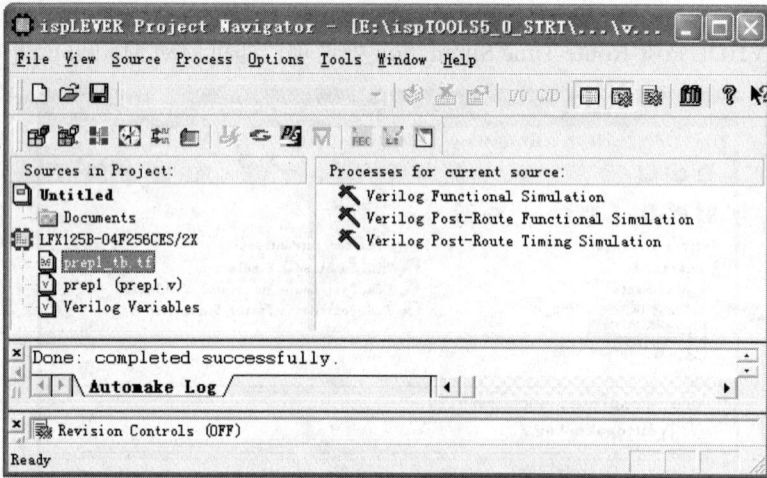

图 6.49　Verilog 测试基准的处理项目

执行②～④中的任何一种仿真之后，都将会弹出类似于图 6.48 所示的波形显示窗口，显示本次仿真的结果。

对②～④这三种处理项，均可利用右键快捷菜单中的 Properties 命令，设置和修改有关的属性。

关于 ModelSim 仿真器及其波形显示器的具体设置和操作方法，可参阅 ispLEVER 软件中 Help 系统的有关内容。在项目管理器中选择 Help\Process Flow Help\Third-Party Manuals，即可查阅 ModelSim 的使用手册(User's Manual)、命令索引(Command Reference)以及在线教程(Tutorial)。另外，在 C:\ispTOOLS5_0\example 等目录下存放有许多典型的设计实例，大多可直接调入和运行。读者可以从中选取适用于 ModelSim 仿真的设计项目，参照本节内容和 ispLEVER 的 Help 信息，通过实际练习来更深入地了解和掌握 ModelSim 仿真器的具体设置和操作方法。

6.7.5　测试向量的图形化描述方法

前面已经提过，对于 CPLD 和 GDX 器件，既可以利用 ABEL 测试向量又可以利用图形化激励文件(*.wdl)来提供测试激励。ispLEVER 为后者提供了较为直观、方便的激励波形图形化输入工具——Waveform Editor(波形编辑器)。以下简要说明利用波形编辑器编制 WDL 文件的基本方法和步骤。

(1) 在项目管理器中选择 Source\New\Waveform Stimulus，单击"OK"按钮，将会弹出 Associate Waveform Stimulus(关联波形激励)对话框，要求明确新建的 WDL 文件的关联对象(可以是对应于整个设计的目标器件、某个设计模块或者原理图)。

① 若将该 WDL 文件与目标器件相关联，则可将其用于针对整个设计项目的功能仿真和时序仿真。

② 若将该 WDL 文件与某个设计模块或原理图相关联，则仅能将其用于该模块(原理图)的功能仿真。

(2) 选择需要与之关联的源对象(此处为目标器件)后，单击"OK"按钮继续。

(3) 在弹出的 New Waveform Stimulus(新的波形激励)对话框中输入该 WDL 文件的文件名，单击"Save"按钮，即可打开波形编辑器和初始标题为 Nothing Selected 的波形编辑对话框(执行 Object\Edit Mode 亦可将其调出)，参见图 6.50。

(4) 选择 Edit\New Wave 命令，将会弹出 Add New Wave(加入新波形)对话框(参见图 6.50)。

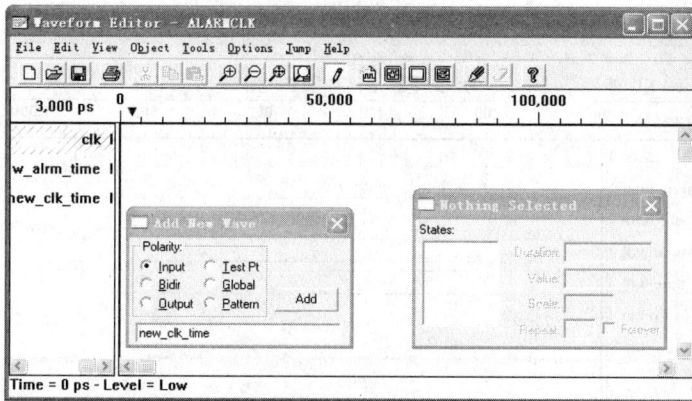

图 6.50 波形编辑器界面及 Add New Wave 对话框

(5) 在该对话框中指定信号名及其极性(Polarity)，而后单击"Add"按钮，即可将其加入显示窗口中。对于总线形式的信号，其命名规则为：

基本名[起始下标：终止下标]

例如：

new_alrm_time[3:0]

(6) 重复步骤(5)，将所有与测试激励有关的信号逐一地加入。

(7) 在显示窗口中单击一个信号名将其选中(以浅灰色斜线背景突出显示)，作为创建波形的对象。

(8) 将鼠标移至显示窗口中与被选中信号平行的波形区域，在需要出现第一个跳变(脉冲边沿)的地方单击鼠标，即可画出该波形的第一部分(第一个脉冲)。

(9) 重复步骤(8)，依次画出该波形的各个脉冲。逐一选择各个信号并绘制其波形，最终完成全部激励波形的绘制。图 6.51 所示为完整的 ALARMCLK 图形化测试激励。

(10) 在绘制过程中，利用此前已自动弹出的波形编辑对话框，从 States 列表中选择当前选中的脉冲的状态，在 Duration 一栏中指定其持续时间并按回车键，在 Value 一栏中指定总线信号的数值，在 Scale 一栏中指定波形缩放比例，在 Repeat 一栏中指定脉冲重复次数，可以较为方便、精确地完成波形的绘制(参见图 6.52)。

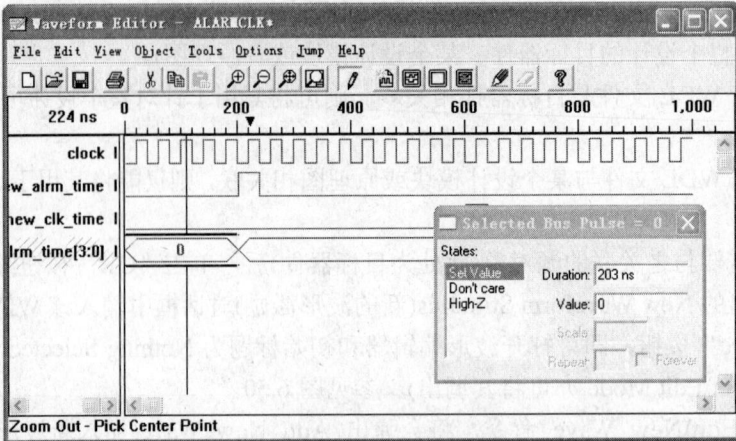

图 6.51　使用波形编辑对话框

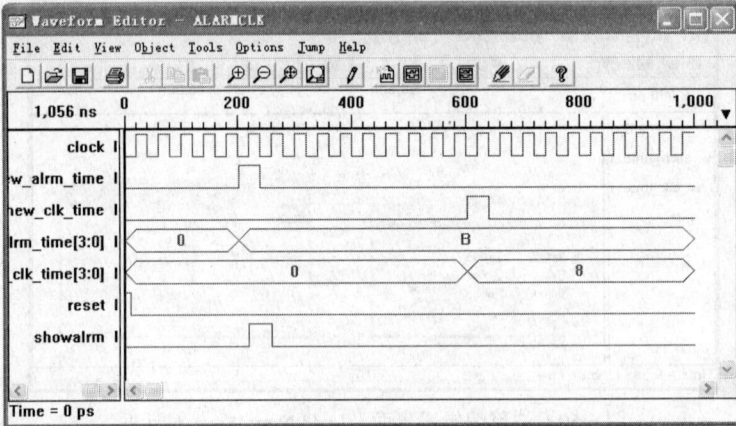

图 6.52　ALARMCLK 设计项目的图形化激励描述(alarmclk.wdl)

(11) 选择 File\Consistency Check，检测各个激励波形是否存在冲突，错误信息会显示在窗口内。

(12) 在检查无误之后，选择 File\Save，将所创建的波形文件保存；选择 File\Exit，关闭波形编辑器。

利用前面讲过的仿真器控制面板窗口，选择 Tools\Waveform Editor，亦可打开波形编辑器；而后可按照上述步骤(4)～(12)建立 WDL 文件，再利用 Import 命令将其导入项目之中。此后，在项目管理器的源窗口中将会显示此前创建的 WDL 文件。单击选中该 WDL 文件，即可按照前面介绍的 LLS 仿真方法进行功能仿真和时序仿真。其操作步骤和结果等均与基于 ABEL 测试向量的设计仿真完全一致，在此不再赘述。

6.8　设计实现

所谓设计实现(Design Implementation)，就是将设计描述与目标器件相结合，寻求基于目标器件的物理资源实现预期的设计功能和指标特性的可能方案甚至最佳方案。该步骤一般应在完成设计描述文件输入及功能仿真之后进行，其输出又将作为设计验证(特别是时序仿真)、器件编程等后续步骤的输入。如图 6.53～图 6.56 所示，有关设计实现的处理项目均与目标器件相关联，而且其具体内容因目标器件的类型而异，但 CPLD 器件和 ispXPLD 器件对应的处理项目基本相同。下面着重说明基于 CPLD/ispXPLD 器件的设计实现步骤和方法，并简要介绍基于 FPGA 器件和 ispXPGA 器件的设计实现步骤和方法。

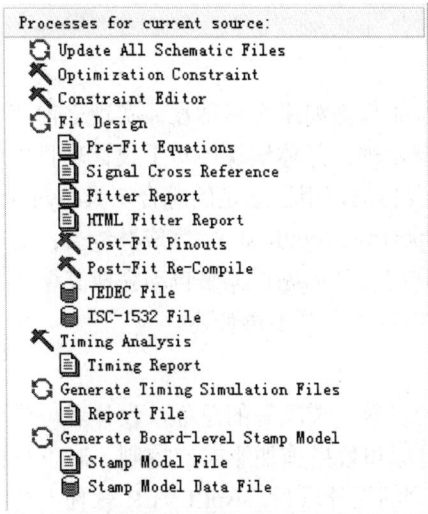

图 6.53　CPLD 器件的典型处理项目

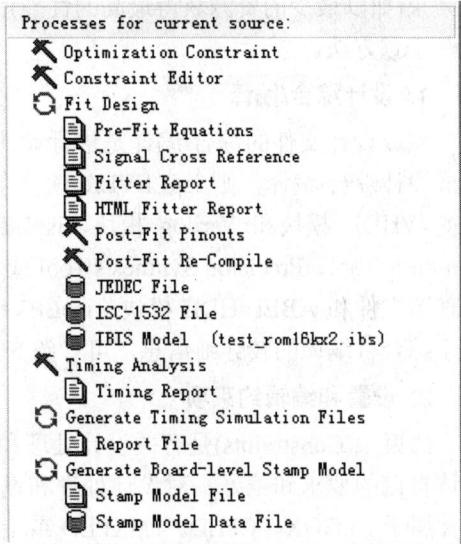

图 6.54　ispXPLD 器件的典型处理项目

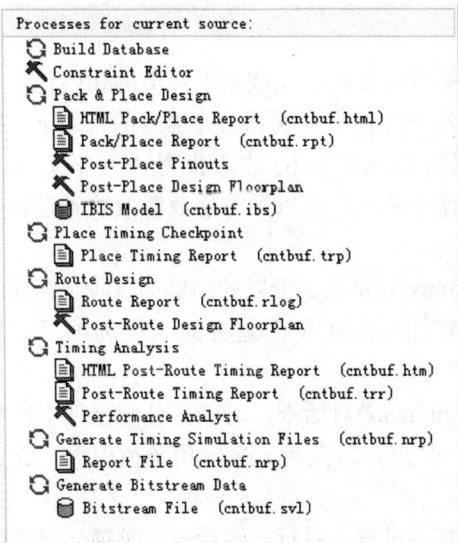

图 6.55　ispXPGA 器件的典型处理项目

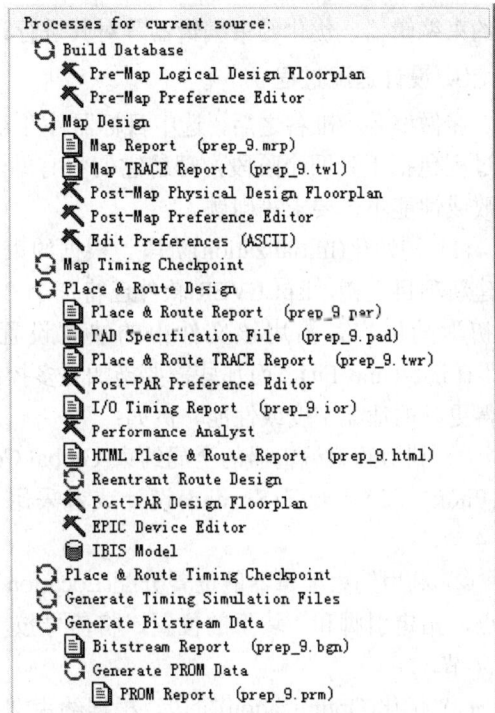

图 6.56　FPGA 器件的典型处理项目

6.8.1　基于 CPLD/ispXPLD 器件的设计实现

当目标器件属于 CPLD 系列或 ispXPLD 系列时，只需将其选中并在处理窗口中双击 Fit Design 或其后续(位于其下方)的处理项(参见图 6.53 和图 6.54)，即可启动并连续完成整个设计实现过程。虽然设计实现的操作步骤十分简便，但要获得较高的适配成功率和较好的实现效果(如以最少的资源获得最高的性能)，就必须较深入地理解其运行环境、处理过程并掌握其干预方法。

1. 设计综合/编译

完成设计文件的综合/编译是进行设计实现的先决条件。如果在启动设计实现之前尚未完成设计综合/编译，则 ispLEVER 软件会自动执行该步骤。具体地说，对于设计项目中包含的 VHDL 模块和 Verilog 模块，ispLEVER 软件会自动调用已选定的综合工具(Synplify Synthesis Tool、Precision Synthesis Tool 或 Leonardo Spectrum Synthesis)，完成其综合；对于原理图文件和 ABEL-HDL 模块，ispLEVER 软件则利用内部的编译器来自动完成其编译。关于综合、编译的较详细信息，可参阅 6.7 节的有关内容，在此不再赘述。

2. 设置和编辑约束项

约束项(Constraints)是有关设计处理和设计实现的参数、选项等的总称，设计者可借此表达自己的要求和偏好，对设计处理和设计实现的过程和效果施加影响或控制。对于目标器件属于 ispGDX、CPLD、ispXPLD 或 ispXPGA 系列的设计项目，ispLEVER 软件支持利用其约束编辑器(Constraint Editor)、优化约束编辑器(Optimization Constraint Editor)以及 ispXPGA 底层编辑器(Floorplanner)等工具，设置和编辑有关的约束项。关于约束项以及使用约束编辑器、优化约束编辑器等对其进行设置和编辑的方法，详见 6.8.4 节。

3. 设计适配过程

在做好各项准备之后，选中目标器件并双击 Fit Design 处理项，即可令适配器运行。适配过程包括下列四个阶段，理解它们将有助于设计者选择最佳的"矫正行动"以解决适配失败或性能不合要求等问题。

(1) 初始化(Initialization)阶段。根据约束文件等有关设置，完成适配环境的初始化。在创建新项目之初，ispLEVER 软件已将一个"缺省约束文件"复制到当前项目的目录下。对于初学的用户，沿用该文件中的缺省设置可以针对大多数的设计获得"一举适配成功"(First-Time Fit)。而那些需要施加更多控制的使用者，则可以很方便地修改缺省设置以获得更好的适配密度或性能。例如：

① 利用约束编辑器的全局约束(Global Constraints)对话框，可以控制优化过程，选择压缩(Pack)设计、展开(Spread)设计或者采用"指定器件利用率"之类的高级选项，详见 6.8.4 节。

② 利用约束编辑器的位置分配(Location Assignments)对话框，可以预分配器件引脚和节点，指定引脚和"块"的位置，将信号按"块"分组，以及为未来应用预留引脚，详见 6.8.4 节。

(2) 优化(Optimization)阶段。根据约束文件等有关设置，进行资源检查、时钟分配等优化处理，具体包括：

① 调入有关目标器件的内部结构信息，针对当前设计进行资源检查。如果需要的资源(如乘积项、宏单元、引脚、时钟、置位、复位和输出使能控制资源)超出了器件拥有的资源，将会报告错误。

② 对每个时钟信号进行评估并将其分类为全局时钟(Global Clock)或非全局时钟(Non-global Clock)。适配器会尽量将所有的全局时钟信号放置在"全局时钟引脚"上；如果目标器件的结构支持乘积项时钟(Product Term Clocks)，适配器会为其他的时钟信号分配 I/O 引脚并利用乘积项予以实现。所有时钟信号的类型和分配结果将记录在项目日志文件(.log)中。

③ 将那些已定义但未被引用的引脚和节点从设计中剔除，并产生警告信息。此外，优化阶段还涉及逻辑综合选项(Logic Synthesis Options)、器件利用率选项(Utilization Options)等多种选项以及逻辑分组(Logic Grouping)等操作，详见 6.8.4 节。

(3) 划分(Partitioning)阶段。针对目标器件将设计划分成多个相对独立的"块"。具体将根据下列因素，通过将逻辑分配给特定的块来完成划分。

① 各个信号的预布局(Pre-placements)和分组配置(Grouping Assignments)情况。

② 每个逻辑"块"中可供利用的内部资源(空余的宏单元、乘积项、时钟信号等)。

③ 每个逻辑"块"中可供利用的开关矩阵互连资源。

此后，"划分器"将考虑信号的共享可能性和对宏单元、置/复位信号及乘积项的需要量以及其他因素，确定哪一种划分最有可能成功地适配，并仅对那些(依照其规则)最有可能成功的划分进行尝试。为了获得较好的设计实现效果，通常需要选择适当的划分策略以控制"划分器"的工作方式，详见 6.8.4 节。

(4) 适配(Fitting)，即布局和布线(Placement and Routing)阶段。其中，布局是将 I/O 引脚、异或门、触发器和乘积项簇等物理的"块"资源分配给逻辑方程；布线是在完成逻辑方程的布局之后，为其分配开关矩阵互连资源。在适配过程中的布局阶段，会按照下列方式为各个逻辑方程分配物理资源：

① 为那些已被预先指定引脚的逻辑方程分配资源。

② "隐埋"(即未与引脚连接)的逻辑函数将被放置在余下的未使用的宏单元中。

③ 输入信号被分配给任何可用的引脚，包括专用输入引脚、时钟/输入引脚，以及那些与尚未使用或用于实现"隐埋"逻辑函数的宏单元对应的 I/O 引脚。

④ 输出信号可被分配给任何尚未被占用的 I/O 引脚。

在布线阶段，适配器会尝试将输入、输出和反馈信号与在布局阶段为它们分配的物理资源相连接。如果适配器不能布通所有的连线，它将会尝试其他的布局，并根据新的布局尝试各种不同的布线路径。如此不断迭代，直到找到成功的适配或者超过了规定的适配时间(次数)。利用约束编辑器的全局约束对话框，可以设置与适配器有关的各种选项(Fitter Options)，详见 6.8.4 节。

4. 关于适配报告

在适配成功后，不但会生成用于器件编程的 JEDEC 文件，还会以文本(*.txt)和网页(*.html)两种格式生成适配报告(均存放于当前设计项目的目录下)，并将文本格式的适配报告在项目管理器输出窗口中显示出来。该适配报告的主要内容包括：

(1) 项目总结(Project Summary)部分：包括项目名、存放位置(目录)、编译日期以及所选用的目标器件及其封装形式、设计源文件的格式等。

(2) 编译时间(Compilation Times)部分：报告本次适配耗费的时间以及每个处理步骤及其耗费的时间。

(3) 设计总结(Design Summary)部分：报告当前设计的有关统计信息，包括输入、输出、触发器、寄存函数、乘积项和保留引脚的个数，以及专用控制信号的个数。

(4) 器件资源总结(Device Resource Summary)部分：列出器件中全部的可利用资源，并报告当前设计使用了多少资源，还剩余多少资源以及器件资源利用的百分比。

(5) GLB 资源总结(GLB Resource Summary)部分：列出各种 GLB 级、"块"级(segment)的资源数量，涉及扇入(fan-in)或阵列输入、I/O 引脚、输入寄存器、宏单元、逻辑乘积项和乘积项簇。

(6) 优化和适配选项(Optimizer and Fitter Options)部分：显示被用于设计适配和优化的所有选项设置。这些选项都是由设计者此前利用"约束选项"对话框所设定的。

(7) 引脚列表(Pinout Listing)部分：在器件符号上显示所有的 I/O 信号和控制信号及其分配结果。

(8) (输入、输出、双向、隐埋)信号列表((Input，Output，Bidir，Buried) Signal List)部分：报告每个 I/O 信号的 I/O 类型、位置分配、扇出(fan-out)等信息。

(9) 信号扇出列表(Signals Fan-out List)部分：列出所有的信号资源以及它们扇出(驱动)的函数。

(10) GLB 簇导引表(GLB xxx Cluster Steering Tables)部分：说明函数及其输入在 GLB 内被怎样布局，即乘积项怎样被导引到实现其功能的宏单元上，以及利用了哪些控制信号。

(11) GLB 逻辑阵列扇入(GLB xxx Logic Array Fan-in)部分：报告信号与各个 GLB 的输入端的映射关系。

(12) 适配后方程(Post-Fit Equations)部分：以乘积项直方图(逻辑方程—乘积项个数)和 GLB 输入直方图(逻辑方程—输入信号个数)作为开始，报告当前设计中经过适配的逻辑方程。

在项目管理器中选择 Tools\Fitter Report File Format，利用 Fitter Report Options 对话框(参见图 6.57)选择/取消有关的选项，即可选择适配报告的风格和内容。该方法同样适用于 ispXPGA 器件设计。

要查看适配报告，需先在项目管理器的源窗口中选中目标器件，然后在处理窗口中进行如下操作：

(1) 双击 Fitter Report 处理项，在输出窗口中打开和显示适配报告(文本)。注意：输出窗口(Output Panel)是 ispLEVER 默认的报告文件显示位置。选择 Options\Environment，并在 Environment Options 对话框中选择 Using Report Viewer，即可利用报告阅读器(Report Viewer)替代输出窗口。该改变适用于各种报告文件(文本)。

(2) 双击 HTML Fitter Report 处理项，利用因特网浏览器(如 IE)打开适配报告(网页)。该方式通常较为方便、简洁，故推荐优先使用。

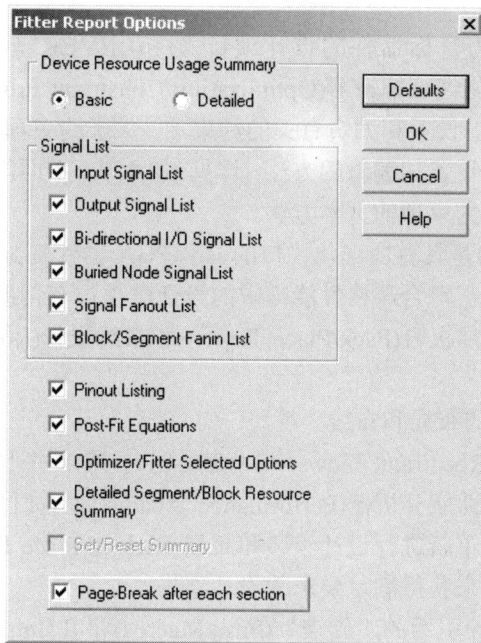

图 6.57　设置适配报告的格式

6.8.2　基于 ispXPGA 器件的设计实现

对于以 ispXPGA 为目标器件的设计项目，设计实现过程包括 Build Database(建立数据库)、Pack & Place Design(设计组装与布局)、Route Design(设计布线)等处理步骤(参见图6.55)。操作方法同样十分简单：既可(自上而下)依次执行各个处理步骤，亦可通过双击 Route Design 或其后续(位于其下方)的处理项，启动并连续完成整个设计实现过程。以下简要说明其运行环境、处理过程和干预方法。

1. 设计综合/编译

完成设计文件的综合/编译是执行设计实现的先决条件。若在启动设计实现之前尚未完成设计综合/编译，ispLEVER 将会自动予以执行，即：① 调用已选定的综合工具(Synplify Synthesis Tool、Precision Synthesis Tool 或 LeonardoSpectrum Synthesis)，完成 VHDL 模块和Verilog 模块的综合；② 利用内部的编译器自动完成(顶层)原理图文件的编译。关于具体的综合/编译过程和操作方法，详见 6.7 节的有关内容。

2. 建立 Lattice 内部数据库

在完成设计项目创建和设计文件输入/导入之后，即可建立针对 ispXPGA 器件的 Lattice内部数据库。该处理步骤以一个由(独立运行或在 ispLEVER 集成环境中运行)Verilog/VHDL综合工具生成的 EDIF 文件作为输入；当运行 Build Database 处理步骤时，ispLEVER 软件会将该 EDIF 文件转换成为 Lattice 内部数据库(*.ld1)。如果当前设计项目采用了参数化模块(Parameterized Modules)和 IP 核(Lattice 模块和 ispLeverCORE IP 模块)，或者用户自定义的"硬宏"(User Firm Macros)，则 ispLEVER 软件会自动地将它们展开。

3. 设置约束项

对于以 ispXPGA 为目标器件的设计项目，ispLEVER 软件支持利用其约束编辑器(Constraint Editor)、优化约束编辑器(Optimization Constraint Editor)以及 ispXPGA 底层编辑器(Floorplanner)等工具，设置和编辑有关的约束项。关于约束项以及使用约束编辑器、优化约束编辑器等对其进行设置和编辑的方法，详见 6.8.4 节。下面简要介绍 ispXPGA 底层编辑器及其用于设置和编辑约束项的基本方法。

ispXPGA 底层编辑器是具有图形化接口的 ispXPGA 器件资源管理工具(参见图 6.58)，对缩短设计修改时间和获得符合严格性能需求的设计结果很有帮助。该工具有以下功能：

(1) 获得针对组装/布局报告(Pack/Place Report)和布线报告(Route Report)所提供的信息的图形化显示。

(2) 定制其设计项目的布局和布线环境。

(3) 在可重入流程(Reentrant Flow)中，满足时序需求并且减少通道拥塞(Channel Congestion)。方法是利用性能分析器(Performance Analyst)查看时序验证结果，据此在底层编辑器中设置约束项，并重新进行设计组装和布局(Pack & Place Design)。然后重复上述步骤，通过反复调整约束项来获得满足要求的设计结果。

(4) 生成可供其他设计引用的"硬宏"(Firm Macros)和 IP(Intellectual Property)。

(5) 利用其时序部件(Timing Widget)，在底层视图(Floorplan View)上执行静态时序分析并显示时序路径。

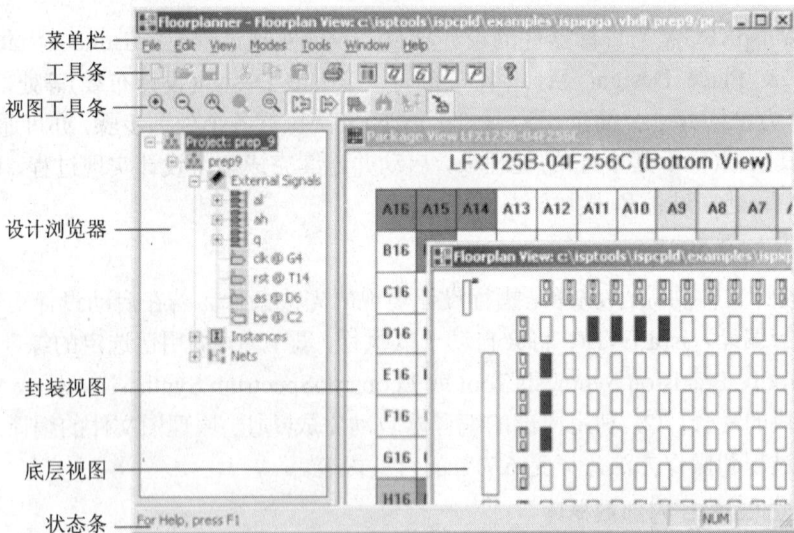

图 6.58　ispXPGA 底层编辑器的主窗口

ispXPGA 底层编辑器的运行需要布局后或布线后设计信息的支持。利用下列方式之一，可以在 ispLEVER 软件环境中启动 ispXPGA 底层编辑器，并调入当前的设计项目(需先在源窗口中选中目标器件)。

(1) 在处理窗口中，双击 Post-Place Design Floorplan 处理项，即可在底层编辑器中打开当前的设计项目。若此前尚未完成设计综合、数据库建立、设计组装和布局，则会自动予以执行。

(2) 双击 Post-Route Design Floorplan 处理项，以执行设计布线并在底层编辑器中打开当前的设计项目。若此前尚未完成设计综合、数据库建立、设计组装和布局，则同样会自动予以执行。

在底层编辑器中，可以通过形象直观的交互式操作，管理 ispXPGA 器件资源和修改有关的约束项(详见有关的帮助信息)。而后，可以选择 File\Save Constraints，将 PFU(Programmable Functional Unit，可编程功能单元)、组分配(Group Assignments)、引脚分配(Pin Assignments)、区域分配(Region Assignments)等约束类型中的一个或多个存入当前设计的约束文件(*.lct)中。相应地，ispLEVER 软件将会用新的约束项覆盖当前的 LCT 文件，并且清除处理窗口内有关处理项前面附加的"√"。在下次进行"Pack & Place"或"Route"处理时，所作的修改便会作用于物理设计文件(*.ld2 或*.ld3)。具体操作步骤如下：

(1) 在 ispXPGA 底层编辑器(Floorplanner)中，选择 File\Save Constraints。

(2) 在 Save Constraints 对话框中，根据此前所作修改的类型，选择 Region、Pin Assignments 和/或 PFU Packing/Placement。

(3) 接受 File name 栏中缺省的文件名和文件类型，并单击"Save"按钮。

(4) 单击"Yes"按钮以确认希望替代当前的 LCT 文件，即可令底层编辑器将所作的修改存入约束文件中。

4. 设计组装与布局

在建立初始的 Lattice 内部数据库之后，执行 Pack & Place Design 处理步骤会将设计中的"实例"(Instances)或单元(Cells)"组装"到可编程功能单元(PFUs)中，而后将其布局在 ispXPGA 器件上。其输入是布局后设计数据库(*.ld2)。缺省约束允许设计者运行该步骤以进行快速评估，而不管当前设计项目是否与 ispXPGA 器件相适配。为了获得更好的结果，可以利用约束编辑器的全局约束表格(Global Constraints Sheet)修改有关的约束项。

5. 查看和利用布局结果

在完成组装与布局之后，可以通过以下方式查看和利用布局结果：

(1) 执行"Post-Place Pinouts"处理，打开约束编辑器并查看引脚分配的结果。

(2) 执行"Post-Place Design Floorplan"处理，打开底层编辑器并查看布局后的设计网表(没有任何布线信息显示)。该项处理使设计者可以在布线之前控制 PFU 的布局以优化设计性能。例如，可以选择一个 PFU 并将其移动到更靠近一条关键路径的 PIO 的地方；也可以通过在一组 PFU 的周围"拖动"鼠标来选择一个区域(region)——这对于开发"宏"(macros)和 IP 非常有用，然后便可调整设计的"长宽比"(Aspect Ratio)。

(3) 执行 Post-Place Timing Report 处理，以打开时序报告并检查布线前时序。该时序报告为进行较耗时的设计布线处理提供了一种最好情况下的估计(在大多数情况下是最好的时序)。它会给出关于每条路径的具体静态时序信息，并且指出相应的时序约束是否能够得到满足。将它与上述 Post-Place Design Floorplan 处理结合起来使用，可以在布线之前进行设计性能优化。

6. 设计布线

ispLEVER 软件需在完成设计布局之后进行 ispXPGA 器件内部布线。其布线算法充分利用了 Lattice ispXPGA 结构的特点，可获得最佳的性能。它利用"拥塞驱动"(Congestion-driven)的布线策略来获得信号"拥塞"最少的适配结果，并且同时利用时序驱动的布线策略来获得最佳的性能。在时序驱动布线方面，"布线器"会在布线过程中识别关键路径并对其进行优化，它还允许设计者指定一条需要"重点照顾"的路径。在布线之后，设计者可以查看布线报告中的错误信息，并利用布线后底层编辑器进行"递增式"设计布线。此外，通常还需要执行 Generate Bitstream Data 处理，以生成用于器件编程的位流(Bitstream)数据文件。

7. 查看和利用布线结果

在完成设计布线之后，可以通过以下方式查看和利用布线结果：

(1) 执行 Route Report 处理，以显示布线报告。该报告说明设计是如何在目标器件中布线的以及布线是否成功。如果布线未能成功，可以利用布线后设计底层编辑器(Post-Route Design Floorplan)和"查询部件"(Query Widget)来找到未能布通的网线。

(2) 执行 Post-Route Design Floorplan 处理，将会打开底层编辑器并查看布线后的设计网表(参见图 6.58)。注意：

① 即便设计布线未获得成功(如报告中指出了未布通的网线)，仍可打开底层编辑器以确定未能布通的网线，该功能使设计者可以修改设计以成功地完成布线。

② 每当移动一个或一组 PFU 时，有关的网线会被断开(变为"未布通"网线)。要在底层编辑器中修复这些断开的网线，应选择 Edit\Route；若要进行全局布线，则需使用项目管理器，即执行 Route Design 处理项。

8. 交互式编辑

ispXPGA 处理流程支持基于约束编辑器和底层编辑器两种工具的交互式编辑(Interactive Editing)。关于约束编辑器的作用、特点和使用方法，请参阅 6.8.1 节和 6.8.4 节。关于底层编辑器的作用、特点和使用方法，请参阅本节的有关部分。在项目管理器中选择 Help\ispLEVER Design Tools，可以获得更多的详细信息。

6.8.3 基于 FPGA 器件的设计实现

对于以 FPGA 为目标器件的设计项目，设计实现过程包括 Build Database(建立数据库)、Map Design(设计映射)、Place & Route Design(设计布局与布线)等多个处理步骤(参见图 6.56)，其操作方法十分简单：既可(自上而下)依次执行各个处理步骤，亦可通过双击 Place & Route Design 或其后续(位于其下方)的处理项，启动并连续完成整个设计实现过程。以下简要说明其运行环境、处理过程和干预方法。

1. 设计综合/编译

完成设计文件的综合/编译是进行设计实现的先决条件。如果在启动设计实现之前完成设计综合/编译，则 ispLEVER 软件会自动执行该步骤，即：① 调用已选定的综合工具(Synplify Synthesis Tool、Precision Synthesis Tool 或 Leonardo Spectrum Synthesis)，完成 VHDL 模块和 Verilog 模块的综合；② 利用内部的编译器自动完成(顶层)原理图文件的编译。

关于具体的综合/编译过程和操作方法，详见 6.7 节的有关内容。

2. 建立 Lattice 内部数据库

在完成设计项目创建和设计文件输入/导入之后，即可建立针对 FPGA 器件的 Lattice 内部数据库。该处理步骤以一个独立运行或在 ispLEVER 集成环境中运行的 Verilog/VHDL 综合工具生成的 EDIF 文件作为输入；当运行"Build Database"处理步骤时，ispLEVER 软件会将该 EDIF 文件转换成为 Lattice 内部数据库(*.ld1)。如果当前设计项目采用了参数化模块(Parameterized Modules)和 IP 核(Lattice 模块和 ispLeverCORE IP 模块)，或者用户自定义的"硬宏"(User Firm Macros)，ispLEVER 软件会自动地将它们展开。

3. 设置偏好

与约束项(Constraints)类似，偏好(Preferences)即设计者期望软件工具采用的选项和参数。对于以 FPGA 为目标器件的设计项目，ispLEVER 软件支持利用下列方式设置和编辑有关的偏好：

(1) 许多 FPGA 偏好均可利用偏好编辑器(Preference Editor)加以编辑。其作用和界面均与适用于非 FPGA 器件的约束编辑器相似(参见图 6.59)。利用其对话框或者更为直接的电子表格，可以为 FPGA 设计项目定义"组"(Groups)、位置(Locations)、IO 类型以及各种时序偏好(具体操作方法请参阅有关的 ispLEVER 帮助信息)。运行偏好编辑器的步骤如下：

① 在项目管理器的源窗口中选中 FPGA 目标器件。

② 在处理窗口中双击 Pre-map Preference Editor 处理项，即可打开偏好编辑器并且调入"映射前偏好"(Pre-map Preference)，参见图 6.59。利用其"引脚属性表"(Pin Attributes Sheet)和多种功能对话框，可以较方便、直观地修改偏好文件。

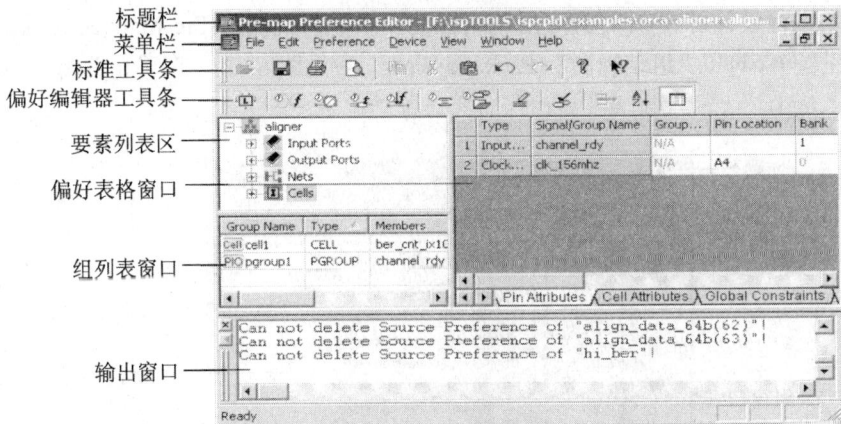

图 6.59 Pre-map Preference 编辑器的主窗口

③ 在处理窗口中，双击 Post-map Preference Editor 处理项，即可打开偏好编辑器并且调入"映射后偏好"(Post-map Preference)，参见图 6.60。利用其封装视图，可以通过鼠标"拖—放"操作完成对信号的引脚分配(Pin Assignments)。

(2) 利用 FPGA 底层编辑器(Floorplanner)编辑。FPGA 底层编辑器为管理 FPGA 器件资源提供了图形化接口，有助于缩短设计周期和获得严格满足电路性能要求的设计结果。利用该编辑器，可以：① 获得映射报告和布局布线报告中所提供信息的图形化显示；② 实现逻辑部件与物理部件之间的交叉定位(Cross-locate)；③ 查询时序路径和查看管脚至管脚的延时；④ 指定布局布线参数，以便满足对设计的时序要求和减少布线通道的拥塞。

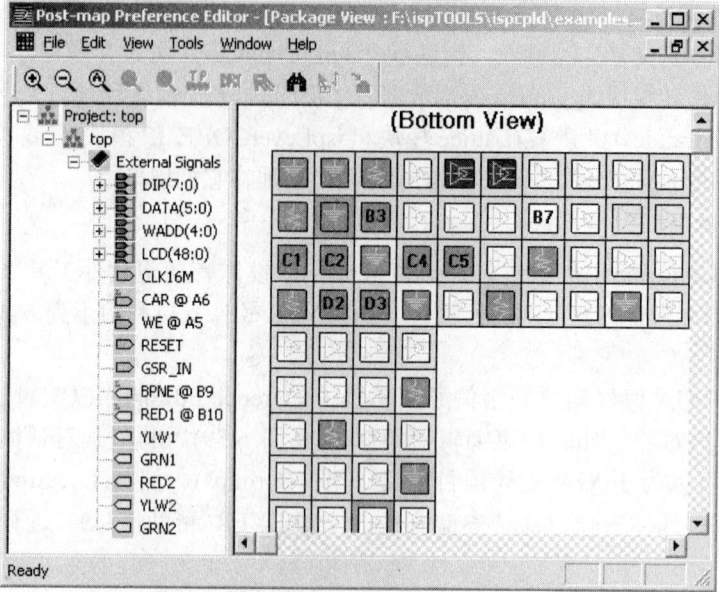

图 6.60　"Post-map Preference"编辑器

运行 FPGA 底层编辑器的步骤如下：

① 在项目管理器的源窗口中选中 FPGA 目标器件。

② 在处理窗口中双击"Pre-Map Logical Design Floorplan"处理项，可以建立数据库(必要时应首先进行设计综合)并打开底层编辑器的"映射前视图"(Pre-Mapped Logical Netlist View，参见图 6.61)和"组装视图"(Package View，参见图 6.62)，查看和编辑"映射前数据库文件"(*.ngd)。

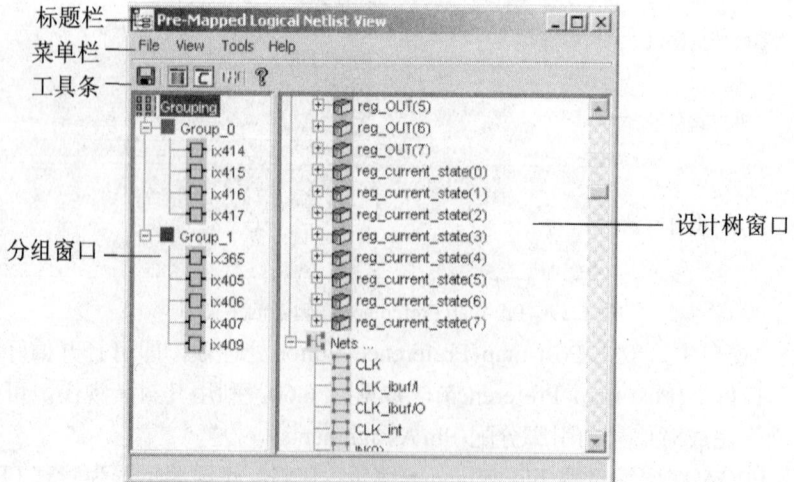

图 6.61　FPGA 底层编辑器的"映射前视图"

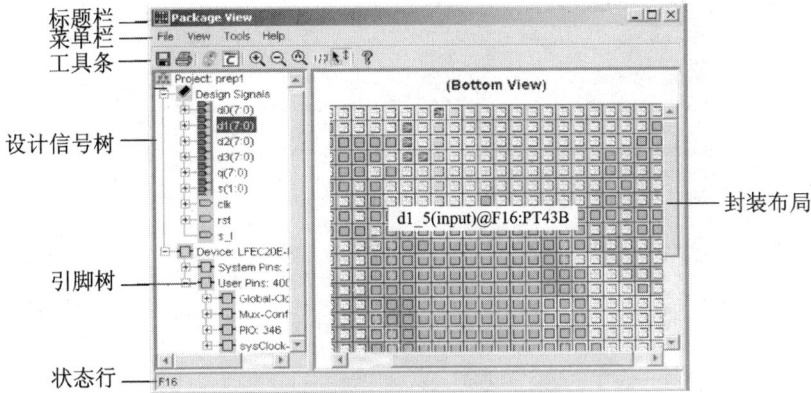

図 6.62　FPGA 底层编辑器的"组装视图"

③ 双击"Post-Map Physical Design Floorplan"处理项，可以进行设计映射(必要时应首先建立数据库)并打开底层编辑器的"映射后视图"(Post-Mapped View，其界面类似于图 6.62)和"底层视图"(Floorplan View，参见图 6.63)，查看和编辑"映射后数据库文件"(*.ncd)。

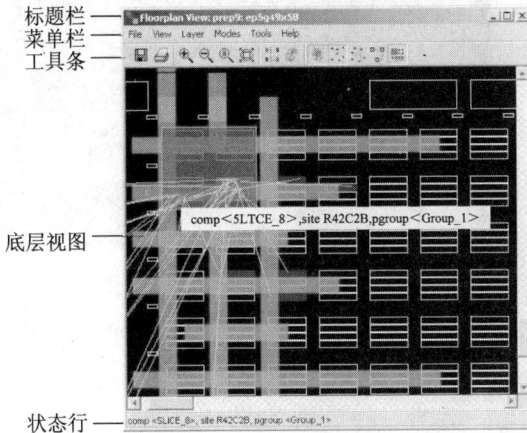

图 6.63　FPGA 底层编辑器的"底层视图"

④ 双击"Post-PAR Design Floorplan"处理项，可以进行设计布局布线(必要时应首先建立数据库和执行设计映射)并打开底层编辑器的"映射后视图"(Post-Mapped Logical Nethist View，界面与图 6.62 类似)和"底层视图"(Floorplan View，参见图 6.63)，查看和编辑"映射后数据库文件"(*.ncd)。

对于上述的②～④这三种方式，均会首先弹出并在执行过程中保留"设计规划控制窗口"(Design Planner Control Window，参见图 6.64)。利用其菜单命令，可以很方便地进出底层编辑器的五种设计视图(即上述四种视图和"物理视图"(Physical View，参见图 6.65))和"路径追踪器"(Path Tracer，参见图 6.66)，并利用有关菜单命令对设计进行修改。选择 File\Save Design，可将已做的修改保存。必要时，可以在"底层视图"、"物理视图"中选中感兴趣的部件，并利用右键快捷菜单打开"详细逻辑视图"(Detailed Logic View，参见图 6.67)，查看该部件的彩色编码逻辑图。

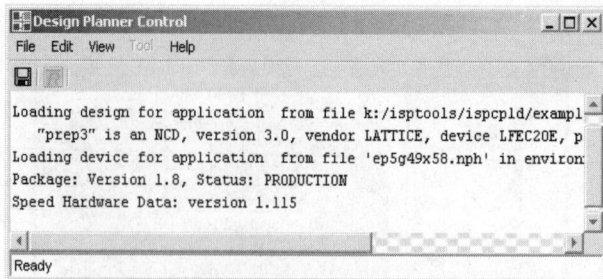

图 6.64　FPGA 底层编辑器的"设计规划控制窗口"

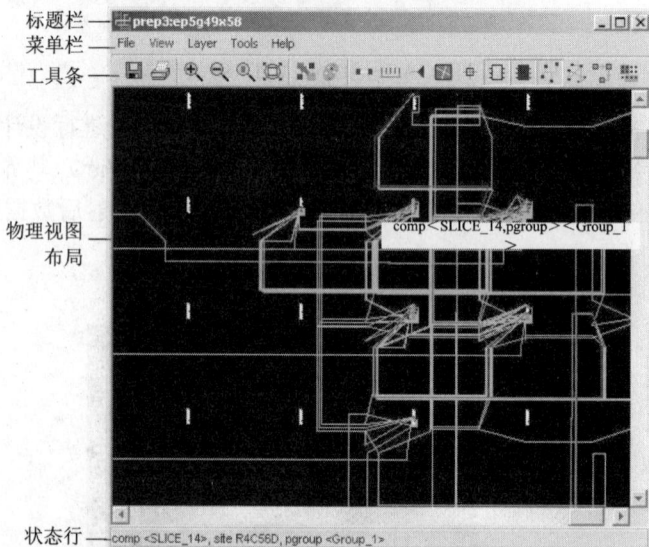

图 6.65　FPGA 底层编辑器的"物理视图"

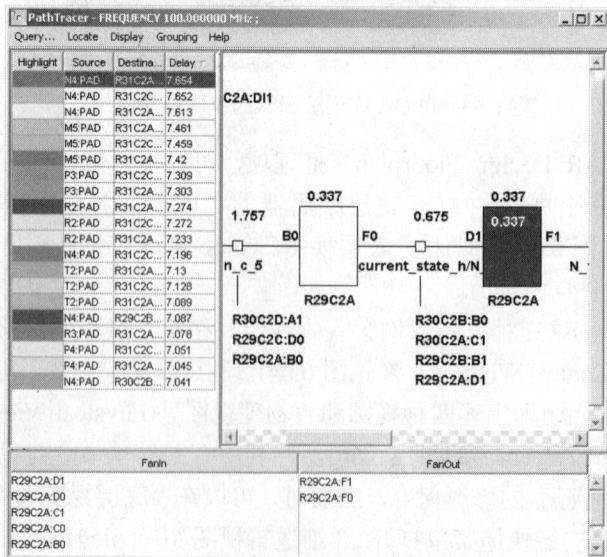

图 6.66　FPGA 底层编辑器的"路径追踪器"

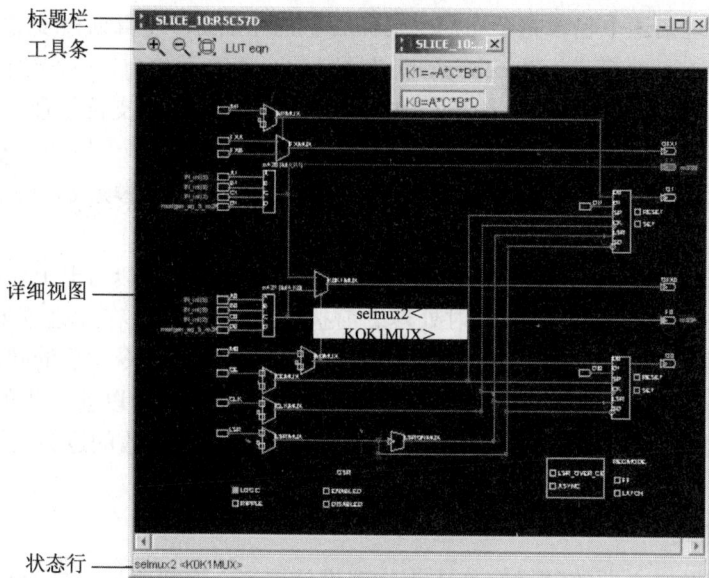

图 6.67　FPGA 底层编辑器的"详细逻辑视图"

(3) 导入偏好文件。对于那些偏好编辑器不能支持的偏好，可以在文本格式的偏好文件中加以指定，而后利用 Source\Import Constraint File 命令，将该文件导入设计项目之中。具体步骤如下：

① 在项目管理器的源窗口中选中 FPGA 目标器件。

② 选择 Source\Import Constraint File，通过浏览找到并打开需要导入的 PRF 文件，该选定的文件将会覆盖当前设计项目路径下的偏好文件(<project>.prf)。

③ 对于关于重置当前项目更新状态的提示"Do you want to reset the project update status"，可单击"No"按钮以保留当前的处理状态，或单击"Yes"按钮予以更新。

(4) 编辑已有的偏好文件。必要时，可以通过下列步骤，利用文本编辑器对当前设计项目路径下的偏好文件(<project>.prf)进行手工编辑：

① 在项目管理器中打开 FPGA 设计项目，确认偏好文件已经存在于当前设计项目的路径下(文件夹中)。

② 在项目管理器的源窗口中选中 FPGA 目标器件。

③ 在处理窗口中双击 Edit Constraints (ASCII)处理项，即可打开文本编辑器并且调入偏好文件(<project>.prf)。

④ 进行需要的修改后，选择 File\Save 命令加以保存，选择 File\Exit 命令退出。

4. 设计映射

映射(Mapping)处理将由器件无关元件(如逻辑门和触发器)构成的网络转换成由(目标)器件特定元件(如可配置逻辑块 CLB)构成的网络。利用输入的 EDIF 网表，映射程序将产生对可编程逻辑单元(Programmable Logic Cells，PLCs)内部逻辑配置的物理描述；而可编程逻辑单元又由可编程功能单元(PFU)、附加逻辑和互连单元(Supplemental Logic and Interconnect Cells，SLICs)或三态缓冲器(Tristate Buffers，TBUFs)、可编程输入/输出(Programmable Input/Output，PIO)配置以及特殊单元(如 PCM、GSR、振荡器)组成。依据输入网表中指定的属性，映射处理会在物理描述中包含完全布局(Absolute Placement)、逻辑划分(即层次化网表)、元件分组布局(Component Group Placement)以及区域化分组布局信息。所产生的物理描述将根据元件在目标器件结构中的层次,输出至物理设计文件(.ncd),以支持物理设计布局和布线。

映射处理作为布局布线(Place & Route Design)的前提步骤,既可以在完整的设计实现流程中被自动地执行,亦可通过在处理窗口中双击 Map Design 处理项或者利用命令行形式来单独运行。

利用 Map Design 处理项的右键快捷菜单命令 Properties,可以打开 Properties 对话框并设置或修改映射选项(建议在执行映射处理之前执行该项操作)。在此过程中,可通过选择 Guide Filename 属性并在其编辑区键入文件名(<file_name>.ncd),令此后的映射处理采取"受导映射"(Guided Mapping)方式。在该方式下,映射程序将利用以前产生的物理设计文件(*.ncd)来指导对新的逻辑设计的映射处理,以减少对经过细微修改的逻辑设计进行布局、布线所需的运行时间。

5. 布局和布线

设计项目在经过必要的翻译转换成为物理设计(*.ncd)格式之后,即可进行布局和布线(Placing and Routing)。该阶段由 PAR 程序(Place and Route Program)利用映射后物理设计文件(*.ncd)对设计进行布局和布线。PAR 程序支持下列两种不同的布局布线方式:

(1) 基于成本的布局布线(Cost-Based Place & Route)。标准的 PAR 程序是基于成本的工具。它在布局布线中会使用多种为有关因素(如约束项、连线长度和可用的布线资源)赋予加权值(Weighted Values)的"成本表",以实现成本作为评估布局布线结果的参考(但仍会以延迟最小化为主要目标)。

(2) 时序驱动的布局布线(Timing Driven Place & Route)。利用集成的静态时序分析工具——时序向导(Timing Wizard),可以依据此前在设计过程中指定的时序约束(偏好),进行时序驱动的布局布线。时序向导通过与 PAR 的交互来保证设计者施加于设计上的时序偏好得到满足。只需简单地将时序偏好写入偏好文件(作为时序向导的输入),即可令 PAR 以该方式运行——因为它一旦发现了偏好文件中的时序偏好,便会激活时序驱动的布局布线。关于具体的时序偏好及其设置方法,请参阅本节的有关内容和 ispLEVER 软件系统的帮助信息。

应在运行 PAR 之前对其属性进行设置。可以在处理窗口中利用 Place & Route Design 处理项的右键快捷菜单命令 Properties,打开 Properties 对话框并设置或修改 PAR 属性。特别重要的是,在该对话框中选择 Advanced Options 下方的 Guide Filename 属性,并在其文本区中键入文件名,即可令 PAR 此后以"受导"方式工作(Guided Place & Route)。在该方式下,PAR 程序利用已有的布局和/或布线文件来指导对新的 NCD 文件的布局布线,以减少处理经过细微修改的物理设计文件(.ncd)所需的运行时间。

在处理窗口中双击 Place & Route Design 处理项,即可启动布局和布线处理。利用该处理项的右键快捷菜单命令 Start、Force,同样可以启动布局和布线处理。

在 PAR 结束运行之后,会生成包含关于 PAR 运行情况、器件使用总结、布局、布线等方面信息的布局布线报告(*.par),并立即在输出窗口中显示。可以利用文本编辑器存取该报告,也可以通过下列方式查看该报告:

(1) 在处理窗口中利用右键单击 Place & Route Report 处理项,并在弹出的快捷菜单中选择 View 命令，便可将布局布线报告调入输出窗口中显示。

(2) 在项目管理器中选择 Window\Report View，可以打开报告阅读器；而后选择 File\View，通过浏览找到并调入该布局布线报告(存放在当前设计目录之下)，加以查看、打印。

此外，通常还需要执行 Generate Bitstream Data 处理和 Generate PROM Data 处理，生成用于器件编程的位流(Bitstream)数据文件和 PROM 数据文件；通过运行 TRACE(时序报告与电路评估器，参见 6.9.1 节)等时序分析工具，则可以针对偏好文件设定的时序偏好，进一步检验物理实现的时序特性。

6. 交互式编辑

Lattice 的 FPGA 处理流程支持应用偏好编辑器(Preference Editor)、FPGA 底层编辑器(FPGA Floorplanner)、EPIC 器件编辑器(EPIC Device Editor)等工具进行交互式编辑(Interactive Editing)。其中，偏好编辑器支持设计者指定或修改布局、布线和/或时序方面的约束，无论其源于设计者还是工艺映射软件；FPGA 底层编辑器是具有图形化接口的 FPGA 器件内部资源管理工具。前面对它们均已作过简要介绍。

EPIC 器件编辑器则是用于显示和配置 FPGA 器件的应用软件。EPIC 是可编程集成电路编辑器(Editor for Programmable ICs)的缩写。该软件主要可用于完成以下任务：

(1) 在针对整个设计运行自动布局布线工具之前，对关键部件(Critical Components)进行布局和布线。

(2) 在布线程序无法彻底布通整个设计时，手动完成布局和布线。为此，该编辑器同时支持自动和手动两种部件级布局和布线方式。

(3) 读、写、撤销(Undo)偏好文件(PRF)中的某些偏好。

在项目管理器的处理窗口中，双击"EPIC Device Editor"处理项，即可启动 EPIC 器件编辑器(参见图 6.68)。关于 EPIC 器件编辑器的具体使用方法，请参阅 ispLEVER 软件的有关帮助信息(选择 Help\ispLEVER Design Tools 命令)。

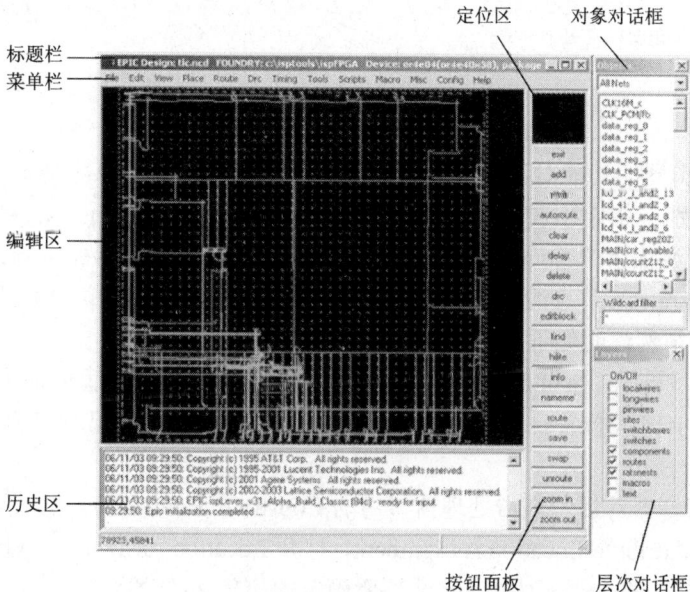

图 6.68　EPIC 器件编辑器主窗口

6.8.4 设计优化方法

ispLEVER 软件系统针对大多数设计的共性，以用最小的器件(或花费最少的资源)获得最高的性能为目标，为设计实现的处理过程设立了一些缺省选项(约束、偏好)；但 ispLEVER 同时允许设计者根据其需要设置、编辑约束/偏好，选择不同的优化策略和进行必要的人工干预，以便提高设计效率和实现设计优化。

1. 约束编辑器及其应用

约束编辑器适用于所有的 Lattice CPLD(包括 ispXPLD)和 ispXPGA/ispXPGA-E 器件系列(对于 FPGA 器件系列，需采用与之对应的偏好编辑器)。在项目管理器的源窗口内选中目标器件后，在处理窗口内双击 Constraint Editor 处理项，即可运行约束编辑器——将约束文件读入并显示在其主窗口中(参见图 6.69)。在操作过程中，约束编辑器会对用户设置的分配或约束进行简单的错误检查，以确认其适用于目标器件而不存在冲突。在使用系统缺省颜色设置的情况下，所有无效约束和错误分配均会(在约束表和各种对话框中)显示为红色，而所有的缺省值均会显示为绿色。

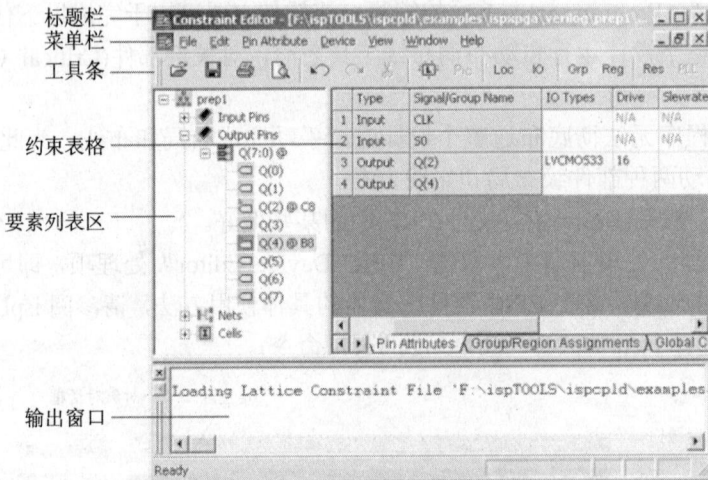

图 6.69　约束编辑器的主窗口

利用约束编辑器的功能对话框或者更为直接的电子表格，可以方便地对约束文件进行编辑和修改，特别是指定引脚和节点分配(Pin And Node Assignments)、信号分组(Group Assignments)、资源保留(Resource Reservations)、功耗等级设置(Power Level Settings)、输出摆速(Output Slew-rates)、节点约束(Nodal Constraints)以及 PLL 属性和 HSI 属性(PLL and HSI Attributes)。具体举例说明如下：

(1) 分配引脚和节点。ispLEVER 支持设计者利用约束编辑器在适配前预设或者在适配后修改引脚和节点的(物理)位置。基于"Location Assignment"(位置分配)对话框的具体操作步骤如下：

① 在选中目标器件后，双击处理窗口内的 Constraint Editor 处理项，运行约束编辑器。

② 选择 Pin Attribute\Location Assignment，打开 Location Assignment 对话框。在其中的 Signals List 列表框中将会显示由 Filter 选项所确定的信号(参见图 6.70)。

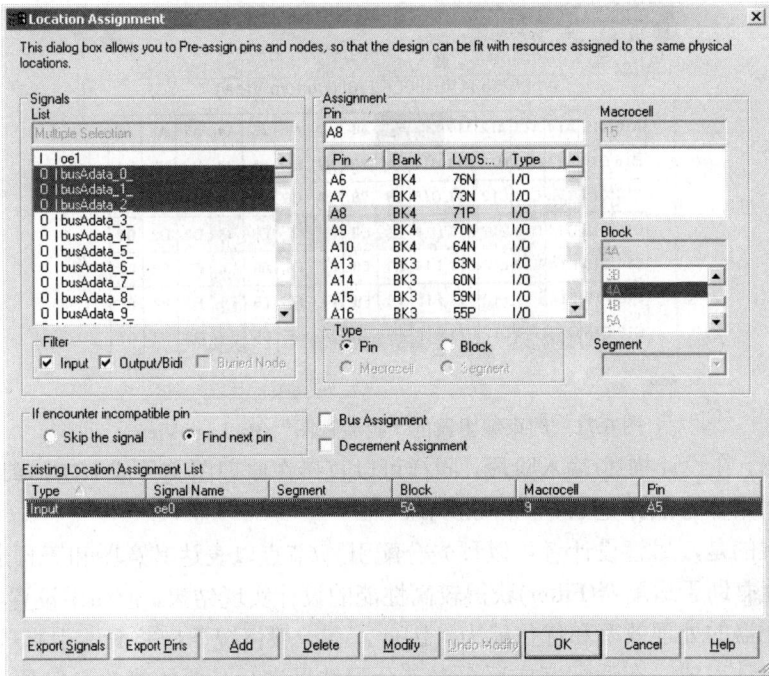

图 6.70　约束编辑器的"Location Assignment"对话框

③ 在 Signals List 列表框中选取一个或多个信号。若选择了多个信号,在该对话框中部将会出现 Decrement Assignment 选项,以便控制将多个信号赋予连续的引脚/宏单元时的次序。

④ 在 Assignments 列表框中为当前信号选取"分配类型"并指定其(物理)位置。

⑤ 单击"Add"按钮,Location Assignment 列表会立即得到更新,表示有关指定已经被接受。

⑥ 可重复上述步骤③～⑤,完成对其他需要设置/修改的信号的操作。最后,单击"OK"按钮,即可关闭该对话框并将所做的修改存入约束文件中。

利用约束编辑器的"组装视图",可以通过"拖—放"操作,更加简便、快捷地完成引脚和节点分配。具体操作步骤如下:

① 在选中目标器件后,双击处理窗口内的 Constraint Editor 处理项,运行约束编辑器。

② 在约束编辑器中选择 Device\Package View,打开"组装视图"(Package View)。其中会在选用的器件封装中显示实际的引脚分配情况,并用不同的底色区分不同性质的引脚(参见图 6.71):系统(非用户)引脚为灰色;保留引脚为浅绿色;已(手工)分配引脚为蓝色;输出引脚为黄色;双向引脚为紫色;特殊功能引脚为洋红色。

③ 在约束编辑器的"元素列表"(Element List Pane)中选择需要设置/修改的信号。

④ 将选中的信号(通过按下鼠标左键并移动鼠标)"拖"至"封装视图"中预期的位置后释放鼠标左键,即可将该信号"放"在该位置上。

⑤ 对于"封装视图"中的信号,需先通过单击鼠标左键将其选中,而后通过"拖—放"操作将其移动到期望的位置上。此外,还可以利用右键快捷菜单命令,对选中的引脚/节点进行编辑。

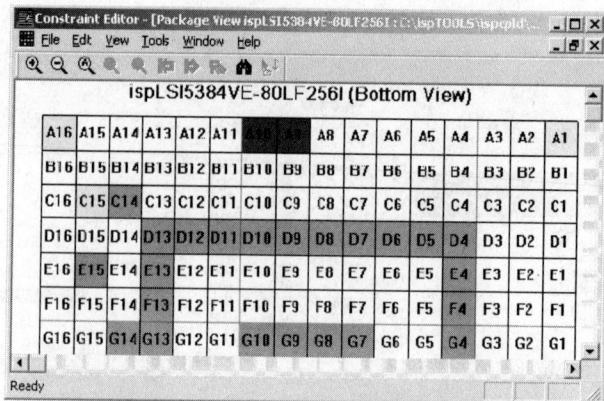

图 6.71 约束编辑器的"封装视图"(Package View)

顺便指出，在设计描述/输入阶段，同样可以直接在原理图文件或 HDL 模块中预先为信号分配引脚，具体方法详见 6.4 节和 6.5 节。

需要提醒的是，尽管设计者可以预先分配引脚/节点以表达其意图和干预适配过程，而且这样做可能有助于适配器(Fitter)获得较高性能的设计实现结果，但如果设置不当，将会严重地限制适配器的处理效率和优化能力。因此，在一般情况下应将分配引脚/节点的工作交给适配器来自动完成，在适配完成后再对其分配结果进行必要的修改。但是，在可编程器件与印制电路板同步进行设计或者修改/升级已有电路的情况下，就必须按照电路板上的信号—引脚对应关系，预先为信号分配器件引脚。

(2) 设置全局约束(Global Constraints)。对于 CPLD、ispXPGA/ispXPGA-E 系列器件，可以按照以下步骤设置关于适配的全局约束(若要设置关于优化的全局约束，则需要使用优化约束编辑器)：

① 选中目标器件并双击处理窗口内的 Constraint Editor 处理项，运行约束编辑器。

② 单击位于该编辑器窗口底部的 Global Constraints 标签，即可看到包含两列(约束项名、约束项值)的"全局约束表"(Global Constraints Sheet)，参见图 6.72。其中包含的约束项会因器件类型(CPLD、ispXPGA/ispXPGA-E)而异，具体请参阅 ispLEVER 的有关帮助信息。

	Constraint Name	Constraint Value
1	Toe_as_io	Off
2	Security	Off
3	Usercode	
4	Usercode_format	Hex
5	Balanced_partitioning	Yes
6	Max_fanin_limit	68
7	Max_glb_input_percent	100
8	Max_pterm_limit	35
9	Logic_optimization_effort	2
10	Speed	Yes
11	Dual_function_macrocell	On
12	Svf_erase_program_verify	Off
13	Svf_erase_program_verify_secure	Off
14	Svf_verify_only	Off

图 6.72 设置关于适配的全局约束

③ 在 Constraint Value 一列中双击有关的表格单元，即可对其约束项值加以设置。

有关适配的全局约束种类繁多，且因器件系列而异。对于 CPLD 器件，最重要的全局约束项包括：

① 平衡划分(Balanced_partitioning)，选项"Yes"意味着在划分评估过程中指定进行平衡划分，即面向全部的器件资源将设计均匀地进行划分，使各个 GLB 的利用率趋于相同；选项"No"则意味着禁止平衡划分。该约束项的缺省值因器件系列而异。

② 均匀布局(Spread_placement)，选项"Yes"意味着将设计功能均匀地散布在宏单元之间，以便对"逻辑块"中现有的输出和节点信号进行微调；选项"No"则意味着会将信号分配给第一个可用的宏单元，因而剩余的宏单元都将处于"逻辑块"中的尾部，故较容易向"逻辑块"中加入新的输出或节点信号。该约束项的缺省值是"Yes"。

此外，还有 Power(功耗控制：On/Off)、Pullup(上拉：Up/Off/Down/Hold)、 Security(加密：On/Off)、Slewrate(摆速：Fast/Slow)、Speed(速度：Yes/fMAX)等多种全局约束项。关于其作用和具体设置方法，详见 ispLEVER 的有关帮助信息。

(3) 设置时序约束(Timing Constraints)。对于 CPLD 器件，可以按照下列步骤加以设置：

① 选中目标器件并双击处理窗口内的 Constraint Editor 处理项，运行约束编辑器。

② 单击位于该编辑器窗口底部的"Timing Constraints"标签，即可看到当前设计的"时序约束表"(Timing Constraints Sheet)，参见图 6.73。

	Timing Constraint type	Source	Destination	Delay(ns)	Frequency(MHz)
1	fMAX	N/A	N/A	33	30.30
2	Clock Domain	clka	N/A	18	55.56
3	Clock Domain	regclk	N/A		
4	tPD	sel1	bit6	5	200.00
5	tPD				N/A

图 6.73　CPLD 器件设计的"时序约束表"(Timing Constraints Sheet)

③ 若要设置针对整个设计的 fMAX，可双击该行的"Delay"(延迟)表格单元或"Frequency"表格单元，而后键入期望值。对于其他的约束项，同样可通过双击和键入操作来加以设置。

④ 在完成所需设置后，选择 File\Save，保存此前已做过的修改。

若要针对 ispXPGA 器件设置时序约束，则应按照下列步骤进行：

① 选中目标器件并双击处理窗口内的 Constraint Editor 处理项，运行约束编辑器。

② 选择 Device\Timing Constraints，打开 Timing Constraint Editor 对话框，参见图 6.74。

③ 在 Delay Constraint Type 一栏中选择希望修改的约束类型，在 Delay Constraint 一栏中键入时序约束值，或者直接在"时序约束表"中利用右键菜单命令对其进行编辑。

④ 对于寄存器型的约束项(如 fMAX、tSU、tCO、tCOE 等)，若在 Select Clock 一栏中存在多个时钟信号，则可从中为 Source 寄存器和 Destination 寄存器分别选择一个时钟信号。

⑤ 若要将某些寄存器从延迟路径中排除出去，可以先在 Source 列表或 Destination 列表中将其选中，再通过单击"<"等按钮将其排除。

⑥ 单击"Add"按钮，可将设定的约束加入 Constraint List 一栏中。单击"OK"按钮，可将全部已设定的时序约束加入"时序约束表"中并显示。

⑦ 在完成所需设置后，在约束编辑器中选择 File\Save，保存此前已作过的修改。

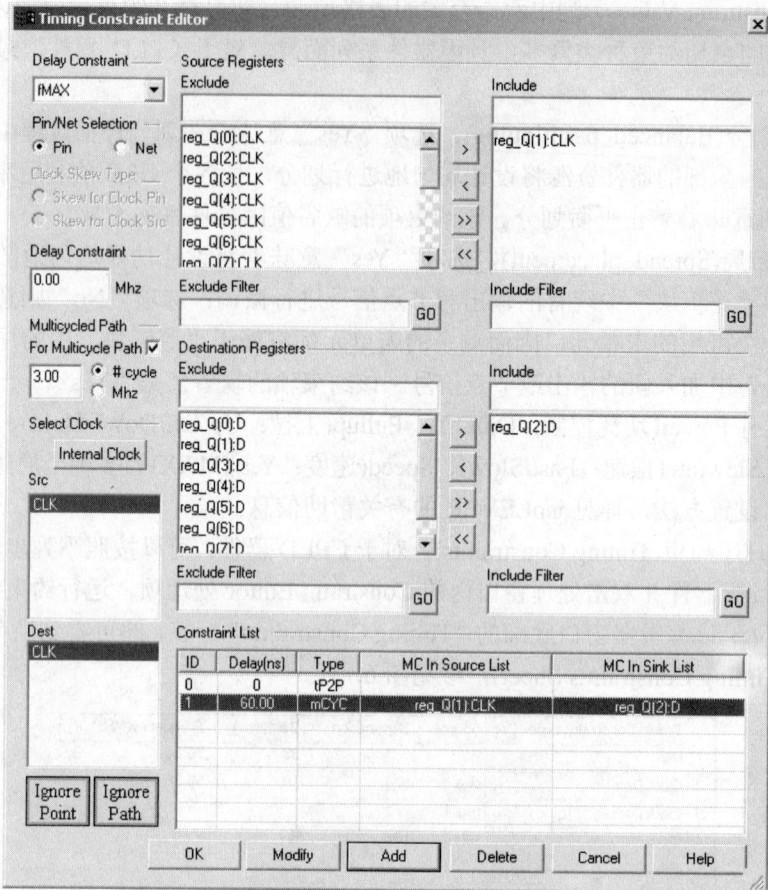

图 6.74　Timing Constraint Editor 对话框

　　建议在首次进行适配时不设置任何时序约束。待适配成功后，再通过设置时序约束来逐步提高对设计的时序性能要求。一般可将有关指标每次提高 20%。

　　(4) 可利用约束编辑器，制定/设置信号分组、资源保留、功耗等级、输出摆速、节点约束以及 PLL 属性和 HSI 属性。在此将有关菜单命令和操作简述如下：

　　① 选择 Pin Attribute\Group Assignment，即可利用 Group Assignment 对话框设置信号分组，即将具有逻辑关系的一组信号分配给同一个"逻辑块"(例如 GLB)。

　　② 选择 Device\Resource Reservation，即可打开 Resource Reservation 对话框；在其"Pin，GLB，MFB，PFU or Segment"一栏中选择需要保留的资源，在 Reserve for 一栏中选择需要的选项，而后单击"OK"按钮，即可完成有关资源保留的设置。

　　③ 选择 Pin Attribute\IO Types Setting，即可打开 IO Types Setting 对话框，定义包括摆速(Slewrate)、上拉(Pull)、IO 类型等信号属性；利用约束编辑器的引脚属性表(Pin Attributes Sheet)同样可以完成该类设置。

　　④ 选择 Pin Attribute\Power Setting，即可打开 Assign Power Level Dialog Box 对话框，选择 GLB 并为其设置功耗等级。注意：该操作仅适用于 ispMACH4A3/ispMACH4A5 和 MACH4/MACH5 器件系列。

⑤ 在约束编辑器左边的"信号树"中双击需要设置的信号，在引脚属性表(Pin Attributes Sheet)中选择对应的 Power 表格单元，即可设置被选中的信号的功耗等级(Power Level)。

⑥ 通过单击约束编辑器底部的 Nodal Constraints 标签，即可利用节点约束表(Nodal Constraints Sheet)编辑节点约束——用于在优化过程中控制有关输出和节点信号(而非整个设计)的局部约束。其具体操作步骤与"设置全局约束"类似。

2. 优化约束编辑器使用要点

大多数 CPLD 和 ispXPLD 器件均可利用优化约束编辑器(Optimization Constraint Editor)设置用于优化的全局性约束。该编辑器会读取并在 Opt Global Constraints 电子表格中显示有关的约束设置，供使用者直接对其进行修改。优化约束编辑器的使用要点可概括如下：

(1) 在项目管理器的源窗口内选中目标器件之后，在处理窗口内双击 Optimization Constraint 处理项，即可运行优化约束编辑器。其主窗口参见图 6.75。

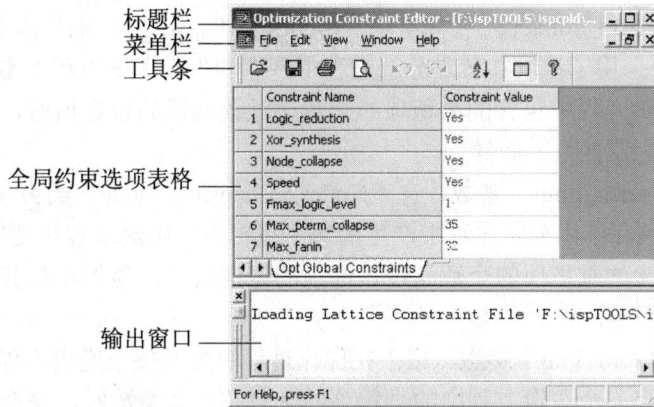

图 6.75 优化约束编辑器的主窗口

(2) 按照下列操作步骤，可以设置全局优化约束项：

① 在 Opt Global Constraints 电子表格中双击 Constraint Value 栏中的有关表格单元。

② 从下拉列表中选择需要的选项，或直接在其编辑框中键入需要的设置。

③ 重复上述两个步骤，完成对所有待设置/修改约束项的处理。

④ 选择 File\Save，将已作的修改存入约束文件(*.lci)。

按照上述流程，可以利用优化约束编辑器较为方便地完成下列主要优化约束项的设置：

(1) "Logic_reduction"约束项，用于允许消去逻辑方程中的冗余乘积项(即进行逻辑化简)。除非有意保留逻辑方程中的冗余逻辑以消除问题(例如"竞争冒险")，一般应选择"Yes"(即其缺省值)。

(2) "Dt_synthesis"约束项，用于允许软件自动选用 D 型或 T 型触发器，以减少乘积项的需要量。在大多数情况下应选择"Yes"(即其缺省值)；而对于某些器件(如 M4A 系列)和设计，单纯使用 D 型触发器可以提高设计(电路)的速度，则可能需要选择"No"。

(3) "XOR_Synthesis"约束项，用于允许或禁止"异或综合"。若该选项被选中，则适配器将会尽可能地(使用异或门)综合"异或"形式的逻辑方程；否则，将生成"积之和"形式的逻辑方程。其缺省值为"Yes"。

(4) "Node_collapse"约束项，用于允许适配器将中间的组合型节点分散在触发器和输出引脚上，以获得较高的工作速度。除非对设计中的每个逻辑方程均已做过手工处理，否则均应选择"Yes"(即其缺省值)；如果设计中使用了低层次的组合门电路进行描述或综合，则必须选择该项。

(5) "Nodes_collapsing_mode"约束项，共有三种选项：① Speed，含义是在所使用的宏单元不超过已设定的上限的前提下，优化程序将尽量地分解节点、全局优化而不考虑路径；② Area，含义是在不增加器件面积(规模)的前提下，优化程序将尽量地分解节点；③ Fmax，含义是令优化程序自动识别各对寄存器之间的所有关键路径(Critical Paths)，而后尝试分解/合并这些关键路径上的节点，减少逻辑级数，以提高设计的运行速度。对于ispMACH 4000 系列器件，其缺省设置为 Fmax；对其他系列器件，其缺省设置均为 Speed。

(6) "Max_area"参数，即优化过程中容许使用的宏单元的最大数量。其适当的设置值因器件系列而异。

(7) "Max_pterm_collapse"参数，在"Nodes_collapsing_mode"约束项被设置为 Speed 或 Area 的情况下，用于控制在节点分解过程中产生的每个逻辑方程中最多容许使用的乘积项的个数。当逻辑方程中包含的乘积项的个数超过该选项的设定值时，便停止将其分解。其适当的设置值因器件系列而异。

(8) "Max_pterm_limit"参数，在"Nodes_collapsing_mode"约束项被设置为 Fmax 的情况下，用于控制在节点分解过程中产生的每个逻辑方程中最多容许使用的乘积项的个数。当逻辑方程中包含的乘积项的个数超过该选项的设定值时，便停止将其分解。其适当的设置值因器件系列而异。

(9) "Max_pterm_split"参数，用于在优化过程中控制每个逻辑方程中最多容许使用的乘积项的个数。当某个逻辑方程中的乘积项的个数超过该参数时，便会被优化程序拆分。减小该参数值可以提高逻辑分布的均匀性和适配成功率，但会降低芯片的工作速度和资源利用率。其适当的设置值因器件系列而异。

3. "回注"约束条件

在适配成功之后，设计者可利用 Constraints Options(约束选项)对话框，从适配器输出中抽取约束条件并将其写入约束文件之中。这一功能使设计者可以保持适配器产生的分配结果，留待以后使用。在执行该"回注"操作后，约束文件中原有的位置(引脚和节点)分配信息便会被完全清除。具体操作步骤如下：

(1) 在项目管理器中选择 Tools\Backannotate Constraints，即可打开 Constraints Options 对话框的 Backannotation 选项表，参见图 6.76。利用 Tools 菜单中的 Clear Constraints、Ignore Constraints 命令，同样可以打开该对话框，但会显示不同的选项表(均与其启动命令对应且同名)。

(2) 必要时，单击该对话框上的 Backannotation 标签，切换到"Backannotation"选项表。

(3) 在 Location Assignments(位置分配)一栏中，共有"Pin Asssignments"、"Pin and GLB Assignments"和"Pin, GLB and Macrocell Assignments"三种选项，依次代表着(仅)"回注"引脚分配结果，(同时)"回注"引脚和 GLB 的分配结果，(同时)"回注"引脚、GLB 和宏单元的分配结果；在 Constraints(位置分配)一栏中，只有一个 IO Types 选项，代表将"回注"

信号 I/O 类型的约束项。可根据需要，通过单击从中选择一个或多个选项。

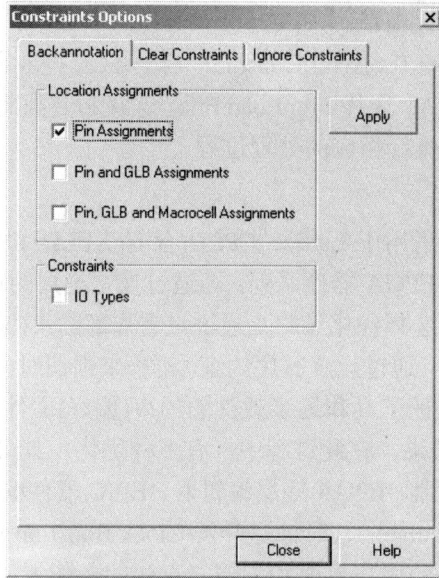

图 6.76 Constraints Options 对话框

(4) 单击 "Apply" 按钮，即可将选定的约束信息写入约束文件；单击 "Close" 按钮，即可关闭该对话框。

此外，通过单击 Constraints Options 对话框上的 Clear Constraints 标签，可将其切换到 Clear Constraints 选项表，以便有选择地清除特定的约束信息；通过单击 Ignore Constraints 标签，可将其切换到 Ignore Constraints 选项表，以便有选择地忽略特定的约束信息。针对这两种选项表的操作步骤与 Backannotation 基本相同；关于其中各选项的含义等，请参阅有关的 ispLEVER 帮助信息。

4. 使用 TCL 工具

工具控制语言(Tool Control Language, TCL)是一种广泛使用的解释命令语言。ispLEVER 软件具有由 TCL 记录器(TCL Recorder)、TCL 编辑器(TCL Editor)、TCL 控制台(TCL Console) 共同组成的 TCL 工具套件，支持创建、编辑和运行 TCL 命令的全过程。利用 TCL 工具，设计者能够自动地执行重复的处理过程以及设置复杂的环境参数，从而提高设计效率和设计优化程度。有关主要操作步骤如下：

(1) 在项目管理器中选择 Tools\Tcl Recorder，启动 TCL 记录器。

(2) 在 TCL 记录器的 Enter Tcl Script Filename 栏中，输入将要生成的 TCL 文件名，然后单击 "Start Recorder" 按钮，即可进入 TCL 记录状态("Start Recorder" 按钮会即刻变成 "Stop Recorder" 按钮)。

(3) 在项目管理器中按照正常的操作顺序依次双击有关的处理项，以便 TCL Recorder 加以记录。

(4) 回到 TCL Recorder 窗口中，单击 "Stop Recorder" 按钮，停止 TCL 记录，记录在此之间的操作步骤的 TCL 文件便生成完毕。单击 "Close" 按钮，关闭 TCL Recorder 窗口。

(5) 在项目管理器中选择 Tools\Tcl Editor，启动 TCL 编辑器。

(6) 在 TCL Editor 窗口中可以查看由 TCL Recorder 生成的 TCL 源文件，并可根据需要直接进行修改。完成后关闭该窗口。

(7) 在项目管理器中选择 Tools\Tcl Console，启动 TCL 控制台。

(8) 在 TCL Console 窗口中选择 File\Load File，选择和装载此前生成的 TCL 文件，即可令 ispLEVER 软件依次自动执行相应的处理过程。

5. FPGA 设计优化要点

上述设计优化方法主要适用于 Lattice CPLD(含 ispXPLD)和 ispXPGA/ispXPGA-E 器件系列，但其思路同样适用于 FPGA 器件系列，即通过设置全局约束(偏好)来表达针对目标器件即整个设计的设计意图和选择优化策略，通过设置局部约束(偏好)来表达针对个别信号、引脚的特殊要求和优化目标，通过设置时序约束(偏好)来强调对于设计特别是关键路径的时序性能期望，通过在设计验证工具和逐步改良的约束(偏好)文件支持下的多次适配(布局布线)来获得优化的设计实现结果。在此过程中，有多种优化工具可供 FPGA 设计采用，包括此前已作过介绍的偏好编辑器、FPGA 底层编辑器、EPIC 器件编辑器以及 TRACE(详见 6.9节)、功耗计算器(Power Calculator)、时钟提升器(Clock Boosting Program，CBP)。这些工具均功能较强且具有较为友好的用户界面和方便、直观的操作方式。本书受篇幅所限，无法对其一一进行介绍。必要时，读者可以在掌握本节有关内容的基础上，查阅 ispLEVER 的有关帮助信息并结合实际动手实践，在较短的时间内初步掌握 FPGA 设计优化的流程和方法。

6.9 设 计 验 证

总地来说，设计验证主要是对当前的设计项目从逻辑功能和时序性能两个方面进行分析、验证。关于逻辑功能的分析、验证，即功能仿真(Function Simulation)，此前已在 6.7 节中作过介绍。在时序性能的分析、验证方面，ispLEVER 支持静态时序分析(Static Timing Analysis)和动态时序仿真(Dynamic Timing Simulation)两种具体的实现形式。动态时序仿真已在 6.7 节中作过介绍，此处不再赘述。下面将简要介绍静态时序分析的基本概念、分析工具及其使用要点。

6.9.1 静态时序分析概述

静态时序分析又称为时序分析，是一种通过对信号路径上在钟控或组合信号之间存在的传输延迟(Propagation Delay)进行汇总来验证电路的时序性能的分析方法。该类分析可以确定和报告诸如关键路径(Critical Path)、建立/保持时间(Setup/Hold Time)条件、最高工作频率(Maximum Frequency)等时序数据。其主要优点首先是可以随时运行而无需输入任何测试向量(其设计过程往往非常耗时和枯燥)，其次是可以穷尽地检查每一条可能的输入—输出路径。但所有的静态时序分析工具都有一个共同的缺点，就是会去检测一些在电路的常规运行过程中不可能用到的"假路径"，对此，使用者可能需要花费很多时间来告诉分析工具应该忽略哪些路径(在此过程中可能会丢弃真正的路径)。尽管时序分析有这样的缺点而且无法提供完整的时序图景，但仍不失为一种快速验证关键路径的速度和识别性能瓶颈的较好方法。

与静态时序分析不同，动态时序仿真以事件驱动的仿真器为基础，需要指定测试向量(波形)，可以给出关于门电路延迟和最坏情况下的电路情况的详细信息，但必须在完成设计实现之后运行——因为整个电路的总延迟取决于信号流经的门电路的个数及其在器件中的排布方式，而这些信息必须由设计实现步骤来提供。

在验证工具方面，ispLEVER 为动态时序仿真提供了 LLS 和 ModelSim 两种工具(详见 6.7 节)，为静态时序分析则提供了 Performance Analyst(性能分析器，以下简称 PA)和 TRACE(Timing Reporter And Circuit Evaluator，时序报告及电路评估器)两种工具。其中，PA(性能分析器)适用于 CPLD (ispLSI 1000 和 2000 系列除外)、ispXPLD、ispXPGA/ispXPGA-E、ispGDX2/ispGDX2-E 和 FPGA 系列器件，能够跟踪设计中的每一条逻辑路径，并利用目标器件的时序模型和其数据手册给出的最坏情况下的 AC 指标，计算所有的路径延迟。其分析结果将被显示在图形化的电子表格中：源信号显示在纵轴(竖直方向)上，而"目的"信号显示在横轴(水平方向)上。只要在源信号和"目的"信号之间存在一条以上的信号路径，便会在对应的表格单元中显示其在最坏情况下的延迟数值。对于 PA 的功能特点和使用方法，将在下一小节中作详细的介绍。

TRACE 仅适用于 ORCA、Lattice ECP-DSP/EC 等 FPGA 系列器件，作用是根据用户偏好文件中规定的时序约束进行静态时序分析。它主要执行两种处理：① 时序验证，即验证(接受评估的)设计是否满足用户的时序偏好(Preferences)；② 报告生成，即列举发现的冲突之处并将其写入文件之中。可以令 TRACE 针对已全部完成布局和布线的设计运行，也可以令其针对仅部分地完成(程度不限)布局和/或布线的设计运行。TRACE 会根据(接受评估的)设计的布局、布线的完成程度而调整其生成的报告。在运行过程中，TRACE 会检查物理设计文件(.ncd)中的延迟与用户的时序偏好(*.prf 文件)发生冲突的地方，一旦发现延迟超过了规定值，将会在报告中指出相应的时序错误。例如：TRACE 会对有约束网络的延迟进行检查，以保证约束值等于或大于逻辑延迟(即元件或引脚—引脚延迟)、通道或导线延迟(即一条路径上不同的引脚之间的信号延迟)和建立时间(即数据必须提前于时钟触发沿出现的时间，仅限于钟控路径)之和。任何不能满足约束的路径均会在时序报告中被指出时序错误(Timming Error)；对于具有多个负载引脚的钟控路径的时钟脉冲相位差(Clock Signal Skew)，即驱动引脚与负载引脚之间延迟的最大值与最小值之差，TRACE 将根据偏好文件中指定的最大相位差对其进行检查，如果发现超出将会在时序报告中指出相位差错误(Skew Error)。

在 ispLEVER 设计环境中，可通过多种方式运行 TRACE：

(1) 执行项目管理器中有关 FPGA 设计的多种处理项，包括 Map TRACE Report、Map Timing Checkpoint、Place & Route Design、Place & Route TRACE Report、Place & Route Timing Checkpoint 等，都会自动地调用 TRACE。在执行这些处理之前，可以选择 Tools\Timing Checkpoint Options 来设置检查点(Checkpoints)，也可以选择 Tools\TRACE Options 来设置 TRACE 选项。

(2) 可以在项日管理器中启动 TRACE，具体执行步骤是：

① 可以选择 Tools\Timing Checkpoint Options，在打开的同名对话框(参见图 6.77)中根据需要设置有关的运行选项(在一般情况下，建议保留缺省设置)，而后单击"OK"按钮关闭该对话框。

② 可以选择 Tools\TRACE Options，在打开的同名对话框(参见图 6.78)中根据需要设置有关的报告选项，而后单击"OK"按钮关闭该对话框。

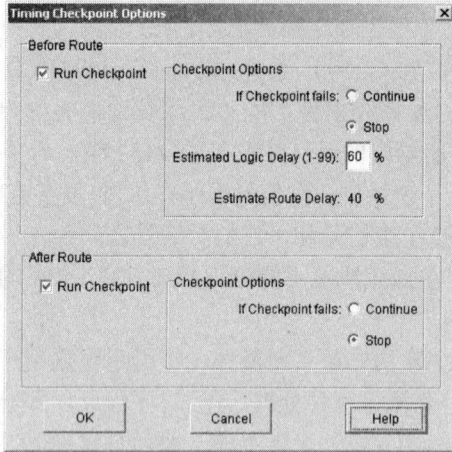

图 6.77 Timing Checkpoint Options 对话框

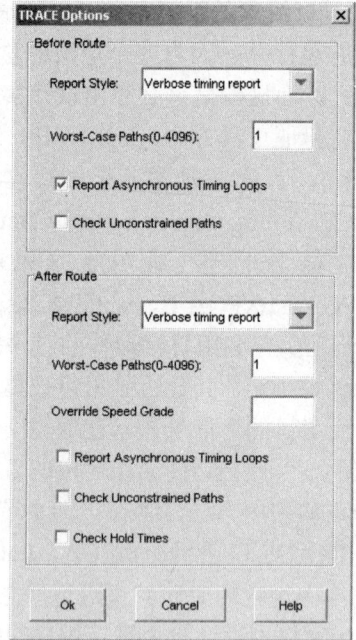

图 6.78 TRACE Options 对话框

③ 在项目管理器的源窗口中，单击选中目标器件(必须是 FPGA)。

④ 如果要在布线之前运行 TRACE，应在处理窗口中双击"Map TRACE Report"处理项，以便运行 TRACE 并且产生一个基于映射后设计(Maped Design)的时序报告。

⑤ 如果要在布线之后运行 TRACE，应在处理窗口中双击"Place & Route TRACE Report"处理项，以便运行 TRACE 并且产生一个基于经过布局、布线的设计的时序报告。

(3) 还可以利用 Trace 命令，以命令行形式独立地运行 TRACE，详见 ispLEVER 的有关帮助信息。

TRACE 在运行后会产生并显示 ASCII 编码的报告文件(.tw1 或 .twr)。利用文本编辑器等可以很方便地查看该文件。在项目管理器中查看该文件的方法如下：

(1) 在处理窗口中双击 Map TRACE Report(在布线前)或 Place & Route TRACE Report(在布线后)，TRACE 报告便会自动显示在输出窗口中。通过用鼠标右键单击上述处理项并在弹出的菜单中选择 View 命令，可以收到同样的效果，前提是该处理项前面带有绿色的"√"(说明该项处理已完成)；否则，便需要选择右键菜单中的 Start 或 Force 命令。

(2) 在输出窗口中单击右键调出快捷菜单，即可：

① 选择右键菜单中的 Find 命令，打开 Find 对话框，规定搜索准则并在报告文件中搜索特定的事例(例如特定的路径或错误)。

② 利用鼠标指针选择整个或部分报告，将其用 Copy、Paste 命令复制到文本编辑器中，而后详细查看和打印。

6.9.2 Performance Analyst 使用要点

如前所述，性能分析器(PA)是适用于大多数 Lattice 可编程逻辑器件系列的静态时序分配工具。PA 可对适配后的设计进行性能评估，即利用目标器件的时序模型及其最坏情况下的 AC(交流)指标计算所有逻辑路径的延迟，并产生包含最坏情况下的信号延迟等信息的图形化电子表格，从而支持设计者通过过滤(分析结果)数据来验证设计中关键路径的速度并且识别出其中的性能瓶颈。

1. PA 支持的分析项目

PA 支持 fMAX、tSU/tH、tPD、tCO、tOE、tCOE、tRCV 和 tP2P 等八种不同类型的分析项目，但仅有 fMAX、tSU、tCO 三项分析适用于 ORCA 系列和 Lattice EC/Lattice ECP 系列 FPGA 器件。其中，fMAX 分析器件内部的寄存器—寄存器延迟(Register-to-register Delay)，并估计出受其制约的最高时钟工作频率；tP2P 分析两个由使用者指定的引脚之间的路径延迟；其余六个均属于外部引脚—引脚延迟(External Pin-pin Delay)分析。对于这些分析项目，均可使用时序门限过滤器(Timing Threshold Filters)、源过滤器、目的过滤器以及路径过滤器，对其进行独立、精细地调整。具体说明如下：

(1) fMAX(Maximum Clock Operating Frequency，最高时钟工作频率)。该项分析针对设计中包含的各个时钟信号，报告最坏情况下的 fMAX。fMAX 等于最坏情况下的寄存器—寄存器延迟的倒数。PA 可以在电子表格中报告所有的寄存器—寄存器延迟连同时钟源，但使用者可以选择报告哪些时钟以及是否对所有的有关路径进行跟踪。由于无法假设 Lattice CPLD 器件的驱动信号的到达时间和被 Lattice CPLD 器件驱动的器件的 tSU(建立时间)，PA 不会去试图报告外部时钟的最高工作频率，因此，外部时钟的最高工作频率需要用户根据系统的工作要求等具体情况加以确定。

(2) tSU/tH(Setup Time，建立时间)。该项分析将报告数据和时钟使能信号相对于时钟沿的建立和保持时间，或者从异步的 S/R 输入到寄存器恢复的时间。可以选择是否对 D/T、CE 或 S/R 输入端进行跟踪。

(3) tPD(Propagation Delay Time，传输延迟时间)。该项分析将报告各组合信号从输入引脚至输出引脚的传输延迟。使用者可以选择是否报告那些经过异步寄存器输入端和透明锁存器输入端的跟踪路径。

(4) tCO(Clocked Output-to-Pin Time，钟控的输出至引脚延迟)。该项分析将报告从基本输入信号开始，经过触发器时钟端或锁存器门控端，终止于基本输出的时钟—输出路径的延迟。使用者可以选择是否报告那些经过异步寄存器输入、脉动时钟(Ripple Clocks)或透明锁存器数据输入端的路径。

(5) tOE(Output Enable Path Delay，输出使能路径的延迟)。该项分析将报告从基本输入信号开始，经过输出缓冲器的使能控制端，终止于基本输出的输入引脚—输出使能路径的延迟。使用者可以选择是否报告那些经过异步寄存器或透明锁存器输入端的路径。

(6) tCOE(Clock to Output Enable Time，时钟至输出使能的时间)。该项分析将报告从基本输入信号开始，经过触发器时钟端或锁存器门控端，再经过输出缓冲器的使能控制端，终止于基本输出的输入时钟—输出使能路径的延迟。使用者可以选择是否报告那些经过异步寄存器输入端、脉动时钟或透明锁存器数据输入端的路径。

(7) tP2P(Point to Point Time，点到点时间)。该项分析将报告由使用者在源引脚和目的引脚中选定的两点(引脚)之间的延迟。

(8) tRCV(Recovery Time at Set/Reset of Register，寄存器置位/复位的恢复时间)。该项分析将报告寄存器置位/复位信号的最长路径的延迟与寄存器时钟的最短路径的延迟之差。

2. PA 时序分析流程

ispLEVER 支持将时序分析与 PA 相结合(集成),允许在设计过程中随时运行 PA。按照下列步骤,即可从项目管理器中运行 PA 并评估其分析结果。

(1) 在项目管理器的源窗口中单击选中目标器件。

(2) 在处理窗口中双击 Timing Analysis 处理项(对于 CPLD 器件)或 Performance Analyst(对于 FPGA 器件),即可启动 PA(参见图 6.79)。

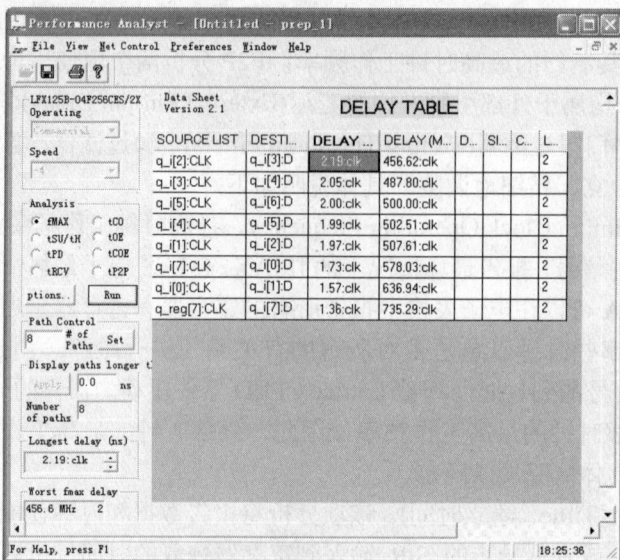

图 6.79　PA 的主窗口

(3) 在 Analysis 一栏中选择需要执行的路径分析项目(例如 fMAX)。该选择将决定 PA 在进行时序分析时需要遵循的路径跟踪规则。

(4) 在 Analysis 一栏中单击"Options"按钮,打开 Options 对话框。该对话框的界面会因已选择的分析项目而异。图 6.80 所示是 fMAX 分析项目的 Options 对话框。

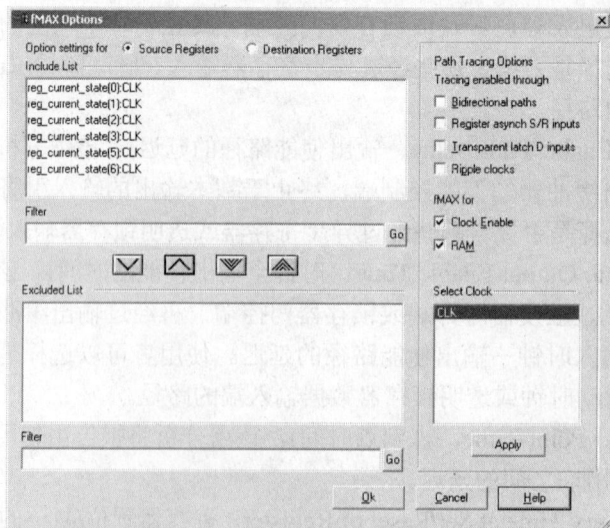

图 6.80　fMAX 的 Options 对话框

(5) 在 Options 对话框中，将无需进行时序分析的源寄存器/信号和目的寄存器/信号排除(即写入 Excluded List 一栏中)。办法是利用▽、△、▽▽、△△等四个按钮以及两个带有"Go(执行)"按钮的"Filter"栏(即过滤器，分别对其上方的 Included List 栏或 Excluded List 栏起作用)，将需要分析的寄存器/信号加入到 Included List 栏中，将其余的加入到 Excluded List 栏中。

(6) 在该对话框中的 Path Tracing Options 一栏，选择有关跟踪路径、终点的选项。在该栏中会具体出现哪些选项取决于选定的分析类型。而后，单击"OK"按钮关闭该对话框。

(7) 在 PA 的主窗口中单击"Run"按钮运行 PA。PA 将会按照此前选择的过滤器和选项，计算路径延迟。分析结果将显示在 DELAY TABLE(延迟表)中(参见图 6.81)。利用 File 菜单中的 Save、Export 命令，可以将分析结果保存、导出。

Data Sheet Version 2.1		DELAY TABLE						
SOURCE LIST	DESTINATION...	DELAY IN ns	DELAY IN Mhz	D...	SI...	C...	L...
reg_state(2):CLK	reg_state(0):D	3.02:clock	331.13:clock				3
reg_state(2):CLK	reg_state(1):D	3.02:clock	331.13:clock				3
reg_state(1):CLK	reg_state(2):CE	2.54:clock	393.70:clock				2
reg_state(2):CLK	reg_state(2):D	1.61:clock	621.12:clock				2

图 6.81　延迟表(DELAY TABLE)

(8) 若要查看某一路径延迟的详细情况，可双击 DELAY TABLE 中有关的源/目的信号，打开 Path Table 对话框，其中会详细地显示每一段路径的具体延迟值(参见图 6.82)。

Path Table

Paths to the signal : reg_state(0):D

SOURCE LIST	DELAY IN ns	LOGIC LEVEL
reg_state(2):CLK	3.02	3
reg_state(0):CLK	1.36	2
reg_state(1):CLK	1.36	2

图 6.82　路径表(Path Table)

(9) 若要对计算时序路径时用到的各个时序分量进行分析，可以双击 Delay Table 或 Path Table 中的某一表格单元，打开 Expanded Path 对话框(其界面会因目标器件的类型而异，图 6.83 所示对应于 FPGA 系列)；单击其中的"Print"按钮，即可打印有关路径的时序分析结果。

(10) 若要打印整个时序分析报告，则应单击 PA 主窗口工具条上的打印按钮，或者选择 File\ Print 命令。

此外，也可以利用批处理方式运行 PA，详见 ispLEVER 和 Performance Analyst 的有关帮助信息。

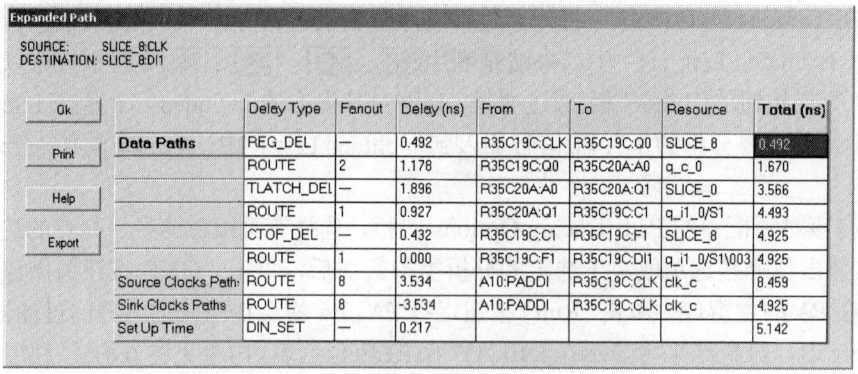

	Delay Type	Fanout	Delay (ns)	From	To	Resource	Total (ns)
Data Paths	REG_DEL	—	0.492	R35C19C:CLK	R35C19C:Q0	SLICE_8	0.492
	ROUTE	2	1.178	R35C19C:Q0	R35C20A:A0	q_c_0	1.670
	TLATCH_DEL	—	1.896	R35C20A:A0	R35C20A:Q1	SLICE_0	3.566
	ROUTE	1	0.927	R35C20A:Q1	R35C19C:C1	q_i1_0/S1	4.493
	CTOF_DEL	—	0.432	R35C19C:C1	R35C19C:F1	SLICE_8	4.925
	ROUTE	1	0.000	R35C19C:F1	R35C19C:DI1	q_i1_0/S1\003	4.925
Source Clocks Path	ROUTE	8	3.534	A10:PADDI	R35C19C:CLK	clk_c	8.459
Sink Clocks Paths	ROUTE	8	-3.534	A10:PADDI	R35C19C:CLK	clk_c	4.925
Set Up Time	DIN_SET	—	0.217				5.142

图 6.83   (FPGA)Expanded Path 对话框

3. 生成和查看时序报告

除了图形化电子表格形式的时序分析报告之外，ispLEVER 还可以生成 ASCII 编码的时序报告文件。其中包含的成分索引(Component References)和时序信息与在 PA 界面中所显示的相同。具体说明如下：

(1) ORCA 系列、Lattice EC/Lattice ECP 系列 FPGA 器件的(TRACE)时序报告。

① 在项目管理器的处理窗口中，双击与 FPGA 器件相关联的 Map TRACE Report、Place & Route TRACE Report 处理项，即可运行 TRACE 并生成相应的映射时序报告(*.twl)、布局布线时序报告(*.twr)。其中均包含着来源于 PA 的 fMAX、tSU 和 tCO 信息，以及来源于 TRACE 的其他时序信息。这些时序报告均会被存放在当前设计项目的目录下且与当前的设计项目同名。

② 所生成的时序报告会立即显示在项目管理器的输出窗口中。利用上述处理项的右键菜单中的 View 或 Open 命令，可以随时将其调入到输出窗口中显示。

③ 双击与上述器件相关联的 Place & Route TRACE Report 处理项，将会产生网页形式的布局布线时序报告(*.htm)，并立即显示在 IE 浏览器窗口内。利用上述处理项的右键菜单中的 View 或 Open 命令，可以随时将其调入 IE 浏览器窗口中显示、打印。

(2) ispXPGA 器件的时序报告。

① 在项目管理器的处理窗口中，双击与 ispXPGA 器件相关联的 Place Timing Report 或 Post-Route Timing Report 处理项，即可运行 PA 并生成相应的布局时序报告(*.twp)或布线后时序报告(*.trr)。这些时序报告均会被存放在当前设计项目的目录下且与其同名。

② 所生成的时序报告会立即显示在项目管理器的输出窗口中。利用上述处理项的右键菜单中的 View 或 Open 命令，可以随时将其调入输出窗口中显示。

③ 双击与 ispXPGA 器件相关联的 HTML Post-Route timing Report 处理项，将会产生网页形式的布线后时序报告(*.htm)，并立即显示在 IE 浏览器窗口内。利用上述处理项的右键菜单中的 View 或 Open 命令，可以随时将其调入 IE 浏览器窗口中显示、打印。

(3) CPLD、ispXPLD 和 GDX 器件的时序报告。

① 在项目管理器的处理窗口中，双击与 CPLD、ispXPLD 或 GDX 器件相关联的 Timing Report 处理项，即可生成时序报告(*.trp)。该报告会被存放在当前设计项目的目录下且与其同名，其中包含关于所有适用于当前设计的时序分析类型的一般性路径时序信息。

② 所生成的时序报告会立即显示在项目管理器的输出窗口中。利用上述处理项的右键菜单中的 View 或 Open 命令，可以随时将其调入输出窗口中显示。

(4) 对于上述各种器件类型，同样可以利用命令行形式运行 TRACE 或 PA，以生成相应的时序报告。

4. 比较使用不同选项时的分析结果

在完成 PA 时序分析之后，可以比较使用不同选项时的分析结果。

(1) 在 PA 主窗口中选择 File\Save As，保存分析结果。然后，改变有关的时序分析选项并重新运行 PA，再选择 File\Open，将此前保存的分析结果调入，与本次分析结果进行比较。

(2) 选择 Window\New Window，打开一个新的 PA 主窗口，在该窗口中改变有关的时序分析选项并运行 PA，这样可以很方便地对分别显示在两个窗口中的前后两次分析结果进行比较。

6.10　在系统器件编程

可编程逻辑器件开发过程的最后一步是利用前面(器件适配)产生的编程数据文件(如 JEDEC 文件)，对可编程逻辑器件(CPLD/XPLD/XPGA)或者(FPGA)配置数据存储器进行编程。在具体实现上，一方面，可以利用通用的高级编程器配合专用的适配器(插座)，按照一般的器件编程过程来完成；另一方面，由于大多数的 Lattice 可编程器件均支持在系统编程(ISP)或在系统配置(ISC)，因而可以利用自动测试设备(ATE)或嵌入式微处理器，对已装配在电路板上的可编程器件进行在线编程和测试。一种更为简便和经济的方式则是利用在系统编程软件(例如 ispVM System)与连接计算机接口和可编程器件 JTAG 接口的下载电缆相配合，完成对可编程器件的在系统编程/配置与校验。该方式无需额外的专用设备，既可用于单片可编程器件的编程，又可用于已装配在电路板上的多片器件的编程和升级，既经济又实用，因而是 Lattice 可编程器件编程的首选方式。下面分别对有关的硬件连接、软件特点和编程方法等加以简要介绍。

6.10.1　ISP 编程的硬件连接

Lattice 可编程器件的 JTAG 接口主要包括 SCLK/TCK(时钟)、MODE/TMS(状态选择)、SDI/TDI (数据输入)、SDO/TDO (数据输出)、TRST (复位)、ispEN/Enable/Prog (编程使能)等信号，编程时主要使用前四个信号。如果一个电路中包含多片符合或兼容 JTAG 标准的可编程器件(不必都是 Lattice 器件)，则可按图 6.84 所示的形式将这些器件连接成"菊花"型编程链，通过电路板上的编程插座、下载电缆与微机接口相连接。在编程时，ispVM System 等在系统编程软件能够识别出"菊花链"中每片器件的型号和位置，并针对用户选定的一片器件，利用微机接口产生编程所需的串行数据流和控制信号对其进行编程；其他的器件则暂时处于"旁路"状态。用户只需逐一选择需编程的器件并打开相应的编程数据文件，便可完成对"菊花链"中所有器件的编程。当然，对于某些特殊的非 Lattice 可编程器件，可能需要使用其他的编程软件和下载电缆。

Lattice 推荐使用的 ispDOWNLOAD 系列 ISP 下载电缆支持 USB 和并行接口(打印机接口)等接口方式。USB 接口的 ispDOWNLOAD 下载电缆全面支持现有的各种 Lattice 可编程器件系列，但仅适用于 PC(微机)；并行接口的 ispDOWNLOAD 下载电缆支持所有 Lattice ISP

器件的在系统编程，适用于 PC、UNIX 或 Linux 系统且电路较为简单。图 6.85 所示是适用于 PC 的并行接口 ispDOWNLOAD 下载电缆的接口规范，图 6.86 所示是其内部电路的原理性说明。该电路的电源(VCC)可由接受编程的电路板通过 JTAG 接口插座提供，以适应不同的器件工作电压。

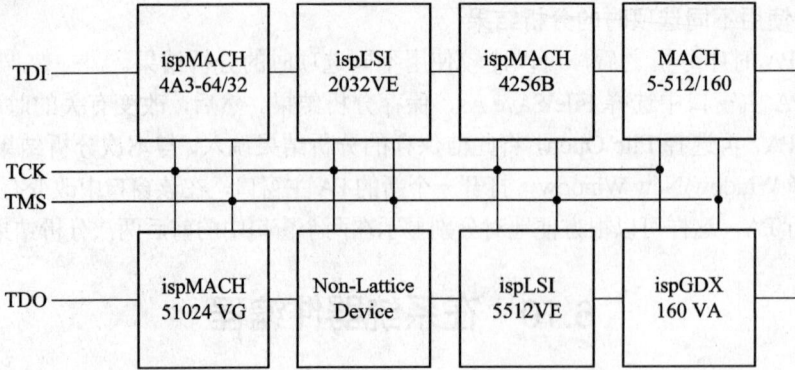

图 6.84 由多片 ISP 器件构成的"编程链"

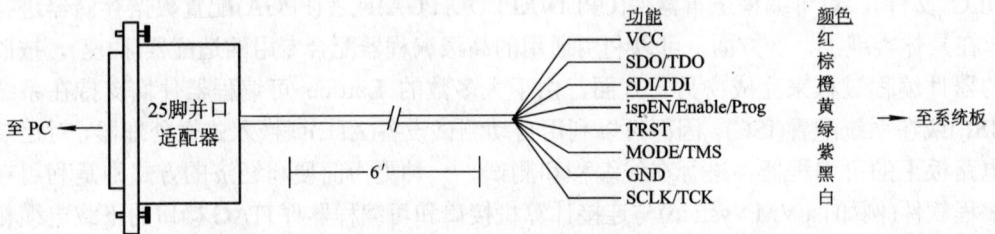

图 6.85 (PC)并行接口 ispDOWNLOAD 电缆的接口规范

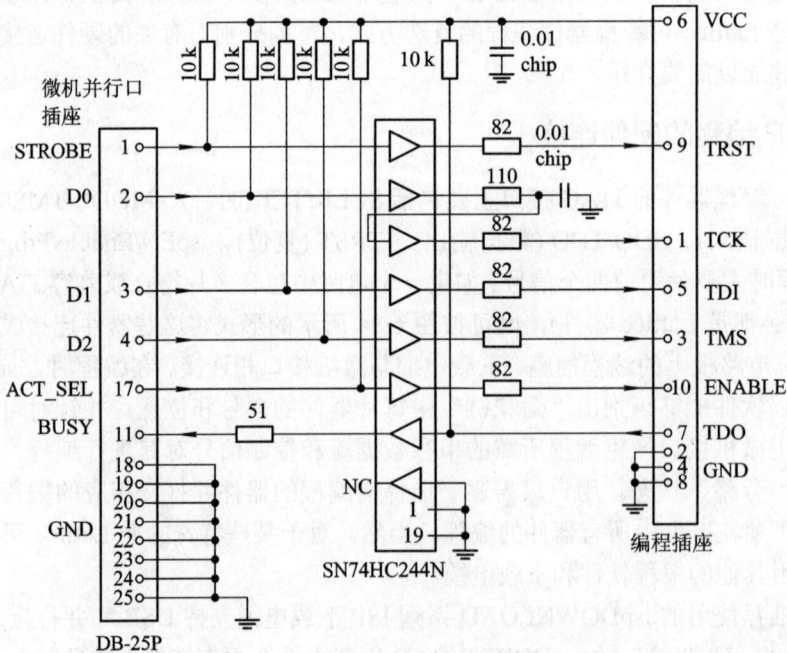

图 6.86 并行接口 ISP 下载电缆原理图

6.10.2 ispVM System 简介

ispVM System 是 Lattice 目前推荐使用的在系统编程软件包。该综合性软件包的功能较强，适用面较宽。它既是各种版本的 ispLEVER 软件的基本组件，又可以作为 ISP 软件被独立地下载和使用。其主要特点包括：

(1) 可利用由 Lattice 或第三方的设计工具产生的 JEDEC 文件或位流(Bitstream)文件，对所有 Lattice ISP 器件和兼容 IEEE 1149.1 标准的非 Lattice 器件(需具有供应商提供的 SVF 文件)进行编程。

(2) 全面支持 IEEE 1532 编程标准，可对所有兼容该标准的 Lattice 器件和非 Lattice 器件进行编程。

(3) 可在 PC、UNIX 和 Linux 环境下配合 ispDOWNLOAD 下载电缆，以串行、并发(Turbo)方式对整个"菊花链"(即其中的所有器件)或者被选中的单个器件进行编程。

(4) 可产生和处理 VME 文件(其中包含编程链信息)，并可将其与嵌入式编程源码相结合，通过编译产生供嵌入式微处理器使用的 JTAG 编程可执行文件，从而有效地支持嵌入式系统中的在系统编程。

(5) 具有基于先进算法的 ATE 编程向量产生器，支持 HP、Genrad、Teradyne、Marconi 等多种 ATE 设备。

(6) 其 Windows 风格的图形化用户界面(GUI)使用较为便捷，并且支持使用者对电路板上的可编程器件链进行自动扫描以及利用其文件管理器浏览和选择编程文件。

此外，该软件还包含多个用于单芯片编程、SVF 文件生成、单芯片文件生成和批量化编程的附加工具软件。下列工具软件既可以在 ispVM 环境中通过菜单命令等调用，又可以独立地运行。

(1) ISP 工程套件 Model 300 编程器(Model 300 Programmer)，可用于直接从 PC 或 UNIX 系统中对单个器件进行编程以支持(原型)样机开发。该工具适用于 Lattice 制造的所有 JTAG 器件，其电源电压(VCC)可以是 1.8 V、2.5 V、3.3 V 或 5.0 V。

(2) SVF 调试器(SVF Debugger)。SVF(Serial Vector Format，串行向量格式)文件是存储一个以上具有固定算法器件的编程数据的 ASCII 文件，可用于 ATE 类的编程环境与其驱动软件之间的数据交换。该工具可被用于单芯片编程以及 SVF 文件的编辑、语法检查、调试和处理过程跟踪。

(3) 通用文件编写器(Universal File Writer)，是一种用于数据文件格式转换的图形化用户接口工具。利用 ispVM System 的工具条、Model 300 编程器的工具条的有关按钮均可调用该工具；也可以利用 Windows 开始菜单或者命令行形式，独立地运行该工具(其他工具软件同样如此)。

(4) ispVM 多路器(ispVM-DLxConnect)，是利用多个 USB 接口提供成批编程(Gang Programming)的软件工具，支持用户以串行或并行方式，对多达八块电路板上的器件链进行编程和校验。

6.10.3 ispVM System 使用要点

ispVM System 有分别适用于 PC、UNIX 和 Linux 环境的多种版本，可满足用户不同的需要。下面具体介绍在最常用的 PC 机 Windows 环境下使用该软件的基本方法。

1. 启动 ispVM System

在完成安装之后，ispVM System 既被嵌入到了 ispLEVER 设计环境之中，又可以独立地运行。相应地，在中文 Windows 环境下，可以通过以下三种方式启动 ispVM System：

(1) 利用 Windows 开始菜单，即在桌面上选择"开始\程序\Lattice Semiconductor\ispVM System"。

(2) 在 ispLEVER 设计环境中调用，即在其项目管理器中选择 TOOLS\ispVM System。

(3) 利用命令行方式运行，步骤是：① 在桌面上选择"开始\运行"；② 在弹出的"运行"对话框中的"打开"栏中输入该软件启动程序的路径并回车(默认路径为 C:\ispTOOLS 5_0\ ispvmsystem\ispVM.exe)。

该启动方式还允许在命令行中附加参数以实现全自动处理，具体格式详见有关的帮助信息。

在启动之后，即可看到如图 6.87 所示的 ispVM System 用户界面。它实际上是由两个部分重叠的窗口(主窗口和项目窗口)组成的，均为 Windows 风格的图形化用户界面，使用较为直观、方便。在使用过程中遇到问题时，随时可以通过按下 F1 键或单击工具条上的按钮 [?]，获得与当前操作直接相关的帮助信息。

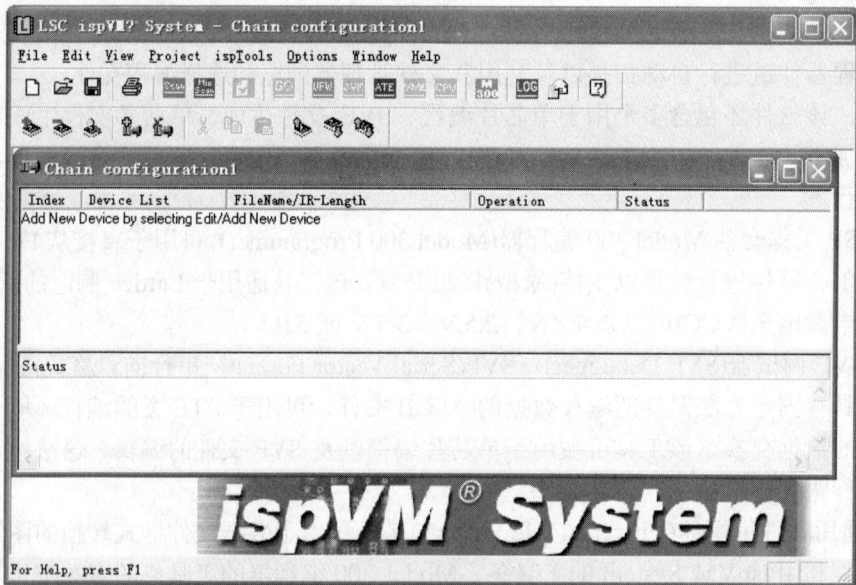

图 6.87　ispVM System 用户界面

2. ispVM System 处理流程

在 ispVM 系统中，器件编程是围绕着描述待编程器件及其连接关系的"链配置(Chain Configuration)"文件而展开的。用户可以从软件中选择器件及其设置或者使用已有的链配置文件。创建、下载一个设计链(Design Chain)的处理流程可概括如下：

(1) 完成一项可编程器件设计，并将其编译成 JEDEC、ISC、十六进制(Hex)或位流(Bitstream)数据文件。

(2) 利用 ispVM System 创建一个新的链配置文件，或者打开一个已有的链配置文件。

(3) 向该链中加入器件，并为每个器件选择其数据文件和预期的操作。

(4) 安排该链中器件的顺序，并编辑各个器件的有关选项(Options)。

(5) 按照下列方式之一，对以"菊花链"形式连接的器件进行编程。

① 利用 ispVM System 工具条中的命令，将设计从微机上下载至器件中。

② 产生一个 SVF 文件，并利用 ispVM 的 SVF 解释器(SVF Interpreter)或者自动测试设备(ATE)对其进行处理。

③ 产生一个 VME 文件，并利用 ispVM 的 VME 处理器(VME Processor)或者待编程电路板上的微处理器对其进行处理。

下面将具体介绍主要的 ispVM 操作命令和操作步骤。将其中有关的命令和步骤根据需要加以组合，即可完成各种不同的任务。必要时，可选择 Help\ispVM System Help 来获得更详细的有关信息。

3. 链配置文件的建立方法

ispVM System 提供了多种建立链配置文件的方法，以适应不同的需要。主要包括：

(1) 创建一个新的链配置文件，具体操作步骤如下：

① 利用前面讲过的三种方式之一，启动 ispVM System。

② 选择 File\New，打开一个新的、空白的链配置文件(参见图 6.87)。

③ 选择 Edit\Add Device，打开如图 6.88 所示的 Device Information 对话框。单击"Expand"按钮，可展开/隐藏该对话框的右半部分。

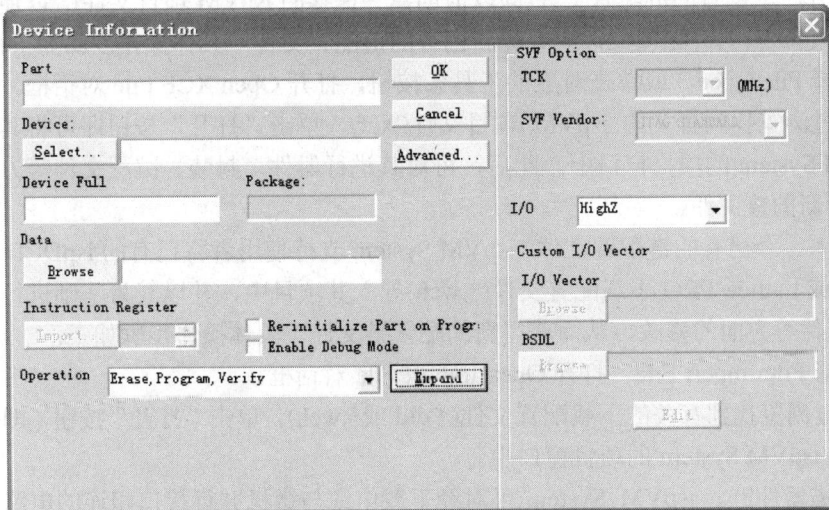

图 6.88　Device Information 对话框

④ 单击 Device 下方的"Select"按钮，打开如图 6.89 所示的 Select Device 对话框。

⑤ 在 Select Device 对话框中，从最上面一栏开始，依次选择(对应于待编程器件的)器件系列、器件及其封装(Package)，然后单击"OK"按钮关闭该对话框。

⑥ 在 Device Information 对话框中单击 Data 下方的"Browse"按钮，打开 Open Data File 对话框，通过浏览找到有关的编程数据文件，并单击"打开"按钮选择该文件。

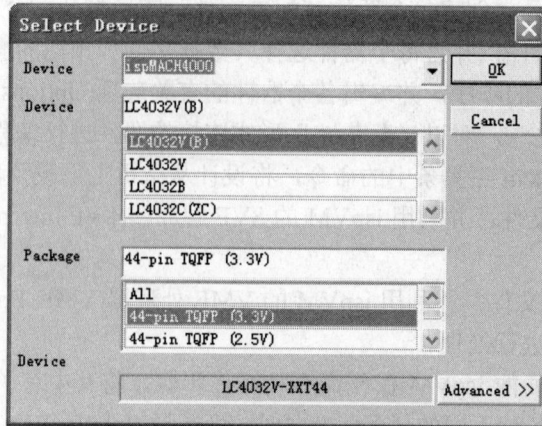

图 6.89　Select Device 对话框

⑦ 在 Operation 下拉选择框中选择所需的编程操作。最常用的选项是"Erase, Program, Verify", 即进行擦除、编程和校验; 如果需要将器件加密(防止设计被非法回读和复制), 可以选择"Erase, Program, Verify, Secure"; 如果要从已编程且未经加密的器件中读出熔丝信息(回读), 以便保存为新的 JED 文件或者复制相同设计的器件, 可以选择"Read and Save JEDEC"。如需了解更多的操作选项的含义, 可参阅有关的 ispVM System 帮助信息。

⑧ 单击"OK"按钮即可保存本次操作结果, 并关闭 Device Information 对话框; 单击"Cancel"按钮, 则会放弃本次修改并关闭该对话框。

(2) 打开一个已有的链配置文件(即以前创建并保存的 ispVM 项目文件), 以便通过对其进行修改来建立新的链配置文件或者更新已有的链配置文件。具体操作步骤如下:

① 选择 File\Open, 或单击对应的工具条按钮, 打开 Open XCF File 对话框。

② 通过浏览找到有关的 ispVM 项目文件(.xcf), 单击"打开"按钮即可将其打开并显示在 ispVM System 的项目窗口中。此后, 可对其进行器件、封装、编程文件等方面的各种修改, 获得新的链文件。

(3) 导入一个已有的链配置文件。ispVM System 支持使用者将已有的 ispDCD 下载配置文件(*.dld)或 Lattice PRO 下载配置文件(*.wch)导入其项目中, 并以其为基础进行器件、封装、编程文件等方面的修改, 从而获得新的配置链文件。具体操作步骤如下:

① 选择 File\Import File, 打开 Open Import File 对话框。

② 通过浏览找到有关的下载配置文件(*.dld 或*.wch), 单击"打开"按钮, 即可将其打开并显示在 ispVM System 的项目窗口中。

(4) 扫描器件链。ispVM System 可对经下载电缆与微机并行接口相连的电路板上的待编程器件进行自动扫描, 自动获得有关器件、连接等方面的信息, 进而自动生成相应的链配置文件。利用该方式, 可以迅速地建立链配置文件, 故优先推荐使用, 但这里必须注意确保硬件连接无误和可靠。具体操作步骤如下:

① 选择 File\New, 或单击对应的工具条按钮, 打开一个新的空白的链文件(窗口)。也可跳过该步骤, 由 ispVM System 在扫描过程中自动予以执行。

② 选择 ispTools\Scan Chain, 或单击对应的工具条按钮, ispVM System 将会对经并行下载电缆与微机相连的电路板进行扫描, 并在新建的链配置窗口中列出经扫描发现的器件。

③ 对于由不同类型器件组成的"混合链"，可选择 ispTools\Scan Mixed Chain，或单击对应的工具条按钮对其进行自动扫描，同样会在新建的链配置窗口中列出经扫描发现的器件(参见图 6.90)。

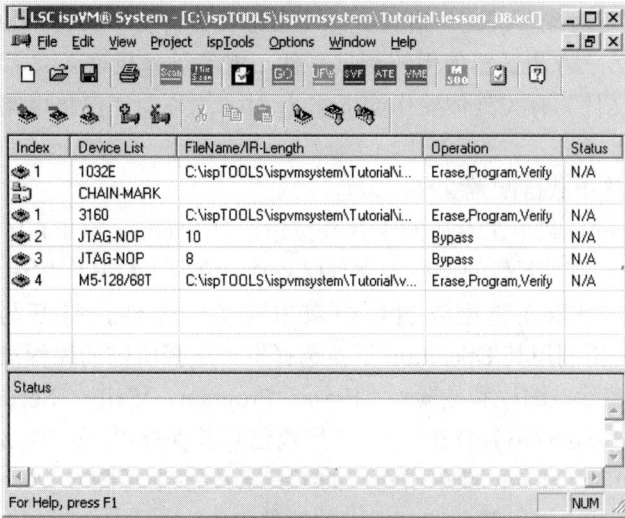

图 6.90　扫描得到的(混合)配置链

(5) 向配置链中加入 JTAG-ISC 器件。ispVM System 允许向配置链中加入任何非 Lattice 生产但兼容 IEEE 1532 标准的器件(即 JTAG-ISC 器件)。利用标准的 BSDL 文件，可以将该类器件加入到配置链中并使其旁路(Bypass)。利用兼容 IEEE 1532 标准的 BSDL 文件，可以将该类器件加入到配置链中并对其进行一些由 BSDL 文件定义的操作，例如验证其 ID。如果同时具备了兼容 IEEE 1532 标准的 BSDL 文件和 ISC 数据文件，则可进一步对该非 Lattice 器件进行编程和任何在 BSDL 文件中定义过的操作。建立该类配置链的操作步骤如下：

① 选择 File\New，或单击对应的工具条按钮，打开一个新的空白的配置链文件(窗口)。

② 选择 Edit\Add Device，或单击对应的工具条按钮，打开 Device Information 对话框。

③ 单击 Device 下方的"Select"按钮，打开 Select Device 对话框，将器件系列、器件依次选择为 Generic JTAG Device、JTAG-ISC，然后单击"OK"按钮。

④ 在弹出的 JTAG-ISC Device Information 对话框中(参见图 6.91)单击上面的两个"Browse"按钮，浏览并打开有关的 BSDL 文件(*.bsm)和 ISC 数据文件(*.isc)。若选择了 Read and Save 操作，还需要通过浏览或在 Read and Save Output ISC Data File 一栏中输入文件名来指定 ISC 输出文件。

⑤ 单击 Action List 列表框右侧的下拉箭头，然后单击选中其中的一项操作，而后在列出的推荐和可选任务中选择需要执行的任务，最后双击该操作列表将其选中。

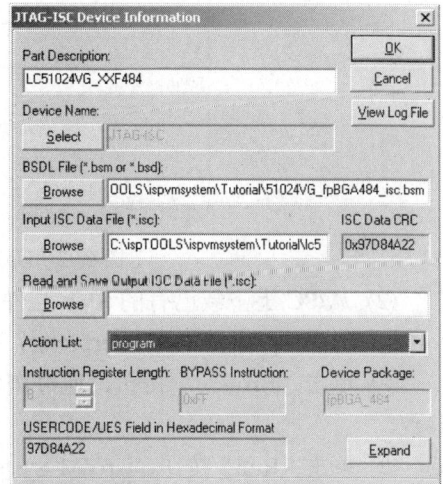

图 6.91　JTAG-ISC Device Information 对话框

⑥ 单击"OK"按钮，关闭"Device Information"对话框，即可得到含有有关 JTAG-ISC 器件的配置链。

4. 链配置文件的操作

ispVM System 可对配置链文件进行处理。可以将设计文件直接从 PC 下载到印制板上的器件中，生成供第三方测试器使用的测试文件，或者创建供嵌入式系统中的微处理器编程的可执行 VME 文件。有关具体操作如下(执行时，均须保证已将电路板经下载电缆与微机并行接口正确地连接)：

(1) 从 PC 上直接下载链配置文件(*.xcf)。

① 选择 File\Open，或单击对应的工具条按钮，打开 Open XCF File 对话框。

② 通过浏览找到需要下载的链配置文件(*.xcf)，单击"打开"按钮将其打开。

③ 如果需要，可以在链配置窗口中双击有关的器件，打开与之对应的 Device Information 对话框，再利用其 Operation 下拉选择框，选择所需的编程操作，包括"Erase，Program，Verify"(擦除、编程和校验)、"Erase，Program，Verify，Secure"(擦除、编程、校验和加密)、"Read and Save JEDEC"(回读熔丝信息并保存)以及"Bypass"(旁路)。

④ 选择 Project\Download，或单击对应的工具条按钮(参见图 6.92)，ispVM System 便会将选中的链文件经下载电缆下载至印制板上的器件中。

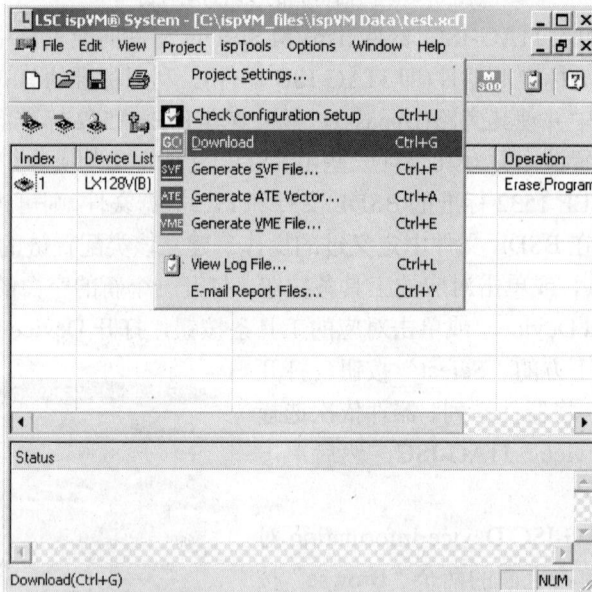

图 6.92　ispVM 的下载命令(Project 菜单)

(2) 从 PC 上下载已有的 SVF 文件。

① 选择 ispTools\SVF Interpreter，打开 SVF Interpreter 对话框(参见图 6.93)。

② 单击"Browse"按钮，通过浏览找到并选择有关的 SVF 文件，调整有关的选项和参数。

③ 单击"Run"按钮，ispVM System 便会利用指定的 SVF 文件将当前的链文件下载至印制板上的器件中。该方式可用于对非 Lattice 器件进行编程等场合。

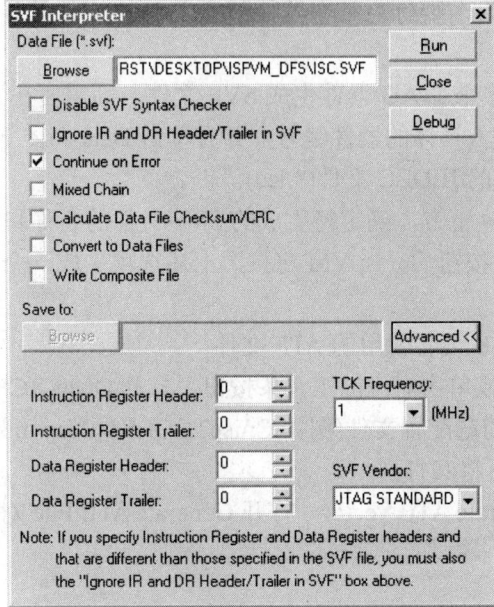

图 6.93 SVF Interpreter 对话框

(3) 生成供第三方测试器使用的 SVF 文件。

① 选择 File\Open，或单击对应的工具条按钮，打开 Open XCF File 对话框。

② 浏览并找到有关的链配置文件(例如 C:\ispTOOLS5_0\ispvmsystem\tutorial\ lesson_ 8.xcf)，单击"打开"按钮将其打开。

③ 选择 Project\Generate SVF File，打开 Generate SVF File 对话框(参见图 6.94)。

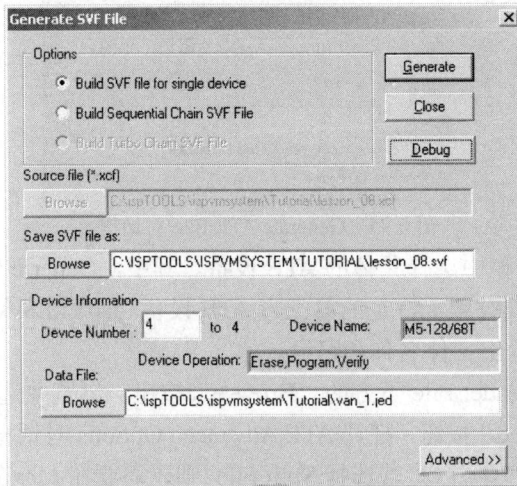

图 6.94 Generate SVF File 对话框

④ 因为仅能针对(非 Lattice)JTAG 器件建立 SVF 文件，如果打开的是一个由(Lattice)ISP 器件和 JTAG 器件组成的混合链(Mixed Chain)，将会出现警告性提示，意为"这是一个混合链，ISP 链将会被忽略"，单击"OK"按钮继续。

⑤ 在 Options 下方的对话框内，若要针对单个 JTAG 器件生成 SVF 文件，应选择"Build SVF file for single device"；若要针对整个器件链生成 SVF 文件且串行地编程，应选择"Build

Sequential Chain SVF File"；若要针对整个器件链生成 SVF 文件且并行地编程,应选择"Build Turbo Chain SVF File"。

⑥ 如果选择了针对单个 JTAG 器件生成 SVF 文件，则需要在 Device Information 一栏的 Device Number 框中输入具体的器件编号，并且单击 Data File 下方的 "Browse" 按钮，通过浏览找到并选择有关的 JEDEC 文件(*.jed)。

⑦ 在 Save SVF file as 下方，确定待生成的 SVF 文件的名称和保存路径。

⑧ 单击 "Generate" 按钮后，ispVM 将按照上述选项生成一个 SVF 文件。可利用文本编辑器查看该文件。

(4) 生成供第三方 ATE 设备使用的 ATE 文件。

① 选择 File\Open，或单击对应的工具条按钮，打开 Open XCF File 对话框。

② 浏览并找到有关的链配置文件(例如 C:\ispTOOLS5_0\ispvmsystem\tutorial\lesson_9.xcf)，单击 "打开" 按钮将其打开。

③ 选择 Project\Generate ATE Vector，打开 Generate ATE File 对话框(参见图 6.95)。

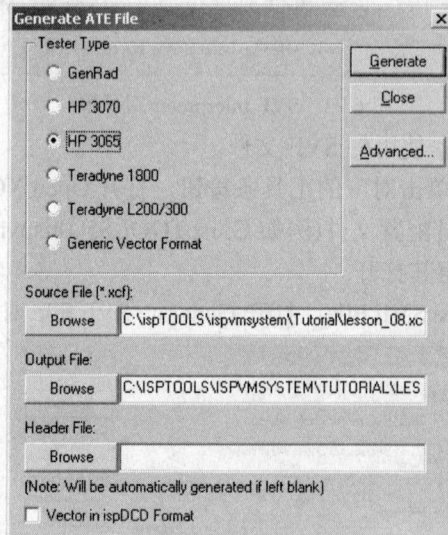

图 6.95　Generate ATE File 对话框

④ 在 Tester Type 一栏中选择具体的 ATE 设备。其中，Generic Vector Format 对应于一般的 ATE 设备，其他选项对应于特定的第三方 ATE 设备。ispVM System 会随之自动地填入源文件名称和路径以及输出文件名称和路径。

⑤ 必要时，单击 Header File 下方的 "Browse" 按钮，浏览并选择有关的头文件。

⑥ 可单击 "Advanced" 按钮，打开 ATE Advanced Options 对话框，在 Vector Generation options 一栏中选定向量产生方式。若选择 Split File，则还需要在 Maximum Number of Vectors Per File 输入框中选定每个文件最多容许的向量个数，并利用 Split File without Initialization 选项选择是否需要初始化；利用 Vector Signal Order 一栏右侧的上、下箭头按钮，可以改变有关信号的产生次序。单击 "OK" 按钮关闭该对话框。

⑦ 单击 "Generate" 按钮后，ispVM 将会按照上述选项和规定格式生成相应的 ATE 文件。

(5) 生成用于嵌入式编程的 VME 文件。

① 选择 File\Open，或单击对应的工具条中的按钮，打开 Open XCF File 对话框。

② 浏览并找到有关的链配置文件(例如 C:\ispTOOLS5_0\ispvmsystem\tutorial\ lesson_10 .xcf)，单击"打开"按钮将其打开。

③ 选择 Project\Generate VME File，或单击对应的工具条中的按钮，打开 Generate VME 对话框(参见图 6.96)。在 Options 一栏中列出了有关的选项，一般采用缺省选项即可。

④ 在 Save VME File 一栏中指定预期的 VME 文件保存路径(例如 Tutorial\ lesson_10.vme)。

⑤ 单击"Generate"按钮后，ispVM 将会产生并保存 VME 文件。该 VME 源码文件可供微处理器使用，对嵌入式系统中的器件链进行编程；也可供 ispVM 的 VME 处理器使用，利用微机将设计结果下载。

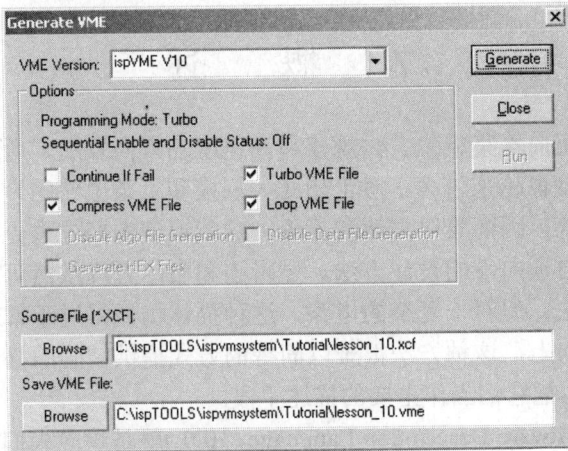

图 6.96　Generate VME 对话框

(6) 利用 VME 处理器下载 VME 文件。

① 选择 ispTools\VME Processor，打开对话框。

② 在该对话框中单击"Browse"按钮，通过浏览找到并选择一个 VME 文件，再单击"打开"按钮将其打开。

③ 单击"Run"按钮后，VME 处理器便会将 VME 文件所表达的设计结果下载到电路板上的器件之中。

至此，本章已对 Lattice 可编程逻辑器件开发工具 ispLEVER 的软件环境、设计流程等进行了较为全面和详细的介绍。通过将本章与第 5 章相结合来学习，读者可以较快地熟悉和基本掌握基于 ispLEVER 的 Lattice 可编程逻辑器件开发方法。但受篇幅所限，本章对个别较为重要的设计工具未能涉及，特别是面向较大规模设计的模块/IP 管理器(Module/IP Manager)以及在线调试与验证工具套件 ispTRACY(包括 ispTRACY IP Manager、ispTRACY Core Linker、ispTRACY Logic Analyzer，仅适用于 ispXPGA/ispXPGA-E 系列器件)。读者可以在学习、掌握本章内容的基础上，利用 ispLEVER 的帮助系统、在线教程，亲自动手实践，了解和掌握更多的 ispLEVER 设计工具和使用技巧，并且加深对本章内容的理解。

第7章

硬件描述语言 VHDL 初步

7.1 概　　述

目前，电子系统正向着集成化、大规模和高速度的方向发展，所需要的集成电路的规模越来越大，复杂程度也越来越高。对于如此大规模和复杂电路的设计问题，传统的门级描述方法显得过于琐碎，因而难以理解和管理，这就迫使人们寻求更高抽象层次的描述方法和采用高层次的、自顶向下的设计方法。逻辑图和布尔方程虽然可用来描述硬件且抽象程度高于门级描述方法，但对于复杂的电路，这种描述仍显得过于繁琐而不便于使用；在高于逻辑级的抽象层次上，这种方法很难以简练的方式提供精确的描述。因此，在自顶向下的设计方法中不能再把它们当作主要的描述手段。

硬件描述语言(Hardware Description Language，HDL)就是顺应人们的这一需要而产生和发展起来的，它是一种能够以形式化方式描述电路的结构和行为，并用于模拟和综合的高级描述方法。HDL 具有类似于高级程序设计语言的抽象能力，有些 HDL 本身就是从已有的程序设计语言(如 PASCAL)发展而来的，但其主要目的是用来编写设计文件并建立硬件电路(器件)的逻辑模型。硬件系统的基本性质和硬件设计的方法决定了 HDL 的主要特性。HDL 的语法和语义定义都是为描述硬件的行为服务的，它应当能自然地描述硬件中并行的、非递归的特性以及时间关系。一般认为，HDL 应当具有以下能力：

(1) 能在希望的抽象层次上进行精确而简练的描述。

(2) 易于产生用户手册、服务手册等文件，以便多人配合工作。

(3) 在不同层次上都易于形成用于模拟和验证的设计描述。

(4) 在自动设计系统中(例如高层次综合、硅编译器等)可作为设计输入。

(5) 可以进行硬、软件的联合设计，消除硬、软件开发时间上的间隔。

(6) 易于修改设计和把相应的修改纳入设计文件中。

(7) 在希望的抽象层次上可以建立设计者与用户的通信界面。

从 20 世纪 60 年代开始，为了解决大规模复杂集成电路的设计问题，许多 EDA 厂商和科研机构就建立和使用着自己的电路硬件描述语言，如 Data I/O 公司的 ABEL-HDL、Altera 公司的 AHDL、Microsim 公司的 DSL，等等。这些硬件描述语言各具特色，普遍收到了优于传统方法的实际效果，语言本身也在应用中不断地发展和完善，逐步成为描述硬件电路的重要手段。然而，随着 HDL 应用的逐步深入，人们发现，各种非标准 HDL 之间存在的差异已成为束缚设计者选择最佳的设计环境和进行相互交流的巨大障碍，因此，要求 HDL 标准化的呼声越来越高。

美国国防部的工程项目有着众多的承包人，他们曾使用着多种设计语言，使得承包人甲的设计不能被承包人乙再次利用，这就造成了信息交换和设计维护方面的困难。为了解决这个问题，20 世纪 80 年代初美国国防部为其超高速集成电路计划(VHSIC)提出了硬件描述语言 VHDL(VHSIC Hardware Description Language)，作为该计划的标准 HDL 格式。在使用中，VHDL 很好地体现了标准化的威力，因而逐步得到推广。1987 年 12 月，IEEE(电气和电子工程师协会)正式接受 VHDL 作为国际标准，编号为 IEEE 1076-1987，即 VHDL'87。1993 年，对 VHDL 又作了若干修改，增加了一些功能，新的标准版本记作 IEEE 1076-1993，即 VHDL'93。严格地说，VHDL'93 和 VHDL'87 并不完全兼容，新标准增加了一些保留字并删去了某些属性。但是，对 VHDL'87 的源码只需作少许简单的修改就可成为合法的 VHDL'93 代码。目前，对 VHDL'93 的扩展工作仍在进行之中，目标是使 VHDL 既能描述数字电路，又能描述模拟电路(VHDL-AMS)。

概括地说，VHDL 具有以下主要优点：

(1) VHDL 具有强大的功能，覆盖面广，描述能力强，可用于从门级、电路级直至系统级的描述、仿真和综合。VHDL 支持层次化设计，可以在 VHDL 的环境下，完成从简练的设计原始描述，到层层细化求精，最终到直接付诸生产的电路级或版图参数描述的全过程。

(2) VHDL 具有良好的可读性。它可以被计算机接受，也容易被读者理解。用 VHDL 书写的源文件，既是程序又是文档，既是技术人员之间交换信息的文件，又可作为合同签约者之间的文件。

(3) VHDL 具有良好的可移植性。作为一种已被 IEEE 承认的工业标准，VHDL 事实上已成为通用的硬件描述语言，可以在不同的设计环境和系统平台中使用。

(4) 使用 VHDL 可以延长设计的生命周期。因为 VHDL 的硬件描述与工艺技术无关，不会因工艺变化而使描述过时。与工艺技术有关的参数可通过 VHDL 提供的属性加以描述，工艺改变时，只需修改相应程序中的属性参数即可。

(5) VHDL 支持对大规模设计的分解和已有设计的再利用。VHDL 可以描述复杂的电路系统，支持对大规模设计进行分解，由多人、多项目组来共同承担和完成。标准化的规则和风格为设计的再利用提供了有力的支持。

另一种已于 1995 年正式成为国际标准的 HDL 是 Verilog HDL，编号为 Verilog HDL 1364-1995。其特点是编程风格与 C 语言相似，因而比较容易掌握。它推出的时间比 VHDL 早，系统抽象能力稍逊于 VHDL，而对门级开关电路的描述能力则优于 VHDL，在许多领域的应用也很普遍。有兴趣的读者可以参阅有关文献。

令人感到有趣的是，硬件设计领域与软件设计领域存在着明显的对称性：VHDL 对应于 C 和 C++等高级语言，抽象程度高，编程效率高，但速度和资源利用率稍差；门级描述、逻辑图和布尔方程对应于机器语言和汇编语言，直接而琐碎，编程效率低，但速度和资源利用率较高。因此，我们可以预期，如同 C 和 C++等已逐步取代汇编语言和机器语言一样，在大规模复杂电路与系统的设计中，VHDL 等标准化硬件描述语言将逐步取代门级描述、逻辑图和布尔方程等级别较低的硬件描述方法而成为主要的硬件描述工具。目前在国际上，以标准化硬件描述语言和逻辑综合为基础的自顶向下的电路设计方法已十分流行。大多数 EDA 工具均引入了 VHDL，有些甚至用 VHDL 取代了原有的非标准 HDL，这一趋势越来越明显。从现在起，所有正在和将要从事电子电路与系统设计的人员都有必要学习和掌握 VHDL。

本章以下部分将依据 IEEE 1076-1987，从如何理解和使用的角度来介绍 VHDL 的基本概念和使用要点，通过举例和分析典型实例，帮助读者初步掌握使用 VHDL 进行可编程逻辑器件设计的基本方法。至于 VHDL 具体的仿真和综合过程，不同公司的软件在使用方法上存在较大差异，在本书的第 4 章和第 6 章中已分别介绍了 Quartus Ⅱ 和 DesignDirect 软件环境下 VHDL 的仿真和综合方法，本章将不再对此进行介绍。

7.2 VHDL 设计文件的基本结构

模块化和自顶向下、逐层分解的结构化设计思想贯穿于整个 VHDL 设计文件之中。VHDL 将所设计的任意复杂的电路系统均看做一个设计模块，实体(Entity)和结构体(Architecture)是模块最基本的两个组成部分。设计文件的实体部分描述模块(系统)的接口信息，包括端口的数目、方向和类型等，其作用就相当于传统设计方法中使用的元件符号；结构体部分则描述模块的内部电路，对应于原理图、逻辑方程和模块的输入—输出特性。二者相配合就可以组成简单的 VHDL 设计文件。而一个完整的 VHDL 设计文件则通常包括实体、结构体、配置(Configuration)、程序包(Package)和库(Library)五个部分。

7.2.1 初识 VHDL

为使读者在接触大量的专业术语和语法规则之前先对 VHDL 有一个基本的了解，我们先一起来看下面的三个简单例子。读程序时不妨"顾名思义"、"望文生义"，充分利用已有的知识，你将会发现 VHDL 其实并不难。

[例 7-1]　与非门的逻辑描述。

```
LIBRARY IEEE;
USE IEEE.STD_LOGIC_1164.ALL;
ENTITY nand_2 IS
    PORT ( a, b: IN STD_LOGIC;
           y: OUT STD_LOGIC);
END nand_2;
ARCHITECTURE rtl OF nand_2 IS
BEGIN
    y <= NOT (a AND b);
END rtl;
```

例 7-1 是一个最简单的 VHDL 设计文件，所描述的是 2 输入与非门。其中，第 3 行至第 6 行为实体部分，利用 PORT(端口)语句说明该模块有两个输入引脚 a 和 b，一个输出引脚 y，其数据类型均为 STD_LOGIC；第 7 行至第 10 行为结构体，说明模块内部的数据传输和变换关系。其中所用的符号"<="表示传送或赋值的意思，称为"赋值符"；"NOT"代表"取反"，"AND"代表"与"，都是经过 VHDL 预先定义的逻辑运算符。

该文件的前两行分别是"库说明"和"程序包说明"语句，其作用是声明要引用 IEEE 库(Library)中 STD_LOGIC_1164 程序包(Package)的所有项目。此例中仅在 PORT(端口)语句中引用了 IEEE 预定义的标准数据类型"STD_LOGIC"(标准逻辑位)。库和程序包中存放的是经过编译的数据，包括对信号、常数、数据类型以及实体、结构体等的定义，以后将对它们作详细介绍。

从这个简单的例子还可以看出，VHDL 与 Pascal 等高级语言在结构和风格上非常相似。例如，每个语句均以";"结尾 (**切记不要忘了";"**)，采用缩进格式，等等。其语序和语义也与英语很相似，有时"望文生义"也能"猜个八九不离十"。因此，在学习的过程中，读者应善于利用这些相似性，充分应用已有的程序设计知识和英语知识，努力通过对比和联想来帮助理解，加深记忆。

但与此同时还必须时刻牢记：VHDL 是用来描述硬件电路的，它与 C 语言等高级语言存在许多差别。最重要的差别有两点：一是其中的某些语句(如并行语句)可以自动地重复执行，而不必显式地使用循环等来保证，因为每条语句都描述着硬件电路的某一具体部分或者某一种特性，而电路只要通上电(相当于 VHDL 程序投入运行)就会连续工作，根本不必反复接通电源；二是 VHDL 的许多语句不是按排列顺序执行的，而是可以同时执行的，称为 VHDL 的并行性。这样规定，也是为了模拟硬件电路(不含处理器)本身固有的并行性：实际电路的各个部分在工作时是相对独立的，没有人能指定它们的操作顺序。明白这个道理，对分析和编写 VHDL 程序都非常重要。

[例 7-2]　与非门的结构描述。

```
LIBRARY IEEE;
USE IEEE.STD_LOGIC_1164.ALL;
ENTITY nand_2 IS
    PORT ( a, b: IN STD_LOGIC;
            y: OUT STD_LOGIC);
END nand2;
ARCHITECTURE struct OF nand_2 IS
COMPONENT inv
    PORT(in: IN STD_LOGIC;
        Out: OUT STD_LOGIC);
END COMPONENT;
COMPONENT and2
    PORT( in1, in2: IN STD_LOGIC;
        Out: OUT STD_LOGIC);
END COMPONENT;
SIGNAL out1: STD_LOGIC;
BEGIN
    u1: and2 PORT MAP(a, b, out1);
    u2: inv PORT MAP (out1, y);
END struct;
```

例 7-2 采用了结构描述方式，与例 7-1 的差别主要在结构体上。其思路与原理图设计相似：先利用两个 COMPONENT(元件)语句说明要调用的两个标准模块(在库中已生成)，相当于"调入器件符号"；

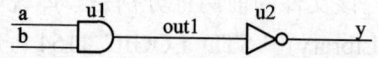

图 7.1 例 7-2 对应的逻辑图

再使用两个 PORT MAP(端口对应)语句说明这两个元件之间以及元件与端口之间的信号对应关系，也就是连接关系，相当于"连线"。这样，便将原理图直接转化成了对应的 VHDL 设计文件。图 7.1 给出了对应的逻辑图以便于理解。

[例 7-3] 与非门的行为描述。

```
LIBRARY IEEE;
USE IEEE.STD_LOGIC_1164.ALL;
ENTITY nand_2 IS
    PORT ( a, b: IN STD_LOGIC;
             y: OUT STD_LOGIC);
END nand_2;
ARCHITECTURE behav OF nand_2 IS
BEGIN
    PROCESS(a, b)
        VARIABLE tmp: STD_LOGIC_VECTOR(1 DOWNTO 0);
    BEGIN
        tmp :=a&b;
        CASE tmp IS
            WHEN "00" => y<='1';
            WHEN "01" => y<='1';
            WHEN "10" => y<='1';
            WHEN "11" => y<='0';
            WHEN OTHERS => y<='X';
        END CASE;
    END PROCESS;
END behav;
```

例 7-3 则采用了行为描述方式。它以 2 输入与非门的真值表为依据，在 PROCESS(进程)语句中利用 CASE(条件)语句罗列了所有的输入组合及对应的输出结果。

该设计文件利用了 STD_LOGIC_VECTOR(标准位向量)类型的变量 tmp，暂且可以将它理解成由两个逻辑位组成的"串"。而 tmp :=a&b 一行是将两个逻辑位"拼接"成"串"，赋给变量 tmp。随后的 CASE 语句的格式和作用与 Pascal 语言中的 CASE 语句基本相同，与 C 语言中的 SWITCH 语句也很相似，都是多分支条件选择。其中的 WHEN 子句的含义是：当跟在保留字 CASE 后的情况表达式(此例为 tmp)取值为保留字 WHEN 之后的特定值时，则执行"=>"符号后的语句，为信号 y 赋值。

在读过这些例子之后，读者想必对 VHDL 有了一定的感性认识。要完全理解这些例子，还需要进一步了解有关的概念和规则。

在下面几节中，我们将介绍 VHDL 各主要语言要素的格式和使用规则，并列举和分析有关的实例。在说明各语言要素的一般格式时将采用 VHDL 的 BNF 格式，概括起来主要有三点：在大括号"{ }"内列举可重复的部分；在方括号"[ ]"内列举可选的部分；符号"|"表示"或"，用来连接备选项。请读者在阅读时注意。

7.2.2 实体和结构体

实体和结构体是构成 VHDL 设计文件的基本组成部分。实体说明中包含用来描述所设计的模块的公共信息，包括外部可见特性如端口的数目、方向和类型等，以及类型说明、断言语句等外部不可见信息。实体在整个系统中所处的层次由其所描述的模块的层次决定，既可以是顶层实体，也可以是最底层实体。实体的一般格式如下：

ENTITY　实体名　IS

[类属参数说明]；

[端口说明]；

END　实体名；

说明：

(1) ENTITY、IS、END 等大写的单词均为 VHDL 的保留字，必须正确拼写并建议采用大写，而用户自定义的标识符用小写，以便区别。

(2) 类属参数说明是可选部分。如果需要，可使用多个以"；"结尾的 GENERIC(类属)语句来指定该设计单元的默认类属参数(如延时、功耗等)，其格式为

GENERIC(端口名{，端口名}：[IN]子类型符[:=初始值]

{；端口名{，端口名}：[IN]子类型符[:=初始值]})；

例如，GENERIC(d：TIME :=5 ns)；指定在该实体所属的结构体内 d=5 ns。

(3) 端口说明使用 PORT 语句，其格式为

PORT(端口名{，端口名}：方向　　数据类型名；

　　　　　　　　⋮

　　端口名{，端口名}：方向　　数据类型名)；

其中，"方向"可以是 IN(输入)、OUT(输出)、INOUT(双向)、BUFFER(输出并向内部反馈)等；"数据类型"原则上可以是任何标准数据类型和用户自定义类型，但常用的只有STD_LOGIC(标准逻辑位)、STD_LOGIC_VECTOR(标准逻辑位向量)、BIT(逻辑位)和BIT_VECTOR(位向量)等几种。这些数据类型的定义和区别将在 7.3 节中介绍。

(4) 实体名、端口名等均应为符合 VHDL 命名规则的标识符。VHDL'87 中的标识符定义为：以英文字母开头，以数字、字母和下划线"_"为有效字符的字符串，大、小写不加区分。VHDL'93 继承了该定义并加以扩展。

实体中的类属说明部分所使用的 GENERIC 语句，是用来传递信息给实体中具体元件的最常用的手段。所传递的信息可以是器件的上升和下降沿延时时间，也可以是一些用户定义的数据类型，包括像负载电容和电阻等信息。对综合参数，如像数据通道宽度、信号宽度等也能作为类属传送。使用这种方法，设计者能在设计中对不同的具体元件传送不同的值，从而使设计模块化和通用化。

[例 7-4]　2 输入与门的实体。

```
ENTITY and2 IS
    GENERIC (rise，fall：TIME)；
    PORT (a，b：IN BIT；  c：OUT BIT)；
END and2；
```

结构体与实体相配合，用于描述模块的内部特性。从前面的例子我们已经看到，在结构体中使用结构描述(逻辑元件连接描述)、寄存器传输描述(RTL，数据流描述)和行为描述(数学模型描述)这三种描述方法，可以从不同的侧面和层次更好地对设计加以描述。三种方法中，行为描述的抽象层次最高，主要用于系统级描述，但不被某些综合工具所接受。对于可编程逻辑器件设计而言，另外两种方式更为常用。一个完整的结构体格式如下：

```
ARCHITECTURE  结构体名  OF   实体名   IS
[定义语句]；
BEGIN
[并行处理语句]；
END   结构体名；
```

说明：

(1) 结构体中的"实体名"说明该结构体隶属于哪个实体。"结构体名"原则上可以是任何合法的标识符，但通常依据该结构体所采用的描述方式，用相应的英文单词 behaviour(行为)、dataflow(数据流)、structure(结构)或者它们的缩略形式为其命名，以便理解和交流。本章中的例子都是这样做的。

(2) 定义语句用于对该结构体需要使用的信号、常数、数据类型等进行定义。例如前面的例子中使用了 COMPONENT、SIGNAL 语句，分别对所采用的元件和信号进行了说明。

(3) 并行说明语句是功能描述的核心部分，也是变化最丰富的部分。可以使用的语句包括赋值语句(如例 7-1)、元件调用语句(如例 7-2)、进程语句(如例 7-3)、块(Block)语句以及子程序等。

需要注意的是，这些语句都是并行(同时)执行的，与排列的顺序无关。这种并行性是由硬件本身天然的并行性所决定的，也是硬件描述语言与软件程序最大的不同之处。请务必注意！有关语句的语法细节将在 7.4 节中详细介绍和举例说明。

[例 7-5]　2 输入与门的结构体。

```
ARCHITECTURE strc OF and2 IS
    SIGNAL tmp：BIT；
BEGIN
    tmp <= a AND b；
    c <= tmp AFTER rise WHEN tmp = '1' ELSE
        tmp AFTER fall；
END strc；
```

7.2.3　配置

在前面所举的三个例子中，分别用结构、数据流和行为描述方式对与非门电路进行了描述。那么，这三种方式哪一种的效果最好？在实际设计中也常遇到这样的情况，需要对多个设计方案进行对比和选择。这时，便需要在设计文件中增加配置部分，利用配置从多个结构体中每次选择一个，对实体进行说明。比较各次仿真的结果便可以选出性能最佳的结构体。

一般来说，配置语句可描述设计中不同层次之间的连接关系，以及实体与结构体之间的连接关系。但它主要用于指定与实体对应的结构体。其基本语法形式如下：

    CONFIGURATION   配置名   OF   实体名   IS
        [说明语句]；
    END   配置名；

其中的说明语句有多种形式，有简有繁。对于不包含 BLOCK 语句和 COMPONENTS 语句的结构体，可以使用如下的简单形式：

    FOR   选配结构体名
    END   FOR；

这样，利用配置语句便可将上面三个独立的例子合在一起，组成一个包含一个实体、三个结构体的新设计文件，如例 7-6 所示。通过修改配置语句中的 FOR 语句，就可以选择一个结构体与实体配对。按照例 7-6 中的设置，选择的是 rtl 结构体；若要选择 behav 结构体或 struct 结构体，则只需将 FOR 语句中的 rtl 相应地改为 behav 或 struct 即可。

[例 7-6]   加入了配置的与非门设计文件，可以选择不同的结构体。

```
LIBRARY IEEE;
USE IEEE.STD_LOGIC_1164.ALL;
ENTITY nand_2 IS
    PORT ( a, b: IN STD_LOGIC;
            y: OUT STD_LOGIC);
END nand_2;
ARCHITECTURE rtl OF nand_2 IS
BEGIN
    y <= NOT (a AND b);
END rtl;
ARCHITECTURE struct OF nand_2 IS
COMPONENT inv
    PORT( in: IN STD_LOGIC;
            Out: OUT STD_LOGIC);
END COMPONENT;
COMPONENT and2
    PORT( in1, in2: IN STD_LOGIC;
            Out: OUT STD_LOGIC);
END COMPONENT;
SIGNAL out1: STD_LOGIC;
BEGIN
    u1: and2 PORT MAP(a, b, out1);
```

```
            u2: inv PORT MAP (out1, y);
        END struct;
        ARCHITECTURE behav OF nand_2 IS
        BEGIN
            PROCESS(a, b)
                VARIABLE tmp: STD_LOGIC_VECTOR(1 DOWNTO 0);
            BEGIN
                tmp :=a&b;
                CASE tmp IS
                    WHEN "00" => y<='1';
                    WHEN "01" => y<='1';
                    WHEN "10" => y<='1';
                    WHEN "11" => y<='0';
                    WHEN OTHERS => y<='X';
                END CASE;
            END PROCESS;
        END behav;
        CONFIGURATION    nand2_con OF nand_2   IS
            FOR    rtl
            END    FOR;
        END    nand2_con;
```

对于包含 COMPONENTS 语句的结构体，可以使用如下配置形式：

```
        FOR    选配结构体名
            { FOR 元件标号表: 元件型号 USE ENTITY WORK. 实体名 (结构体名);
                END    FOR; }
        END    FOR;
```

大括号内是对一种型号元件的完整配置。如果有多种不同型号的元件，则需按该格式分别配置。例如，若要对 struct 结构体中的元件 and2 和 inv 进行配置，便需要在该结构体中增加如下配置语句：

```
        CONFIGURATION    nand2_con OF nand_2   IS
            FOR u1: and2 USE ENTITY WORK. and2(behav)
            END        FOR;
            FOR u2: inv USE ENTITY WORK. inv(behav)
            END        FOR;
        END    nand2_con;
```

7.2.4 程序包和库

1. 程序包

数据类型、常量以及子程序可以在实体说明部分或结构体部分加以说明。但是，这样所定义的类型、常量及子程序等的作用范围只限于对应的结构体中，在其他实体或结构体中无法引用这些定义。为了使一组类型说明、常量说明或子程序说明能被许多设计实体(及其结构体)所引用，VHDL 提供了程序包结构。程序包由程序包说明和程序包体组成，用于存放各设计单元都能共享的数据类型、常数和子模块等，相当于 C 语言的 H 文件。

程序包说明的语法形式是：

        PACKAGE   包集合名   IS
                [说明部分]；
        END   包集合名；

可以在程序包说明部分中出现的有：基本说明、信号说明、属性说明、属性定义、元件说明和子程序说明等。下面的例子中，定义了数据类型"3 电平逻辑"、常数"未知量"和函数"invert"。

[例 7-7]   程序包说明示例。

        PACKAGE   logic   IS

        TYPE   three_level_logic IS ('0'，'1'，'Z')；

        CONSTANT   unknown_value：three_level_logic := '0'；

        FUNCTION   invert(input：three_level_logic)

        RETURN three_level_logic；

        END   logic；

一个程序包说明至多可以带一个程序包体(以下简称包体)。包体与程序包使用相同的名字，包体的内容是基本说明及子程序体说明。包体的语法形式如下：

        PACKAGE   BODY   程序包名   IS
                [说明部分]；
        END   程序包名；

[例 7-8]   程序包说明 logic 的包体。

        PACKAGE   BODY   logic   IS

            FUNCTION invert(input：three_level_logic)

            RETURN three_level_logic IS

            BEGIN

                CASE input IS

                    WHEN   '0' => RETURN '1'：

                    WHEN   '1' => RETURN '0'：

                    WHEN   'Z' => RETURN 'Z'：

                END   CASE；

            END   invert；

        END   logic；

包体中的子程序体及其相应的说明是专用的，不能被其他 VHDL 单元所引用；而程序包中的说明则是公用的，可供外部引用。程序包说明单元是主设计单元，它可以独立编译并插入设计库中。程序包体是次级设计单元，在其对应的主设计单元编译并插入设计库之后，它才可以独立进行编译并插入设计库中。

需要注意的是，当在程序包中包含有子程序说明时，必须将子程序体放在对应的包体中，而不能放在程序包说明中。当程序包仅含有类型说明时，可以不带程序包体。

2. 库

库的作用与程序包类似，但级别高于程序包，其中存放着已经编译过的实体说明、结构体、配置说明、程序包说明和程序包体等，可以作为其他 VHDL 描述的资源而被引用。目前在 VHDL 语言中，常用的主要有以下几种库：

(1) IEEE 库：包含经过 IEEE 正式认可的 STD_LOGIC_1164 程序包和某些公司提供的程序包，如 STD_LOGIC_ARITH(算术运算库)、STD_LOGIC_UNSIGNED 等。

(2) STD 库：是 VHDL 的标准库，含有称为 STANDARD 的标准程序包，其中定义了多种常用的数据类型，均不加说明便可直接引用。另一个程序包 TEXTIO(文本文件输入/输出)，则需经说明后方可使用。

(3) WORK 库：是当前作业库，主要包含在当前的设计单元中定义的类型、函数等。

(4) 用户库：由用户自己创建。设计者可以把一些自己需要经常使用的非标准(一般是自己开发的)包集合和实体等汇集成库，作为对 VHDL 标准库的补充。

VHDL 把设计库作为对多个项目进行组织和维护的手段。允许设计者在多个库中有选择地打开当前需要使用的库。未被打开的库则不能使用。WORK 库和 STD 库总会被自动打开。

3. 如何打开库和程序包

利用 LIBRARY 语句可以把库打开，以供后面的实体及其结构体引用。其语法形式为：

      LIBRARY　库逻辑名表；

其中，库逻辑名表是一系列用逗号分隔的标识符，表示库的逻辑名。例如：

      LIBRARY　VITAL，IEEE；

对 STD 库和 WORK 库，不必使用 LIBRARY 语句来打开。它们总会被自动打开。

利用 USE 语句可打开所选定的程序包。其语法形式为：

      USE　程序包标识表；

其中，程序包标识表是一系列用逗号分隔的项目标识。项目标识的一般形式是：库名.程序包名.对象名，但也可以采用简略形式，如库名.程序包名和程序包名.对象名。

USE 语句一般应在 LIBRARY 语句后使用。其最后一个标识符可以是保留字 ALL，其含义是：打开由前面各标识符共同指定的程序包说明中的所有说明或者库中的所有单元。但是应当注意：如果使用了多个带有保留字 ALL 的 USE 语句，则有可能出现被打开的对象之间"重名"的问题。因此，设计者应谨慎使用保留字 ALL。

还需要注意的是，LIBRARY 语句和 USE 语句的作用范围只限于紧跟其后的实体及其结构体。因此，如果一个程序中有一个以上的实体，则必须在每个实体的前面分别加上 LIBRARY 语句和 USE 语句，说明各实体及其结构体需要使用的库和程序包。

7.3 对象、类型和属性

7.3.1 对象

VHDL 涉及的对象(Object)主要有以下三类：

(1) 信号。信号代表电路内部各元件之间的连接线，是实体间动态交换数据的手段。信号通常在实体、结构体和程序包中说明。信号说明语句的格式为：

  SIGNAL 信号名：信号类型 [:=初始值];

例如：

  SIGNAL vcc：STD_LOGIC :='1';

(2) 变量。变量用于对暂时数据的局部存储，只能在进程语句和子程序中使用。其说明格式为：

  VARIABLE 变量名 {，变量名}：变量类型 [:=初始值];

例如：

  VARIABLE a，b：STD_LOGIC;

(3) 常量。常量是一个在仿真/综合过程中固定不变的值，可通过其标识符来引用。这与 C 语言中的符号常量的意义完全相同。使用常量的主要目的是增加设计文件的可读性和可维护性。其说明语句的格式为：

  CONSTANT 常量名 {，常量名}：类型名 [:=取值];

例如：

  CONSTANT PI：REAL := 3.14159;

信号和常量的作用域由其说明语句所在的位置决定。在实体和程序包中说明的信号和常量可作用于该实体及其结构体内部，在结构体中说明的信号和常量则仅作用于该结构体内部。变量仅在说明语句所在的进程或子程序内部起作用，是一个局部量。

值得注意的是，应严格区别信号和变量的定义和使用。尽管它们都是用来存储数据的，但二者存在许多重要差别，包括：

(1) 说明的形式与位置不同，作用范围也不同。信号可用于进程间的通信，变量则不行。

(2) 变量的赋值是立即生效的；对信号的赋值则是按仿真节拍来进行的，还可以用 AFTER 语句来附加延时。

(3) 信号的赋值采用"<="赋值符，而变量的赋值是用":="符号。

7.3.2 数据类型

VHDL 有非常严格的对数据类型的规定。每个信号、常量、变量或表达式都必须有唯一的数据类型，以确定它能保持那一类数据。一般来说，为对象或表达式分配数据时，不同类型的数据不能混用；每个对象和表达式的类型在仿真之前便已确定下来，不再改变。

1. 标准数据类型

VHDL 共提供了 10 种标准的数据类型，这些数据类型不需说明库和程序包便可直接引用。下面分别给出其保留字并稍加解释。

(1) Integer(整数)：取值范围为$-(2^{31}-1)\sim(2^{31}-1)$，主要用于表示总线(如多位计数器的输出)的状态，不能直接按位来操作，也不能进行逻辑运算。

(2) Real(实数)：取值范围为$-1.0E+38\sim1.0E+38$，主要用于硬件方案的研究或实验。

(3) Bit(位)：只有两种取值，即 0 和 1，可用于描述信号的取值。

(4) Bit_Vector(位矢量)：是用双引号括起来的一组位数据，每位只有两种取值——0 和 1。在其前面可以加上数制标记，如 X(十六进制)、B(二进制，默认)、O(八进制)等，常用于表示总线的状态。

(5) Boolean(布尔量)：又称逻辑量，有"真"、"假"两种状态，分别用 TRUE 和 FALSE 标记，用于关系运算和逻辑判断。

(6) Character(字符)：是用单引号括起来的一个字母、数字或\$、@、%等字符(区分大小写字母)。

(7) String(字符串)：是用双引号括起来的由字母、数字或\$、@、%等字符组成的"串"(区分大小写字母)，常用于程序的提示和说明等。

(8) Time(时间)：由整数值、一个以上的空格以及时间单位等组成。常用单位有 fs(飞秒)、ns(纳秒)、μs(微秒)、ms(毫秒)、s(秒)、min(分)等，常用于指定器件延时和标记仿真时刻。

(9) Severity Level(错误等级)：分 NOTE(注意)、WARNING(警告)、ERROR(出错)、FAILURE(失败)四级，用于提示系统的错误等级。

(10) Natural(自然数)：是整数类型的子类型，其取值范围为 $0\sim(2^{31}-1)$。

除了这些标准数据类型之外，还有两种 IEEE 定义的数据类型也很常用。它们是与 BIT 类型对应的 STD_LOGIC 类型和与 Bit_Vector 类型对应的 STD_LOGIC_ VECTOR 类型。这两种类型均可以有 9 种取值，特别是增加了不定态 X 和高阻态 Z，使得对信号和总线的描述能力大大增强，因此使用非常广泛。由于它们存放在 IEEE 库的 STD_LOGIC_1164 程序包中，因此使用前也必须使用 LIBRARY 和 USE 语句加以说明。在前面的例子中，我们就是这样做的。

2. 用户自定义数据类型

除了可使用 VHDL 提供的标准数据类型之外，设计者还可以自己建立新的数据类型及子类型。新构造的数据类型及子类型通常在包集合中说明，以便重用和供多个设计共用。

类型说明语句的一般形式是：

TYPE　数据类型名　{，数据类型名}　IS　[数据类型定义]；

常用的用户自定义的数据类型主要有：

(1) 枚举类型：通过列举某类变量所有可能的取值来加以定义。对这些取值，一般使用自然语言中有相应含义的单词或字符序列来代表，因而便于阅读和理解。这与 C 语言等的做法很相似。枚举类型的具体定义格式为：

TYPE　数据类型名　IS　(元素 1，元素 2，…)；

例如，在程序包 STD_LOGIC_1164 中对 STD_LOGIC 的定义为：

TYPE STD_LOGIC IS

('U', 'X', '0', '1', 'Z', 'W', 'L', 'H', '-')；

(2) 数组类型：又称为向量，是多个相同类型的数据的集合。VHDL 支持一维数组，也支持多维数组。其定义的格式为：

    TYPE 数据类型名 IS ARRAY （范围） OF 元素类型名；

其中，"范围"一项规定数组下标的类型和范围。默认的下标类型是整型，但也可以使用其他数据类型，如枚举类型等，这时需在范围中标明下标的类型。

  例如：

    TYPE count1 IS ARRAY(STD_LOGIC'-' DOWNTO 'U')OF INTEGER；

    TYPE table1 IS ARRAY(0 TO 15，0 TO 7)OF STD_LOGIC；

  (3) 记录类型：是多个不同类型的数据的集合。其定义和使用方法与 Pascal 和 C 语言中的记录类型相似，在此不再讨论。

  此外，设计者还可以对已定义的数据类型的取值范围加以限制，形成新的数据类型，称为用户定义的子类型。子类型定义的一般格式为：

    SUBTYPE 子类型名 IS 数据类型名 [范围]；

例如，可定义一种适用于数码管的数据类型 digit：

    SUBTYPE digit IS INTEGER RANGE 0 TO 9；

  除了定义新的数据类型之外，设计者还可以通过限制和约束已有的数据类型来达到同样的目的。例如，可以使用 RANGE 子句来将整型信号 digit 的取值范围限制在 0～9 之间：

    SIGNAL digit：INTEGER RANGE 0 TO 9；

  同样，可以限制 STD_LOGIC 类型得到取值限制为 X、0、1 或 Z 的变量 var1：

    VARIABLE var1 STD_LOGIC RANGE 'X' TO 'Z'；

3. 数据类型的转换

  VHDL 语言的程序包中提供了多种转换函数，使得某些类型的数据之间可以相互转换，以实现正确的赋值操作。常用的类型转换函数主要有：

  (1) CONV_INTEGER( )函数：将 STD_LOGIC_VECTOR 类型转换成 INTEGER 类型。

  (2) CONV_STD_LOGIC_VECTOR( )函数：将 INTEGER 类型、UNSIGNED 类型或 SIGNED 类型转换成 STD_LOGIC_VECTOR 类型。其输入参数为待转换对象和目标位长度。

  (3) TO_BIT( )函数：将 STD_LOGIC 类型转换成 BIT 类型。

  (4) TO_BITVECTOR( )函数：将 STD LOGIC_VECTOR 类型转换为 BIT_VECTOR 类型。

  (5) TO_STDLOGIC( )函数：将 BIT 类型转换成 STD_LOGIC 类型。

  (6) TO_STDLOGICVECTOR( )函数：将 BIT_VECTOR 类型转换为 STD_LOGIC_VECTOR 类型。

  其中，第(1)个函数由 STD_LOGIC_UNSIGNED 程序包定义，第(2)个函数由 STD_LOGIC_ARITH 定义，其余均由 STD_LOGIC_1164 定义。引用前必须先打开库和相应的程序包。

  除可使用转换函数进行类型转换外，对两个关系密切的简单(标量)类型，如INTEGER(整型)与 REAL(实型)、UNSIGNED(无符号数)与 BIT_VECTOR(位矢量)、NUSIGNED(无符号数)与 STD_LOGIC_VECTOR 等，还可以使用类型标记(即类型名)实现类型转换。例如，对整型变量 i、j 和实型变量 r、s，赋值语句

　　　　　　s :=REAL(i);

　　　　　　j :=INTEGER(r);

均能正常执行：将与 i 数值相等的实数存入变量 s，将 r 四舍五入后的整数存入变量 j。

　　此外，设计者还可以自己编制转换函数；或者建立常数数组，通过查表来实现转换。

4．运算符和操作符

　　VHDL 语言中共有四类运算，即逻辑运算、关系运算、算术运算和并置运算。

　　关系运算和算术运算的运算规则及运算符与常用的程序设计语言的几乎完全相同，主要的差别可能只有两个：不等号是"/="，乘方运算符是"**"，所以此处不再赘述。

　　逻辑运算也比较简单，共有六种运算符，分别是：NOT——取反，AND——与，OR——或，NAND——与非(仅 VHDL'93 支持)，NOR——或非，XOR——异或。其含义与运算规则完全遵从布尔代数的规定，学习过数字电路或程序设计课程的读者很快就能掌握。

　　并置运算只有一个运算符"&"，用于将多个位连接成位矢量。我们在前面的例 7-3 中就曾使用该运算符，将两个位变量连接成长度为 2 的位矢量。实际上，这种运算与程序设计语言中将字符连接成字符串的操作很相似，也很容易掌握。

　　需要提醒读者的是，由于 VHDL 有非常严格的数据类型规定，因此在编写 VHDL 程序时，必须保证操作数的类型与运算符所要求的类型一致，否则就必须重新定义操作数的类型或者换成相应的运算符，当然也可以使用有关的类型转换函数。

　　VHDL 的操作符主要有两种：用于将数据传给信号的赋值符"<="和用于将数据传给变量的赋值符号":="。后一种符号也用于为信号、变量、常量等指定初值。还有一种符号也有必要介绍，这就是在 WHEN 语句中出现过的"=>"符号，其含义是"THEN(则)"，这与我们的日常用法也是一致的。

7.3.3　VHDL 的属性

　　VHDL 没有一般程序设计语言中的那些运算类标准函数，取而代之的是多种能反映和影响硬件行为的属性。VHDL 中的属性使得 VHDL 设计文件更加简明扼要，容易理解。属性在描述时序电路的 VHDL 设计文件中几乎处处可见，如利用属性检测信号上升沿、下降沿，知道前一次发生的事件，等等。VHDL 的属性可分为数值类属性、函数类属性、信号类属性、类型类属性和范围类属性。其引用的一般形式均为：对象'属性。下面，我们将介绍最常用的数值类属性、信号函数类属性和信号类属性。

1．数值类属性

　　数值类属性用于返回数组、块或一般数据的有关值，如边界、数组长度等。对一般数据，有四种数值类属性：对象类型的左边界、右边界、上边界、下边界，对应的保留字依次是 LEFT、RIGHT、HIGH 和 LOW。数组还有一个长度属性 LENGTH。请看下面的例子。

　　[例 7-9]　数值类属性的使用。

　　　　　⋮

　　　TYPE　bit32 IS ARRAY(63 DOWNTO 32) OF BIT;

　　　　VARIABLE left_range, right_range, uprange, lowrange, len：INTEGER;

BEGIN

left_range   := bit32'LEFT;   --return   63

right_rang := bit32'RIGHT;   --return   32

uprange   := bit32'HIGH;   --return   63

lowrange   := bit32'LOW;   --return   32

len   := bit32' LENGTH;   --return   32

⋮

例 7-9 中，各赋值语句后以"--"开头的都是注释。VHDL 中的注释是以"--"开始，至一行末尾结束，对程序进行说明的字符串。此例中是说明赋值的结果。数组 bit32 的下标是整数 63 到 32，所以利用 LEFT 属性求得的左边界为 63，赋给变量 left_range。同时求得右边界为 32，赋给变量 right_range。上边界、下边界分别与左边界、右边界相对应，也得到相同的值。数组的长度为 32，赋给了变量 len。

2. 信号函数类属性

信号函数类属性用来返回有关信号行为功能的信息，共有五种，分别是：EVENT(事件)，反映信号的值是否变化；ACTIVE(活跃)，反映信号是否活跃；LAST_EVENT 和 LAST_ACTIVE，分别反映从最近一次事件和最后一次活跃到现在经过了多长时间；LAST_VALUE，反映信号变化前的取值是什么。其中，最常用的属性是 EVENT，当信号发生跳变(0 变 1 或 1 变 0)时，其取值立即由"假"变为"真"，这对检查时钟的边沿触发是很有效的。假设 clk 为时钟信号，则我们可以用逻辑表达式"clk='1' AND clk'EVENT"来判断时钟的上升沿是否到来，并采取相应的处理措施。显然，只有当 clk='1'和 clk' EVENT 都为"真"时，该逻辑表达式才能为"真"。这时，时钟处于高电平而且刚刚发生过跳变，说明时钟的上升沿刚刚到来。同理，我们可以用逻辑表达式"clk='0' AND clk' EVENT"来判断时钟的下降沿是否到来并执行相应的操作。

信号的事件(Event)和活跃(Active)是两个不同的概念，必须严格区分。信号的活跃定义为信号值的任何变化。信号值从 1 变为 0 是一个活跃实例，而从 1 变为 1 也是一个活跃实例，唯一的准则是发生了事情，这种情况被称为一个事项处理(Transaction)。然而，事件则要求信号值发生变化。信号值从 1 变为 0 是一个事件，但从 1 变为 1 虽是一个活跃却不是一个事件。所有的事件都是活跃，但并非所有的活跃都是事件。

[例 7-10] 利用信号函数类属性检查信号的建立时间。

```
LIBRARY IEEE;
USE IEEE.STD_LOGIC_1164.ALL;
ENTITY dff1 IS
    PORT(   d, clk : IN STD_LOGIC;
            q :  OUT STD_LOGIC);
END dff1;
ARCHITECTURE setup_time_check OF dff1 IS
BEGIN
    PROCESS(clk)
```

```
            BEGIN
                IF ( clk='1') AND (clk'EVENT) THEN
                    q <= d;
                    ASSERT(d'LAST_EVENT > 5 ns)
                    REPORT "SETUP VIOLATION"
                    SEVERITY ERROR;
                END IF;
            END PROCESS;
        END setup_time_check;
```

在该例中，信号 clk 每发生一次变化，进程 setup_time_check 都将执行一次。在该进程中，利用 EVENT 属性判断是否处在 clk 的上升沿，如果是，则 ASSERT 语句(断言语句，当条件满足时输出报警信息，详见 7.5 节)将执行。ASSERT 语句由属性 LAST_EVENT 获得信号 d 自最近一次变化到现在(clk 上升沿)为止所经过的时间值，并将该值与规定的建立时间进行比较，如果该事件小于规定的建立时间(此处为 5 ns)，则发出错误警告。

3. 信号类属性

信号类属性的作用对象是信号，其结果也是一个信号。共有四种信号类属性，分别是：

(1) DELAYED[(time)]：即延时。该属性将使受它作用的信号产生延时，延时值由括号内的时间表达式确定。

(2) STABLE[(time)]：用于监测信号在规定时间内的稳定性。若在括号内的时间表达式所说明的时间内，受它作用的信号没有发生事件，则该属性的结果为"真"。

(3) QUIET[(time)]：用于监测信号在规定时间内是否"安静"。若在括号内的时间表达式所说明的时间内，受它作用的信号没有发生转换或其他事件，则该属性的结果为"真"。

(4) TRANSACTION：用于检测信号发生的转换或事件。当有转换或事件发生时，该属性的值也将发生改变。

利用 DELAYED 属性可以产生所需的延时，其他三种信号类属性则与信号函数类属性 Event 等一样，可以用于监测/检测一般信号的事件或转换。

在程序包 Std_IEEE_1164 中，预定义了下面两个函数来检查时钟沿：

```
    function rising_edge (signal s : std_ulogic) return boolean;
    function falling_edge {signal s : std_ulogic} return boolean;
```

利用这两个函数和上面介绍的属性，可以实现：

(1) 检查时钟信号 clk 上升沿，可以利用以下三种条件表达式中的任意一种：

```
    clk'Event and clk = '1';
    not clk'Stable and clk = '1';
    rising_edge(clk);
```

(2) 检查时钟信号 clk 下降沿，同样可以有以下三种表达式：

```
    clk'Event and clk = '0';
    not clk'Stable and clk ='0';
    falling_edge(clk);
```

(3) 检查信号的稳定性。

要判断信号的上次事件是否至少发生在 T ns 之前，可利用表达式：

  signal_name'Last_ Event > = T ns;

要判断信号是否最少已稳定 T ns，可利用下列表达式：

  signal_name'Stable(T ns)

(4) 检查脉冲宽度。下面两个表达式分别可用于判断正脉冲宽度和负脉冲宽度是否大于等于 T ns：

  Falling_Edge(clk) and clk'Delayed'Last_Event > = T ns;

  Rising_Edge(clk) and clk'Delayed'Last_Event > = T ns;

7.4 VHDL 的功能描述方法

如前所述，在 VHDL 中主要由结构体描述所设计单元的内部特性，共有以下三种描述方式：

(1) 结构描述：描述该设计单元的硬件结构，即该硬件是如何构成的。主要使用元件例化语句及配置指定语句描述元件的类型及元件的互连关系。

(2) 数据流描述：以类似于寄存器传输级的方式描述数据的传输和变换。主要使用并行的信号赋值语句来描述，这样既显式表达了该设计单元的行为，也隐式表达了该设计单元的结构。

(3) 行为描述：描述该设计单元的功能，即该单元能做些什么。主要使用函数、过程和进程语句，以算法形式描述数据的变换和传送。

其中，行为描述的抽象能力最强，但因与硬件电路之间没有明确的对应关系，所以目前仍不为大多数的 VHDL 综合工具所支持，主要用于理论研究和系统级的建模与仿真；其他两种方式既可用于仿真也可用于综合，因而被各种 EDA 工具所普遍接受。考虑到在实际设计中，行为描述方式与数据流描述方式之间并没有很明确的界限，三种描述方式也经常混合使用，因此本节将行为描述方式与数据流描述方式放在一起介绍，合称为功能描述方式。以下将分别介绍可用于功能描述的并行描述语句、进程和顺序描述语句，并举例说明它们的用法及异同。

7.4.1 并行描述语句

在常见的程序语言如 C 和 Pascal 中，多数语句均按源文件中的书写次序顺序执行。在 VHDL 的结构体中没有规定语句的执行次序，所有的语句都可以同时执行。在任一时刻，每个语句是否执行仅取决于该语句中的敏感信号是否发生了新的变化。敏感信号每发生一次新的变化，该语句就执行一次，而不受其他语句的影响。只所以这样规定，是为了模拟硬件电路本身的并行性。在实际的硬件电路中，各个部分都相对独立、并行地工作，没有人能为它们规定工作的顺序。

并行描述语句主要包括信号赋值语句、进程(PROCESS)语句、块(BLOCK)语句等。有些语句(如信号赋值语句)既可描述并行行为，又可描述顺序行为，而且两种用法的格式相同。

进程语句和块语句都是复合语句，其内部可包含多条语句。作为一个整体，它们在结构体内并行工作，但其内部所包含的各条语句又是按书写次序顺序执行的。

1. 信号赋值语句

信号赋值语句是 VHDL 中进行功能描述的最基本的语句，其常用的格式为：

    目的信号量　　<=　　表达式；

其作用是将表达式的值赋予目的信号量。表达式中至少有一个敏感信号，每当敏感信号改变其值时，就执行该信号赋值语句。

具有延时的赋值语句格式为：

    目的信号量　　<=　　表达式　　AFTER　延时量；

其含义是当表达式中的敏感信号改变其值时，要延时由延时量规定的时间后，才将新的表达式取值赋予目的信号量。

使用赋值语句时，必须保证表达式的类型和目的信号量的类型相同。

[例 7-11]　使用赋值语句描述的译码器，两个输出中 y1 考虑了器件的延时。

  ENTITY　decoder1　IS

    PORT(a15，a14，a13：IN BIT；

      y0，y1：OUT BIT)；

  END decoder1；

  ARCHITECTURE behav OF decoder1 IS

  BEGIN

    y0 <= (NOT a15) AND a14 AND A13；

    y1 <= (NOT a15) AND a14 AND A13 AFTER 5 ns；

  END behav；

上面介绍的信号赋值语句属于无条件赋值，只要敏感信号变动它就执行。此外，还有两种有条件的赋值语句，分别称为条件信号赋值语句和选择信号赋值语句。它们都包括多个附带条件值的赋值子句，需根据条件表达式的取值决定将哪一个信号表达式的值赋予目的信号量。

条件信号赋值语句的一般形式为：

    目的信号量　<=　信号表达式 1　　　WHEN　条件 1　　　ELSE

            $\vdots$

        信号表达式 n-1　WHEN 条件 n-1　　ELSE

        信号表达式 n；

选择信号赋值语句的一般形式如下：

  WITH　　条件表达式　SELECT

     目的信号量　<=　　信号表达式 1　WHEN　　条件 1，

         信号表达式 2　WHEN　　条件 2，

             $\vdots$

         信号表达式 n　WHEN　　条件 n；

需要注意的是：前几个 WHEN 子句都是以"，"结束的，只有最后一个 WHEN 子句是以"；"结束的。下面的例子中，使用选择赋值语句对 2 选 1 数据选择器进行了描述。

[例 7-12] 2 选 1 数据选择器。

```
ENTITY sels IS
    PORT( d0, d1：IN      BIT;
            s：INTEGER RANGE 0 TO 1;
            out1：OUT    BIT );
END sels;
ARCHITECTURE behav OF sels IS
    BEGIN
        WITH s SELECT
        out1    <=    d0   WHEN    0,
                       d1   WHEN    1;
    END behav;
```

下面的例 7-13 使用了两个条件赋值语句。它的设计思路是用信号 sel 代表控制信号的当前取值，再由 sel 来决定选择四个输入中的一个送给输出 Q。

[例 7-13] 4 选 1 数据选择器。

```
LIBRARY    IEEE;
USE IEEE.STD_LOGIC_1164.ALL;
ENTITY mux4 IS
    PORT( I0, I1, I2, I3, A, B：IN std_logic;
            Q：OUT std_logic);
END mux4;
ARCHITECTURE behav OF mux4 IS
    SIGNAL sel ： INTEGER;
BEGIN
    Q      <=    I0 AFTER 10 ns WHEN SEL=0 ELSE
                 I1 AFTER 10 ns WHEN SEL=1 ELSE
                 I2 AFTER 10 ns WHEN SEL=2 ELSE
                 I3 AFTER 10 ns;
    sel    <=    0 WHEN    A='0' AND B='0' ELSE
                 1 WHEN    A='1' AND B='0' ELSE
                 2 WHEN    A='0' AND B='1' ELSE
                 3;
END behav;
```

从程序的先后顺序上看，例 7-13 中的程序好像不能工作，因为计算 sel 在使用 sel 之后。但实际上，此程序是正确的，因为位于结构体内的两个条件赋值语句是并行工作的。第二个条件赋值语句对信号 A 和 B 敏感，每当 A、B 的值变化时将执行该句，更新信号 sel；第一个条件赋值语句程序对信号 sel 敏感，每当 sel 的值发生变化时便会执行该句，按 sel 的值选择数据送至输出端。

下面再给出一个实例，描述的是用于驱动共阴数码管的七段译码器，利用与真值表对应的选择赋值语句来实现，16 个子句每个对应真值表的一行。

[例 7-14]　用于驱动共阴数码管的七段译码器，显示十六进制数字 0～F。

```
ENTITY HEX2LED IS
    PORT( HEX：IN INTEGER RANGE 0 TO 15；
            LED：OUT BIT_VECTOR(0 TO 7) )；
END HEX2LED；
ARCHITECTURE behav OF HEX2LED  IS
    BEGIN
    --segment a，b，c，d，e，f，g
    LED   <=   ('1', '1', '1', '1', '1', '1', '0') WHEN HEX=0 ELSE
               ('0', '1', '1', '0', '0', '0', '0') WHEN HEX=1 ELSE
               ('1', '1', '0', '1', '1', '0', '1') WHEN HEX=2 ELSE
               ('1', '1', '1', '1', '0', '0', '1') WHEN HEX=3 ELSE
               ('0', '1', '1', '0', '0', '1', '1') WHEN HEX=4 ELSE
               ('1', '0', '1', '1', '0', '1', '1') WHEN HEX=5 ELSE
               ('1', '0', '1', '1', '1', '1', '1') WHEN HEX=6 ELSE
               ('1', '1', '1', '0', '0', '0', '0') WHEN HEX=7 ELSE
               ('1', '1', '1', '1', '1', '1', '1') WHEN HEX=8 ELSE
               ('1', '1', '1', '1', '0', '1', '1') WHEN HEX=9 ELSE
               ('1', '1', '1', '0', '1', '1', '1') WHEN HEX=10 ELSE
               ('0', '0', '1', '1', '1', '1', '1') WHEN HEX=11 ELSE
               ('1', '0', '0', '1', '1', '1', '0') WHEN HEX=12 ELSE
               ('0', '1', '1', '1', '1', '0', '1') WHEN HEX=13 ELSE
               ('1', '0', '0', '1', '1', '1', '1') WHEN HEX=14 ELSE
               ('1', '0', '0', '0', '1', '1', '1');
END behav；
```

2. 进程

进程在 VHDL 中起着非常重要的作用，对描述时序电路的行为尤其如此。VHDL 的结构体中可以有多个进程语句，其内部可以包含多条语句。VHDL 规定：各进程语句之间是并行关系，进程内部各语句之间是顺序关系，仍按照它们的排列次序顺序执行。进程语句的一般形式如下：

```
[进程标号：]  PROCESS (敏感信号表)
                [进程说明区]
            BEGIN
                语句部分；
            END  PROCESS [进程标号]；
```

进程标号是该进程的文字标号，它是可选项。语句部分则是一段顺序执行的程序，用于定义该进程的行为。

进程说明区定义该进程所需要的局部数据环境，它包括子程序说明、属性说明和变量说明等。变量说明的一般形式为：

    VARIABLE 定义变量表：类型说明初始值　[:= 初值];

可以在进程或子程序中说明和使用变量。对变量赋值的一般形式为：

    变量名:= 表达式；

如果某个进程正在执行中，则称该进程处于活跃状态；否则，称其处于挂起状态。可以激活某进程的信号称为该进程的敏感信号，它可以有一个或多个。每当其中一个或多个信号值改变时，便启动进程，执行进程中的语句。在执行完进程的最后一条语句后，便会自动返回到进程的第一条语句，等待进程再次被激活。

进程的执行过程可以由 WAIT 语句控制，WAIT 语句有以下四种形式：

    WAIT;

    WAIT ON　〈敏感信号表〉;

    WAIT UNTIL　〈条件表达式〉;

    WAIT FOR　〈时间表达式〉;

第一种形式的 WAIT 语句将进程无限期地挂起。执行了这种形式的 WAIT 语句之后，进程将在整个模拟期间保持挂起状态而不会再次被激活。第二种形式的 WAIT 语句中列出了信号名表(敏感信号表)，当其中任何一个信号有事件发生(信号值改变)时，该进程就会被重新激活。第三种形式的 WAIT 语句给出了一个条件表达式，当该条件表达式取值为真时，进程被再次激活。第四种形式的 WAIT 语句给出了一个进程被挂起的最长时间期限，一旦超过了这个时间限度，进程就会被再次激活。我们可以将上述各种条件结合使用，从而形成更为复杂的条件。请看下面的例子。

[例 7-15]　WAIT 语句的使用。

```
PROCESS
    VARIABLE count：INTEGER　:= 0;
BEGIN
    count　:= count + 1;
    WAIT FOR 1000 ns;
END PROCESS;
```

上面的程序在 PROCESS 后没有敏感信号，但使用了"WAIT FOR 1000 ns;"语句，使进程语句可以每隔 1000 ns 被激活一次。当进程被激活后，执行 count 加 1，然后被挂起，等待 1000 ns 后再次被激活。显然，该进程的作用是以 1000 ns(1 μs)为单位进行计数。

每当进程语句敏感表中信号的值发生变化时，就要执行进程语句内部的顺序执行语句，得到的结果可以加在输出信号上，也可被其他进程读取。当进程的最后一句执行完后，进程就被挂起。待到敏感信号再次发生变化时，再从第一句开始依次执行。

一个结构体中包含的所有进程语句都可以在任何时候被激活，所有被激活的进程是并行执行的。下面，以 2-4 译码器程序为例，说明进程语句是如何进行工作的。

[例 7-16]　利用进程语句描述的 2-4 译码器。

```
LIBRARY　IEEE;
USE IEEE.STD_LOGIC_1164.ALL;
```

```
ENTITY decoder  IS
    PORT( a, b: IN  std_logic;
            y0, y1, y2, y3: OUT std_logic);
END deCoder;
ARCHITECTURE behav OF decoder IS
BEGIN
    PROCESS(a, b)
    BEGIN
        y0 <= (NOT a) AND (NOT b);
        y1 <= (NOT a) AND b;
        y2 <= a AND (NOT b);
        y3 <= a AND b;
    END PROCESS;
END behav;
```

每当在进程敏感表中的输入信号 a、b 的值发生变化时，进程中的顺序语句就被执行。此例不像上例需等待 1000 ns 以后再激活进程，而是只要 a、b 的值一发生改变就使进程激活，从第一句开始顺序执行各条语句。

[例 7-17] 对两个透明锁存器的描述。

```
ENTITY  reg  IS
    PORT( d, clk: IN  BIT;
            q1, q2: OUT BIT  );
END  reg;
ARCHITECTURE reg_behav OF reg IS
BEGIN
P1: PROCESS
    BEGIN
        WAIT  UNTIL clk = '1';
        q1 <= d;
    END PROCESS P1;
P2: PROCESS
    BEGIN
        WAIT  UNTIL  clk = '0';
        q2 <= d;
    END PROCESS P2;
END  reg_behav;
```

此例中用到了另一种等待进程语句 WAIT UNTIL。两个进程语句的行为是并行的。第一个进程描述的锁存器 q1 是高电平使能的，因为只有当 clk 为高电平时，才能激活进程 P1，将信号 d 赋值给 q1。同样可以分析出，锁存器 q2 是低电平使能的。

3. 并行断言语句

并行断言语句和顺序断言语句在语法上具有相同的形式，它等价于含有同一断言语句的进程语句。并行断言语句可以出现在结构体或实体说明中，因为它不对任何信号赋值，它的等价进程语句是一个被动的进程。并行断言语句具体的格式和用法可参见下一小节的"ASSERT(断言语句)"部分。

4. 块语句

块(Block)可以看做是结构体中的子模块。保留字 BLOCK 和 END BLOCK 形成一个语法括号，把许多并行语句包装在一起形成一个子模块。按照规定，结构体中的语句都是并行执行的，因此加或不加这一对保留字并不对语义有什么影响。

BLOCK 语句的语法形式如下：

```
块标号：BLOCK  [(保护条件)]
            [块说明部分]
       BEGIN
            [并行语句]
       END   BLOCK   块标号；
```

保护条件是一个布尔表达式，是可选项。如果选择使用了保护条件的话，则称为"带保护的 BLOCK 语句"(GUARDED BLOCK)，只有当该条件为真时，块中的语句才被执行。

下面给出一个用 BLOCK 语句来描述锁存器行为的例子。该锁存器是一个 D 触发器，具有数据输入端 d、时钟输入端 clk、输出端 q 和反相输出端 qb。只有 clk 有效(clk="1")时，输出端 q 和 qb 才会随 D 端输入数据的变化而变化。

[例 7-18]　使用带保护的 BLOCK 语句来描述锁存器的行为。

```
ENTITY latch IS
PORT( d，clk：IN BIT；
        q，qb：OUT BIT)；
END latch；
ARCHITECTURE latch_guard OF latch IS
BEGIN
B1：BLOCK (clk='1')
    BEGIN
        q <= GUARDED d AFTER 5 ns；
        qb<= GUARDED NOT(d) AFTER 6 ns；
    END BLOCK B1；
END latch_guard；
```

在 BLOCK 块中的两个信号赋值语句都写有关键词 GUARDED，表示只有当保护条件表达式为真时，这两个语句才被执行，称为"有保护的信号赋值语句"，是 VHDL'93 新增加的语句。这样，当端口 clk 的值为 1 时，保护条件的布尔表达式为真，d 端的输入值经 5 ns 延时以后从 q 端输出，并且对 d 端的值取反，经 7 ns 后从 qb 端输出。当端口 clk 的值为 0 时，d 端到 q、qb 端的信号传递通道将被切断，q 端和 qb 端的输出保持原状，不随 d

端值的变化而改变。

7.4.2　顺序描述语句

VHDL 提供了丰富的顺序描述语句，用来定义进程、过程或函数的行为。所谓"顺序"，是指按照各语句的排列次序执行，而且前面语句的执行结果可能会影响后面语句的执行及其结果。顺序语句包括 WAIT 语句、变量赋值语句、信号赋值语句和 IF 等条件控制类语句、LOOP 等循环控制类语句。WAIT 语句、变量赋值语句和信号赋值语句的形式和用法与对应的并行描述语句完全相同。下面，仅对其他几种最常用的语句——IF、CASE、FOR、WHILE-LOOP、EXIT、NEXT 和 ASSERT 进行讨论。

1. IF 语句

IF 语句的一般形式为

```
IF    条件    THEN
        语句;
{ ELSIF    条件    THEN
        语句; }
[ ELSE
        语句; ]
END IF;
```

其含义是计算各条件表达式的取值，执行取值为真的条件表达式所对应的语句。上述形式还有两种常用的简化形式，分别是：

```
IF    条件    THEN
        语句;
END IF;
```

和

```
IF    条件    THEN
        语句;
ELSE
        语句;
END IF;
```

[例 7-19]　用 VHDL 设计一个家用报警系统的控制逻辑，它有来自传感器的三个输入信号——smoke(烟雾)、door(撬门)、water(水位)，低电平有效的输入允许信号 en 和报警允许信号 alarm_en，及三个用于驱动报警器的输出信号——fire_alarm(火警)、burg_alarm(偷盗)、water_alarm(水淹)，高电平有效。当某个输入信号为低电平且允许报警时，便将相应的报警输出置为高电平。其 VHDL 程序描述如下：

```
LIBRARY IEEE;
USE IEEE.STD_LOGIC_1164.ALL;
ENTITY alarm IS
    PORT( smoke, door, water: IN std_logic;
```

en，alarm_en：IN std_logic；

fire_alarm，burg_alarm，water_alarm：OUT std_logic)；

END alarm；

ARCHITECTURE alarm_behav OF alarm IS

BEGIN

PROCESS(smoke，door，water，en，alarm_en)

BEGIN

    IF   ((smoke='1') AND (en='0')) THEN

        fire_alarm <= '1'；

    ELSE

        fire_alarm <= '0'；

    END IF；

    IF   ((door='1') AND ((en='0') AND (alarm_en='0'))) THEN

        burg_alarm <= '1'；

    ELSE

        burg_alarm <= '0'；

    END IF；

    IF   ((water='1')AND(en='0'))   THEN

        water_alarm <= '1'：

    ELSE

        water_alarm <= '0'；

    END IF；

END PROCESS；

END alarm_behav；

2. CASE 语句

CASE 语句的一般形式是：

    CASE   表达式   IS

    { WHEN   条件值   =>   顺序语句； }

    END CASE；

其中的表达式必须是离散类型或一维数组类型；WHEN 子句按条件值表示方式的不同，有以下四种变化形式，分别用于单个条件值、多个条件值、取值区间和默认情况：

    WHEN   值 => 语句；

    WHEN   值|值 => 语句；

    WHEN   离散范围 => 语句；

    WHEN   OTHERS => 语句；

CASE 语句根据所给表达式的值域，选择执行相应的分支(WHEN 子句)中"=>"后面的语句。CASE 语句不限制分支的数量，但不容许两个分支具有同一条件值，即各分支必须互斥；并且 CASE 语句中所有分支合起来应包括表达式值域中的全部值，即分支又必须是完备的。如果使用 OTHERS 分支，至多只能使用一个，而且必须放在最后面。

对前面的七段译码器例子(例 7-14)，我们可以使用 CASE 语句来加以改写。其中，CASE 后面的表达式是 HEX。CASE 语句将根据输入 HEX 的值，检查各分支中 WHEN 后所列值是否有与 HEX 的值相等的。如果有，就执行该分支列出的语句，否则执行 OTHERS 语句行，结束 CASE 语句。

3. FOR 语句

FOR 循环语句属于计数型循环，其一般形式为：

  [循环标号：] FOR 循环变量 IN 循环范围 LOOP
       [语句；]
     END LOOP [循环标号]；

其格式和意义与 Pascal 和 BASIC 语言中的 FOR 语句相近，都是将所包含的语句重复执行规定的次数，具体的次数由"循环范围"指定。例如，下面一段程序可以计算两位二进制数的平方：

```
FOR i IN   1 TO 3 LOOP
        a(i) := i*i;
END LOOP;
```

此例中，循环变量为 i，循环范围为"1 TO 3"，计算 i 的平方并赋给数组元素 a(i)。

4. WHILE-LOOP 语句

WHILE-LOOP 循环语句属于"当"型循环，其一般形式为：

  [循环标号：] WHILE 条件 LOOP
     语句；
    END LOOP [循环标号]；

其中的"条件"是一个布尔表达式。在每次执行循环前先检查条件，若为真则执行循环，为假则结束循环。

5. EXIT 语句

EXIT 语句用于强制退出循环，转去执行跟在循环语句之后的语句，常用于非正常退出(如错误处理)等情况。EXIT 语句有两种形式：

  EXIT [循环标号]；
  EXIT [循环标号] WHEN 条件；

其中，第一种是无条件退出，第二种只在条件满足时才退出。

6. NEXT 语句

与循环语句一起使用的另外一种结构是 NEXT 语句，该语句控制循环提前进入下一次迭代(而不是结束循环)。NEXT 语句的语法形式为：

  NEXT [循环标号] [WHEN 条件]；

其中，"循环标号"和"WHEN 条件"都是可选项。执行了 NEXT 语句后，控制就转移到由循环标号表示的循环体的尾部(如果未给出循环标号，就转到当前循环的尾部)，并且开始新的一轮循环。

7. ASSERT(断言)语句

断言语句的语法形式如下：

    ASSERT   (条件)

    REPORT   "输出信息"

    SEVERITY 严重级别;

当条件不满足(为假)时，系统的输出设备将输出所要报告的信息、信息的严重级别以及断言语句所在设计单元的名字。严重级别共分四级：注意(Note)、警告(Warning)、出错(Error)和失败(Failure)。断言语句不直接描述硬件，主要用于模块的预处理，方便调试、查错。

在前面的例子中，我们已经使用过断言语句来监测和报告异常情况。下面再给出一个 RS 触发器的设计实例。其中的断言语句用于检查 RS 触发器中的输入信号，指明不允许 R 和 S 同时为 1。如果出现了这种情况，模拟器将报告有关出错信息。

[例 7-20]　断言语句用法举例。

```
entity RSFF is
    port ( S, R : in bit; Q, Qbar : out bit );
end RSFF;
architecture examp of RSFF is
begin
    process
        variable last_sta : bit  : = '0';
    begin
        assert not( S='1' and R='1' )
        report "Both S and R equal to '1'!"
        severity error;
        if   S='0' and R='0' then
            last_ sta := last_sta;
        elsif S='0' and R = '1' then
            last_sta := '0';
        else                              -- S='1' and R='0'
            last_sta := '1';
        end if;
        Q <= last_sta after 2 ns;
        wait on R, S;
    end process ;
end examp;
```

在该例中，还利用了进程和 IF 语句，一旦 R 或 S 发生变动，便根据 R 或 S 当前的取值以及触发器的现态 last_sta 来共同确定触发器的次态，次态的值仍存入变量 last_state 并同时输出到端口 Q。该例中未依照"保留字大写、自定义标识符小写"的惯例，这也是允许的，因为 VHDL 并不区分大、小写。

7.5 VHDL 的结构描述方法

对一个硬件进行结构描述，就是要描述它由哪些子元件组成以及各个子元件之间的互连关系。具体地说，由实体说明元件、端口与信号，由结构体描述元件之间的连接关系以及端口与元件中信号的对应关系。其中，元件是硬件的描述，即门、芯片或者电路板，主要由 COMPONENT 语句说明；端口是元件与外界的连接点，数据通过端口进入或流出元件；而信号则是硬件连线的一种抽象表示，它既能保持变化的数据，又可以连接各个子元件对应端口。端口和信号都由 PORT 语句说明，前面我们已经介绍过。

结构描述方法能很好地体现层次化设计的优点。利用该方法，设计者可以将已有的设计成果方便地应用到新设计中，以提高设计的效率。结构描述也比行为描述更加具体化，其结构非常清晰，与电原理图有直接的对应关系，但同时它也要求设计者必须具备足够的硬件设计知识。

行为描述的基本单元是进程语句，而结构描述则主要依靠元件说明(COMPONENT)语句和元件调用(PORT MAP)语句。元件说明语句的一般格式为：

> COMPONENT 元件名
> > PORT ({端口名[{，端口名}]：端口类型；}
> > > 端口名[{，端口名}]：端口类型);
>
> END COMPONENT；

该语句说明元件的外部特性(端口名、类型、流向)。它既可以出现在结构体中，又可以出现在程序包中。元件说明语句与元件调用语句配合使用。

元件调用语句又称为元件例化语句，用于引用在较低层次模块中已经定义好的一个子元件。其一般的语法形式为：

> 调用标号：模板元件名
> > [GENETIC   (类属关联表)；]
> > PORT MAP   (端口关联表)；

其中的类属(GENETIC)说明部分是可选项，用来传递类属参数；调用标号可看做实例元件(通过调用建立的元件)的名字，即子元件名；模板元件名就是在 COMPONENT 语句中说明的元件名。COMPONENT 语句中说明的端口称为形式端口。在元件调用语句中，类属关联表把父元件中的类属参数传递给子元件；端口关联表将形式端口与实际对象联系起来。此实际对象必须是信号类型，可以有两种情况：一种是实际对象是已被说明的信号；另一种是实际对象是已在实体中被说明的形式端口，该实体必须与此元件调用语句所在的结构体相对应。

VHDL 要求实际对象和形式端口之间的关联必须满足二者数据类型一致、数据流方向一致(或不冲突)和决断性一致。下面举例说明元件语句和语句调用元件的用法。

[例 7-21] 使用结构描述方法的半加器电路。

> ENTITY half_adder IS

```
            PORT ( d0, d1 : IN BIT;
                    sum, carry : OUT BIT );
    END half_adder;
    ARCHITECTURE struct OF half_adder IS
        COMPONENT and2
            PORT ( a, b: IN BIT;
                    c: OUT BIT );
        END COMPONENT;
        COMPONENT or2
            PORT ( a, b: IN BIT;
                    c: OUT BTT );
        ENO COMPONENT;
        COMPONENT inv
            PORT ( a: IN BIT;
                    c: OUT BIT );
        END COMPONENT;
        SIGNAL s1, s2, s3, s4 : BIT;
    BEGIN
        u1: inv PORT MAP (d0, s1);
        u2: inv PORT MAP (d1, s3);
        u3: and2 PORT MAP (d0, d1, carry);
        u4: and2 PORT MAP (s1, d1, s2);
        u5: and2 PORT MAP (s3, d0, s4);
        u6: or2 PORT MAP (s2, s4, sum);
    END struct;
```

例 7-21 中，使用元件语句说明了需引用的三种子元件，分别是 2 输入与门 and2、2 输入或门 or2 和非门 inv。它们已由其他设计文件描述并编译好。利用六个 PORT MAP 语句各对应一个实例元件。每个语句均按所引用的子元件的名称与对应的 COMPONENT 语句相关联；调用语句的端口关联表中的各端口也按位置与 COMPONENT 语句中说明的各子元件端口建立对应关系。例如，半加器电路的 d0 端口对应于非门 u1 的输入，信号 s1 对应于非门 u1 的输出；同时，s1 又对应于与门 u4 的"a"输入端，这就说明非门 u1 的输出和与门 u4 的"a"输入端相连。就这样，利用元件调用语句中的元件名部分可说明电路由哪些子元件组成；通过端口关联表与对应 COMPONENT 语句中端口说明表的位置对应，说明各个子元件的引脚与所设计模块的端口的对应关系，并借助所定义的内部信号名来说明各个子元件之间的连接关系，从而完成对所设计模块内部结构的描述。这里，内部信号起到了硬件电路中的连接线和中间节点的作用。结合图 7.2 所给出的相应的逻辑图，便很容易理解这个例子。

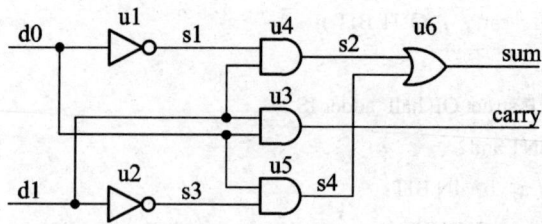

图 7.2   半加器电路的逻辑图

图 7.2 同时也提示了一种编写结构描述程序的直观方法(暂且称之为框图法)，即模仿逻辑图的绘制方式——用框图来表示当前设计单元的组成和内部连接关系，而后对照该框图编制出所需的 VHDL 程序。其主要步骤是：

① 绘制框图。先确定当前设计单元中需要用到的子模块的种类和个数。对每个子模块用一个图符(称为实例元件)来代表，只标出其编号、功能(可用图符区别或文字注记)和接口特征(端口及信号流向)，而不关心其内部细节。

② 按照元件说明语句的格式，编写出设计文件的元件说明部分，每种子模块分别用一个元件说明语句来说明。

③ 为各实例元件之间的每条连接线都起一个单独的名字，称为信号名。利用 SIGNAL 语句对这些信号分别予以说明。

④ 根据实例元件的端口与模板元件的端口之间按位置映射的原理，对每个实例元件均可写出一个调用语句。

至此，设计文件的主体部分已建立起来，再添加必要的框架，整个设计文件的编写便告完成。

下面，我们将利用这种方法来描述一位二进制全减器的结构。该全减器有三个输入端，分别是被减数、减数和低位送来的借位；两个输出端分别是差和送往高位的借位标志。我们可以分析全减器的真值表和逻辑方程，而后利用功能描述方法来对其加以描述。但在本例中，我们将利用两个半减器和一个或门来构成和描述全减器，对应的逻辑框图如图 7.3 所示。根据这一框图，可以分步写出全减器的顶层描述。

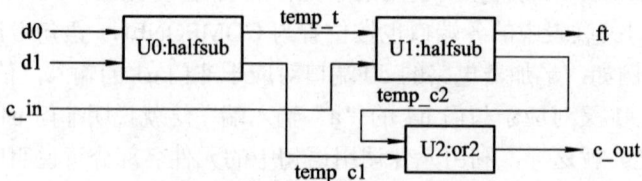

图 7.3   利用半减器和或门构成全减器的逻辑框图

[例 7-22]   利用半减器和或门构成的全减器。

```
ENTITY fullsub IS
    PORT( d0, d1, c_in: IN BIT;
          ft, c_out: OUT BIT);
END fullsub;
```

```
ARCHITECTURE fullsub_strc OF fullsub IS
    SIGNAL tmp_t，tmp_c1，tmp_c2：BIT；
    COMPONENT halfsub
        PORT( a，b：IN BIT；
                t，c：OUT BIT)；
    END COMPONENT；
    COMPONENT or2
        PORT( a，b：IN BIT；
                c：OUT BIT)；
    END COMPONENT；
BEGIN
    U0：halfsub PORT MAP(d0，d1，tmp_t，tmp_c1 )；
    U1：halfsub PORT MAP(tmp_t，c_in，ft，tmp_c2)；
    U2：or2 PORT MAP(tmp_c2，tmp_c1，c_out)；
END fullsub_strc；
```

下面，再对顶层模块中用到的半减器和 2 输入或门进行描述。这里均采用行为描述方式。

[例 7-23]　半减器的行为描述。

```
ENTITY halfsub IS
    PORT( a，b：IN BIT；
            t，c：OUT BIT)；
END halfsub；
ARCHITECTURE halfsub_behav OF halfsub IS
    BEGIN
        PROCESS(a，b)
        BEGIN
            t <= a XOR b；
            c <= (NOT a) AND b；
        END PROCESS；
END halfsub_behav；
```

[例 7-24]　或门的 VHDL 程序。

```
ENTITY or2 IS
    PORT( a，b：IN BIT；
            c：OUT BIT )；
END or2；
ARCHITECTURE or2_behav OF or2 IS
BEGIN
    c <= a OR b；
END or2_behav；
```

以上三段程序合起来就构成了对全减器的完整描述。编译时，既可以将三段程序合并成一个程序进行编译，也可以对三段程序分别编译：先编译子元件描述(例 7-23 和例 7-24)，再编译主模块(例 7-22)。对其他 VHDL 程序也是这样。

通过这个例子也可以看出自顶向下(Top-down)设计方法的基本过程，即自顶向下、模块化、逐层分解，结构描述方法在其中起着重要的作用。

7.6 过程和函数

VHDL 在所提供的程序包和库中已经预先定义了多种过程(Procedure)和函数(Function)，也允许设计者自己定义新的过程和函数来补充和增强 VHDL 的基本功能。设计者可以将所定义的过程和函数组织在程序包和库中，以便复用和共享。

在 VHDL 中，将过程和函数统称为子程序，其中的过程、函数和子程序的含义都和其他高级语言中的对应概念相当，即可由主程序调用并将处理结果返回主程序的程序模块。与 C 语言中的情况一样，VHDL 中的子程序在每次调用时均重新进行初始化，其内部变量的值不能保持，执行结束后子程序即终止。而且，VHDL 中的子程序是不可重入的，必须在返回以后才能被再次调用。

1. 过程的定义和调用

1) 过程的定义

在 VHDL 语言中，过程语句的定义格式如下：

    PROCEDURE 过程名(输入、输出参数表) IS

        [定义语句]；

    BEGIN

        [顺序处理语句]；

    END 过程名；

其中，输入、输出参数表中应包括该过程用到的所有输入和输出参数。参数的定义格式与 PORT 语句中的信号定义格式相同，即

    参数名：输入、输出类型   数据类型；

在定义语句部分主要进行变量等的定义。请看下面的例子。

[例 7-25] 将位矢量转换为整数的过程语句。

```
PROCEDURE vector_to_integer( b: IN   STD_LOGIC_VECTOR;
                             d: OUT INTEGER )   IS
BEGIN
    d := 0;
    FOR i IN b'RANGE LOOP
        d :=d*2;
        IF (b(i)=1) THEN
            d :=d+1;
        END IF;
```

```
        END LOOP;
    END vector_to_integer;
```
该过程有两个参数：b 是输入(IN)参数，代表需要转换的位矢量；d 为输出(OUT)参数，代表转换的结果。所依据的算法就是将二进制数转换为十进制数时常用的按"位权值"加权求和的算法。在 FOR 循环中，使用了数组属性 RANGE(下标范围)来作为循环变量的变化范围。

与 PROCESS 结构相同，过程结构中的各条语句也是顺序执行的。调用者在调用过程前应先将初始值传递给过程的输入参数(类型为 IN)，即输入参数在过程中作为常数使用。然后过程语句启动，按顺序自上而下执行过程结构中的语句。执行结束，将输出值拷贝到调用者的 OUT 和 INOUT 类型的变量或信号中。如果没有特别指定，就将值传递给变量。如果调用者需要将输出和输入输出作为信号使用，则应通过在相应的过程参数名前面加上保留字 SIGNAL 来指明。例如下面的过程定义首部：

```
    PROCEDURE shift ( din：IN STD_LOGIC_VECTOR;
                SIGNAL dou：OUT STD_LOGIC_VECTOR) IS
```
2) 过程的调用

对过程的调用非常简单，而且与 C 语言等的用法完全相同，其格式为：

过程名(实际参数表);

下面请看一个利用双向变量计算整数平均值的例子。该过程定义在程序包 intpack 中利用了一个记录类型的双向变量 x。x 的 bus_val 字段包含所输入的八个整型数据，过程将计算它们的平均值并写入 x 的 average_val 字段，待过程执行完毕后返回给调用它的进程。

[例 7-26]　利用双向变量计算整数平均值。
```
    PACKAGE intpack IS
        TYPE bus_start_vec IS ARRAY(0 TO 7) OF INTEGER;
        TYPE bus_start_t IS
            RECORD
                bus_val：bus_start_vec;
                average_val：INTEGER;
            END RECORD;
        PROCEDUCE bus_average ( x：INOUT bus_stat_t );
    END intpack;
    PACKAGE BODY intpack IS
        PROCEDURE bus_average ( x：INOUT bus_stat_t ) IS
        VARIABLE total：INTEGER := 0;
        BEGIN
            FOR i IN 0 TO 7 LOOP
                total := total + x.bus_val(i);
            END LOOP;
            x.average_val := total / 8;
        END bus_average;
```

END intpack;

调用过程的进程如下：

```
PROCESS ( mem_update )
    VARIABLE bus_statistics，bus_stat_t;
BEGIN
    bus_statistics.bus_val := (50，40，30，35，45，55，65，85);
    bus_average (bus_statistics);                 -- Usage of PROCEDURE
    average <= bus_statistics. average_val;
END PROCESS;
```

其中，带有注释的一行便是过程的调用语句。调用时所用参数 bus_statistics 与过程中所定义的参数 x 具有相同的数据类型，既用于传入原始数据，又用于带出平均的结果，最后再赋值给 average。

2. 函数的定义和调用

1) 函数的定义

VHDL 语言中的函数与过程具有基本相同的格式和规则。函数的一般定义格式如下：

```
FUNCTION    函数名(输入参数表) RETURN    数据类型名 IS
    [定义语句];
    BEGIN
        [顺序处理语句];
    RETURN    返回变量名;
    END    函数名;
```

其中，输入参数表列出所用的输入参数，每个参数均表示为"参数名：数据类型；"。各输入参数在函数中也被作为常数使用。函数的运算结果则由返回变量名来体现，由函数名传送给调用者。下面请看一个最大值函数的例子，该函数定义在程序包 user 中。

[例 7-27]   最大值函数 max 的定义。

```
LIBRARY IEEE;
USE IEEE.STD_LOGIC_1164.ALL;
PACKAGE user IS
    FUNCTION max( a：STD_LOGIC_VECTOR；b：STD_LOGIC_VECTOR；
                c：STD_LOGIC_VECTOR)
    RETURN STD_LOGIC_VECTOR;
END user;
PACKAGE BODY user IS
    FUNCTION max( a：STD_LOGIC_VECTOR；b：STD_LOGIC_VECTOR；
                c：STD_LOGIC_VECTOR)
        RETURN STD_LOGIC_VECTOR IS
        VARIABLE tmp：STD_LOGIC_VECTOR (a'RANGE);
    BEGIN
        IF (a>tmp) THEN
```

```
            tmp := a；
        END IF；
    IF (b>tmp) THEN
            tmp := b；
        END IF；
    IF (c>tmp) THEN
            tmp := c；
        END IF；
        RETURN tmp；
    END max；
END user；
```

说明：在上面的程序中，对函数 max 的说明包含在程序包 user 之中。函数 max 使用了"选择法"来找出三个输入位向量 a、b、c 中的最大值，利用属性 a'RANGE 来将 tmp 定义为与 a 位数相同的位向量(某些 EDA 工具如 MAX+PLUS Ⅱ，不支持这种动态定义)，tmp 的初值取为默认值(各位全'0')。找出的最大值由"RETURN tmp；"语句传送给函数名 max。

2) 函数的调用

VHDL 中调用函数的格式与 C 语言等相同，即：函数名(实际参数表)。所调用的函数值可以作为运算量写入表达式，该表达式可以赋值给变量或信号。

[例 7-28]   利用函数 max 描述的数字峰值保持器。

```
LIBRARY IEEE；
USE IEEE.STD_LOGIC_1164.ALL；
USE WORK. user.ALL；
ENTITY peak_detector IS
    PORT( di1，di2：IN STD_LOGIC_VECTOR( 7 DOWNTO 0)；
            clk，clr：IN STD_LOGIC；
            dout：OUT STD_LOGIC_VECTOR( 7 DOWNTO 0 ))；
END peak_detector；
ARCHITECTURE rtl OF peak_detector IS
    SIGNAL last_max：STD_LOGIC_VECTOR( 7 DOWNTO 0 )；

    FUNCTION max( a：STD_LOGIC_VECTOR( 7 DOWNTO 0 )；
                  b：STD_LOGIC_VECTOR( 7 DOWNTO 0 )；
                  c：STD_LOGIC_VECTOR( 7 DOWNTO 0 ) )
            RETURN STD_LOGIC_VECTOR IS
    VARIABLE tmp：STD_LOGIC_VECTOR( 7 DOWNTO 0 )；
BEGIN
    IF (a>tmp) THEN
            tmp := a；
        END IF；
```

```
        IF (b>tmp) THEN
            tmp := b;
        END IF;
        IF (c>tmp) THEN
            tmp := c;
        END IF;
        RETURN tmp;
    END max;


BEGIN
    dout <= last_max;
    PROCESS(clk)
    BEGIN
        IF ( clk'EVENT AND clk = '1') THEN
            IF( clr = '1') THEN
                last_max <= "00000000";
            ELSE
                last_max <= max(di1, di2, last_max);
            END IF;
        END IF;
    END PROCESS;
END rtl;
```

说明：该程序所描述的数字峰值保持器，可并行输入两路与时钟 clk 同步的八位数据，通过在每个时钟周期的上升沿调用一次函数 max，来找出并保持数据中的最大值(即峰值保持)。clr 为清零控制端，用于清除现有的峰值保持值并开始新的检测过程。

从上面的介绍可以看出，同样是子程序，过程和函数之间仍有一些不同之处：过程能返回多个变量，而函数则总是返回一个取值；函数中的所有参数都是输入参数，而过程有输入参数、输出参数和双向参数；过程在结构体或者进程中以语句的形式被调用，而函数经常在赋值语句或表达式中使用。

3. 决断信号和决断函数

通常情况下，一个信号只有一个驱动源。但在特殊情况下，例如在"线与"或"线或"的电路中，多个门的输出端连接在一起，就造成了一个信号具有多个驱动源的情况。连接至总线的输入端口对应的信号也具有多个驱动源。与实际电路相对应，VHDL 中给某个信号赋值的每个进程或并行赋值语句都为该信号建立一个驱动源，多个进程或并行赋值语句给同一个信号赋值时，该信号便具有多个驱动源。每个驱动源都是一个值—时间"对"，表示在经过若干时间之后将赋予信号什么值。在这种情况下，便需要利用函数来对多个驱动源之间的竞争实行合理的仲裁。

具有多个驱动源的信号称为决断信号，计算决断信号值的函数称为决断函数。说明非决断信号时，只要指明其值类型即可；而定义决断信号时，不仅要指明其值类型，还要指明其决断函数。

决断函数是 VHDL 中最常用的两个函数类别之一，另一类是用于数据类型转换的转换函数。可以利用仿真器提供的典型决断函数，也可以由设计者自己编写。其输入必须是与决断信号类型相同的一维非限定性数组，其输出是类型与信号类型匹配的单个信号，其具体内容则依具体的应用场合而定。在定义决断函数时，不能假设各驱动源到达的次序。在每个模拟周期内，当对应的决断信号活跃时，决断函数被隐含地自动调用以决定信号的实际取值。用户不能控制该函数调用的发生。

在定义了决断函数之后，可以用两种方式来定义决断信号：一种是先定义包含决断函数的决断子类型 subtype，再将信号说明为该决断子类型；另一种是直接在信号定义中包含决断函数。例如，假定决断函数 wired_together 的定义如下：

      FUNCTION wired_together(in_data ： BIT_VECTOR) RETURN BIT IS ...

则可以下列两种方式中的一种来定义称为 s1 的决断信号：

      SIGNAL s1 ： wired_toghter BIT;

或

      SUBTYPE bits_res IS wired_together BIT;

      SIGNAL s1 ： bits_res;

我们常用的数据类型 STD_LOGIC 和 STD_LOGIC_VECTOR 都是含决断功能的数据类型，利用它们定义的信号和端口即为多驱动源连接。

7.7　常用单元电路的设计实例

前面几节介绍了 VHDL 的主要特点、主要设计规则和主要描述方法，以及常用的几种描述语句。本节将分门别类地介绍一些常用单元电路的设计实例并加以分析，以帮助读者进一步加深对有关内容的理解，初步掌握 VHDL 的基本使用方法。同时，对这些单元电路的描述也可作为描述较大规模电路的素材和参考。

7.7.1　组合电路

常用的组合单元电路主要有译码器、编码器、数据选择器、减法器、加法器等。前面我们已经举过许多例子，这里再做一些补充和总结。

1. 编码器的描述

编码器可以将多个输入信号的组合状态转换成位数较少的二进制编码，常用于中断控制和键盘查询等，其实现转换的原理类似于查表。

[例 7-29]　8-3 优先编码器。

      LIBRARY IEEE;

      USE IEEE. STD_LOGIC_1164. ALL;

      USE IEEE. STD_LOGIC_UNSIGNED. ALL;

      ENTITY encoder8 IS

```
        PORT ( k0, k1, k2, k3, k4, k5, k6, k7:IN STD_LOGIC;
                code:OUT INTEGER RANGE 0 TO 7 );
    END encoder8;
    ARCHITECTURE rtl OF encoder8 IS
    BEGIN
        PROCESS (k0, k1, k2, k3, k4, k5, k6, k7)
        BEGIN
            IF k0 = '0' THEN
                code <= 0;
            ELSIF k1 ='0' THEN
                code <= 1;
            ELSIF k2 ='0' THEN
                code <= 2;
            ELSIF k3 ='0' THEN
                code <= 3;
            ELSIF k4 ='0' THEN
                code <= 4;
            ELSIF k5 ='0' THEN
                code <= 5;
            ELSIF k6 ='0' THEN
                code <= 6;
            ELSIF k7 ='0' THEN
                code <= 7;
            END IF;
        END PROCESS;
    END rtl;
```

2. 4 位加法器的描述

下面给出一个 4 位加法器的描述程序，所采用的是结构描述和行为描述相结合的混合描述方式，自顶向下展开。该描述共分三个层次：最底层用行为描述方式描述半加器，中间层用结构描述方式描述由两个半加器构成的全加器，顶层用结构描述方式描述由四个全加器级联而成的 4 位加法器。具体的描述程序如下：

[例 7-30] 半加器描述。

```
LIBRARY IEEE;
USE IEEE. STD_LOGIC_1164. ALL;
ENTITY half_adder IS
    PORT ( a, b: IN STD_LOGIC;
            s, co: OUT STD_LOGIC);
END half_adder;
```

```vhdl
ARCHITECTURE behav1 OF half_adder IS
    SIGNAL c, d : STD_LOGIC;
BEGIN
    c <= a OR b;
    d <= NOT(a AND b);
    co <= NOT d AFTER 5 ns;
    s <= c AND d AFTER 5 ns;
END behav1;
```

[例 7-31] 全加器描述。

```vhdl
LIBRARY IEEE;
USE IEEE. STD_LOGIC_1164. ALL;
ENTITY full_adder IS
    PORT ( a, b, cin : IN STD_LOGIC;
            s, co: OUT STD_LOGIC);
END full_adder;
ARCHITECTURE behav2 OF full_adder IS
    COMPONENT half_adder
        PORT ( a, b: IN STD_LOGIC;
                s, co: OUT STD_LOGIC);
    END COMPONENT;
    SIGNAL c0, s0, c1 : STD_LOGIC;
BEGIN
        U0: half_adder PORT MAP (a, b, s0, c0);
        U1: half_adder PORT MAP (s0, cin, s, c1);
        co <= c0 OR c1;
END behav2;
```

[例 7-32] 4 位加法器描述。

```vhdl
LIBRARY IEEE;
USE IEEE. STD_LOGIC_1164. ALL;
    ENTITY adder_4bits IS
        PORT ( a0, a1, a2, a3:IN STD_LOGIC;
                b0, b1, b2, b3, cin :IN STD_LOGIC;
                s0, s1, s2, s3, cout: OUT STD_LOGIC );
END adder_4bits;
ARCHITECTURE strc OF adder_4bits IS
    COMPONENT full_adder
        PORT ( a, b, cin:IN STD_LOGIC;
                s, co:OUT STD_LOGIC);
    END COMPONENT;
```

```
            SIGNAL U0_c, U1_c, U2_c: STD_LOGIC;
        BEGIN
                U0: full_adder PORT MAP (a0, b0, cin, s0, U0_c);
                U1: full_adder PORT MAP (a1, b1, U0_c, s1, U1_c);
                U2: full_adder PORT MAP (a2, b2, U1_c, s2, U2_c);
                U3: full_adder PORT MAP (a3, b3, U2_c, s3, cout);
        END strc;
```

按照上述例子中的方法,可以很容易地描述任意位数的加法器。当然,当位数较多时还需要采取"快速进位"的措施。使用同样的方法,也可以利用全减器等构成多位减法器。

下面再给出一个使用行为描述方式描述的 8 位加法器程序。读者可以将两个程序对比一下,更好地体会两种描述方式各自的特点。

[例 7-33]　8 位加法器描述。

```
    LIBRARY IEEE;
    USE IEEE.STD_LOGIC_1164.ALL;
    USE IEEE.STD_LOGIC_ARITH.ALL;
    ENTITY adder IS
        PORT ( op1, op2: IN UNSIGNED(7 downto 0);
                result: OUT INTEGER );
    END adder;
    ARCHITECTURE maxpld OF adder IS
    BEGIN
        result <= CONV_INTEGER(op1 + op2);
    END maxpld;
```

7.7.2　时序电路

常用的时序单元电路主要有触发器、锁存器、计数器、分频器和移位寄存器等,构成这些单元电路的基本要素是触发器和时钟、复位和置位等信号。因此,在对这些电路做具体描述之前,我们先对有关的概念和基本描述做一归纳。

1. 时钟的状态及其描述

时钟信号是时序电路最基本的执行条件,任何时序电路总是在时钟的有效边沿或有效电平到来时才改变其状态的。在 VHDL 描述中,时序电路对时钟的这种依赖性可以用以下两种方式来体现。

1) 显式表达

显式表达是指将时钟列入进程的敏感信号表,其一般格式为:

```
    PROCESS(时钟信号名[, 其他敏感信号])
    BEGIN
        [IF　时钟边沿表达式　THEN
            { 语句; }
```

　　　　　END IF；]

　　　| 　　[　IF　时钟电平表达式　THEN

　　　　　{ 语句；}

　　　　　END IF；]

　　END PROCESS；

2) 隐含表达

隐含表达是指不将时钟列入进程的敏感信号表，而是将其作为进程中 WAIT ON 语句的条件，其一般格式为：

　　PROCESS

　　BEGIN

　　　　[　WAIT ON　时钟信号名　UNTIL　时钟边沿表达式

　　　　　{ 语句；}]

　　　| 　[WAIT ON　　时钟信号名　UNTIL　时钟电平表达式

　　　　　{ 语句；}]

　　END 　　PROCESS；

在上面的格式中，"|"意为"或"，表示可根据时序电路的具体类型选用边沿或电平表达形式。其中，时钟边沿表达式按照有效边沿的不同，可有两种形式(假定时钟名为 clk)：

① 上升沿有效，表示为：clk='1' AND clk'LAST_VAULE='0' AND clk'EVENT。

② 下降沿有效，表示为：clk='0' AND clk'LAST_VAULE='1' AND clk'EVENT。

同样，时钟的电平表达式也按照有效电平的不同，有下列两种形式：

① 高电平有效，表示为：clk='1'。

② 低电平有效，表示为：clk='0'。

2. 两种复位/置位方式的描述

时序电路的初始状态一般由复位/置位信号来设置，有同步复位/置位和异步复位/置位两种工作方式。所谓同步复位/置位，就是在复位/置位信号有效且给定的时钟边沿到来时，时序电路才被复位/置位；而异步复位/置位则与时钟无关，一旦复位/置位信号有效，时序电路就被复位/置位。

1) 同步复位/置位的描述

在用 VHDL 描述时，同步复位/置位一定在以时钟为敏感信号的进程中定义，且用 IF 等条件语句来描述必要的复位/置位条件。其典型格式为：

　　ROCESS (时钟信号名)

　　　　BEGIN

　　　IF　时钟边沿表达式　AND　复位/置位条件表达式　THEN

　　　　　[复位/置位语句；]

　　　ELSE

　　　　　[正常执行语句；]

　　　END IF；

　　END PROCESS；

或
```
    PROCESS
        BEGIN
        WAIT ON    时钟信号名    UNTIL    时钟边沿表达式
        IF    复位/置位条件表达式    THEN
            [复位/置位语句;]
        ELSE
            [正常执行语句;]
        END IF;
    END PROCESS;
```

2) 异步复位/置位的描述

描述异步复位/置位时,应将时钟信号和复位/置位信号同时加入到进程的敏感信号表中或 WAIT ON 语句后的信号表中,而且在执行时,需识别进程是由时钟激活还是由复位/置位信号激活,并分别执行相应的操作。其常用格式可表示为:
```
    PROCESS (时钟信号,复位/置位信号)
    BEGIN
        IF    复位/置位信号有效    THEN
            [复位/置位语句;]
        ELSIF    时钟边沿表达式    THEN
            [正常执行语句;]
                ⋮
        END IF;
    END PROCESS;
```

3. 触发器的描述

根据上述时钟和复位/置位信号的各种组态及其描述方法,可以很容易地对不同种类的触发器进行描述。下面将针对其中最典型的 D 触发器给出不同组态下的描述程序实例。对其他种类触发器的 VHDL 描述可仿照进行,只需利用该类触发器的激励方程计算出对应的 D 触发器的数据输入信号 D,再代入对应组态的 VHDL 程序即可。

众所周知,D 触发器是正沿触发的,它有一个数据输入端 D、一个时钟输入端 clk 和两个数据输出端 Q 和/Q,还可以带有复位控制端 Reset 和置位控制端 Preset。下面给出三个描述 D 锁存器的程序实例。

[例 7-34] 不带复位/置位端的 D 触发器。
```
    LIBRARY IEEE;
    USE IEEE. STD_LOGIC_1164. ALL;
    ENTITY dff IS
        PORT (clk, d: IN STD_LOGIC;
              q1, q2: OUT STD_LOGIC );
    END dff;
```

```
ARCHITECTURE rtl OF dff IS
BEGIN
    PROCESS (clk)
    BEGIN
        IF clk'EVENT AND clk ='1' THEN
            q1 <= d;
            q2 <= NOT d;
        END IF;
    END PROCESS;
END rtl;
```

[例 7-35] 低电平异步复位/置位的 D 锁存器。

```
LIBRARY IEEE;
USE IEEE. STD_LOGIC_ 1164. ALL;
ENTITY dff IS
    PORT ( clk, d, reset, preset:IN STD_LOGIC;
            q1, q2:OUT STD_LOGIC );
END dff;
ARCHITECTURE rtl OF dff IS
BEGIN
    PROCESS (clk, reset, preset)
    BEGIN
        IF ( preset = '0' ) THEN
            q1 <= '1';
            q2 <= '0';
        ELSIF (reset = '0' ) THEN
            q1 <= '0';
            q2 <= '1';
        ELSIF (clk'EVENT AND clk = '1' ) THEN
            q1 <= d;
            q2 <= NOT d;
        END IF;
    END PROCESS;
END rtl;
```

[例 7-36] 同步、高电平复位/置位的 D 锁存器。

```
LIBRARY IEEE;
USE IEEE. STD_LOGIC_1164. ALL;
ENTITY dff IS
    PORT ( clk, d, reset, preset: IN STD_LOGIC;
            q1, q2: OUT STD_LOGIC );
```

```
        END dff;
        ARCHITECTURE rtl OF dff IS
        BEGIN
            PROCESS (clk)
            BEGIN
                IF (clk'EVENT AND clk = '1') THEN
                    IF reset='1' THEN
                        q1 <= '0';
                        q2 <= '1';
                    ELSIF preset = '1' THEN
                        q1 <= '1';
                        q2 <= '0';
                    ELSE
                        q1 <= d;
                        q2 <= NOT d;
                END IF;
            END IF;
        END PROCESS;
    END rtl;
```

　　下面再给出一个描述 JK 触发器的例子，以说明如何通过改编 D 触发器的描述程序来实现对其他类型触发器的描述。

　　[例 7-37]　异步、低电平复位/置位的 JK 锁存器。

```
    LIBRARY IEEE;
    USE IEEE. STD_LOGIC_1164. ALL;
    ENTITY jkff1 IS
        PORT ( clk, j, k, reset, preset:IN STD_LOGIC;
               q1, q2: OUT STD_LOGIC );
    END jkff1;
    ARCHITECTURE rtl OF jkff1 IS
        SIGNAL   d, s1, s2: STD_LOGIC;
    BEGIN
        PROCESS (clk, reset, preset)
        BEGIN
            d <= (j AND s2 ) OR ( NOT k AND s1);
            IF ( preset = '0' ) THEN
                s1 <= '1';
                s2 <= '0';
            ELSIF (reset = '0' ) THEN
                s1 <= '0';
```

```
                    s2 <= '1';
            ELSIF ( clk'EVENT AND clk = '1' ) THEN
                s1 <= d;
                s2 <= NOT d;
            END IF;
                q1<=s1;        q2<=s2;
            END PROCESS;
        END rtl;
```

可以看出，本例中对 JK 触发器的描述是由例 7-36 中对 D 触发器的描述改编而来的，改动的地方也仅有两点：第一当然是实体中 PORT 语句所定义的输入端口，第二则是在进程中增加了对信号 D 的说明和赋值，如此而已。对其他类型和组态的触发器也可以照此进行。

4. 计数器的描述

计数器也分同步计数器和异步计数器两大类。所谓同步计数器，就是构成计数器的各触发器使用同一个时钟信号，在时钟脉冲(计数脉冲)的有效边沿上各触发器状态同时发生变化的那一类计数器。除此之外的就是异步计数器。这两类计数器再按计数规律(加法、减法、可逆)、码值(二进制、BCD、循环码)、可否清零/预置以及计数模值等的不同，而细分为许多种类。对每种计数器都既可以用结构描述方式又可以用行为描述方式来加以描述。下面给出几个典型的描述实例。

[例 7-38]　通用的 4 位同步加法计数器(带同步清零和进位输出)。

```
ENTITY counters_4bits IS
    PORT  ( clk, clear: IN   BIT;
                co: OUT BIT;
                q_out: OUT    INTEGER RANGE 0 TO 15 );
END counters_4bits;
ARCHITECTURE behav OF counters_4bits IS
    CONSTANT count_model: INTEGER := 10;
BEGIN
    PROCESS (clk)
        VARIABLE cnt : INTEGER RANGE 0 TO 15;
    BEGIN
        IF (clk'EVENT AND clk = '1') THEN
            IF clear = '0' THEN
                cnt := 0;
            ELSIF cnt >= count_model-1 THEN
                cnt := 0;
            ELSE
                    cnt := cnt + 1;
```

```
                    END IF;
            END IF;
            q_out <= cnt;
            IF cnt = count_model-1 THEN
                    co <= '1';
            ELSE
                    co <= '0';
            END IF;
        END PROCESS;
    END behav;
```

在例 7-38 中，在进程中定义变量 cnt 的作用主要是存储计数器的现态，用于判断和赋值，因为端口 q_out(即计数值)只能输出而不能回读。后面的几个例子也都采用了同样的做法。该例所给出的描述中，二进制计数器的模值由常数 count_model 确定，本例中设置为模 10 计数器。根据需要修改常数 count_model 的取值(CONSTANT count_model···语句末尾的常数)，就可以描述任意模值的 4 位计数器。例如，将该句中的 10 修改为 12，即得到模 12 计数器的描述。实际上，该描述可推广至任意模值的二进制加法计数器，只需根据要求的模值来修改常数 count_model 和 PORT 语句中 q_out 定义的右边界即可。

[例 7-39] 修改上例中的程序所得到的异步清零、模 60 同步二进制可逆计数器描述。up_down ='1' 时执行加法计数，up_down ='0' 时执行减法计数。该描述可推广至任意模值的同步二进制可逆计数器。请特别注意该程序是如何实现异步清零的。

```
    ENTITY counter_M60 IS
        PORT ( clk，clear，enable，up_down：IN BIT;
                q_out：OUT   INTEGER RANGE 0 TO 63 );
    END counter_M60;
    ARCHITECTURE behav OF counter_M60 IS
    BEGIN
        PROCESS (clk，clear)
            VARIABLE cnt  :  INTEGER RANGE 0 TO 63;
        BEGIN
            IF clear = '0' THEN
              cnt := 0;
            ELSIF (clk'EVENT AND clk = '1') THEN
                IF enable = '1' THEN
                    IF (up_down = '1') THEN
                        cnt := cnt + 1;
                    ELSE
                        cnt := cnt−1;
                    END IF;
                END IF;
```

```
                END IF;
            q_out <= cnt;
        END PROCESS;
    END behav;
```

[例 7-40] 同步可预置、可清除的模 60 BCD 计数器，由两个分别是模 10 和模 6 的计数器级联而成。

```
    LIBRARY IEEE;
    USE IEEE. STD_LOGIC_1164. ALL;
    ENTITY counter_60_BCD IS
        PORT ( clk, cen, clr, load : IN STD_LOGIC;
                data_one : IN INTEGER RANGE 0 TO 9;
                data_ten : IN INTEGER RANGE 0 TO 5;
                co: OUT STD_LOGIC;
                q_one : OUT INTEGER RANGE 0 TO 9;
                q_ten : OUT INTEGER RANGE 0 TO 5 );
    END counter_60_BCD;
    ARCHITECTURE rtl OF counter_60_BCD IS
    BEGIN
        PROCESS (clk, clr, load)
            VARIABLE s_one: INTEGER RANGE 0 TO 9;
            VARIABLE s_ten: INTEGER RANGE 0 TO 5;
        BEGIN
            IF clk'EVENT AND clk ='1' THEN
                IF (clr = '0') THEN
                    s_one := 0;
                    s_ten := 0;
                ELSIF (load = '0') THEN
                    s_one := data_one;
                    s_ten := data_ten;
                ELSIF (cen = '0') THEN
                    IF (s_one < 9 ) THEN
                        s_one := s_one + 1;
                    ELSE
                        s_one := 0;
                        IF (s_ten < 5 ) THEN
                            s_ten := s_ten + 1;
                        ELSE
                            s_ten := 0;
                        END IF;
                    END IF;
```

```
            END IF;
        END IF;
        q_one <= s_one;
        q_ten <= s_ten;
        IF s_ten=5 AND s_one=9 THEN
            co <= '1';
        ELSE
            co <= '0';
        END IF;
    END PROCESS;
END rtl;
```

例 7-40 给出的描述非常具有代表性，稍加修改就可以用来描述其他 BCD 计数器。

[例 7-41]　由例 7-40 改编而成的模 100 计数器，不带预置功能。

```
LIBRARY IEEE;
USE IEEE. STD_LOGIC_1164. ALL;
ENTITY counter_100_BCD IS
    PORT ( clk, cen, clr: IN STD_LOGIC;
            co: OUT STD_LOGIC;
            q_one : OUT INTEGER RANGE 0 TO 9;
            q_ten : OUT INTEGER RANGE 0 TO 9 );
END counter_100_BCD;
ARCHITECTURE rtl OF counter_100_BCD IS
BEGIN
    PROCESS (clk, clr)
        VARIABLE s_one: INTEGER RANGE 0 TO 9;
        VARIABLE s_ten: INTEGER RANGE 0 TO 9;
    BEGIN
        IF clk'EVENT AND clk ='1' THEN
            IF (clr = '0') THEN
                s_one := 0;
                s_ten := 0;
            ELSIF (cen = '0') THEN
                IF (s_one < 9 ) THEN
                    s_one := s_one + 1;
                ELSE
                    s_one := 0;
                    IF (s_ten < 9 ) THEN
                        s_ten := s_ten + 1;
                    ELSE
```

```
                    s_ten := 0;
              END IF;
            END IF;
          END IF;
          END IF;
          q_one <= s_one;
          q_ten <= s_ten;
          IF s_ten=9 AND s_one=9 THEN
              co <= '1';
          ELSE
              co <= '0';
          END IF;
        END PROCESS;
    END rtl;
```

例 7-41 所给出的描述是不带预置功能的 BCD 计数器的典型描述。我们可以通过修改上述例子中的描述，或者将这些描述作为基本元件加以集成，来设计出各种常用形式的计数器。例如，可以对例 7-41 的程序稍做修改(具体地说，就是把与 s_ten 和 q_ten 有关的语句中的 9 改成 5)，就可以得到不带预置功能的模 60 同步 BCD 计数器。将两个这种模 60 计数器同步级联，即将一个的进位输出连接到另一个的计数允许端，就可以构成常用的时钟计数单元。其结构体描述的核心部分如下：

```
    U1：counter60_bcd PORT MAP (clk，cen，clr，co1，digit_1s，digit_10 s);
    U2：counter60_bcd PORT MAP (clk，co1，clr，co2，digit_1m，digit_10 m);
```
若将第二个元件调用语句修改为：
```
    U2：counter60 PORT MAP (co1，cen，clr，co2，digit_1m，digit_10 m);
```
便可将该时钟计数单元修改为异步级联方式。

5. 分频器的描述

分频器与计数器类似，也要对时钟脉冲进行计数，但其输出的不是对时钟脉冲个数的计数值，而是其频率与时钟的频率成固定比例关系的脉冲信号。如果不要求分频输出信号的占空比为 50%，便可以直接将计数器作为分频器来使用，计数器的进位信号即可作为分频输出信号。下面给出一个分频输出信号的占空比近似为 50%的分频器描述实例。

[例 7-42]　输出占空比为 50%的 1000 分频器。
```
    LIBRARY IEEE;
    USE IEEE. STD_LOGIC_1164. ALL;
    ENTITY freq_divider IS
        PORT (clk，clr ： IN STD_LOGIC;
                f_out ： OUT STD_LOGIC);
    END freq_divider;
    ARCHITECTURE rtl OF freq_divider IS
```

```
                CONSTANT fd_ratio： INTEGER := 1000；
        BEGIN
            PROCESS (clk，clr)
                VARIABLE count： INTEGER := 0；
            BEGIN
                IF (clr = '0') THEN
                    f_out <= '0'；
                ELSE
                    IF clk'EVENT AND clk ='1' THEN
                        IF count >= fd_ratio -1 THEN
                            count := 0；
                            f_out <= '0'；
                        ELSE
                            count := count +1；
                            IF count < INTEGER(fd_ratio /2) THEN
                                f_out <= '0'；
                            ELSE
                                f_out <= '1'；
                            END IF；
                        END IF；
                    END IF；
                END IF；
            END PROCESS；
        END rtl；
```

6. 移位寄存器的描述

移位寄存器可以由多位触发器首尾连接而成，即前一级的输出作为后一级的输入，所有的触发器共用同一时钟和清零/置位信号。使用结构描述方法和数据流描述方式都可以很好地描述移位寄存器。

[例 7-43] 4 位串入并出移位寄存器的结构描述，利用了 D 触发器的描述。端口说明：clk 为移位时钟，s_in 为串行输入，s_out 为串行输出，q0～q3 为并行输出。

```
        LIBRARY IEEE；
        USE IEEE. STD_LOGIC_1164. ALL；
        ENTITY shift4 IS
            PORT (s_in，clk： IN STD_LOGIC；
                    q0，q1，q2，q3，s_out:OUT STD_LOGIC)；
        END shift4；
        ARCHITECTURE strc OF shift4 IS
            COMPONENT dff IS
```

```
            PORT ( clk,  d:IN STD_LOGIC;
                    q:OUT STD_LOGIC );
            END COMPONENT;
        SIGNAL s0,  s1,  s2,  s3:  STD_LOGIC;
        BEGIN
            U1:dff PORT MAP (clk,  s_in,  s0);
            U2:dff PORT MAP (clk,  s0,  s1);
            U3:dff PORT MAP (clk,  s1,  s2);
            U4:dff PORT MAP (clk,  s2,  s3);
            s_out <= s3;
            q3 <= s3;
            q2 <= s2;
            q1 <= s1;
            q0 <= s0;
    END strc;
```

[例 7-44]　4 位串入并出移位寄存器的数据流描述。

```
    ENTITY shift4 IS
        PORT ( s_in,  clk:IN STD_LOGIC;
                q0,  q1,  q2,  q3,  s_out:OUT STD_LOGIC );
    END shift4;
    ARCHITECTURE rtl OF shift4 IS
    BEGIN
        PROCESS (clk)
            VARIABLE s0,  s1,  s2,  s3:  STD_LOGIC;
        BEGIN
            IF (clk'EVENT AND clk = '1') THEN
                s0 := s_in;
                s1 := s0;
                s2 := s1;
                s3 := s2;
            END IF;
            s_out <= s2;
            q0 <= s0;
            q1 <= s1;
            q2 <= s2;
            q3 <= s3;
        END PROCESS;
    END rtl;
```

7. 多位锁存器的描述

锁存器在接口电路中用得很多，它是由多个数据输入、输出各自独立的 D 触发器组成的，这些 D 触发器有共用的时钟和复位/置位端。其描述与移位寄存器相似。

[例 7-45] 8 位锁存器的结构描述，使用了八个 D 触发器 dff。端口说明：clk 为时钟，en 为锁存使能，d_in 为数据输入，q_out 为锁存数据输出。

```
LIBRARY IEEE;
USE IEEE. STD_LOGIC_1164. ALL;
ENTITY latch8 IS
    PORT ( en，clk:IN STD_LOGIC;
            d_in: IN STD_LOGIC_VECTOR(7 DOWNTO 0);
            q_out: OUT STD_LOGIC_VECTOR(7 DOWNTO 0) );
END latch8;
ARCHITECTURE strc OF latch8 IS
    COMPONENT dff IS
        PORT ( clk，d:IN STD_LOGIC;
                q:OUT STD_LOGIC );
    END COMPONENT;
    SIGNAL clk1:STD_LOGIC;
BEGIN
    clk1 <= en AND clk;
    U2: dff PORT MAP(clk1，d_in(0)，q_out(0));
    U3: dff PORT MAP(clk1，d_in(1)，q_out(1));
    U4: dff PORT MAP(clk1，d_in(2)，q_out(2));
    U5: dff PORT MAP(clk1，d_in(3)，q_out(3));
    U6: dff PORT MAP(clk1，d_in(4)，q_out(4));
    U7: dff PORT MAP(clk1，d_in(5)，q_out(5));
    U8: dff PORT MAP(clk1，d_in(6)，q_out(6));
    U9: dff PORT MAP(clk1，d_in(7)，q_out(7));
END strc;
```

[例 7-46] 带输出选通的 8 位锁存器的数据流描述。oe 为选通控制端(低电平有效)，其余各端口的含义同上例。

```
LIBRARY IEEE;
USE IEEE. STD_LOGIC_1164. ALL;
ENTITY latch8 IS
    PORT (clk，oe: IN STD_LOGIC;
            d_in: IN STD_LOGIC_VECTOR(7 DOWNTO 0);
            q_out: OUT STD_LOGIC_VECTOR(7 DOWNTO 0));
END latch8;
ARCHITECTURE rtl OF latch8 IS
```

```
    SIGNAL sts：STD_LOGIC_VECTOR(7 DOWNTO 0)；
BEGIN
    PROCESS (clk)
        BEGIN
            IF (clk'EVENT AND clk = '1') THEN
                sts <= d_in；
            END IF；
            IF oe='0' THEN
                q_out <= sts；
            ELSE
                q_out <= "ZZZZZZZZ"；
            END IF；
        END PROCESS；
    END rtl；
```

8. 有限状态机的描述

有限状态机是一种重要的时序电路，常用来描述数字系统的控制单元。根据其输出是否与当前输入有关，有限状态机可以分为 Mealy 型和 Moore 型两大类。在 VHDL 中，对有限状态机没有特定的描述格式，但为使高层次综合工具能够识别出描述有限状态机的 VHDL 程序，必须遵循一些编码原则。目前采用较多的是 Mentor Graphics 公司的 AutoLogic VHDL 编码原则，它规定一个有限状态机的描述应包括：状态变量、(单相)时钟、状态转移指定、输出指定、同步或异步(可选)复位信号等几个要素。其中，状态变量用于定义有限状态机的状态，可以使用枚举类型但不能是端口信号；状态的编码可以使用热态位码、顺序码、随机码、顺序格雷码和优化转移码等策略。根据两种比较操作"="和"/="的结果决定对状态变量的操作。可以在进程或块语句中指定时钟和复位信号，但只能在进程中指定状态转移。可以使用任何并行语句来指定输出。

鉴于有限状态机的描述比较复杂而且没有固定的格式，在此不作详细讨论，只给出一个实际的例子供参考。

[例 7-47] Moore 型 2 状态有限机的 VHDL 描述。状态转移图见图 7.4。

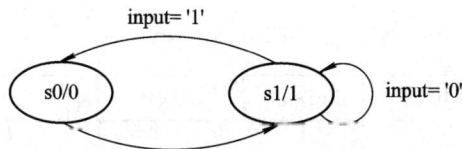

图 7.4　例 7-47 对应的状态转移图

```
ENTITY statmach IS
    PORT(clk，input，reset：IN BIT；
        output：OUT BIT )；
END statmach；
ARCHITECTURE a OF statmach IS
```

```
            TYPE STATE_TYPE IS (s0，s1);
            SIGNAL state：STATE_TYPE;
    BEGIN
        PROCESS (clk)
        BEGIN
            IF reset = '1' THEN
                state <= s0;
            ELSIF (clk'EVENT AND clk = '1') THEN
                CASE state IS

                WHEN s0=> state <= s1;
                WHEN s1=>
                    IF input = '1' THEN
                        state <= s0;
                    ELSE
                        state <= s1;
                    END IF;
                END CASE;
            END IF;
        END PROCESS;
        output <= '1' WHEN state = s1 ELSE '0';

    END a;
```

以上给出了大多数常用单元电路的 VHDL 典型描述，仔细阅读这些例子可以帮助读者进一步加深对有关概念的理解和初步掌握基本的 VHDL 设计方法。在此基础上，将这些常用单元电路的 VHDL 典型描述加以扩展和组合，便可以设计出一些具有实用价值的中小规模数字系统。例如，利用前面给出的 1000 分频器、模 60 计数器、模 12 计数器和七段译码器的典型描述，加以组合便可以设计出如图 7.5 所示的数字钟电路。该电路设有一个计时启/停按钮，可用于测量时间间隔：当按钮按下时，便开始计时，并在数码管上显示当前的时间测量值，包括秒、10 秒、分、10 分和小时共五位；当按钮再次按下时，便停止计数并显示被测时间间隔的数值。

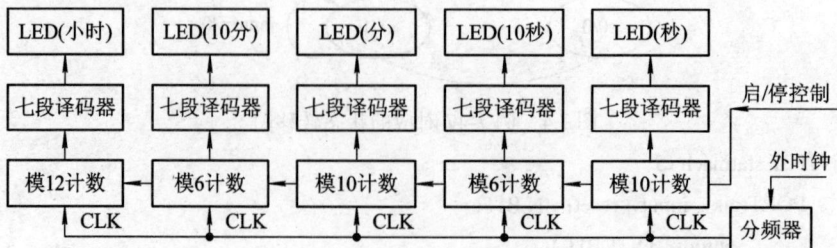

图 7.5　数字钟电路框图

同样地，将分频器和多个模 10 计数器级联，便可构成简单的数字频率计电路，如图 7.6 所示。该数字频率计电路的结构与数字钟相似，作用是测量并显示待测输入信号的频率值。所采用的测量方法是典型的"闸门计数法"，可简单概括为：通过对输入的标准频率信号分频得到宽度为 1 s 的闸门信号，将该闸门信号作为多个同步级联的模 10 计数器的"计数允许"信号，便可利用这些计数器测量出落在该闸门时间(1 s)内的待测信号的脉冲个数，也就是该待测信号的频率值。该频率值经锁存和七段译码后驱动数码管显示。

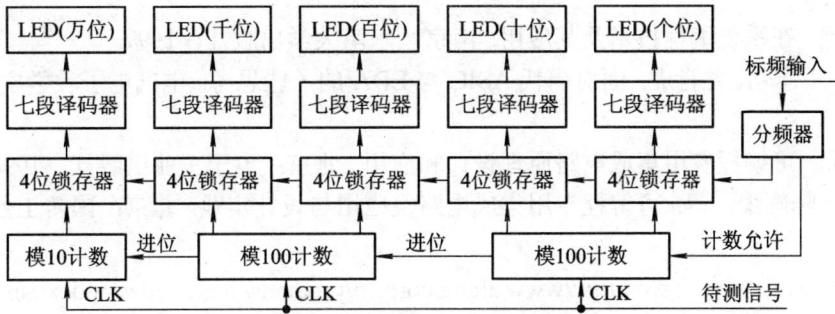

图 7.6　数字频率计电路框图

对这两个电路均可采用前面介绍过的框图法来进行描述，即在顶层使用结构描述，通过元件调用语句来引用各单元电路的典型描述，从而完成对整个电路的描述。关于框图法，前面已经举过几个例子，此处受篇幅所限，仅给出框图而不再作具体的描述。希望读者参考前面的有关例子，自己动手来完成这两个电路的设计。

最后，必须指出的是，虽然本章中给出的所有例子都是依据 VHDL 的基本语法编制的，其中绝大部分都利用 MAX+PLUS Ⅱ进行了编译验证，但由于 VHDL 现有的两个版本 VHDL'87 和 VHDL'93 存在一定的差别，不同公司的 EDA 工具对 VHDL 的支持程度也大不相同，因此，本章所给的范例在其他 EDA 工具环境或者不适当的 VHDL 版本下仍可能无法编译通过。建议读者在实际编程和验证(包括对本章所给范例的验证)时，应首先了解所使用的 EDA 工具的有关规定，包括支持 VHDL 的哪一个版本，允许使用哪些语言要素，等等，这些内容一般可在软件的帮助文档中看到。如果可能，应优先考虑使用 VHDL'93 版本。此外，我们还必须了解逻辑仿真和逻辑综合各自的特点以及所适用的 VHDL 描述方式和语言要素，在设计过程中自觉地根据实际任务的具体目标来选择适用的描述方式和描述风格，以求获得较高的编程效率和较好的电路性能。

参 考 文 献

[1] 杨晖，张凤言. 大规模可编程逻辑器件与数字系统设计. 北京：北京航空航天大学出版社，1998.

[2] 黄正瑾. 在系统编程技术及其应用. 南京：东南大学出版社，1997.

[3] 田良，王志功，尤肖虎. 面对当代 ASIC 与 EDA 的一些思考. 电气电子教学学报，1998，20(3).

[4] 孟宪元. 可编程专用集成电路原理设计和应用. 北京：电子工业出版社，1994.

[5] 常青，陈辉煌，等. 可编程专用集成电路及应用与设计实践. 北京：国防工业出版社，1998.

[6] Aitera 公司. 器件介绍. http://www.altera.com.cn/products/devices/dev-index.jsp

[7] Altera 公司. 文档资料. http://www.altera.com.cn/literature/lit-index.html

[8] Altera 公司. MAX+plus II Getting Started Manual. http://www.altera.com.cn/literature/lit-mp2.jsp，1998.

[9] Altera 公司. Quartus II 开发软件中英文手册(5.0 版). http://www.altera.com.cn/literature/lit-qts.jsp，2005.

[10] 赵曙光，郭万有，杨颂华. 可编程逻辑器件原理、开发与应用. 西安：西安电子科技大学出版社，2000.

[11] 西安电子科技大学 EDA 实验室. 高密度可编程逻辑器件开发指南. 西安电子科技大学讲义，1999.

[12] 马群生，等. MAX+plus II 入门. 北京：清华大学出版社，1997.

[13] 侯建军，等. 超高速集成电路硬件描述语言简明教程和 MAX+plus II. 北方交通大学讲义，1997.

[14] 刘宝琴，等. Altera 可编程逻辑器件及其应用. 北京：清华大学出版社，1995.

[15] 任爱峰，初秀琴，常存，等. 基于 FPGA 的嵌入式系统设计. 西安：西安电子科技大学出版社，2005.

[16] Lattice 公司. 莱迪思(Lattice)的可编程逻辑器件. http://www.latticesemi.com.cn/products/default.htm

[17] Lattice 公司. 文档资料. http://www.latticesemi.com/search/literature.cfm

[18] Lattice 公司. Lattice 中文培训教程. http://www.latticesemi.com.cn/lsh_web/partl/training_room/training_material/index.htm

[19] 薛宏熙，等. MACH 可编程器件及其开发工具. 2 版. 北京：清华大学出版社，1994.

[20] 周祖成. 电子设计硬件描述语言 VHDL. 北京：学苑出版社，1994.

[21] 王小军. VHDL 简明教程. 北京：清华大学出版社，1998.

[22] 侯伯亨，等. VHDL 硬件描述语言与数字逻辑电路设计. 修订版. 西安：西安电子科技大学出版社，1999.

[23] 赵曙光，郭万有，杨颂华. 可编程逻辑器件原理、开发与应用. 2 版. 西安：西安电子科技大学出版社，2006.

[24] 赵曙光，殷廷瑞，赵明英，等. 可编程模拟器件原理、开发及应用. 西安：西安电子科技大学出版社，2002.

[25] Anadigm 公司. 器件介绍、开发工具(AnadigmDesigner®2 免费下载)、文献资料等. http://www.anadigm.com

[26] Cypress 公司. 器件介绍. http://china.cypress.com/?id=2&source=header

[27] Cypress 公司. (PSoC Designer 等)软件介绍与下载. http://china.cypress.com/?rID=39531&source=header

[28] Actel 公司. 产品与服务、技术资料、软件下载等. http://www.actel.com/intl/china/